es 1536
# edition suhrkamp
Neue Folge Band 536

*Neue Historische Bibliothek*
*Herausgegeben von Hans-Ulrich Wehler*

Dieser Band stellt die Frage nach dem »deutschen Weg« in der Technikgeschichte und auch die nach der Rolle der Technik in der deutschen Geschichte seit dem 18. Jahrhundert. Technikgeschichte bedeutet hier nicht nur Geschichte der Maschinen, sondern auch des technischen »Knowhow«, der Arbeitserfahrungen und Techniker-Mentalitäten, darüber hinaus die Geschichte der zunehmenden Technisierung aller Lebensbereiche. Der Aufstieg der Technik zeichnet sich nicht zuletzt darin ab, daß für politische und soziale Probleme zunehmend technische Lösungen gesucht werden und daß die Politik in partielle Abhängigkeit von technischen Experten gerät.

Perioden der Technikgeschichte werden nicht nur durch den sogenannten technischen Fortschritt, sondern auch durch die Weiterentwicklung traditioneller Technik und durch die Grenzen der Technisierung bestimmt. Was überhaupt »Fortschritt« ist, wird nicht nur in der Gegenwart, sondern auch in der Geschichte mehrdeutig. Um die Vielfalt der Geschichte zu erschließen, ist es wichtig, sich von der üblichen linearen Fortschrittsvorstellung zu lösen: dem Bild vom Fortschritt zur größeren Kraft, zur höheren Komplexität, zur Verwissenschaftlichung und Systematisierung der Technik.

Joachim Radkau, geb. 1943, ist Professor für Neuere Geschichte mit besonderer Berücksichtigung der Technikgeschichte an der Universität Bielefeld.

# Joachim Radkau
# Technik in Deutschland

## Vom 18. Jahrhundert bis zur Gegenwart

Suhrkamp

edition suhrkamp 1536
Neue Folge Band 536
Erste Auflage 1989
© Suhrkamp Verlag Frankfurt am Main 1989
Erstausgabe
Alle Rechte vorbehalten, insbesondere das der Übersetzung,
des öffentlichen Vortrags
sowie der Übertragung durch Rundfunk und Fernsehen,
auch einzelner Teile.
Satz: Gutfreund, Darmstadt
Druck: Nomos Verlagsgesellschaft, Baden-Baden
Umschlagentwurf: Willy Fleckhaus
Printed in Germany

1 2 3 4 5 6 – 94 93 92 91 90 89

# Inhalt

Vorwort .................................................. 9
Der langsame Fortschritt der Dampfmaschine oder:
Technik als Triebkraft und Technik als Illusion ........ 11

## I. Technikgeschichte und »deutscher Weg«: Theoretische Grundlagen, Modelle, Leitlinien

1. »Angepaßte Technik« in der Vergangenheit – der regionale Ansatz in der Technikgeschichte ............ 21
2. Zur Diskursgeschichte des »deutschen Weges« in Industrie und Technik ................................. 29
3. »American System« und »Schweizer Modell«: Kontrasttypen nationaler Technik-Stile ................... 34
4. Das deutsche Ideal der wissenschaftlichen Technik und die Wiederentdeckung der Erfahrung ............ 40
5. Rationalisierung, Systemzwang und Zwang zur Größe: Das »tyrannische Element« in der Technik ........ 46
6. Anthropologische Kriterien bei der Periodisierung der Technikgeschichte ................................. 52

## II. Technik im Zeichen der intensiven Nutzung regenerativer Ressourcen (18. und frühes 19. Jahrhundert)

1. Das »hölzerne Zeitalter« als historische Einheit ...... 59
2. Innovationsverhalten im »hölzernen Zeitalter« ...... 66
3. Deutschland – ein unterentwickeltes Land? Zum technischen Profil deutscher Regionen im 18. und frühen 19. Jahrhundert ....................................... 74
4. Technologietransfer und Anpassung neuer Technik ... 88
5. Staat, technische Innovation und Herrschaftstechnik ... 99
6. Die Dynamik der Sparsamkeit .................... 107

## III. Die formative Phase der deutschen Hochindustrialisierung

1. Von 1850 bis zur Jahrhundertwende: Entfesselung und Begrenzung der *Economies of Scale* ............... 115

2. Die Eisenbahn als Technik der nationalen Einigung und die deutsche Langsamkeit gegenüber dem Auto . . . . . . 133
3. »Billig und schlecht« – Weltausstellungen und technologischer Nationalismus . . . . . . . . . . . . . . . . . . . . . 148
4. Abstraktion und Autorität – zur Rolle der Wissenschaft . 155
5. Industrialisierung und Professionalisierung des Erfinders – das Entwicklungskonzept in der Technik . . . . . . . . 171
6. Modell USA und »amerikanische Gefahr« . . . . . . . . . 176
7. An den Grenzen der Mechanisierung . . . . . . . . . . . 186
8. Technisierung der Fortschrittsidee und der Technikfolgenprobleme – die große Zeit der Scheinlösungen . . . . 199

## IV. Kriegs-, Vorkriegs- und Nachkriegszeiten: Die Rationalität der Massenproduktion, der Macht und der Not

1. Von der Jahrhundertwende bis in die fünfziger Jahre: Auf dem Weg zur Technisierung aller Lebensbereiche und zur Vergesellschaftung des technischen Risikos . . . . . . . . 222
2. Die unvollkommene Technisierung des Krieges, die »Quasi-Dolchstoßlegende« der Techniker und das Blitzkriegskonzept. . . . . . . . . . . . . . . . . . . . . . . . 239
3. Elektrifizierung und chemische Synthese als Technologiepfade und gruppenbildende Prozesse . . . . . . . . . . 254
4. Rationalisierungsbewegung, Psychotechnik und »Kampf um die Arbeitsfreude«: Das Problem der Anpassung von Taylorismus und Fordismus an deutsche Verhältnisse . . . 269
5. Energetischer Imperativ, Ökonomie der Gichtgase und Großtechnik . . . . . . . . . . . . . . . . . . . . . . . . 285
6. Deutsche Wege der Motorisierung . . . . . . . . . . . . . 299

## V. An den Grenzen der Massenproduktion

1. Bruchlinien in der bundesdeutschen Technikgeschichte . . 313
*Von der Herrschaft des Konsums zur High-Tech-Euphorie: Die Entfernung der Spitzentechnik vom zivilen Bedarf* . . . 313
*Die Anpassung der Umwelt an das Auto* . . . . . . . . . . 326
*Eine neue industrielle Revolution?* . . . . . . . . . . . . . 330
2. Die Geschichte der Kernenergie als Paradigma für Pro-

bleme und Chancen eines »deutschen Weges« . . . . . . . 338
*Die Bedeutung nationaler Technikstile und Fortschrittsbilder* . . . . . . . . . . . . . . . . . . . . . . . . . . . . . 339
*Euratom: Die mißglückte Technisierung der Europa-Idee* 348
*Vom »Upscaling« zum »Downscaling«* . . . . . . . . . . 349
*Die neuen Risikodimensionen und der Rückgewinn der gesellschaftlichen Entscheidungsfreiheit gegenüber der Technik* . . . . . . . . . . . . . . . . . . . . . . . . . . . . 351
3. Humanisierung der Technik durch technischen Fortschritt oder: Eine neue Zeit der Scheinlösungen? . . . . 357

*Anmerkungen*. . . . . . . . . . . . . . . . . . . . . . . . . 374

*Ausgewählte Literatur* . . . . . . . . . . . . . . . . . . . 446

# Vorwort

Als ich vor über zwanzig Jahren in einem Antiquariat mehr durch Zufall auf Olivers *Geschichte der amerikanischen Technik* stieß, ging mir zum ersten Mal auf, daß die Beschäftigung mit alter Technik mehr sein kann als ein Hobby abseits der »richtigen« Geschichte, und ich bekam zugleich eine erste vage Vorstellung von nationalen Signaturen der technischen Entwicklung. Seitdem geriet ich immer wieder und anfangs ohne Absicht an dieses Thema. Bei meinen aufeinanderfolgenden Forschungsschwerpunkten – der NS-Zeit, der Geschichte der Kerntechnik, dann der Waldwirtschaft und der holzgebundenen Techniken im 18. Jahrhundert – wurde mir deutlich, daß es »deutsche Wege« in der Technik gibt; sie sahen jedoch in den verschiedenen Epochen unterschiedlich aus. Dieses Buch ist ein Versuch, aus den zunächst auseinanderliegenden Ansätzen ein umfassenderes Bild von technischen Kontinuitäten der deutschen Geschichte zu gewinnen.

Das war der eine Impuls. Der andere war die Neugier, wie sich die Technikgeschichte neu darstellt, wenn man die Technik-Diskussionen des letzten Jahrzehnts durchlebt hat, und wie gegenwärtige Positionen im Lichte vergangener Erfahrungen wirken. Während sich der Stil der Technikgeschichtsschreibung gewöhnlich an der früh- und hochindustriellen Technik entwickelt hat, lagen meine Ausgangsstationen – Holz und Kernenergie – davor und danach: Von entgegengesetzten Enden arbeitete ich mich in die Technikgeschichte vor. Das Unternehmen war noch uferloser, als ich anfangs gedacht hatte. Meine Schwierigkeiten beim Schreiben habe ich an anderer Stelle geschildert.[1]

Es versteht sich, daß eine solche Übersicht, die drei Jahrhunderte auf engem Raum behandelt, nur unvollständig sein kann. Zu den besten Erfahrungen gehören die zahllosen Gespräche, zu denen mich die aufkommenden Fragen führten. Mußte ich vor zehn, fünfzehn Jahren oft feststellen, daß die Technik unter Historikern wenig Gesprächsstoff bot, hat sich die Situation seither erfreulich verändert. Es würde zu lang, alle die zu nennen, die mir wertvolle Anregungen gaben. Besonders herzlich danke ich meinem Mitarbeiter Thomas Gorsboth, dessen Spürsinn bei der Materialsuche und Fähigkeit, sich in die Thematik hineinzudenken, mir sehr viel geholfen haben; Regine Kollek, die mir das Leitbild einer verlangsamten, bedarfsorientierten und nicht einseitig maskulinen Technikentwicklung deutlicher machte, und Hans-Ulrich Wehler, der dieses Buch anregte und dessen Sympathie für unkonventionelle und provokante Ideen stets ein Ansporn und eine Ermutigung war.

Bielefeld, im Januar 1989 *Joachim Radkau*

# Der langsame Fortschritt der Dampfmaschine oder: Technik als Triebkraft und Technik als Illusion

»Es komme der Dampf, und alles im Okzident wird wie durch Zauber beschleunigt werden«: so schließt Braudel ein Kapitel seiner berühmten Zivilisationsgeschichte, das die Energie als »Schlüsselproblem« der frühen Neuzeit interpretiert. »Die Dampfmaschine war der Prinz, der das Dornröschen Industrie aus ihrem Schlummer erweckte«: so Matschoß in seiner *Geschichte der Dampfmaschine*, einem Gründer-Opus der deutschen Technikgeschichtsschreibung. Die Dampfmaschine sei das »primum mobile der Fabrik-Industrie«, schrieb die *Allgemeine Preußische Staatszeitung* 1822, wobei sie dem Dampf die Stelle zuwies, die früher Gott im mechanistischen Weltbild eingenommen hatte.[1] All dies entspricht einer populären Vorstellung, in der die Technik nicht nur aus Einzelmaschinen besteht, sondern insgesamt eine große Maschinerie bildet, die zur Leistungssteigerung immer stärkere Antriebe braucht. Daraus ergibt sich ein energetisches Geschichtsbild, mit wachsender Energieverfügbarkeit als Triebkraft und neuen Formen der Energieumwandlung als Epochenbegründern.

In Deutschland aber vollzog sich der Bau der ersten Dampfmaschinen schleppend, und er brachte nur wenig in Bewegung. Als 1721 im slowakischen Königsberg die erste Newcomen-Dampfpumpe Mitteleuropas errichtet wurde, war dies ein barockes Prestigeprojekt, vor dem gerade die Techniker warnten. Die Dampfpumpe, die sich gewöhnlich nur bei Kohlezechen rentierte, mußte mit Holz gefeuert werden, und ihre ökonomische Absurdität warnte vor weiteren Innovationen dieser Art. Die erste deutsche Dampfmaschine war die 1783–85 auf Weisung Friedrichs II. bei dem Hettstedter Kupferschieferbergwerk errichtete Dampfpumpe. Eine fast 14jährige Diskussion war dem Bau vorausgegangen. Heynitz, damals Chef des preußischen Berg- und Hütten- und auch des Kriegs-Departements, »jubiliert(e)« bereits über das im Maßstab 1:6 gebaute Modell der Maschine. Aber der Bau und erste Betrieb der Dampfmaschine vollzogen sich unter vielen Schwierigkeiten und verschlangen ungeheure Summen. 1794 wurde die Dampfpumpe wieder abgebrochen und an ein Steinkohlebergwerk verlegt.

Auf Privatunternehmer mußte der ganze Vorgang ungemein abschreckend wirken. Er war kein Startschuß für eine »Industrielle Revolution«; vielmehr ging die Verbreitung der Dampfmaschine in Preußen noch bis in die fünfziger Jahre des 19. Jahrhunderts eher gemächlich vor sich.[2] »Zugespitzt könnte man sagen: Preußen hat seine führende Rolle im Maschinenbau ab der Mitte des 19. Jahrhunderts nicht wegen, sondern trotz seiner frühen Dampfmaschinenbauten übernommen.« (Wolfhard Weber)[3] Wenn man sich nur an die Dampfmaschinen hielte, würde der danach rasch folgende industrielle Aufstieg wie ein Wunder wirken.

Für Landes wie für andere Historiker demonstrierten das Zaudern und Ungeschick bei der Einführung der frühen Dampfmaschinen den unterentwickelten Stand der Technik in Deutschland: »Das war das vorhomerische Zeitalter des industriellen Deutschlands, als Dampfmaschinen Odysseen durchmachten und für spätere Generationen zum Gegenstand der Legendenbildung wurden.« Dennoch gab es im damaligen Deutschland bereits eine Fülle von Industrialisierungsansätzen und Innovationsversuchen. Gerade die Zurückhaltung gegenüber der teuren und brennstoffverschlingenden Dampfmaschine kann von technologischer Kompetenz zeugen, während die naive Begeisterung für die teuerste und aufsehenerregendste Technologie eher einen Mangel an technischer Erfahrung verrät.[4]

Den Pfarrer Schwager überkam ein heiliger Schauer, als er 1802 die berühmte Dampfmaschine der Saline Königsborn bei Unna besichtigte. Johann Beckmann dagegen, der im späten 18. Jahrhundert die »Technologie« als eigenes Fach im deutschen Universitätsbetrieb begründete, hielt in seiner unermüdlichen literarischen Produktion ausgerechnet die Dampfmaschine kaum einer Erwähnung für würdig. Man kann dies aus seiner grundsätzlichen Abneigung gegen komplizierte Maschinen erklären, die »zu künstlich, zu kostbar und zu zerbrechlich« seien. Er erkannte durchaus die Vorteile der Dampfmaschine in England, stellte aber 1806 die rhetorische Frage: »Woher würden wir für diese die Feuerung nehmen, welche wir kaum noch zu unserer Erwärmung bezahlen können!«[5] Damals ging man in Deutschland noch vielfach davon aus, daß man Dampfmaschinen hierzulande mit Holz feuern müsse. Die Verwandlung von Wärme- in Bewegungsenergie war jedoch widersinnig im »hölzernen Zeitalter«, als die Wärmeenergie ein knappes Gut war, sofern man nicht über die Wälder Rußlands oder Nordamerikas verfügte. Die Warnung vor Holzmangel gehörte in Deutschland am Ende des 18. Jahrhunderts zum guten Ton.[6]

Für Beckmann war es bereits eine bekannte Erfahrung, daß technische Neuerungen von einem Schwall publizistischer Schaumschlägerei begleitet zu sein pflegen und manche Schreiber eine wahllose Propaganda für die neuesten Erfindungen des Auslandes zu ihrem Geschäft machen. »Man muß sich über die Unverschämtheit wundern, womit unwissende Leute ihre Erfindungen empfehlen; so wie auch über die Unverschämtheit derer, welche Beschreibungen ausländischer Angaben übersetzen, ohne die geringste Kenntnis der Gegenstände zu haben.« Eindringlich legt er dar, daß selbst dann, wenn Maschinen tatsächlich die behaupteten Vorzüge aufwiesen, diese doch häufig mit Nachteilen an anderer Stelle erkauft würden. Beckmanns Schüler Poppe wiederholte diese Warnung (1812). Er meinte, Dampfmaschinen könnten in Deutschland schon wegen ihres Brennstoffbedarfs »nie so allgemein angewendet werden wie in England«.[7]

Noch der amtliche deutsche Bericht über die Londoner Weltausstellung von 1851 stellte fest, es sei auf keinen Fall zu erwarten, daß Deutschland jemals das englische Niveau der Kohle- und Eisenproduktion erreiche; das verhindere seine natürliche Ressourcen-Ausstattung.[8] Erst in der darauffolgenden Zeit vollzog sich im industriellen und technologischen Profil Deutschlands eine epochale Wende: Deutschland wurde zum Land der Kohle und des Stahls.

Selbst in England verbreiteten sich die Dampfmaschinen zunächst nur langsam; ihre allgemeine Durchsetzung vollzog sich erst im Laufe des 19. Jahrhunderts. Die frühen Textilfabriken wurden durch Wasserräder angetrieben und behielten diese Kraftquelle dort, wo es reichlich Wasserkraft gab, noch bis weit ins 19. Jahrhundert bei: Kein technischer Zwang führte zur Dampfmaschine. Auch in den frühen Zentren der deutschen Textilregionen, im Bergischen Land und in Sachsen, galt die vernünftige Regel, solange wie möglich an der kostenlosen Wasserkraft festzuhalten, zumal in einer Zeit, in der die Kohle noch nicht auf dem billigen Eisenbahnwege herbeitransportiert werden konnte. Wenn dennoch eine Dampfmaschine beschafft wurde, dann zunächst oft nur als Hilfsvorrichtung für wasserarme Jahreszeiten oder auch aus einem gewissen Renommierbedürfnis heraus. Am Wirkungsgrad der Energieumwandlung gemessen, war die Wasserkraftnutzung bei weitem fortschrittlicher als die Dampfkraft. Die Brüder Werner und Wilhelm Siemens beschäftigten sich um 1840 mit der »exakten Regulierung« von Dampfmaschinen, die mit Wind- oder Wassermühlen kombiniert waren.[9]

Ob man aus anfänglichen Mißerfolgen mit der Dampfmaschine auf einen Tiefstand des gesamten technischen Niveaus in Deutschland schließen muß, ist zweifelhaft. Die Dampfmaschine ist kein Gradmesser für den allgemeinen Stand der Technik um 1800, nicht einmal in England. Außerdem bereitete der Dampfmaschinenbau auch im damaligen Deutschland keine unüberwindlichen Schwierigkeiten, wenn er von Praktikern im eigenen Interesse betrieben wurde. In der Literatur werden gerne die anfänglichen Mißgeschicke dramatisiert: das anekdotische Element der Geschehnisse. Man kann aber auch bemerkenswert finden, wie schnell der Dampfmaschinenbau dennoch gelang.

Der rheinische Tischlergeselle Franz Dinnendahl, der um 1800 die neue Dampfmaschine der Saline Königsborn bei Unna besichtigte, brüstete sich: »kaum hatte ich dieselbe eine Stunde betrachtet, so war ich mit derselben so bekannt, daß ich mich stark genug fühlte, eine ebensolche Maschine zu bauen.«[10] Das war keine bloße Aufschneiderei: Dinnendahl und sein Bruder Johann bauten jahrzehntelang funktionsfähige Dampfmaschinen, selbst ohne englische Hilfe. Im deutschen Montanwesen, wo die frühen Dampfmaschinen als Pumpen eingesetzt wurden, hatte man die technischen Entwicklungen im Ausland immer genau verfolgt; die Newcomensche Dampfpumpe war dort wohlbekannt. Aber noch im 18. Jahrhundert baute man im Harz und um Freiberg herum die kunstvollen Wasserzu- und -ableitungssysteme weiter aus; bis 1866 wurden im Mansfelder Kupferbergbau Pferdegöpel betrieben. Johann Dinnendahl gab seit 1837 den Dampfmaschinenbau auf und engagierte sich ohne Glück im Berg- und Hüttenwesen.[11] Aus damaliger Sicht bot das Dampfmaschinengeschäft noch nicht unbedingt lockende Wachstumsperspektiven; andere Bereiche versprachen mehr.

Nicht technische Schwierigkeiten, sondern die Brennstoffkosten und die mangelnde Brauchbarkeit dieser Antriebskraft für Kleinbetriebe hemmten die Durchsetzung der Dampfmaschine in Deutschland. Die ersten deutschen Dampfschiffe (1816/17) blieben obskur und wurden bald wieder abgewrackt: So wenig bestand ein echter Bedarf.[12] Georg v. Reichenbach, der Sohn des »Ober-Mechanicus« aller militärischen Werkstätten Bayerns, der aufgrund seiner Erfahrungen im Kanonenbau zur Herstellung von Dampfmaschinen technisch sehr wohl in der Lage war, bemühte sich vergebens um die Konstruktion einer Dampfmaschine, die im Kleingewerbe eingesetzt werden konnte, also der bayerischen Wirtschaftsstruktur angepaßt war; dagegen erbaute er für die Soleleitung Berchtesgaden–Reichenhall 1816 eine durch Wasserdruck betriebene Wassersäulenmaschine, die damals als »die größte Maschine der Welt« galt.[13] In der Wasserkraftnutzung und in dem landesherrlichen Montan- und Salinenwesen waren schon im damaligen Deutschland großtechnische Spitzenleistungen möglich.

Ein Artikel in *Dinglers polytechnischem Journal* rechnete 1825 aus, daß die Dampfkraft in den meisten deutschen Gegenden fast doppelt so teuer wie die Pferdekraft zu stehen komme. Nachteilig seien auch die »Größe des Anlagekapitals« und die Reparaturanfälligkeit dieser Maschine. Joseph v. Baader, der führende bayerische Technologe seiner Zeit, sah sich zu lebhaftem Widerspruch herausgefordert: Nicht nur träfen die Kostenrechnungen für viele Gegenden nicht zu; auch werde das mangelnde Wachstumspotential der »Roßkünste« übersehen. Eine Dampfmaschine von 60 PS sei kein Riesenwerk; dagegen: »Wie ungeheuer, plump und unbehilflich würde aber eine Roßkunst in allen ihren Dimensionen ausfallen, an welcher 60 Pferde zugleich arbeiten?« Das war der springende Punkt: Die Dampfmaschine bekam einen prinzipiellen Vorteil, sobald man in Perspektiven des Wachstums und der reibungslosen Organisation dachte. Das galt besonders für Regionen in der Ebene, denen es an Wasserkraft mangelte, und wo die Dampfmaschine nicht mit Wassermühlen, sondern mit den kostspieligeren Windmühlen und Pferdegöpeln konkurrierte. Es galt also für weite Teile Preußens, nicht zuletzt für Berlin.[14]

Auch die Nutzung der Wasserkraft wurde im 19. Jahrhundert erheblich weiterentwickelt. Hier zersplitterten sich die Bemühungen jedoch auf unterschiedliche Wege: auf die Weiterentwicklung des Wasserrades, die Wassersäulenmaschine und die Turbine. Bei Neueinrichtung einer Wasserkraftanlage war um 1850 die Entscheidung sehr schwierig, welche Technik man wählen sollte. Allgemeine Regeln halfen nicht; alles hing von den spezifischen lokalen Gegebenheiten ab. Der Weg der Dampfkraft war damals einfacher, kompakter und standortunabhängiger.

Die Dampfmaschine war eng mit dem Aufstieg der »Mechaniker« zu »Ingenieuren« verbunden. Für die Ingenieure des 19. und noch des beginnenden 20. Jahrhunderts war eine verbesserte Konstruktion der Dampfmaschine das Meisterstück schlechthin. In vielen anderen Bereichen der Technik dominierte noch lange die handwerkliche Tradition; da hatten es die Ingenieure nicht leicht, unter Beweis zu stellen, daß es nicht nur auf manuelles Geschick und praktische Erfahrung, sondern auch auf Wissen und Ausbildung ankomme. An der Dampfmaschine konnten sie am eindrucksvollsten ihre Überlegenheit demonstrieren. Jenes Geschichtsbild, in dem die Dampfmaschine die bewegende Kraft der Industrialisierung ist, hat hier seinen sozialen Grund.[15]

Auch der Dampfmaschinenbau war zu einem Großteil eine Sache praktischer Erfahrung. Er enthielt jedoch eine Aufgabe für die Wissenschaft, sobald man danach strebte, den Wirkungsgrad zu optimieren, den Dampfdruck entsprechend zu steigern und zugleich die Explosionssicherheit zu erhöhen. Dies war der Punkt, wo eine selbständige deutsche Dampfmaschinenentwicklung einsetzte; denn in vielen deutschen Regionen kam es mehr als in England auf sparsamen Umgang mit dem Brennstoff, also auf Erhöhung des Wirkungsgrades an, und hier bildete sich ein Ingenieurstand heraus, der seine Zukunft und seine besondere Stärke in der Verwissenschaftlichung erblickte.

Ernst Alban (1791–1856), der erste deutsche Pionier der Hochdruckdampfmaschine, nahm sich bereits den Amerikaner Oliver Evans zum Vorbild und war einer der ersten deutschen Ingenieure, die nicht mehr von dem rasanten Fortschritt der englischen Technik fasziniert waren, sondern den zunehmenden Konservatismus des britischen Maschinenbaus bemerkten. Unablässig verspottete er den übertriebenen äußeren Aufwand und die unnötige Kompliziertheit englischer Dampfmaschinen und erklärte die Steigerung des Wirkungsgrades – »mit den möglichst einfachen Mitteln die höchsten Zwecke zu erreichen« – zur Grundaufgabe der Technik. Er verhöhnte die mangelnde technische Rationalität englischer Fabriken:

Täglich sieht man dort die absurdesten Kombinationen zwischen Dampfmaschinen und den durch sie betriebenen Werken. Eine der gewöhnlichsten ist die, Pumpen durch Dampfmaschinen mit Kreisbewegungen zu betreiben. Man verwandelt hier eine geradlinige Bewegung in eine kreisförmige, um aus dieser wieder eine geradlinigte abzuleiten. Kann man sich einen größeren Unsinn denken?

Er selbst war stolz darauf, keine Dampfmaschine so zu bauen wie die andere, jede ihrem besonderen Zweck anzupassen und die gesamte Anlage einheitlich durchzuplanen. Leitmotive des aufsteigenden deutschen Maschinenbaus sind hier erstmals klar artikuliert: die flexible Einstellung auf den Bedarf, das Streben nach Theorie und Systematik und die Aneignung amerikanischer Rationalisierungsvorbilder. Die Hochdruckdampfmaschine setzte sich allerdings nur langsam durch; Alban machte seine Gewinne mit Landmaschinen, die durch Tierkraft angetrieben wurden. Da die frühen Hochdruckdampfmaschinen jedoch mit einem hohen Explosionsrisiko behaftet waren – ein Kritiker sprach von einer »fürchterlich überladene(n) Dampfkanone« –, war die Langsamkeit des Fortschreitens wohlbegründet, ja sie war die Bedingung für den Erfolg.[16]

Die mangelnde Verbreitung der Dampfmaschine bis zur Mitte des 19. Jahrhunderts wurde in der Erinnerung der darauffolgenden Zeit rasch zu einem Merkmal vergangener und überwundener Rückständigkeit. Das gilt selbst für die Sichtweise vieler Arbeiter. Die Remscheider Schleifer, die sich in ihren wasserbetriebenen Schleifkotten als eigene Herren fühlten, widerstrebten 1846/47 der dampfbetriebenen Schleiferei und dem damit verbundenen Fabriksystem, da sie keine Lust hätten, »bei monotonem Dampfgetön auf den Pfiff zu arbeiten und ihre Selbständigkeit mit dem Leichentuche bedecken zu lassen«. Bald lernten jedoch die bergischen Schleifer, auch unter den Bedingungen des Dampfbetriebs einen Teil ihrer Autonomie zu bewahren.[17] Allgemein trafen die Dampfmaschinen bei den Arbeitern nicht auf die gleiche Feindseligkeit wie die frühen Textilmaschinen, ersetzten sie doch mehr Pferdegöpel und Wasserräder als Menschen und, bei menschlicher Arbeit, nicht Handfertigkeit, sondern monotone Plackerei. Als die aufständischen Weber von Langenbielau nach Zerschlagung der Webstühle in Dierigs Fabrik an die Dampfmaschine kamen, hielten sie inne und riefen einander zu, das sei »doch sehr schön«. Der Schlosserlehrling Hermann Enters empfand in den sechziger Jahren des 19. Jahrhunderts alle Betriebe ohne Dampfmaschine als menschenunwürdig, da dort den Lehrlingen die stumpfsinnige Antriebsarbeit aufgebürdet wurde.[18] Der Landarbeiter Franz Rehbein, der um die Jahrhundertwende auf den bereits mit Dampfdreschmaschinen ausgestatteten holsteinischen Großbauernhöfen arbeitete, verachtete die »püttcherigen« südwestdeutschen Bauernhöfe, wo es fast nichts an »modernem« Ackergerät gab; daß ihm von einer Dreschmaschine der rechte Arm abgerissen wurde, kommentierte er in seinen Lebenserinnerungen kurz und fatalistisch: »Arbeiterschicksal!« Die Gewöhnung an die Dampfmaschine veränderte die Art und Weise, wie Arbeit wahrgenommen wurde. Der Trend, daß nicht nur schwere »Knochenarbeit«, sondern schließlich körperliche Arbeit überhaupt als Makel und bloßer »Lückenbüßer der Mechanisierung« empfunden wurde, setzt sich bis in die Gegenwart fort.[19]

Die Dampfmaschine gilt als Idol einer bilderbuchartigen Technikgeschichte, die sich aus Mangel an komplexen Vorstellungen über den Faktor Technik an das äußerlich Eindrucksvolle hielt. Der Dampf als Triebkraft der »Industriellen Revolution«: das ist ein Musterbeispiel jener Technik-Illusion, die oft den Blick dafür versperrte, daß es nicht auf monströse Mechanismen, sondern auf die Wahrnehmung von Marktchancen und Standortvorteilen, auf Arbeitserfahrung und Organisation ankommt. Die Betonung der Technik kennzeichnete vielfach eine vordergründige Art, die Geschichte der Industrialisierung zu betrachten: Dadurch besaß die Technikgeschichte aus der Sicht des Sozial- und Wirtschaftshistorikers lange etwas Altmodisches und Primitives.[20]

Aber das Beispiel der Dampfmaschine ist auch geeignet, den technischen Aspekt der Geschichte in einem umfassenderen Sinne offenzulegen: den Zusammenhang der technischen Entwicklung mit der Sozialgeschichte der Ingenieure, die Bedeutung der »Verwissenschaftlichung« der Technik, die Entstehung der *Economies of Scale* mit ihren technischen Momenten, den Wandel der Arbeitserfahrung und die Veränderung der menschlichen Wahrnehmung durch die Maschine. Die Geschichte von der Durchsetzung technischer Innovationen wird dann aufschlußreich, wenn sie nicht mit ungeduldigem Unterton als Geschichte von dem immer wieder aufgehaltenen, endlich doch siegenden Fortschritt geschrieben, sondern auch die Vernunft der Vorsicht entdeckt wird. Gerade die deutsche Geschichte enthält nicht nur Traditionen einer romantisch-kulturkritischen Technikfeindschaft, sondern – wichtiger noch – Beispiele einer fachkundigen und differenzierenden Skepsis, die aus der praktischen Erfahrung kam. Nicht ohne Grund galten die Deutschen im 19. Jahrhundert als »langsames« Volk; diese Langsamkeit war nicht nur ein Nachteil.

Mit Recht hat Paulinyi darauf hingewiesen, daß die »einseitige Betonung der Dampfmaschine das Wesen des technischen Fortschritts in der Industriellen Revolution verschleiert«.[21] Wenn die Faszination durch bestimmte spektakuläre Techniken überwunden wird, öffnet sich der Blick für die ganze Breite der technischen Entwicklung, und ein Technik-Begriff wird gewonnen, der der Vielfalt der historischen Wirklichkeit entspricht. Nicht nur auf die technischen Spitzensektoren kommt es für den Historiker an, sondern ebenso auf die stärker traditionellen Bereiche, um so mehr, als die Statistik oftmals zeigt, daß die gesamtwirtschaftliche Bedeutung der Spitzentechniken nur begrenzt ist und die angeblichen »Leitsektoren« nicht alle Teile der Wirtschaft voranbringen, sondern manche auch zurückwerfen. »Erfolg« hat häufig etwas mit technischer Vielseitigkeit und mit einer situationsadäquaten Kombination von konventioneller und neuer Technik zu tun. Gerade dafür bietet die deutsche Technikgeschichte eindrucksvolle Beispiele.[22]

Die Dampfmaschine war keine Triebkraft des Geschehens, aber auch kein bloßer Reflex eines ökonomischen Bedarfs. Wenn man Technik nur als Spiegel gesellschaftlicher Strukturen und Intentionen begreifen wollte, würde man die Tücke des Objekts und die Tragweite unbeabsichtigter Technikfolgen verkennen. In einem simplen Kausal- oder Widerspiegelungsmodell von der Geschichte ist die Rolle der Technik nicht unterzubringen; man braucht vielmehr Modelle der Wechselwirkung, der verstärkenden Rückkopplung und der Synergie. Die Maschine ist kein Motor der Geschichte; aber um bestimmte Technologien kristallisieren sich ökonomische Machtstrukturen, soziale Mentalitäten, technische *Communities*. Technik ist ein Element, das Querverbindungen, »Wechselströme« (Thomas P. Hughes) und Vernetzungen stiftet. Bei alledem hat die Metapher vom »Teufel im Detail« ihre Berechtigung; denn es sind nicht die technologischen Grundprinzipien, sondern die Details, die in besonderem Maße die Raum- und Zeitgebundenheit der Technik enthalten und über Menschlichkeit und Unmenschlichkeit von Technik entscheiden. Die Kontroverse um die Kernenergie hat in dieser Beziehung Pioniercharakter gehabt und die übertechnische Bedeutung selbst technischer Einzelkomponenten bewußt gemacht; Schweißnähte wurden als Risikobereiche und Druckentlastungsventile als Indikatoren einer neuen »Sicherheitsphilosophie« begriffen, die das Bersten des Reaktordruckgefäßes einbezieht. Dieser Lernprozeß läßt sich in die ältere Technikgeschichte fortsetzen. Kein Zweifel: die technischen Einzelheiten enthalten stets die Gefahr der »Technik-Illusion«, der Vorspiegelung vermeintlicher technischer Sachzwänge. Dennoch ist ein gewisses Interesse am technischen Detail nötig, damit die Technikdiskussion über eine unfruchtbare kulturphilosophische Kritik an »der« Technik hinausgelangt und konkrete Alternativen innerhalb bestimmter Technikbereiche in den Blick bekommt.

# I. Technikgeschichte und »deutscher Weg«: Theoretische Grundlagen, Modelle, Leitlinien

## 1. »Angepaßte Technik« in der Vergangenheit – der regionale Ansatz in der Technikgeschichte

Es ist das Ziel dieses Buches, mit einem Überblick über die deutsche Technikgeschichte zugleich auch die Rolle der Technik in der deutschen Geschichte zu erörtern. Dabei soll die in der Geistes- und Sozialgeschichte mit Leidenschaft erörterte Frage nach dem »deutschen Weg« in die Technikgeschichte eingeführt werden. »Deutscher Weg« ist dabei in mehrfachem Sinn und nicht sogleich wertend zu verstehen: sowohl im Sinne einer Prägung der Technik durch deutsche Ideologien, Gesellschaftsstrukturen und Machtverhältnisse als auch in dem einer Anpassung der Technik an deutsche Standort- und Umweltbedingungen. Die Suche nach nationalen Stilen der Technik kann zu einem umfassenderen und farbigeren Bild der Beziehungen zwischen Geschichte und Technik führen, aber auch Anhaltspunkte zur kritischen Beurteilung technischer Entwicklungen geben.

Diesem Vorhaben stehen manche Bedenken entgegen, so vor allem die Auffassung, die Technik sei in ihrem Wesen übernational, nationale Prägungen seien nur oberflächlicher und vorübergehender Natur. In der Tat ist auf den ersten Blick, schon gar bei globaler Betrachtungsweise, der Eindruck der zivilisatorischen und damit auch technischen Affinität Mittel- und Westeuropas und Nordamerikas überwältigend; man kann sogar im Zuge des explosiven Wachstums der Handelsbeziehungen nach 1945 eine rapide zunehmende Konvergenz erkennen. Die Ausbreitung der westlichen Zivilisation über die ganze Welt und ihre Ähnlichkeit selbst in exotischer Umgebung ist ein immer wieder frappierendes Phänomen. Schon im 19. Jahrhundert wurde oft bemerkt, wie fruchtlos der Streit um die Priorität dieser oder jener Nation bei bestimmten Erfindungen sei und wie eindrucksvoll demgegenüber die Koinzidenz, daß ähnliche Erfindungen in mehreren Nationen gleichzeitig gemacht wurden und oft einander ergänzend ineinandergriffen. Selbst auf den Höhepunkten des Nationalismus wurde dieses technologische Zusammenspiel der Nationen immer wieder erkannt und als bedeutsam empfunden: Hier schien sich der technische Fortschritt besonders eindrucksvoll als ein nationenübergreifender Naturprozeß zu offenbaren.

In jüngster Zeit hob Wolfram Fischer als »wichtigstes Ergebnis« einer Untersuchung von Angus Maddison, die die Entwicklung der Arbeitsproduktivität in 16 Ländern vergleichend über mehr als ein Jahrhundert verfolgt, die »Annäherung des Produktivitätsniveaus« hervor: ein Grund zu der Vermutung, daß sich auch die technische Ausstattung dieser Länder einander angenähert habe. Technische Vorsprünge, so Fischer, schmelzen schnell dahin, und Neuerungen verbreiten sich innerhalb der Industriestaaten rasch. Der »Technologie-Transfer« scheint ein nahezu mechanischer Vorgang geworden zu sein, so wie es dieser seit geraumer Zeit überstrapazierte Begriff vorspiegelt. Betrachtet man jedoch Maddisons Ergebnisse genauer, wird deutlich, daß eine markante Angleichung vorwiegend bei Extremfällen (z. B. Australien und Japan) und bei den durch Kriegs- und Nachkriegszeit entstandenen Disparitäten stattgefunden hat. Wenn man zwischen Deutschland, Großbritannien, Frankreich und Italien und zwischen den Daten für 1870 und 1977 vergleicht, sind die Unterschiede im Produktivitätsniveau nicht geringer geworden, wenn sie zum Teil auch anders gelagert sind.[1]

Der frappante industrielle Aufstieg Japans und Südkoreas hat die Bedeutung kultureller Traditionen für die wirtschaftliche und auch technische Entwicklung eher noch deutlicher gemacht. Nationale Eigentümlichkeiten wurzeln aber nicht nur in der Tradition und werden durch internationalen Austausch nicht unbedingt abgeschliffen. Gerade durch wachsende Außenbeziehungen verstärkt sich die internationale Arbeitsteilung und bilden sich nationale Profile heraus, die es in den Zeiten spärlicherer Kommunikation so noch nicht gab. In der deutschen wie in der japanischen Industriegeschichte folgten auf Phasen der Nachahmung Zeiten mit einem ausgeprägten Streben nach Eigenständigkeit, nicht nur in der Ära des Nationalismus, sondern bis in die Gegenwart hinein. Um 1900 schauten die deutschen Werkzeugmaschinenbauer wie gebannt auf die USA; heute wird in der bundesdeutschen Werkzeugmaschinenbranche so selbstbewußt wie nie zuvor der »deutsche Weg« der Flexibilität und Kleinserienfertigung gegenüber den USA hervorgekehrt. In den zwanziger Jahren des 20. Jahrhunderts schien es für die Autoindustrie kein höheres Ziel zu geben als die, wenn auch unvollkommene, Nachahmung Fords; heute sind die amerikanischen Vorbilder in dieser Branche verblaßt, und der Mißerfolg des amerikanischen VW-Werks Westmoreland wird auf die Nachahmung amerikanischer Technik zurückgeführt. Wie in der Maschinenbaubranche ist auch in der bundesdeutschen Automobilindustrie der achtziger Jahre vom »deutschen Weg«, »deutschen Modell« die Rede, das den hiesigen Facharbeiter-Qualitäten entspreche. Die Jagd nach Konkurrenzvorteilen auf dem Weltmarkt verstärkt die Suche nach »einzigartigen, unverwechselbaren Eigenschaften«; diese Suche vollzieht sich teilweise in nationalem Rahmen.

Aber auch die Politisierung neuer Technologien wirkt in ähnliche Richtung. Zwischen der bundesdeutschen und der französischen Kernenergieentwicklung hat sich ein idealtypischer Kontrast herausgebildet, wie es ihn in der Technikgeschichte selten gab. Das ist gerade in der Kerntechnik nicht verwunderlich; denn je mehr die Technik politischen Einflüssen unterliegt, je umfänglicher sie Systemcharakter erhält und je gewichtiger die Sicherheitsprobleme werden, desto deutlicher wird die nationale Prägung der Technik. Obwohl die Bundesrepublik in den sechziger Jahren die amerikanischen Reaktoren nachahmte, wurde 1979 darüber geklagt, die »immer mehr voneinander abweichenden Anforderungen in USA und Deutschland« führten »zu einem immer weiteren Auseinanderklaffen beider Technologien«.

Fischer zog aus der Konvergenzthese die praktische Folgerung, »daß niemand schlafen kann, denn die internationale Konkurrenz sitzt ihm dicht auf den Fersen«. Wenn man jedoch davon ausgeht, daß es viele und unterschiedliche Wege erfolgreicher technischer Entwicklung gibt, kann man zu dem Schluß kommen, daß sich auch der Techniker einen ruhigen Schlaf gönnen darf. Gerade die deutsche Geschichte nach 1945 zeigt beispielhaft, wie rasch ein technischer Rückstand aufgeholt werden kann, wenn ein breites wohlausgebildetes Arbeitskräftepotential zur Verfügung steht und die nötige Nachfrage vorhanden ist. Das Beispiel Englands führt demgegenüber vor Augen, wie gerade der schwindelnde Erfolg den Keim des Niedergangs enthält.

Die Technikgeschichtsschreibung hat sich in letzter Zeit wiederholt bemüht, nationale »Technik-Stile«, »Technik-Kulturen«, »Technik-Kontexte« zum Thema zu machen; aber sie hatte bislang ihre Schwierigkeiten damit, diese noch schwimmenden Begriffe zu konkretisieren. Steht ihr dabei die Idee des technischen Fortschritts im Wege?

Die technikhistorische Forschung, wie sie heute international an den Hochschulen etabliert ist, ist zu einem Gutteil ein Produkt der späten fünfziger und frühen sechziger Jahre: der Zeit des »Sputnik-Schocks«, der Entdeckung des »technological gap«, des beginnenden High-Tech-Rüstungswettlaufs.[2] Nicht selten kann man den Eindruck gewinnen, als sei es die selbstverständliche Aufgabe des Technikhistorikers, an der Geschichte die Notwendigkeit immerwährenden technischen Fortschritts zu demonstrieren und gegen jegliche Versuchung zur Fortschrittsträgheit anzukämpfen. Wenn man jedoch sieht, wie rasant und risikoträchtig die technische Entwicklung in neuester Zeit geworden ist und mit welcher Heftigkeit der technische Fortschritt heute in vielen Publikationen als erbarmungsloser Kampf präsentiert wird, so gibt es Anlaß zu der Frage, ob dem Historiker nicht besser die Rolle des Bremsers anstünde – jedenfalls dann, wenn man wünscht, daß Wissenschaft etwas mit Weisheit zu tun haben möge.

Gerhard Mensch versuchte, durch Aufeinanderprojektion von Innovations- und Konjunkturkurven historisch nachzuweisen, daß allein grundlegende technische Innovationen (»Basisinnovationen«) aus Depressionen heraus und zu neuer Blüte zu führen vermöchten. Aber je nachdem, was man als »Basisinnovation« auffaßt und auf welchen Zeitpunkt man deren Durchsetzung datiert, gelangt man zu ganz verschiedenen Kurven und könnte beispielsweise nachweisen, daß der Weltwirtschaftskrise ein markanter Innovationsschub vorausging, die historisch einzigartige Wirtschaftsblüte der fünfziger und sechziger Jahre des 20. Jahrhunderts dagegen wesentlich auf der breiten Nutzung und Weiterentwicklung bekannter Technik beruhte.[3]

Häufig wurde Technikgeschichte wie selbstverständlich mit der Geschichte der Innovationen gleichgesetzt; nicht zuletzt dieses Geschichtsverständnis trug dazu bei, die Technikgeschichte von der allgemeinen Geschichte zu isolieren. Seit einem Jahrzehnt jedoch, als die Parole »Small is beautiful« auch in der Bundesrepublik populär wurde, hat das Interesse an traditioneller und alltäglicher Technik stark zugenommen. Der Boom an regionalen und lokalen Ausstellungen und Museen, an Bildbänden und »Spurensicherungen« vieler Art hat in Erinnerung gerufen, daß noch weit bis in unser Jahrhundert hinein Techniken und Arbeitswelten fortlebten, die heute archaisch wirken. Die herkömmliche Fixierung der technologischen Literatur auf die jeweils modernste Technik lenkte davon ab, daß eine dahinter weit zurückstehende, Modernes und Traditionelles miteinander verbindende Produktionsweise oft typischer war und ihre eigene Rationalität besaß.[4] Aber die Präsentationen traditioneller Technik tun sich in der Regel schwer damit, das Gezeigte auf den Begriff zu bringen und historisch einzuordnen. Die Exponate haben häufig einen regionalen Einschlag; aber es fehlt ein Konzept von regionaler Technik.

Was kann an der Technik regionenspezifisch sein? Natürlich im allgemeinen nicht die Grundprinzipien, aber doch das Ensemble, die Kombinationen und Querverbindungen, die Umweltbeziehungen, die Dimensionierung, die Materialien, der Umgang mit Energie, das »Mensch-Maschine-System«. Eine national und regional ausgerichtete Technikgeschichtsschreibung braucht einen Begriff von Technik, der diese Aspekte umfaßt, und einen Begriff von Region, der nicht nur an Spitzentechnologien und führenden Exportgewerben, sondern auch an Wechselwirkungen und Problem-Gemeinsamkeiten orientiert ist. »Region« ist hier kein Gegenbegriff zur Nation; schon im 18. Jahrhundert treffen manche Kriterien der Region auf Deutschland insgesamt oder doch in weiten Teilen zu. Der regionale Ansatz ist imstande, ein umfassenderes Bild vom technischen Wandel zu vermitteln; denn die Dynamik der technischen Entwicklung läßt sich in vollem Maße nicht an einzelnen Techniken demonstrieren, sondern nur an der »wechselseitigen Befruchtung der Technologien« (Pollard) und an der Art und Weise, wie sich das technologische Niveau einer Region auf breiter Front entwickelt.[5] Das gilt sowohl für Deutschland insgesamt als auch für innerdeutsche Regionen, und dies nicht nur für die frühe Industrialisierung, sondern auch für die Gegenwart. In letzter Zeit ist es sogar Mode geworden, das technologische Profil bundesdeutscher Regionen kontrastierend zu überzeichnen und den Ballungsräumen der überholten alten Technik im Norden die High-Tech-Hochburgen des Südens gegenüberzustellen.[6] Der durch die Elektronik vorangetriebene Trend zur Vernetzung gibt der Regionalisierung der Technik neue Impulse: »Nur regional abgestimmte und praxisnahe Systemlösungen«, so ein Experte für Produktionssysteme, könnten die integral-computergesteuerte Produktionsweise voranbringen. Der technologische Aufstieg Süddeutschlands läßt die Vergangenheit in neuem Licht erscheinen. Wenn noch Schnabel schrieb, in Bayern habe »die technische Entwicklung nicht weitergeführt werden« können, »denn es fehlte die Kohle«, »dieser Urstoff der modernen Zeit«, so hat sich heute der fehlende Sog der Schwerindustrie in Süddeutschland längst in einen Vorteil verwandelt.[7]

Die Möglichkeiten des regionalen Ansatzes werden nur unzulänglich genutzt, wenn dieser lediglich darauf hinausläuft, im Zeichen des Fortschritts-, Wachstums- und Wettlauf-Paradigmas den Vorsprung der einen und das relative Zurückbleiben der anderen Region zu thematisieren, statt zu untersuchen, ob nicht die fehlende oder nur partielle Rezeption neuer Technik bestimmten Bedingungen einer Region entsprach, und ob nicht auch der gelungene »Technologie-Transfer« mit bestimmten Modifikationen der transferierten Technik einherging.[8] Hier trifft sich der regionale Ansatz mit den neueren Diskussionen über »angepaßte Technik«.

Das Konzept der »*angepaßten Technologie*« *(Appropriate technology)* wurde ursprünglich für die »Dritte Welt« entwickelt, in Reaktion auf mißliche Erfahrungen mit unverändert vom Westen übernommener hochkomplexer Technik. *Appropriate Technology* bedeutet in diesem Fall einfache und billige Technik, die den regionalen Ressourcen und Bedürfnissen, dem Arbeitskräftepotential und den Umweltbedingungen entspricht. Pragmatiker begriffen unter der »Anpassung« jedoch auch eine Orientierung an Exportchancen, vor allem wenn es sich dabei um spezifische Möglichkeiten eines Landes, um relativ konkurrenzgeschützte Nischen handelte. Europäische Staaten und auch ein Staat wie Kanada, die sich durch erfolgreiche Nutzung »technologischer Nischen« gegen übermächtige Nachbarn zu behaupten wußten, wurden als Vorbilder für heutige Entwicklungsländer entdeckt.[9]

»Angepaßte Technik« wurde von der Protestbewegung gegen die Kernenergie zum Ideal auch für die hochindustrialisierten Länder erhoben. Dabei trug das Konzept vielfach utopische Züge: Es war eine technische Version ökologischer Wunschvorstellungen. Eine Beziehung zur Geschichte war zunächst nicht vorhanden; die Technik der industriellen Vergangenheit stand für viele Anhänger der *Small Technology* unter dem Fluch der *Economies of Scale*. Viele Vorkämpfer der »angepaßten Technologie« entwickelten ihr Konzept in einer Art, »as if history simply did not matter« (Langdon Winner).[10]

Es gibt jedoch Anlaß genug, das Konzept der angepaßten Technik mit einer historischen Dimension zu versehen: Die Geschichte bietet zu diesem Thema Beispiele in Fülle, zeigt allerdings auch die Ambivalenz dessen, was »Anpassung« bedeutet. Sidney Pollard zieht aus der europäischen und nordamerikanischen Technikgeschichte den Schluß, daß die Fähigkeit zur Anpassung ausländischer Technik – hier rein ökonomisch als Anpassung an die einheimischen Produktionsfaktoren und Preise verstanden – ein Indiz für technologische Reife, die unveränderte Übernahme der Technik dagegen ein Zeichen von Unterentwicklung sei. Auf andere Art bringen Piore, Sabel und Zeitlin die Geschichte ins Spiel, indem sie daran erinnern, daß es im Verlauf der Industrialisierung neben dem Trend zur Massenproduktion und zum industriellen Großkomplex immer wieder auch Trends zum handwerksartigen Kleinbetrieb gegeben hat.[11]

Daß die Technik sich regionalen Bedingungen anpassen müsse, war bis ins 19. Jahrhundert hinein vielfach so selbstverständlich, daß es kaum der Erwähnung bedurfte; das Besondere, Begründungsbedürftige war der Technologieimport von außen. Die lokal verfügbaren Steine, Holzarten und Eisenqualitäten prägten die Technik allenthalben, von den Werkzeugen bis zu den Hochöfen. Anpassung dieser Art und Anpassung an die vorhandenen Arbeitskräfte entsprach der altständischen und ebenso merkantilistischen Maxime, daß Technik vorrangig einheimische Ressourcen nutzen und die Produktqualität steigern, aber nicht Menschen brotlos machen solle.[12]

Daß das Verkehrssystem eines Landes dessen natürlicher Beschaffenheit angepaßt sein mußte, war noch im Zeitalter der Eisenbahn eine Binsenwahrheit. »Die Form des Verkehrssystems eines Landes«, lehrte Max Maria v. Weber, »ist ebenso notwendig die Konsequenz seines Klimas, Bodens, Wettercharakters, seiner Regierungsform, wie die Physiognomie seiner Tier- und Pflanzengestalten das Produkt seiner gesamten Natur ist.«[13] Nicht weniger selbstverständlich blieb bis ins 20. Jahrhundert, daß in der Landwirtschaft die technische Ausstattung den natürlichen Bedingungen entsprechen müsse. Erst im geteilten Deutschland der fünfziger Jahre begannen die Agrar- und die Verkehrspolitik – diese am stärksten im Westen – von einer ganz anderen Denkweise bestimmt zu werden.

»Anpassung an die Natur« konnte auch vom internationalen

Handel her definiert werden. Wenn der Liberalismus eine der »Natur« entsprechende Industrie forderte, umfaßte diese »Natur« nicht die gesamte Ausstattung einer Region, sondern ihre Vorzüge gegenüber anderen Regionen, die bei einer interregionalen Arbeitsteilung zum Tragen kamen. Als der Pfarrer Schwager 1804 versicherte, der »liebe Gott« und die »Natur« hätten »jedem Lande seine besonderen Schätze« und »jeder Nation ihren eigenen Industriegeist« zugeteilt, stand das im Zusammenhang mit einer Polemik gegen die »lächerliche Donquixoterei« des Merkantilismus, »alle Fabriken in seinem eigenen Lande haben« zu wollen. Und als Walther Rathenau 1918 verkündete, jede Industrie sei »ein Bodenprodukt, nicht anders als Tier und Pflanze«, war dies ein Plädoyer für großindustrielle Konzentration am jeweils günstigsten Standort. In den Augen der Chemie-Publizistik war das rohstoffarme Deutschland von seinen natürlichen Bedingungen her für die chemische Synthese prädestiniert.[14]

Gerschenkron glaubt sogar, daß die technischen Großprojekte des zaristischen und stalinistischen Rußlands eine sinnvolle Assimilation fremder Technologie enthielten; denn gerade die modernste, kompakteste, am meisten arbeitssparende Technik habe dem vorindustriellen Umfeld und dem Mangel an qualifizierten Facharbeitern in Rußland entsprochen.[15] Hier bedeutet »Assimilation« jedoch im Grunde Anpassung der Technik an die Bedingungen ihres eigenen Funktionierens. Gerade den stalinistischen Typus der Industrialisierung kann man als ein wahres Schreckbild unangepaßter, im Endeffekt mörderischer Technik auffassen. Wenn Gerschenkron auf das deutsche Vorbild verweist, so ist dem entgegenzuhalten, daß der Erfolg der deutschen Industrialisierung nicht zuletzt darauf beruhte, daß nicht alle Kräfte von großen schwerindustriellen Komplexen absorbiert wurden, sondern zugleich eine starke Intensivierung der Landwirtschaft gelang und handwerkliche Traditionen von einer Vielzahl von Klein- und Mittelbetrieben lebendig gehalten wurden.

Bei allen Versuchen, »angepaßte Technik« und das nationale Profil, den regionalen Stil einer Technik zu definieren, entsteht eine Spannung zwischen der Innen- und Außensicht der Region; das Bild wird unterschiedlich, je nachdem, ob man die »Natur« einer Region von der Gesamtheit ihrer Bedingungen her oder von ihren relativen Vorzügen im Kontext einer interregionalen Arbeitsteilung her bestimmt. Das Ideal wäre ein Typus von industrieller Entwicklung, der die binnenländischen Bedingungen mit den Weltmarktchancen in Einklang bringt. Gerade in neuester Zeit hat sich jedoch die Spannung zwischen beiden Kriterien verschärft; im Bann des Weltmarkts und des europäischen Binnenmarkts wird die Frage nach der Anpassung von Technologie-Projekten an bundesdeutsche Verhältnisse vielfach gar nicht mehr gestellt. In einem entscheidenden Punkt treffen sich allerdings Binnen- und Außenperspektive: darin, daß die »Ressource Mensch« die wichtigste bundesdeutsche Standortbedingung sei; aber diese Einsicht bleibt oft ohne Konsequenz.

Was »angepaßte Technik« bedeutet, erkennt man vor allem an ihrem Gegenteil. Das gilt nicht nur für unterentwickelte Länder, sondern auch für allzu erfolgreiche Industriestaaten, die das Gefühl für die Begrenztheit ihrer technischen Möglichkeiten verlieren. An Beispielen in der neueren bundesdeutschen Geschichte ist kein Mangel: die Massenmotorisierung amerikanischen Stils mit ihren städtezerstörenden Folgen; die durch Subventionen geförderte Übertechnisierung der Landwirtschaft; die Ausrüstung der Bundeswehr mit Atomwaffen, obwohl die Bundesrepublik atomar nicht zu verteidigen ist; die Übernahme der amerikanischen Kerntechnik, obwohl die dichtbesiedelte Bundesrepublik nicht die amerikanischen Abstandskriterien übernehmen konnte; die wachsenden Luftfahrt-Ambitionen, obwohl eine immer weitere Expansion des Luftverkehrs auf dem engen Raum der Bundesrepublik horrende Probleme schafft; und nicht zuletzt die Vergeudung der wichtigsten Ressource, der Menschen, durch technologische Strategien, die ganz überwiegend auf Freisetzung von Arbeitskräften hinauslaufen. Nicht zuletzt die Krisenzeichen der Gegenwart rechtfertigen den Versuch einer Neuentdeckung der Technikgeschichte.

## 2. Zur Diskursgeschichte des »deutschen Weges« in Industrie und Technik

Das farbigste Literaturgenre zum Thema sind Vergleiche zwischen der deutschen Industrie und der anderer Länder, häufig aus dem Blickwinkel der Konkurrenz. Während die Wissenschaft sich mit methodisch exakten Vergleichen in der Regel schwertut, ist der Nationen-Vergleich in populären und aus der Situation heraus geschriebenen Literaturgattungen vom 18. Jahrhundert bis heute ein unerschöpfliches Thema: eines für Reise- und Ausstellungsreportagen, für Lageberichte der Handelsvertretungen, für publizistische Warn- und Weckrufe. Den Anstoß gab nicht nur die wirtschaftliche Rivalität, sondern – vor allem im 20. Jahrhundert – auch der Rüstungswettlauf und die kriegsbedingte Erfahrung mit der Technik anderer Länder. Zu dem im 18. Jahrhundert einsetzenden Strom der England-Berichte kamen seit dem 19. Jahrhundert immer neue Wellen von Berichten über die amerikanische Industrie und Technik, oft verbunden mit Urteilen über deutsche Schwächen und Stärken. Seit der Mitte des 19. Jahrhunderts boten die Weltausstellungen ein schwelgerisches Panorama der technischen Spitzenleistungen vieler Nationen und einen ständigen Anreiz zu pointierten Bemerkungen über nationale technische Profile. Auch die unterschiedliche Entwicklung der Eisenbahnsysteme gab Anlaß zu Vergleichen zwischen den Staaten und Nationen.

Die schreckenerregende Technisierung der Kriegführung im Ersten Weltkrieg, der spektakuläre Einbruch von Fordismus und Taylorismus in das Europa der zwanziger Jahre, die Proklamation einer »deutschen Technik« durch den Nationalsozialismus lösten Literaturströme aus, in deren Brennpunkt immer auch die Leistungsfähigkeit der deutschen Technik und Produktionsweise im Vergleich zu der anderer Länder stand. Neue Impulse von vergleichbarer Intensität brachten seit den sechziger Jahren die erregten Debatten über den *Technological Gap* Europas gegenüber den USA und auch die Auseinandersetzungen über Rüstung und Kerntechnik. Der Aufstieg Japans – in mancher Hinsicht analog, in anderer spiegelbildlich zum deutschen »Wirtschaftswunder« – rückte auch deutsche Vorgänge in ein neues Licht. Reiseberichte, wenn auch weniger berühmt als im 18. Jahrhundert, haben ihre Bedeutung nicht verloren. Die extrem hohe Exportorientiertheit der Bundesrepublik führte zu einem permanenten und nervösen, stets zu Alarmrufen aufgelegten Vergleich der deutschen Leistungsfähigkeit mit derjenigen Japans und der USA. Auch nationale und supranationale Großprojekte in neuen Technologien sind geeignet, eine nationale technologische Profilneurose zu stimulieren.

Aus historischer Sicht kann man nicht ohne Staunen feststellen, daß heute in einem Maße wie nie zuvor die technologische Innovation als solche – ohne Rücksicht auf Kosten und Bedarf, auf menschliche Leistungfähigkeit und zivilisatorisches Umfeld – zum Hauptthema, zum Gegenstand der Politik und Allheilmittel für Krisen gemacht wird, obwohl der wachsende Anteil des Dienstleistungssektors die ökonomische Bedeutung der Produktionstechnik eher zurückgehen läßt.

Den deutschen Diskussionen stehen ähnliche Erörterungen in anderen Ländern gegenüber; nicht selten besteht eine Wechselbeziehung. In wesentlichen Punkten decken sich Selbst- und Fremdeinschätzung. Manche Urteile variieren, je nachdem, ob Deutschland aus amerikanischer, aus englischer oder französischer Perspektive charakterisiert wird. Mit dem Blick auf die USA pflegte in Deutschland die übermäßige Produktvielfalt und mangelnde Typisierung der deutschen Fabrikationsweise beklagt zu werden; ein französischer Beobachter dagegen bewunderte schon um 1914 die Verbreitung von Serien- und Fließfertigung im Deutschen Reich.[16] Robert Brady, der amerikanische Historiker der deutschen Rationalisierungsbewegung, stellte fest, daß das deutsche Konsumverhalten nicht so individuell sei, wie sich die Deutschen gerne einbildeten.[17] In neuester Zeit gehörte in der Bundesrepublik das Lamento über den deutschen Elektronik-Rückstand gegenüber den USA und Japan zum guten Ton; aus englischer Sicht jedoch folgten die Deutschen der amerikanischen und japanischen Halbleiterindustrie mit beachtlicher Schnelle.[18] Manchmal werden verschiedene Nationen einander in einer dialektischen Figur zugeordnet: die Deutschen als das Volk der methodisch-bedächtigen Gründlichkeit, die Amerikaner als das der innovationsfreudigen, aber unsoliden Hektik und die Engländer in einer Position zwischen diesen Extremen[19]; die amerikanische Elektrifizierung als einseitig ökonomisch, die englische als einseitig kommunalpolitisch determiniert, die deutsche dagegen als gelungene Verbindung von Ökonomie und Kommunalpolitik; der Geist des britischen Ingenieurwesens als Praxis ohne Theorie, des französischen als Theorie ohne Praxis, des deutschen als Synthese von beidem.[20]

Besonders anhaltend und leidenschaftlich wurden die Ursachen des deutschen Erfolgs in England erörtert: in der Debatte über den lange nur behaupteten, am Ende tatsächlich eintretenden Niedergang der britischen Industrie, die vom späten 19. Jahrhundert bis in die Gegenwart reicht. Gerade heute wird das Schicksal Englands als warnendes Beispiel für die bösen Folgen von Innovationsträgheit vor Augen gestellt; ähnlich wurde aber schon das relative Zurückfallen der britischen Stahlindustrie im späten 19. Jahrhundert begründet. Die Analyse Wengenroths hat diese Auffassung überzeugend widerlegt und zugleich nachgewiesen, daß der »deutsche Weg« zum Erfolg hier mehr mit Kartell- und Schutzzollpolitik als mit technischen Innovationen und besonderer Qualitätsarbeit zu tun hatte.[21]

In wichtigen innovatorischen Bereichen hielt England noch bis in die fünfziger Jahre eine Spitzenposition: trotz des angeblich säkularen britischen Rückstandes in wissenschaftlicher Technologie behauptete sich gerade die britische Chemie bis heute relativ gut. Rüstungs-, Luftfahrt- und Kerntechnik wurden mit größtem Aufwand weiterentwickelt: Aber eben diese Art von Fortschritt bekam der Gesamtwirtschaft nicht gut. Das britische Beispiel demonstriert, genauer besehen, nicht so sehr die Fatalität mangelnden technischen Fortschritts, sondern die Schädlichkeit einer einseitigen Förderung angeblicher Spitzentechnologien im militärischen Interesse und einer auf Kapitalexport orientierten Finanzpolitik.[22] All dies gibt Grund zur Revision mancher gängigen Ansichten über die Ursachen von Erfolg und Mißerfolg in der deutschen Technikgeschichte, so insbesondere der Meinung, daß der deutsche Erfolg wesentlich auf Spitzentechnik, aufwendigen Innovationen und schnellem Innovationstempo beruht habe.

Einige amerikanische Interpretationen des »deutschen Wegs« haben den Vorzug der Modellhaftigkeit, wenn auch nicht den einer sorgfältigen Fundierung. Thorstein Veblen (1915) kontrastierte die »deutsche industrielle Gemeinschaft«, die sich »widerstandslos unter die Herrschaft des technologischen Experten« begeben habe, vorbildhaft zu der von »Finanzstrategen« beherrschten amerikanischen Industrie. Für Lewis Mumford (1934) war das Deutsche Reich das Land, wo die Herrschaft der »Paläotechnik« – des durch Schwerindustrie und Raubbau an der Natur charakterisierten »carboniferous capitalism« – zunächst (bis etwa 1914) ihre ärgste Vollendung erreichte, dann aber »mit größerer Schnelligkeit als in irgendeinem anderen Teil der Welt zusammenbrach«. Deutschland wurde aus seiner Sicht das Land der »Neotechnik«, der umsichtigen Nutzung der Reststoffe, der chemischen Verwertung der Kohle, der sauberen Elektrizität.[23] Vorbildcharakter besitzt Deutschland auch für Piore und Sabel: Dieses Land sei nie der Faszination der amerikanischen Massenproduktion erlegen. »Im Vergleich zu allen anderen großen Industriemächten war in Deutschland das Paradigma der handwerklichen Produktion am bedeutendsten geblieben.« »Deutschlands Eignung für die handwerkliche und kleingewerbliche Produktion« habe »ihren Ursprung in der Kooperation zwischen der regionalen kleinbetrieblichen Ökonomie des 19. Jahrhunderts, die der in Frankreich ähnlich war, und den geradezu auf aggressive Weise effizienten staatlichen Behörden«. In den sechziger und siebziger Jahren sei die Bundesrepublik zu ihrem Schaden von der guten deutschen Tradition abgeirrt; jetzt aber, in der Ägide der flexiblen Spezialisierung, befinde sie sich auf dem Wege der Rückbesinnung.[24]

Für Bruce Nussbaum, bei *Business Week* Redakteur für internationale Wirtschaftsbeziehungen, sind »deutsch« und »Technologie« traditionell geradezu Synonyme: »Wo sonst wird die fehlerlos konstruierte Maschine so verehrt?« Aber die um »Schwermaschinenbau, Stahl und Chemie« zentrierte Industriestruktur, die den Deutschen zur zweiten Natur geworden sei und noch in den späten siebziger Jahren einen letzten Höhepunkt erlebt habe, werde nun, in der Ära der »neuen Technologien«, zum Verderben. Die »deutsche Neigung zur Perfektion und Ordnung, die sich im mechanischen Zeitalter so hervorragend bewährte«, sei im Zeitalter der Elektronik eine Belastung. Die von den Deutschen nunmehr gesuchten Auswege aus der Misere gefährdeten die westliche Welt: die Flucht der Jugend in ökologische Utopien und die Hinwendung der Industrie zum Osten, wo die »alten ›Dinosaurier‹-Schwerindustrien« allein noch auf eine Zukunft hoffen könnten.[25] Aber schon im 19. Jahrhundert war die deutsche Industriestruktur zum Teil von Ostbeziehungen geprägt: Dieses Thema fehlt in der Diskursgeschichte. Nussbaums in den USA vielbeachtete Streitschrift wurde binnen weniger Jahre durch die Ereignisse überholt. Manche Beobachter halten heute den »deutschen Weg« in den neuen Technologien für erfolgreicher als den amerikanischen mit seinen von der Zivilproduktion isolierten High-Tech-Inseln.

Kein Zweifel, Thesen über den »deutschen Weg« sind in hohem Maße klischeeanfällig, und die Helldunkel-Kontraste der referierten Deutschland-Modelle mit ihren Pauschalisierungen und Widersprüchen fordern zur Kritik ihres faktischen Gehalts und auch zur Ideologiekritik heraus. Immerhin zeigen sie die Relevanz des Themas für die gegenwärtige industrielle und technologische Trend- und Situationsbestimmung. Es besteht nur die Gefahr, daß die Betrachtungen über das Deutsche in der Technik das Denken genau in *die* Zone manövrieren, die vermieden werden soll: in das geistige Klima des internationalen Technik-Wettlaufs und des technologischen Nationalismus. Die Diskursgeschichte darf gewiß nicht mit der realen Geschichte verwechselt werden. Sie enthält jedoch manche Korrekturen in sich selbst. Sogar im schlimmsten Fieber des Nationalismus wurde die Neigung zur prahlerischen Überschätzung der eigenen Technik doch häufig durch die Gegentendenz ausgeglichen, den technischen Vorsprung des Auslands zur Anstachelung der nationalen Anstrengungen zu übertreiben. Gerade der Nationalsozialismus, der die »deutsche Technik« proklamierte, war zu einer klaren und verbindlichen Definition des »Deutschen« in der Technik besonders wenig imstande.

### 3. »American System« und »Schweizer Modell«: Kontrasttypen nationaler Technik-Stile

Um eine Vorstellung davon zu gewinnen, wie ein nationaler Technikstil aussehen und worin sein Zusammenhang bestehen kann, ist es nützlich, die USA und die Schweiz als Beispiele zu nehmen, deren technisch-industrielle Profile in ganz unterschiedlicher Weise Modellcharakter besitzen und sowohl markante Ähnlichkeiten als auch Kontraste zu deutschen Verhältnissen aufweisen.

Die USA waren das Land, das am frühesten einen ausgeprägten eigenen Produktionsstil entwickelte, der sich von dem englischen nicht nur unterschied, sondern diesem in mancher Beziehung überlegen war. Das *American System of Manufactures* wurde so sehr zum Archetyp eines nationalen Produktionsstils, daß später die europäische Wirtschaftsweise im Kontrast zur amerikanischen bestimmt zu werden pflegte: durch Produktion in kleinen Größenordnungen und Klein- und Mittelbetrieben, durch komplizierte Produktionsmethoden und hohen Arbeitsanteil.[26]

Die deutsche Technikgeschichte läßt sich seit den dreißiger Jahren des 19. Jahrhunderts, seit den Anfängen des Eisenbahnbaus und der Maschinenindustrie, in einer Hauptlinie als dialektisches Gegenüber der amerikanischen Produktionsentwicklung beschreiben: als Geschichte einer in Wellen verlaufenden Faszination durch die USA, immer neuer Rezeptionen und Modifikationen amerikanischer Produktionsmethoden, aber auch als eine Geschichte von Schüben der Amerikaphobie und heftiger Gegenreaktionen auf den »Amerikanismus«. Amerikareisen und Amerikaaufenthalte deutscher Ökonomen und Techniker übten immer wieder Signalwirkung aus: von Friedrich List über Reuleaux und Riedler, Duisberg und Carl Bosch bis hin zu den Initiatoren der bundesdeutschen Atomwirtschaft. Der »deutsche Weg« wirkte aus der Sicht anderer europäischer Staaten oft wie eine Adaption des amerikanischen Stils an eine stärker hierarchische, vom Respekt vor formalen Qualifikationen geprägte Gesellschaft mit knapperen Ressourcen. Nicht erst in der Zeit der Bundesrepublik, sondern schon vor 1914 galten die Deutschen manchmal als die »Yankees von Europa«.[27] Aber gerade in Deutschland zeigte sich besonders deutlich, daß Elemente der amerikanischen Zivilisation in einem anderen kulturellen Kontext keineswegs eine Affinität zu den USA bewirken müssen. Hier enthält die deutsche Geschichte eine vielleicht besonders bedeutsame Lehre für die Zukunft; denn die Haßliebe gegenüber der westlichen Zivilisation ist zu einem der stärksten Motive in der Welt geworden.

Erörterungen über das *American System of Manufactures* reichen bis in die Zeit der Londoner Weltausstellung von 1851 zurück; als ein Thema der Technikgeschichte ist das *American System* jedoch erst seit den sechziger Jahren des 20. Jahrhunderts aufgegriffen worden. Ein immer wieder erwähntes Grundelement des amerikanischen Umgangs mit Technik, das im 19. Jahrhundert noch mehr auffiel als heute, war die Radikalität der Mechanisierung – der Einsatz von Arbeitsmaschinen wo immer nur möglich. Diese Neigung wurde oft als logische Folge hoher Löhne interpretiert. Wenn man jedoch nicht die Nominal-, sondern die Reallöhne betrachtet, war das Lohnniveau nicht durchweg so viel höher als in europäischen Industriestaaten: Die Leidenschaft zur Mechanisierung bestand mitunter offenbar auch unabhängig von betriebswirtschaftlicher Rationalität. Sie ließ sich nicht aus einem Überfluß an billigem Kapital erklären: Der Zinssatz war in den USA zeitweise sogar höher als in England; demgemäß galten im 19. Jahrhundert leichte, unkomplizierte, nicht besonders solide, aber dafür billige Maschinen, die sich rasch rentierten, als typisch amerikanisch.[28] Aufwendige technische Entwicklungsarbeiten – so hieß es damals – widersprächen dem amerikanischen Wirtschaftstempo und dem Drang zu schnellem Reichtum. Dieses Bild, das schon im 19. Jahrhundert nicht überall zutraf, hat sich in der zweiten Hälfte des 20. Jahrhunderts gründlich gewandelt: Nun sind die USA – aus der kritischen Sicht David F. Nobles – zur Hochburg der engen Verquickung von *Scientific Technology* und *Corporate Capitalism* geworden.[29] Hier ähnelt das amerikanische Image in bemerkenswertem Maße dem einstigen Profil der reichsdeutschen Industrie und Technik.

Mit dem Siegeszug der Singer-Nähmaschinen und erst recht des Fordschen T-Modells galt die Massen- und Serienfertigung als spektakulärstes, für europäische Industrielle am meisten beängstigendes Merkmal der amerikanischen Produktionsweise. Massenproduktion, Serienfertigung, austauschbare Einzelteile und Mechanisierung bis zur äußersten Grenze des Möglichen wurden bei Ford – ohne daß dies von Anfang an so geplant gewesen wäre – zu einem logisch zusammenhängenden System. Von jener Zeit an wurde es verführerisch, in der gesamten amerikanischen Industriegeschichte seit den Anfängen der Union und seit der automatischen Mühle von Oliver Evans einen von innerer Logik getriebenen Trend in diese Richtung zu erkennen. Dabei wurde übersehen, daß die Fertigung austauschbarer Einzelteile bis weit ins 19. Jahrhundert hinein ein teures und unrentables Geschäft war, das qualifizierte Handarbeit erforderte und sich nur bei der Waffenproduktion lohnte.[30] Die Austauschbarkeit der Einzelteile, die eine rasche Reparatur ermöglichte, gab es als Ideal schon seit Jefferson; aber die Verwirklichung außerhalb der Rüstungsindustrie scheiterte lange an den Kosten. Bis in das späte 19. Jahrhundert wurde wohl Spezialisierung, nicht aber Serienfertigung als Kennzeichen der amerikanischen Produktion wahrgenommen. Eher empfand man den ständigen Drang nach neuen Erfindungen als »typisch amerikanisch«; dieser stand jedoch in Spannung zu der Starrheit der Serienproduktion.

Sowohl die Hetze als auch das Bestreben, sich das Leben mit den Mitteln der Technik so bequem wie möglich zu machen, galten seit dem späten 19. Jahrhundert als amerikanischer Charakterzug. Die USA gingen in der Technisierung des Haushalts voran, begünstigt durch den Mangel an Dienstpersonal und das Selbstbewußtsein der amerikanischen Frauen. Bei Arbeitern wie Ingenieuren wurde eine hohe Bereitschaft zu arbeitsteiliger Spezialisierung, jedoch eine weit geringere Neigung zur Professionalisierung beobachtet. Die Identifikation mit einem am liebsten lebenslang betriebenen, durch formale Qualifikationen definierten Beruf gilt bis heute als ein Wesenszug, der den Deutschen besonders stark vom Amerikaner unterscheidet.

Aus deutscher Sicht gehörte der verschwenderische Umgang mit natürlichen Ressourcen zu den auffallenden und ärgerlichen Zügen der amerikanischen Wirtschaftsweise. Amerika war das Land, wo man immer bereit war, rasch etwas Neues anzuschaffen, anstatt das Alte zu pflegen und zu reparieren: eine Verhaltensweise, die das Wirtschafts- und Innovationstempo beflügelte. Die Ausbreitung der »Wegwerfmentalität« in der Bundesrepublik markiert eine wichtige Wende auch in der deutschen Wirtschafts- und Technikgeschichte. Verschwenderisch konnte man im amerikanischen 19. Jahrhundert vor allem mit Holz und Wasserkraft umgehen, nicht so sehr mit Eisen. In den USA vertrug sich die hölzerne Basis durchaus in einem für das 19. Jahrhundert beachtlichen Maße von Mechanisierung und Massenproduktion. Wie in neuerer Zeit Nathan Rosenberg hervorgehoben hat, war der hohe Mechanisierungsgrad in der Holzindustrie auf dem technischen Niveau jener Zeit mit gewaltigen Holzabfällen verbunden, die man sich in Mittel- und Westeuropa bei den dort viel höheren Holzpreisen nicht hätte leisten können.[31]

Welche allgemeinen Folgerungen lassen sich ziehen und auf die Betrachtung des »deutschen Weges« übertragen? Zunächst die, daß ein nationaler technologischer Stil nicht an bestimmten Techniken festzumachen ist, sondern mit der Organisation der Produktionsprozesse und der gesamten Art, mit Technik umzugehen, zusammenhängt. Natürliche Ressourcen und Arbeitskosten gehören zu den Grundbedingungen; dennoch ist ein nationaler Technikstil keine bloße Funktion der Faktorkosten. Er besitzt eine anthropologische Grundlage: Die Beziehung zur Technik wird denen, die mit ihr arbeiten, zur zweiten Natur und bleibt zumindest von kürzerfristigen Preis- und Kostenschwankungen unberührt.

Massen- und Serienfertigung sind nicht Resultate einer von Raum und Zeit unabhängigen technischen und ökonomischen Logik, sondern gehen aus bestimmten Bedingungen und auch einer bestimmten Wirtschafts- und Konsummentalität hervor. Ähnliches gilt für das permanente Streben nach technischer Innovation. Habakkuk fand, die »amerikanische Bereitschaft zum Verschrotten« sei »aus ökonomischer Sicht teilweise unrational«.[32] Ein andersartiges Innovationsverhalten in Deutschland braucht nicht als pure Trägheit interpretiert zu werden.

Das amerikanische Beispiel zeigt, daß ein nationaler technischer Stil historischen Wandlungen unterliegt, aber in manchen Elementen doch eine beachtliche Zähigkeit aufweist. Die Redensart vom »amerikanischen System« enthält jedoch insofern eine falsche Suggestion, als man sich ein nationales Technikprofil nicht wie ein kompaktes Ganzes vorstellen darf, sondern eher als eine »Problemlandschaft« mit charakteristischen Spannungen und Kontrasten. Das »amerikanische System« ist das idealtypisch überhöhte Bild einiger besonders innovatorischer Industrien, die jedoch keineswegs die gesamte Wirtschaft repräsentieren. Das amerikanische 19. Jahrhundert war nicht nur durch Ersetzung von Handarbeit durch Maschinen, sondern auch durch eine hochentwickelte Werkzeugkultur gekennzeichnet.[33] Im 20. Jahrhundert entwickelte das Technikprofil der USA eine ausgeprägte Dialektik: Das »amerikanische System« gipfelte in den Fließbändern Henry Fords; aber auch die Wiederentdeckung der manuellen Arbeit und des in ihr verborgenen Rationalisierungspotentials geschah mit dem Taylorismus auf aufsehenerregende Weise. Die Vergeudung von Menschen und Rohstoffen rief in den zwanziger Jahren als Gegenreaktion Sicherheits- und Sparsamkeitskampagnen hervor. Die fünfziger Jahre brachten zunächst das aggressive »Haifisch«-Styling der Autos, dann jedoch die prompte Durchsetzung drastischer Geschwindigkeitsbegrenzungen. Der traditionell-amerikanische Pragmatismus wich in manchen Industriezweigen einer Wissenschaftsorientierung. Auch die deutsche Entwicklung besaß ihre Dialektik: Diese verhielt sich zur amerikanischen teils analog, teils gegenläufig.

Der amerikanische wie der deutsche Weg wurden wesentlich durch die Art der vorhandenen Arbeitskraftressourcen bestimmt. Amerikanische Maschinen mußten auf eine häufig wechselnde, kurzzeitig angelernte Bedienungsmannschaft eingestellt sein; deutsche Fabriken kultivierten mit Vorliebe einen festen Arbeiterstamm und einen Arbeitertypus, der sich mit bestimmten Tätigkeiten identifizierte und diese ein Leben lang betrieb. Wieweit die in Deutschland beliebte Professionalisierung der Arbeit einer technischen Notwendigkeit entsprang, wird bei einem Blick über die deutschen Grenzen zur offenen Frage.

Die Modellhaftigkeit der *schweizerischen* Industrieentwicklung ist in letzter Zeit von unterschiedlicher Seite hervorgehoben worden, nicht zuletzt bei der Suche nach Entwicklungsvorbildern für rohstoffarme Staaten der »Dritten Welt«.³⁴ Das schweizerische Modell gibt Anhaltspunkte zu Überlegungen darüber, wie der »deutsche Weg« – profiliert durch Chemie, Elektroindustrie und Maschinenbau – ohne nationalen Machtstaat, ohne Kohle und Schwerindustrie hätte aussehen können, oder, andersherum: in welcher Weise der »deutsche Weg« durch die letztgenannten Faktoren geprägt worden ist. Stärker noch als in Deutschland mußte der industrielle Erfolg in der Schweiz auf optimale Nutzung menschlicher Arbeitskraft, dazu auch der Wasserkräfte abgestellt sein. Die Elektrizität wurde frühzeitig als eine den Schweizer Bedingungen besonders angepaßte Energieform begriffen. Das »aufsehenerregendste Ereignis der Internationalen Elektrotechnischen Ausstellung« zu Frankfurt 1891, die Kraftübertragung von Lauffen am Neckar nach Frankfurt über eine Entfernung von 175 km, die von Georg Siemens als Bastillensturm der Elektrotechnik geführt wurde, war ein Gemeinschaftswerk der Schweizer Firma Oerlikon und der AEG.³⁵ Ähnlich wie in den alten süddeutschen Gewerbezentren kam der schweizerische Maschinenbau eher aus der Tradition der Feinmechanik als aus der der Dampf- und Bergbaumaschinen. Die Schweiz wurde – wesentlich dank der historisch gewachsenen Gruppenkultur der Uhrmacher im Schweizer Jura – mit der Uhrenindustrie identisch wie kaum ein anderes Land mit einem bestimmten Industriezweig. Obwohl das Textilgewerbe für die Schweiz seit dem 18. Jahrhundert größte Bedeutung besaß, erfolgten gerade hier die Mechanisierungsimpulse nur zögernd. Bis um 1780 war die Schweiz in der Baumwollproduktion sogar England voraus; in der Folgezeit dagegen geriet die Schweizer Textilbranche durch das englische Maschinengarn in eine schwere Krise und eine sehr bewußt diskutierte Entscheidungssituation. Als Lösung setzte sich weder die von vielen befürwortete Reagrarisierung der Schweiz noch der Start eines technischen Wettlaufs mit England durch, sondern die Spezialisierung auf Nischenbereiche: auf Qualitätsprodukte, wo die reichliche Verfügbarkeit billiger qualifizierter Arbeitskraft gegenüber England zum Tragen kam. Die ökonomische Vernunft dieser verzögerten Mechanisierung – die gewiß mit einer hohen Ausbeutbarkeit der Arbeit zusammenhing – ist in letzter Zeit neu entdeckt und gewürdigt worden³⁶; vergleichbare Entdeckungen lassen sich für frühindustrielle deutsche Regionen machen.

Ähnliches gilt für den in den Alpen immer eindrucksvoll sichtbaren Zwang, bei der industriellen Entwicklung die natürliche Umwelt zu berücksichtigen. Die freihändlerische, auf Nahrungsmittelimporte angewiesene Schweiz mußte danach streben, ihre eigenen Agrarprodukte zu möglichst hochwertigen Nahrungsmitteln zu verarbeiten; hier wurde die Lebensmittelindustrie zu einem Leitsektor, auch in technischer Beziehung. Das »Käsfieber«, das im 19. Jahrhundert viele Schweizer Täler erfaßte, brachte einen technisch bedingten Übergang zu größeren Produktionseinheiten. Die Ausbreitung der Almwirtschaft, ein Gradmesser für wachsende Exportorientiertheit, verbesserte jedoch auch die ökologische Stabilität der Landwirtschaft im Gebirge. Die Industrialisierung der Viehzucht wurde im 20. Jahrhundert durch protektionistische Maßnahmen begrenzt, um das Gebirgsbauerntum zu erhalten. Der Protest gegen die wachsende Flut der Motorisierung nahm in der Schweiz besonders heftige Formen an. Die Anlage eines großen Wasserkraftwerkes im Rheinwald wurde in den fünfziger Jahren durch eine breite Gegenbewegung in der Bevölkerung verhindert.[37] Auch eine wirksame Opposition gegen Umweltsünden der Chemie gab es hier relativ früh: mit dem »Fluorkrieg« der Aargauer Bauern gegen Alusuisse (1956-58). Die Schweizer Chemie war ihrerseits Vorreiter bei der Verlagerung von Umweltbelastungen außer Landes. Gerade weil die Schweizer Industrialisierung zur deutschen in vieler Hinsicht parallel läuft, läßt sie auch manche Alternativen und deutsche Besonderheiten erkennen.

## 4. Das deutsche Ideal der wissenschaftlichen Technik und die Wiederentdeckung der Erfahrung

Die These, daß der Weg des technischen Fortschritts zu wachsender Verwissenschaftlichung der Technik, ja letztlich zur Einheit von Wissenschaft und Technik führe, wurde seit dem 19. Jahrhundert zuerst in Deutschland, dann auch in anderen Ländern zum Gemeinplatz. Erst diese Verknüpfung der Technik mit dem menschlichen Erkenntnisdrang machte die Vorstellung möglich, daß der technische Fortschritt unendlich sei. Sombart verkündete, die »moderne Technik« sei, ebenso wie die Naturwissenschaft, das »echte Kind des revolutionären, faustischen, europäischen Geistes«; beide seien »eben eins«, »ihr Entwicklungsgang« sei »derselbe«; und da die Wissenschaft unentwegt voranschreite, könne man »von einer der wissenschaftlich unterbauten Technik innewohnenden (immanenten) Tendenz zu grenzenloser und fast automatischer Ausweitung des technischen Wissens sprechen«.[38]

Ähnliche Auffassungen sind unzählige Male wiederholt worden und galten bis in die siebziger Jahre als fortschrittlich. Der Weg in die »wissenschaftlich-technische Revolution« – oft schon als »WTR« abgekürzt – wurde vom Marxismus-Leninismus der Nach-Stalin-Ära zu einem Gesetz der Geschichte erhoben. Aber auch an bundesdeutschen Technischen Hochschulen wird gelehrt, daß das alte Verhältnis von Theorie und Praxis – daß nämlich die technologische Theorie der handwerklichen Praxis folgte – in der modernen Technik »endgültig auf den Kopf« gestellt sei: In »immer größeren Gebieten« ergreife die Theorie die Führung, in einem Maße, »daß der Übergang von der Forschungsmaschine zur Produktionsmaschine fließend« werde – »so bei Kernforschungsmaschinen und Atomkraftanlagen«. Das bedeute nichts weniger als »eine neue welthistorische Großepoche«. »Auf den ›science based industries‹ ruhen die Hoffnungen der Zukunft.«[39]

Fortschritt durch Verwissenschaftlichung: Dieses Geschichts- und Zukunftsbild ist für die Interpretation der deutschen Technikgeschichte von zentraler Bedeutung; denn nach einer auch im Ausland allgemein anerkannten Auffassung spielte Deutschland bei der Verwissenschaftlichung der Technik die bahnbrechende Rolle. »Wesen und Welterfolg« der »deutschen Technik« beruhten auf ihrer »wissenschaftlichen Grundhaltung«: das wurde im späten 19. Jahrhundert zu einem ritualartig wiederholten Glaubensbekenntnis vor allem der deutschen Chemie und Elektrotechnik und der nach akademischen Würden verlangenden Technischen Hochschulen.[40] Dieses Credo war gewiß nicht aus der Luft gegriffen; dennoch lohnt es sich, genauer zu betrachten, was »Verwissenschaftlichung« der Technik bedeutete, und welche Interessen hinter dieser Beschwörung der Wissenschaft standen.

Brady erkannte in dem Streben nach Verwissenschaftlichung des gesamten Wirtschaftslebens einen *curiously German aspect:* »Es ist die Wissenschaft, die dem notorischen deutschen Hang zu Ordnung, Anordnung und System zugleich ihren perfektesten und fruchtbarsten Ausdruck verleiht.« Eine Überprüfung der These von dem deutschen Weg zur wissenschaftlichen Technik ist um so nötiger, als es sich dabei nicht um einen allumfassenden und logisch zwingenden Trend der Technikgeschichte handelt. Wenn die moderne Technik sich wissenschaftlicher Methoden bedient und Teile der Naturwissenschaften ihre Förderungswürdigkeit durch den technischen Nutzen begründen, so darf diese Affinität nicht davon ablenken, daß Erkenntnis und Produktentwicklung unterschiedliche Dinge sind und, richtig betrieben, unterschiedlichen Gesetzen folgen. Mit Recht bemerken Hausen und Rürup, daß die gängige und »lange Zeit überhaupt nicht problematisierte Definition der Technik als ›angewandte Wissenschaft‹ eine Belastung für die Entwicklung der Technikgeschichte sei«.[41] Wenn man Technik als kognitives System mißverstand, wurde die Historizität der Technik verkannt. Selbst bei der Atomtechnik, die einst als Gipfel der Verschmelzung von Theorie und Großtechnik galt, ist nichts irreführender als die Vorstellung eines fließenden Überganges »von der Forschungsmaschine zur Produktionsmaschine«; diese Fehleinschätzung gehörte zu den fatalen Illusionen in der Geschichte der Kerntechnik. In den 1980er Jahren florierte gleichwohl eine neue Naivität bei den an die Forschung gerichteten Erwartungen. Nach amerikanischem Vorbild kam es zu einem Gründer-Boom bei »Technologiezentren« und »Technologietransferinstituten«; einige Jahre später verbreitete sich große Enttäuschung darüber, daß ein industrieller Effekt dieses Eifers kaum zu bemerken war.

Einen bruchlosen Übergang von der Theorie zur Technik gab es vor allem in der Kriegsrüstung. Das theoretische Optimum, unbehelligt von Kosten- und Nutzenerwägungen, von Reibungsverlusten und menschlichen Faktoren, kam vor allem dort zum Tragen, wo es um keinen Dienst am Menschen, sondern um die Vernichtung von Menschen ging. Von Galilei bis Oppenheimer waren mathematisch-physikalische Vorgänge in Reinform besonders gut an Bomben zu studieren. Durch die Weltkriege des 20. Jahrhunderts wurde die Verwissenschaftlichung der Technik zum internationalen Trend. Der Glaube an den Fortschritt zur Identität von Technik und Wissenschaft verband sich immer mehr mit der Vorstellung, daß die Rüstung der stärkste Antrieb des technischen Fortschritts sei.

In der technologischen Literatur des 19. Jahrhunderts wird »Wissenschaft« häufig gegen »Empirie« gestellt. Diese Konfrontation, vom Streben des Ingenieurs nach Prestige und akademischer Professionalisierung geleitet, war aber am Ende nur ein Spiegelgefecht; denn bei der industriellen Technik konnte man auf die Dauer nicht ernsthaft glauben, auf Empirie verzichten und alles auf die

Theorie stellen zu können. Die Technologie wurde als Eigendisziplin gegenüber Mathematik und Physik überhaupt erst durch empirische Methoden konstituiert. Dabei ging es nicht nur um die experimentell im Labor zu reproduzierende, sondern auch um die in der Praxis gewonnene, einmalige und personengebundene Erfahrung. Dieses praktische Wissen überschreitet den im engeren Sinne technischen Bereich. »Technologie« umfaßt, so verstanden, »Wissenstypen, die ganz sozialer, politischer und kultureller Art sind« (Burns/Ueberhorst).

Mit Begriffen wie »Erfahrung«, *»Know-how«*, *»tacit knowledge«* ist ein Phänomen angesprochen, dem man in der Technikgeschichte auf Schritt und Tritt begegnet. Das gilt besonders für die Großtechnik: für den Bau und Betrieb großer und komplexer Anlagen, wo langfristige Materialeigenschaften, schwer überschaubare Wechselwirkungen zwischen der Vielzahl der Komponenten und auch sehr seltene, zunächst mehr hypothetische Störfallmöglichkeiten ins Gewicht fallen, und wo die Optimierung nicht mehr mit einigen Grundideen, sondern mit einem langen Strom von Detail- und Verbesserungsinnovationen zu tun hat. Insofern hat die Bedeutung der Erfahrung im Laufe der neueren Technikgeschichte sogar zugenommen. Die benötigte Erfahrung ist umfangreicher geworden; sie erstreckt sich über historische Zeiträume; die spontane Erinnerung reicht zum Transport dieser Erfahrung nicht mehr aus.[42] Die Rolle der historischen Rekonstruktion ist um so bedeutsamer, als die wertvollste Erfahrung häufig aus Fehlschlägen hervorgeht, gerade diese negative Erfahrung jedoch, wenn sie nicht gezielt zutage gefördert wird, in der Regel eine persönliche, ungern an die Öffentlichkeit gebrachte Erinnerung der Betroffenen bleibt: ein Umstand, der, wenn nicht bewußt gegengesteuert wird, eine »sehr heimtückische Form von Geschichtsfälschung« (Crombie) bewirkt.[43]

Die Erfahrung geht immer wieder in Theorien und Lehrgebäude ein und ist in diesen scheinbar aufgehoben; dennoch ist sie in der Technikgeschichte ein niemals abgeschlossener Prozeß. Das scheint eine Banalität zu sein; dennoch mußte die Tragweite dieser Tatsache in der Industriegeschichte mehrmals neuentdeckt werden. Bis in die zweite Hälfte des 19. Jahrhunderts war in technologischen Leitsektoren wie dem Berg- und Hüttenwesen, der Metallurgie und dem Dampfmaschinenbau die entscheidende Bedeutung der Erfahrung noch eine Selbstverständlichkeit; denn eine verläßliche theoretische Grundlage war nur erst bruchstückhaft vorhanden. Noch im 20. Jahrhundert wurde die Verhüttungstechnik durch die lokale Erzqualität mitbestimmt.[44] Aber seit dem späten 19. Jahrhundert wuchs in Deutschland das Selbstbewußtsein der technologischen Theorie. Gerade die Übermacht der Erfahrung in der Praxis mag die Heftigkeit mancher Angriffe auf die Empirie erklären. Das Pathos der Verwissenschaftlichung enthielt die Zuversicht, daß über kurz oder lang alle Erfahrung durch theoretische Deduktion abgelöst werde, wenn nicht gar schon jetzt zu ersetzen sei.

Diese Überschätzung der Theorie war auf die Dauer nicht zu halten, weder bei der Konsumgüterproduktion noch bei dem für Deutschland charakteristischen Großmaschinenbau. Die Wiederentdeckung des Eigengewichtes der Erfahrung war bei deutschen Technikern mitunter markant. Mit besonderem Nachdruck hob der Kraftwerksbauer Münzinger 1941 die Erfahrung als Seele des Ingenieurwesens und »eines der stärksten Fundamente der Technik« hervor. Den erfahrenen Ingenieur führe die unmittelbare Anschauung oft weiter »als jede Theorie und Berechnung«. Nur die Erfahrung gebe ein Gespür dafür, wo man bei dem Streben nach Maximierung des thermischen Wirkungsgrades innehalten müsse, weil die Maschinen zu kompliziert zu werden drohten. Fritz Leonhardt kritisiert nach vier Jahrzehnten Ingenieurerfahrung im Großbrückenbau die »Gläubigkeit an hochwissenschaftliche Theorien«, die vergesse, daß die »rauhe Praxis« nicht mit den »idealisierten Annahmen« der Rechenmodelle übereinstimme, und erinnert in der Zeit der Computersimulationen daran: »Wir Ingenieure lernen in erster Linie aus den Mißerfolgen.«[45]

Wenn der Respekt vor der Erfahrung zur Wertschätzung auch nichtformaler, durch lange Praxis erworbener Qualifikationen führte, dann hätte es nahegelegen, bei technischen Entscheidungen nicht nur Ingenieure, sondern auch Arbeiter und Handwerker zu Rate zu ziehen. Diese dem Standesinteresse der Ingenieure widersprechende Konsequenz wurde jedoch nicht gern gezogen. Ein Siemens-Direktor wandte sich 1898 gegen einen Passus in einem neuen Dienstordnungsentwurf, der versicherte, daß »Anregungen zu Verbesserungen oder Vorschläge zu ... Neuerungen von allen Angestellten gern entgegengenommen« würden: Solche Anregungen gebe es ohnehin schon zuviel, meist seien sie unbrauchbar und machten nur zusätzliche Arbeit. Der Absatz wurde gestrichen: ein bezeichnender Vorgang zu einer Zeit, als die Ingenieure in den neuen Industrien die »Meisterherrschaft« zu brechen suchten.[46]

Aber das Erfahrungswissen der Praktiker vor Ort wurde nie dauerhaft entwertet, sondern seine zeitweilige Geringschätzung als Fehler erkannt. Das gilt auch für die »wissenschaftlichen« Industrien. Als Carl Bosch 1923 in der Zeit des Ruhrkampfes von amerikanischen Journalisten gefragt wurde, ob die Franzosen die Ludwigshafener Fabriken allein ohne deutsche Hilfe betreiben könnten, trumpfte er auf: »Ohne die deutschen Arbeiter und Betriebsführer wären die Fabriken für die Franzosen nicht mehr wert als ein Haufen Backsteine.«[47] Im Anblick der Ruinen nach 1945 wurde bei Siemens die Erkenntnis, daß es nicht auf die Dinge, sondern auf die gesammelte Erfahrung ankomme, zur Grundlage einer neuen Zuversicht.[48] Später, im Zeichen der »neuen Technologien«, wurde »Know-how« zum Zauberwort. »Erfahrung« sei »der Schlüssel zu nahezu jedem Sektor« der Elektronik, wird aus Japan versichert; daher sei »die Kontinuität des Personals von allergrößter Bedeutung«. Neue auf Elektronik gestützte Produktionskonzepte in der Bundesrepublik gründen sich auf die Voraussetzung, daß »Know-how und Erfahrung nicht als ärgerliches Residuum, sondern als unverzichtbarer Bestandteil der Produktivkraftentwicklung anerkannt« werden. Die aus der Tradition der Verwissenschaftlichung herrührende Geringschätzung der Arbeitnehmer-Erfindungen und der aus der Praxis kommenden technischen Anregungen wird als Hemmnis begriffen.[49]

Da Erfahrung an Raum und Zeit, an unmittelbare Anschauung, personelle Kontinuität und persönliche Vermittlung gebunden ist, fällt von der Erfahrungsgrundlage der Technik zugleich neues Licht auf die Bedeutung regionaler und nationaler Kontinuitäten für die technische Entwicklung. Es stellt sich aber auch die Frage nach Kontinuitätsbrüchen. Die Meinungsverschiedenheit, ob die Kernkraftwerksbetreiber tatsächlich, wie sie versichern, den »Erfahrungsschatz von mehr als hundert Jahren Hochdruckdampftechnik« besitzen und durch Addition von Reaktorbetriebsjahren sogar auf über tausend Jahre Erfahrung kommen, oder ob die Kerntechnik in Wahrheit erst über sehr wenig Erfahrung und noch weniger über begriffene und nutzbare Erfahrungen verfügt, läßt sich als Kernpunkt des Atomkonflikts begreifen, und ebenso die Frage, ob und wie sich ein Ersatz für mangelnde Erfahrung gewinnen läßt.[50]

## 5. Rationalisierung, Systemzwang und Zwang zur Größe: Das »tyrannische Element« in der Technik

Wenn auch die Technik keine angewandte Naturwissenschaft ist, könnten doch Technik und Naturwissenschaft beide als Kernstücke des neuzeitlichen Rationalisierungsprozesses begriffen und auf solche Art miteinander verbunden werden. Daraus ließe sich folgern, daß die Suche nach regionalen Momenten der Technikgeschichte lediglich in Randaspekte führt und von der Hauptsache ablenkt.

»Rationalisierung« ist jedoch kein eindeutiger Begriff. Seine schwächste Seite ist die Unbestimmtheit des Ziels, die es ermöglicht, selbst Auschwitz und Hiroshima als Phänomene der Rationalisierung gelten zu lassen, da dort Methoden der Massenproduktion und der *Economies of Scale* auf die Menschentötung angewandt wurden. Dabei scheint »Rationalisierung« immer noch einen eindeutigen methodisch-technischen Inhalt zu haben: als die Art und Weise, vorgegebene Ziele mit maximalem Wirkungsgrad der Mittel möglichst schnell, reibungslos und vollständig zu erreichen. Aber auch der technisch definierte Rationalisierungsbegriff wird in der konkreten Technik mehrdeutig. Die Maximierung des Wirkungsgrades kann zu teuren, überkomplizierten, störanfälligen Anlagen führen, die Erhöhung der Schnelligkeit zu Menschenverschleiß und Ressourcenvergeudung, die Massenproduktion zu Krisenanfälligkeit. Wenn man eine Technik unter *einem* Aspekt optimiert, gerät man gewöhnlich in Konflikt mit dem unter anderen Aspekten Optimalen. Rein technisch gesehen, gibt es in vielen Fällen eine Mehrzahl »optimaler« Lösungen. Da sich die Techniker jedoch an ihren spezifischen Erfahrungen zu orientieren pflegen und nicht alle Aspekte in gleicher Weise beachten, entsteht häufig die Illusion des technischen Sachzwanges und der *einen* Lösung.[51] In typischen Fällen gerät die technische Rationalisierung in Spannung zu einer auf lange Sicht vorteilhaften Nutzung des Produktionsfaktors Mensch. Ein erheblicher Teil der Rationalisierungsgeschichte des 20. Jahrhunderts läßt sich als Dialektik zwischen dem Streben nach Perfektionierung der Technik und der Wiederentdeckung des vernachlässigten menschlichen Faktors beschreiben.

Vergleichbaren Spannungen unterliegt der Trend zum vernetzten *System* in der Technikgeschichte. Tatsächlich gibt es seit Jahrhunderten eine Tendenz zur Herausbildung von Wechselbeziehungen, Abhängigkeiten und Vernetzungen zwischen verschiedenen technischen Vorrichtungen. Ein typisches Muster des Innovationsprozesses sieht so aus, daß sich Neuerungen zunächst nur auf einzelne Maschinen oder Komponenten beziehen, aber im Laufe der Zeit Kettenreaktionen auslösen und schließlich eine neue Phase herbeiführen, in der die fundamentale Innovation nicht mehr in technischen Einzelheiten, sondern in der Verbesserung des Gesamtzusammenhanges besteht. Aber dieses Verlaufsmuster ist nicht als Sachzwang zu nehmen. In vielen Fällen war die Vernetzung der Einzelelemente nur lockerer Art, und die vorhandenen Spielräume bedeuteten keine Unvollkommenheit, sondern im Gegenteil eine Stabilitätsbedingung des Systems. Die Teilmechanisierung einzelner Arbeitsgänge führte nicht mit zwingender Logik zur Mechanisierung der übrigen Produktionsstufen: Handarbeit und mechanisierte Produktion konnten sehr lange Zeit nebeneinander bestehen.[52]

Wie Lewis Mumford zeigte, gab es die menschliche »Megamaschine« – das zentral gesteuerte Herrschaftssystem – schon lange, bevor die stählernen Maschinen gebaut wurden. Das Ideal der Vollautomatisierung, der wie ein großes Uhrwerk funktionierenden Fabrik war schon in der Frühindustrialisierung vorhanden, ja wurde bereits als Realität ausgegeben: Andrew Ure zufolge bestand die Hauptsache bei dem »herkulischen Unternehmen« Arkwrights nicht in der Erfindung selbsttätiger Maschinen, sondern darin, die »verschiedenen Glieder des Apparats« zu »einem einzigen kooperativen Körper« zusammenzufügen und vor allem die Menschen dazu zu bringen, »sich mit der unwandelbaren Regelmäßigkeit des komplexen Automaten zu identifizieren«. In Wirklichkeit waren die allermeisten Fabriken des 19. Jahrhunderts gewiß alles andere als reibungslos funktionierende Automaten. Heute wird seit Jahrzehnten von »intelligenten« Robotern geredet, ohne daß es sie wirklich gibt. Die vollautomatische Fabrik blieb bis in die neueste Zeit eine Wunschvorstellung, deren Antrieb nicht nur in ökonomischen Bedürfnissen und technischen Chancen, sondern mindestens so sehr in dem der frühen Neuzeit entstammenden mechanistischen Machttraum lag. Die Möglichkeiten der Computerisierung wurden geradezu mißverstanden, wenn man die Computer nicht als Komponenten, sondern als Generatoren eines perfekt automatisierten Systems begriff.[53]

Ein »System« im idealen Sinne müßte über umfassende Lern-, Rückkopplungs- und Reproduktionsmechanismen verfügen. Es müßte nicht zuletzt fähig sein, in adäquater Weise auf seine Umwelt zu reagieren. So verstanden, gibt es »Systeme« im vollen Sinne nur in der organischen und sozialen Welt, nicht in der Technik. Der in der Technikgeschichte empirisch zu beobachtende Trend zum System – die Erhöhung der Komplexität, Interdependenz, Vernetzung – kann sogar die Fähigkeit zu flexibler Reaktion auf veränderte Außenbedingungen empfindlich herabsetzen. Das macht sich irgendwann krisenhaft bemerkbar; der Trend zur inneren Perfektionierung eines Systems wird im Laufe der Zeit durch Gegentrends abgelöst. Zwischen dem idealtypischen System und dem faktischen Ineinandergreifen der Prozesse entsteht eine Diskrepanz. Die realen Systeme befinden sich meist im Flusse, sind zeit- und gesellschaftsgebunden und spiegeln keine abstrakte Rationalität. Fabrikbetriebe, die um 1900 »rationalisiert« worden waren, konnten einige Jahrzehnte darauf durch die vom Wechsel der Zeiten veranlaßten Produktionsumstellungen wieder zum Labyrinth geworden sein. Das Verkehrswesen, das mit dem Ausbau der Bahn zeitweise zum geschlossenen System voranschritt, wurde im 20. Jahrhundert zum flexiblen Chaos. Zwar vermochten es die Techniker immer besser, die Automobile als integrale Systeme zu konzipieren; aber den motorisierten Verkehr bekamen sie als Gesamtsystem nicht in den Griff. Die Annahme ist daher keineswegs logisch, daß der Systemtrend in vielen Einzelbereichen der Produktion und Technikanwendung zwangsläufig zu einem großen Gesamtsystem hinführe, zu jener einst von Schelsky behaupteten »wissenschaftlichen Zivilisation«, die nicht mehr aus der Geschichte, sondern aus der Logik der Technik zu erklären sei. Die Geschichte selbst hat diese These längst gründlich widerlegt. Wenn man davon ausgeht, daß eine hohe innere Vernetzung der Systeme die Starrheit gegenüber der Umwelt erhöht, dann folgt daraus, daß der Trend zum System, von der gesamten Gesellschaft her betrachtet, eine Quelle von Spannungen ist. Die Systemrationalität führt nicht aus der Geschichte heraus, sondern trägt zur historischen Dynamik der Technik bei. Im Licht der Empirie muß man kritisch fragen, ob die angeblichen »Systeme« überhaupt *so*, wie sie im Modell entworfen werden, in der Realität bestehen.[54]

Die *Bürokratisierung* in Staat und Industrie vollzog sich vielfach in historischer Nachbarschaft zu technischen Entwicklungen.

Mehrere Überlegungen könnten zu der Auffassung führen, daß es sich bei dieser Affinität um einen Kausalzusammenhang handele, gerade wenn man von den eben dargestellten technologischen Trends ausgeht: Eine komplexere Technik verlangt eine komplexere Organisation, zumal dann, wenn die Technik ihre System-Perfektion nicht in sich selbst hat, sondern erst in Verbindung mit Organisation gewinnt. Auch ein Zwang zur Trennung von Planung und Ausführung und zur Entstehung von Planungsbüros läßt sich von dieser wachsenden Komplexität ableiten. Die hochkomplexe Technik verändert überdies die menschlichen Denkstrukturen: Sie gewöhnt daran, Problemlösungen auf »technischem« Wege, durch bestimmte arbeitsteilige Prozeduren mit bestimmten Regeln und Rollenzuweisungen zu suchen und die menschliche Zusammenarbeit als »Apparat« zu organisieren.

Wieder jedoch ist fraglich, wieweit es sich bei alledem um eine technische Logik handelt. In der Technik gibt es keineswegs nur den Trend zum Großen und Komplexen. Der einfache, leichte, robuste, bequem zu handhabende Mechanismus entspricht mindestens so sehr dem Ideal des technischen Praktikers, heute wie vor 200 Jahren. Das gilt in erhöhtem Maße, wenn man nicht nur die Produktions-, sondern auch die Produkttechnik betrachtet. Nicht nur das Kraftwerk, sondern auch das Fahrrad markiert den Fortschritt der Technik um 1900; global gesehen, ist das Fahrrad heute vermutlich das wichtigste Verkehrsmittel. Mit Recht warnt Knut Borchardt vor jener »Betriebsblindheit des Ingenieurhistorikers«, die »die Kompliziertheit zum Maßstab der Bedeutung« mache.[55]

Darüber hinaus ist die Trennung von Planung und Ausführung nicht technisch gedacht, sondern hat rein von der technischen Logik her etwas Widersinniges; denn die praktische Erfahrung ist eine Quelle technischer Einsichten. Von tayloristischen Programmier-Ambitionen unberührt, verspottete Max Eyth die strenge Trennung von Kopf- und Handarbeit als eine in Europa unübliche Fellachenmanier und beschrieb die Komik des ständigen Nebeneinanders von einem, der arbeitet, und einem anderen, der ihn kommandiert. Gerade in jüngster Zeit wurde der Widersinn dieser Art von Arbeitsteilung erneut bewußt gemacht.[56]

Die Affinität von Technik und Bürokratie entspricht keiner allgemeinen Systemlogik, sondern eher nationalspezifischen Bedingungen. Gerade bei der Suche nach dem »deutschen Weg« gehört die Wechselbeziehung zwischen technischen Innovationen und

Bürokratisierungstendenzen – im Staat wie in der Großindustrie – zu den Leitmotiven. Wo die Technik zum System tendiert und sich mit bürokratischer Organisation verquickt, wird sie besonders deutlich von der Geschichte der jeweiligen Gesellschaft geprägt – ganz im Gegensatz zu der These Schelskys, daß die zum großen System gewordene Technisierung die Geschichte aufhebe.

Der These von der wachsenden Komplexität benachbart ist die Theorie der *Economies of Scale:* die Auffassung, daß es ein teilweise technisch bedingtes Gesetz des Größenwachstums gebe. In Leitsektoren der deutschen Industrie und Technik ist der Trend zum Größenwachstum in der Tat ein zentrales und epochemachendes Element. Man kann ihn von der Tendenz mancher Technologien zum System herleiten, aber auch von physikalisch-technischen Grundtatsachen: Der geometrische Sachverhalt, daß bei der Vergrößerung von Zylindern das Volumen rascher zunimmt als die gesamte Außenfläche, führt mit wachsender Größe zu einer Kostendegression bei Hochöfen wie bei Pipelines. Ein Argument für die technische Logik des Größenwachstums, aber nicht von physikalischer Allgemeingültigkeit, waren die Vorzüge des Verbundsystems bei der Nutzung von Abwärme und Reststoffen und war auch die bis zum Computerzeitalter gültige Erfahrungsregel, daß Spezialmaschinen einen höheren Wirkungsgrad erreichen als Mehrzweckmaschinen. Die Vorteile der Größe waren einfach und suggestiv; sie haben ihre Wirkung auf Ökonomen wie auf Technikhistoriker nicht verfehlt. Die konträren Sachverhalte waren vielfach komplexer; sie hatten mit der Flexibilitätseinbuße bei hohen Fixkosten, den Materialproblemen und Restrisiken der Großtechnik und den für den Ausfall von Großanlagen notwendigen Reservekapazitäten zu tun. Häufig machten erst historische Erfahrungen die Grenzen der Vorteile des Größenwachstums deutlich.[57] Der Verlauf der deutschen Geschehnisse läßt erkennen, daß das Größenwachstum, das sich in den USA aus der Ausdehnung des Marktes ergab, hier zum Teil erst als Reaktion auf das amerikanische Vorbild zustande kam und durch politische Einflüsse und die beiden Weltkriege stark geprägt wurde.

Für Otto Ullrich ergibt sich im Industriekapitalismus eine immanent-logische Entwicklung der Technik zur »verdinglichten Blockstruktur« – zu einem gegen Mensch und Umwelt abgeschotteten Großsystem – nicht nur aus einer Identität der Logik der Technik mit der des Kapitals, sondern auch aus einer Wesensgleichheit von moderner Technik und Wissenschaft; bei der Wissenschaft unterstellt oder vermutet er einen Systemzwang zum Größenwachstum, zur *Big Science*.[58] Aber der Nutzen wissenschaftlich-technischer Großprojekte für eine marktorientierte Industrie ist fraglich; von einem allgemeinen Gesetz kann keine Rede sein. Ullrich übersieht gegenläufige Tendenzen in der Technikgeschichte; das von Karin Hausen kritisierte »Starren auf die Große Industrie« begrenzt auch sein historisches Blickfeld.

Ganz anders das wohlgelaunte historische Panorama von Piore und Sabel. Die Alternative zu den *Economies of Scale* ist hier keine ökosozialistische Utopie, sondern längst historische Realität: in dem immer neu durch den Markt hervorgerufenen Trend zur Anpassung der Produktion an individuelle und wechselnde Bedürfnisse, und in dem Fortbestehen und Neuaufleben handwerksartiger Kleinbetriebe, für die gerade manche deutsche Regionen – etwa das Bergische Land mit seiner Bandweberei und Kleineisenindustrie – Musterbeispiele bieten. Die Massenproduktion entspringt in dieser Sicht keiner allgemeinen ökonomischen oder technischen Logik, sondern eher historisch-spezifischen Bedingungen: dem Einfluß von Rüstung und Krieg, industrieller Konzentration und staatlicher Vorliebe für Größe, auch der Suggestivkraft und des Verdrängungseffektes des Fordschen Beispiels und anderer Vorbilder.

In der Tat sind die spezifischen Techniken der Massenproduktion – Kombination von Spezialmaschinen, Serienfertigung, austauschbare Einzelteile – am frühesten in der Rüstung aufgetreten. Die Entstehungsbedingungen von Massenproduktion in Kriegs- und Nachkriegszeiten und auch die Grenzen der Massenproduktion lassen sich an der deutschen Geschichte beispielhaft demonstrieren. Massenproduktion und flexible Spezialisierung waren in der Geschichte jedoch keine scharfen Alternativen; das Beispiel des Fordschen T-Modells ist hier eher irreführend.[59] Gerade dann, wenn die amerikanischen Methoden der Massenproduktion dem begrenzteren deutschen Markt angepaßt wurden, mußte auf höhere Flexibilität geachtet werden. Auch für die Gegenwart läßt sich bezweifeln, ob »Ende der Massenproduktion« die treffende Parole ist.

## 6. Anthropologische Kriterien bei der Periodisierung der Technikgeschichte

Wenn Technik Erfahrung konstituiert, wird sie zu einem Teil der Menschen, die mit ihr umgehen. Habitualisierung, Gewöhnung, Verinnerlichung – jene Vorgänge, die bewirken, daß bestimmte maschinelle Prozesse denen, die sie bedienen, »in Fleisch und Blut übergehen« – bezeichnen einen Grundprozeß im menschlichen Verhältnis zur Technik. Die menschlichen Sinneswahrnehmungen, Denkstrukturen, Lusterfahrungen, kommunikativen Verhaltensweisen werden durch den Umgang mit Technik beeinflußt und verändert. Die Einstellungen zu bestimmten Techniken wurden durch die Gewöhnung an diese verwandelt. Repetitive Teilarbeit wird von ehemaligen Handwerkern ganz anders empfunden als von Arbeitern, die nichts anderes kennen. Die Arbeitswelt der Solinger Schleifer, die ihre Autonomie lange zäh gegen die Mechanisierung verteidigten, wirkte abstoßend auf Metallarbeiter, die sich an die Fabrik und auch an ein gewisses Maß an Hygiene gewöhnt hatten. Heute wird manchmal die Erfahrung gemacht, daß eine am alten handwerklichen Ideal der Vielfalt orientierte »Job-Anreicherung« von Arbeitern, die sich mit dem Rhythmus der Monotonie eingelebt haben, gar nicht gewünscht wird.[60]

Die Entwicklung der Produktionstechnik verursacht Entfremdung, bringt aber im Laufe der Zeit auch Anpassungseffekte hervor. Eine intime Beziehung zwischen Mensch und Technik entwickelt sich bei solchen Apparaturen, die von ihrem Benutzer gesteuert werden und auf dessen Impulse reagieren. Die massenhafte Verbreitung von Fahrrad, Motorrad und Auto bedeutete jeweils einen Markstein in der menschlichen Beziehung zur Technik, vor allem von jener Zeit an, als die »technische Sozialisation« schon im Jugendalter einsetzte. Als viele Menschen von jung auf lernten, »mit den Motoren zu fühlen«, begann eine neue Ära in der historischen Anthropologie der Technik. Gegenwärtig erzeugt die Computerisierung bei den Industriebeschäftigten scharfe Generationsbrüche; sogar innerhalb der »neuen Technologien« wird in oft übertriebener Weise von »Generationen« geredet. Auch die Heimcomputer, mit denen eine Art von Kommunikation möglich ist, markieren sichtlich eine neue Phase, die – wie Ernst Schuberth warnt – dahin führen könnte, daß soziale Konflikte zunehmend als

»Programmfehler« wahrgenommen und durch »Programmänderungen« bei den Mitmenschen angegangen würden.[61]

Technik ist in vielen Fällen keine bloße Antwort auf einen Bedarf, sondern an der Technik entwickeln sich Bedürfnisse und Verhaltensweisen. Das Element des Spielerischen, Zufälligen und Ziellosen in der Geschichte so vieler Erfindungen ist keine bloße Randerscheinung; es führt manchmal mehr zum Kern der Sache als die gewichtigen Begründungen, mit denen die Gemeinnützigkeit einer Technik unterstrichen wird. Viele Erscheinungen der Technikgeschichte bis in die Gegenwart passen nicht zu dem Ideal des *homo oeconomicus*, sondern mehr zu einem Menschenbild, in dem der Spieltrieb – auch als verbissene Leidenschaft –, der Hang zum Imponiergehabe und zum Wettkampf, ohne daß es dabei immer um klare wirtschaftliche Vorteile ginge, einigen Raum einnehmen. Mit Recht betonte der Technik-Philosoph Dessauer, es gebe »eine Besessenheit zur Technik, die bis zum Martyrium« gehe. Diese Besessenheit erreichte unter den Computer-Programmierern einen neuen Gipfel; sie hat eine lange Geschichte. Die technische Populärliteratur hat – in merkwürdiger Diskrepanz zu dem dort häufig begegnenden technologischen Determinismus – das Element des Spiels und der Leidenschaft in der Technikgeschichte immer wieder betont. »Der Mensch ist eine unverbesserliche Spielratte«, so begann ein redaktioneller Artikel des *Prometheus* 1912.[62] Die mechanische Uhr, der von der übrigen Technik jahrhundertelang unerreichte Prototyp des Automaten, entstand nicht als Instrument zur exakten Zeitmessung und als Antwort auf alltägliche Bedürfnisse, sondern eher als Schaustück von symbolischer Bedeutung, als Demonstration einer kunstvoll perfektionierten Ordnung. Heute werden Heimcomputer, wie Günter Ropohl bemerkt, viel öfter für Videospiele als für »Budget- und Steuerberechnungen« benutzt.[63]

An dem Umgang mit Technik entwickelten sich in hohem Maße geschlechtsspezifische Mentalitäten. Wie schon im frühen 19. Jahrhundert erkannt wurde[64], wirkte die moderne Technik ganz überwiegend dahin, den Bereich der männlichen Kompetenz zu erweitern. An Werkzeugen und Maschinen bildeten sich männliche Selbstdarstellung und Körpererfahrung aus. Die Vermutung ist begründet, daß die Verbindung von Technik und Männlichkeit auf den Gang der technischen Entwicklung rückwirkte und zu einem »harten« Bild vom technischen Fortschritt beitrug. Der Aufstieg der Technik im 19. Jahrhundert konvergiert deutlich mit der Auseinanderentwicklung der Geschlechterrollen und der Neubelebung patriarchalischer Strukturen.[65] Vom Ende des 19. Jahrhunderts an sind jedoch die Innovationsrichtungen der Technik nicht mehr so eindeutig maskulin, auch wenn man nicht geradewegs in der manchmal beliebten Weise Fahrrad, Näh- und Schreibmaschine als selbsttätige Promotoren weiblicher Emanzipation feiert. Während auf frühen Mechanisierungsstufen Körperkraft und solche handwerklichen Fähigkeiten, die bis dahin eine Männerdomäne waren, ihre Bedeutung vielfach behielten, verstärkte sich im 20. Jahrhundert der Trend zur Abwertung der traditionell als männlich geltenden Qualitäten. Auf Körperkraft kam es immer weniger an; der »männliche« Arbeitsrhythmus von starker Muskelanspannung und Ruhepause wurde in den rationalisierten Fabriken durch einen Arbeitsfluß ersetzt, der mehr dem herkömmlichen Muster weiblicher Arbeit, der »nimmermüden« ortsgebundenen Tätigkeit, folgte. Wenn die Benachteiligung der Frau fortbestand, besaß sie immer weniger den Schein technischer Rationalität.

Dennoch wäre es falsch, von der technischen Entwicklung als solcher die Gleichstellung der Geschlechter im Produktionsprozeß zu erwarten. Die Suche nach einem direkten Kausalzusammenhang zwischen Technik und Arbeitsverhältnissen ist immer mehr als Irrweg erkannt worden.[66] Die Gewohnheiten der Arbeit und der Arbeitsorganisation besitzen ein zähes Eigenleben, das manchen technischen Wandel überdauert. Die Arbeitsteilung ist ihrem Ursprung nach ein vorindustrielles, der Handarbeit entsprechendes Prinzip; dennoch hat sie sich, gegenteiligen Prognosen zum Trotz, im Zuge der Industrialisierung in weite Produktionsbereiche ausgedehnt. Enge Zusammenhänge zwischen der Technikgeschichte und der Geschichte der Arbeit gibt es durchaus, aber sie haben im allgemeinen nicht die Form einer prompten Abfolge von Ursache und Wirkung, sondern bestehen in Langzeitprozessen wechselseitiger Anpassung von Arbeitstraditionen und neuer Technik.

Auch die Suche nach einem direkten gesetzmäßigen Zusammenhang von Technikgeschichte und Qualifikationsentwicklung ist ohne allgemeingültiges Ergebnis geblieben. Von den Anfängen der Industrialisierung bis heute gab es die Höherqualifikations- und die Dequalifikationsthese. Versicherten die einen, daß die Maschinen dem Menschen die mühsame und monotone Arbeit abnähmen und es ihm gestatteten, sich immer mehr auf die eigentlich menschliche, die geistige Arbeit zu konzentrieren, hielten die anderen dagegen, daß die Maschinen sich zunehmend menschliche Fähigkeiten aneigneten, den Menschen zum Rädchen im Getriebe erniedrigten und den selbstbestimmten menschlichen Arbeitsrhythmus durch maschinelle Rhythmen ersetzten. Beide Argumentationen enthalten lediglich Teilwahrheiten. Daß es eine einzige große Entwicklungslinie zur Höher- oder zur Herunterqualifizierung gibt, ist höchst unwahrscheinlich. Ein einheitlicher Eindruck entsteht allenfalls dann, wenn man auf bestimmte Leitsektoren schaut. So kommt etwa das verbreitete Bild zustande, daß zunächst im 19. Jahrhundert, unter der Vorherrschaft der Textilindustrie, die Mechanisierung zur Dequalifikation, dagegen vom Ende des 19. Jahrhunderts an, in der Ägide des Maschinenbaus, zu ansteigender Qualifikation geführt habe.[67] Aber ob die mit den frühen Textilmaschinen erstrebte Dequalifizierung und Disziplinierung der Arbeiter tatsächlich gelang, ist zweifelhaft.[68] Auf der anderen Seite wurde gerade in Teilen der Maschinen- und vor allem in der Automobilindustrie die extrem arbeitsteilige Serienfertigung zum Extrem getrieben. Das Bild bleibt außerdem unvollständig, wenn man sich an bestimmten technisch besonders fortgeschrittenen Sektoren orientiert – in der Annahme, daß diese die Zukunft verkörperten – und die im Schatten stehenden Bereiche – darunter Heim-, Teil- und Hilfsarbeit – übersieht.

Ein Grunddilemma aller Versuche, die Frage nach der Wirkung des technischen Wandels auf die Qualifikation zu beantworten, rührt aus der Mehrdeutigkeit des Qualifikationsbegriffs.[69] Zwischen der für einen Beruf formal vorgeschriebenen Qualifikation und den in der Praxis benötigten Fähigkeiten besteht gewöhnlich eine Kluft. Das ist besonders in Deutschland zu beachten, wo formalen Qualifikationen traditionell ein hoher Wert beigemessen wird. Gerade die Technikgeschichte kann durch die Untersuchung konkreter Arbeitsabläufe allzu simple Unterscheidungen zwischen »qualifizierten« und »unqualifizierten« Tätigkeiten in Frage stellen und die mangelnde technische Grundlage formaler Qualifikationsanforderungen offenlegen. War die Handfertigkeit der armseligen Nadelschleiferinnen wirklich so viel geringer als die der angesehenen Schwertfeger; war die Aufbereitung und Verspinnung der Flachsfaser technisch so viel einfacher als die hochgeachtete Tätigkeit des Buchdruckers?[70] Lange Lehrzeiten können – wie schon die Kritiker des Zunftwesens im 18. Jahrhundert klagten – von geringem praktischen Nutzen sein; dagegen kann un- oder »angelernte« Arbeit viel Erfahrung erfordern oder doch durch Erfahrung erheblich verbessert werden. Ob eine Arbeit als »qualifiziert« gilt, hängt nicht nur von den dazu erforderten Fähigkeiten, sondern auch von dem Durchsetzungsvermögen der jeweiligen Berufsgruppe ab.[71] Tätigkeiten, die zu den Grundfertigkeiten vieler Frauen gehören, gelten gewöhnlich als unqualifiziert.

Wenn man sich bemüht, die Technikgeschichte mit einer Geschichte der Arbeit zu verbinden, erkennt man, wie unzulänglich es ist, die Qualität der Arbeit nur mit dem Qualifikationsbegriff messen zu wollen. Auch die Arbeitserfahrung, der sinnliche Gehalt der Arbeit und das durch die Arbeit vermittelte Selbstbewußtsein müssen in die Betrachtung einbezogen werden, damit die Arbeit historische Konturen gewinnt. Ein technisch bedingter Wandel hat sich vor allem in anthropologischen Qualitäten der Arbeit vollzogen.[72] Daraus folgt die Bedeutung der Werkstoffe als »Leitfossilien« der Periodisierung: Mit dem Werkstoff Holz war eine bestimmte Sensibilität der Hand und eine polytechnische Kultur der Handarbeit verbunden. Später ist oft der erzieherische Wert des Eisens für den Facharbeiter beschworen worden. Heute ist die Entdeckung allgemein, in welchem Maße die industrielle Technik des 19. und frühen 20. Jahrhunderts etwas Anschauliches, Körperhaftes besaß. Nicht nur für den Ingenieur, auch für den Arbeiter enthielt die Technik eine wachsende Fülle von Identifikationsangeboten. Schon die vorindustriellen Handwerker hatten – wie man an der bildlichen Ausstattung von Zunfttruhen, aber auch an Grenzstreitigkeiten mit benachbarten Handwerken erkennen kann – danach gestrebt, ihre Gewerbe-Identität durch ihr Werkzeug und ihren Werkstoff zu definieren. Das konnte Zimmerern, Tischlern, Drechslern, Stellmachern nur unzulänglich gelingen.[73] Aber was waren jene Werkzeuge und Werkstoffe gegen die modernen Maschinen und Spezialstähle! Die Chance, die Identität der Arbeit in den Dingen zu finden, mit denen man zu tun hat, wurde im Industriezeitalter beträchtlich erhöht. In dieser Hinsicht ist die Vorstellung, daß die Maschine die Arbeiter nivelliere, offenbar grundverkehrt und reflektiert lediglich das Vorurteil der Gebildeten; sowohl für die frühe Industrialisierung als auch für die neueste Zeit ist sie eindrucksvoll widerlegt worden.[74]

Die Technik der Arbeit und die dabei entwickelten Fertigkeiten prägen nicht nur beim »alten Handwerk« und bei Handwerker-Facharbeitern des 19. Jahrhunderts, sondern auch bei modernen Industriearbeitern in hohem Maße das Bewußtsein: Die Oral History hat daran erinnert.[75] Ist es ein Klassenbewußtsein, das dadurch entsteht? Hendrik de Man, der die »Arbeitsfreude« des Facharbeiters noch in der Ära der »Rationalisierung« in warmen Farben schilderte, betonte gleichwohl, das »Solidaritätsgefühl, das dem Organisations- und Klassenkampfgedanken zugrunde« liege, sei »kein Produkt des arbeitstechnischen Betriebserlebnisses«; es bilde sich »in der Versammlung, nicht im Betrieb«.[76]

Dies scheinen auch die meisten Geschichtsschreiber der Arbeiterbewegung anzunehmen; denn sie handeln weit mehr von Versammlungen und Organisationen als von Arbeitsplatzerfahrungen. Dennoch sollte der in der Marxschen Theorie enthaltene Impuls, das Arbeiterbewußtsein vom Produktionsprozeß herzuleiten, nicht unerprobt abgetan werden. Wenn auch nicht unbedingt die proklamierte Klassensolidarität, so hat doch das empirisch zu beobachtende Arbeiterbewußtsein sichtlich etwas mit Produktionsbedingungen zu tun. Gewiß konnte das aus der technischen Arbeitserfahrung hervorgehende Bewußtsein nicht anders als vielfältig und teilweise widersprüchlich sein. Entfremdung und Selbstbewußtsein durch technisierte Arbeit bestanden nebeneinander. Man kann darin das emotionale Korrelat zu dem ambivalenten Stellenwert der Technik in der sozialistischen Ideologie erkennen: der Technik als der vergegenständlichten entfremdeten Arbeit, letztlich aber auch der großen Kraft des emanzipatorischen Fortschritts.

Bis in die jüngste Zeit blieb die Tätigkeit des Arbeiters ganz überwiegend Handarbeit: Darin lag eine anthropologische Einheit der Arbeiterklasse – ein simples Faktum, das lange Zeit unter der Suggestion übertriebener Automatisierungsvorstellungen nicht genügend gewürdigt wurde und erst angesichts der vordringenden Bildschirm-Arbeit ganz zu begreifen ist. Die Handarbeit unterschied den Arbeiter nicht vom Handwerker, wohl aber vom Angestellten; insofern ist die Zusammengehörigkeit der Arbeiterschaft im frühen 20. Jahrhundert durch die starke Zunahme der Angestellten zeitweilig sogar noch markanter geworden. Vor diesem Hintergrund betrachtet, bedeuten die Computerisierungsvorgänge der neuesten Zeit einen tiefen Bruch. Zwar wird häufig versichert, daß hochkomplizierte, elektronisch gesteuerte Maschinen einen neuen Bedarf an Facharbeitern hervorriefen; was jedoch »Facharbeiter« bedeutet – nicht nur in Ausbildung und Lohnhöhe, sondern auch in der konkreten Tätigkeit –, ist gegenwärtig einem Wandel unterworfen wie noch nie in der Geschichte der Industrialisierung. Eine Periodisierung der Technikgeschichte muß schon aus diesem Grund bis in die letzten Jahrzehnte reichen.[77]

## II. Technik im Zeichen der intensiven Nutzung regenerativer Ressourcen

*(18. und frühes 19. Jahrhundert)*

### 1. Das »hölzerne Zeitalter« als historische Einheit

Das herkömmliche Konzept der Industriellen Revolution, das in der Wirtschaftsgeschichte mit technischer Metapher als *Take-off*, »Start«, wiederbelebt wurde, hat sich für die Technikgeschichte als irreführend erwiesen. Es begünstigte jenes konventionelle, mechanistisch-monokausale Bild der Geschehnisse, in dem der Dampfkessel und die Spinning Jenny gleichsam als Vater und Mutter der Industrialisierung figurieren, und lenkte davon ab, daß die industrielle Frühzeit von einem breiten, teilweise noch der Erforschung bedürftigen Strom solcher Neuerungen getragen wurde, die vorindustrielle Techniken fortsetzten.[1] Es verleitete dazu, das englische Modell der Industrialisierung – und auch dieses in bilderbuchhaft vereinfachter Form – den Vorgängen in anderen Ländern überzustülpen, statt zu untersuchen, ob es nicht auch andere, auf ihre Art modellhafte Wege der Industrialisierung gibt.

Die frühen deutschen Industrieregionen, die sich fast durchweg mit vorindustriellen Gewerbelandschaften deckten, benutzten noch bis in die Mitte des 19. Jahrhunderts ganz überwiegend Wasserkraft und Holz bzw. Holzkohle als Brennstoff. Unter umweltgeschichtlichem Aspekt bedeutet der Übergang zu fossilen, nichtregenerativen Brennstoffen eine tiefe Zäsur. Die volle Tragweite dieser Epochenscheide läßt sich erst aus der späteren Rückschau erkennen; dennoch entspricht sie vielen zeitgenössischen Vorgängen, so daß sich Umweltgeschichte als integraler Aspekt der allgemeinen Geschichte darstellen läßt. Gewiß wäre es eine Vergewaltigung der konkreten Geschichte, wenn man unter dem Aspekt »regenerative Ressourcen« den gesamten Zeitraum von der Steinzeit bis zum frühen 19. Jahrhundert in *einer* Epoche fassen würde. Sombart hat gelegentlich mit dem Begriff des »hölzernen Zeitalters« als einer Bezeichnung der gesamten vormodernen Zeit gespielt und im 18. Jahrhundert einen Niedergang dieser Ära als Folge von Holzverknappung erkennen wollen. Es ist jedoch sinnvoller, das »hölzerne Zeitalter« gerade auf jene Zeit zu datieren, in der das Holz knapper wird, die Holzgebundenheit der Wirtschaft als ein fundamentales Problem in das Bewußtsein der Zeitgenossen tritt und ökonomische und technische Trends durch die Holzverknappung geprägt werden. Dies war in weiten Teilen Mitteleuropas erstmals im 16. Jahrhundert und dann verstärkt im 18. und frühen 19. Jahrhundert der Fall. In fast allen deutschen Regionen wurden Holzverknappung und Holzsparmaßnahmen im 18. Jahrhundert zu einem wichtigen Thema, obwohl die Holzressourcen von Landschaft zu Landschaft ganz unterschiedlich waren. Nicht unbedingt in der natürlichen Ausstattung, aber doch in der Problemwahrnehmung war Deutschland eine Großregion des »hölzernen Zeitalters« und seit dem späten 18. Jahrhundert auch in der verstärkten Suche nach technischen Problemlösungen. Es gab damals ein am Holz orientiertes Zeitbewußtsein: Die moderne Zeit der Holzknappheit wurde von der »alten Zeit des Holzüberflusses« unterschieden.[2]

Auch die Wasserkraft wurde damals in gewerbereichen Regionen bis an die äußerste Grenze ausgeschöpft. Die Betriebe, die mit Wasserrädern arbeiteten, wanderten an den Bächen talaufwärts, bis die natürliche Grenze erreicht und der letzte Meter Gefälle genutzt war. In Schwelm wurde um 1800 die Verbindung von Hammerwerk und Bleiche als maximale Nutzung des kostbaren Wassers gefeiert: »Kein Tropfen Wasser darf uns unbenutzt verfließen / Was nicht den Hammer treibt, das muß uns Garn begießen.« Sowohl aus der Verknappung der Holz- wie auch aus der der Wasserkraftressourcen ergab sich ein Trend zur Dezentralisierung, der der seit dem Spätmittelalter bestehenden Tendenz, die Gewerbe in den Städten zu konzentrieren, entgegenwirkte und eine Verlagerung der Gewerbeexpansion auf das Land begünstigte. Der Vorteil der Dezentralität konnte unter den holz- und wasserkraftabhängigen Gewerben zu Formen von Arbeitsteilung führen, die den Aufstieg des Verlagswesens förderten.

Holz und Wasserkraft – Holz auch als Werkstoff – gaben der gesamten technischen Ausstattung und Arbeitsweise das Gepräge; und je mehr das Wirtschaftsleben an die Grenzen dieser Ressourcen gelangte, desto deutlicher spielte bei technischen Neuerungen das Bestreben mit, diese Ressourcen besser zu nutzen. Noch die frühe Industrialisierung ist in vielen Bereichen nicht als Niedergang, sondern als Höhepunkt des »hölzernen Zeitalters« anzusehen, auch als Höhepunkt der auf Holz als Werkstoff gegründeten

Kultur der Handarbeit; das gilt nicht nur für Mittel-, sondern auch für Westeuropa und erst recht für Nordamerika. Man muß diese Periode nicht als unvollkommenes Vorspiel zu dem Mitte des 19. Jahrhunderts einsetzenden industriellen Boom interpretieren, sondern begreift sie besser als einen anderen Weg der Industrialisierung mit eigener, durchaus zukunftsträchtiger Rationalität: als einen Weg, dessen Dynamik nicht einer wachsenden Schwerindustrie entstammte, sondern dem Streben nach einer Senkung des Energiekostenanteils und nach Erhöhung des Arbeits- und Veredelungsanteils am Produktwert.[3]

Wenn Landes es für »klar« hält, daß die Bereitschaft zur Verwendung von Steinkohle ein »Indikator für eine tiefere Rationalität« gewesen sei, ist dieser Rationalität die Vernunft des »hölzernen Zeitalters« entgegenzuhalten. Die Steinkohle setzte sich in vielen Regionen Mittel- und Westeuropas nicht deshalb so zögernd durch, weil gegen sie tiefe Vorurteile bestanden hätten, sondern einfach aus dem Grund, weil sie noch nicht gebraucht wurde. »Wo Wasserkraft vorhanden ist, verdient dieser Motor jedem anderen vorgezogen zu werden«, schrieb noch 1852 – vor dem Hintergrund süddeutscher Bedingungen – Ferdinand Redtenbacher, einer der Begründer der Wissenschaft vom Maschinenbau in Deutschland; »er ist der billigste von allen Motoren, denn diese motorische Substanz kostet als solche gar nichts, und die zur Benutzung der Wasserkräfte erforderlichen Bauten und Einrichtungen kosten nie mehr, in der Regel sogar viel weniger als jene, welche Dampfkräfte und Tiere verursachen«.[4]

Holz und Wasserkraft – aber mehr noch die handwerklichen Traditionen der Bewohner – waren die natürlichen Standortvorteile der Metallindustrie des Bergischen Landes, und die Wasserkraft behielt dort, obwohl sie knapp wurde, ihre Bedeutung noch bis in das späte 19. Jahrhundert. Auch in der anderen frühesten deutschen Industrieregion, dem Königreich Sachsen, galten »wohlfeile Arbeitslöhne, niedrige Holzpreise und reichliche Wasserkräfte als die hauptsächlichsten Bedingungen der damaligen Fabrikation«. Ähnliches traf für die süddeutschen Gewerbezentren und das steirische Montangebiet zu. Als Werkstoff gewann Holz in der frühen Industrialisierung sogar eine wachsende Vielfalt von Anwendungsbereichen. Ernst Alban überraschte »manchen Mechaniker« mit seiner hölzernen Auskleidung der Dampfmaschine; er empfahl das Holz, weil es billiger, leichter an Gewicht und einfacher zu bearbeiten sei als Eisen. Es gab nicht nur einen Fortschritt vom Holz zum Metall, sondern auch vom Metall zum Holz.[5]

Schon im späten 18. Jahrhundert blitzt die Vision eines anhaltenden wirtschaftlichen Wachstums auf; die Phantasie mancher Publizisten nahm die kommende Industrialisierung vorweg. Im »hölzernen Zeitalter« waren jedoch Wachstumsperspektiven von einer heftigen Angst vor Holzverknappung begleitet. Industrielles Wachstum war auf die Dauer nur dann erträglich, wenn es eine von Holz und Wasserkraft unabhängige Richtung nahm. In wohlhabenden, dichtbesiedelten und gewerbereichen Regionen wurden Holzgroßverbraucher wie Glas- und Eisenhütten im allgemeinen an den Rand gedrängt. Nürnberg verlagerte schon seit 1460 die holzfressenden Saigerhütten, die das Kupfer vom Silber schieden, in den Thüringer Wald; auf den Spuren des Holzes drang Nürnberger Kapital in den sächsisch-erzgebirgischen Raum vor. Im 16. Jahrhundert verbannte der Rat die Köhler aus dem Reichswald. Zur Sicherung der Holzversorgung wurde das Wachstum der Metallgewerbe in der Stadt begrenzt.[6]

Das Gesetz der Dezentralität steckte auch der technischen Entwicklung Grenzen. Ein technologischer Trend zur Größe konnte sich nur beschränkt entfalten, wenn auch die frühe Industrialisierung hier noch erhebliche Spielräume erschloß. Die Dezentralisierung förderte aber auch die Arbeitsteilung zwischen Orten und Regionen und trug auf diese Weise zur technischen Spezialisierung bei.[7] Waren ursprünglich in den »Waldschmieden« Berg- und Hüttenwerke mit der Eisenverarbeitung vereint, trennten sich in der Folge die Hütten von den Bergwerken, die Hammerwerke von den Hütten, die Feinhämmer von den Grobhämmern. Die Arbeitsteilung, die sich in der frühen Neuzeit in dem vom Siegerland nordwärts vordringenden Eisengewerbe ausbildete, hatte um 1800 dazu geführt, daß das Produkt um so feiner wurde, je mehr man nach Norden kam.[8]

Eisenhütten und andere Metallschmelzen, Salinen und Glashütten – die größten gewerblichen Holzverbraucher – waren bis zum 19. Jahrhundert über weite Teile Mitteleuropas verstreut. Es gab jedoch nicht nur den Trend zur Dezentralität, sondern auch Gegenbewegungen: die Konzentration einzelner Gewerbe in bestimmten Regionen und die Herausbildung von Ballungsräumen. Die stärkste Kraft zur Zentralisierung ging von den Residenzen aus; hier häuften sich Klagen über »Holzmangel«, aber hier besaß man auch Mittel genug, um mit dem Holzmangel-Argument eine obrigkeitliche Kontrolle der Holzwirtschaft zu etablieren.

Die vor- und frühindustrielle Technik war eng an die Erfahrungen bestimmter Regionen und an die beruflichen Traditionen bestimmter Personengruppen gebunden; auch dies wirkte einer Diffusion entgegen. Vor allem solche Gewerbe, die ein relativ hohes technisches Können erforderten und ganz auf Export orientiert waren, neigten zur »Revierbildung«. Namentlich auf dem Textilsektor bildeten sich regelrechte »Gewerbelandschaften« heraus: Hier war eine regionale Ballung nur wenig durch die Dezentralität von Holz und Wasserkraft gehemmt.[9] Der wunde Punkt der dezentralen Produktionsweise war die Unmöglichkeit der Kontrolle des Arbeitsprozesses. Das wurde dort fatal, wo dem Produkt die Qualität nicht mehr auf den ersten Blick anzusehen war: Hier entstand ein Sachzwang zur zentralisierten Produktion.

Eine »soziale Zeit«, eine Epoche in der Geschichte der Arbeit ist das »hölzerne Zeitalter« nicht zuletzt dadurch, daß der Werkstoff Holz eine Technik bedingte, in der handwerkliche Geschicklichkeit und Gefühl für die stofflichen Besonderheiten fast alles bedeuteten. Der Kontrast zur darauffolgenden Zeit darf jedoch nicht überzeichnet werden: Erfahrung und manuelle Fertigkeit waren auch danach in der Produktion hochwichtig. Aber mit dem Übergang vom Holz zum Eisen wurden doch ganz neue Perspektiven für die Organisation des Produktionsprozesses eröffnet, die die menschlichen Fertigkeiten im Bewußtsein der Techniker an den Rand rückten. Eiserne Mechanismen ermöglichten höheren Druck, größere Kraftübertragung, mehr Schnelligkeit, mehr Präzision im Produktionsbetrieb. Dampfkraft mit wachsendem Druck, Rotation und Größenwachstum konnten jetzt voll zur Wirkung kommen. Das Material wurde homogener, die Reibung ließ sich verringern; die Maschine wurde berechenbar, oder es ließ sich zumindest vorstellen, daß man künftig Maschinen würde berechnen und auf maximalen Wirkungsgrad hin konstruieren können. Für den nach Verwissenschaftlichung der Technik strebenden Ingenieur wurde der Übergang vom Holz zum Eisen eine Prinzipienfrage, unabhängig von ökonomischem Kalkül.[10]

Maximale Nutzung regenerativer Ressourcen: das bedeutete auch die Ausschöpfung der Kraft von Mensch und Tier. Nach damals herrschender Auffassung kam es vor allem auf unermüdlichen Fleiß, auf Verbesserung der Arbeitsmoral an – mehr als auf die Einführung neuer Maschinen. Der Ehrgeiz, aus dem Menschen das Höchste herauszuholen, führte zu ganz unterschiedlichen Konsequenzen: zu Akademien wie zu Tretmühlen. Unter humanen Gesichtspunkten ist das »hölzerne Zeitalter« sehr ambivalent. Bis zur Mitte des 19. Jahrhunderts ging in der deutschen Industrie und – unter dem Druck der industriellen Konkurrenz – auch im Handwerk die Tendenz zur Verlängerung der Arbeitszeit. Die industrielle Ausbeutung der Kinderarbeit erreichte in Preußen in den vierziger Jahren des 19. Jahrhunderts ihren Höhepunkt. Schon die Zeitgenossen brachten sowohl die Ausbreitung als auch den nach 1850 folgenden Rückgang der Kinderarbeit in den Fabriken mit dem Stand der Mechanisierung in Zusammenhang.[11] Ein starker Anreiz der Kinderarbeit bestand aber nicht nur bei »unqualifizierter« Arbeit an Maschinen, sondern auch dort, wo sich Arbeitstempo und Produktqualität erhöhen ließen, wenn die Tätigkeit dem Arbeiter von Kind auf zur zweiten Natur wurde.

Die im späten 18. Jahrhundert beginnende Intensivierung der Landwirtschaft, die mehr noch als das Wachstum der Gewerbe die ökonomische Dynamik jener Zeit bestimmte, »bestand weniger in der Einführung neuer, arbeitssparender Maschinen und Techniken«, als in der »Verdichtung des bäuerlichen Arbeitsjahres«; insbesondere die Arbeitsbelastung der Frauen und Kinder wurde erhöht. Der Anbau der Kartoffel – jener Innovation, die am meisten den Alltag breiter Bevölkerungsschichten veränderte – bedeutete, technisch gesehen, einen Rückfall in den archaischen Hackbau; er reaktivierte »Arbeitsgeräte und -verfahren, die zunächst nicht den technischen Standard des Getreidebaus erreichten«, und bürdete vor allem den Frauen und Kindern eine mühevolle Arbeit auf.[12] Wenn sich die »Agrarrevolution« auf eine Verbesserung der Fruchtfolge und des Gleichgewichts zwischen Ackerbau und Viehhaltung richtete, bedeutete das eher eine Vervollkommnung der traditionellen Landwirtschaft als einen Neuanfang. Ein tiefer Einschnitt folgte in der Zeit danach, mit der beginnenden Chemisierung der Landwirtschaft; der Gegensatz zu der Agrarreform des frühen 19. Jahrhunderts wurde gerade von Liebig mit schneidender Schärfe betont.[13]

Die älteren Agrarreformen erzielten mit simplen technischen Vorrichtungen große Effekte: Allein die Untermauerung der Ställe, die das Sammeln der flüssigen Jauche ermöglichte, vervielfachte die Stickstoffzufuhr für die Landwirtschaft. Wesentliche Fortschritte bestanden in der Verbesserung des traditionellen Pflugs – so durch Eisenbeschläge an der Pflugsohle – und in dem Gebrauch von Sensen statt der traditionellen Sicheln; die zunehmende Eisenproduktion beförderte hier die allgemeine Durchsetzung einer längst vorhandenen Technik. Die aufwendigste Innovation auf den Bauernhöfen war noch im 19. Jahrhundert vielfach der Pferde- oder Ochsengöpel, eine damals noch entwicklungsfähige Technik; er wurde von Zeitgenossen an die Seite der Dampfmaschine gestellt. Neben den Menschen waren die Tiere auch im 19. Jahrhundert *die* universelle Kraftquelle schlechthin, und die technische Nutzung dieser Kraftquelle war damals noch im Steigen.[14]

Wurde die auf regenerative Ressourcen gegründete Ära von innen her gesprengt: durch einen systematischen Raubbau an der natürlichen Grundlage, auf der sie beruhte? Liebig brandmarkte den vorchemischen Ackerbau als Raubwirtschaft, die den Boden ruiniere; heute würde man diesen Vorwurf eher gegen die chemische Landwirtschaft richten.[15] Beim Wald ist die These von der vormodernen Raubwirtschaft und der daraus resultierenden Holzversorgungskrise bis heute weithin anerkannt; auch sie steht jedoch empirisch auf schwachen Füßen.[16] Eher könnte man den Akzent ganz anders setzen: Heute fungiert das Interesse an der Holzversorgung – global gesehen – nicht als wirksame Triebkraft der Walderhaltung; vor zwei Jahrhunderten dagegen war das in hohem Maße der Fall, wie die Flut der ökonomisch motivierten Warnungen vor »Waldverödigung« zeigt. Die deutsche Aufforstungsbewegung ist eine Errungenschaft jener Zeit, wenn sie auch später in den Kontext einer Industrialisierungsphase geriet, die die Wälder nur noch als Bauholzproduzenten und als Erholungsstätten brauchte. In der Mitte des 19. Jahrhunderts, als die Massenförderung und allgemeine Verbreitung der Kohle einsetzte, war der Holzmangel-Alarm längst wieder verebbt; nicht als Reaktion auf Holznot setzte sich die Kohle durch.

War die Durchsetzung der Dampfkraft eine Reaktion auf die Erschöpfung der Wasserkraft? Eversmann schrieb 1804, im Bergischen sei »Stunden lang kein unbenutztes Gefälle mehr zu finden«.[17] Aber wie sich zeigte, war selbst dort bis tief ins 19. Jahrhundert hinein bei Kapitaleinsatz eine weitere Steigerung der Wasserkraft-Ausbeute möglich; eine absolute Grenze war längst nicht erreicht. Die Rationalität des Umgangs mit begrenzten regenerativen Ressourcen besaß auch im Industriezeitalter einen weiten Spielraum.

## 2. Innovationsverhalten im »hölzernen Zeitalter«

Die herkömmliche Auffassung, der zufolge die Technik vom 16. Jahrhundert, der »Agricola-Zeit«, bis zur Industriellen Revolution im wesentlichen stagnierte und danach die Dampf- und Spinnmaschine den Fortschritt in eine archaische Gewerbelandschaft brachten, ist in neuerer Zeit mit Recht revidiert worden.[18] Sie beruhte auf einem bestimmten Bild vom Fortschritt: auf der Vorstellung, daß der Weg des Fortschritts nur über Basisinnovationen, über Steigerung des Energieeinsatzes und über die Ersetzung von menschlicher Arbeit durch Maschinen führe. Die Zeitgenossen haben es anders gesehen. Poppes zuerst 1835 erschienene *Geschichte aller Erfindungen und Entdeckungen* schildert bereits eine Fülle von Neuerungen, die fast alle Bereiche des menschlichen Lebens in irgendeiner Weise berühren. Meist handelt es sich um Produktinnovationen. Der Mechanisierung der Produktionsprozesse galt noch keine besondere Aufmerksamkeit. Darin spiegelt sich das Innovationsverhalten jener Zeit.

Selbst die frühe Stahl- und Maschinenindustrie, anerkannte Leitsektoren der Industrialisierung, setzten in technischer wie organisatorischer Hinsicht handwerkliche Produktionsweisen fort, nicht nur in Remscheid und Solingen, sondern auch in Sheffield. Da die industrielle Dynamik bis zum 19. Jahrhundert, soweit sie an regenerative Ressourcen gebunden war, einem Zwang zur Dezentralisierung – wenn auch nicht ohne Gegentendenzen – unterlag, wurde all derjenige technische Fortschritt, der die Produktionsanlagen aufwendiger machte, gebremst. Selbst in England bedeutete im 18. Jahrhundert Innovation längst nicht immer Mechanisierung, sondern sehr oft eine Weiterentwicklung manueller Techniken und eine erhöhte Anwendung der Arbeitsteilung. Hier gingen auch manche Gewerbe des vorindustriellen Deutschlands sehr weit. Das klassische Beispiel ist die Produktion von Nähnadeln: Dieses scheinbar simple Produkt ging, einem Bericht um 1800 zufolge, nacheinander durch die Hände von 80, einem anderen Bericht zufolge immerhin von 18 Arbeitern.[19]

In jener Zeit findet sich gerade bei Wortführern des gewerblichen Fortschritts eine auf Erfahrung und Weltkenntnis gegründete Skepsis gegenüber bestimmten technischen Innovationen, insbesondere gegenüber solchen, die aufwendig und kompliziert sind, menschliche Arbeit ersetzen oder nicht den natürlichen Gegebenheiten und Ressourcen deutscher Regionen entsprechen. Justus Möser, der Bewunderer des englischen Gewerbes, bekundete um 1770 gleichwohl skeptische Ironie gegenüber der literarischen Flut der für die Landwirtschaft propagierten Neuerungen:

Wie würde es uns armen Leuten gegangen sein, wenn wir alle die Vorschläge, die nun seit zehn Jahren zur Verbesserung des Ackers gemacht sind, befolgt hätten? Wenn wir alle die Säemaschinen und alle die Arten von Pflügen angeschaffet hätten, welche in dieser Zeit angepriesen und vergessen sind? Wenn wir alle die Futterkräuter gesäet und alle die Ackerbestellungen nachgeahmet hätten, wovon man uns ein so herrliches Bild gemalet hat?[20]

Wenn ein Artikel der *Schlesischen Zeitung* 1844 die Maschinen ungeachtet des Weberelends als »Mittel in der Hand Gottes zur Erlösung der Menschheit« pries und es einen humanen Grundsatz nannte, alles, was sich mechanisieren ließe, durch Maschinen besorgen zu lassen, so war diese Einstellung noch damals kein Allgemeingut: 1845 erklärte Gülich in seiner Handels- und Gewerbegeschichte, man solle in Deutschland Maschinen nur dann in Gebrauch nehmen, »wenn erwiesen ist, daß der Gebrauch derselben zum Wohle der Bevölkerung des Landes gereicht«; diese Gemeinnützigkeit müsse durch Tatsachen erhärtet und nicht aus bloßer Theorie deduziert werden.[21]

Was wirtschaftlich rational war, hing wesentlich von den Vorstellungen ab, die man sich über künftiges wirtschaftliches Wachstum machte. Von den historischen Erfahrungen des 18. und frühen 19. Jahrhunderts her war es höchst gewagt, auf ein generationenlang anhaltendes, stürmisch voranschreitendes wirtschaftliches Wachstum zu setzen und Fabriken zu errichten, die sich erst bei einem permanent expandierenden Markt zu rentieren versprachen. Vernünftiger war es, ein starkes Wachstum für eine vorübergehende Erscheinung zu halten. Gülich warnte vor dem Glauben, »daß die Consumtion ihre Grenzen nicht finde« und eine wachsende Produktion sich ihren Bedarf schon schaffen werde. Hätten die national-ökonomischen Theoretiker – so Gülich – »das ewig offene Buch, die Geschichte, mehr zu Rate gezogen«, dann hätten sie aus der Lehre »Production erzeugt Consumtion« kein Dogma gemacht, sondern mit der Möglichkeit gerechnet, »daß eine Überfüllung des Marktes auf fast allen den Europäern zugänglichen Punkten der Erde eintreten könne«.[22]

Von den Erfahrungen der Vergangenheit her war die Annahme vernünftig, daß dauerhafte gute Gewinne nicht bei billiger mechanisierter Massenproduktion, sondern eher bei hochspezialisierter Herstellung von Luxusgütern winkten.[23] Es ist nicht einmal sicher, daß diese Annahme durch die Geschichte ganz und gar widerlegt wurde: Wenn Frankreich noch im 19. Jahrhundert mehr als England in seiner Industrie den Weg der Luxusgüterproduktion beschritt, so – einer Berechnung zufolge – mit dem verblüffenden Ergebnis, daß, dem Bild der relativen französischen Rückständigkeit zum Trotz, die Produktivität der industriellen Arbeit dort höher war als in England, trotz eines niedrigeren Einsatzes von maschineller Technik.[24]

Damals konnte man bezweifeln, ob es im Interesse des Gemeinwohls wünschenswert war, wenn das Gewerbewachstum in einer Region die Landwirtschaft weit überflügelte. Agrarregionen erfreuten sich vielfach eines breiteren Wohlstandes als ausgesprochene Gewerbelandschaften. Die »Gewerbeblüte« besaß in typischen Fällen einen Hintergrund von Armut und Übervölkerung, von mangelnder Geburtenregelung und schrankenlos ausbeutbarer Arbeitskraft. Für weite Teile Deutschlands war bis tief in das 19. Jahrhundert hinein die Belieferung Englands mit Agrargütern lukrativer als die industrielle Konkurrenz mit England. Es gab guten Grund zu der Annahme, daß das Verhältnis von Aufwand und Ertrag bei Innovationen in der Landwirtschaft günstiger sei als bei solchen in der Industrie.[25]

Einem Teil der deutschen Unternehmer jener Zeit war das alles offenbar bewußt – mehr als späteren wachstumsorientierten Historikern, die die Dinge lediglich ex eventu betrachteten. Der Barmer Fabrikant und Landtagsabgeordnete Johannes Schuchard, der die englischen Spinnereien aus eigener Anschauung kannte und vor einer Industrialisierung im englischen Stil warnte, hielt die »ungeheure Kapitalanlage«, die eine Maschinenspinnerei erfordere, nur für ein Land erträglich, dessen Bewohner nicht mehr wüßten, wie sie ihr Kapital anlegen sollten. In Deutschland hätten sich seit 40 Jahren »Spinnereien nach englischer Art« nicht befriedigend entwickelt, da sich Kapitalien anderswo besser anlegen ließen. Eine ähnliche Ansicht vertrat noch 1842 der Bielefelder Textilkaufmann Gustav Delius in einem *Promemoria über die Lage des Leinwandhandels und der Spinnerei im Ravensbergischen*. Man sollte die Abwehrhaltung gegenüber der englischen Industrialisierung nicht oder nicht nur auf Vorurteile zurückführen oder gar als Vorboten der verhängnisvollen Wende des deutschen Nationalismus werten, sondern auch die nüchterne ökonomische, manchmal auch sozialpolitische Vernunft in dieser Skepsis würdigen.[26] Sogar unter den Schweizer Baumwollfabrikanten, die auf eine ältere Tradition des Baumwollgewerbes zurückblickten als ihre englischen Konkurrenten, scheint sich in der ersten Hälfte des 19. Jahrhunderts nach manchen Schwankungen »der Konsens herausgebildet zu haben, daß die Konkurrenzfähigkeit der schweizerischen Spinnereien auf niedrigen Löhnen, nicht aber auf dem Einsatz leistungsfähiger, aber teurer moderner Technologie beruhe«. Zu einer zögernden Grundhaltung gegenüber einer auf mechanischen Antrieb abgestellten Industrialisierungsstrategie führte auch die Abhängigkeit von der Wasserkraft – selbst dann, wenn es, genauer besehen, noch ungenutzte Reserven gab. Allgemein setzte sich in der deutschen Textilindustrie die »vollintegrierte Fabrik«, bei der alle Produktionsschritte mechanisch angetrieben wurden, erst seit der Mitte des 19. Jahrhunderts durch.[27] 1854 hatten die Bielefelder Leinenkaufleute, die bis dahin Kapitalknappheit vorgeschützt hatten, auf einmal Geld genug zur Gründung der größten deutschen Flachsspinnerei: Es war ein Sprung vom Heimgewerbe zum Großbetrieb ohne Zwischenstufen.

In der industriellen Frühzeit war es im großen und ganzen noch nicht der Techniker-Unternehmer, der in der Unternehmerschaft tonangebend war und die industrielle Dynamik bestimmte, sondern mehr der aus dem Handel und Verlagswesen kommende Unternehmertyp. Das gilt zumindest für die Textilbranche und für die größeren Unternehmungen, die den Rahmen des Handwerksbetriebes deutlich überstiegen. Für diesen Unternehmertypus waren technische Innovationen damals im allgemeinen noch kein zentrales Thema und keine naheliegende Methode, um den Reichtum zu vermehren. Das gleiche galt für die Finanzleute jener Zeit. Der Erfinder war im allgemeinen Ansehen noch keine respektable Persönlichkeit; windige »Projektemacher« waren in übler Erinnerung.[28] Von den Erfahrungen jener Zeit her empfahl sich für einen Privatmann, der keinen auf Renommierprojekte erpichten Landesherrn im Rücken wußte, eher eine Wirtschaftsweise wie das

Verlagswesen, eine Kombination von Handwerk, Heimarbeit und nicht sehr aufwendigen Manufakturen, die das Anlagekapital möglichst gering hielt und bei Geschäftsstockungen flexible Reaktionen ermöglichte. Es war ein Typus von Rationalität, der bis heute besteht, später jedoch von der Faszination der *Economies of Scale* überlagert wurde. Wenn man sich damals Maschinen anschaffte, dann möglichst einfache, billige und nicht zu viele. Selbst Brügelmann stellte in *Cromford* bei Ratingen, der ältesten mechanischen Baumwollspinnerei Deutschlands (1784 gegründet), vorerst nicht mehr als 16 Waterframes und 8 Karden auf: Das war im Gesamtgeschäft dieses vielseitigen Mannes keine allzu große Investition. Neben der Maschinenarbeit bestand Handarbeit fort. Der vielleicht experimentierfreudigste preußische Unternehmer seiner Zeit war Nathusius (1760–1835), der als Tabak- und Rübenzuckerfabrikant berühmt wurde; er wäre jedoch bald zugrunde gegangen, wenn er sich auf bestimmte technische Innovationen spezialisiert hätte und nicht auf ein breites Sortiment von Produkten bedacht gewesen wäre, so wie es die Klugheit des Großhändlers gebot.[29]

Als sich das Handelskapital schließlich doch zu einem großen gemeinsamen Engagement bei einer technischen Innovation bequemte, ging es nicht um die Steigerung der Produktion, sondern um die Erleichterung des Verkehrs: Die Eisenbahn war die erste Großtechnik, die für das kontinentaleuropäische Handels- und Finanzkapital respektabel wurde. Mehr als alles andere markierte sie das Ende des »hölzernen Zeitalters«.

Es gab aber auch Innovationstypen, die den durch die regenerativen Ressourcen gesetzten Schranken angepaßt waren, ja deren Rationalität sich nicht zuletzt auf diese Beschränkung begründete. Das gilt in besonderem Maße für die Flut von Holzspar-Empfehlungen, die zu den charakteristischen Zügen der technologischen Literatur des 18. Jahrhunderts gehört. Bezeichnenderweise stand der Stubenofen im Zentrum dieser Holzspar-Bemühungen: Es war noch nicht eine Technik für Ingenieure und Fabrikanten, sondern eine um den Haushalt herum angelegte Technologie, deren Weisheit in dem Wort Justus Mösers ausgedrückt ist: »Im Kriege sind einige Augenblicke groß; in der Haushaltung alle, und es muß keiner verloren werden.«[30]

Aber auch manche komplizierten Mechanismen entsprachen den Bedingungen jener Zeit. Das eindrucksvollste Beispiel ist der

Jacquard-Webstuhl, bei dem sich Muster mit Lochkarten programmieren ließen, der dabei aber in Hand- und Heimarbeit zu betreiben war und noch lange aus Holz bestand, da er keine hohen Geschwindigkeiten und Belastungen auszuhalten hatte. Auch die Mühlentechnik geriet nach 1700 in Bewegung; »unendlich gewannen die Mühlen im 18. Jahrhundert«, notierte sich Karl Marx aus Poppes Geschichte der Technologie. Der Mühlenbau wurde Spezialistensache und zu einem wichtigen Auftraggeber für die frühe Maschinenindustrie.[31] Ein höchst wichtiges Bedürfnis des »hölzernen Zeitalters« war die Verbesserung der Feuerspritzen; hier tat sich eine ganze Reihe deutscher Erfinder hervor. Selbst bei englischen Feuerspritzen setzte sich der Dampfantrieb erst Mitte des 19. Jahrhunderts durch.[32]

In der Bevorzugung solcher Neuerungen, die Ressourcen sparten, ausländische durch einheimische Stoffe ersetzten, Notzeiten überwinden halfen und die Produktqualität erhöhten, war sich die merkantilistische Politik mit der altständischen Gesellschaft einig. Hier waren auch die Zünfte nicht durchweg so neuerungsfeindlich, wie ihnen von ihren Gegnern nachgesagt wurde. Das Gesellenwandern begünstigte den »Technologie-Transfer« von Region zu Region zumindest soweit, wie dieser in einer Erhöhung der Kunstfertigkeit der Arbeit bestand. Es gab sogar Tendenzen innerhalb des Zunftwesens, die die Arbeitsteilung und Spezialisierung förderten.[33] Überhaupt bot die Zunft ja das Urbild der Professionalisierung, und hierin war sie zukunftsträchtig: Wenn mit den Maschinen auch zeitweise die Vorstellung verknüpft wurde, daß diese bei den Arbeitern Können, Wissen und Erfahrung überflüssig machten, war diese Einbildung doch nur vorübergehend. International betrachtet fällt auf, daß eine erfolgreiche Industrialisierung vor allem dort gelungen ist, wo es zunftartige Traditionen professioneller Arbeit gab.

Bis in die zweite Hälfte des 19. Jahrhunderts besaß der technische Wandel, insgesamt gesehen, noch wenig innere Systematik und Eigendynamik; soweit nicht fürstliche Liebhabereien und kriegerische Einflüsse hineinspielten, orientierte er sich vor allem am Bedarf.[34] Poppe gliederte seine *Geschichte aller Erfindungen und Endteckungen* nach den verschiedenen Bereichen der menschlichen Bedürfnisse; dabei bleibt am Ende freilich ein sehr umfangreicher Restbereich, der mit zweifelhaftem Recht »angewandte Mathematik« betitelt wird und nicht nur Chemie und Elektrizität, sondern auch das Montanwesen umfaßt. Gelegentlich wurden für technische Spielereien Bedürfnisse erfunden, so für die Elektrizität, deren praktischer Wert auf sich warten ließ, im 18. Jahrhundert deren angeblicher medizinischer Nutzen.[35] Aber das Feld der vorhandenen oder durch Innovationen leicht zu weckenden Bedürfnisse war noch unerschöpflich weit und bot Erfindern und Neuerern Ziele in Hülle und Fülle.

Der Werkstoff Holz beflügelte die Experimentierfreude, auch die unprofessionelle, dilettantische: dadurch, daß er überall und in großer Artenvielfalt vorhanden, ungemein vielseitig zu verwenden und obendrein viel bequemer als Metalle zu bearbeiten war. Maschinen zur Holzbearbeitung ließen sich viel leichter bauen als solche zur Metallbearbeitung, und sie konnten auch schneller laufen: eine Chance, die erst die Amerikaner des 19. Jahrhunderts ausgiebig nutzten. In Kontinentaleuropa machte, von den Sägemühlen abgesehen, die Mechanisierung der Holzbearbeitung bis zum 19. Jahrhundert nur langsame Fortschritte: Holz ließ sich ja mit der Hand bearbeiten, und Handarbeit war billig. Noch im späten 18. Jahrhundert waren selbst die großen Manufakturen, die Luxusmöbel produzierten, darauf bedacht, den Aufwand für Werkzeuge möglichst gering zu halten. Holz begünstigte die Handarbeit, aber nicht unbedingt die Strukturen des alten Handwerks; vielmehr gab es gerade bei Holzgegenständen Frühformen der Massenproduktion, nicht nur bei simplen Brettern und Löffeln, sondern seit dem 18. Jahrhundert auch bei Uhren. Während die altberühmte künstlerische Uhrmacherei von Nürnberg und Augsburg ihre Bedeutung verlor, begann um 1720 im Schwarzwald das Wachstum der dörflichen Uhrmacherei, die als optimale Holznutzung geschätzt wurde; in der ersten Hälfte des 19. Jahrhunderts wurden angeblich mehr als 15 Millionen Schwarzwalduhren in Handarbeit hergestellt.[36]

Überwiegend aus Holz bestanden die frühen Textilmaschinen: selbst in Elberfeld, inmitten der Eisenindustrie, noch bis in die Mitte des 19. Jahrhunderts. Daher ließen sie sich relativ leicht umbauen, und das geschah erstaunlich oft: bis zu zwanzig- bis dreißigmal bei ein und derselben Maschine. Das gesamte Innovationsverhalten wurde hierdurch bestimmt: Man schrieb Maschinen nicht ab, ersetzte sie nicht, sondern baute sie um. Wegen der hohen Abnutzung hölzerner Mechanismen mußten ohnehin laufend Einzelteile erneuert werden; dadurch gab es ständig Gelegenheit zu

Veränderungen im Detail.[37] Auf diese Weise konnten die Arbeiter die Maschinen ihren Körperproportionen und dem wechselnden Bedarf anpassen. Das »Fixkapital« war noch nicht so starr festgelegt wie bei fertig gelieferten Stahlmaschinen.

Im »hölzernen Zeitalter« war die Industrialisierung noch ein wesentlich regionaler Vorgang und aufs stärkste von lokalen Traditionen manueller Geschicklichkeit, von den Agrarverhältnissen einer Gegend und den regionalen Wald- und Wasserkraftressourcen geprägt.[38] Im frühen 19. Jahrhundert bekamen die Bemühungen um Technologietransfer zwischen den Regionen etwas Routinemäßiges; dabei wurde aber immer noch die Notwendigkeit beachtet, eine von auswärts übernommene Neuerung den regionalen Bedingungen anzupassen. Manche hielten den technischen Fortschritt schon damals für einen unwiderstehlichen Naturprozeß; andere glaubten jedoch, man müsse darüber diskutieren, ob eine bestimmte Innovation übernommen werden solle oder nicht. So gab es in Bayern eine lange öffentliche Diskussion darüber, ob der Eisenbahn oder den Kanälen der Vorzug zu geben sei. Der Triumph der Eisenbahn verbreitete jedoch in der Folgezeit den Eindruck von der Unwiderstehlichkeit des technischen Fortschritts.[39] Die »beschleunigten Verbindungsmittel« – Eisenbahn, Dampfschiff, Telegraph – bestärkten 1856 Heinrich Bodemer in der Überzeugung, daß alle regionalen und nationalen Unterschiede in der industriellen Entwicklung überholt seien. Die wald- und wasserkraftorientierte Klein- und Mittelindustrie, die damals noch in Sachsen vorherrschte, wird von diesem Großenhainer Kattunfabrikanten mit Geringschätzung behandelt.[40]

Auch in vormodernen Gesellschaften gab es in der Regel *einen* Bereich, in dem die Übernahme fremder Neuerungen im Prinzip für notwendig gehalten wurde: die Kriegsrüstung. Dennoch war, insgesamt gesehen, die Rüstungsproduktion bis zum späten 19. Jahrhundert keine allzu wichtige Triebkraft der technischen Innovation.[41] Je mehr jedoch der Handel Züge eines Krieges bekam – eines Wettstreites, von dem die eigene Existenz abhing –, desto stärker und zwanghafter wurde der durch den Außenhandel bewirkte Antrieb zum Technologietransfer. Der Bereich der Technik ging als gesellschaftliches Entscheidungsfeld verloren: Dies war der folgenschwerste Wandel in den Rahmenbedingungen der technischen Entwicklung.

## 3. Deutschland – ein unterentwickeltes Land?
## Zum technischen Profil deutscher Regionen im 18. und frühen 19. Jahrhundert

Bis weit ins 19. Jahrhundert hinein wird Deutschland immer wieder und oft in scharfen Formulierungen als industriell rückständiges Land bezeichnet, von Zeitgenossen wie von Späteren. Selbst im Handwerk fand Justus Möser um 1770 die Deutschen trostlos hinter den Engländern zurückgeblieben.[42] Die Geschichten von den englischen Facharbeitern in Deutschland, die ihre Unentbehrlichkeit in hochmütigem Betragen und überhöhten Lohnforderungen zum Ausdruck brachten, lassen Deutschland in der Position eines Kolonialgebietes erscheinen. Joseph v. Baader glaubte sich 1798 in England von der »demütigenden Wahrheit« überzeugt zu haben, daß die Deutschen in der Technik »noch wenigstens um ein Jahrhundert hinter jenen Insulanern zurückgeblieben« seien. Baader gehörte freilich zu denen, für die bereits die Dampfkraft der Inbegriff des technischen Fortschritts war.[43]

Unter dem Schutz der Kontinentalsperre breitete sich in den fortgeschrittenen Gewerberegionen zeitweilig die Zuversicht aus, daß man drauf und dran sei, die englische Industrie einzuholen; aber nach 1815 wurde die englische Überlegenheit vielfach wie ein Schock erfahren. Nicht nur gegenüber England oder den Niederlanden, sondern auch gegenüber Frankreich, ja sogar Italien und der Schweiz stehe Deutschland bekanntermaßen bei der Aneignung von Neuerungen zurück: so ein Urteil von 1821, das den Rückstand aus der Langsamkeit des deutschen Nationalcharakters, aber auch aus abschreckenden Erfahrungen mit Neuerungen erklärt. Mochte diese Unterlegenheit auch, genauer betrachtet, vorwiegend nur bei ganz bestimmten Textil- und Eisenprodukten bestehen, wurde sie in der kollektiven Erinnerung doch verallgemeinert. »Das arme Deutschland, das 1870 auf der ökonomischen Landkarte kaum mehr als ein weißer Fleck war«, lieferte den Kontrast, der den darauffolgenden Aufstieg um so atemberaubender machte.[44]

Wenn man »Fortschritt« mit Dampf- und Spinnmaschinen gleichsetzt, ergibt sich selbstverständlich bis weit in das 19. Jahrhundert hinein eine turmhohe Überlegenheit Englands über die allermeisten deutschen Regionen. Das Bild verändert sich, sobald man den Stand der Technik an der flexiblen Anpassung an den vorhandenen Bedarf und die gegebenen Ressourcen mißt. Aber selbst die Außenhandelsstatistik paßt nicht zu jenem Eindruck tiefer Unterlegenheit. In neuerer Zeit wurde wiederholt mit Verwunderung bemerkt, daß die Export- und Importstruktur deutscher Länder schon in der ersten Hälfte des 19. Jahrhunderts keineswegs dem für unterentwickelte Nationen typischen Schema – Ausfuhr von Rohstoffen und Einfuhr von Fertigwaren – folgte; vielmehr standen gerade umgekehrt bei der Einfuhr Rohstoffe und bei der Ausfuhr Fertigwaren – meist aus kleingewerblicher Produktion – an der Spitze.[45] Die kleinbetriebliche Produktionsweise entsprach zu jener Zeit also nicht nur den Bedürfnissen der Selbstversorgung, sondern auch den komparativen Kostenvorteilen im Außenhandel.

Die industrielle Entwicklung vollzog sich in Deutschland bis weit in die zweite Hälfte des 19. Jahrhunderts überwiegend in regionalem, nicht in nationalem Rahmen. Dennoch lassen sich über das industrielle und technologische Profil deutscher Regionen zu jener Zeit einige allgemeine Aussagen machen. Es gab einen lebhaften Innovationsaustausch zwischen den deutschen Regionen: nicht nur im Montan- und Salinenwesen, wo er besonders gut belegt ist, sondern auch bei vielen anderen Gewerben, so bei der Glasmacherei oder der Messer- und Nähnadelherstellung. Im Urteil der Zeitgenossen gab es, wenn auch nicht durchweg mit vollem Recht, »deutsche« Technik: In den Ostalpen unterschied man »welsche« und »deutsche« Hammerwerke; bei Glas- und Ziegelhütten kannte man »deutsche« Öfen; die Bockwindmühle galt als »deutsche« Mühle.

Die im 15. und 16. Jahrhundert begründete Führungsstellung mitteleuropäischer Regionen im Berg- und Hüttenwesen wirkte noch im 18. und 19. Jahrhundert fort und wurde neubelebt. Zwar war die ökonomische Bedeutung des Montanwesens gegenüber anderen Wirtschaftssektoren stark zurückgegangen; aber hier wurden sinkende Erträge manchmal zum Stimulus für Innovationen.[46] Wachsende Abbauschwierigkeiten regten zu geologischen Studien und zur Verbesserung der Prospektionsmethoden an. Die 1765 ins Leben gerufene Bergakademie im sächsischen Freiberg wurde zum Vorbild der 1783 gegründeten *Ecole des Mines,* ja zur montanistischen »Lehrmeisterin aller Erdteile«.[47] Vorsprung durch Wissenschaft in einer wirtschaftlich beengten Situation: Das begann damals zu einer typisch deutschen Strategie zu werden, die zu dem Bildungspathos jener Zeit paßte.[48]

Die Salinen galten dort, wo sie dem landesherrlichen Bergregal unterlagen, als ein Teil des Montanwesens. In der Regel waren sie in ähnlicher Weise wie die Berg- und Hüttenwerke vom privilegierten Holzbezug abhängig. Anders als weite Teile West- und Südeuropas, die sich aus Meeressalinen versorgen konnten, mußte das Salz in Mitteleuropa auf technisch aufwendige Art gewonnen werden. Auf diese Weise gingen von der Salzgewinnung technologische Impulse aus. In vielen Gegenden waren die Salinen die größten Holzverbraucher; je mehr die Konkurrenz um das Holz wuchs, desto mehr wurde der Brennstoff zum entscheidenden Produktionsfaktor. »Das Geheimnis der Salinen beruht auf der Holzersparnis«, schrieb Friedrich II. in seinem Politischen Testament von 1768; schon seit dem 16. Jahrhundert wurden die Salinen zum bevorzugten Objekt der Holzsparkünstler. Diese Innovationsrichtung mündete in eine Großtechnik der frühen Neuzeit: die Errichtung von Gradieranlagen, die im Vergleich zu den Siedehäusern gewaltige Dimensionen besaßen und die Solarenergie zur Anreicherung der Sole nutzten. Ähnlich wie beim Bergbau waren, technisch gesehen, Schöpfanlagen der entscheidende Punkt. In der Saline Großensalza bei Schönebeck an der Elbe, die um 1770 eines der längsten Gradierhäuser Europas besaß, aber über wenig Wasserkraft verfügte, arbeiteten 350 Menschen und 32 Pferdegespanne in den Tretmühlen, die die Sole auf die Gradieranlagen pumpten. Aber wenige Jahrzehnte darauf wurden die Gradierwerke zur technischen Sackgasse: Die Erschließung hochangereicherter Solen durch Tiefbohrungen machte sie überflüssig und schuf die Voraussetzung für die Verwandlung vieler Salinen in Kurorte.[49]

Weltweit führend wurden deutsche Regionen – vor allem der Aachener Raum und Schlesien – während der ersten Hälfte des 19. Jahrhunderts in der Zinkgewinnung.[50] Zink war in Form von Messing, als dessen Bestandteil es 1718 von dem Chemiker Stahl nachgewiesen worden war, längst in praktischem Gebrauch; sein Anwendungsbereich wurde im 19. Jahrhundert stark erweitert. Dächer aus Zinkblech, dessen Herstellung durch Walzverfahren Anfang des 19. Jahrhunderts begann, setzten sich in Deutschland langsamer durch als in England, Frankreich und Belgien; dafür wurde in Preußen der Zinkguß entwickelt, der eine billige Massenfertigung von Bauelementen möglich machte. Bei der Gewinnung des billigen Zinks, das keine hohen Brennholzkosten ertrug, wurde in Schlesien schon um 1790 die Steinkohle eingeführt. Später gab der Zinkreichtum den Anstoß zur Erfindung von Zinkfarben, die die rheinische Farbenindustrie mitbegründeten und als Schutzanstrich bei der Eisenbahn zu gebrauchen waren. Die Tatsache, daß Zink, in Schwefelsäure aufgelöst, elektrischen Strom erzeugt, nährte noch nach der Jahrhundertmitte Spekulationen, daß Deutschland mit seinem Zink eine der englischen Kohle überlegene Energiequelle besitze.[51]

Eine der allerberühmtesten deutschen Innovationen des 18. Jahrhunderts war die Nacherfindung des chinesischen Porzellans durch Johann Friedrich Böttger und seine Mitarbeiter in Meißen (um 1710). Auch diese Errungenschaft ist im Umkreis des Montanwesens anzusiedeln; denn ein Hauptproblem bestand in der Beherrschung hoher Temperaturen durch entsprechende Ofenkonstruktionen, und dem Apothekergesellen Böttger kam dabei die Mitarbeit von Freiberger Hüttenleuten zugute. Erst ein längerer Entwicklungsprozeß, der auch an die damals vielerorts mit Eifer betriebenen Sparofen-Experimente anknüpfen konnte, führte die Porzellanproduktion zur technologischen Reife. Es war der Prototyp eines in fürstlichem Auftrag betriebenen Luxusgewerbes; die Industrialisierung der Keramikherstellung ging andere Wege.[52]

In den meisten Bereichen der Luxusgüterproduktion stand Deutschland im 18. und auch im 19. Jahrhundert hinter anderen Ländern zurück. In alten süddeutschen Handels- und Gewerbezentren wie Augsburg und Nürnberg hatte das Kunsthandwerk zwar in technischer Hinsicht ein hohes Niveau bewahrt; insgesamt gesehen machte es sich jedoch bemerkbar, daß in Deutschland eine Metropole wie Paris oder London fehlte und die Oberschichten, die einander im Prestigekonsum zu übertreffen suchten, bis in das späte 19. Jahrhundert schmaler als anderswo waren. Nur Wien entfaltete im 19. Jahrhundert einen Glanz und geschmackvollen Luxuskonsum, der sich mit dem von Paris messen konnte.[53] Der Eindruck einer gewissen Armseligkeit, den Deutschland erweckte, wurde vor allem durch diesen relativen Mangel an Prunk und Eleganz, nicht so sehr durch die materielle Ausstattung des Lebens der breiten Massen hervorgerufen; das läßt sich noch in den Kommentaren zu den Weltausstellungen in der zweiten Hälfte des 19. Jahrhunderts erkennen. Die von der französischen Regierung zu der Berliner Gewerbeausstellung von 1844 entsandten Beobachter bemängelten, daß die deutschen Produkte, wenn auch preiswert und in technischer Hinsicht zu loben, »das Gepräge frostiger und ernsthafter Nützlichkeit« trügen. Diesen Ruf behielt die deutsche Produktion noch jahrzehntelang, auch in der Sicht deutscher Gutachter.[54] Er war ein Makel in den Augen all derer, die die Spitzenleistungen handwerklicher Kunstfertigkeit am höchsten schätzten, zeigt aber zugleich, daß die Bedingungen für billige Massenproduktion in Deutschland in mancher Hinsicht günstig waren.

Die holzsparenden Furniertechniken, die sich an der papierdünnen Verarbeitung tropischer Edelhölzer entwickelten, gelangten während des 18. Jahrhunderts im Bannkreis von Paris zu höchster Vollendung, während die deutschen Hauptstädte zurückblieben. Dafür begründete das deutsche Möbelgewerbe im 19. Jahrhundert mit dem Biedermeierstil und den durch Heißbiegen gefertigten Thonet-Stühlen neue Epochen des Designs. Beide Möbeltypen nutzten mehr als vorhergehende Stile natürliche Eigenschaften des Holzes und zielten auf eine breitere Käuferschaft. Thonet praktizierte bereits eine Art von Serienfertigung.[55] Hatte bis dahin unter dem Einfluß der Kolonialmetropolen das exotische Mahagoniholz die Möbelmode beherrscht, so brachte der Biedermeier die heimischen Hölzer zu Ehren, und die Thonet-Technik wurde am Holz der Rotbuche entwickelt, das bis dahin fast nur als Brennholz zu gebrauchen war.

Wenn es in Deutschland nicht eine einzige große Metropole, sondern eine Vielzahl kleinerer Zentren gab, so hatte diese dezentrale Struktur im 19. Jahrhundert, als sie nicht mehr mit einer Fülle von Handelshemmnissen verbunden war, mehr Vorzüge als Nachteile. Sie entsprach der Dezentralität der natürlichen Ressourcen; aber auch der Aufstieg der Chemie wurde durch den Pluralismus der deutschen Universitätslandschaft gefördert. Die Vorzüge, die aus dem Mangel an einer allesbeherrschenden Zentrale resultieren, reichen bis heute; sie trugen dazu bei, daß sich in der deutschen Industrie nicht mit der gleichen Schärfe wie in vielen anderen Ländern eine Kluft zwischen technisch hochmodernen und archaischen Sektoren herausbildete.

Ein wesentlicher Kostenvorteil der deutschen Produktion gegenüber der englischen bestand bis in das späte 19. Jahrhundert bei dem Faktor Arbeit: Die Löhne waren in Deutschland niedriger, während Ausbildungsstand und Arbeitsmoral oft keineswegs unter dem englischen Niveau lagen. Wo es mehr auf Arbeitsdisziplin und flexible Anpassung an wechselnde Marktverhältnisse als auf Maschinen ankam, konnten deutsche Produkte am ehesten mit englischen konkurrieren: Das wurde schon von manchen Zeitgenossen klar formuliert. Mehr als in englischen Betrieben gab es in deutschen in der ersten Hälfte des 19. Jahrhunderts einen festen Arbeiterstamm. Der Anreiz, Menschen durch Maschinen und mittels technischer Neuerungen auch qualifizierte durch unqualifizierte Arbeiter zu ersetzen, war in Deutschland geringer als in England.[56] Ein Bewußtsein für die entscheidende Bedeutung menschlicher Arbeit für den Produktionserfolg ging nie ganz verloren, oder doch nie sehr lange.

Gegenüber den meisten Regionen West- und Südeuropas besaß Deutschland im 18. Jahrhundert bei Holz einen komparativen Kostenvorteil. Wieweit es unter binnenwirtschaftlichen Aspekten klug war, diesen Vorteil auszuspielen, war umstritten; in Deutschland war Ende des Jahrhunderts die Klage über Holzmangel allgemein. Sie war zum Teil Reflex der zunehmenden Monetarisierung der Holzversorgung: Es war ein tiefer Einschnitt, wenn das traditionell über Berechtigungen bezogene Brennholz zu einer Ware mit einem Marktpreis wurde. Je mehr die Eisenproduktion ihre Holzprivilegien verlor, desto intensiver wurden die Holzsparbemühungen. Im frühen 19. Jahrhundert waren deutsche Holzkohle-Eisenhütten den englischen Kokshochöfen bei brennstoffsparenden Innovationen wie der Winderhitzung voraus.[57]

In den zwanziger Jahren des 19. Jahrhunderts wurden die Sparöfen der Feilnerschen Tonwarenfabrik von Berlin nach England und Osteuropa exportiert. Deutsche Holzsparschriften tadelten die englischen Kamine als Brennstoffverschwender; Andrew Ure dagegen wetterte 1838, die auf den englischen Markt vordringenden sächsischen Sparöfen verursachten »Kopfweh, Betäubung und Krankheit«, und die Gesundheit der Engländer sei zu einem Gutteil den offenen Kaminen zu danken. Aber auf der Londoner Weltausstellung von 1851 konnten sich die deutschen Öfen und Herde der Konkurrenz aussetzen.[58] Seit der Zeit um 1800 gingen deutsche Regionen international mit einer Forstpolitik voran, die den Holzertrag der Wälder systematisch und auf lange Sicht durch ein professionelles Forstbeamtentum steigerte.

Die Klagen über Holzmangel gingen nach 1800 zurück. Statt dessen wurde die im Vergleich zu Westeuropa relativ gute Ausstattung Deutschlands mit Wald- und Holzprodukten als systematisch zu nutzender Vorteil begriffen. Hölzernes Spielzeug gehörte zu den bekanntesten deutschen Exportprodukten. Friedrich List empfahl den Deutschen, den Eisenbahnen des waldarmen England »eine eisenbeschlagene Holzbahn von tüchtigen eichenen Schienen« gegenüberzustellen.[59] Die Eichenlohe war im siegerländischen und fränkischen Raum die Grundlage einer aufblühenden Lederindustrie; die Aufzucht von Lohwäldern wurde dort zur einträglichsten Form der Forstwirtschaft.[60] Auch mit Pottasche, einer besonders extensiven Form der Holznutzung, war Deutschland – zu einem Gutteil dank seiner osteuropäischen Bezugsquellen – noch in der ersten Hälfte des 19. Jahrhunderts wohlversorgt; daher vollzog sich hier der Übergang von der Pottasche zur Soda langsamer als in England und Frankreich. Als durch den Rückgang des Brennholz- und Pottasche-Absatzes mindere Holzqualitäten ihren Markt verloren, wurde in Deutschland die Papierherstellung aus Holzschliff (F. G. Keller, nach 1840) und aus Zellstoff (A. Mitscherlich, um 1870) erfunden; Mitscherlich war ein an der Forstakademie Hannoversch-Münden lehrender Chemiker.[61]

Hier und da wird in der ersten Hälfte des 19. Jahrhunderts bereits die Wissenschaftlichkeit als besondere Stärke der deutschen Technik hervorgehoben, obwohl es – gemessen an einem späteren Begriff von exakter Wissenschaft – dazu noch wenig Anlaß gab. Ernst Alban behauptete großspurig, die »Geschichte der Erfindungen« sei »ein redender Beweis, daß viele Erfindungen des Auslandes erst dann wissenschaftlich untersucht und vervollkommnet wurden, als sie den Weg nach Deutschland fanden«. Schon im 18. Jahrhundert war die Elektrizität in Deutschland mehr als in Westeuropa eine Professoren-Angelegenheit – nicht unbedingt zu ihrem Vorteil. Die erste österreichische »Eisenbahn« wurde unter der Leitung des k. k. Professors für Mathematik Franz Anton Ritter v. Gerstner erbaut, der mit seiner Gelehrsamkeit zwar manche Mängel des Empirikers Stephenson vermied, aber am Ende eine Bahn zuwege brachte, deren Schienen sich schon bei der ersten Probefahrt (1854) lockerten; sie war nur als Pferdebahn zu betreiben.[62]

Schon im 17. Jahrhundert, früher als anderswo, wurde die Chemie als eigenes Fach an deutschen Universitäten etabliert; Deutschland war damals ein »Exporteur von Chemikern«. Ein englischer Beobachter urteilte in der Mitte des 18. Jahrhunderts, die Deutschen seien »bei weitem die besten Chemiker in Europa«.

Der Göttinger Philologe Heyne titulierte die Chemie 1811 als die »Königin der Wissenschaften«. Aber das war jene Chemie, die sich in den Bannkreis der romantischen Naturphilosophie begeben hatte und für Liebig zum Gegenstand wahrer Haßtiraden wurde. Mit dem Aufstieg der exakten Wissenschaft wurde zunächst Frankreich zum Land der Chemie. Wenn man dem Urteil des streitbaren Liebig folgt, führte die Chemie in Deutschland ein Aschenbrödel-Dasein, und die deutschen Chemiker waren im Ausland verachtet.[63] Spätere Darstellungen erwecken den Eindruck, als sei jene Chemie, die die deutsche Wissenschaft und Technik berühmt machte, gleichsam dem Haupte Liebigs entsprungen. Aber der Aufstieg der chemischen Industrie des Rheinlands begann schon im frühen 19. Jahrhundert; nur vollzog er sich lange Zeit auf eine wenig ansehnliche Art und mit bescheidener technischer Ausrüstung. Wenn diese Industrie sich ihrer »Wissenschaft« rühmte, so war das noch etwas anderes als Wissenschaft im Sinne Liebigs. Es dauerte noch Generationen, bis die als typisch deutsch geltende Art von Wissenschaft mit ihrem langen Atem, der weit ausholenden Methodik, dem Hang zum großen System und dem Insistieren auf weiterer Forschung eine Schlüsselfunktion für die industrielle Praxis erlangte.[64]

In der zweiten Hälfte des 19. Jahrhunderts rückte die Farbenproduktion ganz in das Zentrum der industriellen Chemie: ein Bereich, der in der frühneuzeitlichen Chemie eher randständig gewesen war. Manche Farben (Kobaltblau) waren Nebenprodukte des Bergbaus. Bei der Farbherstellung und mehr noch beim Stoffdruck hatten einige deutsche Gewerbezentren – Augsburg, Berlin, Sachsen, das Wuppertal und der Niederrhein – schon in vor- und frühindustrieller Zeit eine auch nach europäischen Maßstäben führende Stellung. Das ist um so bedeutsamer, als gerade der Farbdruck zu den Schlüsselbereichen der Industrialisierung in der Textilbranche gehört.[65] Der fränkische Färbergeselle Christoph Oberkampf wurde in Paris unter Ludwig XVI. und Napoleon zum Beherrscher des französischen Farbdrucks. Die Fortschritte im Kattundruck spielten eine entscheidende Rolle bei dem Wiederaufstieg der Augsburger Textilindustrie im 18. Jahrhundert; hier, nicht in der Spinnerei, erfolgte zuerst der Übergang zum Großbetrieb. Die dort 1759 gegründete Kattundruckerei des Erfinder-Unternehmers Johann Heinrich Schüle stieg zu der »bedeutendsten der Welt« auf (v. Kurrer 1844). Schüle blieb in Augsburg keine isolierte Erscheinung, vielmehr bekam der Farbdruck nach 1800 dort durch Dingler, Forster und Kurrer neue Impulse, wobei er in ein erstes Stadium der Verwissenschaftlichung eintrat. Während die Mechanisierung des Druckverfahrens bis zur Rotation, die Übernahme der englischen Walzendruckmaschine nur zögernd erfolgte, ging man in der Chemie voran. Hatte der nach Manchester ausgewanderte deutsche Baumwollfabrikant Theophilus L. Rupp noch 1798 geschrieben, die Färbekunst habe »einen hohen Grad der Vollendung ohne die Mitwirkung des Chemikers erreicht«, so triumphierte Kurrer 1844, seit etwa 50 Jahren sei »die leuchtende Fackel der Chemie in die technischen Werkstätten eingedrungen«, und die Färbekunst habe »eine wissenschaftliche Form angenommen«.[66] Die Vorstellungen über Wissenschaft und verwissenschaftlichte Produktionsverfahren wandelten sich jedoch im Laufe des 19. Jahrhunderts; nach den neuen Maßstäben waren die Betriebe der ersten Jahrhunderthälfte primitiv und vorwissenschaftlich und kamen die Erfindungen durch theorieloses Ausprobieren zustande. Aber die organische Chemie, die zur deutschen Spezialität wurde, stellte sich eben damals »wie ein Urwald der Tropenländer«, wie »ein ungeheures Dickicht« dar (F. Wöhler, 1835); wer zu schnell zur Theorie strebte, kam nicht weit.

Kurz nach 1700 wurde aus Blutlaugensalz und Eisenvitriol durch Zufall das Berlinerblau, einer der ersten künstlichen Farbstoffe, erfunden. Auch in der Berliner Gewerbelandschaft des frühen 19. Jahrhunderts taten sich die Färber und Kattundrucker hervor; sie produzierten Exportqualitäten, die auf dem englischen und französischen Markt bestehen konnten. Die Wertsteigerung gegenüber den Rohproduktkosten betrug beim Kattundruck das Doppelte; dafiel der Umstand, daß Baumwolle importiert werden mußte, wenig ins Gewicht. Fortschritte in der Mechanisierung, mindestens so sehr jedoch die Schaffung einer guten Arbeitsdisziplin werden als Gründe für den Erfolg des Berliner Kattundrucks angeführt. Wenn es 1819 heißt, die Berliner Kattundruckerei sei unerschütterlich, da sie »auf dem festen Grunde der wissenschaftlichen Kenntnisse« stehe, kann man da schon jenen propagandistischen Topos erkennen, der zu einem Kernstück industrieller Selbstdarstellung in Deutschland wurde. Mindestens ebenso wichtig war gewiß der Umstand, daß der Textildruck »vielfältige Abwechslung verlangt«, also damals Produktionsverhältnissen entsprach, deren Stärke mehr in den Menschen als in den Maschinen lag.[67]

Die Leinenproduktion war um 1800 als »mit Abstand größtes deutsches Gewerbe« für den Binnen- wie für den Außenhandel von überragender Bedeutung. Der steile Aufstieg des deutschen Leinens als Exportgut war im 18. Jahrhundert noch ein relativ neues Phänomen. Schon damals wurde er durch Stockungen unterbrochen; daher waren die Krisen des Leinengeschäfts im frühen 19. Jahrhundert nicht sogleich als Vorboten eines ähnlich steilen Niedergangs zu begreifen. Die Herstellung des Leinens – vom Flachsanbau und der Flachsaufbereitung bis zur Bleiche – war außerordentlich arbeitsintensiv und galt den Zeitgenossen als ideale Methode, um die wachsende klein- und unterbäuerliche Bevölkerung auf dem Lande zu ernähren. Das Leinengewerbe wurde daher im 18. Jahrhundert überall, wo Flachsanbau möglich war, von den Regierungen gefördert, auch in England und der Schweiz, wo das Leinen am frühesten von der Baumwolle überflügelt wurde. Mit dem Leinen dominierte in Deutschland ein Stoff, der sich der Mechanisierung stärker widersetzte als die Baumwolle, Wolle und Seide. Um 1840 waren Flachsspinnmaschinen fünf- bis sechsmal so teuer wie Baumwollspinnmaschinen. Wie kaum ein anderer großer Produktionszweig florierte das Leinengewerbe fast nur auf dem Lande, und seine Konzentration in Städten und Fabriken wollte bis zur Mitte des 19. Jahrhunderts nicht gelingen.[68] Aber unter der Perspektive einer dezentralen Industrialisierung, die so gut wie möglich die regionalen Arbeitskräfte und Ressourcen nutzte, war das kein Nachteil.

Sowohl durch natürliche Bedingungen als auch durch Exportchancen war Deutschland um 1800 fast ebenso stark auf die Wolle wie auf das Leinen verwiesen. Noch um 1860, als der Niedergang des Leinens nicht mehr zu verkennen war, hob der preußische Statistiker Viebahn die Wolle als die stärkste deutsche Bastion auf dem Textilsektor gegenüber England und Frankreich hervor. Aber die Schafzucht war der Prototyp einer extensiven Wirtschaftsform; sozialpolitisch gesehen, war sie das genaue Gegenteil zur Flachskultur. Im späten 19. Jahrhundert ging sie in Deutschland rapide zurück; damals wurde das menschenleere Australien zur Hochburg der Wollproduktion. Die Wollverarbeitung war relativ leicht zu mechanisieren: Die Arkwrightschen Spinn- und Krempelmaschinen wurden schon binnen weniger Jahre der Wolle angepaßt. Das Walken, das schon seit dem Mittelalter in Walkmühlen geschah, war überhaupt der älteste mechanisch angetriebene Prozeß im gesamten Textilgewerbe; noch für Adam Smith war die Walkmühle der Inbegriff einer »komplizierten Maschine«. Aber beim Wollspinnen war der Vorteil der Maschine nicht besonders groß: Schmoller zufolge wurde bei der Mechanisierung der Baumwollspinnerei 24 mal soviel Arbeit eingespart wie bei der der Wollspinnerei. Daher standen hier freilich der Mechanisierung auch keine besonderen Bedenken entgegen. Die nach 1815 in Berlin gegründete Wollspinnerei der Brüder Cockerill war damals die bedeutendste Textilfabrik der preußischen Hauptstadt.[69]

Am meisten umstritten von allen technischen Neuerungen war in Deutschland während des 17. und 18. Jahrhunderts der Bandwebstuhl. Er wurde auch »Bandmühle« genannt, obwohl er – soweit zu erkennen – in der Regel durch Menschen-, nicht durch Wasserkraft angetrieben wurde. Zum Teil galt er als holländische Erfindung; aber es gibt auch Hinweise auf einen deutschen Ursprung. 1685 erging ein kaiserliches Edikt gegen die Bandmühle; 1719 wurde es erneuert. Die Durchsetzung des Bandwebstuhls, die spätestens nach der Mitte des 18. Jahrhunderts in den meisten deutschen Regionen erfolgte, ist ein Indiz dafür, wie zu jener Zeit die Praxis einer administrativen Verhinderung technischer Innovationen aufgegeben wurde. Zunächst wurden Bänder aus Leinen und Wolle, dann auch aus Seide und Baumwolle gefertigt. Der Aufstieg der Textilindustrie des Wuppertals zu weltweitem Ruf war mit dem Bandwebstuhl verknüpft.[70]

Vor der Einführung des Bandwebstuhls galt die Bänderherstellung als die »alleredelste unter allen Weberkünsten«; denn wer diese verstand – so Hörnigk (1684) –, der mußte »gleichsam den Grund aller anderen Webereien besitzen«. Rein technisch gesehen, ähnelte die Bandmühle dem alten Webstuhl; aber ein Arbeiter konnte hier statt eines einzigen 16 oder mehr Bänder auf einmal weben und benötigte dafür eine geringere Kunstfertigkeit als zuvor. Dafür kam es bei der Verbesserung der Produktion auf ein »sehr genau berechnetes Ineinandergreifen der Arbeitsgänge« in den Werkstätten an. Es gab jedoch von der Technik her keinen Zwang zum Großbetrieb; vielmehr blieb die Bandweberei bis ins 20. Jahrhundert hinein das Musterbeispiel einer Industrie, die sich zwar relativ früh einer komplizierten Mechanik bediente, dabei aber doch ihre dezentrale und kleingewerbliche Produktionsweise bewahrte. Noch Anfang des 20. Jahrhunderts waren die Bandwebstühle vielfach aus Holz und wurden von lokalen Schreinern hergestellt.[71] Die Stärke der Bandweberei beruhte auf der flexiblen Reaktion auf die Vielfalt der Nachfrage und den Wechsel der Mode. In diesem Gewerbezweig konnten schon frühzeitig Massenproduktion und Kleinserienfertigung miteinander verbunden werden.

Hier wie bei anderen Produkten zeigt sich die wirtschafts- und technikgeschichtliche Dynamik der kleinen Dinge, die schon vor dem Eisenbahnzeitalter leicht zu transportieren waren, potentiell also einen weiten Markt besaßen, und bei deren Herstellung relativ einfach Methoden früher Massenproduktion eingeführt werden konnten. Daß sich mit scheinbaren Kleinigkeiten, wenn man sie nur in Masse produziert und absetzt, viel Geld verdienen läßt, war eine typische Entdeckung des späten 18. Jahrhunderts; hier sahen manche Zeitgenossen eine besondere Chance Deutschlands gegenüber Westeuropa.[72]

Auch der schon im 16. Jahrhundert erfundene Strumpfwirkerstuhl war in den Augen Poppes »eine der allerkünstlichsten Maschinen, welche es in der Welt gibt«. Er stieß in Deutschland auf viel weniger Widerstand als der Bandwebstuhl; denn er war billiger zu beschaffen und kam auch den kleinen Meistern zugute. Die vielleicht berühmteste Erfindung des Bergischen Landes war im späten 18. Jahrhundert die Schürriemenmaschine; ein französischer Emigrant berichtete 1793, »einige sachkundige Engländer« hätten versichert, »daß ihr Vaterland noch keine dergleichen Maschine aufzuweisen hätte, die dieser in der Einfachheit und Kunst gleichkäme«. Auch sie wurde durch Menschenkraft angetrieben.[73]

Die Produktionsverhältnisse in der bergischen und märkischen Kleineisenindustrie sind denen der Bandweberei darin vergleichbar, daß auch hier der kleingewerbliche Charakter zum Teil mit Erfolg beibehalten wurde und ein frühzeitig erreichter Stand der Teilmechanisierung lange relativ stabil blieb. Die Solinger Schneidwaren erfreuten sich als Exportprodukte eines ähnlichen Ansehens wie die Bänder des benachbarten Barmen. Die Schneidwarenindustrie, die bis ins Mittelalter zurückreichte, war »die älteste und spezialisierteste aller Eisen- und Stahlindustrien«. In Solingen waren schon seit dem Spätmittelalter die Schleifer von den Schmieden getrennt und brachten es zu noch höherem Ansehen; in Sheffield setzte sich eine entsprechende Arbeitsteilung erst im 18. Jahrhundert durch. Auch im 19. Jahrhundert war Solingen in technischer

Hinsicht nie wesentlich hinter Sheffield zurück; wenn es im Absatz dennoch zeitweise von der englischen Konkurrenz weit überrundet wurde, so ist das auf die bessere Rohstoffversorgung und Infrastruktur in der aufsteigenden Stahlmetropole Sheffield zurückzuführen.[74]

Allgemein ist die deutsche Eisen- und Stahlverarbeitung im 19. Jahrhundert gegenüber der englischen Technik dadurch charakterisiert, daß hier Schmiedeverfahren gegenüber Guß-, Walz- und Eisenschneidtechniken länger ein breites Anwendungsfeld behielten. Die berühmten steirischen Sensen und ab 1770 nach ihrem Vorbild auch die Remscheider Sensen wurden ganz durch Schmieden und Hämmern gefertigt; das war keine bloße Rückständigkeit, sondern ersetzte das gesundheitszerstörende Schleifen und ermöglichte ein immer neues Nachschärfen durch einfaches Hämmern (Dengeln) auf dem Feld. In der Teilmechanisierung des Schmiedeverfahrens bei Schneidwaren mittels vorgeprägter Formen auf dem Schmiedehammer (Gesenkschmiede), die eine variable Kleinserienfertigung ermöglichte, erlangte Solingen im späten 19. Jahrhundert einen Vorsprung vor Sheffield. Der Dampfhammer brachte eine industrielle Neubelebung deutscher Schmiedetraditionen. Der »Hammer Fritz« wurde zum Wahrzeichen der Firma Krupp; diese suchte in den siebziger Jahren des 19. Jahrhunderts die Ersetzung von Schmiede- durch Walzverfahren gegenüber der Öffentlichkeit zu verheimlichen. Noch in den fünfziger Jahren des 20. Jahrhunderts staunten Opel-Arbeiter, als Kurbelwellen nach amerikanischem Vorbild nicht mehr mit Dampfhämmern, sondern Schmiedepressen gefertigt wurden.[75]

Die Verbreitung der Musik und der Holzhandwerke in Deutschland führte zu einem früh entwickelten Klavierbau. Das 18. Jahrhundert erlebte den Aufstieg des Pianoforte, das auf einer verbesserten Hammertechnik beruhte und Gefühlswallungen zum Ausdruck zu bringen vermochte. In der Zeit der Romantik war das Klavier vom Luxusobjekt zur Normaleinrichtung bürgerlicher Wohnungen geworden; »Klavier spielt, schlägt, trommelt und dudelt Alles«, schrieb Schubert. Der aus Fürth gebürtige Zumpe führte 1765 das »Fortepiano« in England ein; der Straßburger Kunsttischler Érard zog 1768 nach Paris und begründete die erste französische Klaviermanufaktur. Der deutsche Klavierbauer Tobias Schmidt wurde 1792 von der französischen Nationalversammlung mit dem Bau der Guillotine beauftragt, da er diese zu einem Sechstel des von seinem französischen Mitbewerber verlangten Preises bauen wollte.

Die vielleicht berühmteste Erfindung des vorindustriellen Deutschlands war der Buchdruck. Die Gutenberg-Verehrung nahm seit dem 18. Jahrhundert zu; die Drucker wurden einer der selbstbewußtesten deutschen Berufsstände. Die Lithographie, eine für damalige Drucker höchst unkonventionelle Technik, wurde um 1800 von dem bayerischen Lustspieldichter Alois Senefelder erfunden und verbreitete sich rasch über Europa. Auch in der Papierherstellung stand Deutschland nicht zurück: Der »Holländer«, der die bisherige Stampfe durch einen Walzenmechanismus ersetzte, wurde hier schneller eingeführt als in Frankreich. Von den deutschen Maschinenbauern wurde Anfang des 19. Jahrhunderts Friedrich Gottlob Koenig im Ausland am bekanntesten, ein gelernter Buchdrucker und Schriftsetzer, der die zylindrische »Schnellpresse« erfand und die ersten Rotationsmaschinen für die Londoner »Times« baute, während er bei deutschen Verlegern zunächst auf Ablehnung stieß. Druck, Stärke, Geschwindigkeit und Präzision dieser Maschine erforderten eine eiserne Bauweise; Koenig war dazu am Anfang nur in London in der Lage, da man in Deutschland, wie er sich später erinnerte, »damals bloß schwere und plumpe Maschinerie von Holz auszuführen imstande« war. Seit 1818 dagegen baute er in dem früheren Kloster Oberzell die erste deutsche Druckmaschinenfabrik auf und begründete damit eine Spezialität des deutschen Maschinenbaus, die bis heute besteht.[76]

Koenig war zu jener Zeit ein Einzelfall. Solange die Fabriken ihre großenteils hölzernen Maschinen möglichst selber herstellten, konnte der Maschinenbau noch keine industrielle Führungsbranche werden. Die deutsche Maschinenindustrie fing jedoch um die Mitte des 19. Jahrhunderts nicht auf dem Nullpunkt an. Soweit es schon damals auf Maschinen spezialisierte Werkstätten gab, arbeiteten sie für den lokalen Bedarf, insbesondere für den der Mühlen und des Bergbaus. Mit dieser älteren Tradition des deutschen Maschinenbaus, die der Schmiede und dem Zimmerplatz entstammte und eine Spezialisierung und Kostenkalkulation nicht kannte, hatten sich spätere Innovatoren des Maschinenbaus auseinanderzusetzen.[77]

## 4. Technologietransfer und Anpassung neuer Technik

Dem herkömmlichen Bild deutscher Unterentwicklung entsprach die Vorstellung, daß bis in das späte 19. Jahrhundert der technische Fortschritt in Deutschland durchweg auf Technologie-Import von außen zurückzuführen sei. Immer wieder ist die technologische Bedeutung der Auslandsreisen und der Industriespionage im Ausland geschildert worden.[78] Reisen können jedoch in der Technik nur dann eine unmittelbare Wirkung ausüben, wenn bereits einige Kompetenz vorhanden ist und nur noch bestimmte Wissenslücken zu füllen sind. Die technologische Literatur beachtete vielfach die ausländische Technik stärker als die einheimische, da sie ihre besondere Aufgabe zum Teil in der Information über ausländische Innovationen sah. Auch gab es eine Neigung, die ausländische Herkunft von Neuerungen zu übertreiben. »Sehr oft geschieht es, daß uns vom Auslande her Dinge als neu, und erst entdeckt angekündigt werden, die wir schon seit vielen Jahren kennen und anwenden.« (Heinrich Weber, 1819)[79] Eine Bemerkung, die auch ein Jahrhundert später auf die Propagierung des »Taylorismus« in Deutschland hätte gemünzt sein können.

»Technologietransfer« war bis zum 19. Jahrhundert stets personengebunden; das darf man bei dem wachsenden technologischen Schrifttum des 18. Jahrhunderts nicht vergessen. Den Mechanikern war die schriftliche Art der Wissensvermittlung ungewohnt; Maschinen wurden nicht nach Lehrbüchern und Aufsätzen, selten nach Zeichnungen gebaut. Die »Papyrophobie« der Techniker, die bis heute besteht, war damals begründet, da literarische Informationen über neue Techniken oft irreführend waren. Das Hereinholen ausländischer Technik war ein eindrucksvoller, von Anekdoten umrankter Vorgang, der mit Auslandsaufenthalten deutscher Unternehmer und Regierungsbeamter und mit Anwerbung von Ausländern verbunden war. Der dadurch bewirkte technische Wandel war in der Regel auffälliger als die von den Einheimischen selbst vorgenommenen Veränderungen. Daß neue Techniken aus der Fremde gekommen seien, war eine verbreitete Vorstellung, die das Befremdende des Neuen widerspiegelt. Die wirklichen Vorgänge waren meist komplizierter; ausländische Einflüsse wurden am ehesten dort wirksam, wo sie sich mit einheimischen Bestrebungen trafen und sich diesen anpaßten.[80] Daraus erklärt sich die besondere innovatorische Rolle der Glaubensflüchtlinge in der frühen

Neuzeit: Gerade Emigranten sind, wenn sie in der Fremde Erfolg haben wollen, auf geschmeidige Anpassung an das Gastland angewiesen.

Der frühneuzeitliche Archetyp eines aus der Fremde kommenden Innovationsschubs war die lange Reihe der Neuerungen, die den »Franzosen« zugeschrieben wurden: den Hugenotten und den Emigranten aus den spanischen Niederlanden. Sie brachten manche Künste der französischen Luxusgüterproduktion und des berühmten flämischen Textilgewerbes nach Deutschland. Vor allem in dem bis dahin kärglich ausgestatteten Brandenburg-Preußen wurde mit den Hugenotten eine prunkende Fülle von »Galanterien« und Luxusprodukten aller Art verbunden, von Hüten aus Hasenhaar bis zu Konfitüren und Pasteten, ja sogar künstlichen Blumen aus den Cocons der Seidenraupen. Den französischen Glaubensflüchtlingen wurde überhaupt der Aufschwung der »Fabriken« – der arbeitsteiligen, marktorientierten Produktionsweise – in Deutschland zugeschrieben. Diese Vorstellung ist zwar selbst für die preußische Seidenindustrie, wo sie besonders viele Anhaltspunkte findet, übertrieben, doch gab es unter den Hugenotten relativ häufig den Typ des handwerklich und technisch versierten Unternehmers. Zur Verbreitung wichtiger technischer Neuerungen wie des Strumpfwirkstuhls und der Filatur (Seidenzwirnmaschine) in Preußen haben die französischen Einwanderer nachweislich beigetragen. Holländische Mennoniten brachten die Posamentier- und Bortenmacherkunst nach Danzig.[81]

Die Epochen der deutschen Technikgeschichte bekommen durch verschiedene Schübe von Technologie-Import ein charakteristisches Gepräge, womit nicht gesagt ist, daß der Anstoß zu diesen Neuerungen nur von außen herrührte. Norditalien und Flandern sind die Ursprungsregionen einer ältesten Schicht von Neuerungen vor allem im Textilgewerbe, im Kunsthandwerk und in der Schmiedetechnik. Frankreich und Holland wurden im 17. und 18. Jahrhundert zu Vorbildern; Holland mit seiner Wasserbautechnik, seinen verbesserten Windmühlen, den leistungsfähigeren Gattersägen, den als »Holländer« geläufigen Lumpenzerkleinerungswalzen in der Papierherstellung und den großflächigen Abbaumethoden bei Torf, der auch in deutschen Regionen vor dem Sieg der Kohle zeitweise als Brennstoff der Zukunft galt. Das »Geheimnis der schnellen und glänzenden Entwicklung« der Krefelder Seidenindustrie lag, Hintze zufolge, »in ihrem Verhältnis zu

Holland«, auch in der von dort übernommenen Technik und Produktionsweise. Ähnliches gilt im 18. Jahrhundert für die Bielefelder Bleiche.[82] Im Berg- und Hüttenwesen gab es technische Vorbilder in Schweden und im slowakischen Schemnitz. Nach 1800 darf neben dem alles überragenden englischen Vorbild nicht der Einfluß Belgiens, des frühesten kontinentaleuropäischen Industriestaats nach englischem Muster, übersehen werden; er nahm im 19. Jahrhundert in dem Maße zu, wie die Dynamik der deutschen Industrialisierung von Kohle und Stahl bestimmt wurde.[83]

Schon seit den zwanziger Jahren des 19. Jahrhunderts wurden aber auch bereits die »Yankees« der Vereinigten Staaten nicht nur als ein ungemein geschäftstüchtiges, sondern auch als ein technisch besonders erfinderisches Volk wahrgenommen, um so mehr, als Amerika damals zu den wichtigsten ausländischen Abnehmern deutscher Fertigwaren gehörte und der Amerikahandel – wie Martin Kutz nachwies – schon im frühen 19. Jahrhundert wesentlich dazu beitrug, deutsche Exportgewerbe von England und Frankreich unabhängiger zu machen. Der preußische Kreissekretär Ludwig Gall nutzte die Erfahrung eines USA-Aufenthaltes (1819/20), um die Deutschen mit der amerikanischen »Schnellgerberei« bekanntzumachen; zugleich wies er warnend darauf hin, daß den europäischen »Fabrikstaaten« in den USA ein »furchtbarer Nebenbuhler« erstehe, »mit unerschöpflichen Quellen des Geistes und des Stoffes und mit einem ganz ausgezeichneten Geschick in mechanischen Arbeiten aller Art«, dessen Leistungen schon in der kurzen Zeit seit der Unabhängigkeit »ans Unglaubliche« grenzten.[84] Besonders eindrucksvoll waren damals die amerikanischen Dampfschiffe und Mühlen. Seit den zwanziger Jahren wurden die »amerikanischen Mühlen« in Deutschland propagiert. Es handelte sich um eine Verbesserung der traditionellen Wassermühle, die auch ohne amerikanische Hilfe ausgeführt werden konnte. Ernst Alban rühmte Oliver Evans als den Pionier der Hochdruckdampfmaschine; Borsig orientierte sich bei seinen ersten Lokomotiven an einem amerikanischen Modell. Das wichtigste Vorbild des 1836 bis 1846 erbauten Ludwig-Kanals, der den Main mit der Donau verband, war der Kanal von New York zum Ohio; in den Augen der deutschen Kanalanhänger übertrafen die Amerikaner damals im Kanalbau alle anderen Völker. Die USA waren damals noch nicht so sehr das Land des hektischen Tempos und der höchsten Mechanisierung, sondern mehr noch das Eldorado einer auf unbegrenzten Land-, Wasser-, Wald- und tierischen Ressourcen gegründeten materiellen Kultur.[85]

Die Polemik gegen eine blinde Nachahmung des Auslands gehörte seit dem späten 18. Jahrhundert zu den Grundmotiven der deutschen Literatur und kommt auch in technologischen Erörterungen vor. Zu einer Zeit, in der die Verehrung der französischen Kultur in Deutschland zunehmend in Frankophobie umschlug, gab es hier und da als Gegenreaktion auf die Anglomanie auch schon Anglophobie.[86] Um 1800, als manche darauf stolz waren, daß das Bergische Land als ein »England im Kleinen« galt, als dortigen Fabrikanlagen die Namen »Cromford«, »Birmingham« und »Sheffield« gegeben wurden und das Wuppertal zum »deutschen Manchester« aufstieg, wetterte der Arzt Andreas Röschlaub heftig gegen die Meinung, man müsse den Engländern in allen Dingen, vor allem in der Steinkohleverfeuerung, nacheifern, und machte sich über die Auffassung lustig, daß ein aufgeklärter Mensch den Kohlenrauch nicht für schädlich halten dürfe. Wenn wirklich England in allem das Vorbild sei – spottete Röschlaub –, dann solle Deutschland doch gleich den Negersklavenhandel, den miserablen Massenwohnungsbau und die Vermehrung der Selbstmorde nachahmen. Im frühen 19. Jahrhundert, in der Zeit der Ludditen und Chartisten, war es vor allem der durch die englische Industrialisierung geschaffene soziale Sprengstoff, der deutsche Beobachter beunruhigte und – ähnlich wie in Frankreich und Italien – die Vorstellung aufkommen ließ, man müsse einen eigenen, von dem englischen unterschiedenen Weg der Industrialisierung gehen.[87]

Um 1820 bekehrte sich selbst ein liberaler britischer Nationalökonom wie Ricardo zu der Einsicht, »daß die Ersetzung der menschlichen Arbeit durch Maschinen oft den Interessen der Klasse der Arbeiter sehr schadet«. Die Mechanisierung wurde in England zum Gegenstand einer jahrzehntelangen öffentlichen Diskussion. Sogar dann, wenn man sich an England orientierte, war es also im frühen 19. Jahrhundert vernünftig, mit einer Art von Mechanisierung, die menschliche Arbeit ersetzte und großbetriebliche Zusammenballungen förderte, zurückhaltend zu verfahren. Selbst Mevissen, in den fünfziger Jahren einer der Promotoren der neuen industriellen Dynamik, sah noch 1845 in Manchester ein abschreckendes Beispiel und empfahl eine dezentrale Manufakturentwicklung, um die »gemeinschädlichen« Folgen des englischen Industrialisierungstyps zu vermeiden.[88]

Die Neuentdeckung der Geschichte im späten 18. Jahrhundert spiegelt sich auch in der technologischen Literatur: Beliebt war der Rückblick auf die große Zeit der deutschen Technik und Handwerkskunst im 15. und 16. Jahrhundert, die Zeit Gutenbergs und Agricolas. Man gewann daraus die Zuversicht, daß auch, ja gerade die Deutschen ein erfinderisches Genie besäßen, und ermutigte sich durch die Erinnerung, daß der englische Vorsprung noch nicht sehr alt war und zu einem Gutteil mehr auf technischen Verbesserungen als auf neuen Erfindungen beruhte.[89] Die Einsicht, daß es vor allem hierauf ankam, war ganz richtig; die Verbesserung und Anpassung ausländischer Technik wurde von den Deutschen im 19. Jahrhundert mit großem Erfolg praktiziert.

Die Anpassung westeuropäischer Technik an deutsche Gegebenheiten – an die natürlichen und menschlichen Ressourcen und die Absatzbedingungen – bedeutete bis zur Mitte des 19. Jahrhunderts, Maschinen und Fabrikanlagen billiger und brennstoffsparender zu bauen und Menschen-, Tier- und Wasserkraft nicht ohne Not durch die Dampfmaschine zu ersetzen, sondern manuelle und mechanisierte Produktionsstufen nebeneinander bestehen zu lassen und ältere mit neuer Technik, hölzerne mit eisernen Maschinenelementen zu kombinieren. In vielen Sektoren bestand die Anpassung nicht nur in der Modifikation ausländischer Neuerungen, sondern auch in der Weiterentwicklung der traditionellen Technik, deren Entwicklungspotential um 1800 noch bei weitem nicht erschöpft war.

Transferprobleme gab es auch in diesem Bereich, so etwa bei der Windmühle: einer zwar schon seit dem Mittelalter bekannten Technik, deren allgemeine Verbreitung aber, wie bei vielen anderen Mechanismen des »hölzernen Zeitalters«, erst im Laufe der Neuzeit erfolgte. Anders als das Wasserrad war die Windmühle nicht an Grund- und Wasserrechte gebunden, insofern also – zumindest technisch gesehen – unabhängig von der Feudalherrschaft. Dafür war sie teurer und reparaturanfälliger als der Wasserantrieb. Die wichtigste Innovation der frühen Neuzeit war die »holländische« Windmühle, die sich im 18. und 19. Jahrhundert in windreichen Ebenen Deutschlands ausbreitete. Hier war nur der oberste Teil der Mühle (die »Kappe«) mit den Flügeln beweglich; daher konnte der übrige Teil massiv gebaut und mit umfangreicheren technischen Einrichtungen ausgestattet werden. Für die leicht bewegliche Kappe wurde Mitte des 18. Jahrhunderts von dem Engländer

Lee eine Windrose zur Selbststeuerung erfunden. Während Leupold die Holländische Windmühle in seinem Theatrum Maschinarum ausführlich beschrieb, warnte sein Fortsetzer, Johann Matthias Beyern (1735), vor einer zu eifrigen Übernahme dieser nach damaligen Begriffen kostspieligen Innovation. In den meisten Teilen Deutschlands wehe der Wind nicht so zuverlässig wie in Holland; daher sei niemandem zu raten, »auf die Wind-Mühlen hiesiger Lande viel Kosten zu verwenden...; sondern wo Mangel an Wasser ist, selbige so leicht als möglichen, anlegen... zu lassen«. Die Holländer könnten den Deutschen zwar ihre Mühlenbücher zum Kauf anbieten, »ihre beständige See-Luft und Holländischen Wind aber nicht mit verkaufen«. Er selber wolle sich daher an »unsere so genannten Teutschen Bock-Mühlen« halten. Die Bockwindmühlen waren ganz aus Holz, daher in Deutschland auch trotz der Verteuerung des dazu nötigen Eichenholzes immer noch billiger; sie ließen sich auch abbauen und versetzen.

Besonders aufschlußreich ist der anhaltende Widerstand in Deutschland und Österreich gegen die Einführung der holländischen Sägemühle. In Holland war schon im 18. Jahrhundert das Bund- oder Vollgatter verbreitet, das mehrere Sägeblätter enthielt und die Stämme in einem Durchgang zersägte. Diese Neuerung erhöhte jedoch die Investitionen und verringerte die Flexibilität, wenn Bretter in wechselnder Breite gesägt werden sollten. Außerdem verlangsamte sich bei einer Vermehrung der Sägeblätter der Gang der Maschine, wenn nicht zugleich die Antriebskraft vervielfacht wurde. Noch 1847 verwahrte sich der Autor einer »praktischen Mühlenbaukunde« gegen die Auffassung, »daß wir in der Anlage von Schneidemühlen insofern zurückgeblieben sind, als solche fast immer nur mit einer Säge angeordnet werden«; diese »einfachen Schneidemühlen« arbeiteten vielmehr »bei ein und derselben Kraft schon des raschen Ganges wegen« effektiver.[90]

Ein ergiebiges Beispiel für verschiedene Schübe und Anpassungsschwierigkeiten des Technologietransfers bietet die Geschichte der Bleiche. Hier überlagerten sich im Laufe des 18. und 19. Jahrhunderts Neuerungen holländischer, französischer, englischer und irischer Herkunft. Sie brachten die Zentralisierung eines noch im 19. Jahrhundert auf dem Lande vielfach von Frauen in Heimarbeit betriebenen Prozesses und die zunehmende Chemisierung und Beschleunigung eines bis dahin langwierigen, vor allem durch die Sonne bewirkten Vorganges. Die Einführung der Holländischen Bleiche mit Molke und Waidasche hielt sich noch im Rahmen traditioneller Naturstoffe. Schon bei der Behandlung des Leingarns mit Aschenlaugen mußte allerdings sorgsam darauf geachtet werden, daß die gewünschte Qualität erreicht und die Faser nicht angegriffen wurde, um so mehr, als »in der Veredelung der Bleichmanufaktur« – so der Bielefelder Bürgermeister Consbruch 1787 –»hauptsächlich der Flor der Leinwandhandlung gegründet« war. Bedenklicher wurde es, als in der Folge zur Beschleunigung des Prozesses die Milch durch Schwefel- und Salzsäure ersetzt wurde. Die Bielefelder Bleicher erlebten um 1800 ein Fiasko, als sie zur Erfüllung eines amerikanischen Großauftrags den Bleichvorgang mit neuen Methoden so weit wie möglich beschleunigt und die Leinwand verdorben hatten; die »neue geschwinde Bleichart mit Salzsäure« war ihnen nunmehr suspekt, und sie warnten vor Übereilung. Besonders abwehrend gegenüber Neuerungen waren die Augsburger Bleicher – vielleicht deshalb, weil ihnen noch genügend Raum für die Ausdehnung der Rasenbleiche zur Verfügung stand.[91]

Eine kritische Situation entstand vor allem durch die Anwendung des Chlors bei der sogenannten »Schnellbleiche«, die Ende des 18. Jahrhunderts von Berthollet erfunden wurde und einen Markstein für die Industrialisierung der Chemie bedeutet. Der Umgang mit gasförmigem Chlor kostete mehreren Chemikern Gesundheit und Leben; erst die Herstellung des Chlors in Pulverform durch Verbindung mit Kalk machte die Chlorbleiche praktikabel. Ob sich diese aber nicht nur bei der Baumwolle, sondern auch bei der empfindlicheren Leinenfaser anwenden ließ, war zunächst unsicher; selbst die Informationen aus England waren geteilt. Im Wuppertal kombinierte man um 1810 Natur- und Berthollet-Bleiche. Die Bielefelder Bleicher blieben jahrzehntelang mißtrauisch; als die Schnellbleiche in Schlesien während der zwanziger Jahre als Reaktion auf die Leinenkrise überstürzt und ohne die nötige Kompetenz eingeführt wurde, verdarb sie das Gewebe. Ein Mißtrauen gegen das Chlor hielt sich vor allem im Kleingewerbe noch über die Jahrhundertmitte hinaus; »man verschrie seine Gefährlichkeit für die Gesundheit der Arbeiter, und die Besitzer von eingerichteten Naturbleichen taten alles mögliche, um der Schnellbleicherei die Lebensfähigkeit abzusprechen«. Der Augsburger Chemiker Kurrer klagte 1822, der »Wahn, daß eine schnelle Bleiche der Leinwand schade«, sei »der Schwanengesang für unsere Leinwand-Manufakturen« geworden; und wieder beschwor er die »leuchtende Fackel der neuen Chemie«, die ein »wohltätiges Licht« in die Finsternis dieses Wahns bringen solle. Aber auch er ließ erkennen, daß das Berthollet-Verfahren noch weiter zu vervollkommnen und »der Lokalität anzupassen« war. Die gegenwärtigen Bestrebungen, unter Umweltgesichtspunkten von der Chlorbleiche wieder fortzukommen, geben den alten Bedenken nachträglich in gewissem Sinne recht. Überhaupt konnte es in der industriellen Chemie einen solide gegründeten Fortschritt nur bei vorsichtiger Vorgehensweise geben; wie man heute weiß, war man in der Vergangenheit längst nicht behutsam genug.[92]

Ein auffälliges Beispiel für eine gegenüber England stark verzögerte Mechanisierung bietet die Weberei. Selbst der 1738 von John Kay erfundene Schnellschütze, der sich auch am Handwebstuhl nutzen ließ, verbreitete sich in Deutschland erst im frühen 19. Jahrhundert. Das kontrastiert mit der raschen Rezeption des ungleich komplizierteren Jacquard-Webstuhls: Wo es um erhöhte Flexibilität ging, war man gelehriger als bei der bloßen Beschleunigung des Produktionsprozesses.[93] Gerade das Maschinenspinnen gab der Handweberei zeitweilig eine Verbreitung, die diese mit handgesponnenem Garn nie hätte erreichen können; unter Krisen allerdings hatten die Weber am schlimmsten zu leiden.

Erst gegen Mitte des 19. Jahrhunderts begann sich der mechanische Antrieb beim Webstuhl durchzusetzen. Er war hier mit größeren technischen Komplikationen verbunden als bei den leichten Spinnmaschinen; vor allem erforderte er einen Übergang zur Eisenfertigung, während die Spinnmaschinen noch geraume Zeit aus Holz bestanden. Der technische Vorteil des mechanischen Antriebs war beim Weben geringer als beim Spinnen; die wichtigsten technischen Verbesserungen des Webvorgangs im 18. und 19. Jahrhundert ließen sich auch am Handwebstuhl anbringen. Sozial fiel ins Gewicht, daß die Spinnmaschine »nur« eine typische Nebentätigkeit der Frauen ersetzte, während der mechanische Webstuhl ein traditionsreiches Männergewerbe traf. Noch um 1840 meinte der sächsische Textilunternehmer Wieck, die Maschinenweberei werde sich in Deutschland wohl nie ausbreiten. Die leidenschaftliche Reaktion der Öffentlichkeit auf das Elend der schlesischen Weber in den vierziger Jahren war möglich, weil die Webernot noch nicht fatalistisch als zwangsläufige Folge des technischen Fortschritts begriffen wurde.[94]

Der rote Faden bei der Modifikation technischer Neuerungen in den »Feuergewerben« war bis zur Mitte des 19. Jahrhunderts dadurch gegeben, daß es einerseits nur partiell von Vorteil war, Holz durch Kohle zu ersetzen, andererseits mit dem Holz viel sparsamer umgegangen werden mußte als in England mit der Kohle. In alten Eisenregionen gab es über längere Zeit eine »profitable Kombination zwischen der Roheisenerzeugung mit Holzkohlen« und dem mit Steinkohle betriebenen Puddeln, das den Frischhammer ersetzte. Der Weg von der Holz- zur Steinkohle war nicht so geradlinig, wie es aus der Retrospektive im Zeitraffer erscheint, und entsprach keinem technologischen Sachzwang, wenn auch eine stärkere Integration von Eisenerzeugung und -verarbeitung zu den wichtigsten technischen Fortschritten der Folgezeit gehörte. Die ersten Dampfmaschinen dienten bei den Hochofengebläsen in typischen Fällen als Hilfsantrieb für wasserarme Zeiten, während das Wasserrad immer noch die reguläre Antriebsquelle war.[95]

Die Rezeption der Gasbeleuchtung in Deutschland, überhaupt in Kontinentaleuropa, paßt in das Gesamtbild. Das »philosophische Licht« wurde im frühen 19. Jahrhundert ähnlich wie das elektrische Licht gegen Ende des Jahrhunderts zum Zeichen einer neuen Zeit; nicht mehr Mond und Sterne, sondern Lichter des Menschen regierten die Nacht. Der braunschweigische Hofrat Winzer machte schon in ähnlicher Weise für das Gaslicht Reklame wie später Oskar v. Miller für die Elektrizität; er hatte aber erst dann Erfolg, als er nach England ging und sich zu »Winsor« anglisierte. Brennbares, leuchtendes Gas war zwar auch aus Holz zu gewinnen; das hatte bereits 1682 der Chemiker und Kameralist Johann Joachim Becher entdeckt, der überdies als Bergwerksinspektor in England als einer der ersten das Steinkohlegas wissenschaftlich erforschte. Aber zunächst konnte sich das Gaslicht nur in England in größerem Umfang durchsetzen, wo das Gas als Abfallprodukt der Verkokung reichlich zur Verfügung stand. Das Anfangsrisiko der Gasproduktion war erheblich: Die Reinigung des Gases, um eine angenehme und gleichmäßige Flamme zu erlangen, erforderte einen langwierigen technischen Entwicklungsaufwand; außerdem lohnte sich die Gasversorgung nur dann, wenn es einen größeren Abnehmerkreis und ein Leitungssystem gab. In der kontinentalen Ökonomie der Brennstoffknappheit setzte sich die Gasbeleuchtung bis zur Jahrhundertmitte nur langsam durch. Bezeichnenderweise war das erste kontinentale Gaslicht, die von dem französischen Ingenieur Philippe Lebon in den neunziger Jahren des 18. Jahrhunderts für Holzgas konstruierte Thermolampe, zugleich als »Sparofen« konzipiert, ordnete sich also in die lange Tradition der Holzsparbemühungen ein. Lebon ruinierte sich mit seiner Erfindung und nahm sich das Leben. Man braucht die Thermolampe dennoch nicht als historische Kuriosität anzusehen; denn die langfristige Zukunft der Gasökonomie lag ja nicht in der Beleuchtung, sondern in der Wärmeerzeugung.[96]

Die Notwendigkeit, eine von auswärts übernommene Technik regionalen Bedingungen anzupassen, war in zwei Bereichen besonders deutlich: in der Landwirtschaft mitsamt der Verarbeitung ihrer Produkte und im Verkehrswesen. Schon 1769 tadelt Krünitz die unveränderte Nachahmung der englischen Landwirtschaft in Deutschland als eine schädliche »Agromanie«. Ab 1794 gab es in deutschen Intelligenzblättern eine anhaltende Diskussion über die Dreschmaschine, die kurz vorher in England eine erste technische Reife erreicht hatte. Die Befürworter argumentierten noch bemerkenswert wenig mit der Einsparung von Löhnen; die Gegner jedoch verwiesen auf die drohende ländliche Arbeitslosigkeit: »Dreschmaschinen machen Bettler und Diebe.«[97] Bis zur Durchsetzung der Dreschmaschine in der deutschen Landwirtschaft vergingen noch Generationen.

Bei der Verarbeitung landwirtschaftlicher Produkte zog um 1800 die Branntweinbrennerei die besondere Aufmerksamkeit der Technologen auf sich, zumal ihr wachsender Holzverbrauch vielerorts zum Ärgernis wurde und sie enorme technische Holzsparmöglichkeiten bot. Die Destillation war obendrein eine Schlüsseltechnik der Chemie. Je mehr manche Branntweinqualitäten zur Luxusware wurden, desto mehr richtete sich das Innovationsstreben nicht nur auf eine Verbilligung und Beschleunigung des Produktionsprozesses, sondern auch auf eine Verbesserung des Produktes; dabei war Frankreich das große Vorbild. Ein Münchener Professor warnte jedoch vor einer Nachahmung der französischen Destilliertechnik. Dieses Bemühen sei nicht nur wegen der andersartigen Beschaffenheit der bayerischen Maische zum Scheitern verurteilt, sondern auch deshalb, weil die wenigsten deutschen Kupferschmiede – vor allem in den kleineren Landstädten – die nötige Fertigkeit besäßen, »um so zusammengesetzte Apparate wie die französischen zu verfertigen«.[98]

Der Straßenbau war ein Bereich, wo deutsche Reisende seit dem späten 18. Jahrhundert die eigene Rückständigkeit gegenüber Frankreich besonders stark empfanden. Hier machte sich die Vielstaaterei bemerkbar, aber auch die verbreitete Meinung, »daß schlechte Straßen eine Wohltat seien, weil der Feind schwerer ins Land kommen könne, und weil sie den Verkehr lange im Lande hielten« (Schnabel). Von den Erfahrungen des Dreißigjährigen Krieges und von der Situation eines Durchgangslandes her war diese Ansicht nicht unbegründet; erst gegen Ende des 18. Jahrhunderts begann jener Umschlag der öffentlichen Meinung bis hin zu der fixen und unausrottbaren Idee, daß eine Verbesserung der Verkehrsverhältnisse das ökonomische Allheilmittel schlechthin sei. Der pfälzische Oberamtmann Lüder, der sich um 1780 Gedanken über ein künftiges deutsches Chausseesystem machte und zugleich die Gründe erörterte, »warum noch so viele schlechte Wege in Deutschland vorliegen«, sah ein Haupthindernis des Straßenbaus in der Zwanghaftigkeit, mit der man in Deutschland auf die französischen Chausseen starre und einen verbesserten Wegebau immer mit der Herstellung solcher Prachtanlagen gleichsetze, dabei aber gleich Sorge bekomme, daß man in deutschen Regionen nicht über die entsprechenden Geldmittel, Frondienste und Steine verfüge. »Der unersättliche Nacheifer, anderweits erblickte prächtige Chaussées ebenfalls bei sich zu befahren, hat schon manchen verleitet, kostbare Anordnungen ergehen und dabei übertriebene Auszierungen aufgeben zu lassen«; und solche Beispiele schreckten dann andere vom Straßenbau ab. Ein den deutschen Bedingungen angepaßter Wegebau: Das bedeutete eine billige Bauweise, »ganz ohne Pracht und Schönheit« und nur am Bedarf orientiert; es bedeutete einen Verzicht auf Frondienste, da Zwangsarbeit »sehr selten wohl gerät«, und eine Verwendung der lokal verfügbaren Steine, insbesondere auch des Abraums und der Schlacken der vielen deutschen Berg- und Hüttenwerke.[99]

Frühe Vorkämpfer des deutschen Eisenbahnbaus wie Joseph v. Baader und Friedrich List propagierten eine billigere Bauweise als die englische, da sie glaubten, daß sich die Eisenbahn so am ehesten in Deutschland durchsetzen lasse.[100] Man kann allerdings von Glück reden, daß die von List empfohlenen »Holzbahnen« mit eisenbeschlagenen Eichenschienen nicht gebaut und die von ihm gepriesenen amerikanischen Billigbaumethoden beim deutschen Bahnbau nicht angewandt wurden. Wie die den deutschen Bedingungen angepaßte Technik auszusehen hatte, war oft nicht eindeutig zu bestimmen; gerade der Eisenbahnbau wurde in hohem Maße nicht nur von natürlichen, sondern auch von politischen Gegebenheiten geprägt.

## 5. Staat, technische Innovation und Herrschaftstechnik

Die Frage nach der historischen Rolle des preußischen Staates und anderer deutscher Staaten in den Anfängen der Industrialisierung wird immer leicht zu einer Grundsatzfrage nach der innovatorischen Rolle des Staates und pflegt von prinzipiellen Positionen her beantwortet zu werden, zumal der empirische Befund mehrdeutig ist. Die zentralisierten Staatsbetriebe wirken aus der Rückschau in vielen Fällen als Sackgassen der Entwicklung; mit Recht wurde hervorgehoben, daß die industrielle Dynamik vorwiegend von solchen Regionen – dem Bergischen und niederrheinischen Gebiet, dem Königreich Sachsen – ausging, in denen die ökonomische Intervention des Staates am schwächsten war. Aber wenn bei einer rein wirtschafts- und unternehmensgeschichtlichen Betrachtungsweise die Rolle des Staates im Endeffekt wenig rühmlich wirkt, ergibt sich mit Blick auf berühmte technische Innovationen ein ganz anderes Bild; denn bei den Anfängen der Dampfmaschine, des Kokshochofens und des Gußeisens, der Spinnmaschinen und des Maschinenbaus, des technischen Bildungswesens und der Übermittlung von Informationen über die fortgeschrittenste Technik des Auslandes treten Staatsverwaltungen zumindest auf dem europäischen Kontinent sichtbar und eindrucksvoll in Erscheinung. In einer um Personen und Ereignisse bemühten Technikgeschichte kommt dem Staat fast automatisch eine Schlüsselrolle zu. Diese läßt sich theoretisch fundieren, wenn man Deutschland zu jener Zeit als unterentwickeltes Land betrachtet und davon ausgeht, daß es bei der technischen Modernisierung von Entwicklungsländern entscheidend auf den Staat – gerade auch auf den militärisch ambitionierten Staat – ankomme.

In der Tat lassen sich bedeutende Einflüsse des Staatsapparates auf die technische Entwicklung schwerlich bestreiten. Kann man daraus die Notwendigkeit der staatlichen Intervention für *den* technischen Fortschritt folgern? Das führt wieder zu der Grundsatzfrage, ob es *den* technischen Fortschritt überhaupt gibt, und ob der technische Wandel *eine* große zusammenhängende Linie beschreibt, bei der kein Glied ausgelassen werden darf und der Markt als Triebkraft nicht ausreicht. Wenn man die frühen deutschen Dampfmaschinen und Kokshochöfen für Pioniere und notwendige Wegbereiter der späteren Industrialisierung hält, dann fällt dem preußischen Staat tatsächlich eine Schlüsselfunktion zu, denn soweit es eine preußische Technologiepolitik gab, war sie seit dem späten 18. Jahrhundert stark auf solche spektakulären Innovationen konzentriert und betrieb deren Einführung auch ohne klar erkennbaren wirtschaftlichen Bedarf.[101] Anders verhält es sich, wenn man davon ausgeht, daß die technische Entwicklung nicht einen zusammenhängenden Mechanismus darstellt, sondern sich auf mehreren Ebenen vollzieht, in verschiedener Richtung verläuft und ihren Sinn nur durch den Bedarf bekommt. Dann ist eine breiter angelegte Untersuchung nötig, um die Rolle des Staates zu klären. Die Frage lautet jetzt nicht mehr, inwieweit der Staat *den* technischen Fortschritt gefördert hat, sondern, *welchen* technischen Fortschritt er auf Kosten welcher anderer Möglichkeiten vorantrieb.

Prototyp einer neuen, vom Staat ins Leben gerufenen Industrie war unter Friedrich II. die Seidenproduktion; an sie gingen zwei Drittel der staatlichen Subventionen für das Manufakturwesen. Hintze schildert die Seidenindustrie als eine Art Schlüsselbranche des 18. Jahrhunderts, um die sich damals »alle die feineren Gewebeindustrien« gruppierten, und der Frankreich zum guten Teil seinen Aufstieg zur »Beherrscherin der europäischen Mode« verdankte. Aber bezeichnete die Ansiedelung dieses Gewerbes in Berlin und der Kurmark tatsächlich »den entschiedensten Schritt«, durch den Preußen »in den industriellen Wettbewerb der europäischen Mächte eintrat«?[102] Aus damaliger Sicht mochte es so wirken; aber gerade in der Seidenindustrie zeigte sich im frühen 19. Jahrhundert exemplarisch, wie die durch Staatsförderung entstandenen Betriebe der preußischen Zentralprovinzen unter den Bedingungen der freien Konkurrenz rasch zurückfielen, während die aus privater Initiative hervorgegangene Industrie des Krefelder Raumes dank ihrer guten Handelsbeziehungen blühte und gedieh. Die brandenburgische Seidenraupenzucht entpuppte sich als Musterbeispiel einer den regionalen Bedingungen nicht angepaßten Gewerbekultur.

Während die Seidenzwirnereien mit ihren mechanisch betriebenen Filatorien in Italien, Frankreich und England ein Ursprung des

Fabriksystems waren, scheint dies in Preußen nicht der Fall gewesen zu sein. Es gab zentralisierte Manufakturen; aber die Arbeitsteilung und Spezialisierung war dort weniger entwickelt als im Raum von Lyon. Gerade das kommerziell erfolgreiche Seidengewerbe des Krefelder Raumes arbeitete dezentral, profitierte von seiner Flexibilität und führte den mechanischen Webstuhl erst spät im 19. Jahrhundert ein. Auch die Berliner Seidenindustrie kehrte zum Kleinbetrieb und zum Verlagswesen zurück, als sie der freien Konkurrenz ausgesetzt wurde.[103]

Da aus der Sicht der Regierung der Menschenmangel, nicht die Beschäftigung einer zu dichten Bevölkerung das Hauptproblem Preußens war, konnte von daher gegen eine Mechanisierung, die Menschen einsparte, kein grundsätzliches Bedenken bestehen. Dennoch waren technische Innovationen als solche bis in die Spätzeit Friedrichs II. kein Ziel der preußischen Wirtschaftspolitik; eine Vorstellung von »der Technik« als eigenem Faktor bildete sich erst gegen Ende des 18. Jahrhunderts, als beim Manufaktur- und Kommerzkollegium die »Technische Deputation« eingerichtet wurde (1796). Staatlich geförderte Neuerungen hielten sich bis dahin meist im Rahmen der für das »hölzerne Zeitalter« kennzeichnenden Innovationsbestrebungen, ob es um Sparöfen oder um Produktverbesserungen ging. Auch von der unter dem Namen »Königliches Lagerhaus« zu Berlin betriebenen Wollmanufaktur gingen keine technischen Impulse aus.[104]

Ein voller Erfolg dagegen war die 1815 auf Einladung des preußischen Staates erfolgte Gründung einer mechanischen Wollspinnerei und damit verbundenen Maschinenfabrik in Berlin durch die Brüder Cockerill, bei der sich die staatliche Unterstützung auf Zollerleichterungen und die Bereitstellung einer alten Kaserne beschränkte. Die indirekte Innovationsförderung, die den Gang der Dinge weitgehend sich selber überließ, war weit wirkungsvoller als die merkantilistische Manufakturpolitik und Projektemacherei, die im 19. Jahrhundert in Verruf kam. Am längsten setzte die vielgeschäftige Preußische Seehandlung die alte Politik der Staatsbetriebe fort; sie war dabei teilweise auf neueste Technik bedacht, endete aber wirtschaftlich im Fiasko.

Seit dem späten 18. Jahrhundert läßt sich bei den führenden Köpfen der preußischen Gewerbepolitik – zunächst bei Heynitz, dann bei Stein, Reden und Eversmann, im frühen 19. Jahrhundert dann bei Beuth und Rother – über manche Differenzen hinweg eine Leitvorstellung vom technischen Fortschritt und eine prinzipielle Voreingenommenheit für die Mechanisierung erkennen, die sich nicht an einem aktuellen Bedarf orientierte und der Stimmung in vielen unteren Instanzen und in der privaten Unternehmerschaft vorauseilte.[105] Eversmann, der sich nach eigenem Bekunden »immer wie ein gejagter Hirsch« fühlte und schon den nervösen, ewig unzufriedenen und ungeduldigen Innovator verkörperte, setzte sich 1788 bei einer Begegnung mit dem noch skeptischen König Friedrich Wilhelm II. so penetrant für die Einführung neuer Maschinen ein, daß ihn schließlich Heynitz am Rock zupfte und dadurch zum Schweigen brachte. In den zwanziger Jahren gab sich die Berliner Gewerbebehörde »unendliche Mühe«, eine Brotteig-Knetmaschine einzuführen, scheiterte aber an dem »stillen, zähen Widerstand« der Bäcker. Beuth bemühte sich vergeblich um die Durchsetzung der Maschinenspinnerei in Bielefeld und wetterte über die Bequemlichkeit der dortigen »großen Kapitalisten«, die müßig abwarteten, »bis Großbritannien ihnen auch in feiner Ware das Messer an die Kehle setzt«; diese jedoch sahen, wie schlecht sich die mit staatlicher Subvention gegründeten Maschinenspinnereien in Schlesien rentierten, und ihr Abwarten war nichts anderes als kaufmännische Klugheit.[106]

Der staatliche Einfluß auf die Technik war naturgemäß im Berg-, Hütten- und Salinenwesen am stärksten: in den Regalbetrieben, den traditionellen Eckpfeilern des landesherrlichen Finanzwesens. Die Dampfmaschine wurde zuerst im Bergbau eingesetzt. Die österreichische Regierung betrieb um 1750 die Einführung des »Floßofens«, des kontinuierlich arbeitenden Hochofens, am steirischen Erzberg, die preußische Regierung Ende des 18. Jahrhunderts die der Koksverhüttung in Schlesien. Wenn die Wirtschaft sich selbst überlassen wurde, führte industrielles Wachstum unter den Bedingungen des »hölzernen Zeitalters« dahin, daß die Bedeutung dieser »holzfressenden« Grundstoffindustrie zugunsten des Aufstiegs von weniger energieintensiven Gewerben zurückging. Aber das in der landesherrlichen Administration verankerte Bergbauinteresse wirkte dahin, daß das Montanwesen weiterhin als Herzstück der Wirtschaft begriffen und entsprechend gefördert wurde.[107] Durch Verwissenschaftlichung suchte man der sinkenden Bedeutung des Bergbaus entgegenzuwirken und trug auf diese Weise immerhin zu dem hohen gesellschaftlichen Ansehen dieses traditionsbewußten Wirtschaftssektors bei: Männer wie Alexander v. Humboldt, der Freiherr vom Stein und Goethe waren dem Bergbau verbunden. Die Stellung des Montanwesens in der staatlichen Gewerbehierarchie schuf eine Grundlage dafür, daß die Schwerindustrie im Laufe des 19. Jahrhunderts – entgegen der Grundtendenz des »hölzernen Zeitalters« – zur führenden Industriebranche aufstieg.

Holzsparende Innovationen in den Salinen wurden schon seit dem 16. Jahrhundert von den Landesherren stets gefördert, zumal bei dem rein thermischen Siedevorgang Feuerungsexperimente unbedenklicher waren als bei den vom Geheimnis umgebenen chemothermischen Verhüttungsprozessen. Große Gradieranlagen waren eine typische Innovation von oben, deren Aufwand die Möglichkeiten altständischer Siedergenossen überstieg und daher von diesen in Schwäbisch Hall bekämpft wurde, zumal es auch kleintechnische Alternativen zur Anreicherung der Sole gab.[108] Der gesamte Bereich der Wasserbautechnik war in besonderem Maße ein gegebenes Objekt staatlicher Maßnahmen; denn in der Wasserwirtschaft wurden landesherrliche Rechte tangiert und ließ sich leicht ein staatlicher Regelungsbedarf herstellen. Wasserbauanlagen gehörten im Berg- und Salinenwesen zu den aufwendigsten Installationen. Hier bildete sich ein technisches Wissen, das auf andere Bereiche zu übertragen war. Johann Gottfried Tulla, der von 1817 bis 1828 mit der Regulierung des Oberrheins das bis dahin wohl größte und schwierigste Wasserbauprojekt der deutschen Geschichte leitete, hatte nicht nur auf der Pariser Ecole Polytechnique, sondern auch bei einem Salineninspektor und auf der Bergakademie Freiberg gelernt. Von Mühlenkanälen hingen viele Wasserräder, von Triftanlagen viele Holzverbraucher ab; alles in allem läßt sich der Wasserbau als eine Schlüsseltechnik des »hölzernen Zeitalters« ansehen. Kann man daraus eine entscheidende Bedeutung des Staates für die Technik folgern? Die berühmten französischen Kanalbauten, die im 18. und 19. Jahrhundert vielfach als Vorbild galten, könnten diesen Eindruck erwecken. Aber wirtschaftliche Bedürfnisse erforderten nicht unbedingt solche großen Prestigeprojekte, sondern waren vielfach durch schmalere und kürzere Kanäle und durch den Ausbau natürlicher Wasserläufe zu befriedigen; in Deutschland beschränkte man sich im allgemeinen auf solche bescheideneren Unternehmen. Besonders wichtig war der Holztransport; der Bau der Triftanlagen beruhte ganz auf dem Erfahrungswissen der Holzknechte. Der 450 m lange Raxtunnel, der durch einen Alpenkamm führte und der Wiener Holzversorgung diente, wurde von 1822 bis 1827 unter der Leitung eines analphabetischen Holzknechts, des »Raxkönigs« Georg Huebmer, erbaut.[109]

Bei der Klärung der technikgeschichtlichen Rolle des Staates ist die Frage nach der Bedeutung der durch staatliche Institutionen vermittelten Bildung zentral. Das gilt für Deutschland in noch höherem Maße als für viele andere Länder; denn besonders hier wurde der Bildung und Wissenschaft die Schlüsselrolle in der technischen Entwicklung zugeschrieben. Der preußische Staatsrat Kunth prägte – auch in Abwehr von Schutzzollforderungen – die Maxime: »Gegenüber der Gefahr, durch die Anstrengungen der fortgeschritteneren westeuropäischen Fabrikländer immer beschränkt zu werden, ist die Hülfe, welche von Staatswegen geleistet werden kann, in dem einzigen Wort begriffen: Bildung.«[110] Das nach 1810 von Beuth aufgebaute Berliner Gewerbeinstitut sollte keine Ingenieurselite für den hohen Staatsdienst, sondern Praktiker für die private Wirtschaft ausbilden. Aber hier wie an anderen Technischen Schulen setzte sich in der Folge das Streben nach Elitebildung durch. Das Gewerbe-Institut reagierte dabei nicht auf einen in der Wirtschaft entstandenen Bedarf nach höher ausgebildeten Technikern; vielmehr erwies es sich für die Absolventen des Instituts oft als schwierig, eine ihrer Ausbildung angemessene Beschäftigung zu finden. Ausgerechnet der spätere »Paradestudent des Gewerbe-Instituts«, der »Lokomotivkönig« August Borsig, der seine auf der Berliner Gewerbeausstellung von 1844 preisgekrönte Lokomotive nach Beuth benannte, wurde seinerzeit auf dem Gewerbeinstitut als »technisch unbegabt« exmatrikuliert, und auch später war sein theoretisches Wissen zugestandenermaßen »sehr schwach«. Diese Diskrepanz zwischen der Leistung auf dem Gewerbe-Institut und der Bewährung in der Praxis war kein Einzelfall.[111] Gerade der Maschinenbau, der mehr als alle anderen Branchen der Schlüsselsektor der Industrialisierung war, stützte sich noch bis in das späte 19. Jahrhundert ganz überwiegend auf handwerkliche Erfahrung.[112]

Der Ingenieur war ein ursprünglich vom Staat geschaffener beruflicher Status; aber staatliche Institutionen besaßen keineswegs ein Monopol auf das in der Praxis gebrauchte technische Wissen. Ein Gegner der theoretischen Gewerbeausbildung stellte 1837 die rhetorische Frage: »Ist denn nicht alles Wissen im Gewerbsleben das Resultat der Erfahrung, die von den Sinnen eingesaugt, als Original in das Leben übertragen, das treffendste Bild von der materiellen Produktion eines Landes verschafft?« Wenn literarische Quellen oft den Eindruck vermitteln, daß die Priorität bei technischen Innovationen der Gelehrsamkeit und den staatlichen Anstalten zukomme, kann es sich dabei um eine optische Täuschung handeln, da Fabrikanten verschiedentlich schon »aus der Praxis kannten, was Beuths Mitarbeiter in Zeitschriften lasen«.[113]

Die Bedeutung der Wissenschaft pflegte schon seit der Zeit Agricolas besonders beim Berg- und Hüttenwesen hervorgehoben zu werden. »Kein Metier in der Welt verdient wegen des allgemeinen Nutzens mehr Ermunterung als (das) eines geschickten Hüttenmannes«, schrieb Heynitz, »es ist auch das Fach der Erfindung bei keinen weitläufiger als bei solchen, da die Application der Physik, Chymie, und Mathematik ein weites Feld dazu gibt.« In Wirklichkeit waren die Hochofenprozesse für die Wissenschaftler jener Zeit undurchsichtig; die Betonung der wissenschaftlichen Grundlage bei einem Gewerbe war vor allem Prestigesache. Der praktische Wert der schulmäßigen Ausbildung der Bergbeamten war im 18. Jahrhundert keineswegs sicher.[114] Ähnliches gilt für die Ausbildung der Baubeamten, der Techniker-Elite des späten 18. und frühen 19. Jahrhunderts; die prestigehaltige Akademisierung dieser Laufbahn förderte damals vor allem den Historismus in der offiziellen Baukunst.

Eine formale Qualifikation von fundamentaler, epochemachender Bedeutung war das präzise Messen und technische Zeichnen. Meßgeräte und exakte Zeichnungen markierten den Weg zur Ersetzung der Erfahrung durch die Analyse und zur Trennung von Planung und Ausführung. Hierbei waren die staatlich institutionalisierten Ausbildungsgänge und auch die vom Staat seit dem späten 18. Jahrhundert veranlaßten exakten Landesvermessungen gewiß von Bedeutung. Bei der Herstellung von Meß- und Beobachtungsinstrumenten gab es schon seit den Zeiten Galileis einen engen Zusammenhang von Wissenschaft und Technik. James Watt begann als Instrumentenbauer; eine »erste technologische Phase« in der bayerischen Industrialisierung wird durch die »Entstehung einer leistungsfähigen Meßinstrumentenherstellung« gekennzeichnet, die einen wichtigen Antrieb durch Staatsaufträge bekam.[115]

Noch auf andere Weise trug der Staat – zum Teil indirekt und nicht immer mit Absicht – dazu bei, die technische Entwicklung in bestimmte Richtungen zu lenken. In mehrfacher Weise wirkte er dahin, die Selbststeuerungsmechanismen der altständischen Gesellschaft, die einem Wirtschafts- und Bevölkerungswachstum entgegenstanden, lahmzulegen: durch seine Kriege und Wiederaufbauprojekte; durch seine Peuplierungspolitik, die gegen die malthusianische Vernunft breiter Bevölkerungsschichten ankämpfte; durch das Anwachsen der Residenzstädte, in denen Märkte für neue Produkte und für Frühformen der Massenproduktion entstanden; durch die »Ökonomie«-Kampagnen, die zur sparsameren Nutzung der allgegenwärtigen Ressource Holz anhielten; durch die Gewerbeausstellungen, die einen überregionalen Wettbewerb der Spitzenleistungen inszenierten. Die grundsätzliche Bedeutung des Obrigkeitsstaates für jenen technischen Fortschritt, der auf einen immer höheren Grad von Mechanisierung hinauslief, ergibt sich auch aus der Unpopularität derjenigen Maschinen, die menschliche Arbeit ersetzten – einem Faktum, das Schnabel zu der Folgerung veranlaßte: »Wenn die Demokratie schon zu Anfang des (19.) Jahrhunderts bestanden hätte, würde sie die moderne Technik unmöglich gemacht haben. Handwerker, Arbeiter und Bauern würden im Parlament gemeinsam gegen die Maschine gestimmt haben.«[116] Die Maschinenstürmerei konnte unter den Augen der kontinentaleuropäischen Polizei und der stehenden Heere zu keiner Massenerscheinung werden; in dieser Beziehung waren die deutschen Fabrikanten von Anfang an besser gestellt als ihre britischen Konkurrenten.

Die »technische« Vorgehensweise im übertragenen Sinne – als »Erledigung« von Problemen durch bestimmte festgelegte, routinemäßig und gleichsam automatisch ablaufende Prozeduren – wurde durch die staatliche Verwaltung vor allem seit der Reformzeit des beginnenden 19. Jahrhunderts vorangetrieben und zu einer allgemeinen Art der »Regelung« gesellschaftlicher Angelegenheiten gemacht, die scheinbar interessenneutral war. Wenn die Maschine im 18. Jahrhundert ein utopisches Vorbild des Staates gewesen war, so näherte die Verwaltungswirklichkeit im 19. Jahrhundert, als die Maschinenmetaphorik aus der Mode kam, sich diesem Vorbild an.[117] Obwohl der Liberalismus zur herrschenden Lehre aufstieg, wurde im 19. Jahrhundert zentrale Herrschaft wirksamer ausgeübt als zur Zeit des Absolutismus. Die Ausbildung administrativer Herrschaftstechniken gestattete den Verzicht auf dick aufgetragene Herrschaftsideologien.

Technische Netzwerke, die die Möglichkeiten des Privatmanns überschritten, ermöglichten eine funktionale Begründung der Staatsautorität. Ansatzweise galt dies schon für die immer ausgedehnteren Kanalsysteme, die etwa der sächsische Bergbau im 18. Jahrhundert benötigte, eindrucksvoller aber für die Eisenbahn- und Telegraphenanlagen des 19. Jahrhunderts. Ein Vertreter der Älteren Historischen Schule der deutschen Nationalökonomie wie Karl Knies behauptete 1857 ein dringendes menschliches Bedürfnis nach der Telegraphie und leitete daraus eine wirtschaftliche und technische Berufung des Staates ab.[118] Der Staat war kein Ursprung des technischen Fortschritts schlechthin, aber er verstärkte bestimmte Richtungen der technischen Entwicklung und profitierte von ihnen.

## 6. Die Dynamik der Sparsamkeit

Das Wirtschaften auf der Grundlage regenerativer Ressourcen besaß seine eigene, bis weit in das 19. Jahrhundert hinein wirkende Vernunft. Innerhalb des »hölzernen Zeitalters« gab es markante Rationalisierungsschübe und »Ökonomie«-Kampagnen, so in Preußen und Sachsen nach dem Siebenjährigen Krieg und dann wieder in den neunziger Jahren des 18. Jahrhunderts und der napoleonischen Zeit; aber diese Modernisierungsvorgänge zielten doch überwiegend auf eine bessere Nutzung der vorhandenen Ressourcen und nicht in Richtung der späteren industriellen Moderne. Dabei fragt sich allerdings, ob nicht gerade das Streben nach sparsamer und optimaler Nutzung der vorhandenen Produktionsfaktoren, konsequent betrieben, eine technologische Kettenreaktion entfesselte, die die Schranken des »hölzernen Zeitalters« durchbrach. Man könnte argumentieren, daß die immer bessere Nutzung der Tier- und Wasserkraft durch Göpel, Mühlen und schließlich Turbinen zwangsläufig die Mechanisierung immer weiter vorantrieb, wobei von bestimmten mechanisierten Arbeitsprozessen ein Mechanisierungsdruck auch auf die übrigen Produktionsschritte ausging, und daß die immer effektivere Nutzung des Brennstoffes Holz logischerweise zu größeren Feuerungen, zu thermischen Verbundsystemen und zur Beschleunigung der Produktionsprozesse hinführte.

In der Tat gab es hölzerne Wege zu den *Economies of Scale*. Ein

Element technologischer Eigendynamik, der Verallgemeinerung bestimmter technischer Prinzipien ist schon im industriellen Wachstum des frühen 19. Jahrhunderts schwer zu verkennen. Die vorausgegangenen Jahrhunderte der Technikgeschichte zeigen allerdings, daß sich eine lediglich partielle und eingeschränkte Nutzung technischer Prinzipien sehr lange halten kann.

Wenn man die Industrialisierung auf die konsequente Anwendung eines bestimmten mechanischen Prinzips zurückführen will, so liegt es nahe, an das Prinzip der *Rotation* zu denken. Von Reulaux bis Sombart ist die »Anwendung des Rotationsprinzips, des Um- und Um- statt des Hin- und Her-Grundsatzes« (Sombart), als Grundgesetz der Maschinenentwicklung begriffen worden. Lynn White erblickt in der »ständigen Drehbewegung« ein revolutionäres Prinzip, das der Natur der Lebewesen zuwiderlaufe, also – konsequent angewandt – in die Mechanisierung führe; er ordnet es jedoch schon dem technischen Wandel des Mittelalters zu. Tatsächlich ist das Rotationsprinzip beim Wasserrad vollkommener realisiert als bei der Dampfmaschine mit ihrem stoßartigen Hin und Her des Kolbens. Schon Wasserrad und Göpel boten eine rotierende Antriebsquelle, die am besten genutzt werden konnte, wenn auch die an sie angeschlossenen Produktionsprozesse rotierten wie das Mahlwerk der Getreidemühle. Rein technisch gesehen, enthielt das Wasserrad bereits den Keim zu einer Art von Mechanisierung, die auch den Einsatz des Dampfantriebs ermöglichte. Es ermöglichte mechanische Verbundsysteme; in der Getreidemühle wurde auch der »Rüttelschuh«, der die Getreidezufuhr in den Mahlgang regelte, durch das Getriebe bewegt; Hammer- und Schleifmühlen waren »oft mit anderen Betriebszweigen wie Mahl- und Ölmühlen, Hanfreiben und Sägemühlen verbunden« und gestatteten dem Betreiber eine flexible Reaktion auf den wechselnden lokalen Bedarf.[119] Zwar war der Betrieb von Wasserrad-Anlagen von der Wasserzufuhr her oft jahreszeitlichen Schwankungen unterworfen; durch Teich-Reservoirs konnte jedoch ein einigermaßen kontinuierlicher Betrieb gewährleistet werden. Aber der Kostenaufwand für hölzerne Mechanismen war im allgemeinen nicht so groß, daß von der Höhe des Anlagekapitals ein Druck zum kontinuierlichen Betrieb ausgegangen wäre.

Solange die Zahnräder aus Holz bestanden, war die zugeführte Energie schon nach wenigen Transmissionen durch die Reibung verbraucht. Eisenteile und Treibriemen erweiterten das Mechanisierungspotential. Aber Walzwerke mit hohem Energiebedarf – eine epochale Innovation und besonders wirkungsvolle Anwendung des Rotationsprinzips in der Fertigung – vermochten sich auf der Wasserkraft-Grundlage nur begrenzt durchzusetzen. Bis zur Mitte des 19. Jahrhunderts kann man hier in Deutschland eine deutliche, schon von Zeitgenossen kommentierte Zurückhaltung bemerken.[120]

Ein entscheidender Unterschied zwischen dem Wasser- und Dampfantrieb bestand darin, daß die Anlage eines Wasserrades nicht erst oberhalb einer bestimmten Mindestgröße des Betriebs sinnvoll wurde, sondern – bestimmte Gewässerverhältnisse vorausgesetzt – auch dem Kleinbetrieb möglich war. Beim tierischen Antrieb gab es ein »Downscaling« bis hinunter zu Hunde-, ja zu Mäusetreträdern. Erst die Dampfkraft, die in Deutschland gewöhnlich nur bei einer bestimmten Anlagengröße rentabel wurde, brachte einen technisch bedingten Quantensprung und Impuls zum Größenwachstum.[121]

Auch in der *Ersparnis* kann man das Grundprinzip der Mechanisierung wie überhaupt jeglicher Rationalisierung erkennen: nämlich dann, wenn damit keine Produktionsverringerung, sondern eine Erhöhung des Wirkungsgrades bestimmter Produktionsfaktoren gemeint ist. Schon Jacob Leupold definierte Anfang des 18. Jahrhunderts die Maschine als ein »künstliches Werk, dadurch man zu einer vorteilhaften Bewegung gelangen und entweder mit Ersparung der Zeit oder Kraft etwas bewegen kann, so sonst nicht möglich wäre«.[122] Auf dem Wege der Spar-Strategien, die die Produktivität erhöhen, könnte eine restriktive in eine expansive Wirtschaftsweise umschlagen – jedenfalls rein technisch betrachtet. Im allgemeinen besteht aber in der Realität des 18. und frühen 19. Jahrhunderts ein deutlicher Unterschied zwischen jener Sparsamkeit, die aus der Knappheit kommt, und jener Erhöhung des Wirkungsgrades, die eine Komponente des Wachstums ist. Die aus der Not geborene Sparsamkeit richtete sich mehr auf kleine, meist unscheinbare Lösungen. Ein Memorandum über den Holzverbrauch der oberpfälzischen Eisenindustrie (1802) bemerkt, es gebe »eine gewisse Holzschonung, die nur diejenigen verstehen, die den Mangel wirklich fühlen, wodurch der Bedarf sehr gemindert werden kann«. Es gab einen Unterschied zwischen den Holzspar-Projekten und der praktischen Sparsamkeit. Beim Schmieden, Köhlern, Ziegelbrennen war die Einsparung von Holz eine Angelegenheit von Geschick und Erfahrung und kein Ansporn für Innovationen in der technischen Ausstattung. In der technologischen Publizistik, in den Verordnungen und Preisausschreiben bekam das Holzsparen jedoch zunehmend einen innovatorischen, expansiven Zug. Das alte, haushälterische Sparen war vor allem eine Tugend der Frau, das neue, auf erhöhten Wirkungsgrad gerichtete Sparen eine Kunst des erfinderischen Mannes, der sein Ziel nicht durch Selbstbeschränkung, sondern durch Einsatz von Technik erreicht.[123]

Besonders in der Schwerindustrie besteht ein direkter physikalischer Zusammenhang zwischen Größenwachstum und verbesserter Brennstoffökonomie. War er schon im »hölzernen Zeitalter« wirksam? Mit dem Holzspar-Argument wurden nach 1750 auf Druck der Wiener Regierung im Umkreis des steirischen Erzberges die »kohlräuberischen« Stücköfen durch kontinuierlich arbeitende Hochöfen (»Floßöfen«) ersetzt. Das nunmehrige indirekte Verfahren erforderte jedoch als zusätzlichen Prozeß das sehr brennstoffaufwendige Frischen; wenn man dieses einbezog, konnte sich ergeben, daß das indirekte Verfahren doppelt soviel Holz verbrauchte wie das direkte. Erst weitere technische Verbesserungen führten zu einem deutlichen Brennstoffvorteil des Hochofens. Zugleich begann das Größenwachstum der Hüttenwerke; in der Holzkohle-Zeit vollzog es sich jedoch nur langsam und ging nicht weit über 10 m Höhe hinaus, da die Holzkohle einen höheren Druck nicht vertrug. Von einem Vorderberger Hochofen wurde 1793 versichert, die Holzkohle-»Ersparung sei eine Wirkung seiner Größe«; aber noch Eversmann war sich der Vorzüge der höheren Öfen nicht ganz sicher. Auch die Mühsal des Holztransportes trug dazu bei, das Größenwachstum in Grenzen zu halten.[124]

Die Stahlherstellung behielt im Tiegel- und Puddelverfahren ebenso wie in der Schmiede ein handwerkliches Gepräge: Die in einem Produktionsprozeß herzustellende Menge war durch die körperlichen Fähigkeiten des einzelnen Arbeiters begrenzt. Bei der Anfertigung der riesigen Tiegelstahlblöcke, durch die Krupp berühmt wurde, kam es auf die perfekte Arbeitsorganisation an, nicht auf große Maschineneinheiten. Das Puddelverfahren führte – wenn man Engels glauben darf – in England dazu, daß die Hochöfen »fünfzig Mal größer« als früher gemacht wurden; auf dem europäischen Kontinent dagegen wurde es mit Holzkohle-Hochöfen kombiniert.[125] Der Sprung zu den *Economies of Scale* erfolgte hier erst nach der Jahrhundertmitte durch den Bessemerprozeß. Rein technisch gesehen war dieses »Frischen ohne Feuer« das Nonplusultra der Brennstoffersparnis, ebenso wie die direkte Weiterverarbeitung des flüssig aus dem Hochofen kommenden Roheisens beim Bessemer-Verfahren den kontinuierlichen Schnellbetrieb perfekt machte. Dieses Produktionssystem war jedoch von den Spar-Techniken der Zeit der Knappheit durch einen gewaltigen Quantensprung getrennt.

Die Maxime »Je größer der Betrieb, desto geringer die Gestehungskosten« stammte schon aus der Frühzeit der englischen Textilindustrie. Aber die Spinnmaschinen brachten keinen technischen Zwang zu starkem Größenwachstum mit sich. Über den heute noch als Sehenswürdigkeit gezeigten alten Textilfabriken mit ihrem eher monumentalen und schloßartigen Äußeren darf man nicht vergessen, daß die meisten frühen Textilfabriken im Vergleich dazu klein und unansehnlich waren. Selbst ein armer Teufel wie Robert Blincoe, der bis heute durch seinen Bericht über die von ihm am eigenen Leibe erlebten Schrecken der industriellen Kinderarbeit berühmt ist, konnte, dem schlimmsten Elend entronnen, daran denken, mit seinem ersparten Geld selber Spinnmaschinen zu erwerben.[126]

Einen teilweise technisch bedingten Trend zum Größenwachstum gab es beim Holztransport: Nur bei der Beförderung großer Massen lohnte sich der Bau hölzerner »Riesen« (Rutschbahnen), die Triftbarmachung von Wasserläufen, die Anlage von Floßkanälen. Bei der Flößerei sparte man hochbezahlte Steuerleute, wenn man mehrere »Gestöre« (Einzelflöße) aneinanderhängte. Die »Holländer«-Flöße auf dem Rhein wurden im 18. Jahrhundert bis zu 400 m lang. Aber das waren Ausnahmen: Die verfügbaren Holzmengen und die Konkurrenz der verschiedenen Gewässerbenutzer setzte dem Wachstum von Trift und Flößerei im allgemeinen enge Grenzen. Holzsparbemühungen führten dahin, die ungeheuer holzaufwendigen Riesen durch Schlittenwege zu ersetzen. Die Reformen in der Landwirtschaft wirkten einem Wachstum der Betriebseinheiten teilweise geradezu entgegen. In der österreichischen Agrarpublizistik gab es seit dem 18. Jahrhundert die Gegenposition zu der These der *Economies of Scale:* »die Theorie von der mangelnden Rentabilität der grundherrschaftlichen Großkultur gegenüber dem bäuerlichen Mittel- und Kleinbetrieb«. Selbst an den Ruhrzechen war man im frühen 19. Jahrhundert noch keineswegs auf unbegrenztes Wachstum hin orientiert: »Das zu Tage werfen ungewöhnlich großer Kohlenmassen« – so ein Memorandum zweier Essener Bergmeister 1827 – »mit unverhältnismäßig geringem Nutzen, kann vereinbar der Gegenwart und Zukunft nicht entsprechen, da alles seine Grenzen hat!«[127]

Einen Drang zur Größe gab es in der vormodernen Technik vor allem im Bauwesen: Aber das war eine Kunst der Statik, nicht der Dynamik. Die am Bauwesen ausgebildete Ingenieurkultur stand in Spannung zu der technischen Mentalität der im 19. Jahrhundert aufsteigenden Maschinenbauer.

Als ein besonders charakteristisches – technisches und außertechnisches – Grundprinzip der Industrialisierung gilt die *Beschleunigung*. Sie zeichnete sich ansatzweise schon im frühen 19. Jahrhundert ab, nicht nur in den mechanisierten Sektoren der Textilindustrie. Die Reihe der »Schnell«-Komposita bei der Bezeichnung neuer Produktionsverfahren setzte ein: »Schnellbleiche«, »Schnellgerberei«, »Schnellseifensiederei«, »Schnellessigfabrikation«. Schon seit dem 18. Jahrhundert wurden »Ersparnis des Holzes und der Zeit« (»und der Löhne« manchmal noch dazu) gerne in einem Atemzug genannt. Tatsächlich waren Holz- und Zeitsparen dann miteinander identisch, wenn man Pausen aus dem Arbeitsprozeß eliminierte, bei denen das Feuer ungenutzt vor sich hin brannte. Oft aber bestand keine Identität, sondern im Gegenteil eine Diskrepanz zwischen beiden Zielen. Beim Salzsieden erhöhte sich sogar der Holzaufwand, wenn »immer mit der lebhaften Idee des Fertigwerdens fortgeeilt« wurde.[128] Bei der »Schnellbleiche«, der chemischen Bleiche, trat Brennstoff an die Stelle der Solarenergie.

Ein Grundzug der technischen Entwicklung des Industriezeitalters ist die Ersetzung herkömmlicher Stoffe durch neue, die in der Regel weitere Neuerungen nach sich ziehen. Auch diese Entwicklungslinie führte Spar-Strategien des hölzernen Zeitalters fort; schon im 18. Jahrhundert war die *Substitution* eine Art des Sparens. Den heutigen Leser mag es überraschen, wenn Poppe schon 1812 feststellte: »Wir leben jetzt in den Zeiten der Surrogate.« Gewiß dachte er dabei an den Rübenzucker, eine der berühmtesten deutschen Erfindungen jener Zeit, die 1812 durch das napoleonische Verbot der Produktion von Kolonialrohrzucker gefördert wurde; wahrscheinlich meinte er auch den Zichorienkaffee, den

»preußischen Kaffee«, eine um 1800 ökonomisch keineswegs unbedeutende Erfindung, deren Erfolg einem der ersten großen Reklamefeldzüge der deutschen Geschichte zu verdanken war. Zucker und Kaffee gehörten zu den Haupttriebkräften des Kolonialhandels, und die Erfindung von Substituten war typisch für ein Land ohne Kolonien, ebenso wie die Imitation exotischer Edelhölzer. Der einfallsreiche Nathusius suchte unermüdlich begehrte Südweine mit heimischen Obstextrakten und Zucker zu imitieren: Wo traditionelles Autarkiedenken und Experimentierfreude aufeinandertrafen, konnte das Erfinden von Substituten zur Leidenschaft werden. Aber solche Versuche bewegten sich auf einer schlüpfrigen Grenze von Fortschritt und Fälschung. Zu einer industriellen Triebkraft wurden Surrogate erst dann, wenn sie kein bloßer Ersatz mehr waren, sondern vollwertige Stoffe mit Möglichkeiten eigener Art. Das gilt auch für die Kohle, die jahrhundertelang lediglich als lokaler Holzersatz diente.[128]

Als ein weiterer Grundvorgang der modernen industriellen Entwicklung gilt die *Vernetzung* einzelner Techniken zum System. Das Ideal des ineinandergreifenden Systems war, wie erwähnt, schon im 18. Jahrhundert vorhanden, resultierte allerdings mehr aus mechanistischen Leitbildern als aus technischen Möglichkeiten. Aber schon damals gab es Tendenzen zur Vernetzung. Relativ weit entwickelt waren Netzwerk-Elemente in der Wasserbautechnik – ob in den venezianischen und holländischen Wasserschutz- und Entwässerungsanlagen, den Kanalsystemen des Bergbaus und anderer Wasserkraftnutzer, den Soleleitungen der Salinen mit ihren manchmal komplizierten Pumpwerken oder den Trift- und Floßanlagen des Holztransports. Aber all diese »Netzwerke« mußten doch sorgfältig den natürlichen Gegebenheiten angepaßt sein; eine von der Umwelt abgekoppelte System-Autonomie und sich auf andere Regionen fortpflanzende Eigendynamik der Technik kam nicht weit. In der Textil- und Eisenindustrie gab es im frühen 19. Jahrhundert schon manche Vorteile bei einer vertikalen Integration und einer aufeinander abgestimmten Mechanisierung der einzelnen Produktionsvorgänge; aber von einem »Systemzwang« größeren Ausmaßes war in Deutschland noch keine Rede.[130]

Die Verdinglichung der Technik zu einer von der Umwelt und dem arbeitenden Menschen losgelösten Apparatur war bis ins 19. Jahrhundert mehr literarische Phantasie als Realität; nur auf den

Kupferstichen der technologischen Literatur gab es schon Maschinen ohne Menschen. Während Agricola nicht nur von der Technik des Bergbaus, sondern auch von den Krankheiten der Bergleute gehandelt hatte, beschrieben die Kameralisten des 18. Jahrhunderts die Spiegelglasmanufakturen, ohne die schauerlichen Wirkungen der schleichenden Quecksilbervergiftung bei den Spiegelglasbelegerinnen einer Erwähnung zu würdigen.[131] Nicht in Systemzwängen der Technik, aber in den von der Technik inspirierten Zwangsvorstellungen entstand eine Eigendynamik der technischen Entwicklung, die sich in dem alptraumhaften Bild von dem sich langsam und unwiderstehlich wie ein Gewitter heranwälzenden »Maschinenwesen« in Goethes *Wilhelm Meister* (1829) spiegelt.

Immer noch hing der Produktionsprozeß überwiegend von den Erfahrungen der Arbeiter ab; aber die Faszination der vergegenständlichten Technik wuchs vor allem seit der Jahrhundertwende rapide, und ein Zusammenwirken von Technik und Herrschaft bildete sich auf staatlicher wie auf industrieller Ebene heraus. Das Streben nach maximaler Nutzung der Ressource Mensch konnte zu fortschreitender Arbeitsteilung führen; dadurch wurde die Arbeit der Menschen jedoch so »mechanisch«, so simpel-repetitiv, daß sie zur Mechanisierung reizte. Als Gülich 1845 mahnte, der »Gewerbfleiß« solle in der Art gefördert werden, »daß dabei mehr auf Menschen, als auf Capitalien und Maschinen Rücksicht genommen wird«, prophezeite er: »wir werden an einzelnen Orten vielleicht colossale technische Anlagen erstehen, den zahlreichsten und zugleich einen der besten Teile der Bevölkerung aber dem größten Elende Preis gegeben... sehen«. Damals verdinglichte sich der Begriff »Industrie« und verlor seine alte Bedeutung »Gewerbefleiß«, ähnlich wie sich die Begriffe »Fabrik«, »Manufaktur« und »Technik« verdinglichten. Erst jetzt wurde die Marxsche Vorstellung einer anonymen, gegenüber menschlichen Wünschen indifferenten Eigendynamik des Kapitals möglich – auch sie ein Reflex einer epochalen technikgeschichtlichen Zäsur.[132]

# III. Die formative Phase der deutschen Hochindustrialisierung

## 1. Von 1850 bis zur Jahrhundertwende: Entfesselung und Begrenzung der *Economies of Scale*

Während sich zwischen der vor- und frühindustriellen Technik kein scharfer Bruch erkennen läßt, bedeutet die Zeit um 1850 in der Industrie- und Technikgeschichte eine tiefe und markante Zäsur. Die kinetische Energie der deutschen Industrialisierung nahm sprunghaft zu. Im Zuge der Eisenbahnbauten und Aktiengesellschaften, deren Gründung nach 1848 in Preußen erleichtert wurde, erlebte Deutschland seinen ersten heftigen industriellen Boom; die Industrialisierung bekam Züge eines ansteckenden Fiebers. Während die Frühindustrialisierung und ihr Leitsektor – die Textilbranche – noch ganz von einem aus dem Handel und Verlagswesen kommenden Unternehmertypus geprägt wurde, der dazu neigte, die technischen Innovationen im Bereich des für Nichttechniker Verständlichen zu halten, gab es in der zweiten Jahrhunderthälfte – vor allem in den neu aufsteigenden Branchen Maschinenbau, Chemie und Elektrotechnik – häufiger den Typus des Techniker-Unternehmers.[1] Er findet sich gerade bei den industriellen Pionieren, von Borsig und Siemens bis zu Duisberg und Robert Bosch. Auch solche Unternehmer, die dem Kaufmannsstand entstammten, profilierten sich durch technische Kompetenz und identifizierten sich mit komplexen technischen Verfahren: so etwa Krupp und andere Ruhrmagnaten. Selbst Emil Rathenau, der zu Werner v. Siemens, dem Prototypen des Erfinder-Unternehmers, gern als der Typ des Geschäftsmanns und Finanzkünstlers kontrastiert wurde, war ein gelernter Maschinenbauer, dessen besondere Leistung darin bestand, daß er dank seiner technischen Kompetenz die Vorzüge der Großmaschinen richtig einzuschätzen und den Übergang zur elektrischen Zentralstation überlegt zu kalkulieren vermochte.[2]

Bei Siemens wurde der Vorrang der Techniker vor den Verkaufsmanagern zur Tradition. Noch als die Firma 1897 in eine Aktiengesellschaft umgewandelt wurde, beanspruchte die Siemens-Dynastie, weiterhin »den technischen Fortschritt zu kontrollieren, auf dem die Zukunft des Unternehmens und der Wert unseres Eigentums im wesentlichen basiert«. Aber der Bankier Georg v. Siemens klagte 1900 über die Firmenleitung, diese »Herren« könnten »nicht rechnen« und verrechneten sich oft.[3] Technische Interessen konnten auf die Dauer nicht vor kommerziellen Interessen rangieren – jedenfalls nicht in der zivilen, marktabhängigen Wirtschaft; nur auf dem Rüstungssektor fand die Jagd nach Spitzentechnik im 20. Jahrhundert ein von wirtschaftlichem Kalkül unbehelligtes Revier. Im übrigen galt die allgemeine Regel, daß in dem Maße, wie sich der technische Vorsprung der Pioniere verringerte, Marktstrategien über den Erfolg entschieden und die Erfordernisse des »Marketing« auf die technische Entwicklung rückwirkten. Für neue Produkte mußte der Markt erst geschaffen werden; wenn die Technisierung nicht nur den Produktionsprozeß, sondern auch die Produkte erfaßte, hingen die Absatzchancen von einem Service-Netz ab. Zur Jahrhundertwende war es nicht mehr nur die technische Innovation als solche, die alle Aufmerksamkeit auf sich zog; Marktbeobachtung, Reklame, billige Massenproduktion, Beratung und Service wurden zu entscheidenden Erfolgsbedingungen.[4]

In der zweiten Hälfte des 19. Jahrhunderts wurde auch die Finanzierung in der technischen Entwicklung zu einem Faktor eigener Art. Beim Bau der frühen Maschinen war die Kapitalbeschaffung kein Schlüsselproblem; der Eisenbahnbau jedoch veränderte sprunghaft die Situation. Großprojekte dieser Art waren allerdings die Ausnahme; im allgemeinen war das Kapital auch nach 1850 nicht sehr anonym, die Kapitalbeschaffung über die Familie und persönliche Beziehungen blieb gang und gäbe, und der industrielle Erfolg verbesserte die Möglichkeiten der Selbstfinanzierung. Aber bestimmte Richtungen des technischen Fortschritts, die mit großem Aufwand verbunden waren und einen langen Atem erforderten, waren von den Finanzierungsbedingungen abhängig. Wenn die deutsche Industrie gerade in Bereichen der Großtechnik den weiten englischen Vorsprung in spektakulärer Weise auf- und überholte, so war dies nicht zuletzt dem industriellen Engagement der deutschen Banken zu verdanken, das sich von der distanzierten Haltung der Londoner City markant unterschied. Das relativ niedrige Zinsniveau machte in Deutschland eine kapitalintensive Produktionsweise schon zu einer Zeit lohnend, als von den Arbeitskosten noch kein entsprechend starker Mechanisierungsdruck ausging.[5]

Damit der technische Fortschritt jedoch kreditwürdig wurde

und den Beigeschmack der luftigen Projektmacherei verlor, mußte er sich an bestimmten Standards orientieren, die – zumindest scheinbar – eine Begutachtung von Innovationen ermöglichten; und das desto mehr, je weniger der Nutzen technischer Neuerungen für Laien unmittelbar evident war. Hier liegt ein Ursprung der damals besonders in Deutschland proklamierten Verwissenschaftlichung der Technik. Reuleaux, der prominenteste Maschinenbau-Theoretiker seiner Zeit, diente den Banken als Gutachter bei der Beurteilung des Mannesmannschen Röhrenwalzverfahrens, dessen technische und wirtschaftliche Probleme sich dann als überraschend heikel erwiesen.[6] Das Geschick eines Emil Rathenau bestand nicht zuletzt in der Kunst, die von ihm propagierten Innovationen der Finanzwelt und auch den staatlichen und kommunalen Behörden vertrauenerweckend und erfolgversprechend erscheinen zu lassen. Der große Coup auf der Frankfurter Elektrotechnischen Ausstellung von 1891, die 15 000-Volt-Übertragung über eine Entfernung von 175 km, war zwar von seinem unmittelbaren wirtschaftlichen Resultat her ein Mißerfolg, aber hatte die höchst bedeutsame Fernwirkung, daß er die Kreditwürdigkeit des »Kraftstroms« in den Augen der Schweizer Bankwelt begründen half.[7] Bank und Börse wurden seit der Jahrhundertmitte zu einer Determinante der technischen Entwicklung und trugen dazu bei, bestimmte Richtungen der Technologie zu verstärken. »Unsere Banken seufzen unter der Last der Gelder, die ihnen zur zinsbaren Belegung zu 2 Procent angeboten werden«, bemerkte der Jahresbericht der Bielefelder Handelskammer 1851.[8] Das war in Deutschland ein neuer Ton; das nach Anlage drängende Kapital entwickelte eine Schubkraft eigener Art. Zuerst war es der Erfolg der Eisenbahnen, gegen Ende des Jahrhunderts der der Elektrifizierung, der Archetypen eines kreditwürdigen technischen Fortschritts schuf.

Seit der Zeit um 1850 bewegte sich in Deutschland das Erz zur Kohle. 1847/49 wurde – nach manchen unbefriedigenden Versuchen – der erste funktionstüchtige Kokshochofen des Ruhrreviers erbaut, die Friedrich-Wilhelm-Hütte bei Mühlheim, und seit 1853 wurde dort kontinuierlich Koks eingesetzt. Wenn man in jene Zeit den Beginn einer Ära der Kohle und des Stahls datiert und von einem vorausgehenden Zeitalter der regenerativen Ressourcen absetzt, so ist dies in einem mehr als oberflächlichen Sinne begründet, auch wenn man eine Epoche keineswegs nur von ihren stärksten Wachstumsbranchen und Wachstumsregionen her charakterisieren sollte. In Deutschland war diese Epochenscheide um 1850 markanter und von größerer Tragweite als in vielen anderen Ländern; denn die Mehrzahl der deutschen Regionen war bis dahin gegenüber Westeuropa relativ holzreich, aber arm an Kohle. Nach 1850 dagegen stellte sich zumindest Preußen fast schlagartig als eines der kohlereichsten Länder der Erde heraus. Innerhalb Deutschlands entstanden neue Regionalprofile und interregionale Arbeitsteilungen, wobei Nähe und Ferne zur Kohle entscheidend wurden. Mit den Erfolgen der organischen Chemie kam die Idee auf, die Deutschen seien dazu prädestiniert, so ziemlich alles aus den Metamorphosen der Kohle zu erzeugen.

Ging die Haupttendenz zum frühen 19. Jahrhundert dahin, den Fortschritt in einer Senkung des Anteils der Brennstoffkosten zu suchen, präsentierte sich jetzt der technische Fortschritt am eindrucksvollsten dort, wo man den Trumpf des Kohlereichtums ausspielen konnte. Im »hölzernen Zeitalter« richtete sich die Aufmerksamkeit auf besonders effizienten, nach Art und Zweck differenzierten Einsatz von Holz; jetzt wurde der Stahl der Werkstoff der Zukunft überall dort, wo hohe Ansprüche gestellt wurden. Nicht zufällig wurde die »Eisenbahn« in Deutschland im Unterschied zu anderen Ländern nach dem neuen Werkstoff benannt; vorher hatte es »Holzbahn«-Projekte gegeben.

Während Kohle bis dahin vorwiegend als lokales Holzsparmittel genutzt und meist nur nahe der Erdoberfläche im bäuerlichen Nebengewerbe gefördert wurde, begründete sie nunmehr eine explosive Zunahme industrieller Ballungen und ermöglichte Vorstellungen von einem grenzenlosen Wachstum, die vorher utopisch, wenn auch nicht undenkbar gewesen waren. Von 1850 bis 1855 sprang die deutsche Steinkohleförderung von etwa 5 auf 10 Mio. Tonnen; 1817 hatte sie noch bei 1,3 Mio. gelegen, 1899 überschritt sie die 100-Millionen-Grenze. In Großbritannien lag die Förderung mehr als doppelt so hoch; aber Frankreich wurde seit 1848 von Deutschland in der Kohleförderung dauerhaft übertroffen. Der englische Beobachter Banfield schrieb 1846, an der Ruhr finde man Fabrikanlagen, die auf jenes »Prinzip des Verbundes in großem Stil« (association on a large scale) gegründet seien, »das in England soviel Reichtum hervorgebracht« habe.[9] Die *Economies of Scale,* deren industrielle Wirksamkeit im hölzernen Zeitalter durch die Vorteile der Dezentralität gehemmt war, wurden in ihrer

Dynamik entfesselt. Die Steigerung der Kohleförderung war in den vierziger Jahren an der Ruhr mit einem gewaltigen technischen und unternehmerischen Quantensprung verbunden: mit dem Vorstoß zu tieferen Kohleflözen, die von einer bis dahin undurchdringlichen Mergelschicht überlagert waren. Ein Tiefbau von solchem Ausmaß erforderte hohe Anfangsinvestitionen; für die Wasserabfuhr wurden große Dampfmaschinen benötigt, denen die preußischen Bergbeamten zunächst skeptisch gegenüberstanden; die Fördertürme wurden zu den Wahrzeichen der Kohlezechen. Die Stollen mußten von vornherein als großes System geplant und die Schächte mit Ziegeln anstatt – wie bis dahin üblich – mit Holz ausgebaut werden. Dafür fand man in der Tiefe bessere Kohlequalitäten, die mit dem Vorurteil aufräumten, der aus deutscher Kohle gewonnene Koks sei für die Produktion hochwertigen Eisens untauglich.[10]

Einen gewaltigen, sinnlich eindrucksvollen Quantensprung brachte zur gleichen Zeit in der Stahlproduktion das Bessemerverfahren, das, um 1855 in England erfunden, schon seit 1861 an der Ruhr eingeführt wurde: ein bemerkenswert rascher Technologietransfer, wenn man ihn mit dem 40jährigen Zögern gegenüber dem Puddelverfahren vergleicht.[11] Die Hochöfen, die bis dahin nur wenig die Hausdächer überragten, wuchsen auf Turmhöhe, und die Stahlherstellung, die zuvor in Hammerwerken und oft weit von den Hütten entfernt geschah, wurde mit den Hochöfen technisch verkoppelt: Dieser Großverbund war die Grundlage des Ruhrgebietes, das von nun an in Deutschland ganz neue Maßstäbe der Industrialisierung setzte und alte Gewerberegionen als rückständige Gebiete erscheinen ließ.

Der von der Holz- und Wasserkraftgrundlage hervorgerufene Trend zur räumlichen Trennung von Roheisenproduktion und Weiterverarbeitung, dessen Wirkung vom Spätmittelalter bis in das frühe 19. Jahrhundert reicht, wurde von einem Sog zur Zentralisation abgelöst. Das Ziel einer vertikalen Konzentration von der Kohlenzeche bis zum stählernen Endprodukt, ja mehr noch: bis zur Verwertung aller Kohlederivate und Hochofen- und Kokereigase tauchte auf. Dem Ehrgeiz der Ingenieure bot sich das Ziel, all diese Produktionsprozesse über eine räumliche und unternehmerische Vereinigung hinaus auch technisch zu vernetzen. Die Durchsetzung einer Verbundwirtschaft dieser Art charakterisiert allerdings eher eine neue Epoche nach der Jahrhundertwende. Noch um 1890 wirkte die Größe der dadurch erforderten Anlagenkomplexe abschreckend; auch wurde erst allmählich erkannt, daß sich aus den Kokerei-Rückständen vollwertige Produkte gewinnen ließen.[12] In der Ära des Massenstahls wurde der Schrotthandel zu einem Sektor für sich und gab die Schrottverwertung technische Impulse eigener Art: Auf Schrott basierte das Siemens-Martin-Verfahren. Die Schrottnutzung förderte allerdings, rein technisch gesehen, nicht unbedingt den Trend zur Anlagenvergrößerung.

Die zweite Hälfte des 19. Jahrhunderts ist aus der Rückschau nicht nur durch den Übergang zur Massenproduktion bei Kohle und Stahl und durch die Verbindung von Zechen, Hütten und Stahlwerken gekennzeichnet, sondern auch durch Grenzen der technischen Dynamik und der Ressourcen-Nutzung. Im Kohleabbau unter Tage hielt sich noch lange die Handarbeit und beim Transport die Pferdekraft; bis zur Jahrhundertwende war die Zahl der Grubenpferde stark im Wachsen.[13] Bei der Stahlherstellung kam das Bessemer-Verfahren erst in den siebziger Jahren stärker zur Anwendung, als es den in Deutschland verfügbaren Erzqualitäten angepaßt wurde. Während die Ökonomie-Bestrebungen der Holzkohle-Hochöfen schon im frühen 19. Jahrhundert zur Nutzung der Gichtgase führten, geriet die Technologie der Gasverwertung in der ersten Zeit der billigen Kohle ins Stocken. Der Maschinenbau war bis zum Ende des 19. Jahrhunderts ein von der Schwerindustrie getrennter technischer Sektor mit eigenem Gepräge. Auch eine integrale Verkopplung von Hochofen und Bessemer-Stahlwerk gelang in der Regel nicht, da beide Anlagen einen unterschiedlichen Produktionsrhythmus hatten. Im idealtypischen Modell gingen perfekter Produktionsfluß und optimale Wärmeökonomie zusammen; in der Praxis traten zwischen beiden Richtungen der Rationalisierung Diskrepanzen auf.[14]

Schwerindustrie, Maschinenbau, später Chemie und Elektroindustrie: Das wurden – in den Augen der Deutschen wie in denen der Welt – die vier Eckpfeiler der deutschen Industrie und Technik, alle vier durch ein Netzwerk von Verstrebungen miteinander verbunden und von der Wissenschaft überwölbt. Dieses industrielle Profil Deutschlands entstand in der zweiten Hälfte des 19. Jahrhunderts; die volle Herausbildung der Querverbindungen markiert eine neue Epoche nach 1900. Auch der Einfluß der modernen Wissenschaft – im Sinne einer Verbindung von Theorie und experimenteller Forschung – hat viele Bereiche der Industrie erst im 20.

Jahrhundert erreicht.

Die Führungsstellung der deutschen Schwerindustrie beruhte entscheidend auf der Aura der Macht, die sie umgab, und auf dem gigantischen Eindruck der Anlagen. Wenn Hoesch 1878 der Eisen-Enquete-Kommission versicherte, »unsere Fabrikation« stehe »auf einem höheren, idealeren Standpunkte als die englische«, so mochte das im damaligen Deutschland glaubhaft wirken; in Wirklichkeit ist es jedoch der deutschen Stahlindustrie bis zum frühen 20. Jahrhundert nicht gelungen, die englische Konkurrenz auf technischem Gebiet zu überflügeln. Eher besaß Deutschland eine Führungsstellung bei der Technologie der Nichteisenmetalle; hier wirkten frühneuzeitliche Montan-Traditionen fort. Bei Dampf- und Textilmaschinen behielt England im Außenhandel bis zum Ersten Weltkrieg die Führung; dafür erlangte die deutsche Industrie bei den Werkzeugmaschinen eine Spitzenposition, die sie bis heute behauptet.[15]

Noch in den achtziger Jahren wurden von repräsentativer Seite die synthetischen Anilinfarben wegen ihrer »Unechtheit« geschmäht und ihre immer weitere Verbreitung als »gefährliches Übel« gebrandmarkt. Erst 1894 wurden Teerfarben von der preußischen Militärverwaltung für Uniformen zugelassen. Am Ende des 19. Jahrhunderts aber schien in der organischen Chemie Deutschlands besondere Bestimmung zu liegen: die Prädestination eines kohlereichen, kolonialer Rohstoffe entbehrenden, dafür in der Wissenschaft führenden Landes. Wie deutsche Chemiker aus dem Steinkohlenteer, dem vormals »lästigen Abfallprodukt« leuchtende Farben hervorzauberten und um die Jahrhundertwende in wenigen Jahren dem berühmten Indigohandel des britischen Weltreiches den Todesstoß versetzten: dieser gerne wie ein Wunder geschilderte Vorgang gehörte fortab zu den Heldengeschichten der deutschen Technik und industrialisierten Wissenschaft, die selbst im Ausland den Glauben an die »deutsche Begabung, aus Dreck Geld zu machen«, aufkommen ließen und die Hoffnung nährten, auch bei Kautschuk, Öl und selbst Nahrungsmitteln werde ein Ähnliches gelingen.[16] Der Brennstoff Kohle wurde von der Chemie zu einem Rohstoff gemacht. Daraus ergaben sich Anstöße zu einem ökonomischeren Einsatz der Kohle, mit der zunächst – vor allem in Zechennähe – verschwenderisch umgegangen worden war. Später diente das Argument, die Kohle sei zum Verbrennen zu schade, da sie von der Chemie hochwertiger genutzt werde, als Legitimation für den Einstieg in die Kerntechnik.

Erst gegen Ende des 19. Jahrhunderts fand die Chemie jedoch eine Basis in der deutschen Kohle, da bis dahin das industrielle Zwischenglied, die Gaswerke und Kokereien mit ihren Teerrückständen, noch nicht entsprechend entwickelt waren. Die deutsche industrielle Chemie war nicht von vornherein der Kohle und der Wissenschaft entsprungen, sondern entstammte dem »hölzernen Zeitalter« und hatte eine Wurzel in den Nebenprodukten der Holzverkohlung. Noch 1891 versicherte Heinrich Caro, der führende Farbstoffchemiker der BASF, über die synthetische Indigoherstellung, das damals ehrgeizigste Ziel der Industriechemiker: »wie auch dereinst dies große technische Problem seine wirtschaftlich vollendete Lösung finde, stets werden sich dazu die Schwester-Industrien der Destillation des Holzes und der Steinkohle, einer lebenden und untergegangenen Flora, die Hände reichen müssen«.[17] Früher als die auf Kohlenstoffverbindungen beruhende organische Chemie erlangte die der anorganischen Chemie zuzurechnende Kaliindustrie in den Staßfurter Abraumsalzen eine Rohstoffgrundlage, die sie rasch an die Spitze der Weltproduktion gelangen ließ. Das Staßfurter »Chlorkaliumfieber« der sechziger Jahre bedeutete für das traditionsreiche Salinenwesen einen radikalen Umbruch. Die billigen Kalisalze gaben als Düngemittel dem Zuckerrübenanbau starken Auftrieb und setzten die Chemisierung der Landwirtschaft in Gang. Die Chlorkaliumgewinnung beruhte jedoch auf einem simplen und konventionellen Prozeß.[18] In einer Technikgeschichte, deren Hauptlinie zur Verwissenschaftlichung und zu komplexen Verfahren führt, bleibt diese wirtschaftlich gewichtige Branche randständig.

Die deutsche Elektroindustrie hatte ihren Ursprung vor allem in der Feinmechanik; erst später ging sie eine Verbindung mit der Kohle und dem Großmaschinenbau ein. Zu einer Elektrifizierung großen Stils erschienen anfangs vor allem kohlearme, dafür wasserkraftreiche Regionen prädestiniert. Im europäischen Turbinenbau des 19. Jahrhunderts waren französische Ingenieure führend; nach 1900 entwickelte der Österreicher Kaplan eine Turbine, die sich auch Flüssen mit geringem Gefälle anpassen ließ. Die Verbindung von Dampfkraft und Turbine machte erst am Ende des 19. Jahrhunderts Fortschritte.[19] Ein entscheidender Vorteil Deutschlands gegenüber England bestand bei der Elektrifizierung in dem hier weniger ausgebauten Gasnetz; nur langsam machten die deutschen Gasinteressenten gegen die vordringende Elektrizität mobil.

Die Herstellung von Querverbindungen zwischen verschiedenen technologischen Sektoren ist manchmal ein grenzüberschreitender Vorgang, der einen neuen Stil der technischen Entwicklung signalisiert. Dieser Prozeß der Integration vollzieht sich nicht durchweg kontinuierlich und aus der Logik technischer Systeme heraus, sondern weist deutliche Sprünge auf. Das läßt sich beispielhaft in dem Dreieck Elektroindustrie – Chemie – Maschinenbau verfolgen: Gegen Ende des 19. Jahrhunderts stellte sich immer deutlicher die Aufgabe, jeden dieser Technologiebereiche mit den beiden anderen zu verbinden. Dabei gab es in jedem Fall charakteristische Barrieren zu überwinden.

Dies könnte im Falle der Elektroindustrie und der Chemie verwundern; denn zwischen beiden Disziplinen gab es eine ursprüngliche Verbindung: Bei der galvanischen Elektrizität war die Stromerzeugung zugleich ein chemischer Prozeß. Die ersten Dynamomaschinen, die das 1866 von Werner Siemens entdeckte dynamoelektrische Prinzip nutzten, wurden zur Spaltung von Metallverbindungen eingesetzt. Aber die gewaltigen Fortschritte der Chemie wie der Elektrotechnik in den darauffolgenden Jahrzehnten gaben beiden Disziplinen, deren Grenzen bis dahin undeutlich gewesen waren, ein scharf umrissenes Eigenprofil. Hier zeigt sich eine fundamentale innere Spannung der modernen wissenschaftlichen und technischen Entwicklung: Die wachsende Vernetzung aller Bereiche erfordert ein grenzenüberschreitendes Denken; eben dieses wird jedoch durch die gleichzeitig zunehmende Spezialisierung immer mehr erschwert.

Selbst Walther Rathenau, einer der Begründer der industriellen Elektrochemie, schrieb 1892 als 24jähriger an seinen Bruder: »Chemie ist keine Wissenschaft. Das Zeug lernt man gelegentlich vor dem Einschlafen oder in der Eisenbahn.«[20] Mentale Schranken hemmten auch die Herstellung des Verbundes zwischen der Chemie und dem Kohle- und Hüttenwesen, der die Grundlage für eine billige Massenproduktion von Teerfarben auf einheimischer Rohstoffbasis schuf. Die ersten Teerfarben hatten noch den »Preis des Platins« gehabt; aber in den achtziger Jahren erlebte die Branche einen Preissturz, der eine billige Massenproduktion zur Überlebensfrage machte. Damals galt die Kokerei, deren Verfahren noch der alten Köhlerei im Walde ähnelte, als primitive Technik und bloßes Anhängsel des Zechenbetriebes. »Mit großer Heiterkeit« wurde in den achtziger Jahren im Kreise der Bergassessoren der Bericht eines prominenten Hüttenmannes über seinen Besuch in einer Kokerei quittiert: »Er habe dort, so bemerkte der Mann der alten Schule bissig, den leitenden Chemiker in Holzpantoffeln in seinem Laboratorium angetroffen – gleichsam ein Symbol dafür, daß die ganze Kohlechemie nichts anderes sei als eine hölzerne Wissenschaft.« Erst um die Jahrhundertwende löste in den Kokereien der wissenschaftlich ausgebildete Chemiker »den allgewaltigen Koksmeister ab«. Seit den achtziger Jahren veranlaßte der Preisanstieg des Benzols dazu, die Verkokung zur Nebenproduktgewinnung in verschlossenen Öfen durchzuführen. Die Kokerei, bis dahin in ihrer entwickelten Form ein belgisches Monopol, wurde zur »deutschen Technik«.[21]

Die Firma Siemens & Halske, ihrer Tradition der Feinmechanik getreu, wies bis zum Vordringen der Starkstromtechnik in den achtziger Jahren »jeden Maschineningenieur als überflüssig« ab. An der Geschichte der Siemens-Dynastie läßt sich exemplarisch verfolgen, wie das Aufkommen des »Kraftstroms« und die dadurch erforderte Verbindung von Elektrizität und Maschinenbau mit einem Generationsbruch verbunden war und eine neue technische und unternehmerische Mentalität verlangte. In der stürmischen Zeit der Elektrobranche am Ende des 19. Jahrhunderts, als sich die Starkstromtechnik rasch ausbreitete und die ersten zentralen Kraftwerke entstanden, war die Firma Siemens, das berühmteste Pionierunternehmen aus der Gründerzeit der Elektroindustrie, eine Weile wie gelähmt; so öffnete sich der Freiraum für den steilen Aufstieg der AEG, die von dem Maschinenbauingenieur Emil Rathenau geleitet wurde.[22]

Aus der Rückschau wirkt es verwunderlich, wie zögernd die Erfahrungen des allgemeinen Maschinenbaus von der Elektroindustrie übernommen wurden und mit welch »primitiven« Methoden des Maschinenbaus man sich lange begnügte. Eine besondere technische Herausforderung stellten um 1890 die großen Kraftmaschinen dar, zu denen man gelangte, wenn man die neuen elektrischen Zentralstationen nicht als Addition konventioneller Antriebsmaschinen, sondern als technische Blöcke konzipierte. Die anfangs starken Hemmungen der Fachkreise zeigen deutlich, daß derartige Großmaschinen einen waghalsigen Sprung über bisherige Ingenieurserfahrungen hinaus bedeuteten. Die Erwartung einer starken Kostendegression ergab sich mehr aus ökonomischen als aus technischen Überlegungen. Oskar von Miller argumentierte auf der Frankfurter Elektrizitätsausstellung von 1891: »Wenn Sie nun bedenken, daß z. B. eine 400pferdige Maschine nicht mehr Bedienung und fast nicht mehr Schmiermaterial als eine Maschine von 80 Pferdekräften erfordert, so werden Sie beurteilen können, welchen Fortschritt die Vergrößerung der Maschine für die billige Lieferung des elektrischen Stromes bedeutet.«

Auf der Pariser Elektrizitätsausstellung von 1881 war noch eine Edison-Maschine von 80 PS, wie Miller bemerkte, »als Koloß angestaunt« worden; in den neunziger Jahren wurde rasch die 1000-PS-Marke erreicht. Aber wie eindeutig war damals die Rationalität solcher *Economies of Scale?* Kein Geringerer als Edison vertrat die Auffassung, daß die Arbeit mehrerer Kleinmaschinen den Schwankungen des Strombedarfs besser angepaßt werden könnte als die einer Großmaschine.[23] War die großräumige Zentralisierung der Stromversorgung – technisch und ökonomisch gesehen – überhaupt rational, oder mußte sie erst durch Gebietsmonopole wirtschaftlich gemacht werden? Das stehende Argument war die technische Rationalität der Auslastung: Die bei schwankendem Bedarf entstehenden »Täler« waren zu füllen; damit wurde die Propaganda für den Kraftstrom und die Ausdehnung der Versorgungsgebiete begründet. Aber diese Expansionen ließen neue »Täler« entstehen, mit denen sich neue Ausdehnungsschübe rechtfertigen ließen; zugleich erhöhten sich die Leitungskosten und verringerten sich die Möglichkeiten einer Kraft-Wärme-Kopplung.

Rein technisch und betriebswirtschaftlich betrachtet, hätte sich ein Gleichgewichtszustand auch bei Kleinkraftwerken einpendeln können. Die frühen Blockstationen arbeiteten im Vergleich zu den ersten Kraftzentralen »verhältnismäßig günstig, da sie nur ein gut ausgenutztes Leitungsnetz geringer Ausdehnung hatten«.[24] Ein erheblicher Quantensprung auf der Basis einer kommunalpolitischen Monopolstellung war erforderlich, damit die Zentralstationen dieser Konkurrenz Herr werden konnten. Am Ende des 19. Jahrhunderts war diese neue Ratio des Größenwachstums noch keineswegs allgemein einsichtig. Um die Jahrhundertwende, als die deutsche Müllerei in ihrem Produktionswert den Bergbau und die chemische Industrie übertraf, wurden noch neun Zehntel der Mühlen durch Wind und Wasser angetrieben; das 19. Jahrhundert war nicht nur ein Jahrhundert der Dampfmaschine, sondern auch eine große Zeit des Mühlenbaus.²⁵

Chemie und Maschinenbau: auch dies ein Spannungsfeld eigener Art, das in Deutschland ausgeprägter war als anderswo. Einerseits stellte die aufsteigende Großchemie wachsende Anforderungen an die technische Ausstattung, andererseits behinderte das steigende Selbstbewußtsein der deutschen Chemie einen integralen Verbund mit dem Maschinenbau in Ausbildung und Berufspraxis. Heinrich Caro bemerkte 1891, die »Ingenieurkunst« habe sich der Apparate des Chemikers »bemächtigt und die oft dilettantenhaften Konstruktionen des chemischen Technikers zu höchster mechanischer Vollendung ausgebildet«. Anders als in den USA kam es in der deutschen Hochschulausbildung damals zu keiner Verbindung von Chemie und Maschinenbau; der »Chemieingenieur« wurde von Duisberg heftig abgewehrt. Eigenarten und Grenzen des »deutschen Weges« in der Chemie erkennt man auch daran, daß die deutsche Chemie bei Kunststoffen zeitweilig ausländischen Konkurrenten einen Vorsprung ließ, obwohl die Kunststoffe zur organischen Chemie, der deutschen Spezialität, gehörten: Harze galten den theoriebewußten deutschen Chemikern als »undefinierbar« und »wurden immer weggeschüttet, nur kristallisierbare Stoffe mit Wohlgefallen betrachtet«, da sie die Molekularstruktur erkennen ließen. Die Gewohnheiten des Labors hielten die deutsche Chemie zunächst aus der Werkstoffentwicklung heraus.²⁶

Die zweite Hälfte des 19. Jahrhunderts ist als Epoche der Technikgeschichte nicht nur durch konstante Merkmale zu charakterisieren, sondern mindestens so sehr als ein Zyklus zu begreifen, der sich ergibt, wenn bestimmte Trends, an ihre Grenzen gelangt, auch Gegenbewegungen auslösen: Auf diese Weise wurde ein Spannungsfeld aufgebaut, das die technische Entwicklung bis heute bewegt. Das stürmische Wachstum führte zu einem Eigenleben einzelner technologischer Sektoren, verstärkte aber auch die Vernetzung der verschiedenen Bereiche – einen Prozeß, dem die technischen Wissenschaften nur mühsam und unzulänglich zu folgen vermochten. Chemie und Technologie erlangten eine theoretische Basis; zugleich aber wurden die Schwächen einer einseitig theoretischen Ausbildung sichtbar und wurde die Notwendigkeit experimenteller technischer Forschung neu entdeckt. Der Rücktritt Reuleaux', des Verfechters der neuen Theorie, vom akademischen Lehramt (1896) und der Aufstieg seines Kontrahenten Riezler, des

Vorkämpfers der experimentellen Maschinenforschung, waren ein Zeichen dieser Wende.

Die deutschen Ingenieure gelangten von der Nachahmung des Auslands zu technologischer Eigenständigkeit, ja begannen die Originalität zu kultivieren; nun war von »deutscher Gründlichkeit« die Rede und galt es – auch in der Technik – als »deutsch«, »eine Sache um ihrer selbst willen zu tun« und eine Maschine ohne Rücksicht auf raschen Gewinn zu höchster technischer Vollkommenheit zu entwickeln. Im späten 19. Jahrhundert wurde jedoch, unter der Herausforderung der amerikanischen Serienproduktion, auch die Kritik an dem Originalitäts- und Perfektionsstreben und der Ruf nach Typisierung und Marktorientierung zu einem Leitmotiv der Diskussion über deutsche Technik. Eines der Gebote Georg Schlesingers für den Konstrukteur lautete: »Du sollst nicht mit dem Erfindungstick ans Konstruieren gehen.« Das gleiche Motiv klingt noch heute an, wenn unterstellt wird, deutsche Erfinder arbeiteten »am liebsten für das Deutsche Museum und nicht für den Markt«. Die Spannung zwischen Massen- und Qualitätsproduktion, zwischen flexibler Anpassung an Käuferwünsche und Standardisierung der Produkte spitzte sich zu. Es handelte sich jedoch nicht um Alternativen, die einander gänzlich ausschlossen. Auch die Serienproduktion von Maschinen erforderte um 1900 Präzisionsarbeit von einer Art, wie sie früher mehr in der Feinmechanik und bei der Spezialanfertigung üblich war.[27]

Zyklische Bewegungen kann man auch bei der Bewertung der Qualifikation der Beschäftigten erkennen. Während die frühe Industrie ihre Arbeitskräfte vorwiegend aus dem Handwerk rekrutierte, begann seit der Jahrhundertmitte der massenhafte Strom ungelernter, oft dem ländlichen Proletariat entstammender Arbeiter in die Fabriken. Bestand ein Hauptziel der Unternehmensleitung zunächst darin, die Traditionen handwerklichen Eigensinns aus der Fabrikarbeiterschaft zu eliminieren, entwickelte sich in Teilen der Industrie auch ein neuer Bedarf an handwerksähnlichen Fertigkeiten; der Wert eines erfahrenen Facharbeiterstammes wurde neu entdeckt.

Ein weiterer Zyklus zeichnet sich im Umgang mit den Energieressourcen ab. Wenn das »hölzerne Zeitalter« durch einen zunehmenden Zwang zur Sparsamkeit charakterisiert gewesen war, so riß mit der Massenförderung von Kohle um die Jahrhundertmitte zunächst ein verschwenderischer Umgang mit dem Brennstoff ein

– verschwenderisch zumindest aus der Sicht wissenschaftlicher Technologen, die sich an dem theoretischen Optimum des Wirkungsgrades orientierten. Noch in den siebziger und achtziger Jahren gaben die niedrigen Kohlepreise wenig Anreiz zu einer thermodynamischen Optimierung der Dampfmaschinen – zum Kummer der wissenschaftlich gebildeten Ingenieure; denn wenn es auf den Wirkungsgrad nicht ankam, konnte der Maschinenbau den handwerklichen Praktikern überlassen bleiben.[28] Einen Einschnitt bedeutete die Gründung des Rheinisch-Westfälischen Kohlensyndikats 1893: Nun gingen die Kohlenpreise sprunghaft in die Höhe. Auch die Gas- und Chemiewerke trugen zur Aufwertung der Kohle bei. Wie schon im »hölzernen Zeitalter« wurde die Brennstoffökonomie zu einer Haupttriebkraft der technischen Entwicklung. Im 20. Jahrhundert erfuhr dieser Trend in den Kriegs-, Zwischenkriegs- und Nachkriegszeiten eine erhebliche Verstärkung und kam erst durch den Ölboom seit 1950 für zwei Jahrzehnte zum Erliegen.

Die Faszination durch die Großtechnik begann in Deutschland seit der Mitte des 19. Jahrhunderts zu wirken, stieß aber bald auch auf Gegentendenzen. Stand am Anfang dieser Periode der Eisenbahn-Boom, so brach am Ende des Jahrhunderts das Fahrradfieber aus und ermöglichte der »Kraftstrom« die Mechanisierung im kleinen. Wie sich zeigte, gab es nicht nur einen Fortschritt zur Größe, sondern auch einen Fortschritt zur Miniaturisierung, Privatisierung, körperkonformen Gestaltung der Technik. Schon auf der Wiener Weltausstellung von 1873 wurden die von Ausstellung zu Ausstellung größeren Kruppstahlblöcke selbst Krupp-Bewunderern langweilig. Gerade als die allgemeine Einführung des Bessemerverfahrens die Stahlerzeugungsmöglichkeiten »auf das 70fache gegen früher« hatte hochschnellen lassen, versetzte die »Große Depression« der siebziger Jahre diesen *Economies of Scale* einen schweren Dämpfer, der jahrzehntelang nachwirkte. Die 1868 von dem »Eisenbahnkönig« Strousberg gekaufte Egestorffsche Maschinenfabrik in Hannover-Linden begann ab 1870, durch stärkere Typisierung bei der Lokomotivenproduktion selbst Borsig zu überflügeln, wurde aber kurz darauf von der Krise um so schlimmer getroffen.[29]

Die frühen deutschen Dampfmaschinen hatten bei einer Leistung von 2 PS begonnen. Ernst Alban hatte seine Hochdruckdampfmaschine mit der Hoffnung verknüpft, »daß diese Maschine dabei in ein Duodezformat gebracht und ihre Verfertigung auf kleinere Werkstätten verpflanzt werden könne, welcher Umstand vorzüglich in Deutschland viel Gewicht hat, wo man nur an sehr wenigen Orten mit allen Werkzeugen zur Fabrikation größerer Maschinen ausgerüstet ist«. Auf der Weltausstellung von Philadelphia 1876 waren deutsche Beobachter von den »niedlichen« Kleindampfmaschinen entzückt, die »in Amerika ein Bestandteil der Hauseinrichtung geworden« seien. Aber diese Miniaturisierung war bei den deutschen Kohlepreisen meist unökonomisch, auch wenn die polizeilichen Vorschriften für »Zwergkessel« liberalisiert wurden. Je mehr man den Wirkungsgrad der Dampfmaschine optimierte, desto mehr »drängt(e) die Entwicklung zur Großdampfmaschine hin«. Insofern gab es eine Affinität der Ingenieurwissenschaft zur großen Maschine; aber aus dem gleichen Grunde war die Einstellung führender deutscher Ingenieure zur Dampfkraft gespalten. Die *Nothing-like-steam*-Mentalität der englischen Ingenieure charakterisierte ihre deutschen Fachkollegen nicht in gleicher Weise; »die Dampfmaschine zu entthronen«, war schon deshalb ein lockendes Ziel, weil es den Sturz der englischen Vorherrschaft in der Technik bedeutete.[30] Schon Redtenbacher träumte davon, »unseren jetzigen Dampfmaschinen den Garaus zu machen«; bald nach der Jahrhundertmitte begannen der Gas- und der Elektromotor und auch der Preßluftantrieb die Zukunftsvisionen der Techniker zu beschäftigen. Frühe Hoffnungen auf den Elektromotor wurden bis in die siebziger Jahre enttäuscht; Reuleaux pries dagegen 1875 kleine Gasmotoren als »die wahren Kraftmaschinen des Volkes«. Noch in den achtziger Jahren wandte »die Fachwelt unter Führung von Reuleaux sich der Druckluft zu« und versetzte dadurch dem Kraftstrom vorübergehend einen Dämpfer. Zur gleichen Zeit schien die Heißluftmaschine bei den Kleinantrieben mit dem Verbrennungsmotor zu konkurrieren; sie fand jedoch bei den Ingenieuren wenig Anklang, während die Vorzüge des Verbrennungsmotors für die an der Dampfmaschine geschulte Techniker-Community leicht einzusehen waren. Der Explosionsmotor faszinierte gegenüber der Dampfmaschine durch die direkte Kraftübertragung vom Brennstoff auf den Kolben ohne den Umweg über Wassererhitzung und Dampfkessel; er widersprach allerdings dem technischen Ideal des ruhigen Ganges. In dieser Hinsicht erntete der Druckwasserantrieb höchstes Lob. 1884 bemängelte jedoch ein für den Centralverband Deutscher Industrieller arbeitender Publizist, der Ruf nach einem Kleinmotor für das Handwerk sei eine »tausende von Malen« wiederholte Deklamation, ohne daß in der Praxis viel geschehe. Nebenbei wies er darauf hin, daß in Amerika seit den fünfziger Jahren mit »großem Erfolg« neue Maschinen mit Handantrieb eingeführt würden. Innovationen dieser Art waren für den Kleinbetrieb im 19. Jahrhundert nützlicher als mechanische Kraftquellen. Vor allem der Pedalantrieb enthielt noch ein erhebliches technisches Entwicklungspotential; das zeigte sich beim Fahrrad ebenso wie bei der Nähmaschine.[31]

Über der Berühmtheit der deutschen Spitzentechnologien und unter dem Eindruck der Wachstumsraten kann man leicht vergessen, daß sich, an ökonomischen Kriterien gemessen, zum Teil eine ganz andere Rangfolge der Bedeutung ergibt. Das gilt nicht nur aus der Sicht des Binnenmarktes, sondern auch des Außenhandels. Ein offizieller Bericht Joseph Chamberlains über die deutsche Konkurrenz, die damals die öffentliche Meinung Englands erregte, stellte 1897 fest, die deutschen Exporteure seien namentlich bei Bier, Strümpfen, Eisen- und Schneidwaren, Musikinstrumenten, Pharmaprodukten, Salz, Zucker, Spielwaren und Wollwaren erfolgreich. »Von Produkten der modernsten Industrien war kaum die Rede.« (Pollard)[32] Eine partielle, sich bedächtig vortastende Mechanisierung mußte durchaus nicht von Trägheit zeugen, sondern konnte ökonomische Vernunft beweisen. Auch die Ära der Hochindustrialisierung darf man nicht nur von ihren – wirklichen oder angeblichen – Leitsektoren und aufwendigsten Technologien her charakterisieren, sondern auch von den Grenzen dieser Technikbereiche und den mehr traditionellen Sektoren her. Gerade das technologische Gefälle zwischen den modernsten und den stärker traditionellen Bereichen und die Beziehung zwischen den verschiedenen Sektoren wird oft zu einer gesellschaftlichen Determinante eigener Art. Die partielle Technisierung der deutschen Landwirtschaft trug dazu bei, die Machtstellung der Großagrarier auch im Industriezeitalter zu etablieren. Ein Bündnis von politischem Konservatismus und technischem Fortschritt zeichnete sich ab, wenn auch erst im Ansatz; seine volle Ausbildung zog sich über Generationen hin.

Die politische und gesellschaftliche Entwicklung hinterließ auch ihrerseits deutliche Spuren in der Technikgeschichte. Werner Siemens, in seiner Frühzeit mehr auf das Britische Empire und das Russische Reich mit ihren erdumspannenden Kabelprojekten orientiert, zeigte sich wie so viele deutsche Liberale 1866 »fest überzeugt«, daß Bismarck »wirklich jetzt vom Heiligen Geiste einer großen nationalen Mission ergriffen« sei; diese Wende war nicht ohne Folgen für die technologische Strategie des Konzerns. Obwohl Siemens als preußischer Offizier begonnen und, seinen Memoiren zufolge, seine technische Begabung zuerst bei Schießübungen entdeckt hatte, sah er 1870 den Krieg zunächst »vom geschäftlichen Standpunkt aus mit Schrecken an«. »Aber dann wendete sich auf einmal das Blatt: die militärische Telegraphie kam mit umfangreichen Bestellungen auf bereits vorhandene und mit dringenden Wünschen nach neuen Konstruktionen.« Vor allem der Nachrichtentechnik wurden neue Leistungen abverlangt; »kurz, die Firma sah sich über Nacht in einen Zustand versetzt, der ganz anders war, als man vorher geglaubt hatte«.[33] Loewe führte nach 1871 in der Waffenherstellung die Massenproduktion amerikanischen Stils ein. Die Firma Zeiss, die bis dahin ihr Linsenglas aus Paris bezogen hatte, vermochte es in der Folgezeit nicht zuletzt mit Hinweis auf den militärischen Wert der Optik, dem Aufbau einer Spezialglasproduktion in Jena den Charakter einer nationalen Aufgabe zu geben, und erlangte 1884 dafür die Unterstützung des Reichstages. Industriekreise, die bis dahin der Rüstung ferngestanden hatten, gelangten nach 1870 zu einer positiven Neubewertung des Militärs; auch das Interesse der Ingenieure am Krieg nahm zu.

Dennoch wurde die Vorstellung, daß Rüstung und Krieg eine technologische Schöpferkraft besäßen und technische Spitzenleistungen hervorbrächten, erst um die Jahrhundertwende mit dem maritimen Wettrüsten populär. Riedler hebt hervor, dem Krieg von 1870/71 sei kein wesentlicher technischer Fortschritt gefolgt, sondern »nur eine rohe, ungesunde Ausbreitung von Unternehmungen aller Art«; es war die Zeit der Gründerjahre, in denen Reuleaux über die deutsche Produktion sein berühmtes Verdikt »billig und schlecht« verhängte. Auch der technische Fortschritt in der deutschen Stahlindustrie ist unter der Suggestion des Krupp-Mythos oft überschätzt worden. Trotz Eisenbahn, Telegraph und Zündnadelgewehr war die preußische Militärführung noch weit entfernt davon, im technischen Fortschritt den Schlüssel zum künftigen Sieg zu erblicken. Noch in den siebziger Jahren wollte Roon die stählerne Artillerie wieder durch Bronzegeschütze ersetzen. Bei der Geschützherstellung behauptete sich der Tiegelstahl, bis er im 20. Jahrhundert durch den Elektrostahl verdrängt wurde.[34]

War noch im frühen 19. Jahrhundert die Auffassung verbreitet gewesen, daß sich die deutsche Industrialisierung zu der westeuropäischen am besten komplementär verhalte und die von England und Frankreich gelassenen Lücken nutze, so wurden solche Vorstellungen spätestens nach 1871 verächtlich; jetzt war es selbstverständlich, daß Deutschland eine breite industrielle Basis und einen dementsprechenden Absatzmarkt brauche. Hatte früher die englische Flotte als Garant für einen weltweiten Absatz der britischen Massenproduktion gegolten, so verstärkte nunmehr der Trend zur Massenproduktion in Deutschland den Ruf nach der Flotte, zumal in der Depression die »verlockende Schimäre des ostasiatischen Großmarkts« (Wehler) die Phantasie beschäftigte. Das neue deutsche Machtbewußtsein wirkte bis in die Technik und trug zu der Stimmung bei, daß man nicht mehr nur das Ausland nachahmen oder durch minderwertige Ware unterbieten dürfe, sondern ein eigenes Profil gewinnen und Höchstleistungen präsentieren müsse. Heinrich Caro, der 1866 von Manchester nach Heidelberg wechselte, meinte sogar, »auf den Schlachtfeldern« habe die deutsche Industrie gefunden, »was ihr noch fehlte: das Selbstvertrauen, das Bewußtsein der eigenen Kraft«. Der Kampf um das Patentgesetz und die dann folgenden Patentstreitigkeiten, die im späten 19. Jahrhundert für die Techniker zur meistbeachteten Arena des Kampfes wurden, markieren eine Zeit, in der sich die technische Entwicklung mit großindustrieller und staatlicher Machtpolitik verknüpfte. Hatte der gemütvolle Heinrich Seidel selbst in einem Jahr wie 1871 in seinem »Ingenieurlied« die Ingenieure als Männer des Friedens besungen, so schloß der Sprecher der Studenten bei der Jahrhundertfeier der Berliner Technischen Hochschule 1899 seine Rede mit dem Wunsch, »daß die Technischen Hochschulen immer die Kriegsakademien bleiben mögen, welche uns die Offiziere im friedlichen Kampf um die Weltherrschaft liefern«. 1894 bescheinigte selbst Bismarck dem Chemiker, daß er »durch seine Erfindungen über Krieg und Frieden entscheidet«.[35]

Auch das Reich ergriff manchmal die Initiative bei der Nationalisierung der Technik. Wenn in den achtziger Jahren Berlin beim Aufbau eines Telefonnetzes Paris rasch überholte, so war das wesentlich das Verdienst des Generalpostmeisters Stephan; Siemens empfand das Telefon anfangs als Spielerei, ja sogar als »Schwindel«. Die Reichspost reagierte mit dieser Innovation nicht auf einen vorhandenen Bedarf, sondern verfolgte das Ziel, einen machtpolitisch sensiblen Bereich unter staatliche Direktion zu nehmen und nicht unter die Kontrolle der amerikanischen Firma Bell geraten zu lassen. Weder die Verstaatlichung der Bahn noch die des Telefonwesens war jedoch einer dynamischen Entwicklung dieser technischen Netzwerke günstig. Die Reichspost, die den »Plauderverkehr« nicht schätzte, begriff das Telefon bis weit ins 20. Jahrhundert vorwiegend als Mittel zur amtlich-geschäftlichen Kommunikation, und noch die Bundespost verfolgte bis in die 1970er Jahre eine »eher restriktive« Telefonpolitik.[36] Eine stärker expansive Verbindung zwischen Staat und neuer Technik entstand dagegen Ende des 19. Jahrhunderts bei der Elektrifizierung.

Mit dem Aufstieg der Technischen Hochschulen bekam das deutsche Ingenieurwesen stärker als zuvor ein nationales Gepräge; Auslandsaufenthalte galten nicht mehr in gleichem Maße wie früher als hohe Schule der Techniker. Als die Technischen Hochschulen Preußens 1899 durch persönliche Intervention des Kaisers gegen heftigen Widerstand der Universitäten das Promotionsrecht erlangten, war die Gleichstellung der Techniker-Elite mit dem traditionellen Bildungsbürgertum offiziell – aber doch nur äußerlich – erreicht; überkommene Ressentiments waren noch lange nicht ausgeräumt. Auch das aus dem sozialen Statusdenken entsprungene Bestreben, die Technik sichtbar als Kulturleistung ersten Ranges zu präsentieren, gehört zu den Motiven der Technikgeschichte jener Zeit.

## 2. Die Eisenbahn als Technik der nationalen Einigung und die deutsche Langsamkeit gegenüber dem Auto

Die Eisenbahn wurde von Anfang an nicht nur als ein technisches, sondern auch in höchstem Maße kulturelles und historisches Ereignis begriffen, und dies mit vollem Recht. Die Bedeutung der Bahn im 19. Jahrhundert – von der Konjunktur-, Kultur- und Architektur- bis zur Kriegs- und Kolonialgeschichte – zeigt beispielhaft, daß es zu wenig wäre, die Technik nur als Resultat anderer vorausliegender Kräfte zu begreifen, sondern daß bestimmte Technikkomplexe als historische Triebkräfte eigener Art gelten können. Dabei wäre es aber nicht richtig, die Eisenbahn zum Prototyp *der* Technik des 19. Jahrhunderts schlechthin zu machen: Diese zentralistische, auf staatlichen Rückhalt angewiesene Technologie, deren Kapitalbedarf die auf persönlichen Beziehungen beruhenden Kreditsysteme sprengte, stand in Spannung zu der liberalen, individualistischen, der Staatsintervention widerstrebenden Gesamttendenz jener Zeit. Ihre Integration in Wirtschaft und Staat warf Probleme auf, die von Land zu Land unterschiedlich gelöst wurden. Die Eisenbahnsysteme mit allem, was dazugehörte – Linienführung und Unterbau, Lokomotiv- und Waggondesign, Brücken- und Bahnhofsarchitektur, Geschwindigkeit und bürokratische Organisation –, wiesen von Staat zu Staat charakteristische Unterschiede auf, die schon früh in Erscheinung traten.

»(I)n keinem Lande, England nicht ausgenommen, wurden größere Erwartungen von den Bahnen gehegt, als in Deutschland«, schrieb Gülich 1845; »auch kam bekanntlich in keinem Lande des europäischen Continents in kurzer Zeit eine so große Zahl solcher Bahnen zu Stande«.[37] Der Eisenbahnbau vollzog sich in Deutschland gleichlaufend und in engem Zusammenhang mit dem stürmischen Beginn der Hochindustrialisierung. Kein Kanalboom wie in England, keine große Zeit des Chausseebaus wie in Frankreich waren vorausgegangen; für die Deutschen wurde die Eisenbahn gleichbedeutend mit dem Übergang vom Mittelalter zur Moderne im Verkehrswesen, auch wenn dieses Bild der Dinge, genauer besehen, mancher Korrekturen bedarf. Darin, daß die Eisenbahn eine neuerschließende Funktion gewann und der Industrie und Technik neuartige Impulse gab, sind die deutschen Verhältnisse eher den amerikanischen als denen anderer europäischer Staaten vergleichbar; List wollte denn auch in seiner Eisenbahnpropaganda die USA mehr noch als England den Deutschen als Vorbild vor Augen stellen.

Dabei erschienen die Bedingungen für den Eisenbahnbau in Deutschland zunächst von »schwierigerer und komplizierterer Art« als in England und Frankreich. Der Eisenbahningenieur Max Maria v. Weber, einer der Wortführer des aufsteigenden Ingenieurstandes, erinnerte 1877 daran:

Die deutsche Technik wurde, sozusagen, von dem Erscheinen des Eisenbahnwesens in der Kindheit überfallen. Sie hatte nicht, wie in Frankreich und England, vorher menschenalterlang an mächtigen Straßen- und Wasserbauten zum Manne erstarken, sich bewunderte Meister und wohlgegliederte Körperschaften und hohe Schulen heranbilden können, als die Eisenbahnen fast mit einem Schlage zahllose fachliche Kräfte von ihr forderten. ... Individuen, kaum im Stande, eine Landparcelle zu vermessen, wurden mit der Tracirung von Eisenbahnlinien betraut, aus Maurerpolieren, mißrathenen Baumeistern, Monteuren und kleinen Werkführern aus mittelmäßigen Maschinenfabriken entwickelten sich mit Einemmale Ingenieure, Maschinenmeister etc. bedeutsamer Bahnen.[38]

Wenn die deutschen Bahnen auch nicht in dem Maße, wie Weber es dramatisierend schildert, aus dem Nichts heraus gebaut wurden, erhielt doch das deutsche Ingenieurwesen mehr als das englische und französische durch den Eisenbahnbau eine Initialprägung von nachhaltiger und weitreichender Wirkung, deren Spuren sich durch die moderne deutsche Technikgeschichte bis heute verfolgen lassen. War bis dahin eher die Meinung verbreitet, daß Deutschlands besondere Chance in den kleinen Dingen liege, die von den reichen Nationen vernachlässigt worden seien, so galt von nun an der Großmaschinenbau als Krönung der deutschen Technik. Für die öffentliche Meinung und das allgemeine Empfinden wurde die Eisenbahn zum Symbol der modernen Technik schlechthin; denn hier sah sich zum ersten Mal jeder Mensch – auch der, der nie eine Fabrik von innen zu sehen bekam – mit einer großen Maschine konfrontiert, und noch dazu mit einer, die neue Wahrnehmungsweisen, Gefühle und Nervenreize stimulierte.

Als zweites großes Hemmnis des Eisenbahnbaus neben dem Mangel an einschlägig qualifizierten Technikern erschien zunächst die politische Zersplitterung Deutschlands. Aber gerade deshalb verknüpfte sich sofort, ja noch ehe überhaupt die ersten Bahnen gebaut wurden, mit den Eisenbahnaussichten die Hoffnung, daß diese Verkehrsrevolution die innerdeutschen Grenzen überrollen werde. Zum ersten Mal tauchte in suggestiver Form die Vorstellung auf, daß ein nationales Schlüsselproblem, das politisch hoffnungslos vertrackt wirkte, eine technische Lösung finden werde. Auch die bis dahin allgegenwärtige Drohung der Hungersnöte, ein ständiger Stimulus zur sozialen Revolution, erschien technisch lösbar, wenn die Eisenbahn in Windeseile Nahrungsmittel von Überschuß- in Notgebiete transportierte und nahrungsloses Proletariat an Orte beförderte, wo Arbeitskräfte gesucht wurden. Die deutsche Vielstaaterei, anfangs eine Schranke, wurde nach der Jahrhundertmitte zu einer Triebkraft des Eisenbahnbaus, da sich zwischen den deutschen Staaten ein förmlicher Wettlauf entwickelte.[39]

Von den anfänglichen Bedenken und Widerständen gegen den Eisenbahnbau ist später viel Wesens gemacht worden; man wollte hier offenbar ein Exempel für die Unsinnigkeit aller Bremsversuche gegenüber dem technischen Fortschritt statuieren. Immer wieder, von Treitschkes *Deutscher Geschichte* und Matschoß' *Geschichte der Dampfmaschine* bis zu Hitlers *Mein Kampf*, wurde das angebliche Gutachten eines Königlich Bayerischen Obermedizinalkollegiums, das vor den Gesundheitsgefahren der Eisenbahnreise warnte, zitiert, um die Dummheit der Technikkritiker bloßzustellen; bei diesem trotz allen Suchens nie gefundenen Gutachten handelt es sich jedoch aller Wahrscheinlichkeit nach um eine Legende. Diejenige Skepsis gegenüber der Bahn, die es tatsächlich gab, war im allgemeinen rational begründet und bezog sich auf das erhebliche finanzielle Risiko und den Wandel der ökonomischen Standortbedingungen, den die Eisenbahn bewirkte. Den Barmer Fabrikanten Schuchard »schaudert(e) vor der furchtbaren Umwälzung«, »wenn aller Hauptverkehr zentralisiert und auf einen Punkt konzentriert wird«: »Ganze Gegenden können isoliert werden und zur Wüste absinken.« Zum Teil ging es bei den Kontroversen nur um das Tempo des Eisenbahnbaus. Dabei war ein vorsichtiges Vorgehen, das Erfahrungen abwartete, gerade aus technischer Sicht vernünftig. Wenn man sich die tiefgreifenden, vielfach schon früh zu erkennenden Folgen des Bahnbaus vor Augen hält, sind nicht die Bedenken dagegen erstaunlich, sondern man kann sich eher darüber wundern, wie wenig prinzipielle Kritik in Deutschland – auch im Vergleich zu Frankreich – laut wurde.[40] Ein Grund dafür mag der konservative Aspekt der Standortveränderungen gewesen sein: Die wirtschaftliche Dynamik, die in der frühen Neuzeit aus den Städten hinausstrebte, wurde von der Eisenbahn in die Städte zurückgeholt; alte binnenländische Handelswege, die durch den Aufstieg des maritimen Weltverkehrs in ihrer Bedeutung verringert worden waren, ließen sich durch die Bahn wiederbeleben. Das Wachstum der Metropolen, das solange, wie die Wirtschaft überwiegend auf regenerativen Ressourcen beruhte, im Widerspruch zu den natürlichen Bedingungen gestanden und zu häufigen Versorgungsschwierigkeiten geführt hatte, erhielt durch die Eisenbahnen seine technische Basis.

Hiervon abgesehen, bestand jedoch in den meisten Teilen Deutschlands kein dringender ökonomischer Bedarf an Eisenbahnen, der nicht auch durch Alternativen hätte befriedigt werden können. Vor allem in Norddeutschland und Bayern gab es von den geographischen Bedingungen her noch viele ungenutzte Möglichkeiten für günstige Kanalverbindungen. Auch wenn man sich an England, Frankreich oder den USA orientierte – und nicht nur an den Realitäten, sondern auch an den Projekten – konnte man noch um die Mitte des 19. Jahrhunderts die Kanäle für Verkehrsadern der Zukunft halten. Für Holz waren Wasserstraßen ohnehin die idealen Transportwege; das gleiche galt aber in der Frühzeit der Eisenbahn auch für die Kohle. Die Kohle hatte den Kanalboom in England hervorgerufen; für den Kohletransport war um 1780 die Ruhr schiffbar gemacht worden; in den Anfängen des deutschen Eisenbahnwesens dagegen spielte der Kohletransport nur eine »völlig untergeordnete Rolle« (Fremdling). Die Köln-Mindener Bahn nahm in ihrer Linienführung keine Rücksicht auf damals schon bestehende Zechenorte. Selbst auf den Bahnen, die eigens für den Kohletransport erbaut worden waren, kam dieser zunächst nicht in erwarteter Weise zustande; sogar eine Stadt wie Berlin wurde noch 1910 zu 57 % auf dem Wasserwege mit Kohle versorgt.[41]

All das beweist, wie wenig es – entgegen einer verbreiteten Annahme – aus einer Krise der Holzversorgung heraus einen Zwang zur Kohle und zur Eisenbahn gab. Hätte es wirklich allenthalben schweren Holzmangel und dringenden Kohlebedarf gegeben, dann hätte zunächst der Ruf nach Kanälen ertönen müssen; aber davon war wenig zu hören, auch wenn die Alternative »Kanal oder Bahn« durchaus diskutiert wurde. List versicherte, wenn erst die Eisenbahnen zur Vollkommenheit gebracht seien, dann »wären die Kanäle samt und sonders als Sümpfe zu betrachten, und ihre Austrocknung und Ausfüllung als eine öffentliche Verbesserung«. Der nach dem bayerischen König Ludwig I. benannte Main-Donau-Kanal wurde zwar seinerzeit als die aufsehenerregendste »deutsche National-Unternehmung« und als deutsches Tor nach Asien gepriesen, blieb aber – anders als die Bahn von Nürnberg nach Fürth – ein gouvernementales Projekt, das an der Börse keinen Anklang fand. Anders als in England hatten die Eisenbahn-Enthusiasten gegen keine mächtige Kanal-Lobby zu kämpfen: Diese bildete sich erst später aus dem Interesse heraus, dem Eisenbahn-Monopol eine Konkurrenz zu schaffen.[42]

Neben den Eisenbahnen, die einen Berg von Liebhaber-Literatur produziert haben, ist der Straßenbau des 19. Jahrhunderts unvergleichlich viel weniger beachtet worden. Dabei waren auch hier die Dinge in Bewegung. Hatte im 18. Jahrhundert der Aufwand des französischen Chausseebaus auf Deutschland abschreckend gewirkt, so stand im frühen 19. Jahrhundert die billigere, von dem Amerikaner John L. MacAdam entwickelte Methode der gewalzten Schotterung (»Macadamisierung«) als wirtschaftlich attraktiveres Verfahren zur Verfügung. Beim Straßenbau entwickelte sich zeitweise eine innerdeutsche Konkurrenz wie bald darauf beim Eisenbahnbau: Um 1830 kam es zwischen Preußen und einigen Nachbarstaaten zu einem »Straßenkrieg«. Die verbesserten Straßen machten es möglich, daß die zweirädrigen Karren durch den »großen deutschen Frachtfuhrwagen«, eine Innovation jener Zeit, ersetzt wurden, der erheblich größere Lasten beförderte. Eine technisch unscheinbare Neuerung wie die stählernen Sprungfedern verbesserte die Personenbeförderung in den Kutschen erheblich: »Erst seit der Zeit war das Fahren eigentlich eine Lust.«[43]

1821 führte der preußische Postrat Schmückert nach englischem Vorbild die Schnellpost ein, die auf Zeitgenossen den »Eindruck der rasendsten Geschwindigkeit« machte. Sie hatte nicht nur einen genauen Fahrplan, sondern hielt diesen auch – dank Systemplanung, »Cours-Uhren« und Verspätungsstrafen für die Postillione – einigermaßen zuverlässig ein: Es war eine wirkliche Revolution im Transportwesen, bevor die Eisenbahn neue Maßstäbe setzte und die Postkutsche zum halb-lächerlichen Symbol der alten Zeit machte. Noch kurz nach der Eröffnung der ersten deutschen Eisenbahnstrecke (1835) rühmte Poppe die Postkutschen als eine »herrliche, außerordentlich nützliche Anstalt«, die »unbeschreiblich viel« »zum Fortschreiten der Kultur des Menschen und der Annehmlichkeit des Lebens beigetragen« hätten. Treitschke erinnerte daran, wie es kurz vor Beginn des Eisenbahnbaus »allen als die nächste Aufgabe« erschienen sei, das »neue Straßennetz auszubauen und mit Schnellposten auszustatten«.[44] Die Eisenbahn gab zwar auf lokaler Ebene dem Straßenbau kräftige Impulse; denn die Vorteile der Bahn kamen nur bei dem Vorhandensein von Zubringerstraßen voll zur Geltung. Die Landstraßen verloren jedoch größtenteils ihre Bedeutung für den Fernverkehr. Der preußische Staat zog daraus 1875 die Konsequenz, Bau und Unterhaltung sämtlicher Straßen den Provinzialverbänden zu übertragen.[45]

Der Eisenbahnboom bedeutete in Deutschland eine Zäsur und

einen Perspektivenwechsel von einem Ausmaß, das nicht nur aus immanenten Tendenzen der wirtschaftlichen Entwicklung herzuleiten ist, sondern bei dem darüber hinaus besondere, zum Teil spezifisch deutsche Triebkräfte mitspielten. Das Erlebnis der Eisenbahnfahrt beflügelte in deutschen Geistern hegelianische Denkstrukturen: »Diese Abstraktion, dieses Fortgerissenwerden des Individuums von einer allgemeinen Macht« – so David Friedrich Strauß 1841 nach einer Fahrt von Heidelberg nach Mannheim – sei »ganz dasselbe Prinzip, was wir in der Wissenschaft vertreten«. Der überwältigende Erfolg der Eisenbahn schuf ein bestimmtes Paradigma des technischen Fortschritts: Es war ein Fortschritt des radikalen Neuanfangs, ein Fortschritt zur großen Maschine, zur großen Kraftkonzentration und zum vernetzten System – ein Fortschritt, der sich seinen Bedarf selber schuf, aber zunächst mit hohem ökonomischem und technischem Risiko verbunden war. Der mit der Bahnfahrt verbundenen Lebensgefahr galt von Anfang an große Aufmerksamkeit, seit bei der Jungfernfahrt der Eisenbahnlinie von Liverpool nach Manchester (1830) der unglückliche Huskisson, einer der stärksten Unterstützer des Bahnbaus im Parlament, »auf das Gräßlichste zermalmt« worden war.[46] Aber die Geschichte der Eisenbahn wurde zum scheinbaren Exempel dafür, daß technische Risiken am besten mutig eingegangen werden und die Ängstlichen am Ende den Spott davontragen.

Max Maria v. Weber schilderte anschaulich die nationale Prägung des Eisenbahnwesens, die sich in vieler Hinsicht zeigte – in seiner Sicht längst nicht immer zum Vorteil Deutschlands, wo »die Herrschaft des Dilettantismus und der subjektiven Ansicht« »größere Opfer gekostet« habe, »als die Uneingeweihten glauben«: größere auch im Vergleich mit anderen Ländern. Zwar hielt man sich beim Unterbau entgegen dem Rat Lists mehr an das solide englische Vorbild; bei dem »spezifisch deutsche(n) Oberbau-System« der Bahnstrecken dagegen machte sich in der Frühzeit der relative Holzreichtum Deutschlands und der Mangel an einer Massenproduktion von Eisen bemerkbar. »Holzkonstruktionen herrschten daher bei Gebäuden und Brücken vor, der Oberbau war mit schwächerem Eisenwerk auf Unterstützung von vielem Holze hin konstruiert«, ähnlich wie damals in den USA. Ebenso wie dort wurden kostspielige Brücken und Tunnel möglichst vermieden und dafür lieber Kurven in Kauf genommen. Es wimmelte von schienengleichen Bahnübergängen – ein Zustand, der noch lange nicht überwunden wurde; die Überzahl der Strecken war eingleisig.[47]

Dabei waren die Lohnkosten in Deutschland relativ niedrig, die Fertigstellung der Bahnen ging erstaunlich rasch vor sich, und schon während des Baus wurden bei Eröffnung von Teilstrecken Überschüsse erzielt: Das finanzielle Risiko des Bahnbaus erwies sich in Deutschland als relativ gering, zumal hier eine Konkurrenz von guten Straßen oder Kanälen nur wenig vorhanden war. Insofern war durchaus ein Spielraum für eine großzügige Anlage der Eisenbahnen gegeben; dieser wurde – der Vorherrschaft der Baubeamten entsprechend – vor allem bei der Ausstattung der Bahnhofsbauten genutzt. Da wurde der repräsentativen und symbolischen Funktion der Bahn in hohem und wachsendem Maße Rechnung getragen; in Norddeutschland erreichte dieser Trend seinen bombastischen Höhepunkt im späten 19. Jahrhundert nach der Verstaatlichung der Bahn.[48]

Die Auswirkungen des Eisenbahnbaus auf die industrielle Entwicklung in Deutschland waren seit den vierziger Jahren markant und eindrucksvoll, sowohl auf Quantitäten der Produktion als auch auf Technik und Organisation. Das galt nicht nur für norddeutsche Zentren der Eisen- und Maschinenindustrie, sondern auch für Kassel (Henschel), Nürnberg (Cramer-Klett), München (Maffei) und Eßlingen. 1842 bezog die preußische Eisenbahn die erste Lokomotive aus deutscher Produktion; seit 1847 übertrafen die deutschen Lokomotiven die aus England importierten; schon 1855 waren ausländische Produzenten »praktisch zu hundert Prozent« von deutschen verdrängt. Innerhalb des Maschinenbaus waren vor allem die Lokomotiven das früheste deutsche Exportgut.[49] Es war ein Prozeß von dramatischer Schnelligkeit und Durchschlagskraft, der um so erstaunlicher wirkt, wenn man sich der kläglichen Anfänge des deutschen Dampfmaschinenbaus ein halbes Jahrhundert davor erinnert. Der Kontrast demonstriert, wie unterschiedlich eine technische Entwicklung verläuft, je nachdem, ob eine Innovation nur von oben verordnet wird oder ein starkes und breites Interesse an ihr besteht.

Dennoch bleibt es merkwürdig, daß Deutschland gerade mit der größten und komplexesten Technologie in die Hochindustrialisierung eintrat. Es wäre irreführend, daraus die allgemeine Folgerung zu ziehen, daß zurückgebliebene Länder gerade die modernste, am meisten zum System drängende Technik als Zugpferd benötigten;

in vielen anderen Ländern – angefangen mit Italien – hat der Bahnbau keineswegs den erwarteten *Take-off*-Effekt gebracht. Auch in der sächsischen Frühindustrialisierung, die vom Typus her noch der Holz- und Wasserkraft-Ära zuzuordnen ist, fungierte der Eisenbahnbau nicht als Leitsektor. Diese Bedeutung konnte er in vollem Maße nur für einen Industrialisierungstyp gewinnen, der auf Kohle, Massenproduktion von Eisen und einem zu einer eigenen Branche verselbständigten Maschinenbau beruhte. Der rasche Aufstieg des deutschen Lokomotiven- und Waggonbaus, der Brücken- und der Signaltechnik wäre jedoch unerklärlich, wenn das technische Niveau Deutschlands gegenüber England tatsächlich so weit zurückgeblieben gewesen wäre, wie vielfach angenommen wird, und wenn sich dieser Rückstand in der ersten Hälfte des 19. Jahrhunderts noch vergrößert hätte. Die *Take-off*-Wirkung war möglich, weil es in Deutschland damals schon zahlreiche, wenn auch oft unscheinbare und steckengebliebene Ansätze des Maschinenbaus gab; im übrigen blieb die technische Ausstrahlung des Eisenbahnbaus regional und sektoral begrenzt.[50]

Die Anfänge des Lokomotivbaus sind, ähnlich wie die erste Phase der Elektrifizierung, durch die besondere Rolle Berlins geprägt. Die Bedingungen der Metropole waren ein entscheidender Standortfaktor beim Durchbruch dieser Technologien. Der Lokomotivbau bewirkte den steilen Aufstieg der Firma Borsig aus handwerklichen Anfängen zu dem »großartigste(n) Institut Deutschlands, vielleicht auch Europas«, so 1847 der Kohlenhändler Emanuel Friedländer. Ähnlich wie der Kohle-Tiefbau und die Bessemer-Stahlproduktion enthielt der Lokomotivenbau einen technischen Trend zum Großbetrieb, wie es ihn bis zum frühen 19. Jahrhundert kaum gegeben hatte. Von den 729 Lokomotiven, die 1853 auf preußischen Eisenbahnen in Betrieb waren, waren 414 bei Borsig gebaut; danach kam Wöhlert, ebenfalls Berlin, mit 34 Lokomotiven, und schließlich noch eine Reihe von Unternehmen, deren Produktion nur ein Zehntel der Wöhlertschen betrug. 1854 wurde bei Borsig das Fest der 500., 1858 das der 1000. Lokomotive mit großem Gepränge gefeiert: eine Apotheose der Produktionsrekorde, die sich in das neue Zeitalter der industriellen Weltausstellungen einfügte. *Die Gartenlaube* triumphierte aus Anlaß der 1000. Lokomotive: »Preußen steht im friedlichen Völkerkrieg der Industrie obenan.« Damals übertraf Borsig selbst amerikanische Dimensionen. Nach den Maßstäben der damaligen Zeit war es

Massenproduktion, nicht allerdings nach denen des 20. Jahrhunderts. Der Großbetrieb war nach Werkstätten organisiert, und mit der Zunahme der Produktion korrelierte in etwa ein Anwachsen der Arbeiterzahl: ein Zeichen dafür, daß die Expansion nicht mit größeren Sprüngen im Mechanisierungsgrad verbunden war. Auch war die Zeit einer planmäßigen Standardisierung noch nicht gekommen; noch um 1920 bei der Gründung der Deutschen Reichsbahn gab es – eine Herausforderung an die Rationalisierer – an die 300 verschiedene Lokomotivtypen. Die größeren deutschen Staaten kultivierten ihr eigenes Lokomotiven-Design.[51]

Die Wirkung der Eisenbahn auf die Technik und die technischen Wissenschaften pflegte von Anfang an superlativisch beschrieben zu werden. Durch die Eisenbahnen – um noch einmal Max Maria v. Weber zu zitieren – »sind die sämtlichen Ingenieurwissenschaften, Meßkunst, Mechanik, Statik, Dynamik so schnell auf eine außerordentliche Höhe gehoben worden, daß im gewöhnlichen Laufe der Dinge Jahrhunderte dazu erforderlich gewesen wären«. Wie Baader 1835 schrieb, wurde die Mechanik überhaupt erst durch die Eisenbahnen zu einer Bewegungslehre. Vorher hatte man, so Baader, »eigentlich noch keine fortschaffende, nur eine fortschleppende Mechanik.« »Erst durch die Verbesserung der Eisenbahnen haben wir angefangen, uns aus dem Straßenschlamme heraus zu arbeiten.«[52] Bis dahin hatte alle Fortbewegung zum Großteil in der Überwindung von Reibung bestanden, und diese entzog sich damals der Theorie. Die Eisenbahn demonstrierte den praktischen Wert eines Äquivalents von Kraft und Bewegung und unterstützte eine auf solche Kategorien gegründete Mechanik. 1851 formulierten Clausius und Kelvin das Gesetz von der Erhaltung und Umwandelbarkeit der verschiedenen Energieformen in seiner fortan gültigen Allgemeinheit.

Natürlich übte die Bahn die stärksten unmittelbaren Wirkungen im Bereich des Maschinenbaus und des Eisens aus. Sie beschleunigte die Durchsetzung des Puddelverfahrens, die bis in die vierziger Jahre in Deutschland nur langsam vor sich gegangen war, da das Puddeln, obwohl in Kärnten schon 1793 erprobt, jahrzehntelang als qualitätsmindernder Behelf für holzarme, auf Steinkohle angewiesene Regionen galt. In mehrfacher Weise versetzte die Eisenbahn dem Holz als Brenn- und Baustoff den entscheidenden Stoß, wenn auch die gewaltige Nachfrage nach Schwellenholz die moderne Holzimprägnierung und Holzforschung begründen half.

1850 kam man in Deutschland überein, Eisenbahnbrücken nicht mehr aus Holz zu bauen; das führte dazu, daß die Holzbrücke allgemein in Mißkredit kam. Wo die Eisenbahn hingelangte, geriet die auf Holzkohle basierende Eisenproduktion in eine zunehmend kritische Situation und setzte sich der Kokshochofen durch. Die nahtlosen, ungeschweißten Eisenbahn-Radreifen, die der Bahn eine Steigerung der Geschwindigkeit über 40 km/h hinaus ermöglichten, begründeten den Ruhm der Firma Krupp und wurden zum Firmenemblem; die besondere Qualität des Kruppstahls beruhte auf der Verbindung des traditionellen Tiegelstahlverfahrens mit straffer großbetrieblicher Organisation. Bei der Schienenproduktion dagegen holte die deutsche Industrie nicht so rasch auf wie beim Lokomotiven- und Waggonbau: Hier machte sich der allgemeine Rückstand in der Walztechnik bemerkbar. Der Waggonbau hatte wesentlichen Anteil an dem Aufstieg der Nürnberger Firma Cramer-Klett, aus der die M.A.N. hervorging. In produktionstechnischer Hinsicht bemerkenswert ist der Impuls, den dieser auf Serienfertigung angewiesene Produktionszweig der Mechanisierung der Holzbearbeitung gab, die sonst in Deutschland nur langsam voranschritt. Cramer-Klett erregte 1854 Aufsehen durch den Bau des Münchener Glaspalastes, den das Unternehmen in hundert Tagen fertigstellte; der Londoner Glaspalast wurde zwar nicht an Größe, aber an Bautempo und Materialökonomie übertroffen.[53] Den Eisenbahnen folgten bald die Telegraphenlinien, die gerne an Bahnstrecken verlegt wurden; die Telegraphie eroberte allerdings nur langsam das Signalwesen der Eisenbahn. Siemens entwickelte 1870, als der Krieg die Fahrpläne durcheinanderbrachte, ein System zur automatischen wechselseitigen Blockade der Signale, die einen Streckenabschnitt freigaben; vorübergehend wurde die Firma zur »Signalbauanstalt«. Ein oder zwei Jahrzehnte darauf schien auch bereits die Elektrifizierung des Lokomotivenantriebs bevorzustehen; hier ließ der Durchbruch der Elektrizität jedoch noch ein halbes Jahrhundert auf sich warten.[54]

Nach der Verstaatlichung der preußischen Eisenbahnen in den achtziger Jahren lag – unter dem Einfluß agrarischer Interessen – »das absolute Schwergewicht« bei der Anlage neuer Strecken »auf der Versorgung des preußischen Ostens mit Nebenbahnen« wie überhaupt auf dem Kleinbahnbau. Der Ausbau der Hauptstrecken stagnierte; der Borsigsche Lokomotivenbau geriet in eine schwere Krise. In begrenztem Maße wurde noch die Steigerung der Geschwindigkeit vorangetrieben – so mit der Einführung der D-Züge (1892); aber der bestehende Oberbau ließ nach herrschender Meinung eine Erhöhung des Tempos weit über 100 km/h hinaus nicht zu. Ein »bedächtiges Vorgehen« galt als »Pflicht der führenden Techniker in der Staatseisenbahnverwaltung«. Ein Oberbaurat erklärte um 1898: »Unsere Zeit ist ohnehin schon nervös und hastig genug; man soll dem nicht durch immer größere Geschwindigkeiten noch Vorschub leisten.«[55]

Aus der Tradition des staatlichen Ingenieurwesens resultierte die – dem VDI-Vorstandsmitglied Richard Peters zufolge – »abnorme und ungerechte Tatsache«, »daß alle obersten technischen Stellen bei den Staatseisenbahnen nur von Baubeamten bekleidet werden, während den Chefs des Maschinenwesens trotz ihres so wichtigen Wirkungskreises der Eintritt in die Direktion unmöglich ist« – so jedenfalls 1867 in Preußen. Bahnbau und Instandhaltung der Strecken wurden denn auch bis nach dem Ersten Weltkrieg fast ganz mit Handarbeit betrieben.[56]

In Deutschland stand noch im frühen 20. Jahrhundert – mehr als in Westeuropa und den USA – der Ausbau der Massenverkehrsmittel, insbesondere des öffentlichen Nahverkehrs im Vordergrund des allgemeinen Interesses: eine gerade aus heutiger Sicht keineswegs unvernünftige Priorität, zumal deutsche Großstädte vielfach enger gebaut waren als englische oder amerikanische. Werner Sombart prophezeite, die »letzte Epoche« des Transportwesens, in der man sich bereits befinde, werde »damit endigen, daß vor jedes Haus eine Eisenbahn führt. Dazu verhilft vor allem auch die Entwicklung eines Sekundär-, Tertiär- usw. Bahnbaus, eines Systems von Schmalspurbahnen mit einem Wort.« Der Bund der Landwirte forderte 1895 ein Kleinbahnnetz, das das platte Land so dicht überziehen sollte, daß kein Punkt weiter als eine halbe deutsche Meile (3,7 km) von der nächsten Bahnstation entfernt wäre.[57] Das hätte in Preußen einen Zubau von rund 56 000 km, dem Zehnfachen des bisherigen Netzes, erfordert.

Der städtische Nahverkehr profitierte am Ende des 19. Jahrhunderts von der Elektrifizierungswelle; bei den Straßenbahnen war der Nutzen des elektrischen Antriebs am leichtesten zu demonstrieren. Noch zu einer Zeit, als die Straßenbahn aus der Perspektive des Autos bereits zur Lächerlichkeit und zum Verkehrshindernis wurde, nannte Werner Hegemann ihre Erfindung »mindestens ebenso genial« wie die der gotischen Dombautechnik. 1881 fuhr in

Berlin, von Siemens erbaut, die erste Straßenbahn der Welt; aber die Berliner Stadtverwaltung verhielt sich bis 1898 ablehnend gegen elektrische Oberleitungen. Erst als sich die Straßenbahn in amerikanischen Städten durchgesetzt hatte und um 1890 nach Deutschland zurückkehrte, breitete sie sich rasch aus. 1898 gab es sie bereits in 69 Städten. Wie in anderen europäischen Ländern richteten sich viele Klagen gegen die Störung des gewohnten Straßenbildes durch die Oberleitungen; dennoch war in Deutschland die Akzeptanz bald höher als in Westeuropa. Städtische Bahnnetze mit eigenem Gleiskörper wie die Berliner Stadtbahn oder die Wuppertaler Schwebebahn galten international als vorbildlich.[58] Die Frage, welche Verkehrstechnik den deutschen Bedingungen angepaßt sei, wurde hier heftig und mit praktischer Wirkung diskutiert, anders als beim Auto, dessen Durchsetzung scheinbar wie ein Naturprozeß vor sich ging und die Kritiker zur ohnmächtigen Wut verdammte.

Fahrrad und Auto wirken heute als Inbegriff verkehrstechnischer Alternativen; um die Jahrhundertwende wurde jedoch nicht selten das eine wie das andere Verkehrsmittel als Verkörperung moderner Raserei empfunden. Man kann eine Ironie der Geschichte darin erkennen, daß das Fahrrad, historisch gesehen, als Einübung in jene neue individuelle Temposucht fungierte, die unmittelbar darauf mit dem Automobil ihre harte Droge bekam. Da sich ehrgeizige und ungeübte Radfahrer mit ihren Kräften zu übernehmen pflegen, konnte anfangs ernsthaft in Frage gestellt werden, ob Radfahren gesund sei. Radfahren und Automobilismus begannen als Sport und wurden von einer sportlichen Kameradschaft der Akteure vorangetragen; beide machten Epoche in der Geschichte der Reklame und wurden durch Wettfahrten und technikspezifische ad-hoc-Philosophien propagiert. Selbst ein namhafter Historiker wie Hans Delbrück konnte gelegentlich verkünden, das Arbeiterfahrrad werde die soziale Frage lösen, und die »Zukunft des Volkes« liege »im Velozipd«. Das Fahrrad, dessen Preis um die Jahrhundertwende in einem Jahrzehnt auf ein Zehntel fiel – von 200 bis 300 RM auf 20 bis 30 RM –, führte so eindrucksvoll wie bis dahin kaum ein anderes Produkt die Möglichkeiten der Massenproduktion vor Augen, lange bevor sich diese in der Autoindustrie durchsetzte.[59] In technischer, mehr aber noch in psychischer Hinsicht war das Fahrrad ein Ursprung des Autos, ja selbst der frühen Flugmaschinen. Carl Benz hat geschildert, wie bei ihm die Idee des Automobils der Veloziped-Erfahrung entsprang. Obwohl das erste Laufrad um 1813 von dem verabschiedeten badischen Forstmeister Carl von Drais erbaut worden war – die noch fast ganz aus Holz gefertigte Draisine – und obwohl auch die ersten Automobile in Deutschland gebaut wurden, verbreitete sich das Fahrrad zunächst als eine englische und das Auto als eine französische Technik.[60]

Besonders beim Auto ist der deutsche Rückstand gegenüber Frankreich, der erst seit etwa 1960 in sein Gegenteil verkehrt wurde, oft erörtert worden. Wenn man davon ausgeht, daß das Autofahren kein menschlicher Naturtrieb ist, handelt es sich um ein Scheinproblem, und das französische Vorpreschen ist erklärungsbedürftig. Der Widerstand gegen den frühen Automobilismus war nicht nur in Deutschland, sondern auch in Westeuropa verbreitet. Er war auf lokaler Ebene wirksamer als bei höheren Instanzen: ein Grund, weshalb das zentralistische Frankreich gegenüber dem Autofieber ein schlechteres Immunsystem besaß als das Deutsche Reich. Hier waren der Kaiser höchstpersönlich und der Kaiserbruder Prinz Heinrich, der Schirmherr der Autorennen, die stärksten Trümpfe der Autolobby. Der Vorsprung Westeuropas bei Fahrrad und Auto läßt sich zum Teil aus der dortigen Genese der Sport- und Rekord-Bewegung erklären. Die Deutschen, die immer noch als langsamer und bedächtiger galten, hatten eine Oberschicht, deren Statussymbole im großen und ganzen stärker als die der westeuropäischen Eliten der feudalaristokratischen Welt des Pferdes und der Equipagen verhaftet waren. Jedenfalls war in der französischen Oberschicht der Belle Epoque der Typ des Autonarren verbreiteter als in der deutschen jener Zeit: der Typ des wohlhabenden, den Sport wie die Show liebenden Müßiggängers. Das Schlagwort »Tempo« kam um 1900 aus Frankreich herüber. Carl Benz hielt 50 Kilometer pro Stunde für schnell genug und wollte, daß sich das Auto dem bestehenden Straßenverkehr einfügte und nicht mit Schnellzügen konkurrierte; aber er sträubte sich vergeblich gegen die Autorennen. Wie das Beispiel des ähnlich gesinnten Henry Ford zeigt, hätte sich aus der Bevorzugung von Einfachheit und Solidität gegenüber hochgezüchteten Schnellstartern durchaus eine erfolgreiche technische Strategie ergeben können. Das bessere Straßennetz Frankreichs liefert keine hinreichende Erklärung für den dortigen frühen Automobilboom; in den USA wurden die Ford-Wagen auf viel schlechteren Straßen zum Massenprodukt. Im damaligen Frankreich gedieh jedoch am besten jenes Marketing, das nötig war, um aus der Autoproduktion ein Geschäft zu machen. Frankreich war damals das »Land der Reklame«, mehr noch als die USA.[61]

Die Treibstoffversorgung erschien in Deutschland anfangs nicht als grundsätzliches Problem: Das Benzol, die Muttersubstanz der organischen Chemie, das – von Prinz Heinrich propagiert – seit 1904 als Autotreibstoff eingesetzt wurde, fiel als Nebenprodukt der Gaswerke und Kokereien an, und die Erzeugung überstieg damals den Bedarf bei weitem.[62] Hemmend wirkte jedoch der Umstand, daß das Auto und noch mehr das Fahrrad den damals in Deutschland herrschenden technologischen Paradigmen widersprachen, die von der Dampfmaschine und der Elektrizität inspiriert wurden. Wie es Otto Kammerer, Maschinenbaulehrer an der Berliner Technischen Hochschule, 1910 formulierte: »Kraftgewinnung und Kraftverteilung bilden die wichtigsten beiden Grundgedanken der neuzeitigen Technik; die Verbindung dieser beiden Gedanken bildet die eigentliche Grundlage für den Fortschritt der Maschinentechnik im letzten Jahrzehnt.«[63]

Die Logik dieser Vorstellung führte am ehesten zu elektrischen Massenverkehrsmitteln, und man muß fragen, warum dieser Weg nicht konsequenter beschritten worden ist. Das Interesse an individuellen Verkehrsmitteln besaß jedoch frühzeitig ein starkes gesellschaftliches Durchsetzungsvermögen. Auch hier erschien der Elektromotor zu Jahrhundertbeginn als der »naheliegendste und technisch einfachste« Antrieb. Siemens und sogar Porsche setzten damals auf das geräusch- und geruchlose Elektromobil, das noch 1911 von der Zeitschrift *Prometheus* als »in hygienischer Hinsicht entschieden das idealste Kraftfahrzeug« gepriesen wurde. Aber die schweren Akkumulatoren hielten die Fahrleistung und Temposteigerung des Elektromobils in Grenzen; für die von Sport und Jagd begeisterte Automobilistengemeinde war dies Fahrzeug ohne Reiz.

Alle Grundprobleme des modernen Autoverkehrs ließen sich schon in der Frühzeit des Automobilismus umrißhaft erkennen, ja sie riefen damals heftigere Reaktionen hervor als ein, zwei Generationen später; denn vor 1914 identifizierte sich die breite Masse der Bevölkerung noch nicht mit dem Auto und war noch nicht gegen Verkehrsopfer abgebrüht; der Anblick überfahrener Passanten erinnerte noch an die grausige Strafe des Räderns. Mit Recht fragte jüngst ein ehemaliger Entwicklungschef von Daimler-Benz, ob das Auto bei frühzeitiger Technikfolgenbewertung »nicht schlicht verboten worden wäre«.[64] Aber um 1900 wurde die technische Entwicklung nicht mehr als gesellschaftliches Entscheidungsfeld begriffen, obwohl sie von gesellschaftlichen Kräften und keineswegs von einer rein technischen Logik bestimmt war.

### 3. »Billig und schlecht« – Weltausstellungen und technologischer Nationalismus

Die technikhistorische Epochenscheide um die Mitte des 19. Jahrhunderts manifestiert sich anschaulich in der Londoner Weltausstellung von 1851 und der sich daran anschließenden Reihe weiterer Weltausstellungen, die die öffentliche Wahrnehmung der Technik in der zweiten Jahrhunderthälfte prägten. Gegen Ende des Jahrhunderts brachte die Reihe der internationalen Elektrizitätsausstellungen in dieser Ära der technischen Feste eine letzte Kulmination. In England, das bis dahin gegenüber Frankreich eher durch Zurückhaltung mit großen Ausstellungen aufgefallen war, versinnbildlichte die Ouvertüre der Weltausstellungen die Wende von der Abschirmung gegen Industriespionage zur Zurschaustellung der eigenen technischen Leistungen, vom Protektionismus zum Freihandel und auch von den tiefen sozialen Spannungen der ersten Jahrhunderthälfte zum sozialpolitischen Optimismus. Es gehörte fortab zum Stil dieser Ausstellungen, daß die Technik in einem breiten Panorama von Produkten der Kunst und Kultur vorgeführt und selber als Kulturtat und Wunderwelt präsentiert wurde. Technik als öffentliches Ereignis, als Bestandteil der Festkultur, als nationales Symbol und Arena eines Wettstreits zwischen den Nationen: All dies war erst auf einem bestimmten technologischen Niveau möglich, auf dem die Technik kein punktuelles, rein praktisch bestimmtes Phänomen mehr war, sondern zu einem allgemeinen Prinzip wurde. In Deutschland kam das industrielle Ausstellungswesen erstmals mit der Berliner Gewerbeausstellung von 1844 in Schwung.

Auf den Weltausstellungen waren die Exponate fast immer nach Ländern geordnet; ein Versuch, dieses Ordnungsprinzip durch ein sachorientiertes zu ersetzen, fand keine Nachfolge. Auf diese Weise inszenierten die Ausstellungen einen internationalen Wettstreit der industriellen und kunstgewerblichen Spitzenleistungen und lieferten unerschöpflichen Stoff für Kommentare über die dort jeweils zum Ausdruck kommenden nationalen Profile, die man noch nie so eindrucksvoll vorgeführt bekommen hatte.[66] Zugleich erzogen die Weltausstellungen dazu, die Technik nicht nur unter dem Blickwinkel praktischer Nützlichkeit, sondern auch in Kategorien des Prestiges zu betrachten. Spitzenleistungen fanden durch die Ausstellungen eine Beachtung, die über ihren derzeitigen ökonomischen Wert weit hinausging, aber die Meinungsbildung in Industrie und Technik beeinflußte. Die Kruppschen Gußstahlkanonen und Stahlblöcke waren von Anfang an ein Blickfang der deutschen Abteilungen – schon zu einer Zeit, als noch niemand die Krupp-Kanonen kaufen wollte.

Neben Krupp bekam der Zeigertelegraph von Siemens & Halske 1851 die höchste Preismedaille: eine Auszeichnung in einer Situation, in der die noch um ihre Existenz ringende Firma den Rückhalt bei der preußischen Regierung verloren hatte. Die Thonet-Stühle, die das Heißbiegeverfahren in die Möbelherstellung einführten, erregten in London »besondere Aufmerksamkeit«, noch bevor sie ihren großen Durchbruch auf dem Markt erzielt hatten. Durch die New Yorker Kristallpalast-Ausstellung von 1853 wurde das »amerikanische System« der mechanisierten Serienfertigung erstmals zum Begriff, obwohl es damals noch mehr ein Ideal als eine verbreitete und wirtschaftlich befriedigende Produktionsmethode war. Seit der Londoner Weltausstellung von 1862 war die Farbenpracht der deutschen Teerchemie eine immer neue Attraktion, die den Eindruck erweckte, als sei die Chemie bereits ein Führungssektor der deutschen Wirtschaft – eine Suggestion, die der statistischen Wirklichkeit weit vorauseilte: Selbst in den letzten Jahren vor 1914 ging nur 2,3 % der deutschen Industrieproduktion auf das Konto der Chemie.[67] Auf der Pariser Weltausstellung von 1867 bekam der Ottomotor eine Goldmedaille; dank seines doppelt so hohen Wirkungsgrades wurde er dem Lenoir-Motor vorgezogen: Das aufsehenerregende Ereignis gab ihm eine Bedeutung, die damals keinerlei ökonomische Grundlage hatte. Werkzeugmaschinen der Chemnitzer Firma Zimmermann erzielten in London 1862 und Paris 1867 höchste Preise, obwohl die Werkzeugmaschinenindustrie damals vorwiegend für den lokalen Markt produzierte und erst im 20. Jahrhundert zu einer führenden deutschen Exportbranche wurde. Eine Silbermedaille erlangten 1867 Voelters aus Holzschliff hergestellten Papiersortimente, als das Holzschliff-Papier in Deutschland noch gegen starke Vorurteile zu kämpfen hatte. Das »Lichtwunder« der Bogenlampen auf der Pariser Weltausstellung von 1878 faszinierte die Öffentlichkeit, während sich die Fachwelt gegenüber dem elektrischen Licht noch skeptisch verhielt.[68]

Die erste Weltausstellung der Elektrotechnik, 1881 in Paris, demonstrierte die europäische Führerstellung der Firma Siemens. Die Weltausstellung von Chicago 1893 erfüllte deutsche Techniker mit wilhelminischem Überlegenheitsgefühl: Nun schien die deutsche Technik an der Spitze Europas zu liegen, obwohl Reuleaux, wieder in der Rolle der Kassandra, auf den deutschen Rückstand an Präzision hinter den amerikanischen Werkzeugmaschinen hinwies. Aber nach 1900 konnte man auf den Weltausstellungen verfolgen, wie der deutsche Werkzeugmaschinenbau den amerikanischen ein- und teilweise überholte.[69]

Bald nach 1900 verloren die Weltausstellungen als Medium des technischen Fortschritts an Bedeutung. Der unfriedliche Wettstreit zwischen den Nationen wurde technologisch noch faszinierender als der – äußerlich – friedliche, bei dem die stereotyp präsentierten Krupp-Kanonen noch eine relativ isolierte Erscheinung gewesen waren.[70] Die Tendenz, daß die Technik neben ihrem Gebrauchs- einen wachsenden Symbol-, Macht- und Prestigewert entwickelte – nicht nur für Nationen, sondern auch für private Verbraucher –, setzte sich im 20. Jahrhundert fort; davon zeugt der Aufstieg der Reklame. Wieweit war die auf den Weltausstellungen zelebrierte nationale Industriekultur eine bloße Show, ein Reflex des nationalistischen Zeitklimas, und wieweit enthielt sie ökonomische und technische Substanz? Die Publizistik jener Zeit besaß eine Vorliebe dafür, die Übernahme technischer Innovationen auf Weltausstellungs-Erlebnisse zurückzuführen; insofern kann ein übertriebener Eindruck von der Bedeutung dieser Ausstellung entstehen. Nüchtern betrachtet, wären Informationen über technische Neuerungen aus den Fachzeitschriften früher und besser zu erlangen gewesen.[71] Aber der »Technologie-Transfer« vollzieht sich im entscheidenden nicht über sachliche Information, sondern über konkrete Anschauung und über die Suggestion internationaler Trends. Hier kam den Weltausstellungen in der Tat eine Schlüsselrolle zu.

Ein besonders deutlicher Effekt dieser Ausstellungen bestand darin, daß die Nationen dazu veranlaßt wurden, sich stärker, als das bis dahin der Fall war, mit bestimmten international vorzeigbaren Spitzentechnologien zu identifizieren. Bei diesen Technologien und den damit verbundenen Industriebranchen läßt sich in der Tat während der zweiten Hälfte des 19. Jahrhunderts ein Prozeß der »Nationalisierung« feststellen, besonders deutlich bei Firmen wie Krupp oder Siemens, die um die Jahrhundertmitte in einem gespannten Verhältnis zu preußischen Verwaltungsspitzen standen und sich zeitweise nur mit russischen Aufträgen über Wasser halten konnten, später aber in eine immer engere und schließlich existenznotwendige Beziehung zur reichsdeutschen Administration traten. Sie wurden dabei Schrittmacher bei der Profilierung der deutschen Technik in nationalem Rahmen. Werner Siemens kämpfte um 1865 als Abgeordneter für Solingen-Remscheid gegen die »selbstmörderische Gewohnheit, deutsche Fabrikate als englische, französische oder gar amerikanische auf den Markt zu bringen«. Er geriet dabei in Konflikt mit den Stahlwarenfabrikanten aus seinem Wahlkreis, die an dieser Gewohnheit festhalten wollten; die 1887 von England erzwungene Warenbezeichnung »Made in Germany« zielte besonders auf Solingen. Zu jener Zeit wurde das »Made in Germany« jedoch zum Bestandteil deutscher Firmenwerbung.[72]

Während früher die Hersteller von Spitzenprodukten in typischen Fällen fernhandelsorientiert, die übrigen Produzenten lokal und regional ausgerichtet waren, schuf der gewaltig expandierende nationale Binnenmarkt hier neue Bedingungen. Auch der Kampf um das Patentgesetz in den siebziger Jahren wurde mit Vorstellungen einer »nationalen« Technik geführt. War die Rolle des Staates bei der technischen Entwicklung bis in die sechziger Jahre eher rückläufig, so entstand durch Eisenbahnbau, Elektrizität und Rüstung ein Gegentrend, der gerade die als technisch besonders fortschrittlich geltenden Industrien betraf. Und es war immer wieder der Staat, der die Industrie unter dem Gesichtspunkt des nationalen Prestiges zur Beteiligung an den Weltausstellungen drängte; die dortige Präsentation bedeutete für die Industrie nicht zuletzt eine Imagepflege gegenüber der eigenen Regierung.[73]

Für einen Großteil der deutschen Industrie waren jedoch die Ausstellungen als solche, rein wirtschaftlich betrachtet, kaum interessant. Viele deutsche Fabrikanten verstanden die Londoner Ausstellung von 1851 zunächst als eine Art Messe und begriffen nicht deren repräsentative und imaginative Funktion. Die Eisenwaren-Fabrikanten erschienen, wie der amtliche deutsche Ausstellungsbericht bemängelt, in London »nur mit ihrer kurrenten Ware« und verwandten »nichts auf eine geschmackvolle Anordnung und Staffage«; »und so sah in der Tat die Deutsche Eisenwaren-Ausstellung ganz dem Kramladen eines stark beschäftigten Eisenhändlers gleich«. Die renommierteste deutsche Traditionstechnologie, das Montanwesen des Harzes und Erzgebirges, war nicht vertreten.[74]

Ausgerechnet in den beiden Jahrzehnten nach der Reichsgründung gab es in weiten Teilen der deutschen Industrie eine förmliche Reaktion *gegen* die »Ausstellungsepidemie« (Siemens), mit dem bemerkenswerten Ergebnis, daß die für Berlin 1885 geplante Weltausstellung nicht zustandekam und überhaupt nie eine Weltausstellung in Deutschland stattfand. Dafür gab es 1879/81 kurz hintereinander zwei Weltausstellungen in Australien, in Sydney und Melbourne, obwohl dieser Kontinent damals noch keine zwei Millionen weiße Einwohner besaß und nur unter horrenden Kosten zu erreichen war. Es war ein Wettlauf ans Ende der Welt, dessen ökonomisch irrationaler Charakter klar zutage trat; aber die Reichsregierung bewirkte einen respektablen deutschen Auftritt in Melbourne.[75]

Maschinen standen nicht von Anfang an im Zentrum der Weltausstellungen; erst 1867 in Paris wurden sie zu einer Hauptattraktion, und auch damals bemerkte gerade der Maschinenbaulehrer Reuleaux, der deutsche Präzeptor der Ausstellungen, daß Maschinen im Grunde keine geeigneten Gegenstände für Schaustellungen dieser Art seien. London 1851 war nicht nur ein Triumph der britischen Technik, sondern – wie allgemein anerkannt wurde – auch ein Sieg der »herrlichen Kunstindustrie« der zum Kolonialvolk erniedrigten Inder über die europäische Fabrikware. Dem Trend zu billiger Massenproduktion lief die Gesamttendenz der Ausstellungen zuwider, da diese vor allem das Exquisite und Einzigartige kultivierten. Dafür regten sie zur Gründung kunstgewerblicher Museen an. Aber die zweite Hälfte des 19. Jahrhunderts ist eben nicht nur durch die Tendenz zur Massenproduktion und zu fortschreitender Ersetzung von Menschen durch Maschinen, sondern auch durch Gegenreaktionen und durch das Bestreben, die Technik der traditionellen Kultur einzuverleiben, gekennzeichnet. Der Vorzug der Photographie gegenüber der Daguerreotypie wurde in der Mitte des 19. Jahrhunderts bezeichnenderweise darin gesehen, daß man auf der Photographie Gesichter retuschieren und den idealisierten Porträts anpassen konnte, auf der Daguerreotypie dagegen nicht.[76]

Die Weltausstellung von Philadelphia (1876), die als Jahrhundertfeier der amerikanischen Unabhängigkeitserklärung aufgezogen und mit einem eigens dafür von Richard Wagner komponierten Marsch eröffnet wurde, bot die Kulisse für die berühmte Polemik des deutschen Preisrichters Franz Reuleaux, die sofort zum geflügelten Wort und zum Auslöser heftigster Pressefehden wurde: Deutschlands Industrie produziere, so wie sie sich in Philadelphia darstelle, nach dem »Grundprinzip« »billig und schlecht«.[77] Reuleaux gab damit angeblich die Meinung vor allem der deutsch-amerikanischen Presse wieder, die über die Art und Weise, wie sich ihr altes Heimatland in der neuen Welt präsentiere, wütend enttäuscht sei. Sein *Brief aus Philadelphia* stieß damals in der deutschen Presse überwiegend auf Kritik; nur zu nahe lag der Vorwurf der pauschalisierenden Ungerechtigkeit und der Schädigung deutscher Interessen. Später jedoch galt dieser Affront als fruchtbare Herausforderung, die in der deutschen Industrie eine epochale Wende von der Preis- zur Qualitätskonkurrenz, von der Nachahmung zur Originalität bewirkt und dahin geführt habe, daß die durch den englischen *Merchandise Marks Act* von 1887 erzwungene Kennzeichnung deutscher Waren mit dem *Made in Germany*, die noch von dem »billig-und-schlecht«-Image deutscher Waren ausging, zum Qualitätszeichen geworden sei.[78]

Nun wird man eine Wende in der gesamten produktionstechnischen Kultur gewiß nicht allein auf eine Pressepolemik zurückführen können; dennoch wirft die Reuleaux-Kontroverse ein Schlaglicht auf das Spannungsfeld, in dem sich damals die Entwicklung der deutschen Technik vollzog. »Billig und schlecht« war als Pauschalurteil sicherlich ungerecht. Es war zuallererst eine gezielte Provokation aus Ärger darüber, daß ein Großteil der deutschen Industrie den Sinn für eine glänzende Selbstdarstellung gegenüber der Welt und auch den Respekt für die Leistungen des nach oben drängenden Standes der wissenschaftlich gebildeten Ingenieure vermissen ließ: Aus der Sicht eines Reuleaux hing das eine Manko mit dem anderen zusammen. Seine Kritik spiegelte die Situation nach dem Gründerkrach, der die Berufschancen der Ingenieure empfindlich traf; für die Aussichten der akademischen Techniker war es verheerend, wenn die Industrie den Ausweg aus der Krise vorwiegend in Kostenreduzierung und Billigprodukten suchte. »Billig und schlecht« paßte teilweise auf den deutschen Maschinenbau, der seine Produkte damals nach Gewicht verkaufte, und von dem böse Zungen behaupteten, er könne es nicht wagen, seine Maschinen im Ausland irgendwo außerhalb Rußlands auszustellen. Das Verdikt paßte auch auf vorindustrielle Bereiche der deutschen Wirtschaft: auf Kleinmeister, die durch Schleuderproduktion mit den Maschinen zu konkurrieren suchten, statt sich mit Geschick auf Produkte zu spezialisieren, die nicht maschinell herzustellen waren.[79]

Reuleaux war nicht nur eine Koryphäe des Maschinenbaus, sondern auch ein Liebhaber des Kunsthandwerks, das er bei seinen Ausstellungsberichten häufig breiter würdigte als die Leistungen der Industrie. Er, der aus der Technologie alles Handwerklich-Empirische zugunsten der reinen Theorie verbannen wollte und daher die Einrichtung von Laboratorien an den Technischen Hochschulen bekämpfte, engagierte sich für die künstlerische Hebung des Handwerks: So verkörperte er eine für jene Zeit charakteristische Ambivalenz. Wenn er die Preiskonkurrenz verdammte und von Preis- und Qualitätswettbewerb wie von unversöhnlichen Alternativen sprach, bewegte er sich scheinbar in der Logik des alten Handwerks; die Mechanisierung dagegen machte es möglich, beide Arten des Wettbewerbs miteinander zu verbinden. Aber Reuleaux fand auch Unterstützung bei Siemens, der seinen Mut lobte; in der Situation von 1876 diente »billig und schlecht« als Argument für verbesserten Patentschutz, das damalige Hauptthema der deutschen Techniker, und wurde so von Siemens in einem Brief an Bismarck verwendet. Die Verderblichkeit der Preiskonkurrenz war ein Leitmotiv der Kartellanhänger und Schutzzöllner; Wilhelm v. Kardorff, der Führer der neuen Schutzzoll-Allianz, beeilte sich, Reuleaux in der Polemik noch zu überbieten.[80] Es wäre irreführend, den *Brief aus Philadelphia* nur als Reflex des damaligen Niveaus der deutschen Technik zu nehmen.

Schon der amtliche deutsche Bericht über die Londoner Ausstellung von 1851 glaubte feststellen zu können, daß »Deutschland beim Werkzeugmaschinenbau in die zweite Periode der Entwicklung getreten« sei, »in welcher der bloße Nachbau fremder Muster aufgegeben wird, und statt dessen eine selbständige Entwicklung eigenthümlicher Maschinen in den Vordergrund tritt«. Aber war es wirklich so, daß es eine gesetzmäßige »Entwicklung« von der Nachahmung zur Originalität gab – war die Nachahmung eine verächtliche Manier, die im Interesse der Gewinnsteigerung und des nationalen Ansehens ein für allemal überwunden werden mußte?[81] Künstlerische Originalität ist kein sinnvolles Ideal für die Technik. Gerade der Erfolg der deutschen Werkzeugmaschinenindustrie beruhte bis ins 20. Jahrhundert darauf, daß sie besser als die englische von der amerikanischen Konkurrenz zu lernen verstand. Diejenige Innovation, die von allen Einzelerfindungen die vermutlich größte Bedeutung für die deutsche Industrie des späten 19. Jahrhunderts hatte, war die Aneignung des in England erfundenen Thomasverfahrens, mit dem die Annexion der lothringischen Erzlager 1871 überhaupt erst genutzt werden konnte und die deutsche Schwerindustrie jene billige einheimische Erzbasis erlangte, die in der Folgezeit ihr »Schlüssel zum Erfolg« insbesondere gegenüber England wurde. Der den deutschen Bedingungen besonders angepaßte technologische Weg, der zunächst nicht als solcher erkannt wurde, bestand darin, die besondere Eignung dieses aus dem Ausland übernommenen Verfahrens für ganz bestimmte Erzarten und Produktqualitäten zu berücksichtigen.[82] Dies war, wirtschaftlich betrachtet, für die deutsche Schwerindustrie viel wichtiger als die Kruppschen Riesenkanonen und Tiegelstahlblöcke, die zu einem Kernstück der deutschen Selbstdarstellung gegenüber der Welt wurden. Im 20. Jahrhundert hat der Aufstieg Japans beispielhaft gezeigt, daß die schöpferische Nachahmung und Anpassung in der Technik weit nützlicher ist als das Streben nach Originalität um jeden Preis und daß der »faustische Drang« für den technischen Erfolg nicht die Bedeutung hat, die ihm in Deutschland gerne zugeschrieben wurde.

## 4. Abstraktion und Autorität – zur Rolle der Wissenschaft

Die Frage, was es mit der Verwissenschaftlichung der Technik auf sich hat, ist ein Schlüsselproblem bei der Bestimmung des »deutschen Weges« in der Technik; denn nach übereinstimmendem Urteil hat Deutschland bei diesem Prozeß der Verwissenschaftlichung die Pionierrolle gespielt (vgl. Kap. I, 4). Die britische Zeitschrift *The Engineer* geriet 1870 bei der Schilderung der Universitätslaboratorien von Berlin, Leipzig und Bonn ins Schwärmen und fühlte sich an Bacons Vision von Neu-Atlantis erinnert. Ernest E. Williams, dessen Bestseller *Made in Germany* (1896) die »deutsche Gefahr« zum englischen Tagesgespräch machte, hielt es, ganz im Stil der nationalistischen Selbstdarstellung der deutschen Chemie, für erwiesen, daß »Deutschland, indem es die (wissenschaftliche) Chemie auf das praktische Gebiet übertrug, die Welt erobert« habe. Das »glänzende System« der deutschen Techniker-Ausbildung verhalte sich zum englischen wie das elektrische Licht zur Öllampe; die deutschen Technischen Hochschulen seien wahre »Paläste« mit »verschwenderisch« ausgestatteten Laboratorien. Im Bayer-Laboratorium in Elberfeld bezögen »nicht weniger als sechzig gelernte Chemiker ein ordentliches Gehalt für das, was der Engländer ›Nichtstun‹, der Deutsche aber ›Forschen‹ nennt«.[83]

Ist also die wissenschaftliche Grundlage des deutschen industriellen Aufstiegs eine der am besten belegten Tatsachen der Technikgeschichte? Aber die Verwissenschaftlichung der Technik wurde bereits zu einer Zeit emphatisch proklamiert, als in Wahrheit davon noch keine Rede sein konnte. Der offizielle Bericht über die bayerische Industrieausstellung von 1822 glaubte feststellen zu können:

Die tägliche Erfahrung zeigt sonnenklar, daß es heutzutage kaum mehr ein Gewerbe gibt, worin die gewöhnlichen Handwerksfertigkeiten ferner noch ausreichen. Jeder, der sich über das Gewöhnliche erheben will, bedarf auch vielfältig der Anwendung wissenschaftlicher Kenntnisse, die seinen Unternehmungen Gewißheit geben, und ein höheres Gelingen versichern.

So begannen die »Grundsätze für die Gewerbsförderung«. Die Anwendung von Wissenschaft begründete also Förderungswürdigkeit – zu einer Zeit, in der der praktische Nutzen der Wissenschaft in den allermeisten Bereichen der Technik nichts weniger als »sonnenklar« war. Man sieht jedoch, daß es frühzeitig in Deutschland die Tendenz gab, von der Wissenschaft für die Technik schlechthin alles zu erwarten, alle Erfolge der Technik auf die Anwendung von Wissenschaft zurückzuführen und Wissenschaftlichkeit als Indiz für Solidität und höheren Wert zu nehmen, während sich in England die umgekehrte Neigung findet, den Anteil theoretischen Wissens an Innovationen zu bagatellisieren und Erfindungen auf praktisches Ausprobieren zurückzuführen.[84]

Bei der Vorstellung, daß die Technik ihr zuverlässiges Fundament in der Wissenschaft besitze, handelte es sich im späten 19.

Jahrhundert bereits um einen überkommenen Topos, dessen realer Gehalt zu prüfen ist. Gewiß kann man ihn in dem Sinne gelten lassen, daß die leitenden Techniker mehr und mehr eine wissenschaftliche Ausbildung benötigten. Meist meint die These von der Verwissenschaftlichung jedoch mehr: daß technische Innovationen zunehmend aus wissenschaftlichen Forschungen hervorgehen, die Wissenschaft zur Triebkraft der Technik wird und beide Bereiche immer enger miteinander verschmelzen. Liebig hat derartige Vorstellungen schon 1840, inmitten einer noch fast ganz auf der Grundlage handwerklicher Erfahrung produzierenden Welt, mit größter Emphase verkündet. Von der Entdeckung des Sauerstoffs behauptet er, durch sie seien »zahllose Fabriken und Gewerbe, Dampfmaschinen und Eisenbahnen« vorbereitet worden. »Der materielle Wohlstand der Staaten« sei »um das Zehnfache dadurch erhöht worden«. Seinen Schülern riet er, sich im Studium aller praktischen Neigungen zu entledigen und ganz der Lösung rein wissenschaftlicher Fragen zu widmen: dann würde hernach der Erfolg in der Praxis um so glänzender sein, und zwar würde er oft schon prompt eintreten:

Ich kenne viele davon, welche jetzt an der Spitze von Soda-, von Schwefelsäure-, von Zucker-, von Blutlaugensalz-Fabriken, von Färbereien und anderen Gewerben stehen; ohne je damit zu tun gehabt zu haben, waren sie in der ersten halben Stunde mit dem Fabrikationsverfahren auf's vollkommenste vertraut, die nächste brachte schon eine Menge der zweckmäßigsten Verbesserungen.

Tatsächlich hatte Liebig dank seiner Kenntnis der chemischen Formeln einem Berlinerblau-Fabrikanten in Glasgow zur Vereinfachung der Produktion von Blutlaugensalz verhelfen können. Dennoch wirkt seine Propaganda für die wissenschaftliche Chemie kolossal übertrieben, wenn man die weithin noch ganz wissenschaftsferne Praxis in den »Chemie«-Betrieben jener Zeit besieht, die nach späteren Maßstäben erbärmliche Giftküchen waren, und wenn man daran denkt, daß der unmittelbare praktische Nutzen aus Liebigs Lehre häufig zweifelhaft war.[85] Trotzdem ließen sich viele Praktiker in der Industrie diese Ansprüche der Wissenschaftler gefallen, da die Wissenschaft für sie einen legitimatorischen Wert besaß.

Um so mehr ist darauf zu achten, was unter »Wissenschaft« jeweils verstanden und welche Assoziationen mit diesem Begriff verbunden wurden. In der französischen Technik des 19. Jahrhunderts bedeutete »Verwissenschaftlichung« vor allem Mathematisierung; aber die Herrschaft der Mathematik wurde von führenden deutschen Naturwissenschaftlern und Technikern bekämpft. Wenn Carl Duisberg, der in seiner Person wie kein zweiter den Aufstieg der chemischen Wissenschaft zur industriellen Macht verkörperte, hervorhob: »An die Stelle der Zufallserfolge der früheren Jahre trat die wissenschaftliche Sicherheit«, zielte »wissenschaftlich«, mit »Sicherheit« assoziiert, vor allem auf geregelte, systematisierte Verfahren. Für Duisberg, den Organisationsfanatiker, bedeutete »Wissenschaft« immer auch Ordnung, Disziplin, genau festgelegte und kontrollierte Vorgehensweise. Ähnlich auch für Walther Rathenau, der 1920 den Deutschen Beamtenbund daran erinnerte, »daß die Stärke Deutschlands darin gelegen hat, daß es seine ganze Wirtschaft auf Wissenschaft fundamentiert hat, denn Technik ist nichts anderes als angewandte Wissenschaft«. Für ihn war Verwissenschaftlichung des Produktionsprozesses damals mit Normierung und Typisierung, mit Verbundwirtschaft und Arbeitsteilung in großem Stil verbunden. Ein »einheitlicher Wille, ein wissenschaftlicher Geist« solle das »Problem der Wiedervereinigung der Produktionsstufen« grundsätzlich lösen.[86] Die Verwissenschaftlichung wurde zu einer Zeit proklamiert, in der »Organisation« zum Zauberwort, »System« zur Parole wurde und organisatorische Leistungen als besondere Begabung der deutschen Großindustrie galten. Die Industrie brauchte vor allem das autoritative Element der Wissenschaft; die Wissenschaft legitimierte Hierarchie und Kontrolle der Handarbeit, sie rechtfertigte Rationalisierungen und Reorganisationen.[87] Die Naturwissenschaften wurden im 19. Jahrhundert nicht unbedingt aus innerer Logik näher an die Technik herangeführt. Der Aufstieg der Physik und Chemie verstärkte auch den Korpsgeist, die Binnenstruktur dieser Disziplinen; der starke Zugewinn an Theorie und das drastisch erhöhte Abstraktionsniveau, der von der Alltagssprache immer schärfer getrennte Fachjargon machten die Naturwissenschaften in mancher Weise praxisferner, als diese es zu den Zeiten gewesen waren, da sie sich noch weithin auf die unmittelbare Anschauung bezogen und sich der allgemeinen Gebildetensprache bedienten.[88]

Hinter der oft stereotyp wirkenden Betonung der wissenschaftlichen Grundlage der Technik standen offensichtlich Interessen; zuallermeist die Statusambitionen des aufsteigenden Standes der gebildeten Ingenieure, die sich seit der Jahrhundertmitte als Berufsgruppe formierten und bis in das späte 19. Jahrhundert vor allem auf scharfe Abgrenzung gegen die Handwerker bedacht waren. Erst nachdem der akademische Status des Ingenieurs gesichert war, verstärkte sich die andere Tendenz, den Ingenieur als den Mann der praktischen Erfahrung von den naturwissenschaftlichen Theoretikern abzuheben. »Empirie« bedeutete für viele deutsche Ingenieure des 19. Jahrhunderts »handwerkliche Beschränktheit«, »Empiriker« war geradezu ein Schimpfwort; Redtenbacher sprach von dem »Wischiwaschi der Empiriker«, das ihm »ekelhaft« geworden sei. Max Maria v. Weber bemerkte 1877, »die Besten und am klarsten Denkenden« unter den Technikern hätten erkannt, daß es »vor allem darauf ankomme, die Erinnerung an den vermeintlichen Ursprung der Technik aus dem Handwerk und das Vorurteil, welches sie nur als ein ›wissenschaftlich drapiertes Metier‹ betrachtete, bei den leitenden Klassen des staatlichen und sozialen Lebens abzuschwächen«.[89]

Die Mißachtung der Technik durch die humanistischen Bildungseliten war in der Tat aufreizend und nahm im Laufe des 19. Jahrhunderts eher noch zu. Der preußische Kultusminister Falk bestritt prinzipiell die Wissenschaftsfähigkeit der Technik; Treitschke nannte seine Chemiker-Kollegen »Apotheker und Mistfahrer«, und für Mommsen waren die Naturwissenschaften »Barbarika, auf die man einen Jagdhund abrichten kann«.[90] In den Kämpfen um das Patentgesetz und um das Promotionsrecht der Technischen Hochschulen bekamen solche Vorurteile praktische Bedeutung. Es ging aber nicht nur um solche konkreten Streitpunkte, sondern überhaupt um die Aufnahme der akademischen Ingenieure in das Bildungsbürgertum. Das Verhältnis führender Chemiker und Techniker zur deutschen Bildungstradition war in typischen Fällen ambivalent; der Zwiespalt konnte sich bis zur Haßliebe steigern. Liebig kämpfte wutschäumend gegen die Naturphilosophie der Goethezeit, verkündete aber eine eigene durchaus spekulative Naturphilosophie, wenn er behauptete, mit der chemischen Düngung den Kreislauf der Natur wiederherzustellen. Auch er wollte mit der Chemie »die Natur der Lebenskraft« ergründen; und es waren gerade solche Sätze, die den jungen Duisberg für die Chemie begeisterten. Die Naturwissenschaftler und Ingenieure empfanden den geistigen Herrschaftsanspruch der Philosophie und Philologie als anmaßend; aber das der Spekulation entstammende Streben nach der Idee und dem großen System ging auch in die Technologie ein, wenn auch in Spannung zu der zunehmenden Spezialisierung. Reuleaux suchte die »wahren Bildungsgesetze der Maschine«; er fragte nach dem *Wesen* der Maschine und fand dieses in der Bewegung, nicht in der Produktion von nützlichen Dingen. Ostwald glaubte, daß die Tyrannei der Philologen auf den höheren Schulen die besten Kräfte der Jugend verdürbe; aber er unternahm um 1900 das »Wagnis«, »den berüchtigten Namen Naturphilosophie wieder zu Ehren zu bringen«.[91]

Entgegen einer verbreiteten Annahme ergab sich die Verwissenschaftlichung der Techniker-Ausbildung keineswegs von selbst aus der wachsenden Komplexität der Technik, sondern erforderte einigen Legitimationsaufwand.[92] Sie schuf eine soziale Trennscheide zwischen Ingenieur und Meister, die von den praktischen Erfordernissen der Produktion her längst nicht immer zu begründen war. Zwischen der Technikgeschichte und der Sozialgeschichte der Techniker besteht keine einfache Kausalbeziehung.

Seit den sechziger Jahren wurde die Bedeutung der Wissenschaft für die Technik in besonderem Maße durch die Auseinandersetzungen um das *Patentgesetz* von 1876 und die sich anschließenden Patentstreitigkeiten bestimmt. Die Schärfe der Auseinandersetzungen resultierte ihrerseits aus einem wissenschaftsorientierten Bild der Technik, in denen »Erfindungen«, neue Ideen und intellektuelle Leistungen den Schlüssel zum technischen Erfolg darstellten. Da konnte das Patentwesen zur Lebensfrage der deutschen Industrie hochgespielt und in seiner Wichtigkeit weit überschätzt werden. Je mehr man dagegen erkannte, daß es auch bei der Verwissenschaftlichung des Erfindens im allgemeinen entscheidend auf die praktische Umsetzung bis zur Produktionsreife ankommt, desto mehr trat das Patentwesen als Diskussionsthema der Industrie wieder in den Hintergrund. Werner v. Siemens hatte zu den Initiatoren des Patentgesetzes gehört; Emil Rathenau dagegen interessierte sich kaum für die Patentierung eigener Innovationen: Bei dem Bau von Kraftzentralen war Erfahrung alles und bedeuteten einzelne Ideen wenig. Sogar in der Chemie, die die Patentkämpfe mit besonderer Leidenschaft betrieb, verhielt es sich ähnlich. Als die Patente der deutschen Chemie im Ersten Weltkrieg von den Alliierten beschlagnahmt wurden, mußte Du Pont feststellen, daß »kein normaler Chemiker mit diesen Patenten arbeiten kann. Sie wurden für Deutsche geschrieben, die ihr Leben in der Farbenindustrie verbracht haben.«[93]

In der preußischen Gewerbeaufsicht gab es seit der Zeit Beuths eine patentfeindliche Tradition, die von zahlreichen Handelskammern unterstützt wurde; Patente galten als Verstoß gegen die Gewerbefreiheit und als Hindernis für den Fortschritt einer auf die Übernahme von Innovationen aus dem Ausland angewiesenen Industrie. In den sechziger Jahren verstärkten sich sogar Bestrebungen, den bestehenden, immer restriktiver gehandhabten Patentschutz ganz abzuschaffen; Bismarck selber brachte 1868 beim Reichstag des Norddeutschen Bundes einen entsprechenden Antrag ein. Die deutsche Industrie profitierte von dem mangelhaften Patentrecht, solange sie bei technischen Innovationen gegenüber dem Ausland mehr der nehmende als der gebende Teil war. Das preußische Patentamt versagte selbst Bessemer den Patentschutz mit der Begründung, es könne niemandem verwehrt werden, Luft durch flüssiges Eisen zu blasen; aber auch Krupp hatte unter der preußischen Patentfeindlichkeit zu leiden, und sogar die berühmte Alizarin-Synthese (1869) wurde nicht für patentwürdig befunden. Der heftige Kampf, der seit den sechziger Jahren für eine Wende in der Patentpolitik und für ein einheitliches deutsches Patentrecht geführt wurde, zeigte an, daß in der Wirtschaft zunehmend solche Unternehmen tonangebend wurden, die technische Neuerungen zu ihrem Geschäft machten. Der Erfolg der Patentanhänger wurde durch den Sieg der protektionistischen Kräfte in der Wirtschaftsdepression der siebziger Jahre begünstigt, auch wenn der Patentschutz als solcher keine schutzzöllnerische Tendenz enthielt, sondern bei den geschützten Produkten einen Schutzzoll unnötig machte.[94]

In mehrfacher Hinsicht konsolidierte der Kampf um das Patentgesetz das Bündnis zwischen Industrie und Wissenschaft. Der Glaube, daß der Erfolg der deutschen Industrie wesentlich auf der Wissenschaft beruhe, war nötig, um den Schutz geistigen Eigentums in der Technik als nationale Aufgabe erscheinen zu lassen. Als das Patentgesetz da war, brauchte man die Wissenschaftler zur Formulierung von Patenten und zu deren Verteidigung vor dem Patentgericht. Unter dem Schutz des Patents war die Veröffentlichung von Erfindungen möglich: Der bis dahin bestehende Interessengegensatz zwischen der auf Geheimhaltung bedachten Industrie und den an Veröffentlichung interessierten Wissenschaftlern, das »Dilemma zwischen Fabrikgeheimnis und Offenbarung« wurde insofern gemildert. Allerdings gestattete das deutsche Patentrecht, anders als das damalige amerikanische, die Übertragung von Patenten nicht nur an Individuen, sondern auch an Firmen: Durch diese Möglichkeit, für die Siemens erbittert gekämpft hatte, schuf es den rechtlichen Rahmen für die Vereinnahmung des Erfinders durch das Unternehmen, bei dem er angestellt war.[95]

Der besondere Charakter des deutschen Patentrechtes bestand außerdem in der ausführlichen Vorprüfung, die die Seriosität und Bedeutsamkeit einer Erfindung beweisen sollte, und in dem erforderten Nachweis einer neuen Idee; denn diese Idee, nicht eine komplette Maschine, wurde durch das Patentgesetz geschützt; auch hierin unterschied sich das deutsche vom amerikanischen Recht. Mit dieser idealistischen Vorstellung von der Technik entsprach das Gesetz dem Bestreben eines Reuleaux, die konkrete Technik von gedanklichen Konstruktionen zu deduzieren, während es in dieser Hinsicht den praktischen Maschinenbauer eher befremdete und von wissenschaftlicher Expertise abhängig machte. Ein großer Erfinder wie Nicolaus August Otto scheiterte vor dem Patentgericht teilweise deshalb, weil er die Vorgänge in seinem Gasmotor nicht auf widerspruchsfreie und beweiskräftige Art zu erklären vermochte.[96]

Nach verbreiteter Meinung war das deutsche Patentrecht besonders auf die Interessen der chemischen Industrie zugeschnitten, bei der eine besonders enge Beziehung zwischen Forschungsergebnissen und Neuerungen in der Produktion bestand. Aber der Patenterfolg der einen war oft eine Bedrohung für die andere Firma; Patentstreitigkeiten wurden zur permanenten Begleiterscheinung des Chemie-Geschäfts. Caro klagte, diese Kontroversen seien, wenn auch als »notwendiges Übel« unvermeidbar, »ein Krebsschaden für die Industrie«; »in langwierigen und unbefriedigenden Kämpfen vergeude man die besten Arbeitskräfte«. Hier lag eine der Wurzeln des späteren Zusammenschlusses zur IG Farben.[97]

Ursprünglich wurden durch das Patentrecht – im Einvernehmen mit der Chemie – nur Verfahren, nicht Produkte geschützt; in der Folge wurden jedoch Methoden entwickelt, mit denen »nur durch Einsetzen neuer Materialien eine Unzahl von neuen Stoffen« (Caro) hervorgebracht werden konnten. Ein Patent auf solche Verfahren hätte eine erdrückende Monopolstellung erzeugt; außerdem wäre die Patentierung zahlloser neuer Substanzen, die mit bekannten Verfahren hergestellt wurden, verhindert worden. 1888 entschied das Patentamt, ein Verfahren sei dann und insoweit patentierbar, als damit ein neuer und bedeutender »technischer Effekt« erzielt würde. Dieser Rechtsbegriff entsprach der Tatsache, daß die Essenz der technischen Entwicklung eben nicht nur in neuen Ideen besteht.[98] Später konnten sogar Spielautomaten patentiert werden.

Welche praktische Bedeutung besaß die Wissenschaft, vom Patentwesen abgesehen, für die *Chemie,* die schon im 19. Jahrhundert als Prototyp eines auf Wissenschaft begründeten Industriezweiges galt? Zu Lebzeiten Liebigs spielte die Wissenschaft, seiner superlativischen Reklame zum Trotz, noch keine entscheidende Rolle in der industriellen Chemie. Auch »der helle Tag der Kekuléschen Theorie« (Caro), die in theoretischer Hinsicht epochale Entdeckung der Ringstruktur des Benzols (1865), hatte keine unmittelbaren technischen Folgen; die Herstellung der ersten Anilinfarben begann unabhängig von der Benzoltheorie. Bei der Bayerschen Farbenfabrik in Elberfeld wurden in den sechziger Jahren die ersten Chemiker eingestellt; jedoch wurden sie, »nachdem sie nichts Neues erfanden oder dergleichen, wieder entlassen«.

Solange die Industrie von der Vorstellung der rasch verwertbaren Erfindung, nicht von der auf lange Sicht betriebenen Forschung und Entwicklung geleitet war, hatten die Chemiker einen unsicheren Stand. Noch aus den achtziger Jahren wird berichtet, daß sie den Handwerkern Schmalzbrote zu streichen hatten. Erst in der Folgezeit entwickelte sich ein permanenter, in der Firmenstruktur verankerter Einfluß der Forschung auf die Produktion.[99] Damals gewannen die Forschungslaboratorien der führenden deutschen Chemieunternehmen einen Umfang, der sowohl im Vergleich zu anderen Industriebranchen als auch in internationaler Perspektive einzigartig war. Aber diese Forschungsdimensionen waren mehr Folge als Ursache des industriellen Aufstiegs; die Wissenschaft wurde als ein Mittel eingesetzt, um eine bereits erlangte Führungsstellung zu behaupten. Auch in der Zeit danach hing der Erfolg der deutschen Chemie wesentlich an Organisation und Marketing. Eine wissenschaftliche Grundlage war auch nicht überall in der Chemie-Produktion in gleicher Weise vorhanden wie bei der Farbenherstellung. Schon der Vorgang des Textilfärbens, der Verbindung von Farbstoff und Faser, entzog sich der Theorie. Die »bis in die letzten Adern der Fabrikation sich verzweigende, wissenschaftliche Durchdringung der Praxis«, die Caro schon 1891 zu erkennen glaubte, blieb infolge der mangelnden technischen Kompetenz der Chemiker noch lange ein unerreichtes Ideal. Aus der Kunstseidenproduktion wird noch Anfang des 20. Jahrhunderts berichtet, »daß zur Analyse von rauchender Schwefelsäure die Meister einfach in die Säurebehälter gespuckt hätten. Wenn es dann zischte, war die Säure mehr als 90%ig«.[100]

Als Prototyp einer der Wissenschaft entsprungenen Technologie galt die *Elektrotechnik*. »In keinem Fache seiner Tätigkeit verdankt der Ingenieur der Wissenschaft so viel wie hier«, versicherte 1894 ein Artikel in der Zeitschrift *Prometheus*. Nirgends überschritt die Technik des 19. Jahrhunderts auf so eindrucksvolle Art die Grenzen der Anschauung. Aber die Elektrizität war lange Zeit nicht nur für die sinnliche Wahrnehmung, sondern auch für die Theorie unfaßbar. Werner v. Siemens erfand die dynamoelektrische Maschine durch Probieren, und noch Jahre danach versprach er sich von studierten Leuten kaum einen Nutzen für seine Firma. Noch in den siebziger Jahren galt, daß eine Maschine bei Siemens ohne Berechnungen entworfen wurde; »bei jedem größeren Modell wurde rein gefühlsmäßig entwickelt und getastet; wurden die Wicklungen zu heiß, dann wurde eben ein stärkerer Draht genommen – nach diesem Rezepte ging es bei allen Einzelheiten«. »Rein empirisch, ohne jede Systematik« verfuhr der berühmte Edison, der zeitlebens jedes Universitätsstudium und jede formale Bildung verachtete. Auf solche Weise entstand nicht nur die Glühbirne, sondern auch das Telefon. »Der praktische Elektrotechniker arbeitet bis jetzt beinahe ganz ohne Theorie«, hieß es noch 1886; und Stark- und Wechselstrom verschafften der Praxis erneut einen weiten Vorsprung vor der Theorie.[101] Siemens setzte im Alter große Hoffnungen auf die Wissenschaft und machte seinen Einfluß bei der Gründung der Physikalisch-Technischen Reichsanstalt (PTR) geltend; die Industrie sah sich jedoch enttäuscht, als sich die PTR unter der Leitung Helmholtz' zu einem rein physikalischen Institut entwickelte. Helmholtz selbst war nach seinen eigenen Worten geneigt, in der Technik mehr eine Art »höherer Uhrmacherei« zu sehen. Wissenschaftlich gewann Deutschland in der Elektrotechnik keinen Vorsprung vor England; der Erfolg der deutschen Elektroindustrie ist aus anderen Umständen – nicht zuletzt aus der sich einspielenden Allianz von Energiewirtschaft und Kommunalpolitik – zu erklären. Die Verwissenschaftlichung der elektrotechnischen Ausbildung im späten 19. Jahrhundert führte in Deutschland zeitweise zu einer Fixierung der Fachwelt auf den

»Kraftstrom«, während die Nachrichtentechnik sehr zu Unrecht vernachlässigt bzw. den »sogenannten Praktikern« überlassen wurde.[102]

Noch zweifelhafter ist die Bedeutung der Wissenschaft für die damalige *Schwerindustrie*. Zwar gibt es auch hier die These, daß die »großen und entscheidenden Verbesserungen«, die seit dem Übergang zur Koksverhüttung eingeführt worden seien, »so gut wie ausschließlich der erweiterten wissenschaftlichen Einsicht zu verdanken« seien (Karl Helfferich). Dies kann man jedoch nur dann gelten lassen, wenn man unter »wissenschaftlicher Einsicht« nicht das Ergebnis systematischer, professionalisierter Forschung versteht. Der entscheidende Durchbruch zur Massenproduktion von Stahl wurde von dem hüttentechnischen Laien Henry Bessemer erzielt, der zwar ein berufsmäßiger Erfinder war, dessen Erfolg jedoch – wie sich erst später herausstellte – darauf beruhte, daß er zufällig das für sein Verfahren geeignete phosphorarme Roheisen benutzt hatte. Bessemer, der seinen Mangel an metallurgischer Kenntnis für einen Vorteil hielt, machte sich über die Vorgänge in der »Bessemer-Birne« teilweise falsche Vorstellungen, die erst ein Jahrhundert darauf korrigiert wurden. Die Ruhrindustrie mußte das Verfahren unter manchen Schwierigkeiten den hier verfügbaren Erzqualitäten anpassen; dabei ist sie – wie 1878 bemerkt wurde – »doch unbewußt, und ohne das Ziel zu kennen, zum deutschen Bessemerprozeß gelangt«; »denn bis auf den heutigen Tag ist das Wesen des deutschen Bessemerprozesses gar nicht bekannt gewesen«. Die »so einfache und übersichtliche Theorie des Bessemerprozesses« war damals »von einem kaum zu entwirrenden Nebenwerk umhüllt«, so daß es »nicht ratsam« erschien, »vom rein theoretischen Standpunkte aus der Praxis Neuerungen vorzuschlagen«. Noch in den zwanziger Jahren waren weder die Vorgänge im Hochofen noch die im Walzwerk in theoretischer Hinsicht vollständig geklärt.[103]

Eine vom Produktionsprozeß abgelöste Laborforschung wie in der Chemie war in der Schwerindustrie ohnehin nur ganz begrenzt möglich; hier zeigte sich der Wert von Neuerungen erst bei der großtechnischen Erprobung. Alfred Krupp »baute vor allem auf Männer, deren technische Qualifikation auf Überlieferung und Erfahrung beruhte«. Als er 1854 den Autodidakten Richard Eichhoff zum Betriebsführer der Puddelwerke bestallte, soll er gesagt haben, »das bißchen Technik wird er schon lernen«. Erst am Ende des Jahrhunderts, mit der Entwicklung hochwertiger Nickelstahle für Rüstungszwecke, gewann die Forschung bei Krupp größere Bedeutung. Krupps damaliger Gegenspieler Ehrhardt, der Erfinder des Rohrrücklaufgeschützes, bekannte dagegen, das meiste habe er »immer in den Werkstätten gelernt«. In der Schmiede blieben auch nach 1900 Augenschein und Erfahrung maßgebend. »Auf große Helligkeit wird in der Schmiede nicht Wert gelegt, weil der Schmied die Temperatur des Eisens am besten beurteilen kann, wenn es nicht sehr hell ist«, heißt es 1907 in einem Leitfaden für Ingenieure.[104]

Ein besonders typisches und erfolgreiches Exportgut der deutschen eisenverarbeitenden Industrie wurden Ende des 19. Jahrhunderts die Werkzeugmaschinen. Gerade sie aber blieben laut Georg Schlesinger, dem ersten Inhaber eines Lehrstuhls für Werkzeugmaschinen (seit 1904), von der deutschen Wissenschaft »arg vernachlässigt«. Die Werkzeugmaschine »wurde eben nicht als vollwertige Maschine angesehen, sondern nur als maschinelles Werkzeug, zu dessen Entwurf und Herstellung ein erfahrener Meister und vielleicht noch ein besserer Techniker gut genug war«. Diese Auffassung wurde durch die USA, um 1900 das Vorbild des deutschen Werkzeugmaschinenbaus, keineswegs widerlegt; vielmehr zeigten gerade die amerikanischen Metallverarbeitungsmaschinen auch aus der Sicht Schlesingers, »wie sehr eine Maschinengattung rein durch praktische Erfahrung vervollständigt werden kann«. Überhaupt war der Erfolg der amerikanischen Ingenieure, bei denen – so hieß es – die Modelltischlerei als Ausbildungsstätte mehr galt als das Polytechnikum, geeignet, die damals typisch deutsche Vorstellung, daß die wissenschaftliche Basis die beste Gewähr für technischen Erfolg biete, zu verunsichern. Aber gerade die um 1900 in den USA eingeführten Schnellstähle, deren optimale Nutzung erheblich leistungsfähigere Werkzeugmaschinen erforderte, kam der deutschen Tradition der schweren Maschine und »der Eigenart des deutschen Maschinenbauers, rechnen zu wollen und rechnen zu müssen«, entgegen.[105]

Ein Theoriebedarf bestand in besonderem Maße beim Großmaschinenbau, überhaupt bei Großbauten; denn dort war das Risiko am höchsten und die Möglichkeit, sich an ständig wiederholten Alltagserfahrungen zu orientieren, am geringsten. Das Streben nach Verwissenschaftlichung der Technologie verband sich daher häufig mit einer Vorliebe für die Großtechnik. Aber gerade dort war der Sprung vom Modell zur Verwirklichung am größten, wobei hinzukam, daß »die Modelldarstellung um so schlechter gelingt, je komplexer die Vorgänge sind«. Der Großbrückenbau, insbesondere der Bau der Eisenbahnbrücken gab seit der Mitte des 19. Jahrhunderts der wissenschaftlichen Statik entscheidende Impulse. Am Anfang stand dabei in Deutschland der Bau der Göltzschtalbrücke (1845–51) für die Eisenbahnverbindung zwischen Sachsen und Bayern. Das steinerne Bauwerk bot am Ende dennoch einen eher archaischen, an den römischen Pont du Gard erinnernden Eindruck. Anders die 1897 errichtete Flußeisen-Konstruktion der Müngstener Brücke, die die durch statische Berechnungen ermöglichte Sparsamkeit demonstrierte und zum Vorbild der amerikanischen Niagarabrücke wurde. Der Bau wurde als Triumph der Theorie gefeiert; der Chefingenieur jedoch stürzte sich aus Angst, einen verhängnisvollen Rechenfehler begangen zu haben, vor der Einweihung in die Tiefe. Gerade bei Großbrücken, wo Winddruck und Materialprobleme am stärksten ins Gewicht fielen, waren Berechnungen unzuverlässig. »Festigkeitskoeffizienten unserer heutigen Materialien, Winddruckfragen – alles ist so unsicher, daß man mit zehnfacher oder zwanzigfacher oder dreißigfacher Sicherheit rechnen kann, je nach Stimmung, ohne sehr fehlzugehen.« (Max Eyth)[106]

Vergleichbare Probleme gab es bei dem Bemühen um exakte Berechnung im Großmaschinenbau, besonders bei Kraftwerken. Wenn hier auch der Bedarf nach theoretischer Berechnung so stark wie nie zuvor war, war und blieb es doch üblich, die errechneten Materialstärken je nach Gefühl und Gewohnheit mit erheblichen Sicherheitszuschlägen zu versehen. Die Theorie verdrängte keineswegs die Erfahrung, sondern der richtige Umgang mit Theorie-Resultaten in der Praxis erforderte viel Erfahrung. Das Streben nach exakter Wissenschaftlichkeit stand in einer gewissen Spannung zu dem Streben nach technischen Innovationen; denn wenn man bei einer Neuerung alles genau berechnen wollte, kam man nie zum Ende.[107]

»Wissenschaft« im Sinne von experimenteller Forschung im Labor gab es anfangs nur in der Chemie. Im Ingenieurwesen kam sie zuerst Ende der siebziger Jahre im Zusammenhang mit der Werkstoffprüfung auf, bei deren Institutionalisierung Deutschland damals international voranging. Die Materialforschung behielt jedoch noch lange einen rein empirischen Charakter; erst in der

Mitte des 20. Jahrhunderts gelang es, Materialeigenschaften von der physikalischen Struktur der Materialien abzuleiten. Die Erforschung von Korrosion und Verschleiß bleibt bis heute auf Erfahrungen der Praxis angewiesen; Laborexperimente allein liefern keine zuverlässigen Ergebnisse. Auch ein in der technischen Praxis so zentrales Phänomen wie das der Reibung war noch im 20. Jahrhundert sowohl der Theorie als auch dem Laborexperiment nur begrenzt zugänglich.[108]

Gewiß gab es eine Reihe von Innovationen, die in hohem Maße von der Wissenschaft inspiriert wurden und auch im Ausland als deutsche Spezialität anerkannt waren, so etwa Spitzenprodukte der optischen Industrie oder Lindes Kühlmaschine, die aus der Theorie geboren wurde. Das Triumvirat Zeiss, Abbe und Schott bot das Musterbeispiel einer Synthese von Wissenschaft und Technik, dazu noch von handwerklicher Tradition und industrieller Rationalität. Die Kühlmaschine machte das Brauereiwesen von den Jahreszeiten unabhängig; die Kontinuität der Produktion ermöglichte den Einsatz von Dampfmaschinen im großen Stil und entfesselte die *Economies of Scale*. Die Steuerung der Gärvorgänge im Brauwesen war der wichtigste Ursprung der modernen Biotechnik. Gerade die moderne Bierbrauerei, die mit wachsender Vorliebe ihre vorindustriellen Traditionen kultivierte, ist eine weitgehend auf Wissenschaft gegründete Technik.[109]

Als Schüler Lindes und »Kältemaschinen-Mann« begann Rudolf Diesel, der Prototyp des von einem »Prinzip« besessenen Erfinders, der, im Vertrauen auf die richtige Theorie und mit dem Ideal des »vollkommenen« Motors und des theoretisch optimalen Wirkungsgrades vor Augen, qualvolle Durststrecken und niederschmetternde Mißerfolge überstand, ja sogar Großunternehmen bei der Stange zu halten vermochte. Die lange Entwicklungsgeschichte des Dieselmotors zeigt aber auch beispielhaft, wie eine Erfindung, die erst durch die Großindustrie bis zur Marktreife zu entwickeln ist, bei diesem langwierigen, von industriellen Interessen bestimmten Prozeß zugleich soweit verändert wird, daß von der ursprünglichen Idee so gut wie nichts mehr übrigbleibt. Der Dieselmotor, der sich nach dem Wunsch seines Erfinders durch höchsten Wirkungsgrad, Nutzung minderwertiger Treibstoffe und Brauchbarkeit im Kleingewerbe auszeichnen sollte, wurde für lange Zeit ein typischer Antrieb für Großmaschinen, dessen Wirtschaftlichkeit sich bei wachsender Kapazität verbesserte, und war vor allem durch eine bestimmte Treibstoffqualität charakterisiert.[110]

Ein vergleichbarer Vorgang war Ende des 19. Jahrhunderts die Entwicklung des Mannesmann-Schrägwalzverfahrens: Es faszinierte die technische Öffentlichkeit, weil es theoretisch bestechend war; nur so konnte man über die enormen praktischen Schwierigkeiten hinwegsehen, die die Firma Mannesmann an den Rand des Ruins brachten. Signalwirkung besaß die begeisterte Unterstützung der Brüder Mannesmann durch Reuleaux, der sogar Werner v. Siemens zeitweise von der Genialität dieser Walzmethode zu überzeugen vermochte. »Prometheus« fand es »auffallend«, »daß für das Schrägwalzverfahren in überwiegender Zahl Theoretiker eingetreten sind, während die Männer der Praxis sich, wenn nicht ablehnend, so doch abwartend dazu verhalten haben«.[111]

Da die Wissenschaft nach verbreiteter Ansicht – ob zu Recht oder zu Unrecht – in der Technik besonders dann gebraucht wurde, wenn es um einen maximalen Wirkungsgrad ging, stieg das Interesse an wissenschaftlicher Methodik mit den Kohlepreisen und hatten die Ingenieure ein Interesse daran, Verschwendung zu kritisieren und auf die enormen Sparpotentiale hinzuweisen.[112] Hier besaß das Streben nach »Verwissenschaftlichung« der Technik einen konstruktiven Charakter. Ende des 19. Jahrhunderts entstand aber auch eine Konvergenz zwischen Verwissenschaftlichung und Wettrüsten, die besonders deutlich bei der Firma Krupp zu erkennen ist: Der Wettlauf zwischen Kanone und Panzerung bei der Kriegsflotte führte zur systematischen Entwicklung immer härterer Stahlsorten.

Bei anderen neuen Techniken der zweiten Hälfte des 19. Jahrhunderts spielte die Wissenschaft dagegen keine oder nur eine geringe Rolle. Die Fotografie etwa war ein ausgesprochenes Betätigungsfeld der Amateure. Auch das Automobil blieb noch bis weit in das 20. Jahrhundert hinein eine Domäne der Praktiker; es war, technikgeschichtlich betrachtet, ein Konglomerat, das quer zu der hochschulmäßigen Gliederung der Technologie lag. Verwissenschaftlichung bedeutete in der Regel Spezialisierung; diese aber kontrastierte zu der wachsenden Komplexität mancher Technikbereiche. Den Anforderungen der Stadttechnik etwa, der Kanalisation und der Einrichtung neuer Verkehrssysteme, war sie schlecht gewachsen. Die Stadt Frankfurt am Main beauftragte William Lindley mit der Leitung des Kanalisationsprojektes (1867–78) und unterstellte ihm 1883 das Tiefbauamt, obwohl einheimische Ingenieure protestierten, weil Lindley »entgegen der deutschen Gewohnheit, niemals eine technische Hochschule besucht« habe.[113]

Selbst ein führender Repräsentant des technischen Hochschulwesens wie der streitbare Riedler, der einen Mehrfrontenkampf sowohl gegen ein Übermaß an Theorie als auch gegen übermäßige Spezialisierung und gegen die »Proletarisierung des Ingenieurberufs« führte, bemerkte wiederholt, daß in Deutschland die Bedeutung des Wissens und der Wissenschaft für die Technik gewaltig überschätzt werde. Mehr noch machte sich in Industriekreisen seit den siebziger Jahren eine verbreitete Unzufriedenheit mit der Akademisierung der Techniker-Ausbildung bemerkbar, vermutlich nicht zuletzt auch wegen der daraus entspringenden Gehalts- und Statusansprüche.[114] Bei alledem wird deutlich, daß die entscheidende Triebkraft bei der Verwissenschaftlichung der Ingenieurausbildung nicht Anforderungen der Technik waren, sondern Standesinteressen der Ingenieurselite, unterstützt durch die in Deutschland vorherrschende Bildungsideologie. »Wenn eine Sache in Deutschland Wichtigkeit erhält, wird sie sozusagen akademisiert und erhält eine offizielle Basis«, bemerkte ein englischer Beobachter. Als sich jedoch die älteste Generation des technischen Bildungswesens teils in Hochschulen, teils in allgemeinbildende »Oberrealschulen« (1878) verwandelte, entstand im Bereich der mittleren technischen Bildung eine »Qualifikationslücke« (W. König). Um 1900 gewann eine neue mittlere Ebene von technischen Fachschulen Gestalt, die den Anforderungen der Industrie in mancher Weise direkter und flexibler zu entsprechen vermochte. Der VDI sah sich im späten 19. Jahrhundert zwischen akademischen Standesinteressen und Industriewünschen hin- und hergerissen. Er blieb jedoch trotz heftiger Widerstände für Nichtakademiker geöffnet und wirkte bei dem Aufbau der neuen Fachhochschulen mit. Dieser Bildungssektor – in seiner Art eine deutsche Spezialität – wurde für die technische Praxis nicht weniger wichtig als die akademische Ausbildung; gegenwärtig ist die Bedeutung der Fachhochschulen sogar im Wachsen.[115]

Der Zusammenhang zwischen der Geschichte der Technischen Hochschulen und der Technikgeschichte ist noch merkwürdig wenig erforscht: zum Teil vielleicht deshalb, weil man ihn per se für gegeben hielt, zum Teil aber wohl auch aus dem Grund, weil er über weite Strecken nicht besteht. An manchen Stellen in der Geschichte des technischen Ausbildungswesens scheinen die Forderungen der Praxis durchzuschlagen: so bei Riedlers Kampf für die Einführung des Labors in die Maschinenbaulehre und seinem »siebenjährigen Krieg« gegen Reuleaux und dessen Theorielastigkeit. Aber mit »Praxisbezogenheit« konnte auch mangelnde gedankliche Kohärenz und Vernachlässigung der Lehre zugunsten lukrativer Auftragsarbeiten bemäntelt werden. Noch um 1900 war die Wissenschaft vom Maschinenbau in ihrer praktischen Anwendung, der Konstruktion von Maschinen, nicht viel mehr als ein Nachvollzug dessen, was die Praktiker ohnehin machten.[116] In der Chemie, wo das Labor seit Liebig im Zentrum der Ausbildung stand, wurde Ende des 19. Jahrhunderts das industrielle Interesse an den Forschungen der Universitätsinstitute schwächer; die Industrie hatte jetzt ihre eigenen Laboratorien. Nun war eine Rollenverteilung von der Art möglich, daß ein Industrieller wie Duisberg für den Vorrang einer breiten theoretischen Allgemeinbildung im Universitätsstudium eintrat, während die Universitätschemiker erbittert und erfolgreich für den Vorrang der – nebenbei für sie sehr einträglichen – Forschungsarbeit der Doktoranden im Labor kämpften. Das Verhältnis zwischen Wissenschaft und Technik ist keineswegs nur durch wachsende Affinität, sondern auch durch die Entstehung neuer Spannungsfelder – vor allem der Spannung zwischen Grundlagen- und angewandter Forschung – gekennzeichnet, die zum Teil sogar aus der erfolgreichen Kooperation von Wissenschaft und industrieller Technik resultierten.[117]

## 5. Industrialisierung und Professionalisierung des Erfinders – das Entwicklungskonzept in der Technik

Zusammen mit dem Bemühen um die Verwissenschaftlichung der Technik begann das Konzept der Entwicklung, dieses mit seiner organischen Metaphorik für das deutsche Denken ungemein charakteristische Prozeßmodell, den technischen Innovationsstil zu beeinflussen. Die Übertragung des Evolutionsprinzips auf die Technik hatte ihren Sinn: Erfolgreiche technische Neuerungen vollzogen sich in der Regel nicht in abrupten Sprüngen, sondern in vielen kleinen Schritten, und der über langjährige praktische Erfahrungen laufende Lernprozeß ließ sich nur begrenzt abkürzen und forcieren. Es gab einen Begriff der technischen »Entwicklung«, der seinen organischen Sinn bewahrt hatte, so wenn Otto Lilienthal erklärte, man könne dem Fliegen durch keine Erfindung und keinen großen Sprung, sondern nur »durch stetig vermehrte Erfahrung über freie, stabile und gefahrlose Bewegungen in der Luft« näherkommen: »Ja – ›Entwickeln!‹ das ist der richtige Ausdruck, ›Entwickelung‹ der richtige Begriff, dessen Beherzigung in der Flugtechnik uns Bahn brechen muß.«[118] Insgesamt nahm das Entwicklungskonzept in der Technik jedoch eine Wende, die der Akademisierung der Ingenieure und auch der wachsenden Mitwirkung der Industrie bei Erfindungen entsprach: Die Innovation wurde als planmäßiger und methodischer, bis zur Industriereife betriebener Prozeß begriffen, aus dem der Zufall so weit wie möglich verbannt war, mochte er auch in Anekdoten nach wie vor kultiviert werden. In der Kette der Innovationen sollte die eine organisch aus der anderen hervorgehen und den Weg zu weiteren Entdeckungen weisen.

Hinter dem Konzept der technischen Entwicklung stand der Wunsch der Ingenieure nach einer gesicherten Dauerexistenz, die nicht allein auf glückliche Intuition, sondern auf berufsmäßige Kompetenz gegründet war, und stand das Interesse der Industrie, die Innovation in eigener Regie zu organisieren. Der Hinweis auf den großen Aufwand technischer Neuerungen diente im späten 19. Jahrhundert zur Rechtfertigung der Großindustrie und zur Begründung der durch das deutsche Patentgesetz eröffneten Möglichkeit, Patente auch an Firmen zu übertragen. Dabei konnte man fragen, ob nicht mit dem individuellen Erfinder und der als Einzelakt abgrenzbaren Erfindung nicht auch das Institut des Patents mit seinem Schutz der »Idee« historisch überholt war. Riedler schrieb 1916 etwas überspitzt:

> Es gibt keine absoluten Neuerungen mehr, keine absoluten Erfindungen, es müßten denn absolute neue Entdeckungen sein, die aber selten sind. An die Stelle der ›Erfindung‹ trat schon in den achtziger Jahren der weitere Begriff der Neukonstruktion, der baulichen und Betriebsvervollkommnung; alles ist vorbekannt, jeder hat Vorgänger, umfassender Patentwert ist nicht mehr zu erlangen.[119]

Über die Träger des technischen Fortschritts gab es unterschiedliche Vorstellungen, je nachdem, ob man die Kontinuität der technischen Entwicklung mehr in der Grundlagenforschung oder mehr in der experimentellen Kleinarbeit großer Industrielabors begründet sah. Wenn es heißt, durch Reuleaux habe der Entwicklungsgedanke »Einzug in die Technik« gehalten, handelt es sich dort um das Ziel, aus der Systematik eines theoretischen Ansatzes heraus nach Plan zu erfinden.[120] Für die chemische Industrie wurden demgegenüber im späten 19. Jahrhundert die durch die Quantität der Labormittel und des Personaleinsatzes ermöglichten »Reihenerfindungen« charakteristisch, die auf der Anwendung bestimmter Verfahren auf immer neuen Substanzen beruhten und zunehmend in den Labors der Großindustrie getätigt wurden.

Während das intuitive, individuelle und vielseitige Erfinden im 19. Jahrhundert eher als natürliche Begabung der Engländer und Amerikaner galt, wurde das systematische, in großem Stil organisierte Erfinden bis in die zwanziger und dreißiger Jahre des 20. Jahrhunderts zur Spezialität deutscher Industriezweige, vor allem der Chemie. Wenn später durch das Manhattan-Projekt »Research and Development« (R & D) in gigantischer Dimension zur Grundlage des technischen Führungsanspruches der USA wurden, galten bis dahin Organisation, langer Atem und disziplinierte Kooperation großer Forschergruppen als besondere Stärke der deutschen Technik. Ein englischer Beobachter schrieb 1906:

Die Deutschen sind langsam, zielbewußt, sorgfältig, methodisch und gründlich in ihrer Arbeit ... Sie sind kein unternehmendes und abenteuerliches Volk ... sie brauchen Zeit zum Nachdenken und Handeln; sie brauchen ihre Regelmäßigkeit, ihre gewohnte Umgebung, ihren vorgezeichneten Weg. Aber sie haben eine unerreichte Fähigkeit darin, den richtigen Weg herauszufinden und ihn unbeirrt zu verfolgen.[121]

Zwei, drei Generationen davor, in der Zeit des Biedermeier, hätte man in solchen Verhaltensweisen der Deutschen eher ein Hemmnis für die technische Entwicklung gesehen; um 1900 jedoch waren selbst die Trägheitsmomente der deutschen Kollektivmentalität zu einer Triebkraft des technischen Fortschritts geworden.

Man muß sich vor nationalen Stereotypen hüten: Es gab zur gleichen Zeit auch andere Urteile. Shadwells Eindruck kann nur für bestimmte Branchen gelten, und eine Generation später hatte sich das Bild der Deutschen gewandelt. Auch in der Mitte des 19. Jahrhunderts boten Naturwissenschaften und Technik in Deutschland noch ein anderes Bild. Alban klagte 1849, in Deutschland wolle, anders als in England, »jeder gleich nur den goldenen Boden eines Unternehmens ergründen, man will nur verdienen«. Als Loewe 1870/71 die Umstellung seines Betriebes auf amerikanische Serienfertigung alles in allem – den Bau der entsprechenden Maschinen eingeschlossen – auf etwa zehn Monate taxierte, sprach er schon von »unendlichen Schwierigkeiten«, die höchste Ausdauer und Konsequenz erforderten.[122]

Noch im späten 19. Jahrhundert war die technische Entwicklung großen Stils und mit Langzeit-Perspektive außerhalb der Chemie selten. Ein Vorbild bot am ehesten die Firma Siemens, die in ihrer Frühzeit (1851/52) mit der übereilten Verlegung schlecht isolierter Telegraphenkabel ein böses Fiasko erlebt hatte und seither das bedächtig-methodische Vorgehen in der Technik zum Signum des Firmenstils machte. Werner v. Siemens wollte sein Unternehmen am liebsten als eine technische Entwicklungsanstalt gesehen wissen, aber auch bei ihm gab es keinen umfangreichen, von der Produktion getrennten Forschungsapparat wie bei Bayer; und sein Rivale Emil Rathenau kaufte Innovationen lieber von auswärts, als daß er sie selber entwickelte.[123]

Eine branchen- und disziplinenorientierte Spezialisierung auf bestimmte Innovationsrichtungen wurde erst allmählich zur Regel. Die Brüder Siemens betätigten sich noch als Allround-Erfinder, und dies durchaus mit Erfolg gerade im Bereich der Gastechnik, der künftigen großen Konkurrenz der Elektrizität. Noch um 1870 gab es die Auffassung, das Innovationspotential der Elektrizität sei im wesentlichen erschöpft.[124] Erst seit der Depression der siebziger Jahre, als die herrschende Tendenz dahin ging, die Preiskonkurrenz nach Möglichkeit zu unterbinden und Gewinne in Marktbeherrschung, Qualität und neuen Produkten zu suchen, wurde die technische Entwicklung zu einer konsequent betriebenen Strategie.

Aus der Tatsache der immer dichteren Querverbindungen zwischen Wissenschaft und Industrie wurde gerne gefolgert, daß die neue Zeit durch »blitzschnelle« Umsetzung der Wissenschaftler-Ideen in die Praxis gekennzeichnet sei. Bis heute wird vielfach angenommen, es gebe in der Moderne ein Gesetz der zunehmenden Verkürzung des Zeitraums zwischen Erfindung und Anwendung.[125] Zu einem Markstein bei der Entwicklung von Zeitmaßstäben für die Innovationsdauer wurde jedoch die Indigosynthese, die künstliche Herstellung des »Königs der Farbstoffe«, die in Deutschland die Zuversicht nährte, mit den Mitteln der Chemie nach und nach das englische Empire entwerten zu können: Hier dauerte es von Bayers Erfolg im Labor bis zur profitablen industriellen Anwendung fast zwanzig Jahre, und die Entwicklung bis zur Marktreife wurde ein langwieriger industrieller Erfahrungsprozeß eigener Art, der die Grenzen der Wissenschaft überschritt. Eine so lange Entwicklungsdauer war nicht typisch; später galten zwei Jahre als normaler Zeitraum für die Entwicklung eines neuen Farbstoffs. Aber die synthetische Herstellung des Chinin, ein magisches Ziel ähnlich wie die Indigosynthese, glückte erst ein halbes Jahrhundert nach den ersten Versuchen. In der Pharma-Sparte, deren Bedeutung für die Chemie im 20. Jahrhundert zunehmend stieg, konnte eine voreilige Vermarktung neuer Produkte gefährlich werden; erst jahrelange Erfahrungen erwiesen die Brauchbarkeit.[126] Später formulierte Carl Bosch die Regel:

Ein großes technisches Problem braucht 10 Jahre, um fabrikreif zu werden, weitere 10 Jahre trägt es Nutzen, in den nächsten 10 Jahren sackt es bereits ab. Dann muß schon ein anderes Problem gelöst sein. Was wir an einer erfolgreichen Erfindung verdienen, muß in die Vorbereitung eines neuen Produkts gesteckt werden.[127]

Das war bereits in der Ära der Hochdrucksynthese, als der enorme Aufwand und Erfahrungsfundus der Ammoniaksynthese danach drängte, auch für die Kautschuk- und die Treibstoffsynthese eingesetzt zu werden, und sich am Ende zeigte, daß das Konzept der technischen Entwicklung, bis zur äußersten Konsequenz getrieben, in eine bedenkliche Marktferne geriet.

Hier wie bei den späteren Großprojekten der Kerntechnik wurde deutlich, daß die langfristige technische Entwicklung ideologischer Fundamente bedurfte und mit einem allgemeinen Konzept des technischen Fortschritts verknüpft war: Wenn die Ersetzung natürlicher durch synthetische Stoffe prinzipiell »fortschrittlich« war, dann und nur dann bestand die Gewißheit, daß selbst die mit ungeheurem Aufwand betriebene Synthese am Ende zum Erfolg führen würde. Seine volle ideologische Dynamik entfaltete das Konzept der technischen Entwicklung erst in der zweiten Hälfte des 20. Jahrhunderts, als »Entwicklung« zum Amerikanismus geworden war.

Aus dem Blickwinkel der großindustriellen Entwicklung wurde der als Dilettant und auf eigene Faust operierende Erfinder alten Stils zur halb-lächerlichen Figur.[128] Die Art und Weise, wie sich bestimmte Richtungen der industriellen Technik auch durch entsprechende Infrastrukturen verfestigten, entmutigte den nichtprofessionellen, nach unkonventionellen Lösungen suchenden Erfindergeist. Damit ging eine Quelle des dilettantischen Vergnügens und der Eigeninitiative gegenüber der Technik verloren. Aber die Professionalisierung und Industrialisierung des Erfindens gelang nur begrenzt. Reuleaux' Ziel, die theoretische Grundlage für ein systematisches und planmäßiges, lehr- und lernbares Erfinden zu legen, wurde nicht erreicht. Bei den Technischen Hochschulen wurde sogar eine »Erfinderarmut« bemerkt. Gerade in der Zeit nach der Jahrhundertwende, als die Institutionalisierung des Erfindens ihre Früchte hätte tragen müssen, wurde bei führenden deutschen Industriezweigen eher eine abnehmende Innovationsfreudigkeit registriert. Nicht Basisinnovationen, sondern eher größere Dimensionierung, Vernetzung, Rationalisierung prägten den Gesamtcharakter der folgenden Zeit. Auf diese Weise wurden Innovationen in bestimmte Richtungen kanalisiert und neuartige Alternativen in manchmal bedenklichem Maße gehemmt. Aber nicht nur am Ende des 19. Jahrhunderts, sondern auch in der Zeit des Transistors und der Supraleiter gab es immer wieder Gelegenheiten, sich darüber zu wundern, »wie kleine Erfinder riesige Forschungslabors mit Tausenden von Wissenschaftlern in den Schatten stellen«.[129]

## 6. Modell USA und »amerikanische Gefahr«

Von der Zeit um 1870 bis in das Jahrzehnt nach der Jahrhundertwende reicht eine erste Phase der Auseinandersetzung mit der amerikanischen Technik. Damit bildete sich ein Spannungsfeld heraus, das die Dynamik der technischen Entwicklung in Deutschland bis heute stark bestimmt: Seit 1870 läßt sich ein Gutteil der deutschen Technikgeschichte als Aufeinanderfolge von Amerikanisierungsschüben, aber auch von Rechtfertigung deutscher Tendenzen mit amerikanischen Vorbildern, Anpassung amerikanischer Technik an deutsche Verhältnisse und Gegenreaktionen auf die »Amerikanisierung« darstellen. Amerikanische Einflüsse beginnen, wie erwähnt, schon im frühen 19. Jahrhundert; aber erst in der zweiten Jahrhunderthälfte wurde die amerikanische Technik modellhaft wahrgenommen und entstand die Tendenz, eine technische System-Perfektion für »amerikanisch« schlechthin zu halten, die auch in den USA mehr Ideal als verbreitete Realität war. Das »Amerikanische« wurde zum Qualitätszeichen – oder, je nach Einstellung, zum Stigma – technizistischer Superlative.

In dieser ersten Phase galt die besondere Aufmerksamkeit der Maschinenindustrie. Der Sieg der Nordstaaten im Amerikanischen Bürgerkrieg war nicht zuletzt ein Sieg überlegener Produktionstechnik gewesen. Die Serienproduktion mit austauschbaren Einzelteilen, im frühen 19. Jahrhundert noch eine nur mit teuren Facharbeitern zu bewerkstelligende Fertigungsweise, wurde zunehmend mechanisiert und nicht mehr nur in der Waffenproduktion in großem Stil angewandt, sondern auch zum Vorbild der zivilen Wirtschaft. Am aufsehenerregendsten war diese Fertigungsmethode in den siebziger Jahren in den Singer-Nähmaschinenfabriken, obwohl dort, genauer besehen, qualifizierte Handarbeit keineswegs ganz ausgeschaltet war, sondern eher eine Kombination von »europäischer« und »amerikanischer« Produktionsweise praktiziert wurde.[130]

Schon 1855 gründete Clemens Müller, der in New York die amerikanische Fabrikation kennengelernt hatte, in Dresden die erste deutsche Nähmaschinenfabrik, die 1867 als größte Europas galt. Der bekannteste deutsche Pionier des in der Folge als »amerikanisch« geltenden Fertigungssystems wurde um 1870 Ludwig Loewe, der, ursprünglich Kaufmann und, ebenso wie andere Vorkämpfer »amerikanischer« Methoden (Rathenau, Schlesinger, Münsterberg), jüdischer Herkunft, sich damals der Nähmaschinenproduktion zuwandte. 1870 holte er sich durch eine Amerikareise im »Land der unbegrenzten Möglichkeiten« die Bestätigung für die »Idee, welche unserem Unternehmen von vornherein zugrunde lag und die noch nirgends in Europa zur Ausführung gekommen«. Einigermaßen übertreibend, schilderte er die gesamte amerikanische Maschinenindustrie als der deutschen turmhoch überlegen – der deutschen, die mit Maschinen produziere, die »vom wissenschaftlichen Standpunkte aus eigentlich überhaupt nicht arbeitsfähig« seien und nur deshalb schlecht und recht funktionierten, weil »der deutsche Arbeiter ein tüchtiges Material« darstelle. Alle amerikanischen Fabriken, in denen in seiner Schilderung alles »enorm«, »großartig« und »großartigst« aussah, waren, Loewe zufolge, durch und durch nach einem einheitlichen System organisiert, von dessen »Notwendigkeit und Vorteilhaftigkeit man überhaupt bis dahin in Deutschland noch keine Ahnung gehabt hatte«. »System« war für ihn das neue Zauberwort, und auf die Formel »systematisch – empirisch« brachte er den angeblichen Kontrast zwischen dem Produktionsstil der Neuen und der Alten Welt. Dabei war, wie er nebenbei bemerkte, die von ihm gerühmte amerikanische Produktionsweise damals noch keineswegs billig, sondern forderte »unverhältnismäßig hohe Preise«. Loewe proklamierte gleichwohl das Ziel, die Amerikaner mit ihren eigenen Methoden zu übertrumpfen und seine Nähmaschinenfabrik zur »besteingerichteten der Welt« und zur »größte(n) auf dem europäischen Kontinent« zu machen – es war jener superlativische Stil, der damals in Deutschland als typisch amerikanisch galt.[131]

Der Ingenieur Petzold, der Loewe bei der Beschaffung amerikanischer Werkzeugmaschinen behilflich war, warnte jedoch schon 1871, bei einem solchen Schritt sei »die allergrößte Vorsicht nötig«, denn »der geringste Fehler« könne »die verhängnisvollsten Folgen haben«. Das »amerikanische Arbeitssystem« könne in den Händen seiner neuen deutschen »Adepten« »leicht ein gefährliches Spielzeug werden«. Nur zu rasch, schon im Boom der Gründerjahre, stellte sich heraus, daß bei Nähmaschinen für eine Massenproduktion amerikanischen Stils in Deutschland kein Markt war. Trotz der hochtönenden Fanfaren reagierte Loewe prompt auf die Situation, schwenkte von der Massen- auf Qualitätsproduktion für »sichere Kunden« um und konzentrierte sich nunmehr vor allem auf die Waffenfabrikation: Nur hier war in der damaligen deutschen Maschinenindustrie eine einträgliche Massenfertigung zu verwirklichen. Aber auch dort machte Loewe sich die »weise Beschränkung« und den Verzicht auf ein schrankenloses Austesten der *Economies of Scale* zur Grundregel; er, der sich anfangs am hemmungslosesten für die amerikanischen Methoden begeistert hatte, erkannte mit besonderer Klarheit die Notwendigkeit, diese den deutschen Verhältnissen anzupassen. Die Firma Loewe, die sich auch dem Werkzeugmaschinenbau zuwandte, wurde in den neunziger Jahren in dieser Sparte ebenfalls zu einem Vorreiter amerikanischer Methoden, in einem Maße, daß damals selbst von amerikanischer Seite anerkannt wurde: »The best American tool shop is now in Germany.« Die damals festgesetzten »Loewe-Normen« bildeten eine Grundlage des im Ersten Weltkrieg geschaffenen nationalen Normensystems. Die Firma Loewe jedoch, durch Erfahrungen gewitzt, hielt sich selbst in den zwanziger Jahren von einer konsequenten Einführung des Fließsystems zurück und begnügte sich mit einer Kombination von Werkstatt- und Fließsystem, die der flexiblen Kleinserien-Produktion entsprach.[132] Es ist eine Firmengeschichte, die beispielhaft den Weg von der hemmungslosen Amerikabegeisterung zur Anpassung amerikanischer Produktionsmethoden vorführt.

Werner Siemens, der Loewe gut kannte, hatte nach 1870 ebenfalls eine Phase des Amerika-Enthusiasmus; mit einer Emphase und Radikalität, die bei dem sonst eher zurückhaltenden Mann auffällt, schien er sein gesamtes Unternehmen nach dem idealisierten amerikanischen Muster reorganisieren zu wollen. Die Firma sei »namentlich seit einem Jahr«, schrieb er 1872, »eifrig bestrebt, wie die Amerikaner alles mit Spezialmaschinen zu machen«; das habe sich »auch schon brillant bewährt«.

Jetzt sind wir alle davon überzeugt, daß in der Anwendung der amerikanischen Arbeitsmethode unser künftiges Heil liegt, und daß wir in diesem Sinne unsere ganze Geschäftsleitung ändern müssen. Nur Massenfabrikation darf künftig unsere Aufgabe sein, darin können wir künftig jedes Bedürfnis befriedigen und jede Konkurrenz überwinden! ... Willkürliche Abänderungen unserer festen Konstruktionen müssen ebenso lächerlich werden, wie wenn einer eine abgeänderte Nähmaschine bestellen wollte.

Damals wurde bei Siemens der »amerikanische Saal« für die Serienfertigung bestimmter Torpedo- und Telegraphengeräte eingerichtet. Die Leitung übernahm ein ehemaliger Arbeiter, der für einige Monate zum Studium in die Nähmaschinenfabrik Loewe geschickt worden war; bei den Meistern der Firma Siemens überwog eine »stille Antipathie« gegen die neuen Methoden. Aber bei dieser Neuerung blieb es vorerst; im übrigen bestand das Werkstattprinzip noch geraume Zeit fort. Siemens reagierte auf amerikanische Neuerungen in der Folgezeit wiederholt gereizt, so vor allem auf den Presse- und Reklamerummel um Edison. In den neunziger Jahren war das Unternehmen zu einem – aus späterer Sicht – »veralteten und verschlafenen« Betrieb geworden: eine Situation, in der der Junior, Wilhelm v. Siemens, sein eigenes amerikanisches Initiationserlebnis hatte.[133]

Die AEG, die damals Siemens zu überflügeln drohte, begann als Deutsche Edison Gesellschaft und profilierte sich von Anfang an durch den Import amerikanischer Technik und amerikanischer Fertigungsmethoden. Ganz im Sinne des neuen Standardisierungspathos brandmarkte Emil Rathenau es als den »Krebsschaden« der deutschen Industrie, daß jeder Maschinenmeister seine eigenen

Regeln habe; es sei eine Frage von Sein oder Nichtsein, sich von dieser Unsitte zu befreien. In den siebziger Jahren war Loewe sein Vorbild; von der Weltausstellung zu Philadelphia brachte er eine amerikanische Schraubenschneidmaschine nach Deutschland, scheiterte aber »kläglich« damit; denn in Deutschland wurden Schrauben damals billiger mit der Hand hergestellt. Die Erfindungen Edisons waren nicht in Reinform auf die industrielle Produktion zu übertragen: Auch Rathenau machte seine Erfahrungen mit der Notwendigkeit, amerikanische Technik für die eigenen Zwecke zu modifizieren. In dem kommenden Starkstromgeschäft war die Serienproduktion ohnehin nur begrenzt anwendbar; vollends bei dem Bau von Kraftwerken hing viel von nationalen und regionalen Bedingungen ab.[134]

In der deutschen Chemie waren vor 1914 naturgemäß amerikanische Vorbilder weniger von Bedeutung als im Maschinenbau und in der Elektrotechnik. Aber auch Duisberg holte sich 1896 durch eine Amerikareise die Bestätigung für seinen Plan, die neuen Bayer-Werksanlagen in Leverkusen vom Produktionsprozeß her aufzubauen, dabei wo immer möglich Menschen- durch Maschinenkraft zu ersetzen und das Gesamtwerk zu einer möglichst autonomen Einheit zu machen. Ganz besonders war er beeindruckt, als er im Ofenhaus einer amerikanischen Schwefelsäure-Fabrik keinen einzigen Menschen sah, der die Anlage bediente: Es war um die Jahrhundertwende für einen Deutschen ein höchst ungewöhnlicher Anblick. Bei einer weiteren USA-Reise 1903 reagierte er jedoch negativer auf die amerikanischen Impressionen. Als er im New Yorker Chemist Club erklärte, daß die Weltstellung der deutschen chemischen Industrie auf dem »wissenschaftliche(n) Geist, der eine Eigenart des deutschen Nationalcharakters zu sein scheint«, beruhe, und zugleich den Amerikanern versicherte, auch sie würden künftig lernen müssen, »daß der einzige Weg, der zum Ziel führt, die Vereinigung der Wissenschaft mit der Technik« sei, da verkündete er aus der Sicht des deutschen Chemikers der wilhelminischen Ära nichts als Binsenweisheiten; aber amerikanische Fachkreise empfanden die Belehrung als peinlichen Affront. So hatte Duisberg seine eigenen Gründe, als er 1926 öffentlich warnte: »Wir spielen uns so gerne als Lehrmeister des Auslandes auf. Besser wäre es, wenn wir selbst etwas mehr vom Auslande lernen wollten.«[135] Es war die Zeit der Gründung der IG Farben, als die Notwendigkeit industrieller Konzentration mit dem Hinweis auf ausländische Chemiegiganten begründet zu werden pflegte, und es war eine Ära, als die »Amerikanisierung« von der deutschen Großindustrie vorbehaltloser betrieben wurde als im Kaiserreich.

Hier und schon früher steht die Auseinandersetzung mit der amerikanischen Technik in einem größeren Rahmen, der in gesellschaftliche Grundkonflikte und in die politische Symbolik reicht. »Amerika« war der Inbegriff des durch keine Tradition gehemmten Fortschritts, seit List aber auch Vorbild einer Verbindung von Fortschritt und Schutzzoll und insofern in der Situation der siebziger Jahre ein innenpolitisch bedeutsames Symbol. Die Art und Weise, in der »Amerika« als Reizwort fungierte, war auch ein Widerschein von Varianten des deutschen Nationalismus, wo gegenüber den USA teils die Faszination, teils die bildungsbürgerliche oder völkische Aversion überwog.

Von einer »amerikanischen Gefahr« war in den siebziger Jahren in Industriekreisen noch nicht die Rede. Es hätte auch keinen Grund dazu gegeben: Die amerikanischen Industrieprodukte waren damals auf dem deutschen Markt im allgemeinen zu teuer. Nur die deutschen Agrarier bekamen die Konkurrenz des amerikanischen Getreides schon empfindlich zu spüren. Wo man sich zu jener Zeit in der Industrie amerikanischer Methoden bediente, geschah das nicht unter Konkurrenzzwang, sondern eher »aus Prinzipiengründen« (Landes), weil man ohnehin in diese Richtung strebte. In der Zeit der Weltausstellung von Philadelphia (1876) beriefen sich Reuleaux und seine Mitstreiter auf das amerikanische Beispiel, um die Segnungen des Patentwesens und die Überlegenheit der Qualitäts- über die Preiskonkurrenz zu demonstrieren; mit Nachdruck wandte sich Reuleaux gegen die »in Deutschland gepflegte Vorstellung, die Amerikaner seien nur imstande, billige Massenware zu produzieren«. Nicht nur die amerikanischen Werkzeugmaschinen, sondern auch die amerikanischen Werkzeuge wurden hochgerühmt; »Amerika« war keineswegs nur Synonym für die Ersetzung von Handarbeit durch Maschinen. Auch das amerikanische Arbeitskräftepotential wurde wiederholt als Geheimnis des amerikanischen Erfolges hervorgehoben; Ausführungen darüber waren je nach den sozialpolitischen Auffassungen des Autors unterschiedlich akzentuiert.[136]

Nach der Jahrhundertwende wurde einige Jahre lang die »amerikanische Gefahr« zum Schlagwort der deutschen Publizistik. Dabei war nicht nur die amerikanische Technik gemeint. Aus der amerikanischen Anti-Trust-Polemik schöpfend, gruselte man sich vor der amerikanischen Gigantomanie; der Blick auf die ungeheuren Ressourcen der USA spiegelte deutsche imperialistische Ambitionen und die Grundstimmung, daß Deutschland in einem Zeitalter der Weltmächte nur als Weltmacht überleben könne. Das Leitmotiv »Aufstieg oder Niedergang« durchdrang die technische Literatur: Ein Land – so hieß es –, das sich in der »Produktivität seiner Arbeit« von den USA immer weiter überholen lasse, werde »allmählich in eine Art von Chinesentum versinken«. »Jede Unterbindung des technischen Fortschritts« sei daher im gegenwärtigen Deutschland gefährlich, da die Technik »eine gewaltige Expansivkraft in sich« berge. Übertriebene Vorstellungen über die amerikanische Technik wurden verbreitet. Dabei erzielte gerade die deutsche Werkzeugmaschinenindustrie, der die amerikanische Konkurrenz vor 1900 besonders zugesetzt hatte, von 1901 bis 1907 einen Exportanstieg von 9000 auf 58 000 t![137] Sie entsprach besonders gut jenem deutschen Traum, der in einem Teil der technischen Publizistik ebenso wie in dem Old-Shatterhand-Mythos durchscheint: die Amerikaner auf ihrem eigenen Gebiet zu übertreffen. Aber der wachsende Exportanteil machte auch anfälliger für die Psychose des internationalen Wettlaufs.

Innerhalb der deutschen Maschinenindustrie entstand eine von Grund auf unterschiedliche Situation gegenüber der amerikanischen Konkurrenz bei einerseits solchen Produkten wie Nähmaschinen, Fahrrädern und Registrierkassen, wo Methoden der Massenfertigung konsequent angewandt werden konnten, andererseits der Produktion von Antriebs- und Werkzeugmaschinen, wo die flexible Einstellung auf spezifische Käuferwünsche entscheidende Vorteile brachte. Beide Zweige des Maschinenbaus entwickelten sich in technischer Ausstattung, Qualifikationsniveau der Beschäftigten und Absatzstrategien auseinander, wobei aber die erste mit ihrem wachsenden Bedarf an Werkzeugmaschinen die zweite beeinflußte. Nähmaschinen- und Fahrradfabriken waren stark auf bestimmte Produkte spezialisiert und einer internationalen Konkurrenz ausgesetzt; Dampf- und Werkzeugmaschinenfabriken hatten meist ein breiteres Sortiment und waren im 19. Jahrhundert in der Regel auf einen regionalen Markt eingestellt. Der erste Industriezweig sah sich veranlaßt, die Methoden amerikanischer Massenproduktion soweit wie möglich zu übernehmen, der zweite vermochte stärker eigene Wege zu gehen.[138]

Die Massenproduktion von Nähmaschinen bedeutet einen Markstein in der Technikgeschichte ebenso wie in der Geschichte der Frauenarbeit, wo sie einen Vorgeschmack davon gab, daß der technische Fortschritt auch neue Heimarbeit mit neuen Ausbeutungsmöglichkeiten hervorbringen kann. Es handelte sich um die erste Maschine, die wie ein Konsumgut auch an private Haushalte abzusetzen war; dabei enthielt sie einen relativ raffinierten Mechanismus, dessen Entwicklung geraume Zeit und – mehr als die Spinn- und Webmaschine – ein Umdenken gegenüber dem Bewegungsablauf der Handarbeit erfordert hatte. Stärker als in der Textilindustrie enthielt der Übergang zur Massenproduktion hier einen Impuls zur Systemplanung, zur Verkoppelung der Einzelprozesse. Deutschland scheint vor 1914 das einzige europäische Land gewesen zu sein, das bei der Nähmaschinenproduktion mit den USA konkurrieren konnte. Aber unter den Bedingungen des engeren, saisonbestimmten deutschen Marktes erwies es sich vielfach als vorteilhaft, die Produktionsanlagen nicht völlig auf die Fertigung von Nähmaschinen zu spezialisieren, sondern im Turnus der Jahreszeiten andere Produktionen zwischenzuschalten, so etwa Ende des 19. Jahrhunderts die Herstellung von Fahrrädern, das von den saisonalen Nachfrageschwankungen her ideale Komplement. Der Nachteil dieser Kombination bestand darin, daß beide Produkte in hohem Maße konjunkturabhängig und internationaler Konkurrenz ausgesetzt waren. Daher und aus technischen Gründen wurde manchmal auch die Kombination von Fahrrad- und Waffenfabrikation vorgezogen.[139]

In technischem Zusammenhang mit der Nähmaschine stand die Mechanisierung der Schuhproduktion, die ebenfalls von den USA ausging; hier erfolgte ein erster Einbruch der amerikanischen Massenfertigung schon in den sechziger Jahren – eben zu jener Zeit, als durch Wagners *Meistersinger* die Zunftkultur der Schuster verklärt, aber auch die Verbindung von Tradition und Innovation gefeiert wurde – und löste manche heftigen publizistischen Reaktionen aus. Näh- und Schuhmaschinen trafen mit den Schneidern und Schustern die beiden traditionell zahlenstärksten, allerdings längst proletarisierten Handwerke. Der damalige Stand der Mechanisierung führte noch nicht notwendig zum Fabrikbetrieb. Die frühen Nähmaschinen waren hand-, die frühen Schuhmaschinen fußbetrieben. Qualifizierte Handarbeit war bei der Schuhherstellung noch nicht beseitigt, zumal die deutsche Schuhindustrie viel weniger spezialisiert war als die amerikanische. Seit den neunziger Jahren drängte die aus den USA kommende Chromgerbung die pflanzlichen Gerbstoffe und damit zugleich die handwerkliche Gerberei zurück.[140]

Wenn man einem Wortführer der Typisierung und »Amerikanisierung« wie Georg Schlesinger folgt, bestand die »Wiedergeburt der deutschen Werkzeugmaschine« um die Jahrhundertwende »in einer sehr wesentlichen Anlehnung an das amerikanische Vorbild«. Der deutsche Maschinenbau hatte gegenüber der englischen Konkurrenz den Vorteil, daß er nicht zuviel Vertrauen auf die eigene Tradition besaß und dadurch lernfähiger war. Dennoch gab es bei Antriebs- und Werkzeugmaschinen in relativ hohem Maße die Chance zu eigenständigen deutschen Entwicklungen. Hier wurde frühzeitig die Gegenüberstellung eines deutschen und eines amerikanischen Weges beliebt: In Deutschland, wo wegen der Kohlepreise die Grenze der Wirtschaftlichkeit im allgemeinen bei höheren Kapazitäten lag als in den USA, überwogen – ebenso wie bei den Werkzeugmaschinen – schwerere Typen. Hier wurde größerer Wert auf Dauerhaftigkeit und sparsamen Brennstoffverbrauch gelegt; in diesem Zusammenhang liebte man es, die »wissenschaftliche« Grundlage der eigenen Maschinenproduktion zu betonen, obwohl dies im 19. Jahrhundert nur beschränkt zutraf. In den USA gab es demgegenüber eine Vielzahl kleinerer und leichterer Dampfmaschinen, die in Serie herzustellen waren; einfache Konstruktion und bequeme Bedienung waren wichtiger als minimaler Brennstoffverbrauch.[141] Die deutschen Vorkämpfer des amerikanischen Systems kritisierten die Typenvielfalt des deutschen Maschinenbaus und die Bereitschaft der Fabrikanten, nach dem Vorbild des Berliners Wöhlert alle Sonderwünsche der Kunden mit »Mach ick« zu beantworten. Diese Kritik wurzelte jedoch nicht in einem rein wirtschaftlichen Kalkül, sondern auch in einem bestimmten Bild des fertigungstechnischen Fortschritts; denn damals war ebenso wie heute zu erkennen und wurde manchmal mit Nachdruck betont, daß der Erfolg der deutschen Maschinenindustrie wesentlich auf Flexibilität gegenüber individuellen Kundenwünschen beruhte. Auch bei einem nach 1905 »amerikanisierten« Betrieb wie Gildemeister (Bielefeld) umfaßten die »Serien« höchstens fünf Werkzeugmaschinen eines Typs.[142]

Die Landmaschinen waren schon früh ein Wahrzeichen des

»amerikanischen Systems«. Sie erforderten jedoch für deutsche Verhältnisse teilweise einen zu hohen Aufwand an Pferdekraft und widersprachen einer sparsamen und intensiven Bodenbewirtschaftung. Auch bei den Holzbearbeitungsmaschinen waren die USA anderen Ländern voraus; weil diese jedoch hohe Abfälle produzierten und einem waldreichen Land entsprachen, war die deutsche Holzindustrie mit einer »Amerikanisierung« zurückhaltend. Mit wachsender Präzision der Maschinen verbesserten sich die Mechanisierungsbedingungen; die Weltausstellung von Philadelphia inspirierte die Gründung von Kirchners »Deutsch-amerikanischer Maschinenfabrik« in Leipzig (1878). Auch deutsche Eigenentwicklungen hatten bei der Holzbearbeitungstechnik frühzeitig eine Chance, wie die Erfolge von Zimmermann (Chemnitz) und Cramer-Klett (Nürnberg) zeigen.[143] Es gab sogar einen »Technologie-Transfer« von Deutschland in die USA. So entwickelte die Solinger Klingenindustrie um 1900 automatische Schleifmaschinen, die schon kurz darauf die amerikanische Schneidwarenbranche »revolutionierten«, in Solingen selbst dagegen bis zum Ersten Weltkrieg nur wenig eingesetzt wurden, da die dortige Qualitätswarenproduktion auf dem traditionsbewußten Facharbeiterstamm und seiner manuellen Erfahrung beruhte.[144]

In der Schwerindustrie bestand eine typisch amerikanische Neuerung des späten 19. Jahrhunderts in der Verbesserung der Transportwege – so im »amerikanischen Plan« bei Hoesch – und in der Mechanisierung der Hochofen-Beschickungsanlagen. Vor allem diese Neuerungen wurden in deutschen Fachkreisen viel diskutiert und teilweise skeptisch betrachtet; denn es handelte sich um aufwendige, reparatur- und störanfällige Anlagen, die einen führenden deutschen Eisenhüttenmann zu der Bemerkung veranlaßten: »Es ist aber nicht alles Gold, was glänzt, und manche verwickelte Bauart ist nur entstanden, um dem Übermut der (amerikanischen, J.R.) Arbeitervereinigungen (Unions) einen Trumpf entgegenzuhalten.«[145]

Die amerikanische Ringspindel, 1828 erfunden – die radikalste Veränderung des Spinnvorgangs seit den frühindustriellen Spinnmaschinen –, begann sich in Deutschland erst Ende des 19. Jahrhunderts durchzusetzen, und teilweise verdrängte sie die Selfaktors sogar erst in den fünfziger Jahren des 20. Jahrhunderts. Es war aus europäischer Sicht eine typisch amerikanische Innovation, mit dem Vorteil höherer Produktionsleistung und einfacher Bedienung, aber mit dem Nachteil höherer Anlage- und Energiekosten und – zunächst – schlechterer Produktqualität. Aber selbst in den USA war die Zahl der Mules, also der Spinnmaschinen älteren Typs, bis 1900 noch im Steigen. Ringspinnmaschinen waren lange Zeit nur für bestimmte Garnsorten geeignet; erst gegen 1930 wurden sie so universell einsetzbar wie der Selfaktor.[146]

Weniger bekannte Erfolgsgeschichten, die auf der Übernahme amerikanischer Methoden der Großserienproduktion beruhten, gab es in der deutschen Uhren- und der Klavierindustrie. Im späten 19. Jahrhundert wurde Deutschland zum größten Klavierexporteur der Welt. Die Schwarzwälder Uhrenindustrie, die bei der Massenproduktion hölzerner Uhren von jeher mit den USA mithalten konnte, reagierte ab 1870 auf die Herausforderung durch die »Amerikanerwerke« aus gewalztem Messing. Einige Schwarzwälder Fabrikanten übernahmen relativ rasch und erfolgreich amerikanische Komponenten und verbanden sie mit Eigenentwicklungen. Die Firma Junghans stieg bis 1900 zum weltgrößten Uhrenproduzenten auf. In der Folgezeit erzielte sie auf dem hart umkämpften Uhrenmarkt einen technischen Vorsprung auf gefährliche Art: durch die Einführung radioaktiver Leuchtziffern.[147] Dies war nicht untypisch für die Gefahren des Technologie-Wettlaufs im 20. Jahrhundert.

## 7. An den Grenzen der Mechanisierung

Epochen der Technikgeschichte bekommen ihre Signatur nicht nur durch die jeweils neueste und anspruchsvollste Technik, sondern auch durch die Grenzen des jeweiligen technischen Wandels und durch das, was sich an diesen Grenzen abspielt. Die gesamte Gesellschaft erhält ein unterschiedliches Gepräge je nachdem, ob eine scharfe Grenze einen modernen von einem traditionellen Sektor trennt, oder ob die Grenzen zwischen alt und neu fließend sind und es weite Zonen des Übergangs gibt. Ein Nebeneinander von hochmechanisierten und handwerklichen Arbeitswelten braucht nicht unbedingt als »Gleichzeitigkeit des Ungleichzeitigen« aufgefaßt, ein traditioneller Sektor nicht unbedingt als rückständig begriffen zu werden: Längst nicht immer und überall sind technische Innovationen rational, sehr häufig dagegen war die deutsche Industrialisierung auf den vorhandenen breiten Fundus an handwerklicher Qualifikation angewiesen und brachte obendrein einen Bedarf an neuen manuellen Fertigkeiten und an neuartigem Erfahrungswissen hervor. Zu Unrecht wurde in den handwerklichen Traditionen Deutschlands generell ein Hemmnis der Industrialisierung gesehen, ebenso wie es eine Fehldeutung war, diese Traditionen nur als Hemmschuh für die deutsche Arbeiterbewegung aufzufassen. Auch wäre es verkehrt, unter der Suggestion der damals neuesten Technik die mehr konventionellen, von Handarbeit geprägten Wirtschaftsbereiche als randständig anzusehen; denn bis zum Ende des 19. Jahrhunderts besaß die Produktion noch überwiegend handwerklichen Charakter.

Die Landwirtschaft, die Nahrungsmittelproduktion, die Baubranche – Bereiche von allergrößter wirtschaftlicher Bedeutung, die den Rahmen der industriellen Entwicklung absteckten – wurden von der Technisierung lange Zeit nur begrenzt erfaßt. Gerade dort allerdings konnten traditionelle Handarbeit und Massenproduktion dicht beieinander liegen. Ziegeleien, Zement- und Zuckerfabriken, Dampfsägewerke und Dampfmühlen, Massenproduktion von Pflügen, Sensen und Handwerkszeugen vertrugen sich durchaus mit dem überwiegend manuellen Charakter der Landarbeit, des Bauwesens und der Holzbearbeitung.

Noch bevor sich die Massenproduktion bei Maschinen durchsetzte, wurde sie bei der Herstellung von Werkzeugen praktiziert. Das gewaltige Wachstum der Eisen- und Stahlproduktion kam nicht nur der Mechanisierung, sondern auch der Werkzeug-Ausstattung der Handarbeit in hohem Maße zugute. In Philadelphia beeindruckten die amerikanischen Äxte und Sägen den Besucher ebensosehr wie die amerikanischen Maschinen. Die im 19. Jahrhundert vorherrschende Überzeugung, daß sich das Handwerk in unaufhaltsamem Niedergang befinde, wurde durch die überraschende Zählebigkeit des Handwerks im 20. Jahrhundert und durch die statistischen Fakten widerlegt, auch wenn der *relative* Rückgang der Bedeutung des Handwerks innerhalb der Gesamtwirtschaft unübersehbar ist.[148]

Die Niedergangsthese entsprang einer Idealvorstellung vom alten Zunfthandwerk, die sich mit der Realität nur begrenzt deckte, und einem Zukunftsbild, in dem Fortschritt mit höherer Mechanisierung identisch war. Wenn man Selbständigkeit, Einheit von Haus und Produktionsstätte, Abwesenheit von Maschinen, Mentalität der vorkapitalistischen »Nahrungsökonomie« als Kriterien für Handwerk setzt, gab es in der Tat einen Niedergang. Anders verhält es sich, wenn man das Handwerk arbeitstechnisch und anthropologisch definiert: als eine Arbeitswelt, in der es entscheidend auf manuelle Fertigkeiten, Erfahrung und Gefühl für Werkstoffe ankommt, wo Planung und Ausführung nicht oder nicht überwiegend getrennt sind und die Arbeit Selbstbewußtsein vermittelt. Handwerk, so verstanden, kann es auch in den Fabriken geben. »Handwerker-Arbeiter«, Industriemeister sind nicht nur als zwitterhafte Übergangserscheinung, sondern als Archetypen der Industrialisierung zu begreifen.[149]

Ähnliches gilt für die Vielzahl der aus dem Handwerk hervorgegangenen industriellen Kleinbetriebe. Schon Schmoller erblickte hier eine »neue Art des Handwerksbetriebs«, zu dem »nicht sowohl großes Kapital, als persönliche Eigenschaften gehören«: »Besonders wo größere persönliche Geschicklichkeit und Kunstfertigkeit gefordert wird, da blühen die kleinen neben den größeren Geschäften.« Die Weltausstellungen – angefangen mit London 1851 – gaben nicht nur der maschinellen Technik, sondern auch, ja manchmal noch mehr dem Kunsthandwerk Impulse.[150] Nicht zuletzt um die Hebung des deutschen Kunsthandwerks ging es Reuleaux bei seinem »Billig-und-schlecht«-Verdikt, das »eine Art Profilneurose des deutschen Kunsthandwerks« verursachte und noch bei der Gründung des Werkbundes (1907) zitiert wurde.[151] Wenn das Handwerk in Deutschland – anders als in England und Frankreich – ein beachtliches politisches Durchsetzungsvermögen entwickelte, das seine ersten Erfolge mit den Handwerkernovellen von 1897 und 1908 – dem sogenannten »kleinen Befähigungsnachweis –, seinen größten Triumph aber mit dem großen Befähigungsnachweis von 1953 erzielte, braucht man darin kein »archaisches« Phänomen oder den Verzweiflungskampf eines untergehenden Standes zu erblicken.[152] Die handwerkliche Interessenpolitik war kein Fremdkörper in der industriellen Entwicklung, denn diese wurde eben nicht nur durch Markt und Mechanisierung, sondern auch durch organisierte Gruppenmacht und stoffbezogenes Erfahrungswissen bestimmt.

Die Dampfmaschine beseitigte nicht prinzipiell und überall handwerkliche Arbeitswelten, sofern man nicht die Einheit von Haus und Arbeitsstätte als unverzichtbares Merkmal des Handwerks festhält. Das klassische Beispiel sind die Solinger Schleifer, die auch in der Dampfschleiferei ihr manuelles Geschick und Erfahrungskapital zur Geltung brachten. Wenn Solingen in den siebziger Jahren den Makel des »billig und schlecht« überwand und Sheffield überflügelte, so war das entgegen einer herkömmlichen Meinung nicht nur der Mechanisierung des Schmiedeverfahrens, sondern auch der Neuformierung der Schleifer als qualifizierter Facharbeiter zu verdanken. Anders erging es den Solinger Schmieden, die durch Einführung der Gesenke (Stahlformen) ihre formgebende Tätigkeit verloren; aber auch in der Gesenkschmiede war jahrelange Arbeitserfahrung von Nutzen, und die Herstellung der Gesenke brachte einen neuen qualifizierten Handwerkerberuf hervor. Die Solinger Schleifer waren als »Handwerker-Arbeiter« zu ihrer Zeit kein Einzelfall; auch bei den benachbarten märkischen Drahtziehern hielten sich bis ins 20. Jahrhundert die handwerkliche Arbeitsweise und das handwerkliche Arkanum; Großbetriebe verfügten gegenüber den durch die Bäche des Sauerlandes betriebenen Drahtmühlen über keinen technischen Vorteil. Die Technik und Arbeitsweise der traditionellen bergischen Bandweberei, die schon in vorindustrieller Zeit eine Teilmechanisierung erreichte, aber weiterhin in Kleinserie produzierte, überlebte auch die Einführung der Dampfmaschine: Viele bergische Bandweber mieteten sich ähnlich wie die Solinger Schleifer einen an die Dampfkraft angeschlossenen Arbeitsplatz in der Fabrik und blieben – zumindest formal – selbständig. In der Färberei und dem Textildruck kam es noch um die Jahrhundertwende nach wie vor auf manuelles Geschick an.[153] Auch in der Plüsch- und Seidenweberei blieb die Handarbeit bis zum Ende des 19. Jahrhunderts konkurrenzfähig.

In der dramatisierenden Schilderung Bernals »zerschlug« Nasmyths Dampfhammer »ein für allemal die Tradition von Vulkans Schmiede; das Bauen von Maschinen hörte auf, eine Angelegenheit menschlicher Größenordnung zu sein, und erforderte selbst Maschinen«. Aber gerade der Werkzeugmaschinenbau, der mit Grund als Kernstück der Mechanisierung gilt, behielt das gesamte 19. Jahrhundert hindurch ausgesprochen handwerkliche Züge. Einiges davon überstand selbst den »Amerikanisierungs«-Schub des frühen 20. Jahrhunderts. Noch 1950 bemerkte der Gildemeister-Direktor Grautoff auf einer Aufsichtsratssitzung: »Werkzeugmaschinenbauer sind keine Arbeiter im üblichen Sinne, sondern in etwa Künstler, deren freudige Mitarbeit die erste Voraussetzung für den Erfolg ist.«[154] Auf der Seite der Anwender allerdings führten die Werkzeugmaschinen teilweise zum Niedergang handwerklicher Arbeitskulturen. Bis zum Ende des 19. Jahrhunderts erforderte die Passung der gefertigten Einzelteile jedoch noch qualifizierte Handarbeit; in ihrer Frühzeit hießen die Werkzeugmaschinen bezeichnenderweise »Hilfsmaschinen«.

Ein besonderer Bedarf an handwerklicher Qualifikation entstand gerade in manchen durch die industrielle Entwicklung erst entstandenen Produktionsprozessen, während traditionelle Massenhandwerke wie die Schneider, Schuster und Bauschreiner im späten 19. Jahrhundert von der Mechanisierung stark getroffen wurden. Am Ende des 19. Jahrhunderts konnte man eine allgemeine Gesetzmäßigkeit im Schicksal der verschiedenen Handwerke erkennen: Wo mechanische Massenproduktion anwendbar war, gab es für das selbständige Handwerk keine Rettung; wo aber die Erzeugnisse des Handwerks »stets wechselnder, dem jeweiligen Bedürfnis anzupassender Art« waren, konnten die Gewerbe »gerade durch das Blühen der Großindustrie ihren Vorteil haben«.[155]

Unter solchen Bedingungen erhielten sich oder entstanden auch handwerkliche Arbeitsformen innerhalb der Großindustrie. In der Kruppschen Gußstahlfabrik begründete bis zur Jahrhundertwende »die Notwendigkeit, ständig neue, in Form und Größe stark variierende Einzelstücke herzustellen, immer wieder offene Probleme«, zu deren Lösung die Erfahrung der Meister und der »Kruppianer«-Stammarbeiterschaft gebraucht wurde. Auch die Anfertigung der Kanonenrohre erforderte »sehr geschickte Arbeiter«. Das Puddelverfahren zur Stahlherstellung, das vom Bessemerprozeß keineswegs sofort verdrängt wurde, sondern noch in den siebziger Jahren in Deutschland seine größte Ausbreitung erfuhr, war, technisch gesehen, in hohem Maße handwerklich: Der Erfolg wurde entscheidend durch das Geschick und die Erfahrung des Puddlers beeinflußt. Die Kunst des Puddelns war ein Berufsgeheimnis und wurde nur ganz unpräzise verbalisiert.[156]

Nachdem der Pionier-Mechaniker des frühen 19. Jahrhunderts zum gebildeten Ingenieur aufgestiegen war, entstand der Industriemechaniker, der die Zeichnungen des Ingenieurs in die Praxis umzusetzen hatte, als neuer Beruf mit allen Elementen eines hochqualifizierten Handwerks. Ein Schlosser wußte infolge zunehmender Arbeitsteilung »am Anfang des 19. Jahrhunderts nur den zehnten Teil von dem ..., was ein Schlosser in der Mitte des verstrichenen (18.) Jahrhunderts wissen mußte«; am Ende des 19.

Jahrhunderts dagegen ließen Reparaturarbeiten wieder das Bedürfnis nach einer breiteren Ausbildung entstehen.[157] Noch im 20. Jahrhundert wirkten die Arbeitsmaschinen in Schlosserbetrieben »mehr handarbeitsunterstützend als handarbeitsersetzend«. Automobile wurden in Deutschland bis in die zwanziger Jahre weitgehend mit handwerklichen Methoden hergestellt, selbst dort, wo von »großen Serien« die Rede war. Bei Daimler bestand gleichsam »ein Föderativsystem selbständiger Meisterrepubliken«. Der Kfz-Mechaniker wurde der erfolgreichste neue Handwerksberuf des 20. Jahrhunderts. Die Schmiedearbeit, in den traditionellen Wagen-, Huf- und Nagelschmieden oft ein armseliges Gewerbe, bekam in der Autoindustrie ein neues Prestige.[158]

In der Frühzeit der Firma Siemens, als diese »noch eine Mechanikerwerkstatt und keine Fabrik« war, fanden die Brüder Siemens wiederholt Anlaß zum Ärger über die Handwerker-Freiheiten, die sich ihre Mechaniker, die »Herren Künstler«, herausnahmen. Werner Siemens bemängelte 1847, daß die Mechaniker mit ihrem »Künstlerschlendrian« und dem von der Feinmechanik her gewohnten Arbeitsstil für eine »energische und einseitige« Tätigkeit verdorben seien. Seitdem er 1867 sein Konstruktionsbüro unter Hefner-Alteneck eingerichtet hatte, ging er fast täglich dorthin, kam aber nur noch selten in die Werkstatt. Unter Hefner-Alteneck, einem erklärten Gegner der »Meisterherrschaft«, wurde, wie ein ehemaliger Meister in seinen Erinnerungen klagte, »alle praktische Erfahrung niedergehalten, ja überhaupt jede eigene Meinung in Konstruktionsangelegenheiten unterdrückt«. Der Siemens-Kompagnon Halske dagegen, selber der Typus des handwerklichen Technikers, der »wohl eine stattliche Werkstatt, aber beileibe keine Fabrik haben wollte«, pflegte die »Künstler« in Schutz zu nehmen. Seine »handwerkliche« Einstellung war nicht in jeder Hinsicht antiquiert; so trat er dafür ein, daß die Firma sich konsequent auf die Elektrobranche spezialisierte, während die Brüder Siemens teilweise auch in anderer Richtung spekulierten.[159] Die technische Spezialisierung entsprang mehr der Handwerker- als der Erfinder- und Unternehmer-Mentalität.

Als die Firma Siemens mit dem »Kraftstrom« in den Maschinenbau einstieg, war sie mehr als zuvor darauf angewiesen, ihre Arbeitskräfte aus dem Handwerk zu rekrutieren. Bis dahin war dies in der Berliner Metallindustrie problemlos erfolgt, nun aber entstand ein Engpaß, und man lernte die Ausbildungsleistung des

Handwerks schätzen. Nach der Jahrhundertwende sah sich die Firma genötigt, die Lehrlingsausbildung selbst in die Hand zu nehmen. Aus dem Rückblick erschien die wahllose Rekrutierung von ungelerntem »Menschenmaterial« aus dem »Menschensand von Berlin Nord« »schrecklich«.[160]

Im aufsteigenden Ingenieurstand waren verächtliche Bemerkungen über die Handwerker gang und gäbe; ein Berliner Ingenieur klagte 1871 Siemens gegenüber: »...das Edelste und Schönste überläßt man fast ganz den brutalen Händen der Dreh- und Feilbolde.« Das Streben nach oben führte zu einem scharfen Abgrenzungsbedürfnis gegen die »rohe«, geistfeindliche Meisterschaft in den Betrieben, die dem Aufstieg der Ingenieure im Wege stand. Noch Ende des 19. Jahrhunderts besaßen die Meister in vielen Maschinenfabriken eine »überragende Stellung«.[161] Der Sturz des Meistersystems war um die Jahrhundertwende das erklärte Ziel der wissenschaftlichen Ingenieure. Bis dahin war der Ingenieur vor allem Konstruktionszeichner gewesen; aber je mehr das Konstruieren zur Routinearbeit wurde und die Methoden der Massenfertigung den Ruf nach »fertigungsgerechter« Konstruktion aufkommen ließen, desto mehr ging das Bestreben der Ingenieure dahin, auch die Fertigung unter ihre Kontrolle zu bekommen. Dies verband sich mit dem damaligen Rationalisierungstrend, der die überkommene Werkstattstruktur in der Großindustrie zugunsten des Produktionsflusses zurückdrängte. Dennoch wäre es falsch, in der wachsenden Unterordnung der Ausführung unter die Planung, der Praxis unter die Konstruktion das durchgängige Prinzip in der modernen Entwicklung der Produktionsprozesse zu erblicken: Die praktische Erfahrung ließ sich in der Technik immer nur begrenzt entmachten. Eine Anleitung für Ingenieure riet 1907: »Der junge Ingenieur oder Techniker wird nie die Herstellung der Maschinen so beherrschen wie die Meister, deshalb ist es zu empfehlen, daß er aus der Erfahrung derselben Vorteil zieht und nicht etwa den Vornehmen spielt.« Noch in jüngster Zeit bemerkt ein japanischer Deutschland-Kenner, daß das »traditionelle Meistersystem, das lange Zeit zum deutschen Wirtschaftswunder beigetragen« habe, immer noch gelte und »kaum in Frage gestellt« werde.[162]

Einer der Hauptbereiche, wo die »Verwissenschaftlichung« und Technisierung lange Zeit auf Grenzen stießen, war die *Landwirtschaft*. Dabei wäre es jedoch nicht richtig, diese als einen gegenüber der Industrie generell rückständigen Bereich aufzufassen. Die

Ansätze zur Technisierung und zur Einführung wissenschaftlich begründeter Methoden begannen auch hier in vor- und frühindustrieller Zeit; andererseits resultierte die Resistenz gegen solche Neuerungen nicht immer aus traditionalistischer Trägheit, sondern zum Teil aus Erfahrung und vernünftiger Skepsis. Nirgends entfaltete Liebig ausgiebiger seine Beredsamkeit und Eigenreklame als dort, wo er die Landwirte von der Notwendigkeit der Zufuhr mineralischer Düngemittel von außerhalb der bäuerlichen Wirtschaft überzeugen wollte. Aber nicht nur die Wirkung Liebigs, sondern mindestens so sehr auch der Widerstand gegen ihn kennzeichnet die deutsche Landwirtschaft des 19. Jahrhunderts. Liebig, später als Gründervater der organischen Chemie berühmt, verfocht in den vierziger Jahren monomanisch den alleinigen Wert mineralischer Nährstoffe gegen organische Substanzen und gegen die Humus- und Stickstofftheorie, die damals in der Tat nicht auf exakte Wissenschaft, sondern »nur« auf Erfahrung gegründet war, und hinter der er die verhaßte Naturphilosophie und den Glauben an eine dem Zugriff des Chemikers entzogene Welt des Lebendigen witterte. Als aber Liebigs eigene Experimente mit seinem Mineraldünger immer wieder fehlschlugen, dröhnte »das Hohngelächter über den ersten Kunstdünger ... durch die ganze zeitgenössische Literatur« (Schnabel).[163] Liebig korrigierte im Lauf der Jahre seine anfängliche Einseitigkeit; aber die von ihm begründete Düngemittelforschung war jahrzehntelang mehr in England als in Deutschland beheimatet. Innerhalb Deutschlands ging vor allem das dichtbevölkerte Sachsen voran, das besonders früh auf eine Intensivierung der Landwirtschaft angewiesen war. Auch unabhängig von Liebig und im Widerspruch zu seiner Theorie nahm die künstliche Düngung zu, so mit chilenischem Guano und einheimischem Knochenmehl; in den sechziger Jahren gab es im Deutschen Zollverein etwa 600 Knochenmühlen. Es liegt eine Ironie darin, daß ausgerechnet die von Liebig lange Zeit verkannte Stickstoffdüngung später der wissenschaftlichen Chemie den Weg in die Landwirtschaft öffnete. Eine Konvergenz bestand jedoch zwischen Liebigs Lehren und den Interessen der Kaliindustrie.[164]

Liebig attackierte die traditionelle, aus hofeigenen Mitteln düngende Landwirtschaft als Raubwirtschaft, die unweigerlich die Fruchtbarkeit des Bodens ruiniere. Eine ökologisch kritische Situation entstand aber vor allem in seiner eigenen Zeit durch den expandierenden Zuckerrübenanbau, der in wenigen Jahrzehnten den Boden auslaugte. Die Zuckerrübe wurde zur intensivsten Bodennutzung jener Zeit, und durch sie entstand ein Zwang zur künstlichen Düngung.

Der Rübenzucker bedeutete für manche norddeutschen Agrargebiete, an der Spitze die Magdeburger Börde, eine Art industrieller Revolution: nicht nur durch die Fabriken, sondern auch durch die Umgestaltung der Landwirtschaft selbst; denn mit fortschreitender Klärung des Zusammenhangs von Anbaubedingungen und Zuckerertrag schrieben die Fabriken den rübenliefernden Landwirten Saatgut und Düngung, Anbau-, Pflege- und Erntemethoden vor. Die Grundlagen der Rübenzuckerherstellung wurden schon im 18. Jahrhundert gelegt, einen ersten Aufschwung erlebte sie in der Zeit der Kontinentalsperre; aber erst nach einer längeren, über die Jahrhundertmitte reichenden Entwicklung gelang die billige Massenherstellung eines dem Rohrzucker nahezu gleichwertigen Produkts. Liebig zufolge hatte die Industrie beim Rübenzucker »beinahe das Unmögliche geleistet; anstatt eines nach Rüben schmeckenden, schmierigen Zuckers, fabriziert man jetzt die schönste Raffinade«, und das bei steil ansteigender Zuckerausbeute. Anfang des 19. Jahrhunderts hatte die Ausbeute bei 3 bis 4 % gelegen; das um 1865 eingeführte Diffusionsverfahren ermöglichte eine fast vollständige Entzuckerung der Rüben und den Übergang zur Massenverarbeitung. Am Ende des 19. Jahrhunderts besaß Deutschland aus der Sicht des vor der »deutschen Gefahr« warnenden Williams kaum irgendwo eine so absolute Dominanz wie bei der Zuckerproduktion.[165]

Die deutsche Landwirtschaft wurde, vom Flächenertrag her gesehen, vor 1914 zur intensivsten Landwirtschaft der Welt und überflügelte selbst das englische Vorbild. Dabei war es jedoch für jene Zeit und noch für die erste Hälfte des 20. Jahrhunderts charakteristisch, daß Modernisierungsstrategien, im Gegensatz etwa zur amerikanischen und im Unterschied auch zur deutschen Entwicklung seit den fünfziger Jahren, vor allem auf die Steigerung des Flächenertrages, nicht so sehr auf Steigerung der Arbeitsproduktivität abzielten. Die Kapitalintensität der deutschen Landwirtschaft war vor 1914 weit niedriger als die der amerikanischen, englischen und belgischen Agrarsektoren. Noch bis zur Jahrhundertwende bevorzugte der kleinbäuerliche Betrieb in Südwestdeutschland bei der Getreideernte nach alter Art die Sichel, um die Körnerverluste möglichst geringzuhalten. Der sich in Nord- und

Ostdeutschland ausbreitende Zuckerrübenanbau intensivierte sogar noch die Handarbeit auf den Feldern und führte, als die Konkurrenz der Industrielöhne der Landwirtschaft zu schaffen machte, zur massenhaften Anwerbung polnischer Landarbeiter. Noch 1919 hieß es, die »polnische Frage« sei »lediglich eine Hackfruchtfrage«.

1851 wurde in Möckern bei Leipzig die erste landwirtschaftliche Versuchsstation Deutschlands gegründet, der in den folgenden Jahrzehnten eine lange Reihe weiterer Gründungen folgte; das Experimentieren wurde in den Agrarwissenschaften also weit früher üblich als in der Maschinenbaulehre. Dabei standen Pflanzenzüchtung, Analyse der pflanzlichen Wachstumsbedingungen und Futtermittel-Versuche mehr im Vordergrund als Mechanisierungsexperimente.[166] Zwar wurde der Dampfpflug, bei dem der Pflug mit einem Seil durch zwei am Feldrand stehende Lokomobile hin und her gezogen wurde, durch den Schriftsteller-Ingenieur Max Eyth, den Gründer der Deutschen Landwirtschaftsgesellschaft (1885), literarisch berühmt, und die deutsche Maschinenindustrie engagierte sich erheblich in diesem Geschäft; aber Eyth errang seine Dampfpflügerekorde in Amerika und beim Khediven von Ägypten. In Deutschland wurde nie mehr als 1% der Ackerfläche mit Dampfkraft bestellt. Selbst unter den größten Grundbesitzern, die über 1000 Hektar besaßen, verfügte 1882 nur ein Zehntel über Dampfpflüge.

Die erste größere Maschine, die zu einem festen Bestandteil der deutschen Landwirtschaft wurde, war die Dreschmaschine, die anfangs durch Göpel angetrieben wurde. Schon seit dem Ende des 18. Jahrhunderts propagiert, verbreitete sie sich erst seit dem Ende des 19. Jahrhunderts zunächst auf den großen Gütern. Ihre Durchsetzung geschah unter »größten Schwierigkeiten«, da sie zuerst von vielen Landarbeitern abgelehnt wurde; das extrem arbeitsaufwendige Dreschen war bis dahin eine wichtige Existenzgrundlage ganzer Tagelöhnerschichten gewesen. Auch waren technische Vereinfachungen nötig, damit die Dreschmaschine bei den deutschen Bauern populär wurde. Bereitwilliger als Erntemaschinen wurden von der deutschen Landwirtschaft im 19. Jahrhundert Sämaschinen akzeptiert; mit diesen pferdegezogenen Geräten verdiente Alban einen Großteil des Geldes, das er bei seinen Hochdruckdampfmaschinen zuschießen mußte.[167] An und für sich war eine ganze Reihe von Arbeitsprozessen der Landwirtschaft relativ leicht zu mechanisieren; als Antriebskraft standen jedoch für diese »Maschinen« bis zum frühen 20. Jahrhundert nur Tiere und Menschen zur Verfügung. Zugkräftige Ackerpferde waren auf Bauernhöfen, die bis dahin vorwiegend Ochsen als Zugtiere eingesetzt hatten, eine der wichtigsten »Innovationen« des 19. Jahrhunderts. Verstärkter Maschineneinsatz setzte verstärkte Pferdehaltung voraus; bis in die zwanziger Jahre dieses Jahrhunderts war die Zahl der Pferde in der deutschen Landwirtschaft im Steigen.[168]

Dampfmaschinen kamen nur dem landwirtschaftlichen Großbetrieb zugute; insofern verschärfte die Technisierung die Trennscheide zwischen Großagrariern und Klein- und Mittelbauern. Viel verbreiteter war jedoch bis ins 20. Jahrhundert die auf Mensch- und Tierkraft gestützte Mechanisierung, und hier konnte der Mittelbetrieb, der die Balance zwischen Ackerbau und Viehzucht pflegte, gegenüber dem Großbetrieb sogar im Vorteil sein. Bei der Herstellung dieser einfachen Geräte ließen sich leichter Methoden der Massenproduktion einführen als bei komplizierten Maschinen. Die Leipziger Landmaschinenfirma Sack produzierte 1904 ihren millionsten, die Ulmer Firma Eberhardt ihren 700 000sten Pflug; die württembergische Sensenfabrik Haueisen, ab 1865 das bedeutendste Unternehmen dieser Art in Deutschland, brachte es auf 595 000 Sensen und Sicheln pro Jahr. Pferdegöpel, handbetriebene Häckselmaschinen und Handmühlen gehören zu den wichtigen Neuerungen auf den Bauernhöfen jener Zeit. Gerade einpferdige Göpel wurden schon früh komplett aus Eisen hergestellt, während größere noch aus Holz waren; die Göpel ermöglichten ihrerseits die Einführung weiterer Maschinen.[169]

Die Aufhebung des Mühlenbanns bewirkte im 19. Jahrhundert nicht nur einen Boom im Windmühlenbau – die geeigneten Plätze für Wassermühlen waren meist schon besetzt –, sondern auch eine starke Verbreitung der ehedem durch Verbote verfolgten Handmühlen. Technisch verbesserte Handschrotmühlen machten bis Anfang des 20. Jahrhunderts den nordwestdeutschen Wind- und Wassermühlen mehr zu schaffen als die aufkommenden Dampfmühlen. Bei ihnen wurde zuerst der Walzenstuhl eingeführt, der die Mahltechnik revolutionierte. Versuche einer Kapazitätssteigerung kamen bei der Windmühle nicht weit; wie eine dänische Untersuchung 1905 feststellte, wird die Mühle, »wenn eine gewisse Größe erreicht ist, verhältnismäßig teuer, je mehr sie äußerlich wächst«.[170]

In der Ära der Dampfkraft erschienen die Mechanisierungsmöglichkeiten der deutschen Landwirtschaft am Ende des 19. Jahrhunderts erschöpft. Die landwirtschaftliche Akademie Hohenheim lehnte es 1893 ab, einen Lehrstuhl für Landtechnik zu errichten, da »die Konstruktion der gebräuchlichsten Maschinen als nahezu abgeschlossen« gelten könne und in einem Land mit vorherrschendem Kleinbesitz »die Zahl und Art der in der Landwirtschaft zur Verwendung kommenden Maschinen der Natur der Sache nach ohnedies beschränkt« sei.[171] Erst mit dem Dieselmotor, mit der Entwicklung von den deutschen Regionalverhältnissen angepaßten Maschinentypen und unter dem Druck des Arbeitskräftemangels geriet die Mechanisierung der Landwirtschaft im 20. Jahrhundert wieder in Bewegung.

Auch die *Baubranche,* einer der größten Wachstumssektoren der Industrialisierung, und die damit verbundene Holzindustrie waren Bereiche, in der sich die Grenzen der Mechanisierung in einer für Deutschland charakteristischen Weise zeigten. Die staatlichen Baubeamten waren ursprünglich der Prototyp der professionell ausgebildeten, statusbewußten Techniker-Elite schlechthin, der den neuen im 19. Jahrhundert aufsteigenden Techniker-Gruppen als Vorbild vor Augen stand. Das steht in merkwürdigem Kontrast zu der Tatsache, daß der Bauvorgang noch bis ins 20. Jahrhundert seinen handwerklichen Charakter behielt. Außerhalb des staatlichen Bauwesens konnten die Bauingenieure daher keinen Führungsanspruch durchsetzen: »Der Experte für privates Bauen war und blieb der Bauhandwerksmeister.« Zwischen den Bauingenieuren und den Maschinenbauern, die ebenfalls zu akademischen Würden und leitenden Positionen in staatlichen Großprojekten drängten, entwickelte sich in der zweiten Hälfte des 19. Jahrhunderts ein gespanntes Verhältnis; die Statusinteressen der Bauingenieure standen einem Eindringen der Maschinen in den Baubetrieb entgegen.[172]

Ein anderer Fall war der Tiefbau und war auch die Baustoffherstellung: Bei Ziegeleien, Zement- und Sägewerken ging die Mechanisierung teilweise bis zu großbetrieblichen Dimensionen. Das Aufkommen neuer Baustoffe – Stahl, Beton, Eisenbeton – brachte ein industrielles Element in den Baubetrieb. Der Stahlbau begünstigte in Deutschland die Trennung von Architekt und Bauingenieur, die sich in vielen Bahnhofsbauten in dem Kontrast zwischen Empfangsgebäude und Bahnsteighalle äußerte. Viele deutsche

Baumeister hatten im 19. Jahrhundert, mehr als ihre englischen oder französischen Berufskollegen, ein »gestörte(s) Verhältnis zum Werkstoff Eisen«; mehr als in anderen Ländern entwickelte sich in Deutschland eine Trennung zwischen dem Architekten- und dem Ingenieurberuf. Auch in der Technik wirkte es sich aus, daß in der deutschen Architektur bis zum Ende des 19. Jahrhunderts ein avantgardistischer Zug nur schwach ausgeprägt war. Die akademischen Ambitionen der deutschen Architekten förderten im 19. Jahrhundert den Historismus in der Baukunst. Die Eisenbeton-Bauweise dagegen mit ihrem Streben nach geschwungenen, scheinbar schwerelosen Formen, eine französische Erfindung, galt noch in den zwanziger Jahren als typisch französische Architektur. 1901 gab der damalige Vorsitzende des Deutschen Beton-Vereins, Eugen Dyckerhoff, seinen Vereinskollegen den aus heutiger Sicht nicht ganz unbegründeten Rat: »Wenn Sie ruhig schlafen wollen, lassen Sie das Eisen aus dem Zement heraus...« Etwas anderes war der massige unbewehrte Beton, der seit 1873 beim deutschen Festungsbau zugelassen war und zum ersten Objekt einer Normung auf nationaler Ebene wurde.[173]

Auch bei der Holzbauweise zeigten die deutschen Architekten und Bauingenieure des 19. Jahrhunderts nicht viel Experimentierfreude. Die hölzerne Fertigbautechnik entwickelte sich vor allem in England und den USA, wo im 19. Jahrhundert sogar viele hölzerne Eisenbahnbrücken entstanden, die deutsche Reisende »erzittern« machten. Dafür taten sich deutsche Architekten in der *Theorie* des Fachwerkbaus hervor.[174]

In Deutschland behielt der Baustoff Holz damals einen traditionellen Zug. Im Schiffbau ging man vom Holz nur zögernd ab; anders als in England und Frankreich hielt man noch in den sechziger Jahren auf den Werften »an dem Vorurteil fest, daß Eisen als Baumaterial gegen die natürliche Ordnung verstoße«. Beim Übergang zum Eisenbau kam in der Folgezeit der entscheidende Anstoß von den Kriegsschiffen. Aber noch 1880 versicherte der Präsident des Deutschen Schiffszimmerer-Vereins, »die Zeit der Erbauung eiserner Tröge« sei »bald vorüber«: »Wir werden in Zukunft wieder hölzerne Segelschiffe zu bauen bekommen.« Das 19. Jahrhundert war nicht nur die Zeit des Dampfschiffs, sondern brachte mit der Verwendung von Eisenelementen auch den technischen Höhepunkt der Segelschiffahrt. An der starken Position der Schiffszimmerer, die erst durch den Eisenschiffbau gebrochen wurde, zeigt sich beispielhaft, wie sich am Werkstoff Holz eine Autonomie der Arbeit hielt, die eine strenge Teilung zwischen Planung und Ausführung nicht kannte.[175]

Ein technischer Traditionalismus dieser Art ist nicht gleichbedeutend mit Rückständigkeit. Ähnliches gilt für die zögernde Mechanisierung der Holzbearbeitung außerhalb des Sägewerkes und für die sich im 19. Jahrhundert noch lange haltende Abneigung der deutschen Holzindustrie gegen die Kreissäge, die zwar das technisch fortschrittliche Rotationsprinzip in die Holzzerteilung einführte, aber hohe Abfälle produzierte und »zu den gefahrbringendsten aller Maschinen« zählte. Sogar bei den deutschen Sägewerken hielt sich das Größenwachstum im allgemeinen in Grenzen; auch kleinere Betriebsgrößen, die auf bestimmte Holzarten und Märkte spezialisiert waren, hatten ihre Vorteile. Immer noch gab es in der Holzbranche gegenüber der Technisierung Hemmnisse, die aus regionalen Bedingungen und der Natur des Holzes herrührten.[176]

## 8. Technisierung der Fortschrittsidee und der Technikfolgenprobleme – die große Zeit der Scheinlösungen

»Sicherheit« war in der Bautechnik, dem historischen Ursprung des Ingenieurstandes, eine eindeutige Norm mit einem klaren Adressaten: Gemeint war Sicherheit vor Einsturz, und die Schuld an einem solchen Unglück lag beim Bauleiter. Eine so gut wie vollkommene Sicherheit war möglich. All das war bei Maschinen anders. Sicherheit im vollen Sinne gab es dort nicht; dennoch kam um 1878 offiziell für »Gefahrenverminderung« der Begriff »Sicherheit« in Gebrauch und war dort eher ein Euphemismus.

Bei Unfällen mit Maschinen fiel es in der Regel leicht, menschliches Fehlverhalten als Ursache hinzustellen. Aber schon im 19. Jahrhundert wurde das Unbefriedigende dieser Schuldzuweisung eingesehen und wurde begriffen, daß »die höhere Technik und die größere Complicirtheit der Maschine« die wahre Ursache vieler schlimmer Unfälle ist, »weil die vom Menschen unterworfene Natur jeden Fehler des Menschen sofort hart bestraft«.[177] Das Ideal einer »fehlerfreundlichen« Technik war bereits in der Frühzeit der Industrialisierung faßbar, zumal es damals mehr als in späterer Zeit ein prinzipielles Mißtrauen gegen komplizierte Technik gab.

Die Dampfmaschine warf mit dem Übergang zu höheren Drükken sogleich die Sicherheitsfrage als zentrales Thema auf; Kesselexplosionen waren schockierende Ereignisse und eine mit der Dampfmaschine ständig verbundene Drohung. »Nirgends ist mehr Gewissenhaftigkeit erforderlich, als wo sich der Mensch mit seinen schwachen Kräften zum Beherrscher eines Riesen aufwirft, wie der Dampf ist« – das noch nicht verlorene Gefühl für das menschliche Maß schärfte das Gefahrenbewußtsein.[178] Wenn man die Dampfmaschine als den Prototyp der industriellen Technik begriff, dann verband sich mit der Technik schlechthin die Vorstellung großer Gefahr, und es lag nahe, nach einer strengen Staatsaufsicht zu rufen. Nach französischem Vorbild wurde in Preußen die Dampfkesselsicherheit zunächst in staatlicher Kompetenz gehalten.[179] Gerade hier konnte sich in der Folgezeit jedoch die Vorstellung ausbilden, daß das kollektive Interesse einer zu gemeinsamem Handeln fähigen Industrie der beste Garant der technischen Sicherheit sei; denn bei der Verhütung von Kesselexplosionen deckte sich das Interesse des Betreibers am zuverlässigen Funktionieren der Maschine mit dem Interesse am Arbeits- und Umweltschutz. Die Sicherheitsproblematik besaß insofern eine trügerische Einfachheit. Uneins konnte man bei Dampfkesseln – ähnlich wie über hundert Jahre später bei Kernkraftwerken – darüber sein, ob das Ideal der Sicherheit in der Verhütung von Explosionen oder in der engen Begrenzung der Folgen von Explosionen bestehe. 1831, als die völlige Verhinderung von Explosionen noch aussichtslos erscheinen mußte, begründete Alban seinen Röhrenkessel mit dem Kriterium: »Nur diejenigen Kessel können wirklich gefahrlos genannt werden, die selbst bei einem etwaigen Zerspringen keinen Schaden anrichten.«[180] Eine durch die Konstruktion gewährleistete Störfallfolgenbegrenzung als Ausweg bei solchen Technologien, die eine vollständige inhärente Sicherheit kaum erhoffen lassen: auch dieses Ideal gab es schon am Anfang der deutschen Industrialisierung.

Die Risiken der allermeisten Maschinen trafen nur den Fabrikarbeiter; aber durch die Lokomotive war die Öffentlichkeit auf erregende Art mit der Dampfmaschine konfrontiert. Die Eisenbahn machte sogleich die technische Sicherheit zu einem öffentlichen Thema, ja ganz besonders in ihrer Frühzeit, als sie die Menschen erbeben ließ und die Macht der Gewohnheit noch nicht ihre Wirkung getan hatte. »Es ist wirklich ein Flug«, schrieb der liberale

Politiker Thomas Creevy 1829 von einer Fahrt auf der Lokomotive Stephensons, »und es ist unmöglich, sich von der Vorstellung eines sofortigen Todes aller bei dem geringsten Unfall zu lösen.«[181] Eisenbahnunfälle blieben das ganze 19. Jahrhundert hindurch vielbeachtete gesellschaftliche Ereignisse, die einen administrativen Handlungsdruck bewirkten, sehr im Unterschied zu den Autounfällen des 20. Jahrhunderts, die zum individuellen Unglück und zur alltäglichen Routinenachricht wurden. Aber die Eisenbahn kam im Laufe der Zeit einem großen in sich geschlossenen System, dessen technische Perfektionierung ein hohes Maß an Sicherheit bewirkte, relativ nahe. Mit stählernen Schienen, automatischen Bremsen und einander wechselseitig blockierenden Signalen zeichnete sich ein im Prinzip relativ einfaches und einleuchtendes technisches Sicherheitskonzept ab, das jedoch den Menschen als Unsicherheitsfaktor keineswegs zu eliminieren vermochte.

Der Übergang zum massenhaften Kohlegebrauch um die Mitte des 19. Jahrhunderts bedeutet nicht nur wirtschafts-, sondern auch umweltgeschichtlich eine tiefe Zäsur: durch die Bindung der industriellen Dynamik an eine nichtregenerative Ressource und durch die von nun an unaufhaltsam wachsende $CO_2$-Belastung der Atmosphäre. Die volle ökologische Tragweite dieses Vorgangs war zu jener Zeit nicht zu überblicken; daß jedoch Kohlerauch schädlich sei, war seit alters eine verbreitete Überzeugung, die der sinnlichen Wahrnehmung entsprang. Die verderbliche Wirkung des Hüttenrauchs auf die Vegetation hatten die Landwirte in der Nachbarschaft von Hüttenkomplexen anschaulich vor Augen, und diese wurde seit der Mitte des 19. Jahrhunderts auch durch Forschungen der land- und forstwirtschaftlichen Akademie Tharandt in der Nähe des Freiberger Montangebietes bestätigt. Dabei wurde bemerkenswert rasch erkannt, daß eine »Unschädlichkeitsgrenze« der Schadstoffe nicht bestand, eine weite Verteilung durch hohe Schornsteine also nur eine breite Streuung, aber keine Verhütung von Schäden bewirkte. Es gab jedoch Untergrenzen, unterhalb derer ein exakter Kausalnachweis der Schädigung nicht mehr zu führen war. Im späten 19. Jahrhundert setzte sich in der Gewerbeaufsicht das Konzept der »Toleranzgrenze« durch, das die Umweltbelastung legalisierte und der Kontrolle einen Schein von Exaktheit verlieh. Neben der Politik der hohen Schornsteine, die die Umweltbelastung externalisierte und vergesellschaftete, gab es allerdings für Fabriken auch die Vorschrift, die Rauchbelästigung der Nachbarschaft durch geschlossene Fenster zu mindern: Umweltschutz auf Kosten des Arbeitsschutzes, vor allem dann, wenn agrarische Interessen im Spiel waren. »Untersuchungen über die Auswirkungen des Hüttenrauchs auf den Menschen blieben weit hinter denen auf Rindviecher zurück.« (Arne Andersen)[182]

Die chemische Industrie wurde schon bemerkenswert früh, als noch der Kleinbetrieb überwog, als einer der schlimmsten Umweltvergifter identifiziert. Die nach dem Leblanc-Verfahren arbeitenden Sodafabriken belasteten ihre Umgebung mit giftigem Schwefelwasserstoff, dessen penetranter Gestank die Anwohner provozierte. Erst recht waren die frühen Anilinfabriken bei der Bevölkerung als »Giftfabriken« verschrien. Der *Social-Demokrat* berichtete 1866, wie die Feuerwehr eine »Anilin-Gift-Fabrik« – »die Plage und das Entsetzen der ganzen Gegend« – kurzerhand demontierte, bis »nur die Farben und Arsenik-Reste« noch verrieten, »wo die furchtbare Fabrik ihr scheußliches Asyl hatte«. Das damalige Anilinrot war arsenhaltig. Das Basler Sanitätskollegium bemerkte um 1860, in den Anfängen der Firma Geigy, die Anilinfarbenfabrikation zeichne sich vor allem dadurch aus, »daß sie eigentlich mit Gift arbeitet und Gift ihr Lebenselement ist; daß sie dieses Gift in festem, flüssigem und gasförmigem Zustand dem Boden, dem Wasser und der Luft mitteilt, und dadurch, wenn ihr nicht strenge Schranken gezogen werden, eine langsame, aber sichere Zerrüttung aller normalen Gesundheitsverhältnisse herbeiführt«. »Es gibt wohl keine Industrie, welche sich so geringer Sympathien in der Bürgerschaft erfreut als die der chemischen Fabriken«, schrieb 1888 der Bürgermeister einer Gemeinde des Wuppertals.[183] Die Farbenfabriken, die ärgsten Wasserverschmutzer, beanspruchten selber besonders sauberes Wasser und siedelten sich daher am liebsten an den Oberläufen der Flüsse an.

Den Chemikern selbst war wohlbekannt, daß ihr Beruf keineswegs ungefährlich war, sondern eine geradezu soldatische Einstellung zur Gefahr erforderte. Charles Mansfield, einer der Pioniere der Anilinchemie, fiel 1856 in seinem Laboratorium einem Benzolbrand zum Opfer. Liebig, der, wie er sagte, »ein Knallkupfer, ein Knalleisen und ein Knallzink« entdeckte, erlebte bei seinen Versuchen zahlreiche Explosionen; sein linkes Auge soll durch eine Explosion schwer geschädigt worden sein; über seine Untersuchungen der »Knallsäure« wurden »haarsträubende, fabelhafte Begebenheiten erzählt«. Seinem Assistenten nahm er es »sehr übel«, wenn dieser sich »bei der Ausführung eines nicht gerade harmlos zu nennenden Versuches etwas befangen zeigte«; selbst die Explosionen stärkten nur Liebigs Popularität. Aber niemand konnte sich einbilden, daß die Chemie eine harmlose Disziplin sei.[184] Die von der chemischen Industrie ausgehende Umweltbelastung wurde keineswegs mit dem gleichen Wohlwollen betrachtet wie die Gefahren der Laborversuche, bei denen der Forscher selber das Hauptrisiko trug.

Die Geschichte der durch die Technik hervorgerufenen Gefährdung von Leben und Gesundheit und des dadurch bewirkten Krisenbewußtseins wurde bisher vorwiegend punktuell erforscht; wie sich hier die historischen Prozesse und Epochen darstellen, ist erst ansatzweise zu übersehen. Es läßt sich jedoch deutlich erkennen, daß die Industrialisierung in dem Stadium, in dem sie – auf der Grundlage der Massenförderung von Kohle – ihre Signatur durch die Dampfkraft und durch die wachsende Agglomeration der Betriebe und Arbeiter in den expandierenden Fabrikstädten erhielt, zunächst jahrzehntelang eine von vielen als krisenhaft empfundene Situation herbeiführte; die soziale Krise war dabei von der Umweltkrise und der Bedrohung der Gesundheit kaum zu unterscheiden. In England fiel diese Phase in das frühe 19. Jahrhundert, in Deutschland in die Jahrzehnte nach der Jahrhundertmitte, mit einem Höhepunkt in den siebziger Jahren, als der Gründerkrach das allgemeine Krisenbewußtsein verstärkte. Kanalisationspläne von Rheinanliegerstädten drohten damals den »deutschen Strom«, der eben noch gegen Frankreich geschützt worden war, in eine Kloake zu verwandeln. Der Widerstand war zeitweise heftig und führte 1877 in Preußen zu einer rigiden Verfügung, die die Einleitung kommunaler Abwässer in öffentliche Gewässer grundsätzlich verbot. Wäre sie nicht bald durch Grenzwert-Regelungen unterlaufen worden, hätte sie das kommunale Entsorgungswesen in eine andere Richtung gelenkt. Auch schwere Unfälle in Fabriken und Bergwerken wurden zu jener Zeit als Politikum wahrgenommen. Der Anstoß dazu kam nicht zuletzt von der erstarkenden Arbeiterbewegung. In Anspielung auf zwei Bergwerkskatastrophen jener Zeit und die Hungersnot in Ostpreußen schrieb der *Social-Demokrat* 1868: »In die Herzen der Arbeiter aber, in die Herzen der Millionen Enterbter werden sich tief die drei Worte prägen: Lugau – Ostpreußen – Neu-Iserlohn!«[185]

Gegen Ende des Jahrhunderts hatte sich jedoch das allgemeine

Bewußtsein – im Bürgertum wie in der Sozialdemokratie – von Grund auf gewandelt. Die Zuversicht, daß der technische Fortschritt, wenn er nur freie Bahn bekomme, einen Großteil der von der industriellen Technik hervorgerufenen Schäden selber beheben werde, wurde, wenn auch nicht unangefochten, zur herrschenden Lehre. Mehrere technische, aber auch politische Entwicklungen hatten dorthin geführt. Kanalisation, »hygienische Revolution«, die zunehmende Verbreitung der »sauberen« Elektrizität, Fortschritte im technischen Arbeitsschutz, in der »rauchverzehrenden« Feuerung, in der Verwertung bisheriger Reststoffe durch die Chemie begründeten diesen Optimismus, aber auch eine Problemverengung, die die Lösung in greifbare Nähe rückte: indem für die Belastung von Luft und Wasser Grenzwerte festgelegt, viele Umweltprobleme auf Fragen äußerlicher Sauberkeit reduziert und Schadenswirkungen nur im Bereich des exakt Nachweisbaren angegangen wurden. Gewiß gab es bei alledem nicht wenige echte Fortschritte im Arbeits- und Umweltschutz, mehr aber noch eine Unsichtbarmachung, Verlagerung und reduzierte Wahrnehmung von Problemen: Scheinlösungen, die verdeckten, daß die Gesundheits- und Umweltrisiken der Technik zur gleichen Zeit in neue Dimensionen hineinwuchsen.

Die Umweltkrise in der ersten Phase der Hochindustrialisierung wurde besonders kraß als Krise der Wasserver- und -entsorgung und als Krise der Wohnhygiene wahrgenommen; daher war die »Stadttechnik« bei der Technisierung der Technikfolgenbewältigung von herausragender Bedeutung. England war bis zum Jahrhundertende das große Vorbild; aber anders als dort konnte man in Deutschland, auf englischen Erfahrungen fußend, die Kanalisation von vornherein systematisch und unter kommunaler Regie in Angriff nehmen. Die Kanalisation war, konsequent betrieben, Systemtechnik großen Stils und hierin im 19. Jahrhundert nur mit der Eisenbahn vergleichbar; wenn eine Kommune sich zu einem bestimmten Weg entschied, so hatte dies weitreichende Konzequenzen und blockierte andere Wege.

Die Auseinandersetzungen über die städtischen Entsorgungssysteme gehören zu den heftigsten Kontroversen in der Wissenschafts- und Technikgeschichte des 19. Jahrhunderts. Wie noch nie zuvor wurden die Kommunalverwaltungen hier von Experten abhängig; die Tragweite des Problems begünstigte die Bildung von Gutachter-Fraktionen; der Konflikt zwischen den Hygiene-Schulen der »Miasmatiker« und der »Kontagionisten« spielte hinein. Es ging darum, ob die Schwemmkanalisation (Mischkanalisation) den Vorzug verdiente, die die festen mitsamt den flüssigen Abfallstoffen wegspülte, oder ein anderes System, das wie bisher die Verwertung der festen Fäkalien als Dünger für die Landwirtschaft ermöglichte. In vorderster Front der Parteigänger der Schwemmkanalisation stand der Frankfurter Kommunalpolitiker Georg Varrentrapp, der »Luther der Hygiene in Deutschland« und Vorkämpfer des Wasserklosetts. Der prominenteste Kämpfer der Gegenseite war zeitweise Liebig, der die Mischkanalisation als eine tückische englische Machenschaft verdammte, die die Fruchtbarkeit des deutschen Bodens zerstören werde, wie England überhaupt, das die Knochen der deutschen Freiheitskämpfer auf den Schlachtfeldern von Leipzig und Waterloo zu Dünger vermahlen habe, »einem Vampir gleich« »an dem Nacken Europas«, ja der Welt hänge und ihr »das Herzblut« aussauge. Aus ökologischer Sicht war die Kritik an der Mischkanalisation durchaus begründet; die Polemik blieb zunächst nicht ohne Wirkung, zumal der Verkauf der Fäkalien an die Bauern eine Einnahmequelle der Hausbesitzer gewesen war. Die Mischkanalisation besaß jedoch von Anfang an die Attraktivität der großen einheitlichen Lösung, die allen Gestank rasch und gründlich beseitigte. Während die Gegner unterschiedliche Systeme propagierten, aber keines davon zu einer technischen Reife zu bringen vermochten, die modernen Ansprüchen genügte, konzentrierten sich bei den Anhängern des Mischprinzips alle Anstrengungen auf *ein* System. Hier bildete sich eine breite und stabile Allianz von Kommunalpolitikern, Hygienikern und Baubeamten, die in der Lage war, einen »Stand der Technik« zu schaffen, der die politischen Entscheidungen am Ende vorstrukturierte: Auch hierin sind diese Vorgänge zukunftsträchtig. Am Jahrhundertende war der Sieg der Schwemmkanalisation entschieden. Gerade der von Liebig propagierte Kunstdünger beförderte diesen Sieg, da er die Fäkalien als Düngemittel entwertete und den Rückhalt der Trenn-Fraktion bei Agrariern und Hausbesitzern schwächte.[186]

Damals mußte man jedoch lernen, daß die perfekteste Kanalisation ein fragwürdiger Fortschritt war, wenn sie nicht mit einer Kläranlage verbunden wurde; das galt vor allem für Städte in der Ebene und an der Küste, wo der Abtransport der aus der Kanalisation direkt in die Flüsse geleiteten Abwässer nur langsam und unvollständig geschah. Hamburg, das 1848 als erste deutsche Großstadt ein kommunales Kanalisationssystem eingeführt hatte und das Image einer musterhaft sauberen Stadt genoß, wurde 1892 zum Opfer der letzten großen Choleraepidemie in Deutschland, die das Verhängnis einer mangelnden Wasserklärung demonstrierte.[187] Bei den Klärwerken ließ jedoch ein befriedigender »Stand der Technik« auf sich warten. Seit den siebziger Jahren begannen mehr und mehr Städte – teilweise auf Druck von oben – mit der Anlage von Rieselfeldern, deren Klärschlamm dem Ackerbau zugeführt werden sollte. Entsprechende Versuche erbrachten uneinheitliche und zum Teil enttäuschende Ergebnisse; dennoch stützten die Rieselfelder die Illusion, daß man auf dem besten Wege zu einer endgültigen Lösung des Entsorgungsproblems sei. Dieser Optimismus war möglich, weil sich die Hauptaufmerksamkeit auf die Fäkalien konzentrierte und noch wenig beachtet wurde, daß die Industrieabwässer den Düngewert des Klärschlamms zunehmend verdarben, obwohl man es schon damals hätte besser wissen können.[188]

Die gewaltigen Wassertürme, im späten 19. Jahrhundert ähnlich wie die Bahnhöfe als repräsentative Monumentalbauten mit historischen Stilelementen gestaltet und nach der Jahrhundertwende durch Stahlbeton perfektioniert, demonstrierten die neu gewonnene Versorgungsfunktion der Kommunen, die mit Röhrensystemen gleichsam eine technische Basis bekamen. Die seit den neunziger Jahren öfters in aufwendiger Architektur erbauten »Volksbäder« trugen dazu bei, die »hygienische Revolution« zu popularisieren. Um 1900 waren die Krankenhäuser dabei, endlich den alten Geruch des Armenhauses von sich abzuschütteln und zu monumentalen, aufwendig ausgestatteten Laboratorien der technisierten Medizin aufzusteigen; Marksteine waren die Einführung der Anästhesie und der antiseptischen Operation sowie der Röntgenstrahlen- und bakteriologischen Diagnose. Die 1895/97 von W. C. Röntgen entdeckten »X-Strahlen« setzten sich in wenigen Jahren durch, da man von ihrer Gefährlichkeit nichts ahnte. Kautsky verwies in einer für die damalige Sozialdemokratie typischen Weise auf den Zusammenhang von Technik- und Krankenhausentwicklung: »Wie die moderne produktive Technik ihre vorteilhaften Wirkungen nur im Großbetrieb voll entfalten kann, so auch die moderne Heiltechnik nur in großen Heilanstalten.« Die Betäubung der Operationsqualen durch die Narkose trug nicht wenig zu dem Glauben an den menschenfreundlichen, ja erlösenden Charakter des wissenschaftlich-technischen Fortschritts bei. Die Kunst des Chirurgen bestand jetzt nicht mehr darin, vor allem so schnell wie möglich zu operieren, sondern ließ sich methodisch weiterentwickeln und wurde durch ein wachsendes technisches Instrumentarium unterstützt. Die Chirurgie wurde technisch so perfekt, daß man vergessen konnte, daß sie »immer eine Handlung gegen die Natur ist«. Die Bakteriologie, die große medizinische Errungenschaft des späten 19. Jahrhunderts, die durch Fortschritte in der Optik und Färbetechnik möglich wurde, verdrängte eine komplexere, auch die Lebens- und Arbeitsweise einbeziehende Sicht der Krankheitsursachen und wirkte einer Verbindung von Medizin und Sozialpolitik entgegen, zu der die Krisensyndrome der frühen Industrialisierung herausgefordert hatten. Insofern bedeutet der Höhepunkt der »Gewerbehygiene« um 1900, der sich in weitbeachteten Ausstellungen manifestierte, eher das Ende einer Ära.[189]

Nicht nur die Gewässerverschmutzung, sondern auch die »Rauchplage« überschritt im späten 19. Jahrhundert in vielen Städten eine Reizschwelle. Hier versprach seit den neunziger Jahren die Elektrifizierung Abhilfe, als es durch zentralisierte Stromerzeugung und Stromtransport über weite Entfernungen möglich wurde, die »Kraftzentralen« außerhalb der Städte zu errichten, so daß der Städter den Rauch, den diese ausstießen, nicht mehr sah. Außerdem gab es seit dem 18. Jahrhundert das Ideal der »rauchverzehrenden«, »rauchlosen« Feuerung und die Vorstellung, die Feuerungen würden »sauber« werden, wenn sie zur höchsten technischen Perfektion gebracht würden. Die Frage der »rauchlosen Verbrennung« gehörte in den neunziger Jahren »zu den meistbesprochenen in der Technik wie im öffentlichen wirtschaftlichen Leben«. Dieses Ideal entsprang einer Zeit, in der man noch nicht wußte, daß Verbrennung Oxidation ist; seit einem Jahrhundert hätte es jedoch klar sein müssen, daß die Entstehung von Kohlendioxyd bei fossilen Feuerungen prinzipiell nicht zu vermeiden ist. Die »sinnlose Jagd nach der rauchlosen Feuerung« (Spelsberg) konzentrierte sich auf die sichtbaren Rauchbestandteile, auf Ruß und Asche; hier wurden im späten 19. Jahrhundert Erfolge erzielt. Wenn jedoch behauptet wurde, daß mit der Rauchverminderung stets auch die Wirtschaftlichkeit des Betriebes erhöht werde, traf dies in Wahrheit nicht zu, und so war das Panorama der Industriestädte noch bis in die Mitte des 20. Jahrhunderts durch qualmende Schlote gekennzeichnet.[190]

Der wirksamste Schutz gegen den Rauch bestand zumindest für

die oberen Bevölkerungsschichten seit dem Ende des 19. Jahrhunderts in der Unterteilung der Städte in Zonen, innerhalb derer sich die zu tolerierende industrielle Umweltbelastung gemäß BGB § 906 an der »Ortsüblichkeit« bemaß. Diese Rechtslage bot die Chance, Industriebetriebe aus »besseren« Wohnvierteln herauszudrängen, während in den Industrievierteln die »ortsübliche« Belastung mit jedem neu zugelassenen Betrieb wuchs. Der schlimmste Teil der damals wahrnehmbaren Umweltbelastung wurde also auf die Unterschichten abgeschoben.[191] Zugleich war es jedoch beliebt, die »soziale Frage« vor allem als Wohnproblem zu begreifen. Als solches wäre sie technisch lösbar gewesen: am besten durch die Einführung von Methoden der Massenproduktion in den Wohnungsbau. Das war das Ziel des jungen Walter Gropius; solche Bestrebungen fanden jedoch ihre Grenze am technischen Konservatismus der Baubranche. Wachsende Wirkungskraft dagegen gewann die Utopie von der Siedlung »im Grünen«. Sie spiegelte am sichtbarsten das zunehmende Unbehagen an der industriellen Umwelt.

Die chemische Industrie, zunächst als einer der schlimmsten Umweltverpester verabscheut und daher um so mehr auf die Weihen der Wissenschaft angewiesen, vermochte im späten 19. Jahrhundert ihr öffentliches Image von Grund auf zu wandeln und sich zu einem Industriezweig zu stilisieren, der mit wissenschaftlicher Systematik die nützliche Verwertung bisheriger Abfallstoffe betrieb und auf seine Art zur technischen Lösung der aus der industriellen Technik entstandenen Probleme beitrug. Salzsäure- und Schwefelrückstände, die ärgsten Übel der Sodaindustrie und der Verhüttungsprozesse, ließen sich seit den siebziger Jahren gewinnbringend aufarbeiten. Ein Gutachten Liebigs versicherte, daß das Schwefeln eine vorzügliche und einwandfreie Methode der Hopfenkonservierung sei, und trug dazu bei, daß das 1830 in Bayern erlassene Verbot des Hopfenschwefelns wieder aufgehoben wurde (1858) und Nürnberg sich zum bedeutendsten Hopfenhandelsplatz der Welt entwickeln konnte. Die Nürnberger allerdings hatten die gelben Schwaden von weit über hundert Schwefeldarren zu ertragen.[192]

Die Verwandlung des Steinkohlenteers, des schmutzigen und stinkenden Abfallproduktes der Gaswerke, in leuchtende Farben war ein besonders eindrucksvolles Exempel für die technischen Möglichkeiten der Abfallnutzung und ein Grund dafür, wenn das

»Buch der Erfindungen« verkündete:

> Es gibt keine Abfälle mehr. Aus Sägespänen vermögen wir Zucker herzustellen, ranzige Butter läßt sich in einen wohlriechenden Äther verwandeln...; die Fettbestandteile, welche das Spülwasser der Wollwäschen mit sich fortführt, werden wieder gewonnen und zu Schmieröl verarbeitet oder in den Retorten der Gasanstalt in vortreffliches Leuchtgas verwandelt.

Seit dem Ende des 19. Jahrhunderts nutzte die Chemie in zunehmendem Maße die Kokereirückstände; die Hochofenschlacke wurde zur Grundlage eines Zweiges der Zementindustrie, die Thomasschlacke ein begehrtes Düngemittel. Erst die chemische Düngung, so lehrte schon Liebig, verwandle die Landwirtschaft von einem »Raubsystem« in ein Gleichgewichtssystem. All das lenkte davon ab, daß die von der Chemie verursachten Umweltprobleme immer unübersichtlicher wurden und die chemischen Prozesse zwangsläufig immer neue Kuppelprodukte hervorbrachten. Die wachsende Belastung der Flüsse durch Industrieabwässer wurde gegen Ende des Jahrhunderts unübersehbar; nun aber hieß es, die Industrie sei schließlich tausendmal wichtiger als die Flußfischerei. Die Ökologie der Gewässer war mit ökonomischen Mitteln nicht mehr zu verteidigen. 1911 erklärte der Bürgermeister von Elberfeld: »Wenn die Wupper keine Farbe mehr hat, können wir einpakken; dann ist überhaupt nichts mehr los.« 1912 konnte es sich Duisberg leisten, ein vielfach gefordertes Reichsabwässergesetz brüsk zurückzuweisen, da doch – so Duisberg ganz unverblümt – jeder wisse, »daß die chemische Industrie ohne Abwässer gar nicht leben kann, und wir doch zu denen gehören, die große wirschaftliche Werte schaffen«. Was »reines Wasser« sei: das zu definieren nahm jetzt die Chemiker-Gemeinschaft für sich in Anspruch, die zugleich versicherte, chemisch reines Wasser gebe es in der Natur ohnehin nicht.[193]

In der Hygiene-Bewegung des 19. Jahrhunderts war eine Tendenz angelegt, Arbeits- und Umweltschutz als ein zusammenhängendes Problemfeld zu begreifen. Beide Bereiche waren durch die Emissionsproblematik miteinander verklammert. Schon in der Frühindustrialisierung wurde erkannt, daß die chronische Belastung durch Staubpartikel eine noch größere Gefahr für die Gesundheit der Arbeiter darstellen konnte als das mit Maschinen verbundene Unfallrisiko. Exhaustoren und andere Ventilationsvorrichtungen standen von Anfang an im Zentrum der Arbeitsschutzbemühungen und auch der Ausstellungen zur »Gewerbehygiene«, die in der »neuen Ära« nach 1890 Konjunktur hatten.[194] Das »Hygiene«-Ideal beschränkte sich jedoch vielfach auf die mit den Sinnen wahrnehmbare Sauberkeit.

Die zur Arbeiterunfallversicherung von 1884 führende Sozialpolitik, vordergründig ein Durchbruch der Arbeitsschutz-Idee, hatte zugleich weitergehende Bestrebungen einer Intensivierung der staatlichen Gewerbeaufsicht und Festlegung einheitlicher technischer Sicherheitsregeln abgeblockt und das Prinzip der Prävention durch das der nachträglichen Kompensation – und dies nur in sehr begrenztem Maße – ersetzt. Zwar konnte – wie gerne hervorgehoben wurde – im Prinzip auch über die Haftpflicht des Unternehmers ein indirekter Druck zur Verbesserung der Sicherheit am Arbeitsplatz ausgeübt werden; aber dieser Druck wurde dadurch abgeschwächt, daß der von einem Unfall betroffene Arbeiter ein Verschulden der Betriebsleitung nachweisen mußte, um in den Genuß der Entschädigung zu kommen.[195] Dies war in der Regel schwierig, da sich die Unfallursache in den meisten Fällen als menschliches Fehlverhalten interpretieren ließ. Erst die Statistik der Unfallhäufigkeit verwies auf die Gefährlichkeit bestimmter technischer Anlagen, und der Zusammenhang zwischen Technik und Unfall war nicht kausal determiniert, sondern probabilistischer Art.

Ein Hauptmangel der mit der Unfallversicherung eingeschlagenen Strategie bestand im übrigen darin, daß die Entschädigung auf Unfälle beschränkt und chronische Gesundheitsschädigungen außer acht gelassen wurden. Erst 1925 wurden erstmals 11 Berufskrankheiten als entschädigungspflichtig anerkannt; noch in den siebziger Jahren des 20. Jahrhunderts wurden über neun Zehntel aller Anträge auf Entschädigung abgelehnt. Dabei war die Erkenntnis, daß es Berufskrankheiten gibt, schon im 19. Jahrhundert nichts Neues. Gerade in der altständischen Gesellschaft, in der sich Berufe über Generationen fortpflanzten und Berufsgruppen anschaulich in Erscheinung traten, war die durch bestimmte Berufe verursachte Schädigung des Körpers augenfällig. Blei-, Arsenik- und Quecksilbervergiftungen waren aus dem Montanwesen seit Jahrhunderten bekannt. Ramazzinis zuerst 1700 erschienenes Opus über die Berufskrankheiten galt noch im 19. Jahrhundert als Standardwerk. In Industriestädten dagegen, wo die Arbeiter fluktuierten und mehrere Belastungen zusammenkamen, war ein exakter Kausalnachweis des Zusammenhanges zwischen Arbeit und Krankheit schwerer zu führen: ein fataler Umstand in einer Zeit, in der für die Wissenschaft nur noch das exakt zu Beweisende existierte. Auch der Aufstieg der Bakteriologie lenkte von den berufsbedingten Krankheitsursachen ab. Es waren vor allem einige nicht wegzuleugnende Extremfälle von gesundheitszerstörenden Produktionsweisen, die schon im späten 19. Jahrhundert die Aufmerksamkeit der Gewerbeaufsicht und der Ingenieure auf sich zogen: so die Phosphornekrose der Zündholzhersteller, die schleichende Quecksilbervergiftung (Merkurialismus) der Spiegelbelegerinnen und die Silikose der Schleifer. In allen Fällen lag die dekretierte Abhilfe auf der allgemeinen Linie der »Hygiene« und des technischen Fortschritts und beeinträchtigte nicht die Produktivität. Dennoch erfolgte die allgemeine Durchsetzung erst nach staatlicher Intervention.[196]

Auf der Deutschen Allgemeinen Ausstellung für Unfallverhütung, die 1889 in Berlin unter kaiserlichem Protektorat stattfand, nahm in auffallendem Maße die Technik den »Löwenanteil« ein.[197] Der praktische Wert der Schutzvorrichtungen wurde jedoch in der Regel dadurch beeinträchtigt, daß diese von Ingenieuren erdacht waren, die nicht selbst damit arbeiten mußten: Bei der Sicherheit zeigte sich die Kehrseite der Separation von technischer Wissenschaft und praktischer Erfahrung besonders deutlich. Eine dauernde Klage galt der Tatsache, daß viele Sicherheitsvorrichtungen in der Praxis nicht benutzt wurden. Die Gründe sind zum Teil in einer allgemeinen Indifferenz und in der Behinderung der Arbeit durch Sicherheitsmaßnahmen zu suchen, teilweise aber auch darin, daß der Umgang mit Risiken von vielen Arbeitern als Teil der eigenen Berufserfahrung empfunden wurde. Wenn technische Sicherheitsvorkehrungen durchgesetzt wurden, erhöhte sich nicht selten zugleich die Risikobereitschaft: ein ebenso fataler wie zukunftsträchtiger Effekt. Die »Sicherheitslampe« führte im Ruhrrevier dazu, daß Bergleute in gefährlichen Flözen eingesetzt wurden, die bis dahin gemieden worden waren; die »Sicherheitssprengstoffe«, die 1902 bergbehördlich vorgeschrieben wurden, machten manche Schießmeister leichtsinniger.[198]

War der Arbeitsschutz in Deutschland am Ende des 19. Jahrhunderts nach internationalem Maßstab tatsächlich vorbildlich? Interessant ist ein Vergleich zwischen der Kleineisenindustrie in Solingen und Sheffield, die die deutsch-englische Konkurrenz in vielbeachteter Weise austrug und deren Schleifer der Silikose, einer der bis heute schlimmsten Berufskrankheiten, ausgesetzt waren. Noch um 1900 schien aus der Statistik hervorzugehen, »daß der Sheffielder Schleifer älter wird als der Solinger«. Anders als in Solingen überwog in Sheffield die Naßschleiferei, die weniger Staub verursachte, und rotierte der Schleifstein vom Schleifer weg statt ihm entgegen; der Sheffielder Schleifer konnte bei der Arbeit eine gesündere Haltung einnehmen als der Solinger, und er trieb in der Freizeit Sport. In Solingen wurde dafür größerer Wert auf Absaugvorrichtungen und andere »hygienische« Vorkehrungen gelegt; 1898 war eine entsprechende Polizeiorder ergangen. Diese Fortschritte zeigten schon nach kurzer Zeit eine erstaunliche Wirkung: Dem Bericht eines Sheffielder Arztes zufolge, der 1908 Solingen besuchte, war die Todesrate unter den Sheffielder Schleifern 1905/06 mehr als dreimal so hoch wie die der Solinger! Durchgreifende Verbesserungen des Arbeitsschutzes waren also tatsächlich mit relativ einfachen technischen Mitteln zu erreichen; ihre allgemeine Durchsetzung geschah jedoch erst durch staatlichen Druck. Die im Bergbau aus der Zeit des Bergregals verbliebene Staatsaufsicht trug lange Zeit nur wenig zur Verbesserung der Sicherheit bei, da zwischen Bergbehörden und Zechenverwaltungen ein enger gesellschaftlicher Konnex bestand. Erst der große Streik von 1905 und die Katastrophe auf der Zeche Radbod (1908) bewirkten eine gewisse Veränderung. Nur gegenüber den USA, nicht aber im europäischen Vergleich nahm sich die Unfallbilanz des deutschen Bergbaus günstig aus.[199]

Als das »Made in Germany« gegen Ende des 19. Jahrhunderts zum Gütesiegel wurde, bemühte man sich darum, Sicherheitseigenschaften als eine besondere Qualität der deutschen Technik herauszustellen. Die Bismarcksche Unfallversicherung, die in der deutschen Industrie zunächst auf starke Bedenken gestoßen war, wurde nun zu einem Bestandteil der Werbung im Ausland. Sie brachte auf dem Binnenmarkt einen Konkurrenzvorteil gegenüber der amerikanischen Maschinenindustrie, die nun »manchen Wünschen der deutschen Kundschaft nach Maßnahmen zur Unfallverhütung Rechnung tragen« mußte. Auf der Weltausstellung in Chicago 1893 hob die deutsche Abteilung die Sicherheit deutscher Eisenbahnen im Kontrast zu den amerikanischen und die Leistungen der Königlich technischen Versuchsanstalt in Charlottenburg bei der Werkstoffprüfung hervor; der landwirtschaftlichen Unfallverhütung allerdings erteilte der Präsident des Reichsversicherungsamtes ein »vernichtendes Urteil« (Wolfhard Weber). Diese beiden Schwerpunkte der Präsentation deutscher Sicherheit – Eisenbahn und Werkstoffprüfung – waren typisch und hatten ihren Grund. Bezeichnend war auch, daß das Sicherheitsmotiv vor allem gegen die USA ausgespielt wurde, durch deren Konkurrenz sich der deutsche Maschinenbau seit den neunziger Jahren bedroht sah. Die »sprichwörtliche Verachtung des Menschenlebens« durch die »Yankees« wurde schon im Zusammenhang mit der Weltausstellung von Philadelphia erwähnt, schon damals aber auch als teilweise irreführendes Vorurteil kritisiert. Ein 1913 erschienener Aufsatz *Die Verschwendung von Menschenleben in den Vereinigten Staaten* verfocht die These, daß »die Verschwendung von Menschenleben nirgends in der ganzen zivilisierten Welt so überraschend große Ausmaße angenommen« habe wie in den USA und der dortige Blutzoll der Technik selbst die schreckliche Zahl der Hinrichtungen in Rußland »zur Bedeutungslosigkeit« schrumpfen lasse. An der Spitze standen die Horrorzahlen der amerikanischen Eisenbahnopfer; der Verfasser rechnete vor, daß das Todesrisiko der amerikanischen Eisenbahnangestellten fast viermal, das Verwundungsrisiko dagegen etwa 18mal so hoch sei wie das der deutschen. Hier war die Kritik ohne Zweifel berechtigt; der extreme Kontrast zwischen Deutschland und den USA sprach für den Nutzen einer staatlichen Kontrolle der technischen Sicherheit. Folgerungen dieser Art pflegten jedoch deutsche Ingenieure und Industrielle nur ungern zu ziehen.[200]

Der Gegensatz zwischen der amerikanischen und europäischen Einstellung zum Eisenbahnrisiko wurde von Anfang an bemerkt und kommentiert. Max Maria v. Weber erklärte 1854, daß in einer Region wie dem amerikanischen Westen, wo die Verhältnisse ohnehin unsicher seien und weite Länder durch die Bahn überhaupt erst erschlossen würden, das Risiko der Eisenbahn verständlicherweise kaum beachtet werde, während es sich in bereits wohlgeordneten Gesellschaften, wo das »Wagnis ... in allen Lebensverhältnissen auf ein Minimum zurückgeführt« sei, ganz anders verhalte.[201] Die deutsche Gesellschaft des 19. Jahrhunderts verstand sich noch nicht als »Risikogesellschaft« und war nicht bereit, sich bei neuen Techniken auf ein Vabanque-Spiel von »Chance und Risiko« einzulassen. Aus heutiger Sicht gab der amerikanische Umgang mit dem technischen Risiko jedoch nur einen Vorgeschmack von der Indifferenz, mit der eine vom Automobilismus erfaßte deutsche Gesellschaft im 20. Jahrhundert Tausende und Zehntausende von Verkehrstoten im Jahr hinnahm.

Nicht nur den amerikanischen, sondern auch den englischen Eisenbahnen gegenüber genossen die deutschen frühzeitig den Ruf besonderer Sicherheit, wenn auch nicht durchweg zu Recht. In Deutschland konnte man bereits auf englische Erfahrungen zurückgreifen; die Staatskontrolle war von Anfang an schärfer, die Geschwindigkeitskonkurrenz zwischen verschiedenen Eisenbahngesellschaften weniger ausgeprägt. Schon 1847 wurde ein Verein deutscher Eisenbahnverwaltungen gegründet; ein von diesem 1850 in Berlin einberufenes Treffen der Techniker einigte sich auf Sicherheitsbestimmungen für ganz Deutschland. Am Anfang der deutschen Eisenbahngeschichte gab es keine *old happy-go-lucky days,* in denen selbst ein Ingenieur vom Range Brunels erklärte, er würde als Lokführer, wenn ihm auf gleichem Gleis eine Lokomotive begegnete, einfach Volldampf geben, um mit der eigenen Wucht die Gegenlok vor sich herzuschieben. Dafür entstanden in Deutschland mit dem Ausbau des Eisenbahnnetzes unzählige schienengleiche Bahnübergänge, mehr als in England. Der »erste große Unglücksfall« auf deutschen Bahnen mit 39 Toten ereignete sich 1883 in Berlin-Steglitz, als ein Kriegerverein durch eine geschlossene Schranke drängte. Nach 1937 starben in Deutschland an Bahnübergängen fünfmal mehr Menschen als in England. Unfälle solcher Art waren jedoch dem Eigenverschulden der Betroffenen anzulasten. 1889 vermerkte die Unfallstatistik der deutschen Bahn, daß 48 Personen ohne, 554 dagegen durch eigene Schuld zu Tode gekommen seien.[202]

Eine zentrale sicherheitstechnische Innovation wie die automatische Bremse war auch betriebswirtschaftlich höchst attraktiv, da durch sie die Löhne der Bremser, die auch auf jedem Wagen der langen Güterzüge stehen mußten, eingespart wurden; hier kam ein entscheidender Durchbruch in den achtziger Jahren mit der amerikanischen Westinghouse-»Schnellbremse«. Die Einführung der elektrischen Beleuchtung machte dagegen bei der deutschen Bahn nur langsame Fortschritte. Noch nach 1920 war die Gasbeleuchtung verbreitet, und die Sicherheitsvorkehrungen zielten darauf, den Passagieren im Brandfall mittels großer Fenster die Flucht zu erleichtern, anstatt die Ursache des Brandrisikos zu beseitigen. 1924 verbrannte der Staatssekretär Karl Helfferich, die größte politische Hoffnung der Deutschnationalen, bei einer Eisenbahnkollision in Bellinzona: Das Unglück gab den letzten Anstoß zur Einführung der elektrischen Beleuchtung. Im Signalwesen wurden die Möglichkeiten der Elektrizität bis zu jener Zeit in Deutschland nur unzureichend genutzt. Ein Autor spricht in dem Zusammenhang von der »Elektrizitätsfeindlichkeit der Eisenbahn, die ihr als Tochter des Dampfes gleichsam im Blute« liege. 1907 begannen Versuche, Lokomotiven auf elektrischem Wege von außen zum Stehen zu bringen; aber erst in den dreißiger Jahren wurde die »Indusi« (Induktive Zugsicherung) eingeführt.[203]

Das Ziel einer weiteren Erhöhung der Geschwindigkeit wurde von den deutschen Bahnen Ende des 19. Jahrhunderts zurückgestellt. Auch auf anderen Verkehrssektoren zeigte sich, daß der Drang nach Temposteigerung damals für Deutschland nicht besonders typisch war. In der Luftfahrt wurde Graf Zeppelin mit seinem lenkbaren Luftschiff zur nationalen Kultfigur, während Deutschland beim Enthusiasmus für das Motorflugzeug weit hinter Frankreich und Italien zurückstand. Nach der »Titanic«-Katastrophe von 1912 wurde mit Befriedigung vermerkt, daß sich die deutschen Schiffahrtsgesellschaften seit Jahren an den internationalen Geschwindigkeitsrekorden nicht mehr beteiligten. Noch um 1900 allerdings hatten die deutschen Schnelldampfer ihren Ehrgeiz dareingesetzt, die englischen Schiffe an Schnelligkeit zu übertreffen, während sich die White Star Line, die die »Titanic« baute, damals zurückhielt.[204]

Einer der wichtigsten Pluspunkte der technischen Sicherheit in Deutschland wurde gegen Ende des 19. Jahrhunderts die Werkstofforschung mitsamt der Entwicklung wissenschaftlicher Materialprüfverfahren. Es handelte sich hier um eines der zentralen und schwierigsten Problemfelder der Sicherheitsforschung, dessen Bedeutung im 19. Jahrhundert, als meist noch mit altbekannten Werkstoffen gearbeitet wurde, erst ansatzweise zu erkennen war, und das im 20. Jahrhundert eine erhebliche Aufwertung erfuhr. Die Werkstofforschung war ein Bereich, wo sich mehr als anderswo technische Sicherheit und technischer Fortschritt deckten und mächtige deutsche Industrieinteressen mitspielten: insbesondere das Interesse, die Vollwertigkeit des deutschen Bessemerstahls für Eisenbahnschienen oder des deutschen Hüttenzements für das Bauwesen nachzuweisen, und das Streben nach Normung auf nationaler Ebene, das durch den Ersten Weltkrieg zum Durchbruch kam. Zunächst lag die Initiative bei der Abnehmerseite: In den siebziger Jahren war August Wöhler, ein Mann der Eisenbahnverwaltung, der Pionier bei der Verwissenschaftlichung der Werkstoffprüfung und der Einführung quantitativer Meßmethoden. Er verfocht zu jener Zeit, als Reuleaux sein »Billig-und-schlecht«-Verdikt über die deutsche Industrie verhängte, gegen scharfe Kritik der Hüttenwerke die Auffassung, daß nur staatliche Kontrolle eine gute Stahlqualität zu garantieren vermöge. In der Tat ging bei der Materialprüfung der Trend langfristig zur staatlichen Institutionalisierung, nicht dagegen bei der Festsetzung der Normen und bei der praktischen Anwendung der Normen und Meßverfahren zur Sicherheitskontrolle.

Das neue Sicherheitsdenken, das Werkstoffqualitäten in den Mittelpunkt stellte, diente der Industrie und dem VDI als eine Methode, um die bis dahin beherrschende Position der staatlichen Baubeamten in der Dampfkesselaufsicht in Frage zu stellen und einzuschränken. Wenn »Stahl« nicht mehr etwas ein für allemal Feststehendes, sondern ein auf seine Qualität jeweils zu Prüfendes war, dann hatte es keinen Sinn mehr, die Sicherheit von Dampfkesseln durch ein festes Verhältnis zwischen Druck und Wandstärke zu definieren; und wo keine festen Regeln mehr anzuwenden waren, wurde nach einer sich mehr und mehr durchsetzenden Auffassung die Angelegenheit von einer Sache der Beamten zu einer der technischen Experten.[205] Seit der Gewerbeordnung von 1869 war der »Stand der Technik« ein Maßstab für die den Industriebetrieben im Interesse des Umgebungsschutzes vorzuschreibenden behördlichen Auflagen. Je schneller sich die Technik wandelte, desto mehr wurde die Bestimmung ihres jeweiligen »Standes« zur Expertensache, ja die Techniker mußten unter sich eine Konsensprozedur entwickeln, um im Wandel noch einen festen »Stand« definieren zu können.

Die zunehmende Verlagerung der Aufsicht auf die Dampfkesselüberwachungsvereine (DÜV), die Vorläufer der Technischen Überwachungsvereine (TÜV), wirkte ähnlich wie die Unfallversicherung einer Ausdehnung der staatlichen Gewerbekontrolle entgegen. 1900 erlangten die DÜV, die »allen Industriellen lieb geworden« waren, das offizielle Überwachungsmonopol bei Dampfkesseln, 1909 auch bei Automobilen. In den darauffolgenden Jahren wurde ein Vorstoß der Reichspost zur behördlichen Überwachung der Elektrotechnik erfolgreich abgewehrt. Die Besorgnisse, die die

Reichspostverwaltung 1891 bei der Starkstromleitung von Lauffen nach Frankfurt für die Umgebungssicherheit gehegt hatte, wurden zur Anekdote, die die Beamtenkontrolle und die Angst vor unberechenbaren Risiken neuer Technik lächerlich machte. In der chemischen Industrie bürgerte sich in den neunziger Jahren die Selbstkontrolle durch die aufsteigenden Großunternehmen ein.[206] Der fragwürdige Lernprozeß, der zu der Auffassung geführt hatte, daß die Sicherheit allein Sache der Experten sei und am besten durch die kollektive Selbstkontrolle der Industrie gewährleistet werde, zeigte seine Wirkung. Eine aus heutiger Sicht bedeutungsvolle Folge dieser Entwicklung besteht darin, daß sich kein Recht der technischen Sicherheit als einheitlich strukturiertes Gebiet und keine allgemein anerkannten Sicherheitsmaßstäbe ausbildeten.[207]

Besonders die Elektrizität begründete gegen Ende des Jahrhunderts einen neuen populären Glauben an den technischen Fortschritt und an die Fähigkeit der Technik, die durch sie entstandenen Probleme auf die Dauer selbst zu lösen. Die Elektrizität war sauber und geräuschlos; sie beseitigte die Dampfkessel und die gefährlichen Transmissionsriemen in den Betrieben und die rußenden und luftverderbenden Gaslichter in den Wohnungen. Sie ermöglichte eine Nutzung der kostenlosen und regenerativen Wasserkraft in großem Stil; gerade in der Anfangszeit wurde der »Kraftstrom« mehr mit der Wasserkraft als mit der Kohle assoziiert. Schon die ersten Eisenbahnen hatten einen Technik-Enthusiasmus ausgelöst; aber damals war die industrielle Technik doch noch auf enge Sektoren begrenzt. Erst mit der Elektrizität wurde eine Allgegenwart der Technik, eine Technisierung des gesamten Lebens, eine Versöhnung von Technik und Kultur vorstellbar. Man kann hier einen technikgeschichtlichen Hintergrund des Durchbruchs der modernen Kunst und des allgemeinen Modernitätsbewußtseins der Jahrhundertwende erkennen. Damals zeichnete sich sogar die Möglichkeit ab, daß der technische Fortschritt zu einem neuen gesellschaftlichen Konsens führte; denn auch die Wortführer der deutschen Arbeiterbewegung waren nunmehr überzeugte Vertreter dieser Fortschrittsidee, begeisterter noch als viele Angehörige des Bürgertums.

Marx war schon 1850, als die Elektrifizierung noch ein unwirklicher Zukunftstraum war, beim Anblick einer elektrischen Spielzeugeisenbahn in einem Schaufenster der Londoner Regent's Street in »Feuer und Flamme« geraten und in der Überzeugung bestärkt worden, daß die revolutionäre Entwicklung der Produktivkräfte unweigerlich die politische Revolution nach sich ziehen werde; er hatte Wilhelm Liebknecht mit seiner Begeisterung angesteckt. Mehr noch als bürgerliche Ideologien brauchte der Marxismus die Vorstellung von einer Eigendynamik des technischen Fortschritts und die Unterscheidung zwischen der konkreten zeitgenössischen Technik, die der Knechtung der Arbeiter diente, und der abstrakten technischen Entwicklung: Nur unter dieser Voraussetzung konnte man annehmen, daß der technische Fortschritt die vom Kapital mit der Technik intendierten Zwecke überrollen werde. Der Glaube an eine wachsende Einheit von Technik und Wissenschaft war bei sozialistischen Theoretikern besonders beliebt: Die »Vergeistigung« der Technik versprach, die Atmosphäre brachialer Gewalt aus der Arbeitswelt zu verbannen und die Einheit von Hand- und Kopfarbeit wiederherzustellen.

Eine derartige Zuversicht entsprach keineswegs der Mentalität der frühen Industriearbeiterschaft, die die Mechanisierung mit Mißtrauen und Feindseligkeit verfolgte. Man kann im 19. Jahrhundert einen Typus von Arbeitervereinigung identifizieren, der nicht nur als unvollkommener Vorläufer der späteren Gewerkschaften, sondern als soziale Bewegung eigener Art anzusehen ist: die noch von »Handwerker-Arbeitern« geprägten Fachvereine, die keineswegs technische Innovationen schlechthin ablehnten, aber doch einer Art von Mechanisierung widerstrebten, die die qualifizierte Handarbeit entwertete.[208] Sie wurden am Ende des 19. Jahrhunderts von den Industriegewerkschaften überspielt. Der Fortschrittsglaube dieses neuen Gewerkschaftstyps besaß Affinitäten zur bürgerlichen Fortschrittsidee und spiegelte die Zuversicht neuer Arbeitereliten, daß der durch den technischen Fortschritt bewirkte Produktivitätszuwachs und Qualifikationsbedarf ihnen selber zugutekommen werde; denn auch in den Industriegewerkschaften gab im allgemeinen eine Oberschicht von Facharbeitern den Ton an.[209]

»Jede neue Maschine predigt das Evangelium der sozialen Emanzipation«, triumphierte Wilhelm Liebknecht. Dem technischen Fortschritt zuliebe stimmte die Sozialdemokratie im Reichstag unter dem Sozialistengesetz selbst für imperialistisch und militärisch motivierte Vorlagen wie die Dampfersubvention und den Nord-Ostsee-Kanal. »Die Eroberung der Luft ist das Wahrzeichen des Siegs über widerstrebende Naturgewalten, die Verheißung des endlichen Siegs der Vernunft«, schwärmte das *Berliner Volksblatt* 1909 im Anblick des Zeppelin. Bebels vielgelesenes Buch *Die Frau und der Sozialismus* enthält eine gläubige Begeisterung für den technischen Fortschritt, wie man sie in dieser Hemmungslosigkeit selbst im bürgerlichen technologischen Schrifttum, auf das Bebel sich berief, nicht oft findet. An erster Stelle der Glaube an die »revolutionierende Wirkung« der Elektrizität, »dieser gewaltigsten aller Naturkräfte«; Bebel geht davon aus, daß es bereits Akkumulatoren gebe, um »große Kraftmengen« für eine »beliebige Zeit« zu speichern, und er sieht nicht nur elektrische Triebwagen von 260 oder gar 300 Kilometer pro Stunde, sondern auch eine »Elektrifizierung des gesamten Schiffbaues« in greifbarer Nähe. »Einige Quadratmeilen in Nordafrika« würden das ganze Deutsche Reich mit Solarenergie versorgen. Auch »das höchste Problem der Chemie, die Herstellung der Nahrungsmittel auf chemischem Wege«, sei »im Prinzip ... bereits gelöst«; die Zeit werde kommen, wo sich der Mensch von Chemikalien ernähre, die »vollkommener« als die Naturstoffe seien, und wo vielleicht »die Wüsten der Lieblingsaufenthalt der Menschen« würden, »weil es dort gesünder sei als auf ... den sumpfigen angefaulten Ebenen, wo jetzt der Ackerbau betrieben werde« – so zitiert Bebel beifällig eine auf einem Bankett des Syndikats der Chemikalienfabrikanten gehaltene Rede des französischen Chemikers und mehrmaligen Ministers Berthelot. Auch der Arbeitsschutz war für Bebel nur eine Frage der Anwendung bereits vorliegender wissenschaftlicher Erkenntnisse und technischer Errungenschaften. In einer Reichstagsdebatte über die Gewerbeaufsicht (1891) gab er seiner Überzeugung Ausdruck, daß »heute schon Technik und Wissenschaft eine solche Höhe erreicht haben, daß 90 Prozent aller Gewerbekrankheiten und Unfälle unmöglich würden«, wenn nur das Geld für die praktische Nutzung dieser Fortschritte bereitgestellt würde. Es war in typischen Fällen die Unternehmerseite, die, um kostenträchtige Auflagen und den Vorwurf der Fahrlässigkeit abzuwehren, diesen Optimismus in Frage stellte und darauf beharrte, es werde »ewig so bleiben, daß gewisse Gewerbe und Berufe Gefahren mit sich bringen«.[210]

Daß die industrielle Entwicklung nicht nur Zentralisierung der Produktion und komplexere Technik, sondern auch ein Neuaufkommen von Heimarbeit bewirkte, wurde von sozialdemokratischer Seite durchaus gesehen. Aber in den Augen der deutschen

Sozialisten war diese Hausindustrie der Inbegriff des historisch Überholten und Verabscheuenswerten: eine gesundheitszerstörende, schrankenlos ausbeutbare und der gewerkschaftlichen Organisation entzogene »Schmutzkonkurrenz« für die klassenbewußten Fabrikarbeiter. Selbst eine Revisionistin wie Lily Braun bekundete gegenüber der Hausindustrie geradezu bebenden Abscheu und wünschte ihr keinen sozialen Schutz, sondern einzig und allein den Untergang. Sie bekundete die Hoffnung, Eisenbahn und Fabrikschlote würden, den Klagen der Naturfreunde zum Trotz, in die entlegensten Gebirgsregionen vordringen, um der Heimindustrie in ihrem letzten Winkel den Garaus zu machen. Das Handwerk insgesamt war nach der damals in der Sozialdemokratie herrschenden Auffassung dem Untergang geweiht, und die Sozialdemokraten waren in den neunziger Jahren die einzige Reichstagsfraktion, die sich jeglichen Schutzmaßnahmen für das Handwerk verweigerte und der Rettung des Handwerks durch Kleinmotoren nicht einmal die sonst üblichen Lippenbekenntnisse leistete.[211]

Entsprach die offizielle Technikgläubigkeit der deutschen Arbeiterbewegung dem allgemeinen Zug der Zeit? Sie kontrastiert immerhin zur Position der englischen Gewerkschaftsbewegung, die aus den alten Fachvereinigungen das Bewußtsein übernahm, daß die Mechanisierung ein argwöhnisch zu kontrollierender Prozeß sei: Die Einführung amerikanischer Methoden im englischen Maschinenbau wurde auf diese Weise nachhaltig gehemmt.[212] Der Glaube an den technischen Fortschritt war kein integraler Bestandteil der demokratischen Fortschrittsidee; eher war es so, daß die Fortschrittsidee gegen Ende des 19. Jahrhunderts auf Kosten ihres traditionellen politischen Gehalts eine Technisierung erfuhr. In der wilhelminischen Ära, als der Kaiser selber ein Technik-Enthusiast war, gab es bereits einen von dem alten politischen Fortschrittsbegriff losgelösten technischen Fortschrittsglauben.

Gerade zu der Zeit, als der Glaube an den technischen Fortschritt in der Ideologie der deutschen Arbeiterbewegung fest etabliert wurde, kündigte sich in den Erfahrungen am Arbeitsplatz eine Entwicklung an, die geeignet war, bei den Betroffenen diesen Glauben zu erschüttern. Bald wirkte das 19. Jahrhundert in der Eisen- und Maschinenindustrie aus der Rückschau wie eine gemütliche Zeit; die Ära der Rationalisierungsschübe begann, herkömmliche Facharbeiterqualifikationen wurden in Frage gestellt und auf das

Produktionstempo ein zunehmender Druck ausgeübt, der neue Unfallquellen schuf und die Nervosität zur Massenerscheinung machte. Levensteins von Max Weber widerwillig gerühmte, reichhaltig dokumentierte Untersuchung zur »Arbeitsfreude« ist voll von erschütternden Zeugnissen über Freudlosigkeit, Monotonie und Erschöpfung selbst in der Metallbranche, wo sich handwerkliche Arbeitsweisen noch lange hielten.[213] Rosa Luxemburg erkannte das politische Dilemma, das sich ergab, wenn man wie sie davon ausging, daß der Weg der kollektiven Emanzipation der Arbeiterklasse über den technischen Fortschritt führe: denn das aktuelle Interesse an konkreten technischen Verbesserungen lag beim Kapitalisten, und »jede technische Umwälzung« verschlechterte ihr zufolge die »unmittelbare Lage« der direkt betroffenen Arbeiter, indem sie deren Arbeit »intensiver, eintöniger, qualvoller« machte.[214] Die psychischen Belastungen der Arbeit, die seit dem Ende des 19. Jahrhunderts zunehmend spürbar wurden, sind ein Problem, das bis heute ohne durchgreifende Lösung blieb; denn hier waren Kausalitäten besonders schwer nachzuweisen, und es gab keine simplen technischen Methoden der Abhilfe, sondern es geriet das soziale System der Produktion ins Visier.

Insgesamt war die Technikeuphorie um die Jahrhundertwende keineswegs ungebrochen. Nach wie vor wurde die industrielle Entwicklung von einem grassierenden Unbehagen und pessimistischen Anwandlungen begleitet: diese waren jedoch kaum mehr als Gegen- oder Bremskraft zur technischen Entwicklung zu mobilisieren. Immer häufiger mündete die Kritik in einen resignativen Kulturpessimismus von einer Art, die letztlich dem deutschen Weltmachtstreben Vorschub leistete und damit eine Entwicklung vortrieb, die alle Barrieren gegen machtpolitisch gebotene technische Innovationen hinwegfegte. Auch die um die Jahrhundertwende aufkommende Naturschutzbewegung trug dazu bei, daß sich das Unbehagen an der Technik in Reservate begab, wo es mit der Industrie im allgemeinen nicht mehr kollidierte.[215] Trotz zahlreicher Fortschritte im Arbeits- und Umweltschutz erscheint das späte 19. und beginnende 20. Jahrhundert als eine Zeit der Scheinlösungen, in der durch die Eingrenzung und oberflächliche Behebung vieler Probleme erst recht manche noch bestehenden Hemmungen gegen einen schrankenlosen technischen Fortschritt schwanden.

## IV. Kriegs-, Vorkriegs- und Nachkriegszeiten: Die Rationalität der Massenproduktion, der Macht und der Not

### 1. Von der Jahrhundertwende bis in die fünfziger Jahre: Auf dem Weg zur Technisierung aller Lebensbereiche und zur Vergesellschaftung des technischen Risikos

In der Technikgeschichtsschreibung pflegt bei der Darstellung der modernen Zeit die historische durch eine systematische, an Technik- und Wirtschaftssektoren orientierte Gliederung ersetzt zu werden, oder es werden einfach die großen Zäsuren der politischen Geschichte übernommen: 1914, 1918, 1933, 1945. Eine branchenspezifische Gliederung wird jedoch der Tatsache nicht gerecht, daß die Herausbildung von Querverbindungen zwischen den Branchen zu den bedeutsamsten Vorgängen der Technikgeschichte gehört und in besonderem Maße Epochen und Regionalstile charakterisiert. Eine Gliederung nach politischen Zäsuren könnte die *longue durée* der Technologie-Generationen und der Arbeitswelt aus dem Blick verlieren. Wenn hier jedoch eine Periodisierung gewählt wird, die alle Zäsuren der deutschen politischen Geschichte dieses Jahrhunderts überspringt, so bedarf dieser weitgespannte Bogen der Begründung.

Innerhalb der Geschichte des Deutschen Kaiserreichs läßt sich zwischen 1890 und 1910 eine Horizontverschiebung zu einem neuen Modernitätsbewußtsein erkennen, das aus den gesellschaftlichen Zuständen, wo der Eindruck der Starrheit überwiegt, zunächst schwer zu motivieren ist, während es in der Entwicklung der Kunst und Architektur, des Geschmacks und des Designs um so markanter hervortritt. In der Geschichte der Technik, der Produktionsweise und der betrieblichen Organisation findet diese atmosphärische Wende am ehesten einen konkreten Grund. Die von Kirdorf erbaute Maschinenhalle der Zeche Zollern 2/4 in Dortmund-Bövinghausen (1902) war nicht nur das bedeutendste Monument des Jugendstils in der Ruhrindustrie, sondern enthielt auch die erste elektrische Fördermaschine der Welt. Die von Peter Behrens entworfene Halle der AEG-Turbinenfabrik in Berlin (1909), ein bahnbrechendes Werk der modernen Industriearchitektur, kündete vom Sieg der Dampfturbine über die Dampfmaschine. Beides verweist auf einen Schnittpunkt von Architektur und Technikgeschichte am Anfang des neuen Jahrhunderts. Ähnlich wie jene kulturelle Moderne, die später mit den zwanziger Jahren verbunden wurde, schon in dem Jahrzehnt vor 1914 Gestalt annahm, hatte auch vieles von dem, was nach 1918 als »neue Technik« galt und zum Teil auf den Krieg, zum Teil auf die USA zurückgeführt wurde, seinen Ursprung in jener Zeit.[1]

All das wirkt vor dem Hintergrund der Sozialgeschichte des Kaiserreichs nur so lange verwirrend, wie man diese Art von Modernisierung mit sozialem und demokratischem Fortschritt und mit einem Zugewinn an Rationalität schlechthin gleichsetzt. Aus der Distanz wird jedoch klarer, daß der damals zum Durchbruch kommende moderne Stil nicht so sozial und auch nicht so funktional war, wie er zu sein vorgab. Friedrich Naumann stellte in seiner programmatischen Schrift zur Gründung des Deutschen Werkbundes (1907) diesen »in Vergleich mit den Bestrebungen, den Gedanken der deutschen Flotte volkstümlich zu machen«: Beides sei »Ausdruck für die Wendung des deutschen Geistes zur Weltwirtschaft und Weltpolitik«, auch der Werkbund; denn zur kunstgewerblichen Eroberung des Weltmarktes gehöre »originale Leistung, deutscher Stil, der sich in der übrigen Welt durchsetzt«. Die »fast vulkanische Erhebung einer Oberschicht gewerblicher Künstler«, die gegenwärtig den Industrieerzeugnissen ihre eigene neue Form verleihe und »die Gewerbekunst zur nationalen Angelegenheit« erhöhe, sei eine Bewegung der »Herrenmenschen unter den Künstlern«. Der Vergleich des Werkbundes mit der Flotte hatte den konkreten Sinn, daß der Werkbund nicht zuletzt mit Blick auf den Export einen modernen, technikgemäßen und zugleich spezifisch deutschen Formenstil schaffen wollte. Wiederholt bemühte er sich um ein Bündnis mit dem Handwerk. Diese Allianz blieb jedoch nie von Dauer, und am Ende galt dieser Wegbereiter des modernen Design »überall als Feind des Handwerks«.[2]

Ein Element von Elitarismus und Geltungsdrang enthielt das moderne Design ebenso wie die moderne Technik. Otto Kammerer, Maschinenbaulehrer an der TH Berlin, machte 1910 vor dem Verein für Sozialpolitik die etwas verfrühte Prophezeiung, die Entwicklung im Maschinenbau gehe »nicht, wie vielfach angenommen wird, dahin, daß immer mehr Handlanger in den Dienst der

Maschine gestellt werden«, sondern im Gegenteil dorthin, daß »die Handlanger immer mehr ausgeschaltet« würden und an ihre Stelle »eine geringe Zahl hochwertiger Arbeiter« trete. Auf seiten der Ingenieure waren um 1900 elitäre Anwandlungen zum Teil ein Reflex der Angst vor einer »Verpöbelung der Technik« (Georg Siemens) und einem Absinken des Ingenieurs in den Massen- und Routinebetrieb der rationalisierten Großindustrie.[3]

Die wilhelminische Flottenrüstung, die mit dem ersten modernen Werbefeldzug der deutschen Politik popularisiert wurde, machte die Kriegstechnik in einem historisch neuartigen Ausmaß zur Triebkraft technischer Innovationen in der Stahlindustrie. Eine stählerne Integration von Fahrzeug und Waffe, von Dampf- und Pulverkraft in derartiger Dimension hatte es bis dahin nicht annähernd gegeben, und auch nicht einen technischen Rüstungswettlauf dieser Art, der zu einem ständigen und systematischen Bemühen um die Steigerung der Stahlqualitäten zwang. Von nun an war die Vorstellung möglich, daß die Rüstung das Zugpferd des technischen Fortschritts sei, wenn dieser Glaube auch in der wilhelminischen Ära noch längst nicht in dem Maße zur Obsession wurde wie in den sechziger Jahren, als sich der Rüstungswettlauf auf den Weltraum ausdehnte. Der Bau von Kriegsschiffen war technisch reizvoller als alle Großaufträge, die das Landheer zu bieten hatte.[4] Die Flottenmanie zeigte in nie dagewesenem Maße, wie ein Zusammenwirken von industriellem Interesse, Technik-Faszination und systematischer Meinungsmache die Rüstung in Bahnen zu lenken vermag, die selbst aus militärischer Sicht irrational sind: auch dies ein Gesichtspunkt, der die Zeit um 1900 als technikgeschichtliche Zäsur bestätigt.

August Thyssen, zu Jahrhundertbeginn unter den Ruhrmagnaten der Pionier der *Economies of Scale* neuen Stils, begründete 1902 die Notwendigkeit neuer Rationalisierungsschübe mit der Warnung: »Die deutsche Industrie kann nicht die Lasten des teuren Eisenbahnmonopols, des Kohlen- und Kokssyndikats, der Roheisen-, Halbzeug- und Fertigfabrikate (-syndikate) dauernd ertragen.« Die »neue Technik« nach 1900 hatte teilweise den Grundzug gemeinsam, daß sie die Herrschaft von Kohle und Stahl, von Dampfmaschine und Dampflokomotive erschütterte: durch Benzin und Öl, durch Leichtmetalle und Kunststoffe, durch elektrischen Kraftantrieb und Benzinmotor. Dieser Wandel ergab neue Regionalprofile; so entstand die wichtigste Konzentration der

Autoindustrie im Stuttgarter Raum, fern von Rohstoffquellen und Absatzzentren, aber inmitten einer an Präzisionsmechanik gewöhnten Arbeiter- und Handwerkerbevölkerung.

Auch im Blick auf die »Produktivkraft Mensch« kann man im frühen 20. Jahrhundert von einer neuen Generation der Technik reden. Der nach 1900 aufkommende »Schnellstahl« mit seiner größeren Härte wurde zur Verschärfung des Produktionstempos benutzt; das in den zwanziger Jahren von deutschen Ingenieuren entwickelte Hartmetall aus Wolfram-, Titan- und Tantalkarbid ermöglichte gegenüber dem Schnellstahl eine erneute Vervielfachung bei der Schnittgeschwindigkeit der Werkzeugmaschinen. Schlesinger forderte, daß im Werkzeugmaschinenbau Passungen von tausendstel Millimeter beachtet werden sollten: Da versagte das »Fingerspitzengefühl« der erfahrensten Facharbeiter – kein Wunder, daß die »Passungen« das umstrittenste Thema in den Maschinenwerkstätten jener Zeit waren. Eisen und Stahl waren mit handwerklichen Methoden zu bearbeiten gewesen; die neuen Hart- und Leichtmetalle waren dem Handwerk fremd. Das heißt nicht, daß bei neuen Werkstoffen die Erfahrung ganz durch Theorie ersetzt worden wäre: Auch hier kam es darauf an, mit der Zeit ein »Gefühl« für den Stoff zu entwickeln.[5]

In der Elektrotechnik brachten Elektromotor, drahtlose Telegraphie und Rundfunk einen Generationsbruch. Der Elektromotor erforderte eine Integration von Elektrotechnik und Maschinenbau, die Leichtmetalle eine Kooperation der Elektro- und Metallindustrie. Die drahtlose Telegraphie, die die Kabelverlegungen – die Großtaten der frühen Elektrotechnik – überflüssig machte, bekam wesentliche Startimpulse von Militär und Marine, in der Folge aber auch von einem Heer von Amateuren, während der frühverstorbene Physiker Hertz, der Entdecker der elektromagnetischen Wellen, von den technischen Folgen seiner Entdeckung noch kaum etwas geahnt hatte. Die Hochdrucksynthese erforderte einen Chemikertypus wie Carl Bosch, der mit der Schwerindustrie und dem Großmaschinenbau zu kooperieren verstand. Die neue Technikgeneration ist nicht nur durch bestimmte Einzeltechniken, sondern auch durch Vernetzungen und Querverbindungen und durch Einbindung in Organisation und »System« gekennzeichnet.

Die neue Technik wurde selber zu einem untrennbaren Bestandteil politischer Systeme. Der Nationalsozialismus, dessen besonderer Zug mehr in seinem Aktions- und Präsentationsstil als in seinen Interessen und Ideen bestand, wäre ohne Lautsprecher und Rundfunk, ohne Flugzeug und Scheinwerfer unvorstellbar. Während im 19. Jahrhundert dem technischen Fortschritt mit Vorliebe eine demokratische Wirkung zugeschrieben wurde, trat im frühen 20. Jahrhundert deutlicher als bisher zutage, daß die Technik nicht nur die Herrschaft über die Natur, sondern auch die über Menschen zu verstärken imstande ist. Johan Hendrik Jacob van der Pot, der Verfasser der bislang umfangreichsten Bestandsaufnahme zur »Bewertung des technischen Fortschritts«, erinnert sich, Bedeutung und Ambivalenz der modernen Technik seien ihm zum Bewußtsein gekommen, als er als KZ-Häftling erlebt habe, wie »eine kleine Wachmannschaft mit Maschinengewehren und elektrischem Stacheldraht viele Tausende von KZ-Häftlingen im Zaume halten kann«.[6]

»*Tempo*« war um 1900 ein besonders erregendes Zeichen der neuen Zeit. Riedler nannte 1899 in einem Vortrag zum Thema »Schnellbetrieb« »die Erhöhung der Betriebsgeschwindigkeit« »das beständige Ziel des technischen Fortschrittes«, das »zu immer neuen Vervollkommnungen« führe. In jener Zeit bekam das Wort »Tempo« eine neue Bedeutung: Meinte es vorher »in angemessenem Zeitmaß«, so bedeutete es seitdem: »hohe Geschwindigkeit« – diese war für den neuen Geschwindigkeitsrausch, der zunächst vom Fahrrad, dann vom Automobil erzeugt wurde, das »angemessene Zeitmaß«. Im Sport verbreitete sich seit der Jahrhundertwende die Rekordversessenheit, im Tanz »die vom Jazz inspirierten amerikanischen Schiebetänze«: Zu jener Zeit besteht ein ungewöhnlich markanter Zusammenhang zwischen der Industrie- und Technikgeschichte und der Körpermotorik. Es handelte sich dabei um keine bloße Modeerscheinung, sondern um eine epochale Wende in der Geschichte der Mentalität, der Produktionsweise und der Arbeit. Sie spiegelt sich in der um 1900 rapide zunehmenden Nervosität, die eben noch als »amerikanische Krankheit« gegolten hatte. Von den Insassen des Berliner Landesversicherungssanatoriums Beelitz bestanden 1897 18 %, 1904 40 % aus »Neurasthenikern«. Bei großbetrieblichen Neuorganisationen galt nunmehr der Verkürzung der Transportwege besondere Aufmerksamkeit.[7]

Die Firma Zeiss, deren Ruf auf höchster Präzisionsarbeit beruhte, ging im Jahr 1900 zum Achtstundentag über. Als der Firmeninhaber Ernst Abbe 1901 auf dem Deutschen Mechanikertag versicherte, die Arbeitszeitverkürzung habe zu einer Leistungssteigerung geführt, und entschieden die allgemeine Einführung des Achtstundentages befürwortete, stieß er auf Unglauben und scharfe Opposition. In der Folgezeit führten Steigerungen des Produktionstempos ohne Arbeitszeit- und Lohnausgleich zu Streiks. Im Laufe der Jahrzehnte bildete sich jedoch ein neuer sozialer Konsens auf der Basis, daß die Intensivierung der Arbeit und Verdichtung der Arbeitszeit mit Arbeitszeitverkürzungen und Lohnerhöhungen verkoppelt wurden. Unter diesen Bedingungen gewöhnten sich die Arbeiter allmählich an das höhere Tempo und die stärkere Kontinuität der Arbeit, zumal die Erinnerung an die quasi-handwerkliche Autonomie des Umganges mit der Zeit verlorenging. Als in Solingen die Schleiferei durch die Elektrifizierung wieder teilweise wie in alten Zeiten zur Heimarbeit wurde, hatten die neuen Heimarbeiter die industrielle Zeitökonomie verinnerlicht. Waren die alten halbautonomen Schleifer stolz darauf gewesen, nach Lust und Laune auch einmal »blau machen« zu können, glaubte ein Schleifer der Nachkriegszeit, Heimarbeiter seien »immer bestrebt gewesen, möglichst rationell und zeitsparend zu arbeiten«; alles drehte sich nunmehr um Schnelligkeit. Für einen Großteil der Arbeiter wurde es zur Selbstverständlichkeit, daß eine Befriedigung nicht in der Arbeit selbst gesucht wurde, sondern in der Freizeit und der durch höhere Löhne ermöglichten Freizeitgestaltung.[8]

In groben Zügen erkennt man einen Zyklus in der Sozialgeschichte der Arbeit und der Mensch-Technik-Beziehung. Von der Jahrhundertwende bis zur Weltwirtschaftskrise übte das Vokabular der »Rationalisierung« mitsamt den »Schnell-« und »Fließ«-Komposita seine Wirkung aus. Die Zeit von den dreißiger bis in die fünfziger Jahre erscheint demgegenüber – auch durch Krieg und Wiederaufbau bedingt – in der Produktionsweise eher als eine Zeit der Fortführung und Modifikation vorhandener Rationalisierungsansätze, wobei manche negativen Erfahrungen aus der Frühzeit der Fließarbeit ausgewertet und die Produktion den stark wechselnden Anforderungen angepaßt wurde. Man kann vermuten, daß unter diesen Bedingungen neue Nischen relativer Autonomie für die Arbeiter entstanden und auch dies zu einer im Vergleich zur voraufgegangenen Zeit entspannteren Situation in den Betrieben beitrug, von der sowohl die NS- als auch die CDU-Regierung profitierte.⁹

1910 formulierte Karl Bücher den Trend zur Massenproduktion als ein »allgemeines Gesetz des kapitalistischen Betriebs«, das ihm, wie er schrieb, viele bis dahin isoliert behandelte Phänomene »wie mit einem Blitzlicht aufgehellt und in einen großen Zusammenhang gerückt« habe; das Gesetz beruhte auf der Prämisse, daß der technische Fortschritt die Fixkosten der Unternehmen schubweise erhöhe.

In der Zeit von der Jahrhundertwende bis zu den fünfziger Jahren gelangten die auf technischen und organisatorischen Verbund gegründeten *Economies of Scale* und die mechanisierte und typisierte Massenproduktion in Deutschland zur vollen Ausbildung. Am Ende ging der jahrzehntelange Traum vom Volkswagen in Erfüllung; nach Phasen des Elends und der Hoffnungslosigkeit wurde ein Massenwohlstand erreicht, wie er bis dahin nur in den USA vorstellbar war. Die deutsche Alltagsgeschichte mit dem historisch beispiellosen Nacheinander von »Zusammenbruch« und »Wirtschaftswunder«, von Hunger und »Freßwelle« ließ gleichsam das Märchen vom Schlaraffenland in Erfüllung gehen, wenn auch mit viel harter Arbeit. Massenproduktion wirkte zu jener Zeit wie die logische Bedingung für Massenwohlstand. Aber das war sie in diesem Ausmaß nur in einer bestimmten historischen Situation, als ein ungeheurer Nachhol- und Neubedarf an Produkten bestand, die in Großserie herzustellen waren. Eine dauernde Dominanz dieser Produktionsweise ist nur in einer Wegwerfgesellschaft denkbar, die die ökologischen Probleme der Entsorgung ignoriert. Die deutsche Geschichte des 20. Jahrhunderts ist geeignet, die Historizität der Massenproduktion genauer zu beleuchten.

Bis Anfang des 20. Jahrhunderts konnte man unterschiedlicher Auffassung darüber sein, ob Deutschland als ressourcenreiches oder -armes Land zu gelten habe: Gemessen an Kohle und Eisen (bei Nutzung der lothringischen Minette) hatte das Deutsche Reich einen ressourcenbedingten Standortvorteil, der das Profil der deutschen Technik prägte. Mit der wachsenden Bedeutung des Öls sowie der Leicht- und Buntmetalle und mit dem Verlust Lothringens wurde Deutschland zu einem ressourcenarmen Land. Auch bei den Löhnen besaß die deutsche Industrie gegenüber westeuropäischen Konkurrenten nicht mehr jenen Kostenvorteil, der bis ins späte 19. Jahrhundert eine entscheidende Rahmenbedingung der Export- und damit auch der technischen Entwicklung gewesen war. Noch stärker als vorher wurde es nunmehr zur herrschenden Lehre, daß die Zukunft des deutschen Exports bei besonders veredelten Produkten liege, die auf hochentwickelter Technik und/oder qualifizierter Arbeit beruhten. 1938 war im deutschen Export der Anteil der Rohstoffe und Agrarprodukte gegenüber 1913 von 29,2 auf 13,4 % gesunken, der Anteil der Maschinen, Transportausrüstungen und Chemikalien dagegen von 19,9 auf 40,8 % gestiegen.[10] Statistisch betrachtet, konnte erst jetzt die Chemie als eine deutsche Führungsbranche gelten. Die »Chemie des Mangels«, die Naturstoffe durch Synthese gewinnt, wurde als Rettung eines ressourcenarmen Landes zu der – wissenschaftlich unterlegenen – »Chemie der Überfülle« bei den Kolonialmächten und den USA kontrastiert.[11]

Die Amerikanisierungsschübe, die in den zwanziger Jahren ihren ersten Höhepunkt erreichten, standen mehr als jemals zuvor und danach in Spannung zu einem technologischen Nationalismus. Ein Gelehrter vom Range Sombarts geißelte den »Amerikanismus« als eine »Volkskrankheit wie Pest, Cholera, Lepra«, für die die Deutschen besonders anfällig seien. Nie war soviel von »deutscher Technik« die Rede wie in der Zeit der Kriege und der nationalsozialistischen Autarkiewirtschaft. Solche Überlegungen gerieten allerdings regelmäßig in den Sog der Macht- und Rüstungspolitik; Konzeptionen einer konsequenten Anpassung der Technik an deutsche Bedingungen und Bedürfnisse hatten keine dauerhafte Chance. Autarkiebestrebungen waren immer mit gegenläufigen Tendenzen vermischt; die nationalsozialistische »Großraum«-Politik kann man eben aus einer solchen hybriden Verquickung von Autarkismus und Expansionsstreben erklären. Auch in der NS-Zeit hatte das amerikanische Vorbild seine Anziehungskraft keineswegs verloren. Fritz Todt, der ranghöchste Techniker des »Dritten Reiches«, sah seine Vorbilder in Taylor und Ford; Hitler selbst war von der amerikanischen Technik fasziniert und tat die Behauptung, »deutsche Werkmannsarbeit« sei durch keine Maschine zu ersetzen, intern als »Bluff« ab. Während in den zwanziger Jahren zwar viel vom Fließband geredet wurde, aber die Praxis der »Fließarbeit« in der Regel noch stockend lief, nahm in der NS-Zeit das automatische Fließband an Verbreitung zu, so in der Auto- und der Wäscheindustrie. Erst jetzt wurden in der Automobilbranche in größerem Umfang Facharbeiter durch angelernte Arbeiter ersetzt.[12]

In den meisten Bereichen, in denen die Technik im 19. Jahrhundert noch auf Grenzen gestoßen war, eröffneten sich in der ersten Hälfte des 20. Jahrhunderts Perspektiven unbegrenzter Technisierung: im Bergbau und Bauwesen, in der Landwirtschaft und der Nahrungsmittelverarbeitung, im Haushalt und im Büro.

Obwohl die Kohle in der Mitte des 19. Jahrhunderts zum Schlüsselsektor des wirtschaftlichen Wachstums geworden war, wahrten die deutschen Zechen bis Anfang des 20. Jahrhunderts bei der Mechanisierung der Hauerarbeit eine auffallende Zurückhaltung: ein Zeichen dafür, welch großer Wert darauf gelegt wurde, das informelle soziale System, das sich unter Tage eingespielt hatte und den Strom der neu hinzukommenden, meist ungelernten Arbeiter anzulernen und zu integrieren vermochte, in seiner Funktionsfähigkeit nicht zu stören. Nicht nur gegenüber den USA, sondern auch gegenüber England stand der deutsche Bergbau vor 1914 im Mechanisierungsgrad zurück; die Schichtleistung an der Ruhr war dennoch etwa ebenso hoch wie im englischen Bergbau. Kurz nach 1900 begannen Mechanisierungsversuche unter Tage; aber die in England und Belgien entwickelten Schrämmaschinen und Schüttelrutschen mußten den geologischen Bedingungen der Ruhr erst angepaßt werden. Die neuen Techniken führten anfangs zu vielen Fehlschlägen, die von den Bergleuten mit Befriedigung registriert wurden. Der Erste Weltkrieg warf vorhandene Mechanisierungsansätze zurück. Einen Durchbruch brachten die zwanziger Jahre; damals erlangte die Ruhr in der Mechanisierung einen weiten Vorsprung vor dem englischen Bergbau. 1925 war die Zahl der Preßlufthämmer, die 1913 ganze 264 betragen hatte, auf etwa 50000 gestiegen, obwohl es unter den Kumpels immer noch passiven Widerstand gegen dieses Gerät gab, das die ohnehin hohe Gesundheitsschädlichkeit der Hauerarbeit noch verschlimmerte. Auch die Schrämmaschinen waren für den alten Sombart ein Beispiel dafür, daß der technische Fortschritt die Arbeit »unmenschlich« mache; an der Ruhr setzten sie sich in den zwanziger Jahren aus geologischen Gründen nur wenig durch. Die Bergmannsarbeit wurde durch die neue Technik zum Lehrberuf; das Anlernen der Neulinge war nicht mehr allein Sache der »Kameradschaften« unter Tage. Mit den Schüttelrutschen kam eine fließbandähnliche Transporttechnik in den Bergbau. Die Kontrolle der Arbeit wurde verstärkt, teilweise jedoch auch die Kooperation zwischen den Arbeitern. Mit der Verringerung der Autonomie verstärkte sich das Bedürfnis nach gewerkschaftlicher Organisation. Erst die in den fünfziger Jahren vorangetriebene Vollmechanisierung des Kohleabbaus beseitigte die traditionelle Arbeitswelt des Bergmanns.[13]

Während der deutsche Bausektor bis zum späten 19. Jahrhundert in technischer und künstlerischer Hinsicht traditionalistisch blieb, wurde Deutschland nach der Jahrhundertwende zur Hochburg der architektonischen Avantgarde. Konsequenter als in Westeuropa wurden hier die Verbindung von Architektur und Industrie und der serielle Massenwohnungsbau zum Programm erhoben, dieser durch den politischen Umbruch von 1918 angespornt, als in Preußen durch Gesetz die Bereitstellung von Kleinwohnungen zur Aufgabe des Staates erklärt wurde.[14] War der normale Wohnungsbau bis dahin eine Domäne kleinerer und mittlerer Bauunternehmen gewesen, so wurde er jetzt ein Feld für Großprojekte. Die Frankfurter Philipp Holzmann AG, die größte deutsche Baufirma, die sich im Kaiserreich auf große Repräsentationsbauten und Großanlagen des Wasser-, Tief- und Bahnbaus (Kaiser-Wilhelm-Kanal, Bagdadbahn) spezialisiert hatte, stellte nach 1918 ihre Firmenstrategie auf den sozialen Wohnungsbau um. Die industrielle Fabrikation von Häusern blieb jedoch bloßes Programm. Wohneinheiten wurden als Serie entworfen, aber mit der Hand gemauert. 1921/22 gab es einen aufsehenerregenden Wettbewerb um den Entwurf eines riesigen Wohnhochhauses am Berliner Bahnhof Friedrichstraße; die Architekten wetteiferten mit Ideen für einen »deutschen« Hochbau, der zu den amerikanischen »skycrapers« kontrastierte; aber diese wie andere Hochhauspläne scheiterten. Der »Schrei nach dem Turmhaus«, der den wohnungssuchenden Massen in den Mund gelegt wurde, kam doch mehr aus der Kehle von Architekten, die nach dem monumentalen Effekt strebten. Der Hochhausbau stieß, wie Gropius 1929 klagte, auf Schranken der deutschen Baugesetzgebung. »Wolkenkratzer«-Dimensionen amerikanischen Stils erreichten deutsche Hochhäuser erst in den sechziger Jahren: Anzeichen einer neuen Periode ungehemmter Amerikanisierung, in der das Satteldach, das den deutschen Witterungsverhältnissen entsprach, unter den Architekten als reaktionär verschrien wurde.[15]

Der Holzbau wurde im 19. Jahrhundert von den meisten deutschen Ingenieuren geringgeschätzt; erst seit dem frühen 20. Jahrhundert entwickelte sich ein »Ingenieurholzbau«. Der Werkstoff

Holz kam der Vorfertigung von Bauelementen entgegen; er wurde von manchen Pionieren des modernen Bauens auch deshalb geschätzt, weil er einer Architektur, die die unverkleideten Baustoffe betonte, reizvolle Möglichkeiten bot. Nach 1918 entsprach die Holzbauweise in Deutschland der Parole, billig und mit einheimischen Rohstoffen zu bauen. Ein entscheidender technischer Sprung bei der Holzverwendung für Großbauten war die Holzverleimung, die durch die neuen Kunstharze der Chemie ermöglicht wurde; bis dahin war der Leim nur dem Tischler, nicht jedoch dem Zimmermann gestattet gewesen. Der Leimholzbau gestattete es, große Spannweiten freitragend zu überbrücken und dennoch leicht und elegant zu bauen; der Holzbau vermochte nunmehr mit der Formenfreiheit des Betons zu konkurrieren. Die handwerkliche Erfahrung wurde vom Leimholzbau überschritten; beim Leimansatz durfte nicht mehr »nach Gefühl« verfahren werden. Die Verleimung wurde Spezialistenarbeit und unterlag behördlicher Aufsicht. Auch die Anordnung und Dimensionierung der Verbindungsmittel beim Ingenieurholzbau konnten nur noch »in Ausnahmefällen dem Ausführenden überlassen werden«.[16]

Mit der Spanplatte stand erstmals ein künstlicher Holzwerkstoff zur Verfügung. Das Sperrholz, das in der zweiten Hälfte des 19. Jahrhunderts aus der Furniertechnik hervorging, stieß im deutschen Holzgewerbe länger als in England und den USA auf Vorbehalte; die Spanplatte dagegen, die die Nutzung bisheriger Holzabfälle gestattete, entstand als deutsche Entwicklung in der Zeit der nationalsozialistischen Autarkiepolitik, setzte sich allerdings erst in den fünfziger Jahren stärker durch, als bei ihrer Fabrikation die Möglichkeiten hochmechanisierter Massenfertigung genutzt wurden. Die Bundesrepublik wurde zum größten Spanplattenproduzenten der Welt.[17]

Technisierung des Büros, der Verwaltung, also eines im 20. Jahrhundert besonders stark expandierenden Bereichs: Der Zusammenhang des technischen Wandels mit gesellschaftlichen Strukturen bekam eine neue Dimension. 1890 wurde in den USA eine Volkszählung erstmals erfolgreich mit Hollerith-Lochkartenmaschinen ausgewertet. Österreich folgte rasch; das Preußische Statistische Landesamt hielt noch 1896 das »menschliche, denkende Material« für billiger und zuverlässiger als die Hollerith-Maschine; aber dies änderte sich bis 1914. 1910 führte Bayer die Lochkarte ein. Die »Locherin« wurde ein neuer Frauenberuf. Auch die

Schreibmaschine, die seit 1897 in staatlichen Kanzleien zugelassen war, verbreitete sich im Zuge der »Feminisierung« des Sekretärberufs und scheint ihrerseits diesen Trend befördert zu haben.[18] Die Durchschläge und Matrizenabzüge vervielfachten den Papierkrieg. Das Telefon wirkte dem nur wenig entgegen, erleichterte aber die direkte Kommunikation zwischen der Spitze und unteren Stellen unter Überspringung des formalen Instanzenweges und beförderte somit die zentrale Steuerung. Schlieffen ließ sich durch Telefon und Funktelegraph zu einem ganz neuen Bild des Oberstrategen in einem künftigen Krieg inspirieren.[19] Zum allgemeinen und ständigen, auch außerdienstlichen Kommunikationsmittel ist das Telefon in Deutschland erst seit den fünfziger Jahren geworden.

Hugo Münsterberg, der in seiner Person die Verbindung von amerikanischer und deutscher Rationalisierungsbewegung verkörperte, meinte schon 1912, die »wissenschaftliche Betriebsleitung« würde »vielleicht nirgends so heilsam sein wie in der Küche und den Wirtschaftsräumen«, wo sich die Wirkung »millionenfach wiederholen« und »die schließliche Summe an Kraftersparnis und an Gefühlsgewinn eine besonders beträchtliche sein würde«. Der Rückgang des Dienstpersonals in vielen bürgerlichen Haushalten nach dem Krieg verstärkte das Interesse an der Technik. Technisierung und Rationalisierung, ja »Verwissenschaftlichung« des Haushalts wurden in den zwanziger Jahren zu einem beliebten Thema, wobei in diesem traditionellen Reich der Frau die Konzepte der Realität noch weiter vorauseilten als in der Industrie. Das hatte seine Gründe; Marie-Elisabeth Lüders kritisierte 1929, der »Begriff der Rationalisierung der Hauswirtschaft« werde »viel zu eng gefaßt«. »Wirtschaftlichkeit braucht sich nicht immer zahlenmäßig zu äußern, die Entlastung der Hausfrau ist ebenso wichtig.« Bei der Küche gab es das amerikanische, beim Badezimmer das englische Vorbild; aber in damaligen deutschen Haushalten stand »Rationalisierung« mehr unter der Devise der Sparsamkeit als der Bequemlichkeit.

Technisierung des Haushalts verband sich in den Konzepten jener Zeit vor allem mit Elektrifizierung. Die Elektrizität eröffnete im privaten Bereich erstmals unbegrenzte Technisierungsmöglichkeiten, während bis dahin Mechanisierungspläne, die einen künstlichen Antrieb voraussetzten, mit kollektivistischen Ideen verknüpft und durch diese in ihrer Verbreitung gehemmt waren. Zwischen

Gas und Elektrizität entbrannte in den zwanziger Jahren ein Kampf um die deutsche Küche. Dabei war manchen Kommunen die mit der Elektrifizierung des Kochens verbundene Expansions- und Niedrigpreispolitik zunächst nicht geheuer. Der Berliner Magistrat verbot den Berliner Elektrizitätswerken zeitweise die Werbung für den Elektroherd, und andere Städte folgten diesem Beispiel. Die *Economies of Scale* in der Energiewirtschaft waren noch umkämpft. Wasserkraftreiche Länder wie die Schweiz und Norwegen wurden »die Schöpfer der elektrischen Küche in Europa«. Das heißt nicht, daß die deutsche Küche bis in die erste Hälfte des 20. Jahrhunderts gänzlich unverändert geblieben wäre: Es gab auch eine Vielfalt von Technisierungsmöglichkeiten im kleinen und auf der Grundlage der Handarbeit. Eine »technische Revolution« im Haushalt wurde bis in die fünfziger Jahre durch die sparsame Gewohnheit, die vorhandenen Geräte so lange wie möglich zu gebrauchen, behindert. Der vielleicht tiefste Einschnitt im Hausfrauenalltag war die Mechanisierung der »großen Wäsche«, der mühseligsten Arbeit; aber die Entwicklung einer für die Masse der Haushalte erschwinglichen Waschmaschine, die nicht nur rasant rotierte, sondern auch sauber und stoffschonend reinigte, ohne daß eine Nachbearbeitung nötig war, zog sich bemerkenswert lange hin: ein Vorgang, der auf die Probleme hinweist, die sich ergaben, als sich die der männlichen Welt verhafteten Techniker einen weiblichen Erfahrungsbereich anzueignen suchten.[20] Auch die elektrischen Bügeleisen hatten erhebliche Kinderkrankheiten zu überwinden; die Gasbügeleisen waren gesundheitsschädlich.

Die Technisierung der Nahrungsmittelproduktion, ebenfalls eng mit der Sozialgeschichte der Hausarbeit verknüpft, kam im Deutschland des 19. Jahrhunderts über erste Ansätze nicht hinaus; charakteristischer war diese Tendenz damals für die Schweiz, wo ein Hauptweg der Industrialisierung über die fabrikmäßige Herstellung von Milchprodukten, also über Käse und Schokolade, führte. Aber von 1900 bis 1914 wuchs die Zahl der Konservenfabriken in Deutschland von 172 auf 322, ihr Produktionsgewicht allein in dem Zeitraum 1907–14 von 35 auf 80 Millionen Kilo. Der Erste Weltkrieg beschleunigte die Verbreitung der Konserve, obwohl schon damals nachgewiesen wurde, daß die Qualität der Nahrung bei Tiefkühlung besser erhalten bleibt als bei Erhitzung. Im Jahr 1900 bezog der Bielefelder Puddingpulverproduzent Oetker seinen ersten Fabrikbau und setzte für das Pulvermischen Spezialmaschinen ein, die durch einen Gasmotor betrieben wurden. In Hamburg-Wandsbek entstand nach 1890 die größte Schokoladenfabrik Deutschlands mit einem »Riesenwalzwerk«, hydraulischen Pressen und Dampfturbinenantrieb. Die Massenproduktion von Schokolade und Zigaretten brachte um die Jahrhundertwende die erste Welle der Groschenautomaten. Deutsche Städte gewannen ab 1896 mit »Automatenrestaurants« sogar einen Vorsprung vor den USA, obwohl der Sinn der Automatisierung gerade hier sehr zweifelhaft war. Im Brauwesen begannen nach 1900 Versuche zur Beschleunigung der Gärprozesse. Das erste neuerfundene und industriell produzierte Massennahrungsmittel war die Margarine; hier standen noch in den zwanziger Jahren die deutschen Erzeugnisse hinter ausländischen Qualitäten weit zurück. Aber 1933 war die deutsche Margarineproduktion – vermutlich nicht zuletzt als Folge der Wirtschaftskrise – auf 90 % der Buttererzeugung gestiegen.

Der Erste Weltkrieg verdoppelte in Deutschland die Nachfrage nach Zigaretten. Dieses charakteristische Genußmittel einer schnellebigen Zeit wurde seit 1901 von der Dresdener Jasmatzi AG nach amerikanischem Vorbild in mechanisierter Massenproduktion hergestellt. In Dresden, das in der zweiten Hälfte des 19. Jahrhunderts durch russische und griechische Emigranten zur deutschen Zigarettenstadt geworden war – noch heute ist der moscheeartige Bau der Zigarettenfabrik Yenidze (1909) zu sehen –, wurden 1925 an die 10 Milliarden Zigaretten produziert; dieses extreme Ausmaß an gleichförmiger Massenproduktion machte die Branche außerordentlich konkurrenz- und krisenanfällig. Das unter dem Aspekt der Mechanisierung entgegengesetzte Extrem war die Zigarre, die nach wie vor manuell und teils in Heimarbeit, teils in ländlichen Kleinbetrieben angefertigt wurde; in Ostwestfalen gab sie seit dem 19. Jahrhundert unterbäuerlichen Schichten einen Verdienst, die vorher vom ländlichen Leinengewerbe gelebt hatten. Das 1933 für die Zigarrenindustrie erlassene Maschinenverbot – ein historisches Unikum – konservierte diesen Zustand noch bis nach dem Zweiten Weltkrieg.[21]

Auch die Mechanisierung der Landwirtschaft, die im Zeitalter der Dampfmaschine über bestimmte Grenzen kaum hinausgelangen konnte, geriet seit dem frühen 20. Jahrhundert deutlich in Bewegung. Bahnbrechend war der Benzinmotor, aber auch der Umstand, daß manche Rüstungsproduzenten nach 1918 in die

Landmaschinenproduktion auszuweichen suchten. 1920 wurde ein Reichsausschuß (ab 1928 Reichskuratorium) für Technik in der Landwirtschaft gegründet; dieser widmete der Entwicklung von Landmaschinen und Schleppern für die Klein- und Mittelbetriebe besondere Aufmerksamkeit und befaßte sich seit 1928 auch mit der Anpassung des amerikanischen Mähdreschers an deutsche Verhältnisse. Diese Bemühungen wurden von der Wirtschaftskrise durchkreuzt; der deutschnationale Agrarpolitiker Schlange-Schöningen warnte 1930 eindringlich vor dem »landwirtschaftlichen Amerikanertum«. »Kein Düngerstreuer streut gleichmäßiger als der erfahrene Bauer mit der Hand; kein Selbstbinder ... bindet sorgfältiger als die geübte Bauersfrau.« Im Ersten Weltkrieg, als der Import von Chilesalpeter versiegte, mußten sich die deutschen Bauern auf den synthetisch hergestellten Stickstoffdünger umstellen, der der deutschen Chemie ein neues »nationales« Image gab. Nach heutigen Maßstäben wirkt die Technisierung und Chemisierung der deutschen Landwirtschaft in der Zwischenkriegszeit noch bescheiden. Damals blieb es überwiegend dabei, daß einzelne Innovationen dem traditionellen System der bäuerlichen Wirtschaft eingefügt wurden; zu einem neuen System, das das Bild der Landwirtschaft bis zur Unkenntlichkeit veränderte, summierten sich die Innovationen erst seit den fünfziger Jahren.[22]

Last but not least wurde auch die Sexualität von den Erzeugnissen der industriellen Technik erreicht. Dank der Fortschritte in der Kautschukverarbeitung bei Elektrokabeln und Fahrradreifen wurden nach 1900 auch die Gummikondome zu technisch leidlich ausgereiften Produkten. Zunächst kamen sie aus Frankreich und den USA, aber bald wurden sie auch im Deutschen Reich hergestellt, obwohl im Zuge der nach der Jahrhundertwende aufkommenden Alarmrufe über den deutschen Geburtenrückgang von der Rechten ein Verbot der Verhütungsmittel gefordert wurde. Die Kondome hatten den Vorzug, zugleich als »Hygiene-Artikel« gelten zu können. Die aus dem Blinddarm der Schafe gefertigten Präservative waren am angenehmsten; aber sie waren für die Unterschichten zu teuer; nur das Gummikondom konnte zum Massenprodukt werden. Der Sozialmediziner Alfred Grotjahn klagte 1914, der Gebrauch des Gummipräservativs sei so unangenehm, daß es »den Gebrauch des Kondoms überhaupt in Mißkredit zu bringen« drohe. Dennoch schritt die »Modernisierung der Präventivtechnik« voran. Immer weniger war die Geburtenregelung mit Unterdrückung und Reglementierung der Sexualität und mit schädlichen Eingriffen in den weiblichen Körper verbunden. Die Fortschritte in der Prävention trugen allerdings dazu bei, manche Sozialdemokraten wie Kautsky und Grotjahn für eugenische Ideen empfänglich zu machen.[23]

Um ein Leitmotiv dieser Darstellung zu wiederholen: Epochen der Technikgeschichte werden nicht nur durch Innovationen und das Ausmaß ihrer Verbreitung, sondern auch durch Hemmungen und Grenzen der Technisierung und durch die Weiterentwicklung traditioneller Technik charakterisiert; aus heutiger Sicht wird deutlich, in welchem Umfang dies auch noch für die hier behandelte Periode zutrifft. Immer noch war in der deutschen Industrie die Neigung weitverbreitet, die vorhandenen Maschinen möglichst lange zu nutzen. Das Interesse an organisatorischer Stabilität konnte die Einführung von Innovationen hemmen, wenn diese die bestehende Betriebsordnung störten. Von den Kriegszeiten abgesehen, herrschte im großen und ganzen keine Knappheit an Arbeitskräften. Zwar gab es im Zuge der Arbeitszeitverkürzung einen Antrieb zur Intensivierung der Arbeit, aber noch keinen allgemeinen Trend, Menschen wo immer möglich durch Maschinen zu ersetzen. Auf einer VDI-Sitzung wurde 1927 die rhetorische Frage gestellt, »wo denn die Geltung des Technikers in den vielen Industrien, in der Textil-, Leder-, Holz-, Nahrungsmittel, chemisch-technischen, Ziegelei-, Mühlen-, keramischen usw. Industrie zu finden sei«.[24] Immer noch bestand in vielen Branchen kein dringender Bedarf nach wissenschaftlich ausgebildeten Ingenieuren, obwohl die »Verwissenschaftlichung« in den zwanziger Jahren eine Mode war, die sich in zahlreichen Institutsgründungen manifestierte.

Da die Technik immer noch neue Lebensbereiche zu erobern hatte, konnte die technische Entwicklung – trotz Rüstung, Krieg und Weltmacht-Konkurrenz – noch wesentliche Impulse aus der Dynamik der menschlichen Bedürfnisse beziehen oder konnte zumindest relativ einfach die Bedürfnisse wecken, deren die technischen Innovationen bedurften. Riedler hob Anfang des Jahrhunderts die Marktorientierung sogar als einen Charakterzug der neuen Technik hervor, die diese von der des 19. Jahrhunderts unterscheide, als ein guter Maschinenbauer auch ohne rationelle Fertigungsweise seine Käufer gefunden habe.[25] Die »Rationalisierung« der zwanziger Jahre und der Wiederaufbau nach 1945 tendierten beide auf verschiedene Weise dahin, die technische Entwicklung der Ökonomie unterzuordnen. Dennoch wurde der Konnex zwischen technischem Fortschritt und Kriegsrüstung in der ersten Hälfte des 20. Jahrhunderts gewaltig verstärkt. Das Verhältnis der deutschen Öffentlichkeit zur Technik bekam dadurch einen fatalistischen Zug. Der Erste Weltkrieg wurde durchaus als eine Erfahrung mit den mörderischen Seiten der modernen Technik begriffen; aber er schien zugleich eine düstere Unausweichlichkeit des technischen Fortschritts zu demonstrieren. Oswald Spengler schrieb, daß »das wachsende Gefühl für den *Satanismus* der Maschine gerade die Auslese des Geistes« ergreife; aber kurz darauf verklärte er den »Verzweiflungskampf des technischen Denkens« gegenüber der Macht des Geldes, der von einer Elite »stahlharter Rassemenschen von ungeheurem Verstand« getragen werde. Der aus dem Röntgenapparatebau kommende Technikphilosoph Friedrich Dessauer, der oft als Gegenautorität gegen den Spenglerschen Pessimismus bemüht wurde, bekannte später, fast alle seine einstigen Mitarbeiter seien »an Strahlenverbrennungen qualvoll zugrunde gegangen«; aber er knüpfte daran keinerlei Grundsatzgedanken zur Bewertung und Steuerung des technischen Wandels, sondern bewältigte diese abgründigen Erfahrungen mit einer Technik-Theologie des Opfers, die an die Durchhalteparolen des Krieges erinnert.[26]

In Krieg und Not rangierten Umweltprobleme am Schluß. Der Erste Weltkrieg durchkreuzte die vor 1914 von der Mehrzahl der Länder getragenen Bestrebungen zu einem wirksamen Reichsgesetz für den Gewässerschutz, der Zweite Weltkrieg Ansätze zu einer ökologischen Ausrichtung des Wasserbaus, die aus Warnungen vor einer »Versteppung« Deutschlands hervorgingen und von Todt unterstützt wurden. Die chemische Industrie, seit dem Ersten Weltkrieg von dem Nimbus des Retters der Nation umgeben, war mächtiger als je zuvor. In Krisenzeiten wurden rauchende Schornsteine zum Wahrzeichen der Wirtschaftsblüte, während die phänomenale Blüte der Natur im Ruhrrevier in der Zeit des Ruhrkampfes (1923) vom Daniederliegen der Industrie zeugte.

Die Schuld an der »Titanic«-Katastrophe von 1912 war in der Öffentlichkeit lange und leidenschaftlich diskutiert worden. Die fatale Seite der Jagd nach Superlativen beim Schiffbau, des Dranges nach höherem Tempo und der durch technische Perfektion bewirkten Sicherheitsillusion wurde von vielen erkannt. Die größte ziviltechnische Katastrophe dieser Zeit innerhalb Deutschlands war das Unglück von Oppau (1921), bei dem ein Ammonsulfatsalpetersalzlager explodierte und 561 Menschen getötet wurden. Die Ursachen dieser Katastrophe wurden Gegenstand eines Untersuchungsausschusses des Reichstages, blieben aber undurchsichtig; der Ausschuß kam zu dem Ergebnis, daß »die Schuldfrage nicht zu klären« sei. Der Versuch des linkssozialistischen Oppauer »Anilinproleten«, dem Akkord- und Prämiensystem die Schuld an der Katastrophe zu geben, fand keine weite Resonanz. Das unbekannte Restrisiko der modernen Technik, oder besser: jenes hypothetische Risiko, das man aus Erfahrung für irreal gehalten hatte, zeigte sich in einem katastrophalen Ausmaß wie nie zuvor; aber die Gesellschaft war unfähig, auf solche Warnzeichen zu reagieren. Selbst wohlbekannte chronische Schadenswirkungen der Industrie wurden als unvermeidliche Tragik des Daseins hingenommen. Schenzingers »Anilin«, der auflagenstärkste deutsche Industrie- und Technikroman, der die Geschichte der deutschen Chemie zum Heldenepos macht, verschweigt nicht: »Aus den Anilindämpfen aber schleicht der Krebs.«[27] Eine an Fatalismus gewöhnte Zeit fand sich mit dem Gedanken ab, daß hohe Risiken der modernen Zivilisation inhärent seien. Die Entstehung der »Risikogesellschaft« – wenn man diesen Terminus gelten lassen will – kann man in Deutschland auf das frühe 20. Jahrhundert datieren; die fatalistische Risikobereitschaft, die der reichsdeutschen Politik ihr verhängnisvolles Gepräge gab, wirkte auch in die Technik hinein.

## 2. Die unvollkommene Technisierung des Krieges, die »Quasi-Dolchstoßlegende« der Techniker und das Blitzkriegskonzept

Der Erste Weltkrieg, der schon bald nach seinem Beginn von Lloyd George als »Ingenieur-Krieg« charakterisiert wurde, hat das machtpolitische Prestige der Technik bei Siegern und Besiegten gewaltig gesteigert. Im Verlauf dieses Krieges nahm die Technik – in den Worten eines deutschen Experten für technische Kriegsführung – eine Entwicklung, »die etwas völlig Neues, nie Dagewesenes in der Kriegsgeschichte aller Zeiten ist«. Vor allem der Stellungskrieg im Westen mit seinen Materialschlachten, dem MG- und artilleristischen »Trommelfeuer«, den Gas- und Panzerangriffen wurde von vielen Beteiligten als Technikschock – von manchen auch als Technikrausch – erfahren. Mehr als zuvor erschien nunmehr, in Deutschland wie in Westeuropa, der technische Fortschritt und insbesondere der Fortschritt zur »wissenschaftlichen« Technik, zur Großtechnik und zur typisierten Massenproduktion als unausweichlicher Sachzwang. Die Überzeugung von der Unbesiegbarkeit des technischen Fortschritts war der Glaube, der in Deutschland Krieg und Niederlage am ungetrübtesten überstand, wenn er auch die Techniker nicht unbedingt beliebter machte. Matschoß sah im Krieg die beste Wiedergutmachung des Reuleaux-Verdiktes: »Der Krieg erzieht zur Qualitätsleistung. Teuer aber gut, nicht billig und schlecht ist hier die Losung« – so wenigstens erschien es ihm um die Jahreswende 1914/15. Als der Stuttgarter Maschinenbaulehrer Carl v. Bach, einer der unabhängigen Geister im VDI, warnend darauf hinwies, daß der Krieg Deutschland in der Qualitätsarbeit zurückwerfe, da die Fachausbildung der jungen Generation zu kurz komme, stieß er auf heftigen Widerspruch, und er wurde »u. a. belehrt, daß es bei der industriellen Produktion überhaupt nicht mehr auf den Arbeiter ankomme, sondern auf die Organisation, die von diesem unabhängig sei«.[28]

Karl Helfferich, der als Staatssekretär des Reichsschatzamtes an der Organisation der Kriegswirtschaft mitwirkte, behauptete, »niemals« seien »in gleich kurzer Zeit neue Erfindungen und neue Verfahren in ähnlicher Fülle ausgedacht, ausprobiert und ins Werk gesetzt«, sei »die Nutzwirkung von Arbeit und Stoff in ähnlichem Ausmaß gesteigert und vervollkommnet worden« wie im Weltkrieg. Walter Greiling, ein Mann der Chemie, bemerkte, die »Materialschlachten des Weltkrieges« seien »die erste Gelegenheit« gewesen, »die Wirkung in der Technik des neuen Stahls und die erhöhte Maschinenleistung zu erproben« – und schon gar die Fähigkeiten der neuen Hochdruck-Chemie. »Immer aber siegt die technisch höhere Form«, rechtfertigte Fritz Haber, als Erfinder der Ammoniaksynthese einer der wissenschaftlichen Heroen des Weltkrieges, den unter seiner Beteiligung entfesselten Gaskrieg. Und ein Daimler-Generaldirektor konnte sich trösten: »Mag dieser Krieg noch so viel Schreckliches gezeitigt haben, für den Automobilismus war er die großartigste Propaganda, die man sich denken kann.«[29] Man könnte hinzufügen: und erst recht der Zweite Weltkrieg, als Millionen zum erstenmal im Auto fuhren und das Autofahren lernten!

Die Technisierung des Krieges legte nach 1918 die Schlußfolgerung nahe, daß die deutsche Niederlage durch unzulängliche technische Ausrüstung mitverschuldet sei. Daraus konnte man leicht einen Vorwurf gegen die deutschen Ingenieure machen. Für diese war es jedoch klar, daß die Schuld bei dem mangelnden Sinn des Militärs für die Technik zu suchen sei. Die Ingenieure, die sich innerhalb der Armee diskriminiert fanden und seit langem einen bürgerlichen Groll gegen die aristokratische Blasiertheit und Inkompetenz höherer Offiziersränge angesammelt hatten, fanden hier eine Gelegenheit, ihrem Ärger Luft zu machen. Wie Erwin Viefhaus bemerkt, gingen die Klagen »bisweilen hart an die Grenze einer – nunmehr gegen die militärische Führung des Kaiserreichs gerichteten – Quasi-Dolchstoßlegende«; manchmal überschritten sie auch diese Grenze. Die Überstürztheit, mit der kurz nach Kriegsbeginn die deutsche Schießpulverversorgung durch chemische Synthese organisiert, die Mühsal, mit der die neue technische Notwendigkeit den Militärs beigebracht werden mußte, die Vernachlässigung der MG- und der Panzerwaffe, überhaupt der Motorisierung schienen Beweis genug zu sein. Gerade die alliierten Panzer hatten nach verbreiteter Überzeugung der deutschen Westfront den entscheidenden Stoß gegeben; diese Auffassung war der Ausgangspunkt für Guderians Kampf um eine autonome Panzerwaffe. Aus der Rückschau konnte man es widersinnig finden, daß gerade Deutschland, das Land des Kruppstahls und des schweren Maschinenbaus, an dem Fehlen einer schlagkräftigen Panzerwaffe gescheitert sein sollte. Der deutsche Ingenieur – so versicherte die VDI-Zeitschrift 1919 – hätte militärtechnische Höchstleistungen gebracht, wenn sich nur die Oberste Heeresleitung nach ihm gerichtet hätte. »Insofern sind wir also doch militärisch und nicht etwa technisch besiegt worden, als der Militarismus der deutschen Technik in den Arm gefallen ist.« Der »Bund technischer Berufsstände«, seit 1920 »Reichsbund Deutscher Technik« (RDT), gab schon im November 1918 dem Umstand, daß der Ingenieur im Krieg durchweg nur eine »beratende Stimme« gehabt habe, »nicht zum wenigsten« die Schuld am militärischen Zusammenbruch. Der reizbare Riedler verkündete noch unter dem frischen Eindruck der deutschen Niederlage mit apodiktischer Schärfe: Weil »der technische Geist in Vorsorge und Führung« gefehlt habe und »in engsten, unselbständigen Hilfsdienst gebannt« gewesen sei, sei »jeder siegreiche Vorstoß bald zum Totlauf« geworden.

Selbst leitende Grundgedanken der ganzen Kriegführung waren technisch falsch...: Was am stärksten zu schonen war, die Menschen, weil sie nach Zahl und Kraft am raschesten versagen mußten, das wurde rücksichtslos eingesetzt, Übermenschliches wurde von ihnen verlangt und unfaßbar lange Jahre auch geleistet. Die technischen Mittel wurden verkannt: die höchste Feuerwirkung zu rechter Zeit, die Maschinengewehre als Waffe kleinster Kampfeinheiten und die größte Beweglichkeit mit besten technischen Mitteln, die fehlte oder wurde nicht richtig gewürdigt.

In dieser Schrift allerdings bewies er ungewollt den zweifelhaften Nutzen des technischen Sachverstands für militärische Prognosen, wenn er seinem unbeirrten Glauben an den Zeppelin und seiner Überzeugung von der militärischen Sinnlosigkeit der Luftangriffe Ausdruck gab. – Haber, nach 1918 über den Gaskrieg mitnichten erschüttert oder desillusioniert, äußerte 1920 vor den Offizieren des Reichswehrministeriums Bedauern darüber, daß man nicht schon vor 1914 auf den Gaskrieg gekommen sei: Dann hätte die deutsche Chemie das, was sie während des Krieges »geleistet« habe, »spielend überholt«. Bredow, der »Vater des deutschen Rundfunks«, versicherte, bei besserer Funkausrüstung wäre der Krieg erfolgreicher verlaufen. Ehrhardt, der daran erinnerte, daß sein Rohrrücklaufgeschütz von der Heeresleitung jahrelang mit der stehenden Wendung »viel zu kompliziert« abgelehnt worden sei, erklärte, der Krieg hätte um ein Haar gewonnen werden können – wenn nämlich die maßgebenden Kreise früh genug begriffen hätten, daß »jeder moderne Krieg ein technischer Krieg« sei. Dessauer glaubte, die »Geringschätzung der Technik sei zumindest »*eine* Ursache der deutschen Niederlage« gewesen. Es gibt Hinweise darauf, daß die Techniker-Vorwürfe gegen das Militär intern noch schärfer waren als in der Öffentlichkeit.[30]

Der Weltkrieg schien – nicht nur in den Augen der Industriellen und Ingenieure – die Mahnung zu hinterlassen, daß Wirtschaft und Technik nicht von militärischen Instanzen, sondern nur von Fachleuten aus den eigenen Reihen auf effektive Weise geleitet werden könnten. Diese Auffassung war im Zweiten Weltkrieg die herrschende Lehre. Hitler selbst bekräftigte schon zu Beginn des Krieges wiederholt, »daß die Wirtschaft von einem Wirtschaftler geführt werden müsse und der Soldat sich auf die Aufstellung der Forderungen zu beschränken habe«. Die Industrie konnte es sich leisten – wie General Thomas, der Leiter des Wehrwirtschaftsstabes des OKW, klagte –, im Krieg den »Kampfruf gegen den Soldaten« anzustimmen. Unter Speer wurde die Kriegswirtschaft – dem nationalsozialistischen »Primat der Politik« zum Trotz – praktisch von den Organisationen der industriellen Selbstverwaltung dirigiert. Das konnte dazu führen, daß industrielle Interessen militärische Bedürfnisse bei der Rüstungsproduktion durchkreuzten. Als sich im Sommer 1944 große Lücken in der Industriebewaffnung zeigten, erklärte Speer diese Fehlleitung der Waffenproduktion mit einer erstaunlichen Offenheit, die auch seine Identifikation mit der industriellen Perspektive erkennen läßt: »Von uns aus gesehen ist die Fertigung eines Panzers oder eines Schnellgeschützes industriell reizvoller als die Fertigung eines leichten Infanteriegeschützes oder Karabiners oder Maschinengewehrs.«[31] Bei unvoreingenommenerem Studium des Ersten Weltkrieges und der Zeit davor hätte man die Gefahren eines solchen Primats der Industrie frühzeitig erkennen können.

Der Erste Weltkrieg schien zu lehren, daß nur die konsequente Nutzung neuer Technik in einem künftigen Krieg zum Sieg verhelfen könne. Das war der Grundgedanke Guderians und wurde zum Erfolgsrezept der Hitlerschen Blitzkriegstrategie: die zahlenmäßige Unterlegenheit Deutschlands durch kinetische Energie, durch Schnelligkeit mittels neuer Technik wettzumachen. Gegen die skeptische Heeresleitung der dreißiger Jahre wurde wiederum der Vorwurf mangelnden technischen Verständnisses erhoben.[32] Eine viel wichtigere Lehre des Ersten Weltkrieges hätte jedoch in der Erkenntnis bestehen können, daß die Unvorhersehbarkeit des Kriegsausgangs durch die Technisierung des Krieges eher noch zunimmt und der militärische Wert neuer Technik für den Ernstfall nicht zuverlässig prognostiziert werden kann. Diese Lehre wurde gerade von den Technik-Enthusiasten nach Möglichkeit ignoriert.

Stimmte es überhaupt, daß dem deutschen Generalstab vor 1914 das Verhältnis zur Technik gefehlt hatte? Der Schlieffenplan war geradezu ein Muster technizistischen Denkens, und das Interesse an technischen Neuerungen hatte damals bereits Tradition. Nicht nur die preußische Kampfmoral, sondern auch das Zündnadelgewehr galt als Sieger von 1866; dieses war damals keine vereinzelte Innovation geblieben, sondern hatte »ein wahres Begeisterungsfeuer in den Waffentechnikern der ganzen Welt« entfacht und eine »Flut von Erfindungen« ausgelöst. Siemens, für dessen Geschäft der Krieg von 1870/71 eine angenehme Überraschung bedeutet hatte, fand seit jener Zeit das Militär für elektrotechnische Innovationen stets aufgeschlossen. Vollends nach 1890 erkennt Michael Geyer in der kaiserlich-deutschen Militärpolitik eine Wende von der personal- zur materialintensiven Rüstung; der Technologie-Wettlauf zwischen Kanone und Panzerplatte setzte ein. Die überkommene staatliche Geschützproduktion und Rüstungsorganisation war den neuen Anforderungen nicht mehr gewachsen; die Monopolstellung Krupps als »Waffenschmiede« des Reiches gelangte auf ihren Höhepunkt; in Essen wurde nunmehr die Entwicklung höherer Stahl- und Geschützqualitäten mit wissenschaftlicher Systematik betrieben, und technische Entwicklungen Krupps bestimmten die Berliner Rüstungspolitik. Nicht Indifferenz gegenüber dem rüstungstechnischen Fortschritt, sondern ein durch Streben nach neuester Technik bedingtes bemerkenswertes Ausmaß an Abhängigkeit von industriellen »Experten« kennzeichnet die Heeresleitung des kaiserlichen Deutschlands.[33] Natürlich war es nicht *der* technische Fortschritt schlechthin, den man sich auf diese Weise einhandelte, sondern eine bestimmte Art von technischem Fortschritt.

Schlieffen gab in seiner trockenen Art zu verstehen, daß die »herrlichsten Triumphe« der Waffentechnik einen Angriff keineswegs in rosigem Licht erscheinen ließen: »Wie man mit diesen wirkungsvollen Waffen seine Feinde niederstrecken und vernichten kann, war unschwer zu sagen. Wie man dabei selbst der Vernichtung entgehen soll, das war ein nicht leicht zu lösendes Problem.«[34] Aber die neue Technik ließ – damals wie später – der Phantasie mehrere Wege offen. Je vielfältiger die Technik wird, desto größer wird der Spielraum der Möglichkeiten, vorgefaßte Positionen mit technischen Argumenten zu begründen und auf diese Weise mit einem Schein von Sachlogik auszustatten. Wenn der massierte Frontalangriff angesichts der modernen Feuerkraft keine Chance mehr hatte, dann bot sich für den, der dennoch die Offensive wollte, als Ausweg die breit auseinandergezogene Front und die riesige Umfassungsbewegung an, dirigiert von einem Feldherrn neuen Stils, der ohne Blickkontakt zu den Kämpfenden, »in einem Haus mit geräumigen Schreibstuben« kommandiert, »wo Draht- und Funkentelegraph, Fernsprech- und Signalapparate zur Hand sind, Scharen von Kraftwagen und Motorrädern, für die weitesten Fahrten gerüstet, der Befehle harren«. Aus der technizistischen Vorstellung, daß die moderne Wirtschaft ein »Räderwerk« sei, das durch den Krieg zum »Stillstand« komme, zog Schlieffen die trügerische Folgerung, daß ein moderner Krieg aus wirtschaftlichem Zwang zu einer raschen Entscheidung führen werde; unter diesen Umständen war die wirtschaftliche Vorbereitung eines langen Krieges unnötig.[35]

Nicht zu Unrecht erkannte Bernhardi bei Schlieffen eine »mechanische Kriegsauffassung«, die den Feldherrn »gewissermaßen zum Maschinisten werden lasse«.[36] Man kann hinzufügen, daß dem Schlieffenplan die Starrheit der damaligen Massenproduktion und bürokratisierten Großorganisation anhaftete. Ihm lag die Illusion zugrunde, daß sich ein großer Krieg im voraus programmieren und wie ein gigantisches Uhrwerk organisieren lasse; die von Schlieffen geplante Umfassungsbewegung im Westen unter leichtem Zurückweichen im Süden ist mit einer riesigen Drehtür verglichen worden. Die erste verhängnisvolle Folge des großen Plans war jene politische Manövrierunfähigkeit, die die deutsche Reichsregierung auf die Mißachtung der belgischen Neutralität festlegte. Das technokratische Denken führte im übrigen keineswegs zu einem sicheren Urteil über die tatsächlichen Möglichkeiten der Technik.

Das gilt auch für die Techniker selbst. Im großen und ganzen ist nicht zu erkennen, daß die technische Publizistik am Anfang des Ersten Weltkrieges selbst auf ihrem eigenen Gebiet vorausschauender war als die militärische Strategie; man bemerkt vielmehr die Sichtweise der jeweiligen Technologie-Branche und die Neigung, das technisch Interessante mit dem militärisch Brauchbaren zu verwechseln. Ein Leitartikel einer Maschinenbau-Zeitschrift *Krieg und Technik* von Ende 1914, der die militärische Bedeutung neuer Technik in höchsten Tönen pries, hob besonders die schweren Krupp-Geschütze, die U-Boote, die Luftschiffe und die Elektrotechnik hervor, ignorierte jedoch die Chemie, das Maschinengewehr und die Motorfahrzeuge. Matschoß schätzte den Krieg als »Feuerprobe« für das Automobil, erwähnte jedoch »Panzerautomobile« nur nebenbei und an letzter Stelle. Wenn er »teuer aber gut« als Devise des Krieges ausgab, war das eine Techniker-Einbildung, die einer anderen Welt als der der Materialschlachten angehörte. Im Laufe des Krieges kam es vor allem auf billige Massenproduktion mit möglichst geringwertigen Stoffen an. Im Zweiten Weltkrieg warnte selbst ein VDI-Vertreter vor dem »verhängnisvollen ›Genauigkeitsfimmel‹«. An der Front schätzte man einfache und robuste Technik, die auch in Regen und Schlamm noch funktionierte und deren Komponenten nicht mit solcher Präzision ineinandergepaßt waren, daß mit Ersatzteilen aus verschrottetem Material nichts mehr anzufangen war. Der »T-34-Schock«, die Überlegenheit des wegen seiner Einfachheit schier unverwüstlichen sowjetischen Schützenpanzers, geisterte später durch viele Kriegserinnerungen.[37]

Wenn das Maschinengewehr bis 1914 von der deutschen Armeeführung vernachlässigt wurde, so aus dem Grunde, weil es »höchstens als Verteidigungswaffe im Festungskriege geeignet« schien; kein Geringerer als Ludendorff tat noch kurz vor Kriegsbeginn die schweren Maschinengewehre mit ihren Schutzschilden als »Tod jeder Offensive« ab. Das MG-Feuer mit seiner »Munitionsvergeudung« galt als typisch französische oder amerikanische Schießmethode. Man erinnerte sich daran, daß 1870/71 »wenige gut treffende Schüsse unserer Artillerie« genügt hatten, um den französischen Mitrailleusen, den Vorläufern des Maschinengewehrs, »das Handwerk zu legen«. Von daher versprach es eher Erfolg, die Feuerkraft – dem technischen Fortschritt Kruppscher Art entsprechend – durch die schwere Artillerie zu steigern. Für deutsche Ingenieure war und blieb die Artillerie besonders attraktiv, da sie dem Ideal der »wissenschaftlichen« Technik entsprach: »Das artilleristische Gerät ist das komplizierteste und dabei höchstbeanspruchteste aller Waffen und birgt in sich die Ausschöpfung von Erfahrungen, Kenntnissen und Wissenschaften aller Zweige der Mathematik und Mechanik, der Physik und Chemie.« Es war die gleiche Faszination, die im Zweiten Weltkrieg zur Triebkraft der Atom- und Raketenrüstung wurde. Der Verlauf des Ersten Weltkrieges zeigte aber bereits die militärische Irrationalität der Besessenheit vom technischen Superlativ: Schon bald war bei der schweren Artillerie »eine oberste Kaliber-, Wirkungs- und Schußweitengrenze« erreicht, jenseits derer eine weitere Steigerung wie die »Dicke Bertha«, Krupps berühmtes »Parisgeschütz«, nur noch Verschwendung bedeutete.[38]

Das strategische Konzept der »Massenartillerie« und des artilleristischen »Massenschnellfeuers« paßte zu der Massenstahlproduktion, die die Stärke der deutschen Schwerindustrie war. Der Bau von Panzern lag demgegenüber quer zu der damaligen deutschen Industriestruktur: Schwer- und Motorenindustrie, die hierbei zusammenarbeiten mußten, waren noch zwei Welten. Wie

Eckart Kehr bemerkt, war die Kanone für Krupp kein »Explosionsmotor«, sondern ein »Gußstahlblock«. Eine Verbindung der Stahlbranche zur Flotte dagegen kam leichter zustande, um so mehr, als sich Ende des 19. Jahrhunderts – nach einem »Torpedorausch« noch in den achtziger Jahren – beim Kriegsschiffbau der Trend zur Größe durchsetzte.[39]

Die Faszination durch die gewaltige Form beherrschte die Anfänge der deutschen Luftfahrt. Während die Idee des lenkbaren Luftschiffs für den alten Siemens das Musterbeispiel unsolider Projektemacherei war, wurde Graf Zeppelin, der im Jahr 1900 zum ersten Mal mit seinem motorgetriebenen Luftschiff über den Bodensee schwebte, gefeiert wie noch kein deutscher Erfinder zuvor. Der Tenor ging vom »Herrscher der Lüfte« bis zum »größten Deutschen des 20. Jahrhunderts«. Der gewaltig aufgeblasene und verletzbare »Zeppelin« wirkt wie ein Symbol der Wilhelminischen Ära. Um so bemerkenswerter ist die Schnelligkeit und Konsequenz, mit der sich die deutsche Rüstungspolitik seit den letzten Vorkriegsjahren auf die Förderung des Motorflugzeugs umstellte, als dessen militärische Vorteile nicht mehr zu verkennen waren. Während des Krieges nahm das deutsche Militär nicht weniger als 47 637 Flugzeuge ab; darunter etwa 150 verschiedene Typen von 35 Firmen. Trotz dieser Vielfalt und der werkstattmäßigen Produktionsweise in den meist noch kleinen Firmen kam teilweise bereits eine Art von Großserienfertigung zustande. Die Oberste Heeresleitung gab dem Flugzeugbau sogar Priorität vor der Panzerproduktion. Aus der immer noch vorherrschenden Perspektive der Infanterie war die Luftwaffe ein willkommener Schutz, während die Kombination von Infanterie und Panzern einen neuen Kampfstil erforderte. Die »Kavallerie der Lüfte«, bei der noch Mann gegen Mann kämpfte und die individuelle Abschußleistung genau zu beziffern war, wurde im Ersten Weltkrieg zur populärsten von allen Waffengattungen. Der »ritterliche« Einzelkampf in der Höhe wirkte standesgemäß für jene sozialen Eliten, die bis dahin die Kavallerie bevorzugt hatten. Während die Öffentlichkeit vor allem den Kampf, den die Flieger gegeneinander führten, beachtete, begann schon damals der Bombenkrieg aus der Luft, und dieser wurde wie selbstverständlich auf die Zivilbevölkerung ausgedehnt. Die Möglichkeiten der Technik überrollten die jahrhundertelange Tradition des Kriegs- und Völkerrechts, zu dessen Kernstücken die Begrenzung der Kriegshandlungen auf die Kämpfenden gehört hatte.⁴⁰

In mehrfacher Hinsicht beeinflußten die Verlockungen und scheinbaren Sachzwänge der Technik die Kriegsrüstung und Kriegsführung in einer selbst aus rein militärischer Sicht fatalen Weise. Prototyp einer technisch-industriellen Dynamik, die unter außenpolitischem und militärischem Aspekt verhängnisvolle Folgen hatte, war die wilhelminische Flottenrüstung, die in den letzten Vorkriegsjahren 60 % des deutschen Rüstungsetats verschlang und doch in der deutschen Gesamtstrategie nahezu funktionslos dastand. Der U-Boot-Krieg versprach in der hoffnungslos festgefahrenen militärischen Situation von 1916 einen technischen Ausweg für all diejenigen, denen ein politischer Ausweg – die Einleitung von Friedensverhandlungen – nicht diskutabel war. Reichskanzler Bethmann-Hollweg widersetzte sich mit aller Macht dem unbeschränkten U-Boot-Krieg, der auch die zivile Schiffahrt gefährdete und den amerikanischen Kriegseintritt herausforderte. Aus technischer Sicht wirkte dagegen der maximale Einsatz dieser »meisterhaften Waffe« wie ein Gebot des Sachzwangs und entsprach es dem »Wesen dieser Waffe«, Handelsschiffe ohne Warnung zu versenken und keine Schiffbrüchigen aufzunehmen.

Die Verwendung der ersten an der Front eingesetzten Gaswaffe, des zu Erstickungen führenden Chlorgases, ging auf Habers Vorschlag zurück, während die Militärs gegenüber chemischen Waffen stets skeptisch blieben. In der Tat erwies sich das Giftgas als zweischneidige Waffe, die, ohne eine kriegsentscheidende Wirkung auszuüben, Haß und Vergeltungsmaßnahmen auslöste. Wie Solschenizyn bemerkt, wurde der Krieg von russischer Seite »ohne persönliche Haßgefühle« geführt, »bis das Giftgas eingesetzt wurde«. Dennoch war nach Kriegsende ein Teil der Militärpublizistik von dem Gedanken an einen künftigen chemischen Krieg besessen, ohne Rücksicht auf die Ächtung der chemischen und biologischen Waffen im Genfer Protokoll von 1925. Es gab inner- und außerhalb von Militärkreisen durchaus einen rationalen und emotionalen Widerwillen gegen die Gaswaffe; diese entsprach jedoch einer Denkweise, in der die Chemie der Inbegriff des Fortschritts war. Oberst Bauer schrieb 1919 in einer Denkschrift, die »chemischen Kampfmittel« seien »kein zufälliges Kriegserzeugnis, sondern ein notwendiger Ausfluß der Verhältnisse, die die Entwicklung der Waffentechnik geschaffen hat«.⁴¹

Der technische Krieg der Zukunft werde, heißt es in einem

Handbuch von 1938, mit ziemlicher Sicherheit ein Präventivkrieg sein; denn die Trümpfe der neuen Technik ließen sich am besten bei einem Überraschungsangriff ausspielen. Guderians Kriegskonzept, das in die Hitlersche Blitzkriegsstrategie mündete, war von Motorisierung und drahtlosem Funk inspiriert: »Die Errungenschaften der Technik zwingen sich geradezu dem Soldaten auf.« Noch nie in der Geschichte habe die »Beweglichkeit« solche Chancen gehabt. Seine Forderung nach einer unabhängig von der Infanterie operierenden Panzerwaffe löste in deutschen Militärkreisen eine zehnjährige Kontroverse aus. Immer noch gab es das Vorurteil: »Die Technik macht den Menschen feige.« Ernster waren die Bedenken gegen die Abhängigkeit von technischen Experten, in die die Generalität durch eine motorisierte Kriegsführung geriet. Der 1933 zum Chef der Heeresleitung ernannte Fritsch versicherte Guderian: »Die Techniker lügen alle.« Von den Erfahrungen des Ersten Weltkrieges her ließ sich eine eigenständige Panzerwaffe nicht begründen. Um 1930 bot der Panzer auf deutschen Manövern ein klägliches Bild; noch 1938 urteilte ein Fachmann, das »Tankgespenst« habe seine Schrecken verloren, und die Panzerabwehr besitze mittlerweile das technische Übergewicht. Panzerverbände wurden erst dann operationsfähig, wenn sie motorisierte Truppen aller Waffen umfaßten; auch im Heer war die Motorisierung ein umfassender Prozeß.[42]

Die Anfangserfolge der deutschen Armeen im Zweiten Weltkrieg schienen Guderian auf triumphale Weise zu bestätigen; aber der Ausgang des Krieges läßt Guderians Gegenspieler Beck Gerechtigkeit widerfahren, der nicht glauben wollte, daß im Stil des Blitzkrieges ein großer Krieg zu gewinnen sei. Die sowjetische Militärlehre zog aus dem Zweiten Weltkrieg trotz der großen Panzerschlachten an der Ostfront die Folgerung, daß die Infanterie die entscheidende Truppengattung sei. Der Aufbau der Bundeswehr vollzog sich jedoch in den Bahnen der Guderian-Tradition, bis hin zu einem Verzicht auf Infanterieverbände.

Neben dem Panzer war das Flugzeug die technische Grundlage des Blitzkrieges; die Luftwaffe, unter Seeckt als taktisches Instrument begriffen, wurde von Göring zur strategischen Waffe bestimmt. Die Luftfahrtforschung erreichte in der NS-Zeit Dimensionen, die alles bisher Dagewesene in der Technikforschung übertrafen; 1944 umfaßte sie an die 10000 Mitarbeiter. Aber die Unzulänglichkeit, mit der die aufgeblähte Forschung in praktisch brauchbare Technik umgesetzt wurde, war phänomenal und nahm schon ganz das spätere Dilemma der »Big Science« vorweg. Keine andere Waffe war so sehr aus dem Geist des Blitzkrieges geboren wie der Stuka (Sturzkampfbomber), der wie ein Raubvogel auf sein Ziel stürzte; aber die Sturzflugbesessenheit beherrschte die Luftfahrttechnik noch zu einer Zeit, als der Blitzkrieg fehlgeschlagen war; Langstreckenbomber wurden vernachlässigt. Erst recht geriet die deutsche Rüstung bei der defensiven Radartechnik ins Hintertreffen. Die Rolle der Luftwaffe im Zweiten Weltkrieg erinnert an die der Flotte im Ersten: Es war die teuerste Waffe, die noch in den letzten Kriegsjahren bis zu 50 % des deutschen Rüstungsetats verschlang, und wurde die »größte Enttäuschung«. Sie brachte keinen Sieg, legitimierte aber das alliierte Flächenbombardement auf deutsche Städte. Noch viel weniger Chancen hatte das NS-deutsche »Uranprojekt«; es hätte aber sehr leicht dazu führen können, daß die ersten Atombomben auf deutsche Städte gefallen wären. Der »Führertypus«, den das NS-System nach oben brachte, zeigte ein bemerkenswertes Unvermögen zur Leitung wissenschaftlich-technischer Großprojekte. Die Bedingungen waren für die Entstehung handlungsfähiger Technologie-»Communities« nicht günstig. Dennoch hatte Goebbels' »Wunderwaffen«-Propaganda noch zu einer Zeit großen Erfolg, als andere Propagandamittel ihre Wirkung verloren: So tief war der Glaube an die Wunder des technischen Fortschritts in der Bevölkerung verankert.[43]

Die Überzeugung, daß der Krieg der Vater aller Dinge sei, hat in der modernen Technikgeschichte ihre Konjunkturen. Wie schon eingangs erwähnt, schien der Erste Weltkrieg die Wahrheit dieser Überzeugung eindrucksvoll und in einem historisch neuartigen Ausmaß zu demonstrieren. Leuna, das gigantische Chemiewerk, das im Ersten Weltkrieg von der BASF zur Sprengstoffproduktion aus dem Boden gestampft wurde, produzierte im Frieden auf demselben Wege der Ammoniaksynthese Düngemittel. 1915 entstand bei Bitterfeld zur Belieferung des Stickstoffwerkes Piesteritz, das doppelt soviel Strom verbrauchte wie damals ganz Berlin, das Kraftwerk Golpa-Zschornewitz, mit 128 MW das damals größte Kraftwerk der Welt, das »die Epoche der Großkraftwerke und der Verbundwirtschaft« einleitete. Motorisierung und Luftfahrt bekamen gerade in Deutschland, wo die zivilen Impulse vor 1914 noch relativ schwach entwickelt oder durch Widerstände gehemmt waren, durch den Krieg einen mächtigen Auftrieb. Vor 1914 war

Deutschland das einzige große Industrieland, das keine eigene Aluminiumindustrie besaß; 1909 betrug bei Aluminium die deutsche Einfuhr mehr als das Achtzehnfache der Ausfuhr; die stromintensive Aluminiumindustrie galt als ein nur für »Autoländer« und wasserkraftreiche Regionen geeigneter Produktionszweig. 1917 jedoch entstand mit Reichsmitteln eine Aluminium-Großindustrie, die Vereinigten Aluminiumwerke (VAW). Aluminium wurde im Krieg teilweise als Kupferersatz und nach dem Krieg – nach dem Verlust der lothringischen Minette – als das »einzige Metall aus heimischem Boden« geschätzt; es zeigte sich aber, daß die forcierte Verwendung im Krieg das Vertrauen der zivilen Käuferschaft in das neue Metall nicht förderte. Aluminium war nicht von vornherein auf bestimmte Anwendungsbereiche verwiesen, sondern mußte sich seinen Bedarf suchen. Im Laufe der zwanziger Jahre wurde es zum »Universalmetall«, das die Haushaltsgeräte leichter machte. Im Gefolge der Aufrüstung der Luftwaffe stieg der deutsche Anteil an der Weltaluminiumerzeugung bis 1938 auf 32 %.[44]

Rascher wirkte die »völlige Revolution«, die der Krieg im drahtlosen Funk auslöste: War dieser vorher die »Angelegenheit einiger Eingeweihter« gewesen, kamen jetzt »Hunderttausende« mit Morseapparaten in Berührung, von denen viele das Funken auch im Frieden als Sport weiterbetrieben. Aber der Funk und insbesondere der Rundfunk wurde in Deutschland, ähnlich wie eine Generation davor das Telefon, im Gegensatz zu den USA rasch als staatliche Angelegenheit und als ein technischer Sachzwang zur Kooperation von Staat und Industrie begriffen. Für den Postminister Stingl (1923) war die private Spielerei mit Funkgeräten eine schlechte ausländische Mode, für den Reichskanzler Bauer überdies mit der ständigen Gefahr des Landesverrats verbunden; der preußische Innenminister Severing fürchtete, wenn jeder nach Belieben funken könne, sei es »eine Kleinigkeit, die Monarchie auszurufen«.[45] Die Situation der Kriegs- und Nachkriegszeit kam dieser Sichtweise entgegen.

All diese Innovationen mitsamt ihrer Entwicklung bis zur technischen Reife waren jedoch nicht dem Krieg zu verdanken: Dieser gab allenfalls einen Anstoß zur beschleunigten Verbreitung, zur Massenproduktion, zur Typisierung, zur größeren Dimension und zur Politisierung. Die Durchsetzung von Industrienormen, die den individuellen Produktionslinien vieler Unternehmer und der Vielfalt der Bedürfnisse teilweise zuwiderlief und unter zivilen Bedingungen nur langsam vorankam, wurde unter dem Druck des Krieges schließlich systematisch und in nationalem Rahmen betrieben – 1917 wurde der Deutsche Normenausschuß gegründet.[46] Eine Mechanisierung, die Männer für den Kriegsdienst freisetzte und ungelernte Frauen an die Stelle von Facharbeitern treten ließ, wurde nun zur patriotischen Pflicht; die Maschinenindustrie, die bei Kriegsbeginn in Panik geraten war, begriff schon nach wenigen Wochen, welche einzigartige Chance sich ihr nun bot. Die Lastwagenfahrer, die die für solchen Verkehr noch nicht eingerichteten Straßen zerstörten und die Häuser erbeben ließen, hatten im Krieg freie Bahn; die von ihnen angerichteten Beschädigungen der Straßendecke mußten als Kriegsschäden getragen werden. Erst nach Kriegsende konnte sich die Erbitterung der Anlieger und Kommunen über die »Autoplage« wieder Luft machen.

Im Krieg zeigten sich nicht nur die deutschen Techniker, sondern auch die Hausfrauen überall dort erfinderisch, wo es um die Beschaffung von Ersatzstoffen ging. »Ersatz« wurde ein Germanismus, der auch in andere Sprachen eindrang. Aber nach Kriegsende haftete diese »Ersatz«-Vergangenheit diesen Stoffen als Makel an, selbst wenn es sich um technisch höchst entwicklungsfähige synthetische Fasern handelte. Wie gering der schöpferische Effekt von Rüstung und Krieg ausgerechnet in der Stahlbranche war, zeigt die erstaunliche Feststellung Vöglers in einer im Oktober 1918 verfaßten Denkschrift, »daß die deutsche Eisenindustrie in den letzten 15 Jahren in wissenschaftlicher Hinsicht sowohl in der Verbesserung ihrer Qualitäten wie in der weiteren Ausnutzung der Nebenprodukte kaum nennenswerte Erfolge erzielt hat«.[47]

Mindestens so nachdrücklich wie die zur technischen Höchstleistung herausfordernde Wirkung der Rüstungsaufträge wurde – vom Ersten bis zum Zweiten Weltkrieg – der umgekehrte Zusammenhang betont: daß eine qualitativ hochwertige Kriegsrüstung nur bei einer breiten und soliden Basis an ziviler Technik gewährleistet sei; denn Manöver könnten die Qualität technischer Komponenten nie auch nur annähernd in dem Maße testen, wie dies durch den ständigen Gebrauch im zivilen Alltag geschehe. Selbst der Chef der Kriegsrohstoffabteilung, Oberstleutnant Koeth, legte 1917 zur Befriedigung der Industriellen »größten Wert darauf, daß man nicht etwa daran denken darf ..., daß die Vorbereitungen für den Krieg so stark sein müßten, daß sie unsere Friedenswirtschaft beeinflussen«. Für Guderian war es selbstverständlich, daß »sich die Entwicklung der gepanzerten Kraftfahrzeuge nur in enger Anlehnung an und wechselnder Befruchtung durch die handelsüblichen Kraftfahrzeuge aller Art vollziehen« konnte. Josef Winschuh, ein publizistischer Wortführer der Ruhrindustrie, erklärte 1940 mit großem Nachdruck und ausführlichen Belegen, die deutschen Waffen seien »nur deshalb so gut, weil sie alle Materialerfahrungen und Konstruktionsfortschritte enthalten, die wir mit unserer Friedenspolitik machen«; als reine »Waffenschmiede« würden Industriebetriebe »verkalken und einrosten«. Das war vermutlich ein Seitenhieb auf Krupp, der im 20. Jahrhundert in der Tat seine technologische Spitzenstellung an andere Ruhrunternehmen verloren hatte.[48]

Bei der industriellen Abwehrhaltung gegenüber einer überwiegenden Spezialisierung auf Rüstungsaufträge kam ein weiterer Umstand hinzu, der seit dem Ende des 19. Jahrhunderts immer stärker ins Gewicht fiel: Je mehr die Rüstung technische Superlative bestimmter Art verlangte, desto mehr erforderte sie auf seiten der Industrie einen Grad von Spezialisierung, der die dazu notwendige Produktionstechnik von den für zivile Zwecke eingerichteten Produktionsanlagen entfernte: Darin liegt ein Dilemma der »High-Tech«-Rüstung, das immer abgründiger wurde, solange für diese Spitzentechnik kein ziviler Bedarf erfunden wurde. Die wilhelminische Flottenrüstung brachte dem Handels- und Passagierschiffbau keinen durchschlagenden technischen Vorteil; dort blieb die britische Überlegenheit bis 1914 noch weit größer als bei den Kriegsschiffen. Pajeken, der Leiter der Loewe-Werkzeugmaschinenfabrik und seinerzeit der führende Experte für amerikanische Produktionsmethoden, war in den neunziger Jahren von einem Großauftrag für Spezialmaschinen zur Waffenproduktion »wenig erbaut«: Diese, so Pajeken, »hindern den Fortschritt in den technischen Konstruktionsbüros und in den Werkstätten und schneiden Ludw. Loewe & Co. vom Markte für Werkzeugmaschinen im In- und Ausland ab«. Der Firmenchef gab ihm schließlich recht. Noch im Zweiten Weltkrieg wurde in Deutschland die militärische Ausrüstung überwiegend in solchen Produktionsanlagen hergestellt, die auch für zivile Zwecke zu verwenden waren.[49] Die volle Ausbildung einer von der zivilen Technik abgehobenen »High-Tech«-Rüstung und des »Spin-off«-Mythos kennzeichnet erst die allerneueste Periode der Technikgeschichte.

## 3. Elektrifizierung und chemische Synthese als Technologiepfade und gruppenbildende Prozesse

Die *Lustigen Blätter* reimten zu Neujahr 1900: »Wir brauchen ein neues Fluidum / Heil Dir, elektrisches Säkulum!« Es ist verlockend und manchmal allzu verführerisch, an der Technik nach der Jahrhundertwende immer wieder das Neue zu betonen. Die chemische und die Elektroindustrie waren im frühen 20. Jahrhundert etwas anderes als zu der Zeit, da Elektrizität noch Telegraphie und Chemie nur Soda und Farbstoffe bedeutete. Im 20. Jahrhundert ließen sich beide Techniksparten nicht mehr mit bestimmten Produkten identifizieren. Sie waren zu »Technologien« geworden: zu universal anwendbaren Verfahren und Komponentensystemen. Das war etwas Neues in der Technikgeschichte. Der Anwendungsbereich der Dampfmaschine war begrenzt gewesen, ja wurde noch eingeschränkter, wenn man auf besseren Wirkungsgrad bedacht war. Die Elektrifizierung und die synthetische Herstellung neuer Stoffe begannen sich dagegen seit dem Ende des 19. Jahrhunderts als unendlicher Prozeß darzustellen: wenn anfangs vorwiegend in der Phantasie, so mit der Zeit auch in der Realität. Dadurch wurde ein »neuer Typus technischen Denkens« begründet: ein Denken, das sich »vom Einzelwerk zu den Prinzipien, zur allgemeinen Gesetzlichkeit« wandte. Die Elektroingenieure waren ein anderer Typus als die herkömmlichen Maschinenbauer: Es war ihr Metier, mit unsichtbaren Kräften umzugehen. Die Gestalt der Technik veränderte sich auch in den Augen der Öffentlichkeit. »*Die* Technik« war in dieser abstrakten Form im 19. Jahrhundert kein Thema gewesen; jetzt begannen Betrachtungen über »Mensch und Technik«, »Kultur und Technik« zur Mode zu werden. Die abstrakte Technik war auch im übertragenen Sinne zu gebrauchen; zahlreiche Komposita entstanden von der »Gebets-« bis zur »Psycho-« und »Liebestechnik«.

Der Fortschritt einer Technik, die immer mehr alle Lebensbereiche eroberte, war nicht nur an Wissenschaft, sondern auch an die Unendlichkeit der praktischen Erfahrung – insbesondere der Verbrauchererfahrungen – gebunden. »Selbst mit den besten wissenschaftlichen Voraussetzungen gelingt es nicht« – so die Bosch-Festschrift 1936 –, »etwa eine Zündanlage oder einen Schwungkraftanlasser ... zum marktfähigen Erzeugnis zu entwickeln.« Manchmal trat schon die Spannung zwischen dem sich verselbständigenden technologischen Prozeß und der Entwicklung des Bedarfs in Erscheinung.⁵⁰

Als 1925 die IG (»Interessengemeinschaft«) Farben gegründet wurde, war der Name dieses größten kontinentaleuropäischen Chemiekonzerns bereits ein Understatement. Die ambitiöse Investitionspolitik der neuen Firmenleitung konzentrierte sich auf die Kautschuk- und Treibstoffsynthese sogar in einem Maße, daß der traditionelle Farbensektor vernachlässigt wurde, obwohl er immer noch die solide Basis des Chemiegeschäfts und die Rückversicherung gegenüber den Risiken der Hochdrucksynthese blieb. Der erste neue Bereich außerhalb der Teerfarben, den die organische Chemie Ende des 19. Jahrhunderts stärker zu erschließen begann, war die Drogen- und Arzneimittelherstellung, die chemisch eng mit der Farbenproduktion zusammenhängt. Die ersten »Bestseller« der Hoechster Pharma-Abteilung waren die fieber- und schmerzlindernden Präparate Antipyrin und Pyramidon, der »erste ganz große Wurf« der Pharma-Entwicklung bei Bayer das den gleichen Zwecken dienende Aspirin. Weit größere Hoffnungen wurden auf das von Robert Koch entdeckte Tuberkulin gesetzt, dessen Herstellungsrecht 1892 die Farbwerke Hoechst erwarben; aber dieses Medikament, das die Tuberkulose, die schlimmste Seuche jener Zeit, besiegen sollte, und für das Koch von der preußischen Regierung die damals phantastische Summe von 3 Mio. Reichsmark gefordert hatte, erwies sich als Fehlschlag. Durch Salvarsan, das Heilmittel gegen die Syphilis, kam die Verbindung zwischen dem Koch-Schüler Paul Ehrlich und den Farbwerken Hoechst zustande. Viele Ärzte waren jedoch gegenüber den neuen Produkten der Chemie noch mißtrauisch, und das Pharma-Geschäft galt lange als unsicher, obwohl ein Präparat, wenn es erfolgreich eingeführt war, beim Verkauf »mehr als das Hundertfache der Selbstkosten« einbringen konnte. Die Investitionen der IG Farben in die Pharmasparte waren, an den aus der Retrospektive erkennbaren Gewinnmöglichkeiten gemessen, auffallend gering: Welche Expansionsmöglichkeiten gerade dieser Produktionszweig in einer tablettensüchtigen Wohlstandsgesellschaft besaß, war noch nicht abzusehen.⁵¹

Vor 1914 präsentierte sich die deutsche Chemie fast nur als Farbenproduzentin. Eine Generation darauf hatte sich ihre Selbstdarstellung jedoch gründlich gewandelt. 1938 förderte eine Umfrage unter etwa 40 führenden Männern der deutschen Chemie einen

Panchemismus und einen Glauben an die universale Anwendbarkeit der Chemie zutage. Für die nahe Zukunft wurden der Werkstofforschung besondere Chancen gegeben: »Hier wird man an Stelle der bisher gebräuchlichen Universalwerkstoffe Stahl und Holz für jeden Verwendungszweck Spezialwerkstoffe entwickeln.« Aber die Prognose einer Ablösung des Stahls durch Kunststoffe war verfrüht. Den übertriebenen Prophezeiungen in der ersten Zeit des nationalsozialistischen Vierjahresplans folgte zwangsläufig die Ernüchterung. Hitler sagte 1941, es sei »unmöglich, alles, was uns fehlt, durch synthetische Verfahren oder sonstige Maßnahmen selbst herstellen zu wollen«; das war einer der Gründe, mit denen er den Angriff auf die Sowjetunion rechtfertigte.[52]

1901 entdeckte Wilhelm Ostwald, ein Pionier der physikalischen Chemie – einer nach der Jahrhundertwende immer wichtigeren fächerübergreifenden Disziplin –, die Beschleunigung chemischer Reaktionen durch Katalysatoren. Die Entdeckung paßte zu der »Tempo«-Begeisterung der Jahrhundertwende. Die Katalysatorforschung, die noch in den darauffolgenden Jahrzehnten im Stadium des »methodischen Ausprobierens« blieb – zur Ermittlung eines brauchbaren Ammoniakkatalysators wurden in der BASF etwa 20 000 Versuche durchgeführt –, gewann ständig an Bedeutung; deutsche Laboratorien gingen dabei voran. Es war eine Zeit, in der es auch in der deutschen Chemie, die von Hause aus mehr auf teure Qualitätsproduktion spezialisiert war, stärker auf Massenproduktion großen Stils und auf Beschleunigung der Produktionsprozesse ankam. Die durch den Ersten Weltkrieg gewaltig vorangetriebene Stickstoffherstellung brachte eine Art von Großtechnik in die Chemie, die mehr an die Hochöfen der Schwerindustrie als an die bisherigen Produktionsstätten der Teerfarbenindustrie erinnerte. Querverbindungen zwischen Stahl und Chemie wurden ein Schlüssel für den Erfolg der Hochdrucksynthese. Auch anderswo war die weitere Entwicklung der chemischen Industrie an eine enge Kooperation von Chemikern und Ingenieuren gebunden, die der damaligen Tradition der deutschen Chemie zuwiderlief und einen längeren Gewöhnungsprozeß, zum Teil auch eine neue Chemiker-Generation erforderte. Noch innerhalb der IG Farben gab es, hiervon beeinflußt, »große Unterschiede in der Methodik technischen Denkens« (Winnacker).[53] In der Schwerindustrie wurden Chemie und Elektrotechnik zu

Schlüsseldisziplinen; denn die Werkstoffe Eisen und Stahl gerieten durch den Elektrostahl und die fortschreitende Entwicklung neuer Legierungen in Bewegung.[54] Auch an der Ruhr galt um 1918 die systematische Forschung als Gebot der Zeit. Anders als in England wurde die Schwerindustrie damals in Deutschland noch nicht zur »alten« Industrie, die zu den »neuen« Branchen kontrastierte.

Ähnlich bedeutsame und charakteristische Vorgänge wie die Entstehung von Querverbindungen zwischen Stahl und Chemie waren im frühen 20. Jahrhundert die Überschreitung der Grenzen zwischen der Chemie und der Elektroindustrie, zwischen der Elektrobranche und dem Maschinenbau und auch der Automobilindustrie. Die Elektrochemie gab schon in der letzten Zeit vor 1914 einen Anstoß zu dem Quantensprung bei den Kraftwerkskapazitäten und zu dem Einstieg des RWE in die Braunkohle; das 1914 fertiggestellte Goldenberg-Kraftwerk, zeitweise das größte Wärmekraftwerk Europas, entstand zusammen mit einem benachbarten elektrochemischen Betrieb.[55]

Bei der Durchsetzung des elektrischen Antriebs in der Fertigungsindustrie bestand der entscheidende Schritt in dem Übergang vom elektrischen Gruppen- zum Einzelantrieb. Als Gruppenantrieb hatte der Elektromotor nur die Dampfmaschine ersetzt und benötigte immer noch mechanische Transmissionen; als Einzelantrieb ließ er sich individuell regeln und in die Maschine technisch integrieren. Dies war eine große Stunde der Ingenieure; denn hier gelangte das Erfahrungswissen der Meister, die bis dahin die Praxis des Maschinenbaus beherrschten, an seine Grenze. Vor allem aber gewährleistete der Einzelantrieb ein gleichmäßiges Tempo, während sich die Geschwindigkeit mit der wachsenden Kette von Transmissionen verlangsamte. Dennoch zog sich die Einführung dieser Neuerung über Jahrzehnte hin; selbst bei einer Elektrofirma wie Bosch herrschte in den zwanziger Jahren noch der Gruppenantrieb vor. In der Regel wurden Transmissionssysteme so lange beibehalten, wie sie befriedigend funktionierten; immer noch widerstrebte der deutschen Unternehmermentalität ein Verschrotten brauchbarer Produktionsanlagen.

Der Elektromotor erleichterte die Mechanisierung des innerbetrieblichen Transports, nicht zuletzt auch des Lastenhebens: Ein großer traditioneller Sektor körperlicher Schwerstarbeit, der bis dahin die Physiognomie des Arbeiters prägte und einer reibungslosen Gestaltung des Produktionsflusses entgegenstand, war nunmehr beliebig zu reduzieren. Der elektrische Einzelantrieb gab bei Reorganisationen des Produktionsprozesses eine Freiheit, wie man sie seit der Einführung der Dampfmaschine nicht gekannt hatte; denn die Produktionsanlagen mußten jetzt nicht mehr um die eine Kraftquelle zentriert sein. Diese Freiheit wurde jedoch in der Regel nicht genutzt; eingefahrene Ordnungsvorstellungen waren zäh. Auch bei Einzelantrieb wurden die Maschinen häufig stur in eine Reihe gestellt, so wie es die dampfbetriebenen Transmissionsanlagen erfordert hatten. Die Fließarbeit wurde vielfach in einer starren Form eingeführt, die mehr der Zeit des Dampfes als der der Elektrizität entsprach. Der elektrische Einzelantrieb enthielt die technische Möglichkeit, daß jeder Arbeiter seine Arbeitsgeschwindigkeit selber bestimmte; aber die Realisierung dieser Chance lief dem zuwider, was man jahrzehntelang unter »Rationalisierung« verstand. Am flexibelsten ließen sich Gleichstrommotoren regeln; aber eine solche Flexibilität war oft gar nicht gewollt und trug nicht dazu bei, den Rückzug des Gleichstroms aufzuhalten.[56]

In der Elektrizitätswerbung, die stark auf die Öffentlichkeit, die Regierungen und Kommunen berechnet war, wurde der Elektromotor mit Vorliebe als Retter des Kleinbetriebs gerühmt, jenes Betriebs, der sich die Dampfmaschine nicht hatte leisten können. Tatsächlich bedeutete die Elektrizität in der Mechanisierung der Klein- und Mittelbetriebe eine neue Phase. In der Zeit bis zum Ersten Weltkrieg, als die Großbetriebe die von ihnen benötigte Energie noch durchweg selber erzeugten, waren die öffentlichen Kraftwerke noch weitgehend auf die Kleinbetriebe als Stromabnehmer angewiesen. Vor allem dies war der Hintergrund der Publizistik, die den Elektromotor als Retter des Handwerks pries. Wie ein Kritiker dieser Kampagne 1896 bemerkte, wurde »von den Kleinhandwerkern selbst, die doch zu allererst wissen müssen, wo ihnen der Schuh drückt, das Verlangen nach Kleinmotoren äußerst selten erhoben«. Noch eine Generation später war die Rentabilität des Elektromotors im Kleinbetrieb nicht über alle Zweifel erhaben: Wie die Wirtschaftsenquete des Reichstags 1930 ermittelte, nutzte das Kleinunternehmen in typischen Fällen seinen Elektromotor nur zwei Stunden am Tag. Es wäre im übrigen falsch, sich den Beginn der Elektrifizierung als Stunde Null in der Mechanisierung des Handwerks vorzustellen; wie 1914 in Lippe festgestellt wurde, benötigten die Handwerker auf dem Lande »anscheinend die neue Energieversorgung nicht, da sie mit Benzin, Spiritus und Petroleummotoren billiger Kraft erzeugen können«. Nicht die Elektrizität rettete die Kleinindustrie, sondern die allzeit bestehende Nachfrage nach solchen Gütern und Dienstleistungen, die keinen Vorteil des Großbetriebs gegenüber dem flexiblen und bedarfsnahen Kleinunternehmen mit sich brachten.[57]

Eine Ingenieurgruppe aus Melbourne, die 1912 eine Weltreise unternahm, beurteilte Berlin als »electrically the most important city« zumindest innerhalb Europas. Damals war Berlin zur »Elektropolis« geworden; die Elektroindustrie hatte dort in den neunziger Jahren die bis dahin führende Maschinenindustrie überholt. Der Bau von »Siemensstadt« – seit 1913 gab es den Namen offiziell – dokumentierte das Expansionsstreben dieses Konzerns nach der Krise von 1902. Zu einer flächendeckenden Elektrifizierung der Haushalte kam es in Berlin erst in den zwanziger Jahren, zusammen mit einer Verkabelung und unterirdischen Verlegung der Leitungsnetze. Zwar gehörte es auch in der Elektroindustrie zum guten Ton, über die Engherzigkeit und Risikoscheu der deutschen Behörden zu klagen; aber am internationalen Vergleich gemessen spielte sich die Kooperation zwischen Elektroindustrie und Staat in Deutschland bemerkenswert rasch und gut ein. Berlin ging dabei voran und wurde zum Modell für eine zentralisierte Energieversorgung, die dem Elektrizitätswerk Monopolrechte und der Kommune Einnahmen verschaffte und die sensationelle Strompreissenkung von 30 auf 2 Pfennig pro Kilowattstunde durch starke Expansion gewinnbringend machte. Dieser Vorgang ist um so bemerkenswerter, als anfangs vor allem wasserkraftreiche und kohlearme Länder für die Elektrifizierung im großen Stil als prädestiniert erschienen. Der große Coup der Frankfurter Elektrotechnischen Ausstellung von 1891, die Starkstromleitung von Lauffen nach Frankfurt, hatte die Verbindung von Elektrizität und Wasserkraft demonstriert, ebenso wie Oskar v. Millers späteres Walchensee-Kraftwerksprojekt. Aber in Preußen, wo es an Wasserkraft mangelte, gab es statt dessen für eine Elektrifizierung Standortvorteile politischer Art.[58]

Solche Vorteile waren wichtig; denn die Elektrizität mußte dem Konsumenten, wie Walther Rathenau 1907 erklärte, »gewissermaßen aufgezwungen« werden. »Die Länder, die diese Entwicklung dem Konsumenten überließen, konnten ein solches Wirtschaftsgebilde nur unvollkommen und aus zweiter Hand erhalten.« Daher sei »die Elektrizität in ihrer heutigen Zentralisation« eigentlich in Deutschland entstanden. Die Folgen der neubefestigten Vertraulichkeit von Staatsapparat und Elektroindustrie bekamen die Berliner Elektroarbeiter bei dem Streik von 1905 auf überraschende und unliebsame Art zu spüren, als die Behörden sich bei einem Sympathiestreik der Maschinisten und Heizer der von der AEG betriebenen Berliner Elektrizitätswerke massiv in die Bresche schlugen, um eine Unterbrechung der Stromversorgung, die nunmehr als öffentliche Angelegenheit galt, unter allen Umständen zu verhindern. Im Ersten Weltkrieg und in der Nachkriegszeit, als die Energieversorgungsunternehmen staatlich oder gemischtwirtschaftlich wurden, wurde »der politische Charakter der Elektrifizierung erst recht evident«.[59]

Einem kreativen und erfinderischen Engagement auf dem weiten Feld der neuen elektrisch betriebenen Konsumgüter – von den Radios bis zu den Staubsaugern – war die an staatlichen Großprojekten ausgebildete Struktur der führenden Elektrizitätsunternehmen nicht unbedingt günstig: Hier kam es vor allem darauf an, einfallsreich und flexibel den Markt zu erkunden; keine Logik der systematischen technischen Entwicklung gab Aufschluß darüber, wie sich die Elektrotechnik im Alltag des Normalverbrauchers am besten vermarkten ließ.[60] Zeitweilig sah es so aus, als ob das Siemens-AEG-Duopol durch neue Firmen gestürzt würde. Es waren nicht nur die Massenfertigungsmethoden und Service-Netze der Großindustrie, sondern immer wieder auch staatliche oder vom Staat geförderte Großprojekte, die die oligopolistische Struktur der Elektrobranche konsolidierten.

Die staatliche Bereitschaft zu elektrotechnischen Großprojekten hatte jedoch in der Kriegs- und Zwischenkriegszeit ihre Grenze: Das zeigte sich vor allem bei der Elektrifizierung der Eisenbahn, die den traditionellen Herrschaftsbereich der Dampfkraft in seinem Kern traf. Werner v. Siemens, der 1879 die erste elektrische Lokomotive der Welt hatte bauen lassen, war schon damals »Feuer und Flamme für die Idee der elektrischen Eisenbahn«. Einen »Feldzug für die Elektrifizierung der Eisenbahnen« führte auch Oskar v. Miller, der seinerzeit wirkungsvollste deutsche Werbestratege der Elektrizität, und bei den Straßenbahnen und der Berliner Stadtbahn ließ sich die Angelegenheit Ende des 19. Jahrhunderts auch gut an: Das Bahngeschäft »überschattete« damals bei Siemens »alles übrige«. Trotz der sonst scharfen Konkurrenz gründeten Siemens und AEG 1899 gemeinsam die »Studiengesellschaft für elektrische Schnellbahnen«, und ein Elektro-Triebwagen überschritt bereits 1903 auf einer militärischen Versuchsstrecke 200 Stundenkilometer, zu einer Zeit, als die Spitzengeschwindigkeiten der D-Züge bei 100 km/h stagnierten. Aber die mit der Elektrolok mögliche Temposteigerung ließ die deutsche Eisenbahnverwaltung damals kalt; um so wirksamer war lange Zeit der Abschreckungseffekt der sehr hohen Anfangsinvestitionen einer systematischen Elektrifizierung der Bahn. Hinzu kamen später, als der Luftkrieg drohte, militärische Bedenken gegen die Verwundbarkeit der Elektrosysteme, außerdem autarkistische Sorgen wegen des hohen Kupferbedarfs der Elektrifizierung. Zeitweilig konnte man die Diesellok für zukunftsreich halten; die amerikanischen Eisenbahnen erlebten in den dreißiger Jahren eine »Diesel-Revolution«. Bis in die fünfziger Jahre beschränkte sich die Elektrifizierung der deutschen Fernbahnen auf einzelne Strecken, und die Parteigänger der Dampflok beherrschen das Feld.

Sobald man jedoch in der Technik auf den Wirkungsgrad achtete, wurde die Dampflokomotive zu einer äußerst unvollkommenen Konstruktion; denn ihr Wirkungsgrad war nur schwer über 6 % hinaus zu steigern, während stationäre Dampfkraftanlagen im 20. Jahrhundert mit Turbinen und Abwärmenutzung bis auf 90 % kamen. Auch bei den Lokomotiven versprach man sich zeitweise von der Einführung der Dampfturbine eine »revolutionierende Entwicklung«; aber dieser Weg erwies sich als Sackgasse. Mit höheren Drücken und Dampftemperaturen und mit Zylinder-Verbundsystemen vermochte man den Wirkungsgrad noch um einige Prozente zu steigern. Dabei wurde Norddeutschland von dem kohleärmeren Frankreich und Süddeutschland mit der Vierzylinder-Verbundlok übertroffen, deren unangenehme Wartung man in Preußen dem Bahnpersonal nicht zumuten zu können glaubte. Die Bemühungen um eine Verbesserung des thermischen Wirkungsgrades der Dampflokomotive erreichten jedoch in Deutschland um 1930 eine Grenze. Sie überschnitten sich mit dem Bestreben nach einer Vereinheitlichung der Lokomotivenkonstruktion; die in den zwanziger Jahren kreierte »Einheitslok« setzte sich jedoch nicht allgemein durch.[61]

Unter dem Konkurrenzdruck der Elektrizität wurde nicht nur die Dampf-, sondern auch die Gastechnik weiterentwickelt. Das Gasglühlicht, selbst von einem Parteigänger der Elektrotechnik als

»geniale Erfindung« gerühmt, war gegenüber der traditionellen Gasbeleuchtung, die neben der Sonnenhelle der Glühbirne trüb und bläulich wirkte, heller und schöner, ja sogar sparsamer. Die deutsche Gasglühlicht-AG wurde Mitte der neunziger Jahre »das märchenhafte Phantom am deutschen Börsenhimmel«, und der »furor electricus« (Riedler) erlitt einen Rückschlag. Um 1900 war es mit der Prosperität der Gasanstalten besser bestellt als mit der der Elektrizitätswerke, zumal sich das Gas speichern ließ und bei der Gasversorgung das Problem der gleichmäßigen Auslastung nicht bestand. Außerdem machte die Nutzung der Nebenprodukte bei den Gaswerken große Fortschritte.

Nach 1918, als aus Kohleknappheit minderwertiges Gas geliefert wurde, erlebte die Gasbeleuchtung eine »große Katastrophe«; binnen weniger Jahre war das Gas aus seinem ältesten Anwendungsgebiet verdrängt. Aber der Kampf um den viel größeren Wärmemarkt, um Herd und Heizung, fing in jener Zeit erst richtig an; er ist bis heute nicht entschieden. Das Gas, das als furchtbare Kriegswaffe Schlagzeilen machte, wurde in den Haushalten für gefährlicher gehalten als die Elektrizität. Die sich zum Gas bekennende Techniker-Gemeinde war mit dem Chor der Elektropropheten nicht zu vergleichen. Das Hauphemmnis der Gaswirtschaft war mehr techniksoziologischer als technischer Art; es bestand auch darin, daß die Gaswerke infolge ihrer kommunalen Bindungen beim Aufbau großer Verbundsysteme nicht Schritt hielten. Rein technisch gesehen wäre es möglich gewesen, ganz Deutschland mit Ruhrgas zu beliefern; zeitweise gab es an der Ruhr solche Pläne; aber in Form von Elektrizität hatte die Ruhrkohle bei der Expansion leichteres Spiel. Die *Economies of Scale* bewirkten bei der Elektrizität weit mehr als beim Gas einen ausgeprägten Offensivgeist. War eben noch der industrielle »Kraftstrom« propagiert worden, um die beim bloßen Lichtstrom entstehenden Verbrauchs-»Täler« zu füllen, so wurde ab Mitte der zwanziger Jahre für die volle Elektrifizierung des Haushalts geworben, um die durch den Anstieg des industriellen Stromverbrauchs entstandenen »Täler« auszugleichen. In Schweinfurt-Schwandorf wurde die »erste deutsche Elektrosiedlung« mit vollelektrifizierter Küche errichtet, allerdings ohne überzeugenden Erfolg. Immer noch galt es im allgemeinen Empfinden als Verschwendung, den elektrischen Strom für mehr als für Beleuchtung zu benutzen.[62] Auch im privaten Bereich wurden unterschiedliche Pfade des technischen Fortschritts erkennbar. Diese brauchten jedoch nicht als Alternativen verstanden, sondern konnten auch komplementär verfolgt werden.

Ebenso wie die Elektrizitätsversorgung wurde die Chemie im frühen 20. Jahrhundert zu einer »nationalen« Angelegenheit. Wie die Elektroindustrie wurde sie zu einer Branche mit extremen Konzentrationserscheinungen und zu einer scheinbar unbegrenzt entwicklungs- und expansionsfähigen Schlüsselindustrie. Aber auch bei ihr trat die Problematik forcierter technologischer Entwicklungsrichtungen und die Möglichkeit unterschiedlicher Wege deutlich zutage.

Während die Elektroindustrie schon durch das Telegraphengeschäft ihrer Anfangszeit in engen Kontakt zu staatlichen Stellen gelangt war, erfolgte die Politisierung des Chemiegeschäfts im Ersten Weltkrieg auf abrupte Weise. Noch bei Kriegsausbruch herrschte in dieser Branche, deren Exportquote bei Farben 82 % betrug, Katastrophenstimmung; das BASF-Werk Oppau mußte vorübergehend schließen. Aus Angst vor administrativen Eingriffen lehnten die Farbstoffunternehmen die Mitarbeit in der geplanten Kriegschemikaliengesellschaft zunächst ab; mit Rücksicht auf ihren Export wären sie damals im Krieg wohl am liebsten neutral geblieben. Es war eine dramatische Wende, als die Chemie schon kurz darauf zur militärischen Schlüsselindustrie und zur Retterin vor Sprengstoff- und Düngemittelknappheit wurde. Der aus der Frankfurter Metallgesellschaft kommende Hermann Schmitz, damals Leutnant und Generalbevollmächtigter des Kriegsministeriums für die chemische Produktion, stieg später zum Vorstandsvorsitzenden der IG Farben auf. Obwohl Heinrich Caro schon 1891 die organische Chemie als Errungenschaft »deutscher Sinnesart« gefeiert und verkündet hatte, »kein Zweig der deutschen Technik« trage »mit gleichem Rechte den Namen einer ›nationalen Industrie‹«, war die Chemie, statistisch und im internationalen Vergleich betrachtet, erst seit dem Ersten Weltkrieg als eine in besonderem Maße »deutsche« Industrie anzusehen; in Italien allerdings wurde in den zwanziger Jahren der Anteil der Chemie an der nationalen Industrieproduktion noch höher (1929: 13 %; Deutschland: 12 %). Ein führender deutscher Chemiker der Zeit um die Jahrhundertwende wie Wilhelm Ostwald war Vorkämpfer des Esperanto und Sympathisant der Friedensbewegung. Seit dem Ersten Weltkrieg dagegen verstand es sich für einen Sprecher der

Chemie von selbst, prononciert »national« zu sein – »national« im damaligen Sinne des Wortes und sogar in solcher Schärfe, daß der wissenschaftliche Austausch mit Frankreich selbst in der Zeit von Locarno nicht wiederauflebte. Das schloß nicht aus, daß hinter den Kulissen zeitweilig Fusionsverhandlungen zwischen IG Farben und dem neuen britischen Chemiegiganten ICI geführt wurden.[63]

Der Weg der synthetischen Herstellung natürlicher Stoffe oder neuer Substanzen, die die Naturstoffe noch übertrafen – dieser Weg, der bei den Farben so erfolgreich beschritten worden war, war zwar theoretisch unbegrenzt; als er jedoch im frühen 20. Jahrhundert in neue Produktenbereiche hinein verfolgt wurde, stieß er auf Kostengrenzen und Akzeptanzprobleme von bis dahin unbekanntem Ausmaß. Bei der Entdeckung neuer Farbstoffe schien das Entzücken des Chemikers im Labor schon automatisch Marktchancen zu signalisieren. Auch das Formaldehyd galt am Ende des 19. Jahrhunderts als »eines der hübschesten Beispiele dafür, daß eine neue reaktionsfähige chemische Substanz sich ihren Anwendungsbereich sehr bald selbst schafft, auch wenn im Anfang ein solcher nicht gegeben ist«.[64] Die Diskrepanz zwischem dem wissenschaftlich-technischen Reiz und dem Marktwert konnte jedoch auch in der Chemie auf die Dauer nicht verborgen bleiben. Als die chemische Industrie im Ersten Weltkrieg mit der synthetischen Massenproduktion von Ammoniak den Weg der Großtechnik und der Hochdruck-Verfahren einschlug, war der Absatz noch kein Problem: Dasselbe Produkt, das im Krieg der Sprengstoffgewinnung diente, ließ sich im Frieden als Kunstdünger verwenden. Als jedoch mit einem technisch verwandten Hochdruck-Verfahren die synthetische Treibstoffgewinnung betrieben wurde – die Benzinherstellung aus Kohle mit dem Hydrierverfahren –, geriet die IG Farben zeitweise in eine kritische Situation.

Zunächst sah es so aus, als ob die Treibstoffsynthese kurz- oder langfristig zwangsläufig ein Erfolg werden *müsse*. Nach 1918 wurde der Ausspruch Lord Curzons, daß »der Sieger auf einem Meer von Brennstoff zum Sieg geschwommen« sei, in Deutschland zu einem geflügelten Wort. Dabei gab der Erste Weltkrieg doch nur einen schwachen Vorgeschmack von der ungeheuren machtpolitischen Bedeutung des Öls in einer Zeit wachsender Motorisierung. War unter solchen Umständen in einem Land wie Deutschland, das nur wenig eigenes Erdöl, dafür aber die weltweite Führung in der organischen Chemie besaß, nicht so oder so die synthetische Treibstoffherstellung der richtige Weg? Julius Hirsch, vormaliger Staatssekretär im Reichswirtschaftsministerium, bezeichnete 1928 die künstliche Benzinerzeugung als Element der »Rationalisierung« schlechthin. Auf eine Rüstungs- und Autarkiepolitik scheint die IG-Führung um 1925, als das Projekt begonnen wurde, noch nicht spekuliert zu haben; es genügte, an das unaufhaltsame Wachstum des Automobilismus, die Begrenztheit der Erdölressourcen und den prinzipiellen Vorzug der synthetischen Herstellung zu glauben. Die Ölvorkommen der Erde wurden damals weit unterschätzt; auch in den USA war man von dem Syntheseprojekt der IG beeindruckt, und Standard Oil zeigte sich anfangs – aber nur vorübergehend – zur Kooperation mit den Deutschen geneigt, um für den Fall der Erschöpfung der Ölquellen vorzusorgen.[65]

Dennoch war bei dem Treibstoffhydrier-Projekt, dessen Dimensionen bereits an spätere Projekte der Kerntechnik erinnern, von einem echten betriebswirtschaftlichen Kalkül keine Rede. Obwohl die Chemie schon bei den Produkten der Farben- und Pharma-Sparte jahrelange Forschungs- und Erprobungszeiten gewöhnt war, bedeutete die Hochdrucksynthese doch einen Quantensprung und einen neuen Stil der technischen Entwicklung. Dieser Stil wurde von der Chemikergruppe um Carl Bosch verkörpert, die durch die Arbeit an der Ammoniaksynthese im Weltkrieg geprägt worden war und durch diese einen international einzigartigen Erfahrungsfundus erlangt hatte; hier wurde eine neue Technik gruppenbildend und entwickelte auf diese Weise ihre Eigendynamik. Es gab bei der Benzinherstellung aus Kohle eine Alternative mit niedrigerem Druck: das am Mülheimer Kohlenforschungsinstitut entwickelte Fischer-Tropsch-Verfahren. Dieses jedoch hatte keine großindustrielle Techniker-Gruppe von ähnlicher Dynamik hinter sich und gelangte erst in den dreißiger Jahren zur großtechnischen Reife.

Aber auch innerhalb der IG mußte Bosch die Benzinhydrierung als neuen Investitionsschwerpunkt der Konzernpolitik gegen heftigen Widerstand Duisbergs durchsetzen, der dabei die ältere Tradition der Farben- und Pharmaproduktion verkörperte und seine eigenen Erfindungen noch »sämtlich am Labortisch« hatte machen können. Die Folgezeit gab den Zweiflern Recht: Von 1929 bis 1931 stürzte der Preis für amerikanisches Exportbenzin von 11 auf 5

Pfennig pro Liter, während die IG-Zukunftsplanungen mit einem Literpreis von 20 Pfennig gerechnet hatten.[66] Die einzige Hoffnung des Hydrierprojektes, in das sich die IG-Führung – mehr aus einer technizistischen als aus einer betriebswirtschaftlichen Denkweise heraus – verbissen hatte, bestand in einer deutschen Autarkiepolitik. Auf dieser Grundlage begann die Zusammenarbeit zwischen IG Farben und NSDAP und kam es dahin, daß der Chemiekonzern, dessen Verhältnis zur NSDAP ursprünglich nicht gut gewesen war, am Ende mehr als alle anderen Großunternehmen mit dem NS-Regime identifiziert wurde: nicht nur mit der nationalsozialistischen Autarkiepolitik, sondern auch mit Auschwitz.

Zugleich mit der Treibstoffhydrierung, allerdings zunächst mit weit geringerem Aufwand, befaßte sich die IG mit der Kautschuksynthese: auch diese eine Spekulation auf ein kommendes Automobilzeitalter. Der Naturkautschuk erlebte um 1930 ebenfalls einen Preissturz; in diesem Fall beschloß die IG eine weitgehende Einstellung der Entwicklungsarbeiten. Hier war das investierte Kapital noch nicht so hoch, daß es einen psychologischen Zwang zum Weitermachen darstellte. Auch nach 1933 verfolgte die IG bei dem Kunstkautschuk (Buna) gegenüber der Ungeduld der NS-Regierung zunächst eine eher vorsichtige Taktik und genoß anders als bei der Benzinhydrierung die Position dessen, der gebeten und gedrängt werden muß. Insgesamt aber investierte die IG während der NS-Zeit in kein anderes Gebiet größere Summen als in die Kautschuksynthese. Die Bunaproduktion in der 1938 von IG Farben gegründeten Chemische Werke Hüls AG war mit der Benzinsynthese technisch doppelt verknüpft: Die Abgase der Kohlehydrieranlagen waren die Ausgangsbasis der Bunaproduktion, bei der wiederum Wasserstoff für die Hydrierwerke anfiel. Bei dem synthetischen Kautschuk wurde nach 1945 die internationale Konkurrenzfähigkeit erreicht, wenn auch nicht mehr von IG Farben. Zwar ist der Naturkautschuk, anders als das Erdöl, ein nachwachsender Rohstoff; aber anders als dort gewann das synthetische Produkt einen Qualitätsvorteil vor dem Naturstoff. Die Holzverzuckerung dagegen, der sich Bergius, der Erfinder der Kohlehydrierung, schon seit dem Ersten Weltkrieg widmete, und die seit 1928 in Mannheim-Rheinau mit staatlicher Unterstützung in großindustriellem Maßstab betrieben wurde, sank wieder zur Bedeutungslosigkeit ab, auch wenn sie zeitweise als Weg in ein neues »hölzernes Zeitalter« gefeiert wurde.[67]

Claus Ungewitter, der Leiter der Wirtschaftsgruppe Chemie, gab 1938 im Zusammenhang mit der erwähnten Umfrage der Überzeugung Ausdruck, daß die Unvorhersehbarkeit der Zukunft für die Chemie nicht mehr gelte, und er begründete diese Zuversicht mit der wissenschaftlichen Basis dieser Industriebranche: Die Chemie, so Ungewitter, werde »den Weg gehen, den ihr die Forschungsarbeiten weisen, die heute in Hochschulen und Industrielaboratorien durchgeführt werden«.[68] Das war die »Philosophie«, die zu langfristigen Großprojekten paßte. Aber die Vorhersehbarkeit, soweit es sie gab, war doch wesentlich die der Self-fulfilling Prophecy, die durch die Macht des Propheten gewährleistet wurde. Die in der IG geballte Macht, die bei der Verfolgung von Synthese-Großprojekten eine technizistische Monomanie ermöglichte, konnte jedoch auf längst nicht allen Produktbereichen der Chemie ausgespielt werden. Dort, wo der Erfolg stärker von flexibler und phantasievoller Reaktion auf wechselnde und individuelle Geschmacksrichtungen und Bedürfnisse abhing, spielte die IG keine Pionierrolle und war auf Ankauf von anderswo gemachten Innovationen angewiesen. 1913 war Deutschland der weltgrößte Kunstseideproduzent; in den zwanziger Jahren wurde es hier jedoch von der italienischen Chemie überflügelt. Bezeichnend für die Denkweise von Carl Bosch ist seine 1926 getroffene Entscheidung, die Lacke aus dem IG-Programm herauszunehmen, obwohl sich die IG-Lacke gut verkauften: Lacke, so Bosch, seien ein rein empirisches Gebiet und sollten denjenigen Unternehmungen überlassen bleiben, die rein empirisch arbeiteten.[69] Dafür kaufte er im selben Jahr die Vistra-Zellwollefabrik im brandenburgischen Premnitz, die nur Verluste einbrachte und vor dem Konkurs stand. Zehn Jahre später, im Zeichen des nationalsozialistischen Vierjahresplanes, wurde Vistra von einem effektvoll geschriebenen Buch Hans Dominiks als das »weiße Gold Deutschlands« und als Krönung einer in die Urzeit zurückreichenden Geschichte der Textilfaser gefeiert. Der Anteil der Zellwolle am deutschen Textilfaserverbrauch stieg 1933–1943 von 0,7 auf 32,3 %, der der Baumwolle sank zugleich von 53,7 auf 2,9 %; Deutschland wurde damals zum größten Zellwolleproduzenten der Welt. Zukunftsträchtiger war das 1938 in der IG erfundene Perlon, die erste vollsynthetische Faser, während Kunstseide und Zellwolle mit ihrem Zelluloseanteil nur »halbsynthetisch« waren. Perlon war keine spezifisch deutsche Entwicklung mehr, da genau zur gleichen Zeit von Du-

Pont die Nylon-Faser herausgebracht wurde. In Deutschland hieß es, die Nylonfaser sei ein Zufallsfund, Perlon dagegen ein Ergebnis systematischer Forschung. Für Hoechst war jedoch noch 1954 die Fabrikation von Chemiefasern *Terra incognita*.[70]

Bei dem Entwicklungsgang der chemischen Synthese und der Elektrifizierung, auch der noch zu erörternden Motorisierung, ist aus heutiger Sicht von besonderem Interesse, daß sich dort erstmals in modellhafter Klarheit die gruppenbildende Wirkung neuer »Querschnittechnologien« und die Entstehung wissenschaftlich-technischer *Communities* verfolgen läßt: die Herausbildung von Expertenkartellen, die imstande sind, langfristig und auf Expansion angelegte technische Entwicklungen auch über Fehlschläge und Durststrecken hinweg voranzutreiben und die nötige Unterstützung in Politik und Öffentlichkeit zu sichern. Schon um die Dampfmaschine entwickelte sich eine Technikerzunft; aber die Dampfkraft hatte nur einen begrenzten Anwendungsbereich, innerhalb dessen sie lange eine konkurrenzlose Stellung behauptete, die keiner besonderen Legitimation bedurfte. Die Bedingungen für ein »Expertentum« im Stil des 20. Jahrhunderts waren hier noch nicht oder erst teilweise gegeben. Kein größerer Kontrast ist denkbar als der zwischen dem unglücklichen List, der die Rolle des öffentlichen Beraters in Eisenbahnsachen spielen wollte, aber von den Interessenten nicht so nötig gebraucht wurde, daß er die Mittel zur Abtragung seines wachsenden Schuldenberges bekam, und auf der anderen Seite dem triumphalen Oskar v. Miller, dem »Organisator und Herold der Elektrizitätspropaganda«, der zugleich den Habitus eines schmunzelnden und augenrollenden bayerischen Urviechs besaß.[71]

Mehrere Bedingungen begünstigten die Genese des neuen Expertentyps und seiner technischen *Community:* Die Entstehung von »Schlüsseltechnologien«, die Teamarbeit erforderten und nach und nach auf weitere Bereiche anwendbar waren, von prozessualen Technologien mit entsprechender Dynamik, Faszination und Integrationskraft; aber auch das Vorhandensein von abzuwehrenden Alternativen und von Situationen, wo die *Community* Gelegenheit zur gemeinsamen Frontbildung hat und es darum geht, technischen Großprojekten den Rückhalt bei politischen Instanzen und in der öffentlichen Meinung zu sichern. Nicht nur durch technische Probleme und Erfahrungen entsteht der Zusammenhalt dieser *Communities*. Der technische »Experte« ist in politischer

Beraterfunktion vielmehr dadurch gekennzeichnet, daß er mit vermeintlich technischer Logik Positionen vertritt, deren Begründung die Kompetenz des Technikers überschreitet. Die Forderung nach einer politischen Führerrolle der Experten wurde zu einem charakteristischen Zug der deutschen Technokratiebewegung. Sie traf sich mit der Suche mancher Politiker nach einer neuen Richtschnur und Autoritätsquelle, um – in den Worten Hilferdings (1927) – »endlich einmal aus dem politischen Dilettantismus heraus zu kommen«.[72]

Zu einer Zeit, als das synthetische Produkt noch den Beigeschmack von »Ersatz« und Kriegsnot hatte, verkündete Carl Bosch eine Philosophie der ewigen Synthese: »Es gibt keinen Naturstoff, der sich nicht einmal synthetisch gewinnen ließe. Gestern waren es die Farbstoffe, heute sind es die Düngemittel, morgen wird es das Eiweiß sein. Die menschliche Ernährung wird revolutioniert werden.« Die »Bosch-Schule« war nicht nur durch gemeinsame technische Erfahrungen, sondern auch durch gemeinsam ertragene und im Alkohol ersäufte Frustrationen verbunden.[73] Die an der Hochdrucksynthese entwickelte kollektive Durchhalte-Mentalität nimmt am ehesten die Geisteshaltung vorweg, die später das Brüterprojekt über immer neue Hindernisse und Enttäuschungen hinwegtrug. Gerade zu einer Zeit, als in der Technik immer mehr alternative Wege sichtbar wurden, verhärtete sich ein offensiver technologischer Determinismus. Brady fand in den Rationalisierungsschriften der zwanziger Jahre die immer wieder stereotyp vertretene und auf die Autorität angeblicher Wissenschaft gestützte Auffassung, daß es »einen einzigen besten Weg« gebe.[74] Dabei war gerade »Rationalisierung« eines der vieldeutigsten Schlagworte jener Zeit.

## 4. Rationalisierungsbewegung, Psychotechnik und »Kampf um die Arbeitsfreude«: Das Problem der Anpassung von Taylorismus und Fordismus an deutsche Verhältnisse

»Rationalisierung«, Fließarbeit, Taylor- und Fordsystem waren in Deutschland von 1918 bis zur Weltwirtschaftskrise Modethemen und Brennpunkte einer großen Diskussion. Das 1921 gegründete Reichskuratorium für Wirtschaftlichkeit (RKW, seit 1949 in der

Bundesrepublik Rationalisierungskuratorium der Deutschen Wirtschaft) definierte 1927 Rationalisierung als die »Anwendung aller Mittel, die Technik und planmäßige Ordnung bieten, zur Hebung der Wirtschaftlichkeit und damit zur Steigerung der Gütererzeugung, zu ihrer Verbilligung und auch zu ihrer Verbesserung«. Beliebter noch wurde die kurze Formel: »Rationalisieren heißt: vernünftig gestalten.« Da wirkt Rationalisierung wie eine allgemeine, von Zeit und Ort unabhängige wirtschaftliche Vernunft, ebenso wie »Rationalisieren« in der VDI-Erklärung von 1988 (»Rationalisierung heute«) als »ein allgemeines, vernünftiges menschliches Verhalten und Handeln« definiert wird. Jene Rationalisierung jedoch, die nach 1918 in Deutschland zur Mode wurde, war von der historischen Situation und Zeitstimmung nach Krieg und Niederlage geprägt. »Rationalisierung« wirkte wie ein Fremdwort, war jedoch, wie die *Times* 1930 schrieb, ein »clumsy German word«, das der Nachkriegszeit entstammte. Was das Wort konkret bedeutete, war nicht einheitlich zu bestimmen. Ein RKW-Mann schrieb 1927, das bisherige Ergebnis der Rationalisierung sei nicht exakt nachzuweisen, aber ebensowenig sei es möglich, mit der Rationalisierung »aufzuhören«, wie auch immer das Ergebnis sei.[75]

Die Rationalisierungsprozesse der zwanziger Jahre, damals fortwährend mit amerikanischen Vorbildern begründet, wurden als der bis dahin stärkste Amerikanisierungsschub der deutschen Geschichte wahrgenommen. Wie nie zuvor gab es Anlaß, die Frage leidenschaftlich zu erörtern, ob amerikanische Produktions- und Lebensstile auf Deutschland übertragen und den deutschen Bedingungen entsprechend modifiziert werden könnten oder scharf abzulehnen seien. Taylor und Ford, die Autoritäten der Rationalisierer, hatten als Personen nichts miteinander zu tun; in Deutschland wurden sie jedoch teils als komplementäre, teils auch als kontrastierende Prinzipien begriffen. Bei Taylor war die Steigerung der Produktivität eine Sache der Verbesserung der menschlichen Motivation und Arbeitsmotorik, bei Ford eine Angelegenheit des technischen Systems. Obwohl sich Taylor zuerst als Erfinder des Schnellstahls, der den Mechanisierungsgrad im Maschinenbau erhöhte, einen Namen gemacht hatte, demonstrierte er sein »System« an ganz simplen Handarbeiten wie Verladung von Eisenteilen, die einen Ford zu unverzüglicher Mechanisierung gereizt hätten. Von daher wirkte Taylor weniger »modern« als Ford; andererseits trug er der von den Ingenieuren bis dahin vernachlässigten Tatsache Rechnung, daß selbst hochmechanisierte Arbeitsprozesse noch viel menschliche Handarbeit enthielten. Den Menschen als einen zu optimalem Wirkungsgrad zu steigernden Mechanismus zu begreifen: Das war der Gipfel der Technisierung, wenn man davon ausging, daß sich der Mensch aus dem Produktionsprozeß ohnehin nicht ausschalten ließ.

In der Praxis wurde »Taylorismus« häufig mit Zeitstudien gleichgesetzt, die die Dauer eines Arbeitsvorganges bei optimalem Bewegungsablauf ermittelten und zur Norm machten. In den USA wurde Taylors »wissenschaftliche Betriebsführung« nach 1918 vor allem pragmatisch als eine Methode der Arbeitsorganisation benutzt, in Deutschland dagegen in der Situation nach Kriegsende mit Vorliebe zu einer betrieblichen Sozialphilosophie überhöht: einer Philosophie des sparsam-ökonomischen Umgangs mit der kostbarsten Ressource, dem Menschen, und einer Anleitung zur innerbetrieblichen Harmonie, bei der die Festsetzung von Arbeitspensen und Löhnen scheinbar objektiviert und Meisterwillkür durch Sachlogik ersetzt wurde.[76]

»Fordismus« wurde gemeinhin mit perfektem Fließbandsystem, mit Massen- und Serienprodukten größten Stils und – vor allem von den deutschen Gewerkschaften – mit Höchstlöhnen gleichgesetzt. Während der Taylorismus, der – konsequent betrieben – eine vollständige Planung und Kontrolle der Arbeit durch Arbeitsbüros bedeutete, auf eine Bürokratisierung und eine Stärkung des mittleren Managements hinauslief, trug die Fordsche Lehre das Gepräge des selbstherrlichen Unternehmers, der alle bürokratischen Zwischeninstanzen und jeglichen Papierkrieg verabscheute und den sich durch die Fließarbeit selbst regelnden Produktionsprozeß wollte.

Während Taylor in deutschen Fachkreisen schon vor 1914 diskutiert wurde, begann die Wirkung Fords um 1924, als die deutsche Ausgabe seines Buches *Mein Leben und Werk* erschien und Deutschland für amerikanische Kredite und Automobile geöffnet wurde. Fords Buch, dem zwei Fortsetzungsbücher folgten, scheint in Deutschland größeren Eindruck gemacht zu haben als in den USA, obwohl sich nur die wenigsten Deutschen einen Ford-Wagen leisten konnten. Ford, der manchem Deutschen schon als Kämpfer gegen die amerikanische Intervention im Ersten Weltkrieg in guter Erinnerung war, wurde in Deutschland viel populärer als Taylor, und seine Popularität reichte vom ADGB bis zur NSDAP. Mit aufreizendem Selbstvertrauen und auf aggressivfrischfröhliche Art, dabei in höchst plastischem Stil, verkündete Ford bzw. sein Ghostwriter das Evangelium des grenzenlosen Wohlstands durch unermüdliche Rationalisierung des Produktionsprozesses. In der deutschen Nachkriegssituation wirkten die Fordschen Visionen wie eine Droge, die die Deutschen zurückversetzte in die wilhelminische Euphorie, in die Stimmung der unbegrenzten Möglichkeiten und des »Mit Volldampf voraus«. Die für viele Deutsche eher befremdenden Züge der Fordschen Lehre – die Verachtung der Tradition und der formalen Qualifikation – wurden dabei gerne überlesen. Ein deutscher Ingenieur schrieb nach einer USA-Reise, »jeder Betriebsmann« sollte »zu den Fordwerken wallfahrten, wie der Gläubige zum Grabe des Propheten in Mekka«. Fords Lehre sei »geradezu eine Offenbarung und eine Erlösung von einem uns in Deutschland belastenden unheimlichen Druck«. Louis Betz, ein leidenschaftlicher Propagandist der »Volksauto«-Idee, verherrlichte Ford noch auf dem Höhepunkt der Wirtschaftskrise als »überragendes Genie«, das auch für Deutschland zum »überragenden Führer« werden könne: »Fords Pläne sind unsere Pläne. Fords Sieg ist unsere Rettung.« Dabei hatte derselbe Autor schon 1928 gewarnt, eine »blinde Nachahmung der amerikanischen Fließarbeitsmethoden in unseren deutschen Automobilverhältnissen« sei »vollständig unmöglich«. Für viele deutsche Ford-Enthusiasten war Ford eben noch viel mehr als das Fließbandsystem; er verkörperte die Überzeugung, daß es für alle Probleme eine technische Lösung gab, wenn man nur rücksichtslos entschlossen war.[77]

Wenn in der traditionell-deutschen Sicht, die auch in den zwanziger Jahren fortbestand, die USA das Land der Verschwendung und des hemdsärmeligen Pragmatismus, Deutschland dagegen das Land sparsamen Haushaltens und wissenschaftlicher Technik war, so gab es jetzt eine neuartige Rezeption der amerikanischen Produktionsmethoden: Taylor und Ford wirkten auf deutsche Bewunderer wie Synthesen des Germanischen und des Amerikanischen, indem sie den streng-ökonomischen Umgang mit den Produktionsfaktoren und die systematische Durchplanung des Produktionsprozesses zum Prinzip erhoben. Taylors Musterarbeiter war ein Pennsylvanien-Deutscher, dem er in den *Principles of Scientific Management* den Namen »Schmidt« gab. Massenproduktion und Präzision, zwei einander bis dahin widersprechende Ideale, schienen bei Ford zu einer technischen Einheit zu werden. Mit Taylors »wissenschaftlicher« Betriebsführung kehrte das Reizwort »wissenschaftlich«, das bis dahin in der Technik vor allem von Deutschland ausstrahlte, in amerikanischem Gewand wieder nach Deutschland zurück. Nur gelegentlich wurde bemerkt, daß es sich bei Taylor nicht um »Wissenschaft« im deutschen Sinne handelte; denn Taylors Methode, die optimale Arbeitstechnik zu ermitteln, bestand in der Beobachtung erfahrener und hochmotivierter Arbeiter, vor deren überliefertem Können und Wissen er hohen Respekt besaß. »Wissenschaft« besaß bei Taylor und bei Ford, und ebenso bei deutschen Wortführern der Rationalisierung, nicht zuletzt legitimatorische Funktion. Mit dem Hinweis auf »wissenschaftliche Methoden« begründete Ford, daß seine Maschinen »enger aufgestellt« seien »als in irgendeiner anderen Fabrik der Welt«.[78]

Auch die Berufung auf amerikanische Vorbilder hatte in Deutschland nach 1918, ebenso wie nach 1945, legitimatorischen Wert; denn nie wirkten die USA so faszinierend wie in den deutschen Nachkriegszeiten. Vor 1914 waren amerikanische Autoritäten in Deutschland nicht unbedingt ein Trumpf. Die Firmenleitung von Bosch mußte sich 1913 gegen den Vorwurf verteidigen, daß »bei Bosch Taylor Herr sei«; obwohl Bosch bis dahin bei den Gewerkschaften beliebter war als bei den Unternehmer-Kollegen, waren damals betriebliche Reorganisationen im tayloristischen Sinne Mitauslöser eines aufsehenerregenden Streiks. Nach 1918 dagegen hatte sich die allgemeine Stimmung gewandelt; auch bei SPD und Gewerkschaften. Taylor und Ford konnten nunmehr dazu herhalten, Reorganisationsmaßnahmen zu begründen, die in Wirklichkeit deutschen Ursprungs waren; denn Deutschland hatte um 1918 mehr als England und Frankreich bereits eigene Traditionen der Rationalisierung.[79] Die »Amerikanisierung« der zwanziger Jahre ist zu einem Gutteil als forcierte Weiterführung von Tendenzen zur Normung, typisierten Massenproduktion und »Großwirtschaft« zu interpretieren, die durch den Ersten Weltkrieg einen starken Auftrieb erhalten hatten, nach Kriegsende jedoch einer neuen Grundlage bedurften.

Die Normung stand von Anfang an im Zentrum dessen, was in deutschen Wirtschafts- und Technikerkreisen unter »Rationalisierung« gefaßt wurde. Die USA wurden stets als Vorbild für Normung und Typisierung angeführt; in Wirklichkeit jedoch bedeutete das nationale Normensystem, das der 1917 gegründete »Normenausschuß der Deutschen Industrie« aufbaute, damals eine international ungewöhnliche Verallgemeinerung des Normenprinzips. Ford selbst begnügte sich mit innerbetrieblicher Normung; überhaupt war ihm eine langfristige Festsetzung von Normen zuwider, und er warnte, es sei »erheblich leichter, eine falsche als eine richtige Norm aufzustellen«. Die Normung wurde in Deutschland oft wie ein Gebot simpler technischer Vernunft, ja sogar als »logisches Produkt des gemeinsamen menschlichen Dranges nach Ordnung« hingestellt, und bei dem klassischen Normungsfall der Schrauben und Gewinde war sie das auch; aber in vielen anderen Fällen beruhte die Festsetzung von Normen auf einer Willkür, die bestimmten Firmeninteressen zugutekam, andere Interessen dagegen durchkreuzte. Technische Neuerungen konnten durch Normen gehemmt, auch Exportchancen in Regionen, wo andere Normen üblich waren, beeinträchtigt werden. Vor allem solchen Branchen wie dem Maschinenbau, die in der Lage waren, ausländische Märkte zu beherrschen, verschaffte ein festes Normensystem Exportvorteile. Nach Kriegsende, als Normen den Unternehmen nicht mehr aufgezwungen werden konnten, sank die deutsche Industrie – aus der Sicht eines DIN-Anhängers – »wieder in ihre alten Eigenbröteleien zurück«. Rationalisierung bedeutete hier eine Reaktivierung der unter dem Druck des Krieges erreichten Ordnung. Aber noch um 1930 wurden DIN-Standards in der Industrie vielfach ignoriert; erst 1936, in der Zeit des Vierjahresplans, bekamen Normen durch das Reichswirtschaftsministerium verpflichtenden Charakter.[80]

Der Taylorismus diente in Deutschland wie auch in anderen europäischen Ländern teilweise als zeitgemäße Rechtfertigung einer schon älteren Tendenz zur Bürokratisierung der Betriebe und zur Verdrängung der »Meisterherrschaft« durch das expandierende Management. In Teilen der Elektro- und Maschinenindustrie wurden schon vor 1914 Zeitstudien vorgenommen: aber die »ganze Zeitstudienbewegung« hatte in Deutschland einen »sehr schlechten Ruf« und galt als Auswuchs amerikanischer Hetze und Jagd nach dem Dollar. Die Rezeption des »Fordismus« konnte in Deutschland an bereits vorhandene Traditionen der Reihen- und Serienfertigung anknüpfen, so in der Fahrrad- und Nähmaschinenbranche. In der Werkzeugmaschinen- und Autoindustrie bedeutete »Serie« eine sehr viel geringere Quantität als in den USA; aber das war von den deutschen Marktbedingungen her rational.[81]

Traf es zu, was manchmal hervorgehoben wurde: daß die Gedanken Taylors und Fords, überhaupt die ganze Rationalisierung in Deutschland eigentlich nichts Neues waren? Bei all dem Geschilderten handelt es sich jedoch in Deutschland vor 1914 um eher sporadische und schleichende Vorgänge, die nicht unbedingt an die große Glocke gehängt wurden. In den zwanziger Jahren dagegen präsentierten sich all diese Ansätze im Zeichen der Rationalisierung als ein gebündelter und systematisierter Gesamtprozeß und als Anwendung amerikanischer Erfolgsrezepte, und zwar sowohl für die Öffentlichkeit als auch für die Beschäftigten in den Betrieben. Der Nationalökonom Moritz Julius Bonn bemerkte 1928:

Früher pflegte der einzelne sein Unternehmen umzustellen, ohne daß man viel davon hörte, wenn es die Marktlage erforderte und wenn seine Vermögenslage es gestattete. Heute wird die Rationalisierung von Gruppen betrieben; man hört manchmal nur den Lärm und sieht wenig von der Rationalisierung.

Das Schlagwort »Rationalisierung« habe »breite Schichten des deutschen Volkes« in einen »Rausch der Begeisterung« zu versetzen vermocht. Die »Rationalisierung« bot bis zu einem gewissen Grade sogar die Grundlage für einen ideologischen Konsens zwischen Großindustrie und Gewerkschaften. In einer Zeit, in der die neue Technik immer mehr die Form eines alle Teile der Gesellschaft erreichenden Prozesses annahm, war dieses öffentliche Klima nicht unwichtig. Zeitstudien hatten nicht mehr in dem Maße wie früher etwas Anrüchiges, als sie seit 1924 von dem damals gegründeten REFA (Reichsausschuß für Arbeitszeitermittlung) als nationale Aufgabe mit einer Art von wissenschaftlicher Systematik betrieben wurden, womit – wie der REFA-Verband stolz verkündete – Deutschland sogar die USA übertraf. Die Ermittlung des gerechten Lohns wurde in der REFA-Lehre zu einem technischen Problem. Der Trend der Großindustrie zu amerikanischen Dimensionen, am Anfang des Jahrhunderts für einen Großteil der Öffentlichkeit eher ein Symptom von Megalomanie, wurde im Zeichen Fords zum Gebot technischer Rationalität.[82]

Die Technik selbst wurde dabei zur ideologischen Abstraktion. An der Rationalisierung wurde mit besonderer Vorliebe der technische Zug hervorgehoben; denn dieser war der populärste Teil der

Rationalisierung. So konnte die aus der Rückschau absonderlich wirkende Rollenverteilung entstehen, daß Gewerkschafter und selbst Kommunisten, die sonst am schärfsten den ausbeuterischen Charakter der Rationalisierung attackierten, den Unternehmern die Vernachlässigung der technischen Seite der Rationalisierung vorwarfen. In der Tat diente die Rationalisierung in der industriellen Praxis, vor allem in den ersten Jahren nach 1918, häufig als Methode, um die Produktivität *ohne* kostspielige Neuinvestitionen zu erhöhen: durch straffere Organisation, Sparmaßnahmen und Intensivierung der Arbeit. Preller sah in der Fixierung der Unternehmensleitungen auf bestimmte neue »technische Wunder« eher ein Kennzeichen der Vorkriegszeit, während die Entdeckung, daß auch der »Produktionsfaktor Mensch« einer »rationellen Durchgestaltung« wert war, die Nachkriegszeit charakterisierte. In der Weltwirtschaftskrise allerdings wurde darüber geklagt, daß die Rationalisierung doch zu einseitig technizistisch begriffen und zu sehr mit dem Fließband gleichgesetzt worden sei.[83]

Bei der Rationalisierungsbewegung der zwanziger Jahre führte die öffentliche Diskussion ein Eigenleben. Ähnlich wie bei den »neuen Technologien« der Gegenwart, deren Durchsetzung sich in ihrem geräuschvolleren Teil auf dem Wege über Politik und Öffentlichkeit vollzieht, ist es nicht immer leicht, hinter der Diskursgeschichte die reale Geschichte zu identifizieren. Was bedeuteten »Rationalisierung«, »Taylorismus«, »Fließarbeit« in der Praxis? Das Taylor-System dürfte in voller Konsequenz – als Planung und Festlegung jedes Arbeitsschrittes und Arbeitsvorgangs durch entsprechende Büros – nur selten praktiziert worden sein, in Deutschland ebenso wie in den USA. Überall dort, wo Kleinserien und vielfältige Produktionsprogramme vorherrschten, hatte eine rigide Trennung von Planung und Ausführung keinen Sinn. Auch nach Einführung der REFA-Studien blieb die Festlegung des Arbeitsablaufes vielfach Sache des Meisters. Noch in den fünfziger Jahren wird darüber geklagt, »sehr viele REFA-Männer« gingen davon aus, daß der Arbeitsvorgang in der vorgefundenen Form »vollkommen« sei, und in »vielen« Betrieben werde »die Arbeitsfolge und die Arbeitsweise den Arbeitenden« selbst überlassen, so daß sich ein gewisser »Stil« der Arbeit herausbildete, der sehr zählebig sei. Eine auf Beobachtungen der Praxis in einem breiten Branchenspektrum gestützte Fertigungslehre (1946) erkennt ein dialektisches Hin und Her bei der Außenkontrolle der Industriearbeit:

Wohl allgemein ist man heute im Gegensatz zu Taylor der Ansicht, daß die Arbeitsverteilung grundsätzlich Sache des Meisters ist. ... Auf eine Zeit, indem man dem Meister zuviel aufhalste, folgte eine Zeit, in der man ihm überhaupt keinen Einfluß und damit auch keine Autorität gab. Heute bemüht man sich, ihn wieder in seine natürlichen Rechte einzusetzen.[84]

Was »Rationalisierung« konkret und vorrangig bedeutete, war im übrigen von Branche zu Branche verschieden. In der Schwerindustrie stand nach 1918 die Wärmewirtschaft und der durch den Hochofen- und Kokereigasnutzung erforderte technische Verbund an erster Stelle. Rationalisierung in der Chemie bedeutete, wie der Enquete-Ausschuß des Reichstages feststellte, vor allem »Rationalisierung der Unternehmensstrukturen«, und zwar an erster Stelle durch Konzentration. In der Firma Bosch, wo die Art der Produkte schon vor 1914 Formen der Serienproduktion ermöglichte, bedeutete Rationalisierung Fließfertigung, aber keine durchgängige Fließbandarbeit und keine systematische Mechanisierung bisheriger Handarbeit; das hätte der Fertigung rasch wechselnder Kleinserien bei den Zündern, die durch die Veränderung der Automodelle erzwungen wurde, widersprochen. Am bemerkenswertesten war bei dieser Rationalisierung die Raumersparnis von 70 %. Bei den deutschen Werkzeugmaschinen kam, wie 1932 festgestellt wurde, die »Sondermaschine der höchsten Entwicklungsstufe«, die auf einen einzigen Produktionsgang und ein einziges Produkt spezialisiert war und dem Ideal des perfekten »Fordismus« entsprach, nur selten vor, da sie eine flexible Produktvielfalt nicht zuließ.[85]

Ein erstes Fließband wurde schon 1905 in der Bahlsen-Keksfabrik in Hannover eingesetzt; aber zu einem technisch umwälzenden Vorgang wurde die Einführung des Fließbandes erst bei der Herstellung hochkomplexer Produkte, wo die Bandarbeit ein entwickeltes Werkstattsystem durchbrach und die Kombination einer großen Zahl von Spezialmaschinen erforderte. Besonders aufwendig und aufsehenerregend war das Fließband daher – von der Anfangszeit bis in die Gegenwart – in der Autobranche, wo die Herstellung und Montage von Tausenden von Einzelteilen als ineinandergreifende Sequenz organisiert werden mußte. Nirgends jedoch war im Deutschland der Zwischenkriegszeit – trotz der Begeisterung für Ford – die Einführung des Fließbandes so schwierig und umstritten wie dort. Der Eigenwille der Konstrukteure, die Enge des Marktes und die Ansprüche der damaligen deutschen Kundschaft, die durch ein uniformes Massenprodukt schwer zu befriedigen schienen, wirkten zusammen. Oder bildeten sich die an ihre schweren Wagen und wohlhabenden Käufer gewöhnten Automobilproduzenten nur ein, daß in Deutschland der Markt für ein leichtes und billiges Massenprodukt fehle; waren sie nicht kühn und erfinderisch genug, um einen solchen Markt zu schaffen? Das war die große Frage, die in den zwanziger Jahren unbeantwortet blieb.

Die Firma Daimler, die nach 1918 sogenannte Gruppenfabrikation als eine Vorstufe der Fließfertigung einzuführen begann, baute noch 1921 im ganzen Jahr nicht soviele Autos wie Ford damals an einem einzigen Tag. Der Vorstoß des Börsianers Jakob Schapiro, der 1924 40% des Daimler-Aktienkapitals unter seine Kontrolle brachte und die Firmenleitung öffentlich zur Umstellung auf Fließband- und Massenproduktion aufforderte, wurde mit Hilfe der Deutschen Bank abgewehrt und von völkischen Nationalisten als jüdisches Ränkespiel gebrandmarkt. Auch die Fusion von Daimler und Benz (1926) war mit keiner Typenreduktion verbunden; eher wurde die Produktpalette noch verbreitert. Selbst die »Auto-Union«, zu der sich 1932 vier sächsische Automobilproduzenten zusammenschlossen, verzichtete auf eine drastische Reduzierung der Typenvielfalt.

Besonders früh führte die Firma Opel das Fließband (im Werksjargon: »Jazz-Band«) ein, die schon bei der Massenfertigung von Fahrrädern Erfahrungen mit der Fließarbeit gewonnen hatte und – im besetzten Rheinland gelegen – sich sogleich nach 1918 ohne Zollschutz gegen die französische und amerikanische Konkurrenz zu behaupten hatte. Dennoch geschah entgegen dem in der Öffentlichkeit bestehenden Eindruck die Autoproduktion in den zwanziger Jahren nie auf einem kontinuierlich durchlaufenden Band; sondern es gab eine Vielzahl von Einzelbändern, deren Tempo vom Vorarbeiter eingestellt wurde. Die erhöhte Produktionskapazität war nie auch nur annähernd ausgelastet; die von Monat zu Monat stark schwankende Produktion widersprach dem gleichmäßigen Produktionsfluß, auf den das Fließband abzielte. Die Fertigung austauschbarer Einzelteile wurde bei Opel in den zwanziger Jahren nicht eingeführt; bei der »Passung« war qualifizierte Facharbeit nach wie vor nicht zu entbehren. Da die Löhne bei Automobilen nur ein Zehntel der Herstellungskosten ausmachten, war der Ansporn, bei der Montage Fachkräfte einzusparen, nicht groß. Noch in der bundesdeutschen Automobilindustrie der fünfziger Jahre wurde die Austauschbarkeit der Teile durch qualifizierte Schleifer bewerkstelligt; erst in den sechziger Jahren wurde das Fordsche Mechanisierungsniveau erreicht.[86]

Wenn auch die Betriebsleiter und Ingenieure, die die Fließarbeit einführten, in den zwanziger Jahren als erstes nach Amerika zu pilgern pflegten, gehörten doch Hinweise auf die Notwendigkeit, amerikanische Rationalisierungsvorbilder den deutschen Verhältnissen anzupassen, von Anfang an zum festen Repertoire der einschlägigen Publizistik. Besonders in der deutschen Automobilindustrie bestand aller Anlaß dazu, die durch den deutschen Markt bedingte Notwendigkeit der Beschränkung auf Kleinserien zu betonen; denn die Faszination Fords bedeutete für diese Branche einen ständigen Vorwurf. Aber wenn noch 1915 der Daimler-Direktor Berge von einem »deutschen System« der Automobilproduktion gesprochen hatte, das der amerikanischen Massen- und Billigproduktion überlegen sei, war dieses Selbstbewußtsein in den zwanziger Jahren trotz der forsch nationalen Töne der deutschen Automobilpropaganda stark angeschlagen: Die deutsche Kleinserienproduktion galt mehr und mehr als unvollkommene Variante des Fordismus, die einem ärmeren Land entsprach, wo das Auto noch ein Privileg der oberen Schichten war. Mochte in konservativen Kreisen noch die alte Devise »Qualität gegen Quantität« oder ihre neuere Variante »Klasse statt Masse« ziehen, so fehlten doch progressive Konzepte einer Motorisierung ohne Massenproduktion nach Fordscher Methode. Selbst das Ende des Fordschen T-Modells (1927) wurde im allgemeinen nicht als Hinweis auf prinzipielle Schwächen der starren Großserienfertigung wahrgenommen. Nur Ford selbst vollzog in der Folge eine Wende zur Nostalgie, zu »europäischen« Vorbildern und zum Lob der Dezentralisierung und der »neuen Handwerkskunst«.[87]

Bei einem durchgängigen Fließbandsystem hatte der Arbeiter kaum noch einen direkten positiven Einfluß auf seine Leistung, sondern konnte nur durch langsameres Arbeiten den Produktionsfluß stören; eine leistungsorientierte Lohndifferenzierung war unter solchen Umständen kaum möglich. Das Reichsarbeitsgericht entschied 1928, daß bei Arbeit am automatisch laufenden Band nur der Zeitlohn zulässig sei. Aber so konsequent wurde das Fließsystem in der Regel nicht durchgeführt; eine »Krise des Leistungslohns« bestand zumindest von der Technik des Produktionsprozesses her nur vorübergehend, und die Prognose, daß die Entwicklung der Fertigungstechniken den individuellen oder gruppenbezogenen Leistungslohn auf die Dauer unterlaufen werde, war noch in den siebziger Jahren nicht in Erfüllung gegangen.[88]

Rein technisch betrachtet, hätte die Rationalisierung – wie eine Studie des Deutschen Metallarbeiterverbandes 1932 bemerkte – die Unfallhäufigkeit deutlich senken müssen: durch die auch äußerlich erhöhte Ordnung in den Werkshallen, die Mechanisierung des Transports, der bis dahin einer der schlimmsten Unfallbereiche war, und die Ersetzung der gefährlichen Transmissionsriemen durch den elektrischen Einzelantrieb. Die Wirklichkeit sah jedoch vielfach anders aus; gerade in der Eisenwaren-, Maschinen- und Fahrzeugindustrie führte die Rationalisierung in der zweiten Hälfte der zwanziger Jahre zu einem markanten Anstieg der Unfallfrequenz. Bei der Firma Bosch, die vor 1914 auf ihre niedrige Unfallrate verweisen konnte, stieg die Unfallhäufigkeit bis 1928, als das »Boschtempo« sprichwörtlich geworden war, auf das 25fache (jährlich 68 Verletzte pro 1000 Beschäftigte gegenüber einem Durchschnitt von 2,76 in den Jahren von 1909 bis 1918)! In der Konfektions- und Wäscheindustrie beseitigte der elektrische Nähmaschinenantrieb zwar das »Trampeln«, das bei den Arbeiterinnen zu Unterleibserkrankungen geführt hatte; aber die zugleich erhöhte Tourenzahl verschlechterte den Gesundheitszustand in den »rationalisierten« Betrieben. Spätestens seit den zwanziger Jahren wurde die Nervosität, die einst als typisches Leiden sensibler Frauen der oberen Schichten gegolten hatte, auch unter Arbeitern und Angestellten als Massenerscheinung registriert.[89] Die Rationalisierung war in der Praxis eben kein »sauberer«, von höherer Vernunft geleiteter Prozeß; die Vorzüge der klareren Ordnung wurden durch größere Enge und höheres Arbeitstempo überkompensiert.

In der deutschen Rationalisierungsliteratur wurde immer wieder betont, daß es sich bei »Fließarbeit« um ein vielstufiges und anpassungsfähiges Gebilde handele, das nicht unbedingt mit dem Fließband und der Neubeschaffung hochspezialisierter Maschinen gleichzusetzen sei, sondern im Gegenteil durch Beschleunigung des Kapitalumschlags Einsparungen bewirken könne. Unter deutschen Bedingungen – so schließt ein 1926 erschienenes Buch zur Fließarbeit – solle »zunächst ... das Prinzip der Fließarbeit auf ein geistiges Band übertragen werden, um mit billigen organisatorischen Maßnahmen zuerst einen Teilerfolg – Erhöhung der Arbeitsgeschwindigkeit, Verringerung des Kapitalbedarfs und der Herstellungskosten – zu erzielen«.[90] Aber die vollkommene Fließarbeit blieb eben doch das Ideal; und in der Weltwirtschaftskrise stellte sich heraus, daß die Umstellung auf kapitalaufwendige Formen der Fließfertigung in einem die deutschen Absatzmöglichkeiten weit übersteigenden Maße betrieben worden war. Wenn die Fließfertigung konsequent mechanisiert wurde, entstand eine technologische Kettenreaktion mit immer neuen Investitionsanreizen. Der Nationalökonom Eugen Schmalenbach, damals Gutachter bei zahlreichen Rationalisierungsvorhaben, bemerkte 1928:

In unzähligen Generalversammlungen hört man die Verwaltung vortragen, der Betrieb arbeite heute noch nicht voll befriedigend; aber wenn noch einige Maschinen angeschafft und sonstige Erweiterungen vorgenommen würden, dann werde der Betrieb rentabel. Aber da andere Betriebe der gleichen Branche das gleiche tun, rationalisieren sich die Industriezweige automatisch in eine übergroße Kapazität hinein.[91]

Das Problem wurde also schon vor der Weltwirtschaftskrise gesehen; aber es fehlte vielfach die Einsicht, daß die Kombination von Handarbeit und Mechanisierung, von Werkstatt und begrenzter Fließfertigung nicht nur ein unvollkommener und provisorischer Kompromiß, sondern eine optimale Produktionsweise eigener Art sein kann. Obwohl sich die Praxis in vielen deutschen Betrieben immer durch ein hohes Maß an Flexibilität auszeichnete, lernte man erst in den achtziger Jahren, aus dieser Flexibilität ein System mit eigenen Optimierungsweisen zu machen; viel starres Hierarchie- und Ordnungsdenken mußte bis zu dieser Einsicht überwunden werden. Die eigentlich banale Einsicht, daß es nicht darauf ankommt, möglichst schnell möglichst viel zu produzieren, sondern darauf, das Richtige zur rechten Zeit fertigzustellen, wurde als »Just-in-time-Philosophie« zur neuen japanischen Offenbarung.

Wenn früher von Industrieseite betont wurde, daß Deutschland nicht Amerika sei und das Taylor- oder Ford-System nicht komplett übernommen werden könne, so bedeutete das im Klartext stets an erster Stelle, daß amerikanische Höchstlöhne deutschen Unternehmern keinesfalls zugemutet werden könnten. Als Ford 1926 sein erstes Montagefließband in Berlin installierte, bot er einen Stundenlohn von 3 Reichsmark, für den damals in Deutschland sogar Ingenieure ans Band gingen. Nicht zuletzt deshalb, weil deutsche Industrielle die Fordschen Löhne nicht zahlen wollten und konnten, warf man Ford und Taylor vor, daß diese den Arbeiter mit nacktem Materialismus köderten, ohne sich darum zu kümmern, wie die Arbeit in sich befriedigend zu gestalten sei. Eben die Löhne waren auch der Grund, weshalb führende deutsche Gewerkschaften sich für den Fordismus begeisterten, obwohl Fords scharf ablehnende Haltung gegenüber den Gewerkschaften bekannt sein mußte. Das Ford-Buch *Mein Leben und Werk* enthielt Kernsätze wie diesen: »Die Lohnfrage schafft neun Zehntel der psychischen Fragen aus der Welt, und die Konstruktionstechnik löst die übrigen.«

Auf die Vernachlässigung jeglicher Psychologie zielte ein Standardvorwurf der deutschen Literatur gegen die Taylorsche Reglementierung der Arbeit und das Fordsche Fließband. »Psychotechnik« wurde am Ende des Ersten Weltkrieges zu einem typischen Schlagwort der deutschen Rationalisierungsbewegung. Ein »Institut für Psychotechnik« wurde 1918 in Charlottenburg von Georg Schlesinger gegründet, der durch die kriegsbedingte Arbeit an einer wissenschaftlichen Prothesentechnik verstärkt auf die technischen Aspekte des Menschen gelenkt worden war. »Psychotechnik« – schon der Begriff ein Indiz für den damaligen Reizwert von »Technik« – meinte vor allem die Entwicklung von Eignungstests, die den spezifischen Anforderungen bestimmter Arbeitsgänge entsprachen. Ein weiteres Hauptinteresse der entstehenden Arbeitspsychologie galt den Ermüdungserscheinungen: auch diese ein blinder Fleck des Taylorismus und Fordismus.[92]

Die deutschen Wortführer der Rationalisierung wehrten die in den Lehren Taylors und Fords enthaltene Tendenz zur Abwertung des gelernten Facharbeiters zum Teil ausdrücklich ab. Die deutsche Tradition der Hochschätzung qualifizierter Arbeit wurde in der Rationalisierungsbewegung zumindest verbal gewahrt. Das 1925 von der Schwerindustrie gegründete »Dinta« (Deutsches Institut für technische Arbeitsschulung), das eine den Anforderungen schwerindustrieller Rationalisierung entsprechende Schulung und »Persönlichkeitsbildung« einer Elite von Jungarbeitern betrieb, verband diese mit einer romantisch getönten Indoktrination im Sinne der »Werksgemeinschaft« und wurde zu einem Modell nationalsozialistischer Arbeiterbildungspolitik.[93]

Dennoch wäre es nicht richtig, in dem von Teilen der Rationalisierungspublizistik proklamierten »Kampf um die Arbeitsfreude« lediglich ein ideologisches Manöver zu sehen, das von der Lohnfrage ablenken sollte. Unter den Bedingungen flexibler Kleinserien- und Einzelstückproduktion bestand tatsächlich ein viel größerer Bedarf nach einem Facharbeiterstamm, der sich mit seiner Arbeit identifizierte, als bei der Fordschen Produktionsweise, die eine enorme Fluktuation der Beschäftigten vertrug. Einen dequalifizierenden Effekt der Rationalisierung bekamen in der deutschen Industrie zwar manche traditionell vielseitigen und handwerklich geprägten Berufe wie der des Drehers empfindlich zu spüren, aber insgesamt gesehen war die dequalifizierende Wirkung der Rationalisierungsvorgänge in den zwanziger Jahren nicht sehr deutlich.[94] Die Rationalisierung begünstigte teilweise das Emporkommen der neuen Facharbeiter-Eliten, die auch die Meinungsbildung in den Gewerkschaftsführungen stark beeinflußten: Auch dies erklärt die Rationalisierungsfreundlichkeit der Gewerkschaften. Selbst für Akkordarbeiter, die nach möglichst hohem Verdienst strebten, war ein begrenztes Maß an Fließarbeit von Nutzen; denn der Arbeitsfluß verringerte das Warten und Herumstehen, das zum Alltag des Werkstattsystems gehörte und Lohnabzüge kostete.[95]

Der deutsche »Kampf um die Arbeitsfreude« besaß jedoch keine Grundlage in einem alternativen Konzept des technischen Fortschritts, das dem Ideal der vollmechanisierten Massenproduktion hätte entgegengestellt werden können; und diese Perspektivlosigkeit trübte die Arbeitsfreude auch dort, wo relativ autonome Formen von Facharbeit noch bestanden. Die traditionsreiche Solinger Schneidwarenindustrie erlebte in den zwanziger Jahren eine neue Blüte, gerade dank ihres reichhaltigen Sortiments; dennoch erwarteten die Solinger Schleifer den Untergang ihres Gewerbes. In der Weltwirtschaftskrise verfluchten viele Arbeitslose die Maschinen, die Menschen brotlos machten; bürgerliche und sozialistische Ökonomen lehrten jedoch, nicht die Rationalisierung als solche, sondern die inkonsequente oder falsch verstandene Rationalisierung (»Fehlrationalisierung«) sei schuld an der Krise. Nur am Rande der Ökonomie tauchte der Gedanke an eine technisch bedingte Dauerarbeitslosigkeit auf, so bei Emil Lederer, der 1931 »die gesellschaftliche Zügelung der technischen Entwicklung zu einer Lebensfrage der europäischen Nationen« erklärte. Später, im amerikanischen Exil, hielt er sich von solcher Konsequenz zurück.

Der Ausweg aus dem Grunddilemma einer Rationalisierung nach amerikanischem Vorbild, aber unter viel beschränkteren Verhältnissen konnte statt dessen in der politischen Schaffung eines den großen Produktionssystemen angepaßten Großraums gesucht werden. Ernst von Streeruwitz, der Gründer und Leiter des Österreichischen »Kuratoriums für Wirtschaftlichkeit« und zeitweilige österreichische Bundeskanzler, veröffentlichte 1931 ein 540-Seiten-Opus *Rationalisierung und Weltwirtschaft*, in dem er eine Neuverteilung des »Lebensraumes auf der ganzen Erde« als »ganz große und echte Rationalisierung« verkündete.[96] Nicht ohne gedankliche Konsequenz wurde hier die Forderung nach Expansion zur *ultima ratio* der in die Enge geratenen Rationalisierung.

Gab es auch eine prinzipielle Kritik an dem Weltbild der »Rationalisierung«? Ernst Poensgen, der stellvertretende Generaldirektor des Stahlvereins, der sich mit seinen Rationalisierungsmaßnahmen schwer übernommen hatte, fuhr 1931 bei der bloßen Erwähnung des Wortes Wissenschaft auf:

Laßt mich mit der Wissenschaft in Ruhe! Wir sind mit der Wissenschaft gefüttert und überfüttert worden, wissenschaftliche Technik, wissenschaftliche Betriebsführung, wissenschaftliche Materialkunde, wissenschaftliche Marktforschung, wissenschaftliche Bilanzierung, und so weiter, und so fort. Und wohin hat all diese Wissenschaft uns gebracht?

Die Weltwirtschaftskrise bestärkte die Erfahrung, daß die betriebliche Strategie zuerst und vor allem nicht auf höchste Perfektion des Produktionssystems, sondern auf flexibles Wechselspiel mit dem Markt orientiert sein muß. Dieser Pragmatismus wurde in Westdeutschland nach 1945 die herrschende Einstellung. Es war der Gegenpol zu der produktivistischen Aversion gegen den Handel, die in der geradezu angeekelten Bemerkung Rathenaus über den Zustand, wo »Zehntausende von kräftigen Männern in einer Großstadt hinter Ladentischen lauern«, zum Ausdruck kommt. Der NS-Staat, der den Rathenau-Mördern ein Denkmal setzte, gab dem durch die Krise erschütterten Produktivismus neue Sicherheit.[97] Auch der Nationalsozialismus mit seiner Irrationalität steht in der Nachfolge der Rationalisierung.

## 5. Energetischer Imperativ, Ökonomie der Gichtgase und Großtechnik

Die Rationalisierung befand sich in Deutschland von Anfang an in einer Konstellation, bei der industrielle *Economies of Scale*, politische Strukturen und technische Gruppenmentalitäten zusammenwirkten. Rationalisierung im Sinne eines möglichst effektiven Umgangs mit den Produktionsfaktoren war daher in der historischen Wirklichkeit kaum zu trennen von wirtschaftlicher Konzentration, Zentralisierung der Energieversorgung und Großtechnik. Im frühen 20. Jahrhundert wurden dabei Größenordnungen erreicht, die einen deutlichen Sprung über die Dimensionen des späten 19. Jahrhunderts bedeuteten. Wenn dieser Drang zur Größe nicht unbedingt einer rein technischen Logik folgte, so entsprach er doch – wie Riedler emphatisch betonte – den Interessen der Ingenieure, die um den Sturz der »Meisterherrschaft« in den Betrieben kämpften. In der »Großwirtschaft«, so Riedler 1916 – der die neuen Kraftwerkszentralen vor Augen hatte –, werde »alles Wesentliche ... Ingenieurarbeit«, nämlich »durch die Vertiefung der geteilten Arbeit und auch die großzügige Organisation des Fortschritts«:

> Der Ingenieurtätigkeit bietet sich in der Großwirtschaft eine fast unbegrenzte Ausdehnung wegen der Vielfältigkeit der Anwendungen, wegen der beständig notwendigen Neugestaltungen und zu überwindenden Schwierigkeiten, die mit den überlieferten Teilerfahrungen nicht beherrschbar sind.

Die Worte fielen bereits in die Kriegszeit, als das Pathos der Größe ohnehin in der Luft lag und der Zwang zum Ressourcensparen sich wie von selbst mit Großorganisation und Großtechnik verband. Aber diese Konstellation war nicht erst durch den Krieg entstanden; sie wurde durch diesen nur stabilisiert.

Wieder erscheint die Zeit um die Jahrhundertwende und danach als formative Phase. Die Erkenntnis, daß in Industrie und Leben letztlich alles Energie sei und alle Kunst darin bestehe, mit dieser hauszuhalten, überkam den Chemiker Wilhelm Ostwald an einem Frühlingsmorgen der neunziger Jahre wie »ein wahres Pfingsten, eine Ausgießung des Geistes«. Mit Recht ging er davon aus, daß die volle Konsequenz des Entropiesatzes, der die Abnahme der nutzbaren Energie bei allen Energieumwandlungsprozessen bedeutete, noch gar nicht begriffen worden sei. Sein »energetischer Imperativ« wirkte auf die Zeitgenossen zunächst absonderlich, wurde jedoch später zum geflügelten Wort. Selbst Taylor berief sich auf ihn; denn Ostwald, der durch einen eigenen Zusammenbruch darin bestärkt wurde, seine Mission in der »Energetik« zu suchen, wollte die Lehre vom sparsamen Energiehaushalt auch auf den Menschen anwenden.[98] Der philosophische Zug seiner Lehre beruhte darauf, daß er den physikalischen Energiebegriff mit dem anderen, schon älteren Begriff der »Energie« als menschlicher Tatkraft verband.

Um 1900, als zeitweise ein »Kohlennot«-Alarm aufkam, fand die »Energetik« eine wachsende Resonanz. Hatte bis dahin die Funktionstüchtigkeit der Maschinen die hauptsächliche Aufmerksamkeit der Techniker auf sich gezogen, rückte in der Folgezeit der optimale Wirkungsgrad in den Mittelpunkt. Noch in den neunziger Jahren wurden in den Berg- und Hüttenwerken vier Fünftel oder noch mehr der erzeugten Energie vergeudet, und dieser »elende Zustand«, so Riedler, war den meisten Betriebsleitern nicht einmal bekannt; auch die meisten anderen Betriebe wußten nichts von ihren spezifischen Energiekosten. Steigende Kohlepreise, wachsende Konkurrenz und Fortschritte der Ingenieurwissenschaften bewirkten eine veränderte Einstellung, und dies nicht nur gegenüber der Antriebs- und Wärmeenergie. Fritz Neuhaus, Generaldirektor der Borsigwerke und ein Vorkämpfer von Normung und Taylorismus, verkündete auf der VDI-Hauptversammlung 1913, diejenige Nation, »welche mit ihren Schätzen und Kräften am meisten« haushalte und diese »auf den höchsten Wirkungsgrad« bringe, werde »vor anderen einen weiten Vorsprung gewinnen«. »In Wirkungsgraden denken« – so noch 1931 der österreichische Sozialist Otto Bauer –, das sei die »Losung der Zeit«. Die »energetische Denkweise« kennzeichne das »Zeitalter der Fernkraftwerke und der Hochspannungsleitungen, des Hochdruckdampfes und der Riesenturbinen, der Verbrennungskraftmaschinen und der Wärmewirtschaft«. Technokratische Lehren gipfelten in der Forderung nach einer »Energie-Währung«.[99]

Unmittelbar nach dem Krieg lag das Schwergewicht der Rationalisierung ganz auf der Sparsamkeit, vor allem auf dem sparsamen Umgang mit der Steinkohle, die durch die Reparationsverpflichtungen und die Verluste im Saargebiet und in Oberschlesien knapp geworden war. »Wärmewirtschaft« war die Parole, die sich damals

– so ein Vortragsredner vor der neugegründeten Vereinigung der Deutschen Dampfkessel- und Apparateindustrie – »gewissermaßen in die Volksseele« senkte. Anfang 1920 gründeten der VDI, die Vereinigung der Elektrizitätswerke und der Verein deutscher Eisenhüttenleute gemeinsam die Hauptstelle für Wärmewirtschaft, die sich der Verbreitung technischer Kenntnisse zur »besseren Nutzbarmachung der Brennstoffe« vor allem in der Schwerindustrie, aber auch in anderen Industriezweigen widmete. »Wärmestellen« entstanden damals auch innerhalb der Industriebetriebe. Mehrere teils parallele, teils konkurrierende Auswege aus der Knappheit zeichneten sich ab: in Süddeutschland eine großtechnische Erschließung der Wasserkraft, der »weißen Kohle« – im Norden registrierte man kritisch einen »Wasserkrafttaumel« –, in Sachsen und im linken Niederrheingebiet der großtechnische Braunkohle-Tagebau, an der Ruhr die bessere Nutzung minderer Kohlequalitäten und der Hochofen- und Kokereigase und überall die Verbesserung des thermischen Wirkungsgrades in den technischen Anlagen. Walther Rathenau bemerkte 1920 mit betonter Schärfe:

Wir haben geglaubt, daß unser technischer Stand der Maschinen, unserer Kraft- und Arbeitsmaschinen kaum zu übertreffen wäre, und doch, wenn Sie im Lande umherfahren, werden Sie Kraftmaschinen finden, die einen solchen Mangel an Ökonomie aufweisen, daß man häufigere Benutzung einfach als verbrecherisch bezeichnen muß...[100]

Die Verbesserung der Wärmeökonomie war, konsequent in alle Richtungen verfolgt, ein unendlicher Prozeß. 1925, als Kohleknappheit kein Problem mehr war, wurde »ziemlich scharf« zwischen einer »niedrigen« und einer »hohen Schule« der Wärmewirtschaft unterschieden und von der letzteren gesagt: »Der Wärmeingenieur soll nicht nur Kalorienfänger sein, sondern über die nächsten Grenzen seines Gebietes hinaussehen, da hier mitunter viel mehr zu holen ist, als durch die Brennstoffersparnis.« Dabei war vor allem an die »gekoppelten Prozesse«, an die Nutzung bisheriger Abwärme und Abgase, gedacht. Christoph Eberle, der Leiter der Hauptstelle für Wärmewirtschaft, verkündete 1925: »Es gibt kaum eine Zeit in unserer Wärmetechnik, die reicher war an neuen Möglichkeiten als die heutige.« Man erkennt, wie sich um die Wärmewirtschaft herum zeitweise eine technische *Community* ausbildete, wie sich aber das Ziel von der eigentlichen Sparsamkeit zur expansiven Steigerung des Wirkungsgrades verschob. Eine wirklich auf Ersparnis gerichtete Produktivitätssteigerung hätte sich auf solche technische Strategien beschränken müssen, die nicht zugleich eine Vergrößerung der Produktionskomplexe erforderten; unter den damaligen Bedingungen jedoch geriet die Wärmewirtschaft in den Sog der *Economies of Scale.* Ihr Hauptträger war ja die Schwerindustrie; im übrigen war ab 1924 nicht mehr Kohlennot, sondern ein Überangebot der Kohle das Problem, und überdies setzte damals der große Zustrom der amerikanischen Kredite ein.[101]

Rein technisch gesehen, besteht tatsächlich ein fließender Übergang zwischen Spar- und Vergrößerungsmaßnahmen; denn die Wärmeverluste lassen sich durch Vergrößerung der Dampfkessel, Erhöhung des Drucks und Kombination mehrerer Produktionsprozesse vermindern. Der gesamte Vorgang zeigt daher exemplarisch die Problematik des rein technisch begriffenen und mit industriellen Ambitionen verknüpften Ressourcensparens; ähnliches wiederholte sich mehrmals in der Geschichte. Im späten 18. und frühen 19. Jahrhundert gingen die jahrhundertelangen Holzsparbemühungen über in eine Art der Steigerung des Wirkungsgrades, die an eine Vergrößerung der Produktionsanlagen geknüpft war. In den dreißiger Jahren trug die nationalsozialistische Autarkiepolitik, von wirklicher Selbstgenügsamkeit weit entfernt, dazu bei, den Expansionsdruck zu verstärken. Nach dem Zweiten Weltkrieg wurde das Kohlesparen erneut zum technischen und ökonomischen Leitmotiv, und wieder läßt sich verfolgen, wie das Sparen in expansive Strategien mündet: damals allerdings stärker marktorientiert und ohne die gesamte Begleitmusik jener Rationalisierung, die nach 1918 in der Atmosphäre lag. Der »energetische Imperativ« war eine bloße Maxime für Zeiten der Not; der Gedanke, daß nicht wachsender Energieverbrauch, sondern sparsamer Umgang mit Energie ein Zeichen von Fortschritt sein könne, war für die meisten noch aus der Welt. Selbst ein so kritischer Kopf wie Kurt Pritzkoleit zeigte sich darüber erschrocken, daß 1950 in der Bundesrepublik pro Einwohner 3% weniger Primärenergie verbraucht wurde als in der DDR.[102]

Die Situation nach dem Zweiten Weltkrieg gab manche Gelegenheit, an die erste Nachkriegszeit zu erinnern, zumal die Leitmotive der Wärmewirtschaft zum Teil noch die gleichen waren. Ein Rückblick von 1949 bemerkt, das »Schlagwort der Kraftwerkingenieure« nach dem Ersten Weltkrieg habe zunächst gelautet

»Kupplung von Kraft- und Wärmewirtschaft«, dann »Hochdruckdampf« und schließlich »Einsatz geringwertiger Brennstoffe«. Die Kraft-Wärme-Kopplung kollidierte, wenn sie die Firmengrenzen überschritt, mit den regionalen Monopolbestrebungen der Energieversorgungsunternehmen, der Übergang zu höheren Drücken stieß auf Sicherheitsgrenzen, während die Kohlenstaubfeuerung auf die Ingenieure eine anhaltende Faszination ausübte. In der ersten Zeit nach 1918, als die Aufmerksamkeit sich mehr auf die Menschen als auf großtechnische Projekte richtete, war viel von einer verbesserten Ausbildung der Heizer die Rede; bei den 1924 für die »Großfeuerung« diskutierten Innovationen war dagegen »die Kunst des Heizers durch die des Ingenieurs ersetzt«. Die Feuerungsingenieure verbanden den technischen Fortschritt im allgemeinen – wie aus späterer Rückschau kritisch vermerkt wurde – mit dem Übergang zu größeren Einheiten, ohne die Probleme des *upscaling* voll zu überblicken. »Billige kleine Verbrennungsräume« galten damals als ein »amerikanischer Weg«, den man weniger schätzte. In der NS-Zeit begrenzte man jedoch mit Blick auf den Krieg die Kapazität der einzelnen Turbinenblöcke auf maximal 85 MW, während amerikanische Kraftwerke schon über 200 MW gingen.[103]

Kohlenstaub war bis dahin minderwertiger Brennstoff, dessen Verfeuerung mit den damaligen Feuerungsanlagen in den Städten aus Umweltgründen untersagt wurde. Als die Kohlefeuerung jedoch mit der Gas- und Ölfeuerung konkurrieren mußte, war es der Kohlenstaub, der eine ähnlich perfekte Feuerungstechnik versprach: mit mechanischer Beschickung, beliebiger Regulierbarkeit und nahezu vollständiger Verbrennung. Einem Urteil von 1924 zufolge hatte die Industrie bis dahin »wohl keiner feuerungstechnischen Frage ... so viel geistige Hingabe und materielle Opfer gewidmet, wie der Frage der Kohlenstaubfeuerungen«. Der »erstaunliche Siegeszug der Staubfeuerung durch die amerikanischen Kraftwerke« in der ersten Hälfte der zwanziger Jahre faszinierte viele deutsche Ingenieure; er wurde aber mit höheren Kapital- und Betriebskosten und zunächst auch mit erhöhter Umweltbelastung erkauft. Der überraschend gewaltige Flugaschenauswurf eines 1929 bei Herne in Betrieb genommenen Kohlenstaubkraftwerks wurde ein »Schlüsselerlebnis« für die gesamte Energiewirtschaft. Außerdem stellte sich heraus, daß die Kohlenstaubfeuerung größere Brennräume und verbesserte Kühleinrichtungen erforderte.

Ob diese Feuerungstechnik, mochte sie auch vom thermischen Wirkungsgrad her optimal sein, tatsächlich die Gesamtökonomie verbesserte, wurde zweifelhaft, und es gab einen Pendelrückschlag zur Rostfeuerung.[104]

Noch faszinierender als die Kohlenstaubfeuerung waren von Anfang an Kohleverflüssigung und Kohlevergasung; Gas fiel bisher ja nur als Nebenprodukt bei der Verfeuerung und Verkokung der Kohle an. Lenin bezeichnete 1913 die direkte Gasgewinnung aus Steinkohleflözen als »gigantische technische Revolution« und hielt diese schon für eine Tatsache. Die Kohlevergasung blieb jedoch bis heute im Versuchsstadium; zeitweise wurde der Hochtemperaturreaktor durch die mögliche Kombination mit der Kohlevergasung gerechtfertigt, ohne daß diese Perspektive über das Stadium des Papierprojekts wesentlich hinauskam. Nicht nur wirtschaftliche, sondern auch schwere ökologische Bedenken stehen entgegen.[105] Die Kohlehydrierung wurde das riskanteste Großprojekt der IG Farben, das nur durch die nationalsozialistische Autarkiepolitik vor dem offenen Kollaps bewahrt blieb. Mit umsichtiger »Wärmewirtschaft« hatten diese Projekte nichts mehr zu tun; sie dienten vielmehr dazu, die Kohleverfeuerung technisch eleganter zu machen und den Anwendungsbereich der Kohle zu erweitern.

Die Kraft-Wärme-Kopplung liegt im Prinzip überall dort nahe, wo Strom nicht durch Wasserkraft, sondern durch Umwandlung von Wärmeenergie erzeugt wird und ein Wärmebedarf in Kraftwerksnähe besteht. Sie bot sich daher in besonderem Maße bei kommunalen, verbrauchernahen Elektrizitätswerken an sowie in der Schwerindustrie, die Antriebs- und Wärmeenergie in großer Menge benötigte. Die Vorteile der Kraft-Wärme-Kopplung waren leicht einsichtig, sobald man in den Vorstellungen der Wärmewirtschaft und des »energetischen Imperativs« dachte. Im Jahr 1900 ging in Dresden das erste europäische Elektrizitätswerk, das zugleich Fernwärme lieferte, in Betrieb. Die Kraft-Wärme-Kopplung wurde zeitweise zu einer deutschen Spezialität. Die Eigenstromerzeugung der Industrie – und damit die Chance zur industriellen Nutzung der Abwärme – war in den zwanziger Jahren zunächst noch im Vordringen: nicht nur aus einem energetischen Autonomiedenken heraus, sondern auch aus Gründen der Betriebssicherheit; denn die Überlandleitungen waren damals noch recht anfällig gegen Gewitter und Isolatorenschäden. Besonders im Ruhrrevier waren die Bedingungen für eine dezentrale Kraft-Wärme-Kopplung geradezu ideal und entsprechend stark zunächst die Gegenkräfte gegen das Streben der großen Stromerzeuger nach dem Gebietsmonopol. Anderswo wurde geklagt, daß sich bei der Abwärmenutzung »das Monopol der Elektrizitätswerke nicht selten als chinesische Mauer erwiesen« habe.

Die Bemühungen um Kraft-Wärme-Kopplung erreichten ihren Höhepunkt in der Kohlennot nach 1918, erlahmten jedoch in den zwanziger Jahren. Als die akute Not vorbei war, wirkte sich die unterschiedliche Denkweise der Maschinenbauer und Heizungsingenieure hemmend aus. Die Optimierung des Wirkungsgrades der Maschinen führte in eine andere Richtung als das Streben nach Nutzung der Abwärme. Erst recht lenkte der Elektroantrieb von wärmewirtschaftlichen Gesichtspunkten ab. Ostwald hatte 1907 darauf hingewiesen, daß die »Realität der Energie« »am deutlichsten ... bei der elektrischen Energie in Erscheinung« trete. Die Abstraktion »Energie« fand ihr technisches Korrelat in der unsichtbaren, überall verfügbaren Elektrizität; als Synonym für diese bürgerte sich der Energiebegriff in den dreißiger Jahren im offiziellen Sprachgebrauch ein. Aber die Tendenz der Elektropartei ging zur Expansion, nicht zum sparsamsten Umgang mit den Primärenergieträgern. Die Gleichsetzung von Energie und Elektrizität unterlief den »energetischen Imperativ«. Um 1924 kam es zeitweise in Ingenieurkreisen zu einer Konfrontation zwischen den Elektrikern und den Wärmewirtschaftlern; man nannte sich gegenseitig »Kalorienjäger« und »Kaloriendieb«. Die Vorkämpfer der Elektrizität standen jedoch im Zentrum der Rationalisierungsbewegung; ihr Durchsetzungsvermögen übertraf das der Wärmewirtschaftler bei weitem.[106]

Als »deutscher Weg« wurde in der Schwerindustrie der zwanziger und dreißiger Jahre die »Zusammenfassung von Betrieben« im Sinne der »Wärmewirtschaft« hervorgehoben. »Wärmewirtschaft« bedeutete Nutzung der Hochofen- und Kokereigase und »die Technologie des wirtschaftlich optimalen Energieflusses zwischen den bis dahin getrennten Energiehaushalten des Hochofens und des Stahlwerks«. Die Gichtgasnutzung begann zuerst in der lothringischen Schwerindustrie und verband sich dort bereits mit einem Trend zur vertikalen Konzentration hin zur Eisenverarbeitung, der die Ruhr provozierte. Seit etwa 1908 trieben Stinnes und Thyssen die Gichtgasnutzung an der Ruhr im großen Stil voran;

die Wärmeökonomie war hier integraler Bestandteil einer stürmischen Expansionspolitik. Gas wurde nunmehr auch als Treibstoff eingesetzt; dazu mußte der für den Kleinbetrieb erdachte Gasmotor zur Großmaschine weiterentwickelt werden. Bei der Gasmaschinengröße wagte sich die deutsche Industrie damals sogar weit über die in den USA üblichen Dimensionen hinaus. Die mit der Gaskraftmaschine hergestellte Verbindung von Schwer- und Elektroindustrie war der technische Grundgedanke des Stinnes-Konzerns; dieser zerfiel aber in der nachinflationären Phase der Rationalisierung. Die »Ökonomie der Gichtgase« (Sohn-Rethel) deckte sich nur teilweise mit gesamtbetrieblicher Wirtschaftlichkeit; bei monomanischer Konsequenz wurde sie zu einem Musterbeispiel für irrationale Auswüchse der »Rationalisierung«.[107]

Die vertikale Konzentration – der »Weg aufwärts zum Urprodukt, abwärts zum Fertigfabrikat« – wurde 1918 von Walther Rathenau als Kennzeichen besonderer »Stärke« hervorgehoben. Stand im Zeichen der Wärmewirtschaft zunächst die Verbindung von Hochofen und Stahlwerk, Zeche und Kokerei im Vordergrund, so war es ein aufsehenerregender Schritt, als die Gutehoffnungshütte 1921 in den Maschinenbau und über die Mainlinie vordrang und die Mehrheit der MAN erwarb. Insgesamt folgte die vertikale Konzentration nicht wirklich einer technischen Logik; teilweise stand sie im Widerspruch zur technischen Spezialisierung. Bei vielen Einzelkomponenten konnten Spezialfirmen die Methoden der Massenproduktion viel besser nutzen als Großunternehmen, die möglichst alles im eigenen Hause herstellen wollten; daher begünstigte die Massenproduktion, technisch gesehen, nicht nur die Großen, sondern auch die Zulieferindustrie. Selbst der direkte Verbund von Stahl- und Walzwerk, in seinem wärmewirtschaftlichen Vorteil scheinbar so einleuchtend, brachte nur begrenzten Nutzen; denn die durch den Verbund ermöglichte Produktion in einer Hitze wurde, wie der Enquete-Ausschuß 1930 feststellte, »nur bei verhältnismäßig wenigem Material, an welches keine besonderen Ansprüche gestellt werden, durchgeführt«. Auch auf dem Höhepunkt der »Rationalisierung« war von einer auch nur halbwegs vollständigen Nutzung der Gichtgase keine Rede; noch 1928 klagte der Ruhrsiedlungsverband darüber, »daß Tag für Tag auf den großen Hüttenwerken das überschüssige und dort nicht mehr verwendbare Gas in riesigen Fackeln nutz- und zwecklos verbrannt wird«.

Der »Weg aufwärts zum Urprodukt« und zur optimalen Nutzung der deutschen Ressourcen hätte, konsequent begangen, zu Bemühungen um die Nutzung der armen Erzlager führen müssen, die in Deutschland verbreitet waren; vor allem darin wollten die nationalsozialistischen Autarkiepolitiker den »deutschen Weg« der Schwerindustrie sehen. Die Industrie erweckte jedoch den Eindruck, diese Aufgabe sei technisch unlösbar; beim Aufbau der »Reichswerke Hermann Göring« mußte der deutsch-amerikanische Hütteningenieur Hermann Brassert hinzugezogen werden.[108]

Wie es bei der industriellen Konzentration in den zwanziger Jahren die Regel war, so wurde auch die Gründung der IG Farben als »Rationalisierung« gerechtfertigt, insbesondere als ein Erfordernis der immer aufwendigeren Industrieforschung. Die Forschung blieb jedoch auch nach der Fusion dezentral; auch sonst läßt sich bei der Entstehung dieses damals größten deutschen Konzerns eine technische Logik nicht erkennen. Wohl aber gab es den umgekehrten Zusammenhang: Die neue Unternehmensdimension beeinflußte die technologische Strategie, indem sie dem Kohlehydrierprojekt einen breiteren Rückhalt gab, also eine ökonomisch irrationale Projektmonomanie beförderte.

Kaum irgendwo anders wurde die Doktrin von der Verbesserung der Wirtschaftlichkeit durch Größenwachstum und dem Zusammenhang von Großwirtschaft und Großtechnik so wortgewaltig und offensiv verfochten wie bei der Erzeugung der Elektrizität, die im 20. Jahrhundert zur öffentlichen Angelegenheit wurde. Bei Emil Rathenau war das Projekt der elektrischen Zentralisation »mit vieltausendpferdigen Maschinen, die automatisch und geräuschlos Millionenstädte mit Licht und Kraft versorgen«, zunächst eine Vision, die dem Stand der Technik vorauseilte. Überhaupt gehörte die Idee des großflächig vernetzten Versorgungssystems schon zu den »Jugendträumen der Elektrotechnik«, lange bevor es die dafür nötige technische Basis gab. Als die ersten Kraftzentralen kamen, wurde für Deutschland ein spezifischer Kostenvorteil größerer Werke selbst im Vergleich zu Amerika errechnet; und während in den USA, wo man in der Kraftwerkstechnik vorsichtiger voranschritt, die Elektrizitätswerke zunächst durch die Addition kleiner und schnellaufender Maschinen erweitert wurden, setzte Emil Rathenau auf die große langsamlaufende Dynamomaschine: ein technisch gewagter Sprung, der bei Siemens anfangs auf Skepsis stieß.[109]

Der Trend zum Größenwachstum der Elektrizitätswerke bekam durch den Bedarf der Kriegswirtschaft einen neuen Schub. Das für damalige Begriffe gigantische Goldenbergkraftwerk des RWE, das sich zunächst nicht zu rentieren schien, wurde durch die Aluminiumproduktion salviert. Während in den USA die im Krieg florierenden »Giant-Power«-Pläne im Frieden einen Rückschlag erfuhren, setzte sich dieser Trend in Deutschland auch nach Kriegsende fort. Dieses Wachstum der Blockgrößen war damals ein deutscher Sonderweg, ebenso wie der Plan eines landesweiten Verbundnetzes, der zumindest in Teilen verwirklicht wurde: Nicht einmal der Pariser Zentralismus vermochte damals in Frankreich ein ähnliches Projekt zu inspirieren. In noch engerem regionalen Rahmen vollzog sich die Elektrifizierung in Italien. In Deutschland wurde das Größenwachstum mit den Vorteilen der ununterbrochenen gleichmäßigen Auslastung der Kraftwerke begründet: Immer gab es »Stromtäler«, die durch Erschließung neuer Absatzgebiete zu füllen waren. Die andere Einstellung in Frankreich und Italien läßt sich zum Teil daraus erklären, daß dort die Wasserkraft als nationaler Energieträger galt. Wasser kann man aufstauen, wenn der momentane Energiebedarf sinkt; bei Kohlekraftwerken dagegen müssen zur Leistungssteigerung Dampfkessel angeheizt werden: Insofern ist, rein technisch gesehen, das Bedürfnis nach gleichmäßiger Auslastung dort viel stärker. Bei Wasserkraftwerken kann sich allerdings ein ähnliches Interesse aus den hohen Kapitalkosten ergeben.

Aber das Streben nach gleichmäßiger Auslastung führte nicht zwangsläufig in die *Economies of Scale* . Wie Hjalmar Schacht, der spätere Urheber des Energiewirtschaftsgesetzes von 1935, 1908 betonte, mußte der Staat intervenieren, damit die Konzentration in der Elektrizitätswirtschaft vorankam. Ein günstiger Ausgleich der Tagesbelastungskurven war damals am ehesten in einem überschaubaren kommunalen Rahmen mit sicheren Stromabnehmern zu gewährleisten. Wenn die Elektrifizierung auf das platte Land vordrang, wurde die Situation zunächst unübersichtlich und instabil; nur durch weitere Ankurbelung des Stromverbrauchs und durch Vereinnahmung von Kommunen konnte sie konsolidiert werden. Daraus ergab sich die propagandistische Einstellung der Elektrobranche und die Forderung nach dem Gebietsmonopol für die Stromversorger. Dieses wurde mit dem ökonomischen Stimulationseffekt einer Elektrifizierung ländlicher Regionen und mit der Kostendegression bei wachsenden Blockgrößen begründet. Es war jedoch unsicher, bis zu welcher Größe sich diese Degression fortsetzen würde.[110]

Für die Privatwirtschaft waren die Großkraft- und Großverbundideen zunächst zweischneidig; denn sie wurden im Krieg und in der ersten Nachkriegszeit mit Verstaatlichungsplänen verbunden. Nicht zufällig gelang ein landesweites Verbundsystem zuerst in Bayern, wo v. Miller, durch die Zeitstimmung begünstigt, ab 1914 staatswirtschaftliche Traditionen reaktivierte. Es ging um das Projekt des Walchenseewerkes, das nach dem Krieg das größte Wasserkraftwerk Europas wurde; bei dem Wasser-Großkraftwerk war die Zuständigkeit des Staates nicht ernsthaft zu bestreiten. Anders war es bei Kohlekraftwerken. Als der AEG-Direktor Georg Klingenberg – damals der führende Fachmann für Großkraftwerke, den Walther Rathenau in die Kriegsrohstoffabteilung geholt hatte – 1916 den Plan eines staatlich-preußischen Verbundsystems vorbrachte, stieß er nicht nur auf den Widerstand des RWE, sondern auch auf den der kommunalen Elektrizitätswerke. Als das RWE, das 1920 den beteiligten Kommunalverbänden die Aktienmehrheit gewährte und auf diese Weise seine Allianz mit Kommunalinteressen ausbaute, seit 1924 seine Nord-Süd-Schiene vorantrieb, die die Kohle des Nordens mit der Wasserkraft des Südens verbinden sollte, war dies ein strategischer Gegenzug gegen die staatlichen Verbundpläne. Um Frankfurt entwickelte sich zwischen dem RWE und Preußen ein regelrechter Kampf: dieser wurde im »Elektrofrieden« von 1927 durch eine Gebietsabgrenzung beigelegt.[111]

Das Kapazitätswachstum der Kraftwerke ging mit neuen technischen Dimensionen zusammen, nicht nur bei der Erschließung der Wasserkraft: Auch der Braunkohleabbau, der die Grundlage der Vorgebirgszentrale (später Goldenberg-Werk) und des Kraftwerks Golpa-Zschornewitz war und in Deutschland damals stärker als irgendwo anders auf der Welt vorangetrieben wurde, erreichte in seinen Methoden schon rasch ein großtechnisches Niveau und bildete technisch einen scharfen Kontrast zu dem Steinkohlebergbau, wo die Mechanisierung unter Tage nur langsam fortschritt. Schon 1907 wurde im Braunkohle-Tagebau der »eiserne Bergmann«, der erste brauchbare Schrämmbagger, eingesetzt. Wenn Paul Silverberg, der führende Mann der rheinischen Braunkohle, in der Weimarer Republik zeitweilig als politischer Antipode zu den

Ruhrmagnaten hervortrat und sich für ein Arrangement mit der Sozialdemokratie erklärte, so hatte diese Offenheit ihre technische Grundlage in dem hohen Mechanisierungsgrad des Braunkohleabbaus, die diesen gegen Lohnerhöhungen viel unempfindlicher machte, als dies bei der Steinkohle der Fall war. 1929 wurde erstmals mehr elektrische Energie aus Braun- als aus Steinkohle produziert.[112]

Der Verbund zwischen Großkraftwerken benötigte Leitungen mit »Höchstspannung«: Hatten bei der Frankfurter Elektro-Ausstellung von 1891 schon 15 000 Volt die Techniker erregt, so wurden 1918 110 000 Volt erreicht. Vor allem aber erforderte der Großkraftwerksbau, damit die technischen Möglichkeiten der Konzentration genutzt wurden, einen erheblichen Kapazitätensprung bei den Antriebsmaschinen. Der Bau der Kraftzentralen brachte der Jahrhundertwende den Durchbruch der Dampfturbine gegenüber der Kolbendampfmaschine, die bei gleicher Leistung viel größer sein mußte. Die Dampfturbine, eine »wahrhaft revolutionäre Erfindung« (Mayr), verbesserte die Nutzung der Dampfkraft mit den Prinzipien der Rotation und Beschleunigung; sie brauchte einen stärker theoretisch geschulten Technikertyp. Der Dampfkessel, scheinbar eine konventionelle und sichere Technik, war geblieben; aber die Dampfturbinen brachten neue Anforderungen an die Dampfkesselkonstruktion. Im März 1920 explodierte im Kraftwerk Reisholz bei Düsseldorf ein erst 1917 erbauter Kessel; die Katastrophe, bei der 28 Menschen zu Tode kamen, rief zu jener Zeit, in der man die Gefahr der Kesselexplosion für gebannt hielt, große Bestürzung hervor. Die nachfolgende Revision aller Großkessel erbrachte obendrein so »verheerende Ergebnisse«, daß eine »Kesselepidemie« diagnostiziert wurde. Damals wurde die »Technische Vereinigung der Großkesselbesitzer« (VGB) gegründet, die zugleich mit einer Klärung der Störfallrisiken höhere Qualitätsstandards gegenüber der Eisen- und Kesselbauindustrie durchsetzen sollte. Denn die Leistungs- und Belastungssteigerung bei den Kesseln ging weiter: Hatte der in Reisholz explodierte Kessel noch 10 Atmosphären Betriebsdruck gehabt, wagte man sich 1928 schon bis 100 Atmosphären vor. Fritz Marguerre, der Erbauer des Großkraftwerks Mannheim und einer der Pioniere der Dampfturbinentechnik, gab ein Menschenalter später zu, daß man bei dem damaligen Großmaschinenbau aus dem Rückblick »fast von einer durch Sicherheitskoeffizienten gemilderten Ahnungslosigkeit sprechen« möchte. Hatte Riedler einst all diejenigen verhöhnt, die glaubten, sich beim Großmaschinenbau auf »Erfahrung« stützen zu können, so bekannte der 76jährige Marguerre, daß die Kraftwerksbauer nur durch eine »auf Erfahrung gestützte Intuition« vorangekommen seien.[113]

Die technischen Chancen der Elektrizität begünstigten frühzeitig einen förmlichen Größenrausch. Emil Rathenau versicherte 1914, die »technischen Möglichkeiten der Stromherstellung im großen« seien »beinahe unbegrenzt«: »Es wäre durchaus möglich, daß der ganze Bedarf Europas an elektrischer Energie an einem Orte hergestellt«, ja der zentral hergestellte Strom sogar über Europa hinaus geleitet würde. Die hohen Leitungskosten galten anscheinend nur als vorübergehendes Problem; Kraft-Wärme-Kopplung und die beim Ausfall solcher Kraftwerksgiganten nötigen Reservekapazitäten waren kein Thema. Für die Weltkraftkonferenz von 1930, die in Berlin tagte, entwarf der Ingenieur Oskar Oliven, Vorstandsmitglied der Loewe AG, den Plan eines europäischen Hochspannungsnetzes, das die Wasserkräfte von Skandinavien bis zum Balkan, von Spanien bis zur Wolgamündung zusammenfassen und auch durch die in diesem Riesenraum liegenden Kohlevorkommen abgestützt werden sollte. Dabei errechnete Riedler 1925, daß sich für den gleichen Preis von einem Pfennig, zu dem die Energie einer Kilowattstunde 165 km weit geleitet werden konnte, die entsprechende Menge Kohle 500 km weit befördern ließ! Schon ein Stromtransport von der Ruhr an die Nordsee lohnte sich nicht mehr; es war billiger, statt dessen die Kohle zu transportieren.[114]

Solche Fakten waren das gewichtige Argument für den Riedler-Schüler und Kraftwerksingenieur Franz Lawaczek, der sich als NSDAP-Experte für Technik zu profilieren suchte und der Zentralisierungs- und Verbundstrategie der Energiewirtschaft den Kampf ansagte. Auch von anderer Seite wurde damals eine so weitgehende Übereinstimmung der Tagesbelastungskurven der deutschen Elektrizitätswerke errechnet, daß ein Großverbund nur eine geringfügige Verbesserung der Auslastung versprach. Ein besonders aus nationalsozialistischer Sicht schwerwiegendes Argument war die Verwundbarkeit einer zentralisierten Energieversorgung im Kriegsfall. Daher war 1933 zunächst eine eher dezentrale Energiepolitik zu erwarten. Pläne dieser Art waren jedoch mit jenem kleinbürgerlich-sozialreformerischen Flügel der NSDAP verbunden, der nach der Machtergreifung rasch überspielt wurde. Das Energiewirtschaftsgesetz von 1935 gab den Gebietsmonopolen der Energieversorgungsunternehmen sogar die gesetzliche Grundlage, die bis dahin gefehlt hatte. Auch mehrere Industrieprojekte der Aufrüstung und des Vierjahresplanes – die Aluminiumproduktion und die Hochdrucksynthese der Chemie – trugen dazu bei, die Stellung der Großkraftwerke unangreifbar zu machen.[115]

Selbst aus dem Zweiten Weltkrieg ging die Großkraft- und Verbundwirtschaft gestärkt hervor, da sie aus unerfindlichen Gründen von den Luftangriffen weniger getroffen wurde als die industrielle Eigenstromversorgung. Auch der nach 1945 zeitweise an Rhein und Ruhr erneut aufbrechende Kampf zwischen Braun- und Steinkohle um den Energiemarkt wurde bereinigt, und beide Interessenkomplexe wirkten beim weiteren Ausbau des Nord-Süd-Verbundes gegen widerstrebende kommunale Energieversorger zusammen. Wie vor und nach 1918 gab es auch im Zweiten Weltkrieg und der ersten Nachkriegszeit eine »Wendung zur Wasserkraft« und wurde ein Kohle-Wasserkraft-Verbund durch die Kohleknappheit attraktiv. Zur Verteidigung der Verbundwirtschaft sprach das RWE 1948 der Wasserkraft sogar »überragende Bedeutung« zu und proklamierte eine Philosophie der regenerativen, »ewigen Energiequellen«. Die neue Auseinandersetzung um die Verbundwirtschaft zog sich noch bis in die Anfänge der Kernenergie-Entwicklung. Der Hinweis auf die »Transportunwürdigkeit« der Braunkohle war ein Hauptargument für die großen Fernleitungen; bei dem Uran dagegen waren die Transportkosten irrelevant: So kann man verstehen, daß zuerst manche kommunalen Kraftwerke ihre Chance im Atom sahen. Das RWE jedoch festigte im Gegenzug mit dem ersten Versuchs- und dem ersten Demonstrationskernkraftwerk (Kahl und Gundremmingen) seine Nord-Süd-Schiene.[116]

Gab es eine Alternative zu diesem Gang der Dinge? Die zentralistische Partei hatte die konsistente und durchsetzungsfähige Interessenallianz und das große eindrucksvolle Konzept auf ihrer Seite. Die Gegenpartei gegen den zentralistischen Großverbund war bis in die dreißiger Jahre nicht unbeachtlich; sie reichte vom preußischen Fiskus und den Kommunalverbänden bis hin zu den Klein- und Mittelbetrieben der Elektrotechnik. Aber diese Fronde hatte insgesamt einen partikularistischen und defensiven Zug: so jedenfalls wirkte es in der Ära der »Rationalisierung«. Nicht einmal das

Argument der Kraft-Wärme-Kopplung wurde konsequent genutzt. Lawaczek allerdings hatte eine große Idee: sein Konzept einer dezentralen Energiewirtschaft verband sich mit der Vision einer künftigen Wasserstoff-Ära und einer vom Profitstreben emanzipierten Technik. Aber er geriet rasch ins politische Abseits, obwohl Hitler intern mit seinen Anschauungen sympathisierte. Ein Kraftwerksingenieur von Format und mit kommunalem Rückhalt war Fritz Marguerre, der nach dem Zweiten Weltkrieg gegen die Allmacht des Großverbunds kämpfte. Gerade er verkörperte jedoch auf seine Art in markanter Weise den Drang zur Kapazitätensteigerung. Auch aus seiner Sicht gab es für ein Energieversorgungsunternehmen nur die Alternative Wachstum oder »Siechtum und langsamen Tod«. Er hatte als erster einen Kesseldruck von 100 Atmosphären gewagt; noch der über Achtzigjährige plädierte um 1960 für den Bau von Reaktoren mit Dampfüberhitzung, ein avantgardistisches Konzept jener Zeit.[117] Eine historische Alternative zu den *Economies of Scale* war wohl in Einzelelementen, aber nicht als durchsetzungsfähige Gesamtkonstellation vorhanden.

## 6. Deutsche Wege der Motorisierung

Eine Geschichte des Autos, die diesen Namen verdient, wäre nicht nur eine Geschichte der Autoproduktion, sondern auch des Motorisierungsprozesses und seiner Folgewirkungen. An der historischen Tragweite dieses Vorgangs ist nicht zu zweifeln: Nicht nur die Städte und Straßen, die Industriestrukturen und außenwirtschaftlichen Verflechtungen, sondern auch das Alltags- und Urlaubsverhalten der meisten Menschen, die Beziehung zur Technik und zur Umwelt wurden durch das Auto verändert. Das Auto war »die erste hochtechnische Maschine überhaupt, die ihrem Besitzer zur selbstbestimmten Nutzung zur Verfügung stand«; es ermöglichte auch dem Nichttechniker ein intimes Verhältnis zur maschinellen Technik.[118] Dennoch läßt die Flut der Motorisierung im 20. Jahrhundert bisher keine historische Gestalt erkennen; anders als der Siegeszug der Eisenbahn im 19. Jahrhundert wirkt sie wie ein geschichtsloser Naturprozeß, bei dem es keine Akteure, Entscheidungen und Epochenscheiden gibt. Die Schwierigkeit bei der geschichtlichen Bewältigung dieses Themas korrespondiert mit der Hilflosigkeit der Gesellschaft gegenüber dem Autoverkehr.

Der historische Zugriff könnte dazu beitragen, den Gang der Motorisierung als gesellschaftliches Entscheidungsfeld bewußt zu machen.

Der Motorisierungsprozeß als solcher scheint keiner besonderen historischen Erklärung zu bedürfen; er vollzieht sich ja inzwischen mehr oder weniger in fast allen Ländern der Welt. Aber in den Details dieses Prozesses gibt es bedeutungsvolle nationale Unterschiede. Im internationalen Vergleich ist eine gewisse Sonderrolle Deutschlands schwer zu verkennen und tritt ein historischer Wandel gerade in dem deutschen Verhältnis zum Motorverkehr ungewöhnlich markant hervor. Denn in der ersten Hälfte des 20. Jahrhunderts ging die deutsche Motorisierung in Anbetracht dessen, daß das Auto zuerst in Deutschland erfunden worden war, relativ langsam voran; seit den fünfziger Jahren dagegen entwickelte sich in der Bundesrepublik eine historisch einzigartige nationale Identifikation mit dem Auto. Bis in die zwanziger, dreißiger Jahre waren Frankreich und die USA aus deutscher Sicht die Autoländer; inzwischen ist die Bundesrepublik selbst aus amerikanischer Sicht zum Autoland schlechthin geworden. Lange gab es in Deutschland eine populäre Empörung gegen die Autoraserei; am Ende wurde jedoch die Bundesrepublik der hartnäckigste Gegner einer Tempobegrenzung. Es ist ein Rollenwechsel, der an das psychologische Modell der »Identifikation mit dem Aggressor« erinnert. Er wäre jedoch nicht möglich gewesen ohne eine Vielzahl von staatlich gesetzten Rahmenbedingungen: von Straßenbau, Verkehrsregeln, Strafverfolgungspraxis, Haftpflicht, Autosteuern und Steuerfreibeträgen bis hin zur Eisen- und Straßenbahnpolitik. Schon in den zwanziger Jahren wurde deutlich, daß auch das Ausmaß des Fahrradverkehrs durch kommunalen Radwegbau stark zu steuern ist: Auf diese Weise wurde Magdeburg zur »Stadt der Radfahrer in Deutschland«, während das Fahrrad in Berlin schon damals von den Autos an den Rand gedrängt wurde.[119]

Einen ersten Durchbruch des Autos brachte der Erste Weltkrieg, obwohl dessen inflationäre Folgen einen Teil des Mittelstands in Armut stürzte. Waren vor 1914 »nationale« Motive eher der Eisenbahn zugute gekommen, so wirkte die Motorisierung nach 1918 nicht zuletzt aus der Perspektive nationaler Machtpolitik notwendig und unaufhaltsam. Die Überlegenheit der USA schien überdies die Unentbehrlichkeit des Autos zur »Ankurbelung« der Wirtschaft zu demonstrieren. Friedrich Pflug, Ministerialrat im Reichsverkehrsministerium, versicherte 1928, seit dem Krieg bezweifele niemand mehr, »daß das Kraftfahrzeug für die Intensivierung unserer Wirtschaft unentbehrlich ist«. Unmittelbar kam der Krieg vor allem den Lastwagen zugute, deren Entwicklung schon Jahre vor 1914 vom Militär subventioniert wurde. Da aber der Lkw-Verkehr die darauf nicht eingerichteten Straßen am ärgsten strapazierte, entstand hier sogleich ein scharfer Konflikt mit kommunalen und Hausbesitzer-Interessen, hinzu kam die Gegnerschaft der Reichsbahn. In der Entwicklung der Pkw-Technik machte sich der Umstand bemerkbar, daß nach Kriegsende viele Flugzeugbauer ihr Unterkommen in der Automobilindustrie suchten: Dies verstärkte den Trend zu kleinen, schnell laufenden und entsprechend lauten Motoren, der ohnehin durch die am Hubraum orientierte Besteuerung gefördert wurde und sich Mitte der zwanziger Jahre als ein Nachteil gegenüber der amerikanischen Konkurrenz erwies.[120]

Nach 1918 scheint der Besitz eines Autos für alle die, die noch Geld hatten, zu einem Statussymbol geworden zu sein. Selbst aus einer Kleinstadt wie Herford wird berichtet, »daß seit Juli 1920 in den bemittelten Kreisen der Großkaufmannschaft, des Handels und der Industrie die Personenkraftwagen wie Pilze aus der Erde schießen. Auch die Angehörigen der freien Berufe, wie Rechtsanwälte und Ärzte, haben begonnen, sich ein Automobil anzuschaffen.« Galt die Massenmotorisierung schon damals nur noch als eine Frage der Zeit? Diese Frage ist auf dem gegenwärtigen Forschungsstand nicht definitiv zu beantworten. Von 1921 bis 1929 stieg in Deutschland der Pkw-Bestand von etwa 60 000 auf 422 000; diese Versiebenfachung in acht Jahren war, vom steilen Anstieg des Wachstums her gesehen, eine »geradezu amerikanische Entwicklung«. General Motors kaufte 1929 die Firma Opel in der Annahme, die Ära der Massenmotorisierung stehe in Deutschland unmittelbar bevor. Aber immer noch besaß nicht einmal *ein* Prozent der erwachsenen Deutschen ein Auto, und die Wirtschaftskrise brachte einen Knick in die Wachstumskurve. Die Hoffnung, daß die Motorisierung als Konjunkturmotor fungieren werde, wurde enttäuscht.[121]

Trotzdem verkündete 1930 Fritz Kummer, der Chefredakteur der Metallarbeiter-Zeitung, das »revolutionäre Automobil« werde »der Sache der revolutionären Arbeiterklasse dienen«: Diese »lustig schnurrende und verteufelt flitzende Fabrik auf Rädern« habe

»unser ganzes öffentliches und gesellschaftliches Leben gründlich gewandelt« und in Technik und Produktionsweise eine Umwälzung bewirkt, die sich jetzt auch auf die Lohnpolitik übertragen werde. Diese »fordistische« Argumentation ging jedoch in erster Linie von den Interessen der in der Automobilindustrie beschäftigten Arbeiter aus. Der Ingenieur und Automobilpublizist Louis Betz, ein streitbarer Vorkämpfer des »Volksautos«, glaubte zwar 1928 feststellen zu können, »heute« wolle man »los von der Eisenbahn und hin zum Automobilverkehr«, bemerkte aber drei Jahre darauf, es gebe »einige Gruppen«, die eine weitergehende Automobilisierung zu verhindern suchten und dafür auch Gründe anführen könnten. In den zwanziger Jahren war Ford das schlagendste Argument für die Massenmotorisierung gewesen; nun aber räumte Betz ein, der Hinweis auf die USA sei das »Törichteste, was für eine Motorisierung vorgebracht werden könne«, da die USA ein eisenbahnarmes Land seien. Ein Artikel der »Weltbühne« (1926) spottete über die »Eindrucksalkoholiker«, die, wenn sie vom Broadway nach Berlin zurückkehrten, von den »autoleeren Asphaltflecken des Potsdamer Platzes« deprimiert würden. Der Verfasser rechnete aus, daß auf deutschen Straßen »alle elf Meter ein Auto« kommen werde, wenn hier bei gleichbleibendem Straßennetz jeder fünfte Einwohner so wie in den USA einen Wagen hätte; wer daher die amerikanische Motorisierung auf Deutschland übertragen wolle, leide an »Autoismus«. Ferdinand Fried glaubt 1931 schon an ein Ende der Motorisierung; der Mähdrescher sei nur noch eine »Nachlese des motorischen Zeitalters«.[122]

Dennoch wimmelt es in der Publizistik der zwanziger Jahre an Hinweisen auf die vom Auto ausstrahlende Faszination. Wenn nicht die öffentliche, so könnte doch die veröffentlichte Meinung den Eindruck erwecken, als ob schon damals alles auf die Massenmotorisierung hindrängte. Die Archive und Regionalzeitungen vermitteln aber teilweise ein anderes Bild: Da gibt es noch eine Flut von Klagen über den wachsenden Autoverkehr und über die Rücksichtslosigkeit eines der Tradition der Jagd verhafteten Automobilismus. Nicht nur die Liebe zum Auto, sondern auch der Haß auf das Auto hat seine Geschichte. Wenn die Öffentlichkeit gegen Autounfälle auch schon merklich abgebrühter war als vor 1914, als selbst die Verletzung dreier Pferde durch ein Auto die Münchener Lokalpresse tagelang erregte, so registrierte doch noch 1925 selbst ein Parteigänger des Automobils eine »allgemeine Autofeindlichkeit«. Hermann Hesses *Steppenwolf* (1927) schwelgt in der Phantasie, wie die lange genug von den Autos gejagten Fußgänger ihrerseits Jagd auf die »fetten, schöngekleideten, duftenden« Autofahrer machen, um diese »samt ihren großen, hustenden, böse knurrenden, teuflisch schnurrenden Automobilen totzuschlagen«. Der größte Teil der Bevölkerung hatte noch keinen Grund, sich als Autobesitzer in spe zu fühlen, und tat das offenbar auch nicht. Die Eroberung der Straßenfahrbahn durch das Auto wurde als illegitimer Akt der Usurpation empfunden. Die Zeitgenossen erkannten, daß das Auto die Straße – bis dahin auch ein Ort der Kommunikation und eine bevorzugte Wohnlage – von Grund auf umfunktionierte. Der politisch relevante Kern des Widerstands gegen den wachsenden Autoverkehr lag bei den kleineren Kommunen, die immer wieder darauf drangen, die alte, am Pferdefuhrwerk orientierte Geschwindigkeitsbegrenzung von 15 Stundenkilometern innerhalb der Ortschaften beizubehalten.[123] Dieser Widerstand hatte jedoch in der damaligen Zeit, ähnlich wie die kommunale Opposition gegen die Zentralisierung der Stromproduktion, einen Zug von kleinlichem Partikularismus; es fehlte ein wirksames Alternativkonzept, das eine Kräftekonstellation an sich hätte binden können.

Der Ruf nach dem »Volksauto« ertönte schon in den ersten Jahren nach 1900 und wurde in den zwanziger Jahren unter dem Eindruck Henry Fords zu einem Leitmotiv der Auto-Publizistik. Aber auf viele Autofreunde wirkten die Billigwagen, die immer wieder auf den Markt kamen, wie Mißgeburten und Auto-Karikaturen. Das erfolgreichste Auto der Weimarer Republik, der Opel-»Laubfrosch«, war ein nachgebauter Citroën; aber auch dieser schon mit Fließband hergestellte Wagen, der zeitweise den Produktionsrekord von hundert Stück pro Tag erzielte, wurde kein wirkliches »Volksauto«. Wenn deutsche Autoproduzenten ein »Volksauto« herauszubringen suchten, kamen sie aus dem Dilemma nicht heraus, daß ein Auto in der Regel eben nicht aus reinen Nützlichkeitserwägungen, sondern auch aus Faszination gekauft wurde: Und die konnte ein Kleinwagen nicht bieten, während er für einen nüchtern rechnenden Normalverdiener immer noch viel zu teuer war. Diese Einsicht war im Gros der deutschen Autoindustrie tief verwurzelt. Man kann es phänomenal finden, wie hartnäckig sich die Branche noch nach 1933 gegen den Volkswagen-Plan des NS-Diktators sträubte, trotz der faustdicken

Schmeicheleien und großartigen Versprechungen, die ihr von dem neuen Regime entgegengebracht wurden.[124]

Das Volksauto der Zukunft blieb lange Zeit eine bloße Fiktion: die Fiktion einer immer noch in der Defensive befindlichen Autolobby, die den gemeinnützigen Charakter des Autos beweisen mußte. Die Geschäftigkeit eines lautstarken Interessenkartells, das – auf Vereine und Zeitschriften gestützt – mit häufig gereiztem Ton den Zusammenhalt aller Automobilisten gegen die Widersacher dieser neuen Technik propagierte, war seit den ersten parlamentarischen Kämpfen um Geschwindigkeitsbegrenzung und Haftpflicht (1905-07) ein charakteristischer Faktor bei der Durchsetzung des Autos.[125] Auch hier erzeugte eine neue Technik eine ausgeprägte Gruppenkohärenz, bei den Benutzern mindestens so sehr wie bei den Produzenten.

Wenn das »Volksauto« nicht einmal von der Automobilindustrie als Ziel ernsthaft angestrebt wurde, so zeichnete sich doch in den späten zwanziger Jahren ein anderer deutscher Weg der Motorisierung ab: das billigere Motorrad. Hatte bis dahin England wie im Fahrrad-, so auch im Motorradsport die Führung gehabt – während in den USA das Motorrad schon damals vom Auto zurückgedrängt wurde –, rückte nach 1925 Deutschland an die Spitze. Seit 1926 übertraf der Motorradbestand in Deutschland die Zahl der Autos, und dieser Vorsprung hielt sich bis 1957: Er markiert eine Ära der Motorisierung. Mehr als bei der Autoproduktion gab es beim Motorradbau eine deutsche Variante des »Fordismus«: Die DKW-Werke in Zschopau, die 1925 die Fließbandmontage einführten und seit 1928 die größte Motorradfabrik der Welt waren, brachten 1931 ein »Volksrad« für 420 Reichsmark heraus. Dennoch blieb der Motorradbau – mindestens so sehr wie die Autokonstruktion – ein Tummelfeld für leidenschaftliche Bastler, denen betriebswirtschaftliche Kalkulationen fernlagen, und entsprechend groß war die Typenvielfalt. Daß das Auto das Endziel der Motorisierung sei, lag noch lange nicht fest. Noch bis in die zweite Hälfte der fünfziger Jahre wurde in Branchenkreisen eine vielversprechende Marktlücke zwischen Motorrad und Auto gesehen; erst um 1958/59 erlebte die Produktstrategie der Motorroller und Miniautos ihren definitiven Kollaps.[126]

In den zwanziger Jahren hatte die deutsche Fahrzeugindustrie noch kein Zeitalter des Massenautomobilismus vor Augen. Ihre Produktionslinien wurden teilweise durch spezifisch deutsche

Technik-Traditionen bestimmt, so etwa die Vorliebe für schwere Wagen: Deutschland war damals mehr ein Land des Stahls als des Aluminiums, und der Schwermaschinenbau war seine Spezialität. Das mag dazu beigetragen haben, daß die deutsche Kleinwagenproduktion nicht einmal den Bedarf des Binnenmarktes deckte. Die Produktionsstrategie von Daimler-Benz wurde teilweise durch den Dieselmotor und auch durch die Erfahrungen im Bau von Flugzeugen und Militärfahrzeugen – ein Erbe des Ersten Weltkrieges – bestimmt; auf die Weltwirtschaftskrise reagierte die Firma mit dem Entschluß, sich stärker auf die Lkw- und Omnibusproduktion zu verlegen. Zum Teil vom Flugzeugbau beeinflußt war die Stromlinienform, die sich von 1932 an in Deutschland durchzusetzen begann, wenn sie das Publikum auch anfangs irritierte. Der Anstoß bei dieser Revolution des Designs kam also von der Technik, nicht vom Marketing; diese Priorität war für die deutsche Autobranche – einem amerikanischen Urteil zufolge – noch Anfang der achtziger Jahre typisch. Die Technik als solche enthielt jedoch beim Auto nur geringe Impulse zur Vereinheitlichung und Typisierung. Zwar blieben bestimmte Grundstrukturen zäh erhalten; es gab jedoch bei diesem komplexen Produkt, das auf sehr unterschiedliche Situationen einzurichten war, anders als etwa bei der Dampfmaschine oder Turbine unendlich viele Optimierungsmöglichkeiten, und die Frage, welches das beste Auto sei, bietet bis heute unerschöpflichen Gesprächsstoff. Noch die unter Druck von oben stattfindenden Diskussionen in dem 1938 eingesetzten Ausschuß zur Rationalisierung der Autoindustrie führten aus sich heraus zu keinem Ergebnis.[127]

Nicht nur das Originalitätsstreben der Firmen und Ingenieure, sondern auch die deutschen Marktbedingungen begünstigten die Typenvielfalt der Autoproduktion. Selbst die Deutsche Bank, die um 1926 am liebsten eine große Fusion der Autofirmen erzwungen hätte, war doch daran interessiert, daß die breite Produktpalette gewahrt blieb. Es gab eben im damaligen Deutschland keinen allgemeinen Motorisierungprozeß auf breiter Front, sondern mehrere einzelne, an bestimmte Gruppen und Käufertypen gebundene Motorisierungsvorgänge. Wenn auch das Auto in Deutschland kein reiner Sport- und Luxusartikel mehr war, so wurde hier doch, wie eine Studie von 1929 bemerkt, »der Anschaffung eines Wagens eine viel größere Bedeutung beigemessen als jenseits des Atlantiks«; daher sollte der Wagen auch viel stabiler sein. Der Amerikaner – so schreibt ein Auto-Enthusiast 1938 – wolle den Motor möglichst geräuschlos haben, der Deutsche dagegen die »lebendige Kraft« des Motors spüren und auch »wissen, wie er läuft, wie er arbeitet: Der Deutsche schaut auch unter die Haube, wenn er keine Panne hat, der Amerikaner tut dies nie.« Eben zu jener Zeit begann jedoch der österreichische Emigrant Ernest Dichter der amerikanischen Autowerbung beizubringen, daß auch in den USA entgegen der landläufigen Meinung das Auto nicht als Transportmittel, sondern als Symbol gekauft werde.[128]

Der BMW-Chef Popp bemerkte 1931 treffend, der »Volkswagen Nr. 1« sei in Deutschland – der Omnibus; allein dieser biete eine wirtschaftliche Art der Massenbeförderung. In der Zeit der Weimarer Republik erlebte der öffentliche Nahverkehr in Deutschland seine größte Wachstumsperiode, während er in den USA schon 1908 seinen Zenit erreicht hatte. Die 1928 gegründete Berliner Verkehrsgesellschaft (BVG) rühmte sich als größtes kommunales Unternehmen der Welt und drittgrößtes deutsches Unternehmen nach der Reichsbahn und IG Farben. Der Schwerpunkt der Berliner Verkehrspolitik lag damals auf dem kostspieligen U-Bahn-Bau; die Straße wurde also bereits als Domäne des Autos angesehen. Das tat auch der Architekt Werner Hegemann, der zwar die »verschwenderische Untergrundbahnmanie« schalt, aber dafür Hochbahnen propagierte. Die Reichsstraßenverordnung von 1934 beseitigte das Vorfahrtsrecht der Straßenbahn vor anderen Verkehrsteilnehmern. Die NS-Regierung verfügte die Stillegung der Straßenbahn in Weimar, da diese für die Stadt Goethes und Schillers unpassend sei.[129]

Hitler gab 1936 in seiner Eröffnungsrede zur Internationalen Automobil- und Motorradausstellung in Berlin den regierenden Sozialdemokraten der Weimarer Republik die Schuld an dem von ihm behaupteten »trostlosen Verfall der Motor- und damit Verkehrswirtschaft überhaupt«, da diese »entsprechend der marxistischen Primitivitätstheorie ... das Automobil als etwas nicht Notwendiges und damit als etwas Überflüssiges ansahen und demgemäß besteuerten«. Dabei ging er davon aus, daß die »Sehnsucht« nach dem Kraftwagen, gerade »weil er unserem Volke vorenthalten wird, sich bei uns besonders eindrucksvoll zeigt«. Die These, daß der Weimarer Staat die Motorisierung bewußt gehemmt habe, findet sich schon vor 1933 und ihr Nachhall noch in der späteren Geschichtsschreibung. Aus der Sicht der Autolobby waren schon

Autosteuer und Haftpflicht, ja selbst der Führerscheinzwang Indizien für Autofeindlichkeit. Louis Betz, der alles dies abschaffen wollte, zog 1931 geradezu wutschäumend über den »Behördenapparat« her, dessen angeblicher »Kampf« gegen das Auto Bestandteil einer »industriefeindlichen, marxistischen Regierungsweise« sei, die das »todkranke Neudeutschland« ruiniere. Seine besondere Wut richtete sich gegen die Eisenbahnverwaltung: »Nicht darum geht es, daß Zehntausende bei der Eisenbahn ein geruhiges, aber in keiner Weise wirtschaftsförderndes Dasein fristen, sondern darum, daß mit dem neuen Verkehrsmittel Automobil auch diese Zehntausende in ein anderes Tempo hineingezwungen werden.« Ähnlich wie noch in den fünfziger Jahren unterstellte die Autolobby der staatlichen Verkehrspolitik, daß diese von Eisenbahninteressen beherrscht würde. Dies traf jedoch bereits für die zwanziger Jahre immer weniger zu. Schon in der Weimarer Zeit wurde das Eisenbahnnetz nicht mehr weiter ausgebaut, obwohl der Gütertransport auf der Bahn bis 1929 noch eine steigende Tendenz zeigte. Der Dawesplan machte die neugegründete Reichsbahn zum Hauptträger der Reparationslasten: ein Zustand, der eine großzügige Innovationspolitik nicht ermutigte. Der Lokomotivenbestand wurde reduziert, die Elektrifizierung nur wenig vorangetrieben; »Rationalisierung« bedeutete bei der Reichsbahn vor allem Sparsamkeit. 1932 gab es in Deutschland keinen Zug mit einer Reisegeschwindigkeit, die an 100 km/h herankam. Die Reichsbahn erwirkte zwar einen Konzessionszwang für den Lkw-Fernverkehr, suchte sich aber im übrigen »den Kraftwagen als Bundesgenossen heranzuziehen«, wobei die Bahn in diesem Bündnis dominierte. Die »organische Angliederung des Lastkraftwagenverkehrs an den Eisenbahnverkehr« wurde 1926 als deutsche Besonderheit gerühmt.[130]

Anders als in der Vorkriegszeit übertrafen in den zwanziger Jahren die Investitionen für den Straßenbau bei weitem die für die Reichsbahn. Aber die Aufgabe, die bestehenden Straßen für den Autoverkehr umzurüsten, war ungeheuer und konnte hochverschuldete Kommunen zur Verzweiflung bringen. 1928 wies ein Kreisbaurat in einer Studie nach, »daß keine einzige unserer Straßen auch nur einem Durchschnitts-Automobilverkehr standhalten konnte, weil sämtliche Unterbauten der Straßen mehr als unzureichend waren«. Bis dahin fehlte es im deutschen Straßenbau an einer ingenieurwissenschaftlichen Tradition. Seit der Mitte der zwanziger Jahre zeichnete sich eine Wende ab; der Umbau der Straßen für den Autoverkehr wurde zu einem Gegenstand gezielter Forschung; Teer und Asphalt schlugen eine Brücke vom Straßenbau zur Chemie. Die technisch optimale Lösung war nicht leicht zu bestimmen, da sie teilweise von lokalen und regionalen Bedingungen abhing und ihre Ermittlung Langzeit-Erfahrungen erforderte; daher gab es zunächst viele Mißerfolge und Auseinandersetzungen zwischen verschiedenen Konzepten. Fast allen praktisch in Angriff genommenen Plänen war jedoch bis 1933 gemeinsam, daß sie sich auf die autogerechte Umrüstung der bestehenden Straßen, nicht auf den Bau neuer Autostraßen richteten.[131]

Pläne für Autobahnen lagen 1933 längst in der Schublade; die kurze Autobahnstrecke Köln–Bonn bestand bereits; schon in den zwanziger Jahren löste die Autobahnfrage lebhafte Diskussionen aus. Gerade manche Auto-Enthusiasten waren damals scharfe Gegner der Autobahnprojekte; denn deren Verwirklichung ging bei einem begrenzten Verkehrsetat zwangsläufig auf Kosten des Umbaus der vorhandenen Straßen. In der damaligen Situation hätte ein Planungsschwerpunkt auf einem eigens für das Auto bestimmten Verkehrsnetz obendrein die Position jener Kommunen verstärkt, die sich einer Herrschaft des Autos auf den innerstädtischen Straßen widersetzten. Die »Wohnstraße mit ihrer stillstehenden Statik« war ein logisches Korrelat zur reinen Autostraße. Autobahn oder autogerechter Ausbau der bestehenden Straßen: Diese Alternative war mit unterschiedlichen Konzepten von der Funktion des Autos verknüpft. Die Autobahn – in Begriff und Vorstellung ein Pendant zur Eisenbahn – bedeutete, daß das Auto ein mit der Bahn konkurrierendes Fernverkehrsmittel sein sollte; der »Eigenart des Kraftfahrzeugs als des anpassungsfähigsten, freizügigsten, beweglichsten Verkehrsmittels« dagegen trug am ehesten ein »weitverästeltes Landstraßennetz« Rechnung. Auf dem damaligen Motorisierungsniveau war der Bau von Autobahnen nahezu sinnlos; selbst heute fungiert das Auto ganz überwiegend als Verkehrsmittel für nahe und mittlere Entfernungen.[132]

Was veranlaßte die NS-Regierung dennoch, auf den Autobahnbau zu setzen? Die Antwort auf diese Frage ist schwieriger, als es aus der Sicht einer späteren Zeit erscheint, wo sich der Sinn der Autobahn von selbst versteht. Eine derart massive Bevorzugung des Individualverkehrs vor den öffentlichen Verkehrsmitteln – und Hitler machte nicht nur dem Auto eine förmliche Liebeserklärung, sondern betonte auch ausdrücklich seine Abneigung gegen die Eisenbahn – stand in direktem Widerspruch zu den sonst verkündeten Grundprinzipien des Nationalsozialismus. In den Romanen der zwanziger Jahre figurierte das Auto mit Vorliebe als Attribut einer mondänen, »amerikanisierten«, ich-bezogenen Lebensweise; für die Nationalsozialisten hätte es nahegelegen, nicht unbedingt das Auto als solches, aber doch den hemmungslosen Automobilismus als Sumpfblüte der als »verjudet« beschimpften Großstadtzivilisation zu bekämpfen und eher den männlich-wetterfesten Motorradsport zu kultivieren. Kein anderer als Fritz Todt klagte 1931, ein »Überfall des Automobils auf die Landstraßen« habe stattgefunden, ohne daß das »verarmte Deutschland« die Straßen durch entsprechenden Ausbau »vor den Angriffen des Automobilismus« habe schützen können. Der 70jährige Sombart, der zur Steuerung des technischen Fortschritts aufrief, bemühte sich darum, den Kampf gegen eine ungehemmte Motorisierung in der völkischen Ideologie zu verankern. Obendrein stand die Massenmotorisierung im Widerspruch zur Autarkiepolitik, jedenfalls so lange, wie nicht die Kohlehydrierung preiswertes Benzin lieferte oder Rumänien und Baku zum deutschen Machtbereich gehörten. Militärische Motive bestimmten den Autobahnbau weniger, als oft angenommen wurde; die Heeresleitung war vom militärischen Nutzen dieser Straßen nicht überzeugt, sondern befürchtete eher deren Orientierungswert für feindliche Flieger; bei der Streckenführung wurden militärische Gesichtspunkte erstaunlich wenig beachtet.[133]

Die Hitlersche Entscheidung für den Autobahnbau ging offenbar nicht aus einem langgehegten und wohlerwogenen Plan hervor, sondern erfolgte erst in der Situation von 1932/33. Dieser Entschluß war jedoch seinem Wesen nach keine isolierte Entscheidung, sondern Bestandteil eines ganzen Strategiebündels, zu dem nicht nur der »Volkswagen«-Plan, sondern auch die Treibstoffsynthese, die Arbeitsbeschaffung durch Straßenbau und das stark auf Motorisierung abgestellte Kriegskonzept gehörten; diese verschiedenen Aktionslinien bestärkten einander gegenseitig. Aber auch ein psychologisches Moment, ein emotionales Kalkül und ein Drang zur monumentalen Verewigung für die Nachwelt sind bei Hitlerschen Äußerungen zum Thema Auto und Autobahn unverkennbar. Der Kraftwagen gehöre »mehr seinem ganzen Wesen nach zum Flugzeug als zur Eisenbahn«, erklärte Hitler auf der

Berliner Automobilausstellung von 1933, und er begründete diese erstaunliche Behauptung aus der Technikgeschichte: »Kraftwagen und Flugzeug besitzen eine gemeinsame Wurzel in der Motoren-Industrie.« Den Rausch des Fliegens konnte der Automobilist in der Tat nur auf Autobahnen auskosten: am besten auf solchen, die, wie es unter der Leitung des Brückenbauers Paul Bonatz geschah, mit Vorliebe über die Täler hinweg statt entlang der Talsohlen geführt wurden. Dem Wunsche Hitlers gemäß sollten die Deutschen »das Gefühl für weite Räume bekommen«: Das sei das einzige, was ihnen bisher die Amerikaner im Reich der Gefühle voraus hätten. Zwischen dem Autobahnbau und dem Krieg bestand kein logischer, aber doch ein psychologischer Zusammenhang. »Ausweichen wollen wir nicht! Wir schaffen uns genügend Raum zum Vorwärtskommen, und wir brauchen eine Bahn, die uns gestattet, ein zu uns passendes Tempo genügend lange einzuhalten« – das verkündeten die Autobahnen in den Worten des Bauleiters Fritz Todt, der von Hitler als »größter Straßenbaumeister aller Zeiten« verherrlicht wurde und dessen steile Karriere die Möglichkeiten des technischen Experten im »Dritten Reich« erkennen läßt.[134]

Die meisten Deutschen kamen jedoch erst lange nach 1945 in den Genuß der Autobahnen. Nun konnte sich jener Typus von kollektiver Pseudo-Erinnerung ausbilden, der die Autobahnen als Gegengewicht gegen Auschwitz ausspielte. Die Massenmotorisierung der »Wirtschaftswunder«-Ära als nachträgliche Rechtfertigung des nationalsozialistischen Autobahnbaus und des Nationalsozialismus überhaupt: eine technizistische Sinngebung, die in ihrer Groteske mit der Rehabilitation der Atombombe durch die »friedliche« Kernenergie, der High-Tech-Rüstung durch den »Spin-off« wetteifert.

Als die Fahrzeugindustrie um 1918 zivile Absatzgebiete für die durch den Krieg geförderten schweren, geländegängigen Fahrzeuge suchte, bot sich neben dem Lastverkehr vor allem die Landwirtschaft an. Wenn Günther Franz jedoch schon 1917 »für die Landwirtschaft das Schlepperzeitalter« beginnen läßt, erscheint das verfrüht: Bis 1927 war der Pferdebestand der deutschen Landwirtschaft noch im Wachsen und der darauffolgende Rückgang mehr durch die Krise als durch die Motorisierung bedingt. Bis in die Zeit nach 1945 wurde der Schlepper, damals oft gemeinsames Eigentum mehrerer Bauern, vorwiegend subsidiär zur Bewältigung von Arbeitsspitzen eingesetzt. Erst um 1954 übertrafen in der Bundesrepublik die vom Schlepper geleisteten Zugkräfteeinheiten die der Pferde, Kühe und Ochsen.[135] Die Anstöße zur Motorisierung kamen um 1918 mehr von außen als aus der Landwirtschaft selbst, die in der Folgezeit noch mehr als früher über Schulden, jedoch weniger über »Leutemangel« zu klagen hatte.

Auch bei der Motorisierung der Landwirtschaft gab es eine Herausforderung durch Henry Ford: Der leichte »Fordson«-Traktor hatte im Ersten Weltkrieg die englische Landwirtschaft erobert – in einer Zeit des kriegsbedingten Arbeitskräftemangels ein als patriotisch geltender Akt – und drang im Frieden auch nach Deutschland vor. 1921 brachte die Mannheimer Firma Lanz den ersten »Bulldog« auf den Markt, dessen Auf und Ab das weitere Schicksal dieses größten deutschen Landmaschinenunternehmens bestimmte. Seit 1926/27 wurde der Bulldog am Fließband hergestellt; gegenüber dem Fordson wurden seine höhere Zugkraft und bessere Brennstoffökonomie hervorgehoben. Bei den Traktoren, deren Erfolg besonders stark von der Anpassung an die regionalen Agrarbedingungen abhing, wurde in den zwanziger Jahren der »amerikanischen Herausforderung« wirkungsvoller begegnet als bei den Personenwagen. Der Schlepperbau erwies sich als ein Technikbereich eigener Art, der spezifische Erfahrungen und Entwicklungsprozesse erforderte. Während in der industriellen Technik der Trend zur Integration von Antrieb und Werkzeug ging, brauchte die damalige Landwirtschaft, soweit sie sich überhaupt einen Motor leisten konnte, einen Allzweckantrieb. Der Schlepper verdrängte daher den Motorpflug; er ersetzte das Pferd, nicht so sehr den Menschen, und fügte sich insofern in die herkömmliche Landwirtschaft ein. Während die Pkw-Konstrukteure unablässig mit hochgezüchteten Motoren experimentierten, galt bei Lanz die Devise: »Der Motor für den landwirtschaftlichen Schlepper kann gar nicht einzylindrisch genug sein«; hier waren bis in die fünfziger Jahre Primitivität und Unverwüstlichkeit der Technik und starres Festhalten am Bewährten Trumpf. Während die Entwicklung schnell wirksamer und leicht zu betätigender Zünder bei den Personenwagen eine Schlüsseltechnologie war, trug der Glühkopf des Bulldogs, der vor der Zündung des Motors mit der Lötlampe vorgewärmt werden mußte, anscheinend zur Beliebtheit dieses Schleppers und zur emotionalen Mensch-Maschine-Beziehung bei. Dennoch wurde der Bulldog kein landwirtschaftliches Pendant zum Volkswagen. Selbst Porsche, der Schöpfer des VW, hatte mangels landwirtschaftlicher Kenntnisse bei der Konstruktion eines »Volksschleppers« kein Glück. Erfolgreicher war die Idee, Autowracks zur Herstellung landwirtschaftlicher Fahrzeuge auszuschlachten; bei den Berliner Autofriedhöfen ließ sich aus dieser Bastelei ein regelrechtes System machen.[136]

Erste Versuche um 1930 zur Einführung des amerikanischen Mähdreschers in Deutschland schlugen fehl. Der Mähdrescher war, ob durch Pferde oder einen Motor betrieben, immer noch eine ausgesprochen amerikanische Technik, die in die deutsche Landwirtschaft nicht hineinpaßte. Er war nicht nur teurer als bisherige Landmaschinen, sondern verlangte bei deutschen Witterungsverhältnissen von seinem Betreiber »Nerven«; denn mit der Ernte mußte so lange gewartet werden, bis das Getreide »totreif« war. In diesem Fall mußte die Maschine nicht nur der Landwirtschaft, sondern umgekehrt die Landwirtschaft auch der Maschine angepaßt werden; denn der Mähdrescher ließ sich am besten in agrarischen Monokulturen nutzen. Wie Vormfelde, der wissenschaftliche Mentor des späteren Harsewinkler »Mähdrescherkönigs« Claas, 1931 klarmachte, war die Einführung des Mähdreschers tatsächlich an ein »neues Weltbild« geknüpft. Dieses »Mähdrescherzeitalter«, in dem das Personal der Bauernwirtschaft auf die Kleinfamilie schrumpfte, begann in der Bundesrepublik erst Ende der fünfziger Jahre, in einer Zeit, die auch in anderen Technikbereichen eine sozialgeschichtlich bedeutsame Zäsur darstellt.[137]

# V. An den Grenzen der Massenproduktion

## 1. Bruchlinien in der bundesdeutschen Technikgeschichte

*Von der Herrschaft des Konsums zur High-Tech-Euphorie:
Die Entfernung der Spitzentechnik vom zivilen Bedarf*

Nichts ist in der Geschichtsschreibung riskanter als der Versuch, die eigene Gegenwart historisch einzuordnen. Die täglich erlebte Vielfalt der Wirklichkeit verunsichert jede Periodisierung, die aus einer bestimmten Perspektive heraus konstruiert ist; man merkt, wie stimmungs- und standortabhängig es ist, ob man die neueste Zeit auf »Fortschritt« oder »Niedergang« hin stilisiert. Sobald man die Gegenwart als Prozeß zu bestimmen sucht, mischen sich Annahmen über die Zukunft hinein.

Aus technikhistorischer Sicht läßt sich die Zeit des Wiederaufbaus der voraufgegangenen Periode zuschlagen. »Keine neue Entdeckung auf irgendeinem Gebiet wirkt sich wohl so schnell und nutzbringend auf die Industrie aus, wie die Anwendung des bereits Bekannten«, war eine Lehre der Technikgeschichte in der Zeit des Wiederaufbaus. Wilhelm Röpke, ein Oberhaupt der neoliberalen Schule der Nationalökonomie, besaß eine antifatalistische Einstellung zur Technik und erklärte die Vorstellung für »ganz und gar unzutreffend«, »als ob wir passiv über uns ergehen lassen müßten, was an Erfindungen uns durch Zufall oder naturgesetzliche Logik beschert wird«. Es war die Zeit, als Konrad Zuses Rechenmaschine unbeachtet in einem Stall im Allgäu stand, als der Erfinder einer akustisch gesteuerten Drehbank, Wolfgang Schmid, bei der AEG den Spitznamen »Lügenschmid« bekam und als ein Bundeskanzler regierte, der ein beleuchtetes Stopfei erfunden hatte und dessen erfolgreichster Wahlslogan »Keine Experimente!« lautete. Der BDI-Vorsitzende Fritz Berg, der aus der Altenauer Drahtindustrie stammte und Fahrradspeichen und Matratzenfedern produzierte, hatte zumindest äußerlich noch etwas vom Typus des Handwerker-Unternehmers, der in der Zeit des Wiederaufbaus eine neue Chance bekam. Die staunenerregenden Erfolge des Wiederaufbaus zeigten, daß es vor allem auf Menschen und Märkte ankam und Improvisationen oft wichtiger waren als großartige Innovationen. Walzstraßen waren in den frühen fünfziger Jahren die technisch hervorstechendsten Symbole des Wiederaufbaus; aber auch die 1950 auf Spezialmaschinen begonnene Massenproduktion von Negerküssen war eine für die nachkriegsdeutsche »Freßwelle« charakteristische Innovation. Ein 1955 vorgenommener Vergleich zwischen der Dortmund-Hörder-Hüttenunion und einem amerikanischen Stahlkonzern ergab, daß der »gehobene technische Stab« in der amerikanischen Firma zehnmal so groß war wie in der deutschen.[1] Selbst die Chemie richtete sich in ihrer Investitionspolitik bis dahin mehr kurz- als langfristig aus. Karl Winnacker allerdings, der vor 1945 bei der IG Farben mit der Alizarin- und Kautschuksynthese befaßt war und 1952 zum Chef der Farbwerke Hoechst aufstieg, wurde in der Folge zum prominentesten Anwalt der Kerntechnik in der Industrie; hier erhob sich am Horizont die IG-Farben-Tradition der autarkieorientierten Großprojekte. Aber selbst Strauß hielt es als Atomminister (1955/56) für vorteilhaft, in der Reaktorentwicklung die Erfahrungen anderer Länder abzuwarten, und äußerte gegen die Errichtung von Kernforschungszentren schon dann Bedenken, wenn diese »Millionen« zu verschlingen und sich über »Jahre« hinzuziehen drohten. Der Philosoph Ernst Bloch glaubte damals, in dem amerikanischen »Zaudern« gegenüber der zivilen Kerntechnik ein Indiz für die »spätbürgerliche Drosselung der Technik« zu erkennen. In der ersten Zeit der Wiederaufrüstung bezweifelte der Deutsche Industrie- und Handelstag den Nutzen des Aufbaus einer deutschen Luftfahrtindustrie.[2]

In den späten fünfziger Jahren dagegen begann technikgeschichtlich eine neue Ära. Seither galt technischen Innovationen eine wachsende Aufmerksamkeit. Während die Technik als solche in der Zeit des Wiederaufbaus kaum ein öffentliches Thema war, gab es von nun ab eine Publizistik, die in einem historisch beispiellosen Ausmaß auf »Hochleistungs-« und »Spitzentechniken«, auf »neue Technologien« und »High Tech« fixiert war; die Reizworte wechselten von den sechziger zu den achtziger Jahren. Wie bei der Rationalisierungsbewegung der Zwischenkriegszeit hing die Technik-Begeisterung mit dem allgemeinen Zeitklima zusammen; wie damals muß man zwischen Diskurs- und Realgeschichte unterscheiden.

Als Stichjahr kann das Jahr 1957 gelten. Während sich bis dahin das wirtschaftliche Wachstum mehr extensiv vollzog, wurde seit 1957 dem technischen Fortschritt eine entscheidende Bedeutung für die Aufrechterhaltung des Wachstums zugeschrieben. Ab diesem Zeitpunkt stieg die Zahl der Patentanmeldungen derart an, daß das Bundespatentamt zeitweilig in eine Krise geriet. 1957 sank die Arbeitslosigkeit erstmals unter 4 %; die Verknappung der Arbeitskräfte wurde mehr als je zuvor in der deutschen Geschichte zum Technisierungsimpuls. Eine Wende erkennt man auch darin, daß der Anteil der Angestellten, der von 1950 bis 1956 stagniert hatte, ab 1957 »ruckartig« anstieg. Weitere, teilweise zufällige Gleichzeitigkeiten verstärkten den Trend zur Höherbewertung technischer Innovationen. 1957 startete der sowjetische Erdsatellit »Sputnik«, und der »Sputnik-Schock« wirkte in der westlichen Welt noch lange nach. Wernher v. Braun, einer der amerikanischen Leitfiguren bei dem nun einsetzenden Raketenwettlauf, wurde in der Bundesrepublik eine populäre Gestalt: Eine derartige Karriere eines deutschen Technikers in den USA hatte es noch nie gegeben. 1957 wurde das erste bundesdeutsche Atomprogramm, wenn auch erst inoffiziell, entworfen; im selben Jahr begann unabhängig davon das RWE mit dem Bau des ersten deutschen Versuchskernkraftwerkes in Kahl am Main. Ebenfalls 1957 wurde die atomare Umrüstung der Bundeswehr beschlossene Sache; eine Verbindung von Militär und Zukunftstechnik zeichnete sich ab. Die bundesdeutschen Rohölimporte, die bis dahin nur langsam gestiegen waren, gingen seit 1957 steil nach oben; die Preise für Heizöl fielen »geradezu dramatisch«; die Kohle, die noch 1956 einen Boom erlebt hatte, geriet ziemlich abrupt in die Krise. Ein Jahrhundert lang hatte die Kohle die Dynamik der wirtschaftlichen und technischen Entwicklung Deutschlands stark bestimmt; diese Zeit ging nun zu Ende. Die Chemie, deren höchster Ehrgeiz vor 1945 der synthetischen Ölproduktion aus Kohle gegolten hatte, stellte sich nun nach amerikanischem Vorbild auf Erdöl um. Selbst die Chemischen Werke Hüls, deren Standort an der Ruhrkohle orientiert gewesen war, verlegten sich auf die Petrochemie. Bei der Kunststoffproduktion, dem nunmehr stärksten Wachstumssektor der Chemie, stand das Öl, das die benötigten Kohlenwasserstoffe fertig enthielt, dem Endprodukt viel näher als die Kohle. Der industrielle Vorsprung Norddeutschlands ging nach und nach verloren; Baden-Württemberg und Bayern profilierten sich seit den sechziger Jahren als Hochburgen der »neuen Technologien«, Bayern auch als bevorzugter Standort der neuen Verbindung von Chemie und Öl. 1957 setzte der Niedergang der traditionsreichen Solinger

Schneidwarenindustrie ein; er wurde dadurch beschleunigt, daß die Heimarbeiter unter dem Eindruck der Zeitstimmung auf Krisensymptome überreagierten und die Jugendlichen vor diesem Gewerbe zurückschreckten.

1957 traten der EWG- und der Euratom-Vertrag in Kraft. Der Mechanisierungsdruck wurde in der Landwirtschaft so stark wie noch nie zuvor. Das folgende Jahr brachte die freie Konvertibilität der D-Mark; 1960 wuchsen die amerikanischen Investitionen in der Bundesrepublik auf über 1 Milliarde Dollar und vermehrten sich in der Folgezeit um durchschnittlich 300 Mio. Dollar pro Jahr. Die Zeit der »Entflechtung« war endgültig vorbei; die Dynamik der *Economies of Scale* konnte sich von neuem entfalten.[3]

Bis in die späten fünfziger Jahre florierte noch das Zweirad- und Kleinwagengeschäft; in den sechziger und siebziger Jahren wurde dagegen das Auto zu einem normalen Zubehör des Lebens. Sogar das Flugzeug wurde durch Großraummaschinen zum Massenverkehrsmittel: Betrug die Zahl der bundesdeutschen Flugreisenden 1961 erst 27 000, so 1971 zwei Millionen und 1981 44 Millionen.[4] Während die Atmosphäre der fünfziger Jahre noch weithin durch Sparsamkeit, Puritanismus und restaurative Tendenzen geprägt war, brachten die sechziger und siebziger Jahre in der Alltagskultur einen tiefen Bruch von epochaler Bedeutung nicht nur für die Zeit der Bundesrepublik, sondern für die gesamte neuzeitliche Geschichte. Kühlschrank, Waschmaschine, das Fertiggericht aus der Tiefkühltruhe, Selbstbedienungsläden, Anti-Baby-Pille, Mittelmeerreise, Pizzeria, Diskothek: Aus all diesen Requisiten entwickelte sich ein neuer Lebensstil. Das Fernsehen, zunächst in deutschen Gebildetenkreisen verpönt und Gegenstand heftiger Kontroversen, dominierte und nivellierte die Freizeitgewohnheiten weit mehr, als dies alle früheren Innovationen vermocht hatten. Da die Freizeit zunehmend das Selbstbewußtsein bestimmte, trugen solche Nivellierungen zum Eindruck der »klassenlosen Gesellschaft« bei.

Wenn Sigfried Giedion 1948 noch davon träumte, daß die Mechanisierung des Alltags am Ende auch zur verbesserten Wiederauferstehung des »Regenerationsbades« führen möge, so ging ein Teil dieses Traumes mit der Ausbreitung der Saunabäder seit den sechziger Jahren in Erfüllung. Aber auch die technische Manipulation organischer Substanz, die bei Giedion schockierendste Form der Mechanisierung, die damals noch in den Schlachthäusern von

Chicago kulminierte, wurde in der deutschen Landwirtschaft und Fleischproduktion zur Selbstverständlichkeit. Hier vollzog sich, mehr als in allen anderen großen Wirtschaftssektoren, seit den späten fünfziger Jahren eine technische und industrielle Umwälzung, für die der Begriff »Revolution« angebracht ist, obwohl dieser Umbruch in der Öffentlichkeit lange Zeit nur wenig beachtet wurde und Betrachtungen über die angebliche »zweite industrielle Revolution« sich meist auf Bereiche bezogen, die weit weniger erschüttert wurden. In den siebziger Jahren war der Kapitaleinsatz pro Arbeitsplatz in der bundesdeutschen Landwirtschaft höher als in der Industrie. Die Mechanisierung konzentrierte sich in den fünfziger Jahren in Fortführung älterer Tendenzen auf den Ackerbau; der Traktor verdrängte die Zugtiere, und der Mähdrescher machte viele Höfe menschenleer. War der chemische Dünger vor dem Krieg pfundweise mit der Hand gestreut worden, so wurde er jetzt zentnerweise und mechanisch auf dem Acker verteilt. Wie sich in den sechziger und siebziger Jahren zeigte, ließ sich die Mechanisierung bei der Viehhaltung sogar noch weiter treiben als beim Ackerbau. Nach 1960 ging die Zahl der Hühner im südlichen Oldenburg steil nach oben. Bei der Geflügel-»Produktion« war die Dynamik des Größenwachstums fast unbegrenzt; nach holländischem Vorbild entstanden in kurzer Zeit fabrikartige Anlagen mit Hunderttausenden von Tieren. Wogten in den fünfziger Jahren die Wellen der Empörung über die Kollektivierung der Landwirtschaft in der DDR, so gab es in der Folgezeit in der bundesdeutschen Landwirtschaft Konzentrationsvorgänge, die für viele Betroffene noch unbarmherziger waren. Das Industrialisierungsniveau der holländischen Landwirtschaft wurde allerdings in der Regel nicht erreicht. In den achtziger Jahren rief schon die bloße Aussicht auf die Einführung gentechnischer Verfahren in der Züchtung eine breite Opposition hervor.

In der Forstwirtschaft gab es vorübergehend Versuche mit großen Holzerntemaschinen nordamerikanischer und skandinavischer Provenienz; es wurde jedoch erkannt, daß diese sich auf deutsche Waldböden ruinös auswirkten. Die Ein-Mann-Motorsäge war und blieb die den deutschen Waldverhältnissen angepaßte Mechanisierungsform und wurde der größte bundesdeutsche Exportschlager in der Forsttechnik.[5] Das Wachstum der weltweit größten Verbraucherin von Massen-Schwachholz, der Zellstoffindustrie, wurde in der Bundesrepublik durch Umweltauflagen gebremst. Die Möbelbranche ging in den sechziger Jahren zur Großserienfertigung über; seit Ende der siebziger Jahre jedoch wurde sie von der Krise der Massenproduktion besonders stark in Mitleidenschaft gezogen.

In der Industrie dominierte seit den sechziger Jahren eine prinzipielle Präferenz für solche Technologien, die den Lohnanteil am Produkt verringerten; mit Argumenten dieser Art wurde ein grundsätzlicher Vorteil der Kernenergie gegenüber der Kohle schon zu einer Zeit behauptet, als eine auch nur halbwegs exakte Kostenrechnung noch nicht möglich war. Früher galt eine Mechanisierung um jeden Preis in Europa als typisch amerikanisch; je mehr Vollbeschäftigung und steigende Löhne als Dauerzustand erschienen, desto mehr setzte sich eine ähnliche Unternehmermentalität auch in der Bundesrepublik durch, zumal der Bau der Berliner Mauer 1961 den Zustrom von Fachkräften aus der DDR abschnitt. Dafür begann jetzt die verstärkte Anwerbung von Arbeitskräften aus Süd- und Südosteuropa; der Anteil der ausländischen Arbeiter stieg in der Bundesrepublik während der sechziger Jahre von 2 auf 10 %. Wie in den USA entstand eine stark durch Ausländer geprägte neue Unterschicht von Arbeitern. Dieses Arbeitskräftepotential begünstigte Mechanisierungsstrategien, die auf ungelernte und stark reglementierbare Arbeiter berechnet waren und bis dahin die USA charakterisierten. In der Motorenfertigung der Kölner Fordwerke erreichte der Anteil der ausländischen Arbeiter schon 1965 70 %. Aus der späteren Sicht eines Sprechers der IG Metall wurden in den sechziger Jahren mit den amerikanischen Werkzeugmaschinen »auch viele der amerikanischen ›Todsünden‹ mit übernommen«. Erst jetzt erreichten Teile der bundesdeutschen Autoindustrie ein »fordistisches« Niveau starrer Großserienfertigung; über das Montage-Fließband hinaus wurden auf den neuen »Transferstraßen«, die Renault schon 1947 eingeführt hatte, verschiedene Arbeitsprozesse an einem Werkstück hintereinandergeschaltet.[6]

In den fünfziger Jahren wurde die Dynamik der Konsumbedürfnisse zu einer Triebkraft der industriellen Entwicklung wie noch nie in der Geschichte. Die latente Spannung zwischen technischer Entwicklung und menschlichem Bedarf wurde zeitweise verdeckt. Aber gerade dadurch, daß der Konsumrausch in einem bis dahin beispiellosen Maße ausgelebt wurde, stieß die heftig stimulierte Motorik des industriellen Wachstums am Ende immer mehr auf die Grenzen des Binnenmarktes. Die Industrie reagierte auf die neue Situation unterschiedlich. Während sich in der Wiederaufbauphase, als der allgemeine Warenhunger grenzenlos wirkte, die Produktion an den vorhandenen und leicht beschaffbaren Maschinen ausrichtete, gewannen seit dem Ende der fünfziger Jahre, als der Markt vom Verkäufer- zum Käufermarkt wurde, Marktforschung und Erschließung neuer Märkte an Bedeutung. Aber auch Staats- und Rüstungsaufträge wurden wieder interessanter; der Waren- und schließlich auch der Kapitalexport erreichten eine nie dagewesene Höhe. Neue Wege der Technisierung außerhalb der Massenproduktion und im Dienstleistungsbereich – dem größten Wachstumssektor der siebziger und achtziger Jahre – wurden gesucht. Von einer allgemeinen Krise der Massenproduktion zu reden, wäre zuviel; aber spätestens seit den siebziger Jahren taugte eine Ausweitung der Massenproduktion generell nicht mehr als Strategie für weiteres Wachstum. Die Auseinandersetzung mit den Grenzen der Massenproduktion und überhaupt mit den Grenzen der durch Waren zu befriedigenden menschlichen Bedürfnisse kann man als gemeinsamen Nenner vieler Vorgänge in der Technikgeschichte der allerneuesten Zeit begreifen, zumal auch die Entsorgungskrise diese Grenze markiert. Eben dadurch, daß die Technik im Leben allgegenwärtig wurde, verringerten sich die Impulse, die der technische Fortschritt aus Lebensbedürfnissen bekam. Zwar gab es noch unerfüllte Wünsche genug; aber diese richteten sich zunehmend auf Dienstleistungen und auf Nicht-Massenprodukte, die die eigene Individualität unterstrichen.

Ein weiterer Schlüsselvorgang war die wachsende, am Ende extrem hohe internationale Verflechtung der bundesdeutschen Wirtschaft; denn wichtige Impulse zu technischen Innovationen kamen stets aus dem Außenhandel. Nach 1945 galt das noch mehr als früher, da von nun an die Dynamik des internationalen Handels vor allem durch die Handelsbeziehungen zwischen hochindustrialisierten Staaten bestimmt wurde, während vorher der Warenaustausch zwischen Industrie- und Agrarstaaten als ideale und typische Form des Handels galt. In dem Ausmaß der Exportorientiertheit unterschied sich die Wirtschaftsmentalität, die sich in Westdeutschland schon bald nach 1945 herausbildete, besonders scharf von den Grundsätzen der Kriegs- und Zwischenkriegszeit; Knut Borchardt hat von einer förmlichen »Exportideologie« gesprochen. In der herrschenden Wirtschaftslehre fehlten die Maßstäbe für eine Begrenzung der Exportabhängigkeit; für Ludwig Erhard war die Devisenzwangswirtschaft »das Symbol alles Bösen« und verkörperten die Handelsschranken den »Fluch der Vergangenheit«, während die weite Welt für die deutsche Wirtschaft »voll unermeßlicher Chancen« war. Die Exportausrichtung, die in der ersten Nachkriegszeit aus der Schwäche des Binnenmarktes resultierte, wurde zum Dauerzustand, auch als der Binnenmarkt explosionsartig wuchs; von Anfang bis heute galt eine Steigerung der Ausfuhr stets als Erfolgsmaßstab und ein auch nur geringfügiger Exportrückgang als Grund zum Alarm. Während sich der Gesamtumsatz der bundesdeutschen Industrie von den fünfziger bis in die siebziger Jahre verfünffachte, stieg der Auslandsumsatz auf fast das Zehnfache.

Die Bundesrepublik wurde zum größten Exporteur auf der ganzen Welt; in den achtziger Jahren ging ein Drittel der Industrieproduktion in den Export, während die Ausfuhrquote selbst in Japan gegenwärtig nur 14 % beträgt. Trotzdem ist die Exportversessenheit eher noch im Steigen; denn der bundesdeutsche Binnenmarkt mit seinen Sättigungserscheinungen ist für Wachstumsstrategien nicht allzu attraktiv, Langzeit-Prognosen tragen hier geradezu »katastrophale Züge«. Als Gradmesser gilt vielfach der Bausektor. In den achtziger Jahren übertraf der Wert der Altbau-Sanierung den der Neubauten: Dieser neue Trend, der viel zur Verschönerung der Städte beitrug, aber teilweise gegen die Baubranche durchgesetzt werden mußte, schuf zwar Arbeit genug, jedoch keine ehrgeizigen Perspektiven für den technischen Fortschritt.[7]

In den fünfziger und sechziger Jahren gab die Unterbewertung der D-Mark der bundesdeutschen Industrie einen mühelosen Exportvorteil. Da die Unterbewertung der D-Mark sowohl den Export fördert als auch den Import hemmt, vereinte der Kampf gegen die Aufwertung frühere Freihandels- und Schutzzoll-Anhänger. Die Freigabe des Dollar-Wechselkurses 1971 veränderte die Situation; die Konkurrenzbedingungen wurden schärfer. In die gleiche Richtung wirkten Industrialisierungsfortschritte in manchen Ländern der Dritten Welt. Protektionistische Gegenmaßnahmen waren in der Bundesrepublik heftig verpönt; nur eine weltweit führende Position im technischen Fortschritt könne die deutsche Wirtschaft vor Krise und Niedergang bewahren – das wurde zum immer und immer wiederholten Glaubensbekenntnis. Die extreme Exportabhängigkeit machte das Verhältnis zum technischen

Fortschritt zwanghaft und nervös. »High Tech« als die Zukunft der Bundesrepublik: Diese Parole verbindet sich mit der Vorstellung einer internationalen Technik-Hierarchie, bei der die Produktion billiger Massengüter mehr und mehr in Niedriglohnländer verlagert wird. Als erstes wurde die Textilindustrie, die einst als besonders »automatisiert« gegolten hatte, zum Inbegriff einer technologisch primitiven, zur Verlagerung in die Dritte Welt prädestinierten Branche; in der Folge drohte auch der Stahlindustrie ein ähnliches Schicksal. Wenn man jedoch davon ausgeht, daß die industrielle Entwicklung eine solide Grundlage nicht durch globale Arbeitsteilung, sondern nur durch den inländischen Bedarf bekommt, ist diese Art von weltweiter Ausrichtung nicht unbedenklich. Die Kernenergie war die erste deutsche Großtechnik, die entscheidend unter den Auspizien des Exports und der globalen Technik-Hierarchie entwickelt wurde. Das Schicksal der Atomkraft zeigt die Problematik der »Exportideologie« nicht nur in wirtschafts-, sondern auch in technologiepolitischer Hinsicht.

Die wachsende internationale Verflechtung der Bundesrepublik hatte auch noch eine andere Seite, die für die technische Entwicklung ebenfalls von Bedeutung war: die wachsende Internationalisierung des Kapitalmarktes. Mehr als je zuvor wurde das nach Anlage suchende Kapital zu einer Triebkraft bei der Durchsetzung technischer Neuerungen, zumal seit den siebziger Jahren, als ein Großteil der bestehenden Technologien nur noch begrenzte Wachstumschancen bot. Schon die Kernenergie wurde seit den späten sechziger Jahren nicht zuletzt durch das Bedürfnis der Energiewirtschaft nach steuergünstiger Reinvestition der Gewinne vorangetrieben, nicht durch einen akuten Energiebedarf. Ähnlich verhält es sich mit dem neuerlichen Engagement der Chemie in der Gentechnik: Ein aktueller Bedarf, der diesen Aufwand motivierte, ist nicht zu erkennen; die Vorteile gentechnischer Verfahren gegenüber konventionellen Methoden sind in vielen Fällen unsicher. Ausschlaggebend für das industrielle Engagement ist der kategorische Imperativ der technischen Innovation in einer Situation, in der die bisherige Chemie nur noch eine begrenzte Entwicklungsfähigkeit erkennen läßt, und ist die Sorge, im Technologie-Wettlauf hinter die USA und Japan zurückzufallen.[8]

Ob die Internationalisierung des Kapitalmarktes aber auf die Dauer technische Innovationen in der Bundesrepublik vorantreibt, ist nicht sicher: Der bundesdeutsche Kapitalexport, bis in die siebziger Jahre nur unbedeutend, stieg seitdem stark an, teilweise deutlich auf Kosten der inländischen Investitionen. Auch dieser Vorgang, bis dahin aus England als Ursache des industriellen Niedergangs geläufig, ist ein neuartiges Element der bundesdeutschen Situation. Die zur Einschüchterung von Steuerpolitikern und Umweltschützern geführte »Standort-Debatte« – die öffentliche Erörterung, ob der »Standort Bundesrepublik« für bestimmte Industriebranchen noch von Vorteil ist – bedeutet gegenüber dem industriellen Nationalismus der Vergangenheit einen Pendelausschlag ins andere Extrem.

Der scharfe Bruch zwischen der Zeit des Wiederaufbaus und der darauffolgenden Phase, die bis in die Gegenwart reicht, tritt exemplarisch in der 1968 erschienenen Streitschrift Marcel Hepps gegen den »Atomsperrvertrag« zutage; der 32jährige Hepp war damals persönlicher Referent von Franz Josef Strauß und Herausgeber des *Bayern-Kuriers*. Er malt beschwörend aus, wie die gesamte technische Entwicklung allen Glanz und Reiz verlieren werde, wenn die Deutschen von der Atom- und Raketentechnik ausgeschlossen blieben:

Diese Orgie der Technik, das Fest der Computer, der Triumph der Regeltechnik und die Rasanz der Turbinen: die deutsche Industrie wird im Zeichen des Sperrvertrages nie mehr daran partizipieren. Was bleibt, ist – drastisch gesagt – die Perfektionierung der Küche, die Automatisierung der Büros und die Verfeinerung der Verkehrsmittel ... Der technische Eros eines Top-Mannes des Managements oder der Forschung kann nicht mehr durch die Konsumgüterproduktion einer quasi-fellachisierten Industrie gebunden werden. Mehr als bisher dürfte also die Auswanderungsbewegung der qualifizierten Kräfte zunehmen ... Es kann nicht der Sinn der Forschung sein, ausländische Entwicklungen auf deutsch nachzuempfinden. Unsere finanziellen Anstrengungen können auch nicht den Zweck haben, den Export deutscher Duodez-Technologen anzuspornen.[9]

Deutlicher konnten der emotionale Untergrund und der Machttraum der neuen Technik-Ideologie nicht offengelegt werden und krasser auch nicht der Kontrast zu der pragmatischen Einstellung zur Technik in der voraufgehenden Zeit. Ausgerechnet diejenige Technik, die das »Wirtschaftswunder« hervorbrachte, wurde mit Verachtung behandelt, Bedarfsdeckung als Fellachenarbeit abgetan! Alle Erfahrungen des »Wirtschaftswunders« wurden rundweg verleugnet: Nichts mehr davon, daß das unternehmerische Handeln vom Markt, vom Bedarf her angelegt sein muß und daß bei teuren Spitzentechnologien ein Vorsprung des Auslands von Vorteil sein kann nach der Devise, daß der kluge Mann aus den Erfahrungen anderer lernt. Es war auffallend genug, daß gerade die Bundesrepublik und Japan, die bis in die sechziger Jahre keine nennenswerte Rüstungsindustrie besaßen, den steilsten wirtschaftlichen Aufstieg erlebten, während die britische und französische Atomrüstung nicht einmal der Kernenergie-Entwicklung in diesen Ländern viel nützte, sondern in der Konkurrenz mit der bundesdeutschen Atomindustrie ein Handicap war: Dennoch gedieh in Politik und Publizistik der Glaube an den »Spin-off« aus militärischen Spitzentechnologien. Für manche Technik-Euphoriker wurden Kosten-Nutzen-Überlegungen überhaupt kleinlich und trivial; ein Astrophysiker prophezeite, »aus Angst vor Anachronismus« werde in Zukunft keiner mehr bei der Raumfahrt die Frage nach dem Warum stellen dürfen.

Man kann es auch merkwürdig finden, wie wenig die Erfahrungen der DDR die bundesdeutsche Technikideologie beeindruckten. Die DDR wurde als abschreckendes Beispiel für die Mißlichkeiten von Kommunismus und Planwirtschaft wahrgenommen; dabei hätte sie ebensosehr die Folgen eines einseitigen Produktivismus und eines Kultes der Großtechnik vor Augen führen können. Durch die Planwirtschaft, das stalinistische Vorbild und die Braunkohle begünstigt, wurde dort der Produktivismus der Kriegs- und Zwischenkriegszeit auf die Spitze getrieben: die Zentralisierung und Schaffung großer »Kombinate«, die technizistische Wertehierarchie mit Stahl an der Spitze und Salat am Schluß, die Vorliebe für möglichst große und schwere Technik sogar bei Straßenbahnen und Traktoren, das Denken in Produktionsziffern statt in Kategorien der Bedarfsdeckung, und das alles begleitet von der offiziellen Verherrlichung der revolutionären Rolle der »Produktivkräfte«, von polytechnischer Bildung und von Fußballvereinen, die sich »Dynamo« nannten. Die bedeutungsvolle Paradoxie, daß die Bundesrepublik mit ihrem offiziellen Antimaterialismus und ihrem von der Technik eher distanzierten Bildungswesen in der technischen Entwicklung dennoch weit mehr Erfolg hatte als die DDR, wurde nicht bemerkt.

Hepp hatte jedoch insoweit recht, als bestimmte Richtungen des technischen Fortschritts – insbesondere der Drang zum technischen Superlativ um jeden Preis – nicht mehr mit menschlichen Lebensbedürfnissen korrespondierten. Noch schnellere und noch höhere Flugkörper, noch stärkere Explosivkräfte, noch härtere Werkstoffe: Wenn sich solche Ambitionen im frühen 20. Jahrhundert noch mit ziviler Nutzung verbinden ließen, so nicht mehr bei den technischen Möglichkeiten der neuesten Zeit. Die NATO-Strategie der »flexiblen Antwort« dagegen, die die Prinzipien der Flexibilität und der Vorsorge für jeden erdenklichen Fall in die Rüstung einführte, schuf einen potentiell unendlichen Markt für Spitzentechnologie. Der technische Superlativ entsprach aber teilweise mehr Science-fiction-Kriegen als einem wirklichen militärischen Bedarf, zumal die Superprojekte auf Kosten der konventionellen, in ihrer Verläßlichkeit erprobten Rüstung ging. Strauß pflegte den »Spin-off«, die »Ausstrahlung« militärischer »Hochleistungstechnik« auf zivile Bereiche zu betonen. Manchmal kann man den Eindruck gewinnen, daß die Bonner Rüstungspolitik auf der stillschweigenden Voraussetzung beruhte, daß die Bundesrepublik im Ernstfall ohnehin nicht zu verteidigen sei und die Rüstung, wenn sie überhaupt einen Sinn haben solle, dem technischen Fortschritt dienen müsse. Das Geheimnis des »Starfighters« mit seinen 269 Abstürzen (1960–87) waren offenbar nicht die Bestechungsskandale, sondern die industrie- und technologiepolitischen Motive bei seiner Beschaffung, die an militärischen und praktischen Erfordernissen vorbeigingen: In typisch deutscher Weise sollte eine amerikanische Technik, die auf einen bestimmten Zweck spezialisiert war, unterschiedlichen Situationen angepaßt werden; das raketenartige Flugzeug jedoch, das – »rassig, sensibel, rachsüchtig wie eine Diva« – »keinen menschlichen Fehler« verzieh, sträubte sich gegen eine Anpassung an die geographischen und klimatischen Verhältnisse Mitteleuropas. Auch das (angebliche) Vielzweckflugzeug MRCA-Tornado, die »eierlegende Wollmilchsau«, die in Wirklichkeit nur für ein ganz begrenztes Aufgabenspektrum geeignet war, wirkt wie eine Karikatur auf die deutsche Strategie der Flexibilität, die – an sich vernünftig – keine Verbindung mit dem technischen Superlativ vertrug. Dieses bis dahin teuerste Rüstungsprojekt der deutschen Geschichte entsprach im Endeffekt so wenig militärischen Bedürfnissen, daß »MRCA« (»Multi-Role Combat Aircraft«) in Luftwaffen-Kasinos als »Military Requirements Come Afterwards« glossiert wurde.[10]

Die Lehre, daß Markt und Konsum als Triebkraft für den technischen Fortschritt nicht ausreichen, wurde in den sechziger Jahren jedoch nicht nur von CSU und Rüstungslobby verkündet, sondern in etwas anderer Form mindestens so sehr auf der Gegenseite, ob in der SPD oder im »Spiegel«. Die neue Technik-Ideologie besaß damals noch teilweise einen oppositionellen Zug; sie verband sich mit Kritik an restaurativer Trägheit, an beschränktem Bonner Pragmatismus und an einem überzogenen Vertrauen auf Markt und Privatwirtschaft. 1968 erschien die deutsche Ausgabe von Servan-Schreibers *Amerikanischer Herausforderung* mit einem Vorwort von Franz Josef Strauß. Aber auch die Strauß-Gegner im *Spiegel* stießen damals ins gleiche Horn: Die Bundesrepublik sei in moderner Technik ein »unterentwickeltes Land«; wenn der Rückstand nicht »schnellstens« aufgeholt würde, könnten die deutschen Arbeitnehmer in 30 Jahren »nur noch halb soviel« verdienen wie Amerikaner und Japaner. Für die Anhänger der neuen Technologien wurde die »technologische Lücke« zum Dogma; dabei war schon damals zu erkennen, daß sich die »Gap«-These verflüchtigte, wenn man nicht nur auf einzelne Spitzentechniken schaute, sondern den Vergleich zwischen den USA und der Bundesrepublik breiter anlegte.[11]

Die Rolle der Industrie wirkt bei alledem zwiespältig. Zwar gehörten rhetorische Bekenntnisse zur modernsten Technik zum guten Ton; aber in der Praxis wirkten Traditionen einer bedächtigen Aneignung aufwendiger Innovationen fort. Risiken hatte man in der Kriegs- und Nachkriegszeit ohnehin genug auf sich nehmen müssen. Als Ludwig Bölkow 1966 auf einer vom BDI veranstalteten Tagung die Luftfahrt als »Zugpferd« anpries, »das uns alle mitreißt, ... das extremste Forderungen an die zur Erfüllung der Aufgabe notwendigen Technologien stellt«, bekam er einen »Sonderbeifall«; als Daimler-Benz jedoch 1988 von der Bundesregierung zur Übernahme des »Zugpferdes«, des MBB-Konzerns, gedrängt wurde, verhielt sich der Autogigant sehr zögernd. Im Atomkonflikt der siebziger Jahre wurde es in der Industrie Ehrensache, die Kernenergie verbal zu verteidigen und Bekenntnisse zum Brüter und zur Wiederaufarbeitung als der »Schließung des Brennstoffkreislaufs« abzulegen; de facto engagierte sich die Industrie jedoch in den nuklearen Zukunftsprojekten mit immer weniger Begeisterung. 1985 forderte der Bundesverband Junger Unternehmer (BJU) die Abschaffung des Bundesforschungsministeriums, da dessen »behauptete Förderung« angeblicher »Zukunftstechnologien« in Anbetracht der Unvorhersehbarkeit des künftigen Marktes sinnlos sei. Das Raumfahrt-Engagement der

Bundesregierung stieß 1987/88 in Kreisen von Industrie und Technik auf offene Kritik, die »Spin-off«-These wurde nachdrücklich bestritten und die Idee, man müsse um der Teflonpfannen willen zum Mond fliegen, der Lächerlichkeit preisgegeben. 1958 hatte der Raketenforscher Eugen Sänger verkünden können, daß der »Beginn der Raumfahrt« der »gewaltigste historische Vorgang in der halbmillionenjährigen Menschheitsgeschichte« sei; zwei, drei Jahrzehnte darauf glaubte niemand mehr, daß der sowjetische »Sputnik«-Erfolg irgendeine Bedeutung für das allgemeine Niveau der zivilen Technik besäße.

Die Exporterfolge des Maschinenbaus bestätigten die traditionelle Auffassung, daß eine breite Facharbeiterbasis mehr wert ist als High-Tech-Inseln. Während die Vorkämpfer der Rationalisierung Anfang des 20. Jahrhunderts den deutschen Maschinenbauern die Wöhlertsche »Mach-ick«-Einstellung austreiben und ihnen beibringen wollten, die Kunden zur Abnahme einheitlicher Maschinentypen zu erziehen, bekannte sich 1970 ein erfolgreicher Maschinenbauer zu der »Lebensphilosophie«: »Es gibt kein Nein«, und 1988 wurde dem Werkzeugmaschinenbau als Erfolgsrezept empfohlen, »auch kleine Serien schon gewinnbringend« fertigen zu lernen und dabei »noch intensiver denn je auf die Wünsche ihrer Kunden einzugehen«. Als die Computertechnik in den siebziger Jahren dieser Flexibilität entgegenkam, wurde sie, wenn auch erst nach Überwindung erheblicher Schwierigkeiten, im Maschinenbau eingesetzt, während in den USA die Tradition der starren Großserientechnik fortbestand. In letzter Zeit gilt »Combi-Tech« – die Verbindung von Elektronik und konventioneller Technik – als deutsche Spezialität. Es scheint aber auch viel unverbundenes Nebeneinander zu geben (»Oben spucken die IBM-Computer Papier aus, unten haben wie immer die Meister das Sagen.«) EDV-Anlagen werden nicht zuletzt aus Prestigegründen beschafft; ihre tatsächliche Benutzung entspricht nicht den Computerisierungsmodellen. Immer noch ist die »konventionelle Werkstattfertigung« in der Maschinenindustrie verbreitet.[12]

### Die Anpassung der Umwelt an das Auto

Als Wahrzeichen der bundesdeutschen Wirtschaft gilt seit Jahrzehnten die Autoindustrie. In der ersten Dekade der Bundesrepublik war es noch nicht soweit; Mitte der fünfziger Jahre stand die

Bundesrepublik im Motorisierungsgrad nicht nur hinter den USA, sondern auch hinter England und Frankreich noch weit zurück. 1954 wurde von amerikanischer Seite festgestellt, die Deutschen würden diesen Rückstand nie aufholen, »wenn nicht entscheidende Maßnahmen vom Staat ergriffen werden«. »Daher befürchten Expertenkreise, daß die günstige Situation, die bisher in der Automobilindustrie geherrscht hat, in absehbarer Zeit zu Ende gehen wird.« In den gesamten fünfziger Jahren wurde das bundesdeutsche Straßennetz nur um 6 % erweitert; auf den Straßen der Vorkriegszeit geriet die wachsende Motorisierung immer quälender in die Enge. »Die Bundesrepublik drohte buchstäblich zu verstopfen.« Die Situation wurde dadurch verschlimmert, daß viele Deutsche mehr als die Westeuropäer die von der Massenmotorisierung erforderte Verkehrsdisziplin vermissen ließen; das Schrifttum der damals aufkommenden Verkehrserziehung wimmelt von entsprechenden Klagen. Der aristokratischen Ära des wilden Automobilismus am Jahrhundertanfang folgte eine plebejische Ära der motorisierten Jagd und Drängelei. Anfang der fünfziger Jahre starben auf bundesdeutschen Straßen, relativ zur Fahrleistung, zwölfmal soviel Menschen wie in den USA! Als Gegenreaktion gab es jahrelange Proteststürme; Fußgängervereinigungen wurden gegründet unter der Devise: »Fußgänger aller Länder, vereinigt euch!« Das allgemeine Zeitklima wirkte auf solchen Widerstand noch nicht gänzlich entmutigend; nach den Erfahrungen der zwanziger Jahre galt die Autoindustrie nicht als zuverlässiger Konjunkturmotor. Von ihrer Tradition her war die deutsche Autobranche bis dahin nur wenig exportorientiert; in der NS-Zeit hatte sie in den Export hineingezwungen werden müssen. Daimler-Benz fürchtete noch 1956 bei einer Senkung der Einfuhrzölle die technische Überlegenheit der amerikanischen Autos. Aber schon 1959 wurden die USA zum wichtigsten Exportland der Firma.[13]

Wie nach dem Ersten, so hatte auch nach dem Zweiten Weltkrieg der Lkw-Verkehr mehr denn je freie Bahn; die Verkehrspolizei wurde von oben dazu angehalten, Achsbelastungskontrollen großzügig durchzuführen. 1953–55 kämpfte Bundesverkehrsminister Seebohm vergeblich für ein »Straßenentlastungsgesetz«, das den Fernlastverkehr wieder auf die Bahn zurückzwingen sollte. Seebohms Vorstoß war offenbar vorwiegend fiskalisch, nämlich durch das wachsende Bundesbahndefizit motiviert und entsprang keinem alternativen Verkehrskonzept. Die Gegenseite jedoch machte eine Prinzipienfrage daraus; denn die Neoliberalen hegten infolge ihrer Abneigung gegen das Eisenbahnmonopol eine grundsätzliche Vorliebe für die private Motorisierung. Bundeswirtschaftsminister Erhard verfocht die Ansicht, daß »auch das Verkehrsproblem nur über die Expansion gelöst werden« könne, also über einen entsprechenden Ausbau des Straßennetzes. Dem stand bis 1957 die eiserne Sparsamkeit des Finanzministers Schäffer entgegen. Schäffers Sturz markiert auch in der Verkehrspolitik eine Wende; diese konnte nunmehr eine Art von Eigendynamik entwickeln. Traditionelle Konzepte einer sinnvollen Ergänzung von Bahn, Lkw und Pkw entsprechend der technischen Eigenart dieser Verkehrsmittel verloren an Gewicht.

1960 wurde die Zweckbindung der Kraftfahrzeugsteuer für den Straßenbau gesetzlich festgelegt: ein ungewöhnlicher Akt, der dem seit den preußischen Reformen geltenden Prinzip der Einheit des Staatshaushaltes widersprach und eine epochale Wende im bundesdeutschen Verkehrswesen einleitete; denn das wachsende Kfz-Steueraufkommen übte nunmehr einen permanenten Zwang zum Straßenbau aus. Daß die gesellschaftlichen Kosten des Autoverkehrs mit dem Straßenbau bei weitem nicht abgedeckt waren, wurde nicht berücksichtigt. Ab 1960 verschlechterte sich die Rentabilität der Bundesbahn dramatisch. Dafür wurde seither der Bau von Autobahnen und Umgehungsstraßen in großem Stil betrieben, während sich in Frankreich, dem traditionellen Land des Automobilismus, die Verwaltung bis 1970 dem Autobahnbau widersetzte.[14]

Der Ausbau der Straßen beeinflußte die bundesdeutsche Autotechnik. In den fünfziger Jahren war der experimentierfreudige Borgward (Bremen), der Autos noch mit handwerklichen Methoden baute, der Liebling der Autofreunde und sein Lloyd (»Leukoplastbomber«) der populärste Kleinwagen; aber sein Konkurs 1961 war ein Zeichen der Zeit. Inbegriff des »Wirtschaftswunders« war damals der VW-Konzern geworden, dessen »Käfer« den legendären Erfolg der Fordschen »Tin Lizzy« noch übertraf. 1970 knickte jedoch die Absatzkurve des »Käfers« nach unten; Daimler-Benz wurde zum Branchenführer. Schnellere Wagen prägten mehr und mehr das Profil der bundesdeutschen Autoindustrie. Der VW-Chef Nordhoff hatte noch einem seiner Vertragshändler gedroht, ihn nicht mehr mit Autos zu beliefern, als dieser sich exzessiv an Autorennen beteiligte; die klassische VW-Reklame

(»Der VW läuft – und läuft – und läuft . . .«) warb mit der Zuverlässigkeit des »Käfers«; 1988 dagegen konnte man auf einer Auto-Reklame lesen: »Ich will keinen zuverlässigen Langweiler. Ich will Turbo-Temperament.«

Anders als VW war Daimler-Benz als Produzent von Oberklasse-Wagen lange Zeit mit der Anwendung von Methoden hochmechanisierter Massenfertigung relativ zurückhaltend gewesen; 1973 dagegen begann Daimler-Benz als erste deutsche Firma mit dem erfolgreichen Einsatz von Industrierobotern.[15] Das VW-Werk, dessen langjähriger Chef Nordhoff, ähnlich wie einst Henry Ford, stolz darauf war, »allen Versuchungen, Modell und Grundkonstruktion zu verändern«, widerstanden zu haben, mußte sich zur gleichen Zeit um eine verstärkte Flexibilisierung seiner Fertigung bemühen. Die Grenzen der starren Großserienproduktion, die sich in den USA bei Fords T-Modell schon 1927 gezeigt hatten, waren um 1970 auch in der bundesdeutschen Autoindustrie erreicht. In der Krise von 1974/75 entließ VW 26% der Beschäftigten, dabei jedoch 66% der ausländischen Arbeiter; im Zuge der Flexibilisierung wurde ein anderer Beschäftigtentyp gesucht als der des ungelernten »Gastarbeiters«. In den achtziger Jahren galten Abschaffung des Fließbandes, Schaffung größerer Arbeitseinheiten und Verringerung der Geschwindigkeit aus der Sicht britischer Autoproduzenten als »German concepts«. Jetzt war von der »Verwissenschaftlichung« der Autoproduktion und auch des Produkts selbst die Rede; gegenwärtig wird ein steigender Elektronik-Anteil am Auto prognostiziert. Dennoch besteht bis heute der charakteristische Zug des Autos darin, daß sich der entscheidende Vorgang bei dieser Maschine, das Steuern, trotz aller Bemühungen *nicht* automatisieren läßt. Die Geschichte des Autos ordnet sich nur schwer in eine innovationsorientierte Technikgeschichte ein. Wenn auch die Autoreklame unablässig von Neuerungen redete, so blieb das Auto in den meisten seiner technischen Grundelemente doch bemerkenswert starr. Nicht in der Technik, sondern im Design bestand die auffälligste Besonderheit des »Käfers«, und vor allem die Veränderungen des Designs bringen Bewegung in eine blecherne Technikgeschichte des Autos.[16]

Umwälzend ist die Geschichte des Autos nicht durch die Technik, sondern durch die Folgewirkungen der Massenmotorisierung. In den fünfziger Jahren begann das Ideal der »autogerechten Stadt« zu wirken; im Blick darauf wurde in West-Berlin schon

1952 die Abschaffung der Straßenbahnen beschlossen. Der Architekt Reichow, bei dem die »autogerechte Stadt« visionäre Züge annahm, propagierte dezentrale Neubausiedlungen mit kreuzungsfreien Straßennetzen; die »Roboter-Ampeln« attackierte er als »gefährliche, den Menschen in seiner Würde demütigende Zeiträuber«. Erst in den sechziger Jahren kamen diese Tendenzen mit einer Welle von Straßendurchbrüchen und Stadtautobahnen voll zum Zuge. Aber schon seit etwa 1960 begann sich in der öffentlichen Meinung eine Wende abzuzeichnen: Das dem Zeitalter der »Schornstein-Industrien« entstammende städtebauliche Dogma der Entmischung von Wohn- und Industriebezirken geriet ins Wanken; die verödeten Stadtzentren und die sich einförmig in die Landschaft ziehenden Einzelhaussiedlungen – einst die Utopie von der »Stadt im Grünen« – wurden von immer mehr Menschen als trostlos empfunden. »Urbanität« wurde das neue Ideal; es war jedoch nicht immer leicht auf angenehme Art zu realisieren.[17] Die Fußgängerpassagen – eine charakteristische Neuerung der letzten Jahrzehnte – entfernten den Verkehr aus den Hauptgeschäftsstraßen der Innenstadt, aber verlagerten ihn um so mehr in die angrenzenden Stadtzonen. Zur gleichen Zeit ermöglichte die Massenmotorisierung eine Auswanderung vieler Fabriken aus den Städten aufs Land, wo noch reichlich Raum für Expansion war und in die Breite gebaut werden konnte: Das wurde die Voraussetzung für eine systematische Neuorganisation vieler Fertigungsprozesse.

*Eine neue industrielle Revolution?*

Es ist schwer zu entscheiden, ob eine Darstellung der letzten Jahrzehnte bundesdeutscher Geschichte den Hauptakzent auf die Kontinuität oder den Wandel legen soll. Man kann jedoch die statischen und die dynamischen Aspekte präzisieren. Wenn seit den fünfziger Jahren immer wieder eine »zweite industrielle Revolution« behauptet wurde, so ist ziemlich deutlich, daß dieser Begriff den seitdem sich vollzogenen Veränderungen nicht entspricht, noch weniger allerdings der seit den siebziger Jahren in Umlauf gekommene Begriff der »postindustriellen Gesellschaft«. Neue Technologien haben seit den fünfziger Jahren in erstaunlich geringem Maße neue Produktionsstrukturen entstehen lassen, obwohl in der technischen Literatur noch nie soviel von »System« und »Innovation« geredet wurde wie in neuester Zeit. Die Atomkraft wurde, allen

Prognosen zum Trotz, ganz der bestehenden Energiewirtschaft und weitgehend den Traditionen der Kraftwerkstechnik einverleibt. Die Gentechnik war in der Bundesrepublik von Anfang an überwiegend Domäne der etablierten Chemie und Pharmaindustrie. Die Elektronik wurde, wenn auch nach manchen Schwierigkeiten, in die Elektro- und die Maschinenbauindustrie integriert. In allen Fällen ging es mehr um neue Verfahrenselemente als um neue Produkte. Wenn die einst von Lederer in der Weltwirtschaftskrise getroffene Unterscheidung zwischen Prozeßinnovationen, die Menschen einsparen, und Produktinnovationen, die Beschäftigung schaffen, in der Nachkriegszeit ihre Bedeutung zu verlieren schien, da sich Prozeß- und Produktinnovationen teilweise deckten, so gewann dieser Unterschied wieder an Gewicht.

Wenn man im Stahl die Grundlage der deutschen Industrialisierung erblickt, manifestiert sich ein Wandel der Zeiten vor allem in der Stahlkrise. Sie ist nicht in jeder Beziehung ganz neuartig: Ähnlich wie in den siebziger Jahren des 19. und zwanziger Jahren des 20. Jahrhunderts trug eine mit Kapazitätenwachstum verbundene Rationalisierung zur Krisenanfälligkeit des Massenstahls bei, während sich Spezialstähle gut behaupteten. Die Rationalität des Größenwachstums wurde in der Schwerindustrie so fragwürdig wie noch nie zuvor; denn flexible und spezialisierte »Ministahlwerke« überstanden die Krise weit besser als die »Stahlgiganten«. Zwar wurde die Bundesrepublik in den sechziger Jahren Weltspitze im Pro-Kopf-Verbrauch an Kunststoffen; dennoch ist die seit einem halben Jahrhundert prophezeite Ablösung des Stahls durch Kunststoffe nicht eingetreten. Auch Proklamationen eines Zeitalters der »neuen Werkstoffe« haben vorwiegend Reklame-Charakter. Revolutionäre Umwälzungen gab es ebensowenig im Spektrum der Berufe. Eine Berufsberatungsbroschüre stellte 1973 fest:

Die manchmal geäußerte Meinung, es würde eine große Zahl neuer Berufe mit fortschreitender technischer Entwicklung entstehen, hat sich bisher nicht bestätigt... Vom zahlenmäßigen Bedarf zu urteilen, sind nicht Elektroniker, Meß- und Regeltechniker, Atomphysiker und Systemanalytiker Berufe der Zukunft, sondern weiterhin beispielsweise Schlosser, Mechaniker, Betonbauer und Maurer.[18]

Der Anteil des Handwerks am sekundären Sektor lag 1970 fast ebensohoch wie 1950 (35 und 36 %). Da jedoch das Handwerk als wenig zukunftsreich gilt und das computerisierte Bild vom Fortschritt eine Abwertung manueller Fertigkeiten enthält, hat das

Handwerk selbst in einer Zeit der Massenarbeitslosigkeit Nachwuchssorgen. Dabei wird auch 1988 wiederum festgestellt, daß »die Entstehung neuer Berufe zukünftig weitaus langsamer verlaufen wird als vielfach erwartet«.

Vom Jahrhundertbeginn bis in die sechziger Jahre war von »Automatisierung«, seit den fünfziger Jahren auch viel von »Robotern« die Rede, ohne daß in den meisten Fällen die manuelle Steuerung der Maschinen wirklich beseitigt wurde. Was »Automation« konkret und technisch bedeutete, blieb vielfach unklar; auch irrtümliche Annahmen über die Betriebswirklichkeit – das typische Gebildeten-Klischee vom Arbeiter als stumpfsinnigem »Rädchen im Getriebe« – waren häufig mit im Spiel, wenn von »Automation« die Rede war. Die bahnbrechende Untersuchung von Kern und Schumann (1970) stellte fest, daß es sich bei »Automatisierung« fast immer um Teilautomatisierung von durchaus unterschiedlicher Art handele. Damals wurde der überwiegende Teil der Beschäftigten durch künftige Automatisierungsaussichten nur wenig beunruhigt; die Erfahrung schien zu zeigen, daß die Arbeiter bei Rationalisierungsprozessen ihre »Expertenrolle als Praktiker« behielten. Die Gewerkschaften wurden seit den sechziger Jahren als Partner bei Rationalisierungsschutzabkommen einbezogen; sie sahen in der Rationalisierung – ähnlich wie in den guten Jahren der Weimarer Republik – eher eine Chance als eine Gefahr, zumal das wirtschaftliche Wachstum die durch Mechanisierung bewirkte Freisetzung von Arbeitskräften kompensierte und die Ökonomie die These von der »technisch bedingten Arbeitslosigkeit« scheinbar erledigt hatte. Der frühere Schlesinger-Schüler und Radar-Techniker Leo Brandt, in den fünfziger Jahren ein führender Technologie-Experte der SPD und leidenschaftlicher Vorkämpfer der Atomtechnik, äußerte damals sogar die Sorge, die Deutschen könnten bei der »Automatisierung« hinter andere Nationen zurückfallen. Günter Friedrichs, der Leiter der Abteilung Automation und Kernenergie der IG Metall, erinnerte 1968 daran, wie er vor dem Borgward-Konkurs »den Betriebsrat zwei Jahre lang scharf gemacht« habe, »um den alten Borgward dahin zu kriegen, seine Produktion zu rationalisieren und zu automatisieren«. 1965 veranstaltete die IG Metall in Oberhausen die – so wurde gesagt – größte internationale Tagung über »Risiko und Chance« der Automation – die »Risiko-und-Chance«-Kontrapunktik kam bei der Erörterung neuer Techniken in Mode –; aber der IG-Vorsitzende

Otto Brenner kennzeichnete einleitend das Tagungsthema als Konzession an das »populär gewordene Schlagwort Automation«. Für die Gewerkschaften war das, was »Automation« damals konkret bedeutete, längst ein undramatischer, alltäglicher Prozeß, den man im Griff zu haben glaubte.[19] In der Tat betrafen die Automatisierungsvorgänge jener Zeit ganz überwiegend die Bereiche starrer Massenproduktion; die Grenzen dieser Art von »Automation« waren zu erkennen.

Auch in der Industrie gab es die Einbildung, daß man sich im »Zeitalter der Elektronik« bereits auf der Höhe befinde. Mit etwa 3000 Computern stand die Bundesrepublik 1966 an zweiter Stelle hinter den USA. Die große Wende brachte nach 1970 die Mikroelektronik, von der die Bundesrepublik, wo man mit Elektronenrechnern zu lange die Vorstellung von Riesenmaschinen verbunden hatte, zunächst überrascht wurde. Von 1970 bis 1979 stieg die Zahl der Computeranlagen in der Bundesrepublik von 7260 auf rund 180000, und das war erst der Anfang.[20]

Ist in diesem Fall »Revolution« doch der treffende Ausdruck? Eine endgültige Antwort darauf ist gegenwärtig nicht möglich. Rein physikalisch-technisch betrachtet, ist die Mikroelektronik gegenüber früheren Techniken gewiß eine »völlig andersartige und qualitativ neuartige Technologie« (Queisser). Der bisherige Einsatz der Elektronik bewegt sich aber ganz überwiegend auf den schon seit langem verfolgten Bahnen der Rationalisierung. Theoretisch bietet die neue Technologie Chancen der Dezentralisierung; in der Praxis macht sie es jedoch möglich, den Trend zur vernetzten Großorganisation über einen Punkt hinaus fortzusetzen, wo dieser sonst durch die überhandnehmende organisatorische Komplexität gebremst worden wäre: Insofern wirkt die Elektronik eher konservierend als revolutionär. Wie Weizenbaum klagt, gilt das Hauptinteresse des »zwanghaften Programmierers« »nicht kleinen Programmen, sondern riesigen, ehrgeizigen Programmsystemen«. Das höchste – gegenwärtig mehr idealtypische als reale – Stadium der Computerisierung, das »Computer-Integrated Manufacturing« (CIM), entspricht als Zielperspektive einer Situation, in der »die technischen Rationalisierungschancen ausgeschöpft scheinen« und nur noch eine weitere Vernetzung von Planung, Konstruktion, Fertigung, Qualitätskontrolle, Lagerhaltung und Absatz weitere Vorteile verspricht; »CIM« ist insofern, historisch gesehen, mehr ein Ende als ein Anfang.[21]

Ein vergleichbarer Fall ist in den letzten zehn Jahren die Gentechnik. Einerseits wird behauptet, die neue Molekularbiologie verhalte sich zur klassischen Biologie »wie eine Jet-Turbine zur Einzylinderdampfmaschine«; gegenüber der natürlichen Protein-Produktion in den Rindern auf der Weide lasse sich mit den neuen Mitteln die Produktionsgeschwindigkeit – theoretisch! – auf das Hunderttausendfache und noch viel mehr steigern. Von der Krebsheilung bis zur Lösung der Energie- und Umweltprobleme gibt es heute kaum etwas, was der Gentechnik nicht als künftige Möglichkeit zugeschrieben wird. De facto besteht der Nutzen dieser neuen Technik bisher jedoch im wesentlich darin, daß einige wenige bereits vorhandene Pharmaka in einem anderen, keineswegs billigeren Verfahren hergestellt werden können; von einer »Revolution« ist keine Rede.[22]

Obwohl die »neuen Technologien« in besonderem Maße die Organisation des Produktionsprozesses betreffen, haben sie auch dort keine dramatischen Veränderungen bewirkt; aus neueren arbeitssoziologischen Untersuchungen geht hervor, daß es offenbar gelang, »die neuen Technologien in die gegebenen arbeitsorganisatorischen Strukturen einzubauen«. Wenn 1966 eine vom amerikanischen Präsidenten berufene Technologiekommission feststellte, daß für die ständig behauptete »wissenschaftliche und technische Revolution« keine Anhaltspunkte vorlägen und solche Behauptungen »nur die Aufmerksamkeit von den wirklichen Problemen unseres Landes und der Welt« ablenkten, so scheint die Feststellung noch heute zu gelten. Selbst in der DDR, wo die »Wissenschaftlich-Technische Revolution« (»WTR«) zeitweise in die Nähe eines Dogmas rückte, wetterte Kuczynski 1975 gegen das »oberflächliche Geschwätz von der angeblichen Durchführung der Wissenschaftlich-Technischen Revolution«: Die habe bisher nicht stattgefunden, »außer natürlich auf dem Gebiet der militärischen Technik«. Eine Art »technischer Revolution« kann man auch im Bundeskriminalamt feststellen, wo unter der Präsidentschaft von Horst Herold (1971–81), vom Terrorismus begünstigt, die permanente computergestützte Auswertung sämtlicher Kriminalakten eingeführt wurde.[23]

Der BDI-Präsident Langmann bemerkte 1986, daß der »sogenannte High-Tech-Bereich« gegenwärtig »5 % des Produktionswertes der Industrie« ausmache, wenn auch bei steigender Tendenz. Eine »Return-on-Management«-Untersuchung führte 1987 zu der »überraschenden Erkenntnis«, es lasse »sich nicht nachweisen, daß die Informationstechnik einen Einfluß auf den betriebswirtschaftlichen Erfolg nimmt«. Im allgemeinen scheint die Regel zu gelten, daß eine Computerisierung dort relativ leicht durchgesetzt wird, wo die Tätigkeit der Arbeiter tangiert wird, dagegen sehr viel schwerer dort, wo Kompetenzen des Managements beeinträchtigt werden. Daraus folgt, daß die Computersteuerung nur als Einzelkomponente fungiert, nicht dagegen als Supersystem, als das sie so oft mißverstanden wird.

Wie 1988 ein Branchenkenner urteilte, scheiterten bisher die meisten Unternehmen bei der Einführung einer EDV-gestützten Fertigungsorganisation. »Luftschlösser von automatisierter Fabrik zerfallen in trostlose Ruinen.«[24] Nich viel besser sind viele Erfahrungen bei der Einführung »moderner Systeme zur Bürokommunikation«, denen gern die Aufhebung der Arbeitsteilung zugeschrieben wird; in der Praxis sind »Chaos und Frustration an der Tagesordnung«; »der Absturz von Systemen legt ganze Bürolandschaften lahm«. Kein Wunder, daß, während die Bundespost ein bis 2020 reichendes 300-Milliarden-Projekt (ISDN, Integrated Services Digital Network) zur Vernetzung verschiedener Kommunikationstechniken startet, die Gewohnheiten des Bürowesens gegenüber den neuen technischen Angeboten ein »enormes Beharrungsvermögen« zeigen, zumal gegenüber Technik-Konzepten, die den Fortschritt als Entsprachlichung der Kommunikation begreifen. »Neue Kommunikationssysteme« der jüngsten Vergangenheit wie Btx und Teletex waren ein wirtschaftlicher Mißerfolg; ein Bedarf an den durch ISDN gebotenen Diensten ist nicht nachzuweisen.[25]

Die mobilen und mit Sensoren ausgestatteten Roboter, die schon seit Jahrzehnten durch die Science-fiction-Literatur geistern, gibt es in der industriellen Realität nach wie vor wenig, und ein Wachstumstrend ist nicht zu erkennen. Man mußte erfahren, daß selbst das Glattschleifen von Möbelteilen, das jeder Mensch in kurzer Zeit erlernt, Robotern »nicht mit einem vernünftigen Aufwand« beizubringen ist. In der Bundestags-Enquetekommission »Technikfolgenabschätzung« wurde nach einer längeren Diskussion und Expertenanhörung über »künstliche Intelligenz« (»KI«) die bemerkenswerte Feststellung gemacht, man habe bereits auf die »erste Frage – Was ist das eigentlich, KI? – keine klare Antwort gefunden«, obwohl auch KI schon seit Jahrzehnten ihre *Commu-*

*nity* hat. Die mangelnde Klarheit darüber, was Schlagworte konkret bedeuten, ist überhaupt charakteristisch für die Rezeption neuer Technologien und kennzeichnet in erhöhtem Maße die Diskussion über die Elektronik, wo Informations-, Informationsspeicherungs-, Meß-, Rechen- und Regeltechnik ineinander verschwimmen.[26]

Dennoch ist die rapide Ausbreitung der Mikroelektronik mit bedeutsamen Veränderungen verbunden, so etwa bei den technischen Möglichkeiten der Flexibilisierung. Während Flexibilität in der Fertigung traditionell in der Regel einen höheren Anteil an Handarbeit und ein langsameres Produktionstempo bedeutete, gestattet es die Mikroelektronik, Flexibilität mit hochmechanisierter Massenproduktion zu verbinden. Führte früher der Fortschritt im Sinne der Erhöhung des Mechanisierungs- und Wirkungsgrades von der Universal- zur Spezialmaschine und damit zur Vergrößerung der Produktionseinheiten, so scheint diese Regel nur noch mit Einschränkung zu gelten. Kern und Schumann bemerken 1984, ähnlich wie in den USA Piore und Sabel, ein »neues Rationalisierungs-Paradigma«: »Effizienz durch Flexibilität.« Der Grundsatz an sich ist nicht neu; die Einsicht, daß auch bei mechanisierter Massenproduktion auf flexible Ausrichtung am Bedarf geachtet werden muß, durchzieht die gesamte deutsche Industriegeschichte; aber es war bis vor kurzem schwierig, diese Einsicht in eine technische Rationalisierungsstrategie umzusetzen.

Aber auch die programmierte Flexibilität bleibt eine Diversifizierung im Rahmen bestimmter Möglichkeiten; außerhalb dieses Bereiches wird die Starrheit der Produktion, soweit sich bisher erkennen läßt, eher erhöht. Das »flexible Fertigungssystem« »verlangt für den effektiven Einsatz eine Planungssicherheit, wie sie die Mehrzahl der Betriebe des Werkzeugmaschinenbaus für die eigene Fertigung künftig gerade nicht erhoffen kann.«[27] Inner- und außerhalb des Betriebes entstehen Kollisionen (»Schnittstellen«) mit nichtcomputerisierten Bereichen. Das alte Dilemma des Produktivismus, daß die Perfektionierung eines bestimmten Produktionssystems ein Unternehmen gegenüber einer Veränderung der Außenbedingungen verwundbarer macht, scheint auch mit der Elektronik keine definitive technische Lösung gefunden zu haben. Nach wie vor gilt die Regel: »Am flexibelsten ist und bleibt der Mensch.«

Wieweit die Technik selbst flexibler wurde, ist unsicher; sehr deutlich ist dagegen, daß die technische Entwicklung der neuesten

Zeit den Menschen eine erhöhte Flexibilität abverlangte: durch technisch bedingte Arbeitsplatzverluste und Umschulungszwänge, durch Veränderungen im Charakter der Arbeit und durch die fortschreitende Flexibilisierung der Arbeitszeit, die mehr und mehr die einst mühsam erkämpfte Arbeitsfreiheit der Wochenenden in Frage stellt. Insofern darf man das Element der Kontinuität in den letzten Jahrzehnten nicht überbetonen. Nicht nur die These von der zweiten (oder dritten) industriellen Revolution, sondern auch die Kritik daran war teilweise interessengeleitet: Hätten die Gewerkschaften und Betriebsräte schon in den sechziger Jahren überschaut, in welchem Ausmaß die neue Automatisierungswelle Arbeitsplätze vernichten würde, wäre mit dem Thema »Automatisierung« gewiß anders umgegangen worden, als es damals geschah. Zwar war im öffentlichen Rationalisierungsdiskurs stets von einer aktiven Beteiligung der Arbeitnehmervertreter die Rede; aber man gewinnt nicht den Eindruck, daß diese den realen Gang der Dinge wesentlich bestimmte. Die als Folge von »High Tech« prophezeite »Reprofessionalisierung« der Industriearbeit scheint bisher nur selten stattzufinden. In der Maschinenindustrie wird die Werkstattprogrammierung häufig als deutscher Weg der Computerisierung gerühmt, der die Facharbeiter-Erfahrung in den Programmier-Vorgang einbeziehe; diese Alternative zu dem amerikanischen Stil der Computersteuerung wird jedoch nur in einem Bruchteil der bundesdeutschen Maschinenbaubetriebe wirklich praktiziert. Bei den Computern kann man deutlich erkennen, wie das Eigeninteresse der Techniker-*Community* die Durchsetzung einer dem deutschen Arbeitskräftepotential angepaßten technologischen Strategie durchkreuzt.

Die Bildschirm-Arbeitsplätze bedeuten auf der sinnlichen Seite der Industriearbeit einen tiefen und säkularen Bruch. Die gefühlsmäßige Beziehung der Arbeiter zu den Maschinen hat abgenommen; sie wäre bei den Computerisierungsprozessen auch eher hinderlich. Ganz allgemein ist in der Bundesrepublik die Identifikation mit der Arbeit, die lange als »typisch deutsch« galt, während der letzten Jahrzehnte erheblich zurückgegangen. Diese Feststellung ist als solche nicht wertend; der Sachverhalt braucht nicht unbedingt einen Verlust, sondern könnte auch einen Zugewinn an Lebenskunst anzeigen. Wenn man im übrigen auf die Habitualisierungsvorgänge im Verlauf der Technikgeschichte zurückblickt, kann man kaum daran zweifeln, daß auch an Bildschirmen unter geeigneten Bedingungen neue Formen von persönlicher Erfahrung und Identifikation mit der Arbeit entstehen. Dennoch werden glatte Analogien zur Vergangenheit durch die historischen Fakten nicht gestützt. Wenn es in den letzten Jahrzehnten auch keine »technische« oder »industrielle Revolution« gegeben hat, so haben sich in der Beziehung der technischen Entwicklung zu Mensch und Umwelt doch tiefgreifende und beunruhigende Veränderungen vollzogen. Es ist vorstellbar geworden, daß der technische Fortschritt seine eigenen Fundamente untergräbt.[28]

## 2. Die Geschichte der Kernenergie als Paradigma für Probleme und Chancen eines »deutschen Weges«

Die Atomkraft war die erste Technologie, die mit umfangreichen staatlichen Mitteln entwickelt wurde, ohne daß auch nur von Ferne ein Bedarf sichtbar gewesen wäre, der diesem Aufwand entsprochen hätte. Zwar war in den frühen fünfziger Jahren, als die nachkriegsbedingte Kohleknappheit noch periodisch wiederkehrte, von einer »Energielücke« die Rede; als es jedoch mit dem Reaktorbau ernst wurde, bestand das alles beherrschende Problem bundesdeutscher Energiepolitik in dem *Überangebot* an Kohle. Der Bedarf nach historischen Erklärungen ist bei der Entstehung der Kerntechnik noch größer als bei den meisten Techniken der älteren Zeit. Es folgten weitere »neue Technologien«, deren praktischer Wert schwer zu übersehen war und die nach staatlicher Förderung verlangten. Aus dem Bundesministerium für Atomfragen gingen das Wissenschafts- und das Forschungs- und Technologieministerium hervor. Die Kernforschungszentren wurden Vorreiter einer von den Universitäten gelösten »Big Science«, die nach amerikanischem Vorbild großtechnische Anlagen zum Kristallisationskern der Wissenschaft zu machen suchte und teilweise eine »an industrielle Verhältnisse erinnernde Großproduktion von relativ einfachen Informationen« (Cartellieri) betrieb, jedoch zunehmend zum geistigen »Gemischtwarenladen« wurde. Epoche machte die Kernenergie in der deutschen Technikgeschichte jedoch vor allem durch die von ihr ausgelöste Kontroverse. Die Kerntechnik war durchaus epochal und zukunftsweisend, allerdings in anderer Art, als man in den fünfziger Jahren meinte.

## Die Bedeutung nationaler Technikstile und Fortschrittsbilder

In den fünfziger Jahren galt die Notwendigkeit eines bundesdeutschen Engagements in der Kerntechnik allgemein als selbstverständlich; strittig waren nur das Tempo, die Rolle des Staates und die zu bevorzugenden Reaktortypen. Erst viel später kam der Gedanke, ob nicht andere Wege des technischen Fortschritts vorteilhafter gewesen wären. Für die Elektroindustrie, die die Führung im Reaktorbau gewann, hätte sich als Alternative die Elektronik angeboten, jene Technologie, der die japanische Elektrobranche den Vorzug gab und dafür auf eine eigene Reaktorentwicklung verzichtete. Auch in Deutschland wurde schon in den fünfziger Jahren viel von »Elektronengehirnen« geredet, wenn hier auch eine erste Ernüchterung etwas früher erfolgte als bei der Atomkraft. Nicht nur durch das Atom, sondern auch durch Automation wurde damals häufig das angebliche neue Zeitalter definiert.

Wieso war es für die führenden Elektrofirmen damals dennoch undenkbar, sich auf die Elektronik zu konzentrieren? Eine Erklärung findet man nicht nur in globalen Trends, sondern auch in der eingewurzelten deutschen Ingenieur-Mentalität: der am Maschinenbau ausgebildeten Vorstellung von Leistung, Kompetenz und Solidität. Nicht zufällig fand das Entwicklungspotential des kleinen Transistors in der Bundesrepublik kaum Beachtung. Die Großindustrie war in der Elektronik auf Großcomputer fixiert; aber deren Absatzchancen erschienen in einem Land ohne technische Hochrüstung gering. Daß es hier einen rasanten Fortschritt zur Verkleinerung gab, wurde in der Bundesrepublik zunächst kaum beachtet. Dabei war die Miniaturisierung von Technik als Entwicklungsziel aus der Konsumgüterproduktion wohlbekannt: die Entwicklung vom Kühlhaus zum Kühlschrank, vom Waschhaus zur Waschmaschine, vom Luxus- zum Volkswagen, vom Film zum Fernsehen. Aber dieser Vorgang bewirkte in Deutschland kein neues Bild vom technischen Fortschritt. Bei den elektrischen Konsumgütern wurde nach 1960 die Konkurrenz immer schärfer; sie boten immer weniger verlockende Wachstumsperspektiven. Großprojekte, die Monopolstellungen versprachen, kamen hier als Gegengewicht gelegen und fügten sich überhaupt besser in die Siemens- und AEG-Tradition ein. Innerhalb der Elektronik entsprach es deutscher Tradition, zunächst die Hauptarbeit der »Hardware«, den Apparaturen, zuzuwenden. Die Erarbeitung der »Software«, der Programme, wurde als ein höchst entwicklungsfähiger Bereich eigener Art anfangs nicht erkannt; der Typus des Software-Technikers wirkte auf deutsche Maschinenbauer unsolide.[29] Dabei besaß die deutsche Industrie bei der Software, die an spezifischen Abnehmerbedürfnissen ausgerichtet sein muß, eine weit größere Chance als bei der Hardware.

Bei der Entstehungsgeschichte der deutschen Atomwirtschaft lag die Initiative in der ersten Zeit mehr bei der Chemie als bei der Elektroindustrie und schon gar der Energiewirtschaft. Damals war öfters davon die Rede, daß radioaktive Substanzen die gesamten Produktionsprozesse der Chemie revolutionieren würden; aber es ist zweifelhaft, ob die Industrie selber an diese »Revolution« glaubte. Eine nukleare Schlusselindustrie wäre die Chemie vor allem durch die Wiederaufarbeitung geworden. In der Tat hatte die Plutoniumgewinnung in der Bonner Atompolitik eine hohe Priorität, auch ohne daß ein ziviler Nutzen des Plutoniums gesichert gewesen wäre. Die Schweizer Chemie, sonst vielfach der deutschen vergleichbar, zeigte an der Kerntechnik kein besonderes Interesse: Der Vergleich mit der Schweiz läßt den machtpolitischen Einschlag der bundesdeutschen Atompolitik hervortreten, auch wenn dieser im allgemeinen unartikuliert blieb. Häfele, der Leiter des Brüterprojekts, verkündete in den sechziger Jahren, technische Großprojekte gehörten zum »Sichbehaupten eines Volkes« selbst dann, »wenn der dafür zu bezahlende Preis phantastisch« werde; sie würden in der Bundesrepublik »zu politischer Substanz führen«.[30]

Unter den Akteuren der Kernenergie-Entwicklung gab es von Anfang an eine ausgeprägte Kohärenz; wer dazugehörte, war mit Leib und Seele dabei. Die *Community*, die »Gemeinde« oder gar »Familie« der Experten wurde hier zum stehenden Begriff. Wie anderswo waren auch in der Bundesrepublik nicht zuletzt die Atomphysiker die treibende Kraft der atompolitischen Anfänge, hier vor allem der Kreis um Werner Heisenberg. Das Bedürfnis, die im Atomprojekt des Zweiten Weltkriegs erworbene Kompetenz weiterzuverwerten und möglichst rasch und eindrucksvoll den zivilen Nutzen der durch Hiroshima befleckten Atomphysik zu demonstrieren, versetzte führende deutsche Atomwissenschaftler in Ungeduld. Ob die Kernenergie jedoch die Wirkungskraft des »Spin-off« der Militärtechnik beweist, ist zu bezweifeln. Eher könnte die Geschichte der Kerntechnik, ähnlich wie die der Computertechnik, demonstrieren, wie eine neue Technik durch ihren militärischen Ursprung mit Problemen belastet wird, mit denen sie sonst vermutlich nicht in gleichem Maße behaftet wäre. Die Probleme resultieren teilweise aus dem durch die Rüstung beschleunigten Tempo. Wenn sich die Entwicklung der Kerntechnik ähnlich wie die der Dampfmaschine über Generationen hingezogen hätte – und das wäre ohne militärischen Druck wahrscheinlich der Fall gewesen –, wäre sie aller Voraussicht nach viel konfliktfreier verlaufen; es wäre genug Zeit geblieben, unterschiedliche Reaktorkonzepte zu erproben, Erfahrungen abzuwarten und dabei die Risiken durch kleine Dimensionierung der Anlagen geringzuhalten. In Kreisen der Reaktorforschung und Industrie ist zwar die Ansicht verbreitet, man sei ohnehin langsam und vorsichtig genug vorgegangen; auf dem Hintergrund der älteren Technikgeschichte erkennt man jedoch die Ungeduld, mit der die Reaktorentwicklung vorangetrieben wurde.

Die bundesdeutsche Atompolitik der Anfangszeit bevorzugte den Schwerwasserreaktor, das aus dem Atomprojekt der Kriegszeit überkommene Reaktorkonzept, dessen Attraktion für die Militärs in der hohen Plutoniumausbeute, für die Atomphysiker in der guten Neutronenökonomie bestand. Dieser Ansatz der Reaktorentwicklung wurde jedoch in den sechziger Jahren von dem Sieg der amerikanischen Leichtwasserreaktoren überrollt. Von da an galt vielfach der Hochtemperaturreaktor (HTR) als spezifisch »deutscher« Weg, obwohl das Konzept aus England stammte; in den siebziger Jahren wurde an diesem Reaktortyp nur noch in der Bundesrepublik weitergebaut. Hohe Temperaturen, die einen höheren Wirkungsgrad und eine Nutzung der Prozeßwärme ermöglichten, ließen – wie der langjährige Projektleiter Schulten hervorhob – »jedes Ingenieurherz höher schlagen«; der Leichtwasserreaktor (LWR) dagegen erzwang eine Abkehr von dieser traditionellen Techniker-Vorliebe. Aber gerade der LWR wurde in den sechziger Jahren zum Erfolgsrezept der bundesdeutschen Atomwirtschaft; die Bundesrepublik ging innerhalb Europas mit dem Bau von Leichtwasserreaktoren voran. Die Durchsetzung dieses Reaktortyps war ein Sieg der Ökonomen über die Techniker und zugleich der USA-Bewunderer über die Verfechter eines deutschen Eigenprofils in der Kerntechnik. Die HTR-Linie, zwischendurch oft totgesagt, bekam jedoch 1988 durch Aussichten auf Exporte in die Sowjetunion und nach China neuen Auftrieb. Der HTR wurde nun als ein Reaktor empfohlen, der den Bedingungen eines Landes mit niedrigerem Technik-Niveau angepaßt sei: als »lahme Ente«, die dank ihres stabilen Brennelements bei Störfällen träge reagiere und längst nicht so komplizierte Sicherheitsvorkehrungen brauche wie der LWR.[31]

In der hundertjährigen deutschen Auseinandersetzung mit der amerikanischen Technik – dieser ewigen Ambivalenz von Nachahmung und eifersüchtiger Abgrenzung – bedeutet die Atompolitik eine Kulmination. Karl Wirtz (Kernforschungszentrum Karlsruhe) erklärte 1964 als Sprecher des Arbeitskreises Kernreaktoren in der Deutschen Atomkommission, die gesamte bundesdeutsche Reaktorentwicklung müsse »ausschließlich unter dem Gesichtspunkt des Wettbewerbs der deutschen Industrie auf dem Weltmarkt mit der amerikanischen Industrie gesehen werden«.[32] Vor allem in ihrem ersten Jahrzehnt war die Bonner Atompolitik darauf bedacht, sich gegenüber den USA mit eigenen Reaktorlinien zu profilieren, die sich in irgendeiner Weise durch einen besseren Wirkungsgrad und durch die Gewährleistung einer möglichst hohen bundesdeutschen Spaltstoff-Autarkie auszeichneten. Daher die Vorliebe für hohe Temperaturen, optimale Neutronenökonomie, Bruteigenschaften und Natururan, das Unabhängigkeit von den amerikanischen Urananreicherungsanlagen bedeutete und damals in allen Ländern, die nukleare Ambitionen hegten, das Kennzeichen einer »national« akzentuierten Reaktorpolitik war.

Das RWE und die mit General Electric verbundene AEG zeigten jedoch schon früh eine Vorliebe für billigere amerikanische Leichtwasserreaktoren. Der Durchbruch dieses Reaktortyps veränderte das strategische Denken in den bundesdeutschen Expertenkreisen: Bald galten die neuesten Meldungen aus den USA als Geheimtip; das zeigte sich besonders deutlich bei der Brüterentwicklung. Die AEG jedoch, die den Siedewasserreaktor komplett von General Electric übernommen hatte, scheiterte am Ende in der Kerntechnik: Sie hatte zu wenig eigene nukleare Kompetenz aufgebaut, um auch dann zurechtzukommen, wenn kein amerikanisches Know-how zur Verfügung stand, und das war um so fataler, als der damalige Siedewassertyp, obwohl am längsten erprobt, schließlich wegen technischer Mängel dem Druckwasserreaktor unterlag. Siemens, ursprünglich Förderer des Schwerwasserreaktors, übernahm von Westinghouse den Druckwassertyp, emanzipierte sich aber so bald wie möglich von dem amerikanischen Partner. Der Kontrast im Verhalten beider Firmen gegenüber den USA erinnert an die Gründerzeit des »Kraftstroms« in den achtziger Jahren des 19. Jahrhunderts.

Mehrere Probleme wurden jedoch bei der Nachahmung der USA ignoriert. Die Vereinigten Staaten waren eine Atommacht; die zivilen Reaktortypen waren so gewählt, daß sie von den militärischen Uran- und Plutoniumanlagen profitierten; eine fließende Grenze zur Militärtechnik gehörte zu den Grundbedingungen der Reaktorentwicklung. Wenn man die Bundesrepublik definitiv und für alle Zukunft als Nicht-Atommacht begriffen hätte, wäre es naheliegend gewesen, die Eignung der amerikanischen Reaktortechnik zu überprüfen; aber solche Erwägungen lagen den Bonner Expertenkreisen fern. Außerdem galt in den USA – wenn auch nicht unangefochten – die »Sicherheitsphilosophie«, daß man mit dem Schlimmsten rechnen müsse und daher Kernkraftwerke nur in dünnbesiedelten, leicht zu evakuierenden Gebieten errichten dürfe; denn die Leichtwasserreaktoren hatten eine geringere inhärente Sicherheit als andere in der Frühzeit diskutierte Reaktortypen. In der »Philosophie des Sicherheitsabstandes« konnten die Deutschen den Amerikanern nicht folgen; denn in der dichtbesiedelten Bundesrepublik hätte es unter dieser Voraussetzung kaum Reaktorstandorte gegeben. Um aus der Not eine Tugend zu machen, entwickelten deutsche Atomkreise Ende der sechziger Jahre den Ehrgeiz, mit dem Bau eines großstadtnahen Kernkraftwerks (bei Ludwigshafen, zeitweise auch bei Frankfurt), das zugleich die Chemie mit Prozeßwärme versorgen sollte, weltweit voranzugehen und damit die besondere Zuverlässigkeit deutscher Reaktoren zu demonstrieren. Das hätte jedoch eine besondere »deutsche Sicherheitsphilosophie« mit überzeugenden praktischen Konsequenzen erfordert; aber daran fehlt es bis heute. Immer wieder kam der Vorschlag einer unterirdischen Anlage von Kernkraftwerken auf: Dieses Konzept, eine logische Konsequenz aus dem Verzicht auf einen »Sicherheitsabstand«, erlangte sogar prominente Unterstützung, wurde aber von der Industrie regelmäßig wieder beiseite geschoben.[33]

Während die traditionelle deutsch-amerikanische Konkurrenz bei Autos und Maschinen ein realer Wettbewerb war, hatte der Wettlauf in der Atomtechnik etwas Imaginäres. Um 1964 wurde die Meldung, daß die amerikanische Industrie in zehn Jahren Schnelle Brüter zu Festpreisen auf den Markt bringen werde, in Karlsruhe als Argument für einen überstürzten Sprung zum Brüter-Prototypen gebraucht; dabei war die Meldung schon damals nicht eben glaubwürdig. Um 1968 diente der Hinweis auf die USA als Argument für die vielumstrittene Entscheidung, alle Kraft auf den Natriumbrüter zu konzentrieren und den Dampfbrüter fallenzulassen; dabei hätte man schon damals bei genauerer Betrachtung der amerikanischen Szene ebensogut die gesamte Brüterentwicklung in Frage stellen können, denn seit dem schweren Störfall des Versuchsbrüters »Enrico Fermi« (1966) mehrten sich dort die Skeptiker. Es liegt nahe, aus der gesamten bisherigen Geschichte der Kerntechnik die Quintessenz zu ziehen, daß sich künftige Technologieprojekte an Bedürfnissen und Marktchancen orientieren und nicht von Wettlauf-Psychosen leiten lassen sollten. Dennoch scheint sich auf dem Feld der neuen Chip-»Generationen« der Stil der Brüterpolitik zu wiederholen: Die bloße Tatsache des »Chip-Krieges« zwischen den USA und Japan ist in Bonn Grund genug, um die deutsche Chip-Entwicklung mit einem rational kaum begründbaren Aufwand zu forcieren.[34]

Die Zukunftsaussichten der Kernenergie wurden nicht erst in den siebziger Jahren, sondern schon seit der Frühzeit der Atompolitik wiederholt getrübt. Der Weg zum wirtschaftlichen Kernkraftwerk und erst recht zum Schnellen Brüter wurde viel länger, als man ihn sich Mitte der fünfziger Jahre vorgestellt hatte. Ölboom und Kohlekrise durchkreuzten schon die ersten Anfänge des atomaren Engagements; als 1957 das erste amerikanische Demonstrations-Kernkraftwerk (Shippingport) in Betrieb genommen wurde, stellte sich heraus, daß der Atomstrom zehnmal so teuer wie Kohlestrom war. In den sechziger Jahren, als die ersten Kernkraftwerke unter halbwegs wirtschaftlichen Bedingungen in Auftrag gegeben wurden, kam der Erdgas-Boom, der dem Gas ein neues Image von Sauberkeit und Ungefährlichkeit gab und den Vormarsch der Elektrizität in den Wärmemarkt bremste. Ende 1966 machte das RWE in einem Brief an Forschungsminister Stoltenberg die Unterbindung der »Erdgas-Propaganda« und Bekämpfung der »Erdgas-Psychose« zu einer Bedingung für den Einstieg in die Kernenergie.[35]

An sich hätte es also schon vor der Kontroverse der siebziger Jahre Anlässe genug gegeben, um die Kernenergie-Entwicklung wieder abzubrechen oder auf Sparflamme zu betreiben. Aber an eine solche Kurswende war kein Gedanke; allgemein galt es für selbstverständlich, daß die Kernenergie so oder so kommen *müsse*, mochte auch der Weg dahin lang und dornig sein. Es waren überkommene Vorstellungen vom technischen Fortschritt, die in der Mitte des 20. Jahrhunderts mit scheinbar zwingender Logik zur Kernenergie führten. Conrad Matschoß erblickte das Wesen des technischen Fortschritts seit der Antike in der »Unterwerfung der Elementarkräfte«, der Steigerung der Antriebskraft. In entscheidenden Momenten der bundesdeutschen Atompolitik erkennt man mitunter die Wirksamkeit dieses Geschichtsbildes: So behauptete Winnacker 1955 bei einem Bericht über die Genfer Atomkonferenz, »daß sich die zivilisierten Völker in einer ähnlichen Situation befinden wie im Augenblick der Erfindung der Dampfmaschine oder des elektrischen Generators durch Werner v. Siemens«. »In solchen Augenblicken der Geschichte der Technik werden Positionen bezogen, die für die nächsten Jahrzehnte unseren Lebensstandard bestimmen.« Nicht nur die Dampfmaschine, sondern auch die Fortschritte der chemischen Synthese, die viele Ressourcen- in Energieprobleme verwandelten, bestärkten das energetische Geschichtsbild. Theoretisch konnte diese Fortschrittsidee auch zur Solarenergie führen. Wenn man jedoch in der Elektrizität die »edelste« Form der Energie erblickte und Fortschritt mit der Konzentration immer größerer Kraft gleichsetzte, dann war die Kernenergie genau die Pointe, die dem energetischen Fortschrittsbild noch gefehlt hatte. Es gab seit dem 18. Jahrhundert noch eine andere Vorstellung vom technischen Fortschritt: Fortschritt als Verbesserung der Kommunikationsmittel. Wenn man dies jedoch mit wachsendem Energieverbrauch gleichsetzte, gelangte man wiederum zur Kernenergie.

Auch die in Deutschland bodenständige Vorstellung, daß der technische Fortschritt in die Richtung zunehmender Verwissenschaftlichung führe und die Wissenschaft der Technik am sichersten den Weg weise, arbeitete seit den Erfolgen der Atomphysik für die Kernenergie. Finkelnburg, der Gründer der Siemens-Reaktorabteilung, erklärte 1956 auf der Hundertjahrfeier des VDI, dieser Zug zur Verwissenschaftlichung der Technik, der – ihm zufolge – die Zeitspanne zwischen wissenschaftlicher Entdeckung und praktisch-technischer Anwendung immer kürzer werden lasse, werde »mit absoluter Sicherheit« auch weiterhin »zu einer ungeheuren Erweiterung des Anwendungs- und Machtbereiches der Technik« führen. Er war der engagierteste Vorkämpfer des Schwerwasserreaktors; später wurde ihm nachgesagt, daß er Ökonomie mit Neutronenökonomie verwechsele. Denn das weitere Schicksal der Kernenergie zeigte sehr deutlich, daß die Entwicklung der Großtechnik anderen Gesetzen folgte als denen der Wissenschaft und daß die wissenschaftliche Lösung eines Problems für die technische Realisierbarkeit noch wenig besagte. Finkelnburg und sein Schwager Heisenberg erweckten schon in der ersten Hälfte der fünfziger Jahre den Eindruck, als ob die Brütertechnik praktisch zur Verfügung stünde; denn 1951 war in den USA ein erster Versuchsbrüter in Betrieb genommen worden (1955 wurde er durch einen schweren Kernschmelzunfall zerstört). Aber gerade die dann folgende Leidensgeschichte der Brüterprojekte widerlegt die These von der wachsenden Affinität von Wissenschaft und Technik.[36] In den Anfängen der deutschen Kernenergie-Entwicklung hatten in erstaunlichem Maße die Theoretiker dominiert. Häfele, der langjährige Leiter des Brüterprojekts, kam sogar aus der Astrophysik; 1977 bekannte er jedoch, daß Physiker »im allgemeinen unterschätzen, wie schwer es ingenieurmäßig ist, auch nur einen einzigen Reaktortyp auf die Beine zu bringen«.

Die Erfahrungen des Kraftwerkbaus entschieden darüber, welche Reaktorkonzepte sich durchsetzten: ein wegen der neuartigen Probleme der Atomtechnik nicht unbedenklicher Vorgang. Die Kernforschungszentren gewannen am Ende nur geringe Bedeutung für den industriell relevanten Teil der Kerntechnik. Großforschung und Atomindustrie entwickelten sich auseinander; die Industrialisierung der Forschung führte keineswegs zu einer Identität von Forschung und Industrie. Diese Erfahrung aus der Geschichte der Kernenergie enthält verallgemeinerbare Elemente. Dennoch stößt man in der Atompolitik wie eh und je auf die Einbildung, als sei der gesamte wissenschaftlich-technische Fortschritt eine einzige straff gespannte Leine, die vom Winde verweht werde, sobald man irgendwo hineinschneide. »Wenn wir keine Kernkraftwerke anzubieten haben, werden wir eines Tages auch keine Staubsauger mehr verkaufen können«, versicherte Atomminister Balke 1959. »Aus der Kenntnis der bisherigen Technikgeschichte«, behauptet eine Atom-Apologetik nach Tschernobyl, »erscheint es aussichtslos, einzelne Innovationsstufen zu überspringen oder schon abgelaufene Innovationszyklen künstlich zu verlängern. In beiden Fällen drohen gesellschaftliche Katastrophen, gegenüber denen der Unfall von Tschernobyl geradezu die Dimensionen eines Betriebsunfalles hätte.« Wenige Wochen nach Tschernobyl erklärte ein Vertreter der bayerischen Regierung: Wenn München, die einstige Wirkungsstätte Oskar v. Millers, zum »Mekka der Mikroelektronik in Europa« geworden sei, bilde die Wiederaufarbeitungsanlage bei Wackersdorf »nur ein weiteres Glied in dieser Kette«. Der Zusammenhang zwischen Kernenergie und Elektronik wurde häufig überschätzt. Wichtige Berechnungen für den ersten bundesdeutschen Versuchsreaktor (FR 2) wurden mit dem Rechenschieber gemacht; die großen Computerprogramme liefen erst zu einer Zeit an, als die Reaktorkonzepte längst festlagen.[37]

Je mehr in den letzten Jahrzehnten Konzepte von langfristiger technischer Entwicklung grassieren, desto häufiger ist bei Technologien von »Generationen« die Rede: inzwischen nicht nur bei »neuen« Technologien, sondern sogar schon bei Lastkraftwagen. Ganz besonders florierte die Projektion von »Generationen« bei der Kerntechnik; denn diese faszinierte nicht als Faktum, sondern als Pfad in die Zukunft. So wurde angenommen, der Weg der Reaktortechnik setze sich über mehrere »Generationen« bis zu Brüter- und Fusionskraftwerken fort; und damit verbunden war die Auffassung, die Kerntechnik besitze eine immanente Tendenz zum geschlossenen System, zum »Brennstoffkreislauf«. Beide Zukunftsbilder gaben dem Brüter- und dem Wiederaufarbeitungsprojekt eine Sicherheit, die lange Zeit weder durch Kostenexplosionen noch durch technische Schwierigkeiten zu erschüttern war. Für den Hochtemperaturreaktor bedeutete diese Situation ein Handicap: Für die kugelförmigen Brennelemente existierte keine Wiederaufarbeitungstechnik. Während in den USA seit den frühen siebziger Jahren Reflexionen über die Möglichkeit von Kernenergie ohne Brüter und Wiederaufarbeitung weitere Kreise zogen, wurden solche Gedanken in der Bundesrepublik so lange wie eben möglich systematisch verdrängt.[38] Selbst die Gegner der Atomkraft waren an solchen Perspektiven zunächst nicht interessiert; denn mit den Risiken von Brütern und Wiederaufarbeitung wollten sie die Kerntechnik insgesamt disqualifizieren. Die neueren Erfahrungen mit der Kerntechnik erinnern daran, daß System-, Kreislauf- und Generationen-Vorstellungen in der Technik bestenfalls metaphorischen Wert haben. Der Fusionsreaktor, die einstige »dritte Generation« der Kernkraftwerke, die Energie nach dem Prinzip der Sonne erzeugen sollte, ist ohnehin längst in eine unbestimmte Zukunft entschwunden, und selbst die meisten Fusionsforscher sind überzeugt, daß es ihn nie geben wird.

## Euratom: Die mißglückte Technisierung der Europa-Idee

Um 1955, als der Plan der Europäischen Atomgemeinschaft (Euratom) Gestalt annahm, erschien die Atomtechnik wie geschaffen, um die Europa-Idee mit Substanz zu versehen. »Europa« und das »Atom«: Die beiden großen Visionen jener Zeit, die viele alte Fronten zu überbrücken versprachen, waren in Euratom vereint. Die Logik war einfach und bestechend: Gewaltige technische Projekte verlangten, hieß es, nach einem europäischen Rahmen, und im übrigen erschien vielen die gemeinsame Arbeit an der technologischen Zukunft als das beste Mittel, um die Last der europäischen Vergangenheit zu überwinden. »Die Technologie wurde zur europäischen Ideologie.« Ob dabei die Technik in den Dienst von Europa oder Europa in den Dienst der Technik gestellt wurde, blieb in der Schwebe. Von den fünfziger Jahren bis heute wurde mit »Europa« der Zwang zum technischen Fortschritt und auch zum Großunternehmen begründet.[39]

Aber die Geschichte der Europäischen Atomgemeinschaft wurde ein einziges Trauerspiel mit immer neuen Akten. Statt die europäische Einigung zu beflügeln, schuf Euratom eine nicht abreißende Kette internationaler Querelen, die es ohne die Atomgemeinschaft nicht gegeben hätte. Das Euratom-Reaktorprojekt ORGEL erntete in der bundesdeutschen Atomwirtschaft Hohn und Spott. Wenn man die Motive der Atompolitik kritischer betrachtet hätte, wäre dieses Fiasko vorhersehbar gewesen. Die deutsche Atomindustrie hegte einen keineswegs unbegründeten Horror vor dem bürokratischen Zentralismus der französischen Atompolitik, mit dem sie in Teilen der Euratom-Behörde konfrontiert wurde. Vor allem aber wurden durch die Kerntechnik, wie Hepp bemerkte, »die verschütteten Bedürfnisse nationaler Selbstdarstellung zutage gefördert«. Kein Wunder, daß die Atomkraft damals als Basis für ein geeintes Europa besonders schlecht paßte. Erst in den siebziger Jahren, als der deutsche Brüter-Ehrgeiz durch die steil anwachsenden Kosten gedämpft wurde, war man froh, die weitere Brüter-Zukunft einem Kooperationsabkommen mit Frankreich und Italien überlassen zu können, dessen Einlösung unbestimmt blieb.

Gegenwärtig fördert die Aussicht auf den europäischen Binnenmarkt erneut eine unbekümmerte Projektemacherei auf europäischer Ebene, als ob es das Euratom-Fiasko nie gegeben hätte. Die in nationalem Rahmen an ökonomischen und technischen Klippen aufgelaufenen Brüterpläne bekommen durch das Projekt eines »Euro-Brüters« neuen Auftrieb. Der deutsche EG-Kommissar Narjes folgert aus der »Revolution der Kommunikationstechniken« einen Sachzwang zur Intensivierung des europäischen Zusammenschlusses. Ein gemeinsamer Bericht europäischer Institute will glauben machen, im Weltraum könne Europa »eine gemeinsame Identität konsolidieren«; Europa müsse daher »seine eigenen Augen und Ohren im Weltraum haben«.[40] Wieder droht die Europa-Idee mit bedarfsfernen technologischen Ambitionen verknüpft und verschlissen zu werden.

## *Vom »Upscaling« zum »Downscaling«*

Aus der extrem hohen Energiekonzentration im Spaltstoff wurde in den fünfziger Jahren häufig gefolgert, ein besonderer Vorzug der Atomanlagen werde darin liegen, daß diese nach Bedarf ganz klein zu dimensionieren seien. Das »Kraftwerk in der Kiste«, Kleinreaktoren als Flugzeugantrieb, ja sogar »Baby-Reaktoren« zur Raumbeheizung wurden prophezeit. Manche kommunalen Kraftwerke gedachten mit der Atomkraft ihre Autonomie gegenüber den Großen der Energiewirtschaft zurückzugewinnen. In den sechziger Jahren galten solche Gedanken als absurd; unter dem Einfluß der Energiewirtschaft war der Glaube an die Kostendegression bei Blockgrößensteigerung zur beherrschenden Lehre geworden. Waren in den zwanziger Jahren 100 MW, in den fünfziger Jahren 300 MW bereits die Kapazität eines Großkraftwerks gewesen, so galten nach 1960 in der Kernenergie 300 MW als eine lediglich für ein Demonstrationskraftwerk ausreichende Leistungsgröße; in den siebziger Jahren konnte der SNR-300 nicht einmal mehr als Demonstrationsbrüter gelten. Dabei gab selbst Mandel, der Vorkämpfer der Kernenergie im noch widerstrebenden RWE, 1964 zu, er sei »etwas enttäuscht«, »wie wenig« schon der Übergang auf 300 MW »im Grunde genommen bringt«, abgesehen von der Einsparung an Personal; ein anderer Sprecher der Energiewirtschaft bezeichnete es im gleichen Jahr als »verantwortungslos«, über 300 MW hinauszugehen. Aber wenig später galten 600 MW und um 1970 1000 MW als Mindestgröße eines wirtschaftlichen Kernkraftwerkes; 1970 prophezeite Mandel sogar schon Reaktoren von 2000 MW »und weit mehr« für die »nächsten

Jahrzehnte«. Schulten, der anfangs die Eignung des HTR für Kleinreaktoren hervorgehoben hatte, plante damals einen HTR von 3000 MW. Dabei bedeutete um 1970 schon der Bau von 1000-MW-Kraftwerken einen gewagten Quantensprung, der den Bereich bisheriger Ingenieurerfahrungen überschritt. In den siebziger Jahren kam das Größenwachstum der Kernkraftwerke auf der ganzen Welt bei maximal 1450 MW zum Stillstand; die Normalgröße blieb unter 1000 MW.[41]

In den USA, wo sich der Trend zum »Upscaling« früh ankündigte, sorgte sich der Atomphysiker Alvin Weinberg schon 1952, die ausschließliche Beschäftigung mit Großanlagen könne die Kerntechnik zu der »vielleicht am wenigsten flexiblen von allen größeren Technologien machen«; genau das war der Fall. Trotz der physikalischen Neuartigkeit der Kernenergie wurde der Konservatismus einer der bemerkenswertesten Züge der nuklearen Großtechnik. Weil man zu wenig Zeit zu haben glaubte, um neue Erfahrungen zu sammeln, siegte in den sechziger Jahren allgemein die Tendenz, diejenigen Reaktorkonzepte zu bevorzugen, mit denen schon relativ viel Erfahrungen vorlagen und die am meisten der konventionellen Kraftwerkstechnik ähnelten. Der hohe Aufwand schreckte von Experimenten ab; die Entwicklung bestimmter Reaktortypen bis zur Marktreife blockierte die Weiterentwicklung alternativer Konzepte. Ein echter Wettbewerb zwischen verschiedenen Reaktortypen fand nur wenig statt, auch wenn selbst in Fachkreisen mit Rückblick auf die Vielzahl der einst ansatzweise verfolgten Reaktorlinien später die Meinung verbreitet war, der Leichtwasserreaktor habe sich in einem Wettstreit der Reaktortypen als optimale Lösung erwiesen.

Der HTR, die einzig verbliebene Alternative zum Leichtwasserreaktor und – bei den Zukunftsprojekten – zum Natriumbrüter, geriet durch den Drang zur Größe in Schwierigkeiten. Die Sicherheitsvorteile, die dieser Reaktortyp bei kleiner Dimensionierung besaß, wurden schon bei den 300 MW des Prototyps bei Hamm-Uentrop zweifelhaft; damit verschlechterte sich auch die Möglichkeit der Prozeßwärmenutzung, die den besonderen Reiz dieser Reaktorlinie und deren besondere Eignung für deutsche Verhältnisse ausmachte.[42] Allgemein erhöhte das Kapazitätenwachstum das Spaltstoffinventar der Reaktoren und damit das trotz aller Sicherheitsvorkehrungen bestehende »Restrisiko«, das unter solchen Umständen viel mehr war als ein bloßer »Rest«. Zugleich verringerten die *Economies of Scale* die Manövrierfähigkeit der Atomwirtschaft gegenüber dem Ansturm der Kritik in den siebziger Jahren. In den achtziger Jahren, verstärkt nach Tschernobyl, kam die Parole *Downscaling* in Umlauf. Alte Pläne eines Klein-HTR wurden wiederbelebt, in der Hoffnung, die ökonomischen Nachteile des *Downscaling* durch Exportchancen, bessere Akzeptanz, standortunabhängige Genehmigung und Serienproduktion wettzumachen. Dieser Perspektivenwandel steht jedoch in Spannung zu einer bald hundertjährigen Tradition der deutschen Energiewirtschaft und Kraftwerkstechnik.

*Die neuen Risikodimensionen und der Rückgewinn der gesellschaftlichen Entscheidungsfreiheit gegenüber der Technik*

Die Kontroverse um die Kernenergie brachte einen Durchbruch in der öffentlichen Auseinandersetzung mit Risikobereichen, gegenüber denen das politische Regelungs- und das gesellschaftliche Reaktionsvermögen bisher versagt hatten. Das Ausmaß des atomaren Risikos erzwang die Berücksichtigung hypothetischer und sehr unwahrscheinlicher Störfälle, über die noch keine Erfahrungen vorlagen, so etwa solcher Katastrophen, die durch unvorgesehene Einwirkungen von außen oder durch eine zufällige Verkettung mehrerer Umstände ausgelöst werden konnten. Eine Vorsorge gegen derartige Risiken entsprach nicht der bisherigen Tradition der Technik; hier kam der Kernenergie eine »Pfadfinderrolle« (Häfele) zu.[43] In den siebziger Jahren wurde von den Reaktorsicherheitsinstanzen im Prinzip anerkannt, daß der genannte Risikobereich in die Sicherheitsbetrachtung einbezogen werden müsse; bei anderen »neuen Technologien« wie der Computer- und der Gentechnik dagegen hat sich diese »Sicherheitsphilosophie« noch nicht einmal im Prinzip durchgesetzt, obwohl sie auch dort angebracht wäre.

Aber auch in der Kerntechnik war es *eine* Sache, die Neuartigkeit des Risikos im Prinzip zuzugeben, und eine andere, daraus praktische Konsequenzen zu ziehen. Im praktischen Verhalten vieler Beteiligter dominierte bis in die siebziger Jahre die alte Einstellung, Sicherheitsvorkehrungen als etwas Lästiges und nach Möglichkeit Abzuwehrendes, Risikobereitschaft dagegen als Zeichen männlicher Tatkraft zu empfinden. Noch 1983 stellte selbst Bundesaußenminister Genscher für die Technologiepolitik die »erste Forderung« auf, »zur Tugend des Muts zurückzukehren«.

Die Ingenieure waren häufig vorsichtiger als die Physiker; aber gerade für sie war es schwierig, den neuen Imperativ zu befolgen und Vorkehrungen auch gegen solche Störfälle zu treffen, die sich noch nie ereignet hatten; denn in der Vergangenheit war die Erhöhung der technischen Sicherheit gewöhnlich nach der Methode von Versuch und Irrtum und durch die Analyse geschehener Unfälle erfolgt. Soweit sich erkennen läßt, herrschte in der kerntechnischen Praxis, wie wohl kaum zu vermeiden, eine eng an die konventionelle Kraftwerkstechnik angelehnte Sicherheitsbetrachtung vor. Man konzentrierte sich ganz auf die Regel-, Abschalt- und Notkühlvorrichtungen; schon die Auseinandersetzung mit Materialproblemen, einem seit langem zentralen Bereich der technischen Sicherheit, war randständig und defizient, da diese bei der Kerntechnik sehr unübersichtlich waren. Erst allmählich zeigte sich, daß die deutsche Schwerindustrie auf die Materialanforderungen der Reaktordruckbehälter nicht genügend eingerichtet war: Als in den siebziger Jahren nach ersten beunruhigenden Erfahrungen höhere Qualitätsstandards für Reaktorstahl eingeführt wurden, mußten vorübergehend Druckbehälter aus Japan bezogen werden. Das Postulat der Sicherung von Kernkraftwerken gegen Einwirkungen von außen (»EVA«) ließ sich überhaupt nur ganz begrenzt in Technik übersetzen.[44] Obendrein gaben die Erfahrungen der Geschichte wenig Grund zur Hoffnung, daß bei einer teilweise neuartigen Technik die Sicherheit antizipatorisch gewährleistet werden könne; ob die Computersimulation hier eine von Grund auf neuartige Situation geschaffen hat, ist nicht sicher. Im Grunde vollzieht sich auch die Kernenergie-Entwicklung auf dem Wege von Versuch und Irrtum; nur ist das Versuchsfeld, das von den Folgen eines Irrtums betroffen werden kann, weltweit. Das Lernen durch Erfahrung ist hier so schwierig wie noch nie in der Technikgeschichte; denn gerade bei großen Störfällen lassen sich das Geschehene und seine Tragweite zunächst nur ganz unzulänglich überschauen.

Die Verdrängung und Wiederentdeckung des »menschlichen Risikofaktors« vollzog sich im Verlauf der Reaktorsicherheitsdiskussion in dramatischer Weise. Von den Erfahrungen der Technikgeschichte her hätte dem »Faktor Mensch« bei der Sicherheitsbetrachtung eigentlich permanent besondere Aufmerksamkeit gelten müssen; denn menschliches Fehlverhalten rangierte unter den Unfallursachen in der Technik stets an erster Stelle. Wenn man davon ausgeht, daß der Mensch ein unvollkommenes Wesen ist, kann man folgern, daß die durch menschliche Fehler ausgelösten Störfälle auf Fehler der Technik hinweisen: ein für die gesamte Betrachtung der technischen Sicherheit zukunftsträchtiger Gedanke, der zu dem Postulat einer »fehlerfreundlichen« Technik führte. Lange Zeit glaubte man jedoch in bundesdeutschen Kernkraftwerken aus der menschlichen Fehlbarkeit heraus an die Notwendigkeit einer Technik ohne Menschen. Mit der Reaktortechnik wurde frühzeitig die Vorstellung höchster Automation verbunden; die Automatisierung und Ausschaltung des Menschen wurde sogar zuweilen als spezifisch deutsche Sicherheitsphilosophie gegenüber der der amerikanischen Reaktorbauer, die »sich sehr stark auf den Menschen« verließen, dargestellt[45], obwohl Deutschland traditionell im Automatisierungseifer hinter den USA zurückstand. Wenn man die Frage nach dem von der Kerntechnik geforderten Menschen- und Gesellschaftstyp konsequent zu Ende dachte, landete man bei Absurditäten: Alvin Weinberg postulierte eine »nukleare Priesterschaft« mit einer den Jahrzehntausenden der Halbwertzeit des Plutoniums entsprechenden politischen und moralischen Stabilität. Es hatte seine Gründe, wenn die Reaktorsicherheitsexperten sich dem »Risikofaktor Mensch« im allgemeinen nur zögernd und widerwillig zuwandten; das Thema war im Fall der Kerntechnik vertrackt, und nirgends stieß die Expertenkompetenz sichtbarer an ihre Grenzen als hier. Es war ein Verdienst der öffentlichen Kontroverse, daß dieses Thema am Ende unabweisbar wurde; seitdem steht es als offene Frage im Raum.[46]

Hauptzielscheiben des Protests wurden der Brutreaktor und die Wiederaufarbeitung (WA). Die Geschichte der bundesdeutschen WA-Pläne bietet ein Musterbeispiel für irreführende Semantik und System-Illusionen. Im Klartext und ihrem militärischen Ursprung entsprechend bedeutete WA Plutonium-Produktion. Unter der Bezeichnung »WA« wurde sie jedoch als systemnotwendiger Bestandteil der zivilen Kerntechnik ausgegeben: als »Schließung des Brennstoffkreislaufs« durch Plutonium-Rezyklierung. Um 1975 angesichts der sich sammelnden Protestbewegung wurde die WA zusätzlich als notwendige Voraussetzung für die Endlagerung des »Atommülls« legitimiert. Es liegt eine Ironie darin, daß gerade diese neue und spezifisch deutsche Zuordnung der WA zur Rubrik »Entsorgung« den Zwang zum raschen Bau einer WA-Großanlage schuf; das bescheidene Plutonium-Rezyklierungsprogramm allein hätte zu dem gewaltigen Gorlebenprojekt keinerlei Anlaß gegeben. Gerade in dieser Situation wurden die hohen Risiken der WA enthüllt, die bis dahin von der Öffentlichkeit kaum beachtet worden waren. In den achtziger Jahren schwand jegliches ökonomische Interesse an der WA, als sich herausstellte, daß die Uranvorräte der Erde auch ohne WA nicht – wie bisher angenommen – Jahrzehnte, sondern Jahrhunderte ausreichen würden; nur als Abschreibungsobjekt blieb die WA für die Energiewirtschaft interessant. Die große Diskussion, die das Dilemma der nuklearen Entsorgung hervorrief, weitete sich in den achtziger Jahren zu einer allgemeinen Diskussion über das Entsorgungsdilemma in der industriellen Zivilisation aus.

Die nuklearen Risiken hatten sich im Prinzip, wenn auch nicht in allen Details, schon zu einer Zeit erkennen lassen, als die zivile Kerntechnik über kleine Versuchsanlagen noch nicht hinausgelangt war. Die Geschichte der Kernenergie weist darauf hin, daß auch bei neuartigen Technologien eine vorausschauende Technikbewertung durchaus möglich ist und das eigentliche Problem darin liegt, die Erkenntnisse in praktische Folgerungen umzusetzen. Das gilt besonders dann, wenn Gefahren sich nicht akut und sinnlich wahrnehmbar manifestieren wie bei Dampfkesselexplosionen, dem klassischen Gegenstand der technischen Sicherheitsforschung. Im Falle der Kernenergie kam hinzu, daß das von der Privatwirtschaft zu tragende Risiko frühzeitig eng begrenzt und der gewaltige Rest der Allgemeinheit aufgebürdet wurde.[47] Aber eben dadurch wurden am Ende die öffentliche Diskussion und die Politisierung der Gefahrenabwehr gefördert.

Die Entstehung der Kerntechnik und die Beschleunigung des Entwicklungstempos gehen überall in der Welt auf staatliche Maßnahmen zurück, auch in der Bundesrepublik, wo die industrielle Nutzung der Kernenergie mehr als anderswo zur Sache der Privatwirtschaft gemacht wurde. Dennoch vermißt man in den staatlichen Akten im allgemeinen jegliches Bewußtsein staatlicher Entscheidungsfreiheit in der Kernenergie; die meisten zuständigen Ministerialbeamten und auch Parlamentarier scheinen sich vorwiegend als Vollzieher von Sachzwängen und als Akzeptanzbeschaffer verstanden zu haben. An der Geschichte der Kernenergie kann man sehen, daß ein aktives staatliches Engagement bei bestimmten Technologien keineswegs die politische Steuerung der Technik verstärkt, sondern im Gegenteil den Staat in Partialinteressen verstrickt und die Politik in Abhängigkeit von Expertenkartellen bringt.

Lange Zeit war – gerade auch auf der Linken – die Argumentation beliebt, daß der immer höhere Aufwand des technischen Fortschritts gesetzmäßig zu einem wachsenden Engagement des Staates führe. Aber diese Argumentation ist in allen Bestandteilen anfechtbar. In Japan, das heute gewöhnlich als Vorbild hingestellt wird, betrug der Aufwand für Forschung und Entwicklung 1977 1,6 % des Industrieumsatzes (Bundesrepublik: 3,3 %); der öffentliche Anteil daran lag bei 28 % (Bundesrepublik: 46,7 %). Ausgerechnet bei der japanischen Elektrotechnik und Elektronik belief sich der staatliche Anteil an den Forschungs- und Entwicklungsausgaben 1975 auf ganze 2 %![48] Selbst dann, wenn man die Kernenergie für unverzichtbar hält, würde daraus nicht die Notwendigkeit staatlicher Subventionen folgen; denn die Leichtwasserreaktoren wurden von der bundesdeutschen Industrie im Widerspruch zur Politik des Staates und der Kernforschungszentren auf den Markt gebracht. Ohne staatlichen Druck und massiven Einsatz öffentlicher Mittel wären dagegen Brüter- und Wiederaufarbeitungsprojekt aller Voraussicht nach in einem Frühstadium steckengeblieben und wären der Kernenergie die nachhaltigsten Konfliktquellen erspart worden. Die gesamte Erfahrung der Geschichte weist darauf hin, daß staatliche Bürokratien zur Verzögerung und Kontrolle, zum Schutz und zur Konservierung sehr viel besser befähigt sind als zur erfolgreichen Entwicklung neuer Technologien. Aus prinzipiellen wie aus praktischen Gründen entspricht Umweltpolitik der Funktion des Staates weit besser als Technologiepolitik. Bisherige Erfahrungen zeigen allerdings, daß öffentlicher Druck nötig ist, damit der Staat diese Funktion wahrnimmt.

Daß die öffentliche Stimmung beim Start einer neuen Technologie mitspielt, ist in der Technikgeschichte nichts Neues: Schon seit der Zeit der ersten Eisenbahnen, der Weltausstellungen, des frühen Elektro-Zaubers und der Autorennen pflegten neue Techniken, die auf Rückhalt in der Öffentlichkeit angewiesen waren und die Phantasie beflügelten, von einem Schwall publizistischer Euphorie begleitet zu werden. Obwohl dem anfänglichen Überschwang gewöhnlich die Ernüchterung folgte, wiederholen sich diese Ouvertüren mit ermüdender Regelmäßigkeit bis in die Gegenwart, wobei es nach wie vor zum Stil der Populärliteratur über neue Techniken gehört, Fakten und Spekulationen oft ununterscheidbar miteinander zu vermischen. All dies scheint das skeptische Bild von der Öffentlichkeit im Zeitalter der Massenmedien zu bestätigen, demzufolge die »öffentliche« zur »veröffentlichten Meinung« und zum Reflex von Manipulation geworden ist. Meinungsumfragen zeigen, daß sich die »Atomzeitalter«-Euphorie der fünfziger Jahre vorwiegend in der Publizistik abspielte und von der großen Mehrheit der Bevölkerung nicht geteilt wurde. Die Protestbewegung der siebziger Jahre mußte sich bis etwa 1974 *gegen* die Medien behaupten; erst durch spektakuläre Aktionen wie die Bauplatzbesetzung von Wyhl bekam sie und bekamen auch die Risiken der Kerntechnik Nachrichten- und Sensationswert.[49]

In der Folgezeit jedoch schlug die allgemeine Stimmung um. Die Öffentlichkeit wurde in unerwartetem Maße zu einer kritischen Kraft. Sie blieb nicht außerparlamentarisch, sondern gab den Anstoß dazu, daß zum ersten Mal in der Geschichte die Technologiepolitik jahrelang zum Gegenstand intensiver parlamentarischer Erörterungen wurde. Neue Themen, die in der Expertendiskussion vernachlässigt worden waren, rückten ins Blickfeld: weite Teile des nuklearen »Restrisikos«, die aus menschlichem Versagen oder böswilligen Handlungen resultierenden Risiken und schließlich, unter dem Einfluß der Friedensbewegung, auch das Proliferationsproblem. Was in Expertengremien undenkbar war, konnte in der Öffentlichkeit artikuliert werden: daß auf Kernenergie verzichtet werden kann. Die trotz allem erstaunliche Wirkung der Protestbewegung war nicht zuletzt deshalb möglich, weil es um die Wirtschaftlichkeit der Kerntechnik und den Bedarf an Atomstrom schlechter bestellt war, als bis dahin viele geglaubt hatten, und weil es in Wirtschaft und Wissenschaft konträre und konkurrierende Interessen zur Kernenergie oder zumindest zu den nuklearen Zukunftsprojekten gab; diese Interessen bekamen durch den Atomkonflikt Gelegenheit, sich zu formieren. Die Kohle, die bis dahin durch die vermeintliche Aussicht auf »Kohleveredlung« durch HTR-Prozeßwärme als Partner der Kernenergie gewonnen war, ging allmählich auf Distanz. In den achtziger Jahren zerfiel die Bundesrepublik in »Kohleländer« und »Kernenergieländer«. Andere »neue Technologien« wie die Informatik und Gentechnik, die auf anderen Fortschrittsbildern beruhen, trugen dazu bei, das »energetische« Bild vom Fortschritt zu demontieren.

Die Auseinandersetzung über die Gentechnik, die sich in den USA schon in den siebziger Jahren in der Nachbarschaft des Atomkonfliktes entwickelte, weist auch in der Bundesrepublik seit etwa 1984 Ähnlichkeiten mit dieser Vorläufer-Kontroverse auf: Die paradigmatische Bedeutung der Auseinandersetzung über die Kernenergie tritt in der Technik-Diskussion immer deutlicher hervor. Auch in der Gentechnik geht es um ein Risikofeld mit menschheitsbedrohenden Möglichkeiten, dessen Gefahrenpotentiale sich jedoch zu einem Großteil nur hypothetisch konstruieren lassen. Hier überwog in der Politik bislang das Bestreben, die Diskussion in engem Kreis zu halten. Die Erfahrung der Kernenergie-Kontroverse, daß eine von Expertenkartellen emanzipierte Technologiepolitik nur unter aktiver Beteiligung der Öffentlichkeit gelingen kann, ist noch nicht zum Allgemeingut der Politik geworden. Ein »diskursiver« Politikstil, wie ihn Reinhard Ueberhorst von seinen Erfahrungen in der von ihm geleiteten Enquete-Kommission »Zukünftige Kernenergie-Politik« (1979/80) her auch für andere Bereiche der Technologiepolitik fordert, setzt ein nicht-deterministisches Bild der technischen Entwicklung, ein Bewußtsein der gesellschaftlichen Entscheidungsfreiheit und nicht zuletzt auch eine Zuversicht voraus, daß die Politik sich bei Technologie-Entscheidungen Zeit lassen darf. All dies wirft ein Licht auf die politische Tragweite der Technikgeschichte.[50]

## 3. Humanisierung der Technik durch technischen Fortschritt oder: Eine neue Zeit der Scheinlösungen?

Wenn man in der Technikgeschichte der letzten Jahrzehnte von einer »Revolution« sprechen kann, so liegt diese nicht in der Technik selbst, sondern in der durch technische Requisiten markierten Veränderung der Lebensweise und in den durch Produktion und Konsum verursachten Folgeproblemen. Auch hier bedeutet die Zeit um 1957 eine erste Wende, in den Problemdimensionen wie auch in deren Wahrnehmung. 1957 wurde durch Höherstufung eines bisherigen Ausschusses die VDI-Kommission »Reinhaltung der Luft« gegründet: Die Erarbeitung technischer Regeln zur Emissionsbegrenzung auf der Ebene von VDI und industrieller Selbstverwaltung geschah mit stärkerem Nachdruck, nicht zuletzt um staatlichen Regelungen zuvorzukommen. Die Zeit der Vorherrschaft der Kohle, in der sich die Industriestädte an eine fatalistische Einstellung gegenüber qualmenden Schornsteinen gewöhnt hatten, war durch den Ölboom und die »Atomzeitalter«-

Erwartung beendet worden. Das Ruhrrevier mußte zusehen, wie es für neue Industrien attraktiv wurde. Ende der fünfziger Jahre löste der »braune Rauch« über den Hüttenwerken eine heftige Protestwelle aus; 1961 gehört der »blaue Himmel über der Ruhr« zu den Wahlkampfparolen der SPD. 1960 entstand auf privater Basis ein Forschungsinstitut für die Reinhaltung der Luft; nach Querschüssen der Industrie wurde es 1963 vom Land Nordrhein-Westfalen übernommen. Die »TA Luft« (Technische Anleitung zur Reinhaltung der Luft) von 1974 gründete sich jedoch immer noch weitgehend auf den vorgefundenen »Stand der Technik« und auf technische Normen, die im vorstaatlichen Raum durch VDI und Industrie festgelegt worden waren.

1957 wurde das Bundesinstitut (seit 1972 Bundesanstalt) für Arbeitsschutz gegründet. Als die Vollbeschäftigung erreicht und die Arbeitskraft kostbar wurde, gab es Grund, den lange vernachlässigten Arbeitsschutz zu reaktivieren. 1961 erreichte die Zahl der Arbeitsunfälle mit 2,8 Mio. einen alarmierenden Höchststand; 1962 appellierte Balke an die Industrie, die Arbeitssicherheit als unternehmerische Aufgabe zu begreifen. Aber eine effektive Verhaltensänderung blieb aus; noch Anfang der siebziger Jahre hatte die bundesdeutsche Industrie nach Italien die höchste Unfallrate innerhalb Westeuropas. Trotz des Arbeitssicherheitsgesetzes von 1973 stieg noch gegen Ende der siebziger Jahre die Zahl der vorzeitigen Invaliden in der Industrie »dramatisch an«. Das wachsende Tempo und die Angst vor Arbeitslosigkeit unterliefen die Arbeitsschutz-Bemühungen.[51]

1961 wurde das Bundesgesundheitsministerium gegründet. Aktueller Anlaß war die Contergan-(Thalidomid-)Affäre: die Häufung von Mißbildungen bei Neugeborenen, deren Mütter während der Schwangerschaft das thalidomidhaltige Schlafmittel eingenommen hatten. Es war der erste Katastrophenalarm, der auf die Risikodimensionen der Medikamentenschwemme hinwies; in den sechziger Jahren, als die Anti-Baby-Pille gerade auch für die Linke zu einem Inbegriff des Fortschritts wurde, fand er jedoch erstaunlich wenig Resonanz. Eine schwedische Untersuchung stellt fest, die Bundesrepublik, obwohl »das von der Thalidomid-Katastrophe am schwersten betroffene Land«, habe »nicht aus dieser Erfahrung gelernt«. Mit der wachsenden Popularität der Naturheilverfahren änderte sich in den achtziger Jahren die öffentliche Stimmung. Bestrebungen nach einer effektiven und systematischen Überprüfung der Wirkungen neuer Medikamente führten jedoch ebensowenig zum Erfolg wie ähnliche Ansätze Ende des 19. Jahrhunderts in der Gründerzeit des Reichsgesundheitsamtes.[52]

In den späten fünfziger Jahren begann die Erkenntnis zu dämmern, daß die Wasserversorgung und -entsorgung in eine kritische Situation hineinsteuerten. Nachdem eine reichsrechtliche Regelung der Wasserwirtschaft seit der Jahrhundertwende immer wieder verschleppt worden war, wurde 1957 ein Rahmengesetzentwurf, das Wasserhaushaltsgesetz, verabschiedet. Ebenfalls 1957 wurden die Bundeskompetenzen für die Wasserwirtschaft dem Atomministerium übertragen, obwohl (oder weil) damals aus Kreisen der Wasserwirtschaft der wirksamste Widerstand gegen Atomanlagen kam. Bemühungen um eine inhaltliche Füllung des Rahmengesetzes stießen auf einen unvermindert heftigen Widerstand der Industrie; noch in den siebziger Jahren blieben hier die Interessenten hart und die Landesregierungen zaghaft. Dabei waren bei der Verminderung der Gewässerverschmutzung optisch eindrucksvolle Erfolge auf technischem Wege noch relativ einfach zu erreichen. Der Trend geht in der Gegenwart dahin, daß zwar die Flüsse zumindest äußerlich sauberer werden, die gefährlichere und auf lange Zeit irreversible Belastung des Grundwassers dagegen zunimmt. Die Verschmutzung fließender Gewässer war früher wie heute derjenige Bereich der Umweltschädigung, wo staatliche Vorschriften am besten griffen; daher bestand die »Bewältigung« von Umweltproblemen nicht selten darin, diese in schlechter zu belangende Bereiche (Grundwasser, Boden, Luft) zu verlagern.

Die Probleme selbst wuchsen erheblich stärker als das Problembewußtsein, schon allein durch den Autoverkehr, der seit 1960 mit der Zweckbindung der Kfz-Steuer mehr denn je freie Bahn bekam. Die Politik der hohen Schornsteine erreichte nach 1960 mit Höhen von 150–200 m ihre Kulmination. In welchem Maße jene Zeit eine Zäsur in der Umweltgeschichte darstellt, die den meisten Zeitgenossen verborgen blieb, zeigen neuerliche Untersuchungen über das Waldsterben: Um 1960 verengten sich vielfach die Jahresringe der gegenwärtig absterbenden Bäume; seitdem stieg die Kurve der Stickoxid-Emissionen noch steiler an als zuvor. Die industriellen Emissionen, die die Gesundheit der Arbeiter schon immer geschädigt hatten, alarmierten die Öffentlichkeit, als sich ihre Folgen an den Wäldern zeigten.[53]

Aber das »Waldsterben« wurde erst um 1980 zum Thema. Wenn ökologische Probleme seit Anfang der siebziger Jahre die Öffentlichkeit erregten, so kamen entscheidende Anstöße von außen, vor allem aus den USA. Die alte deutsche Kulturkritik, bis dahin mit »Blut-und-Boden«-Geruch und konservativem Ressentiment behaftet, mußte einen amerikanischen Einschlag bekommen, damit sie für die deutsche Linke attraktiv wurde. Eine lange und prominente Reihe gebürtiger Deutscher, die in der NS-Zeit in die USA emigriert war und sich dort mit dem modernsten Stand der Rationalisierung auseinanderzusetzen hatte, hat zu diesem transatlantischen Hinüber- und Herüber-Transfer von Ideen entscheidend beigetragen: von Horkheimer, Adorno, Herbert Marcuse und Erich Fromm bis zu Robert Jungk, Hans Jonas, Erwin Chargaff und Joseph Weizenbaum. Schon 1950 hatte der 1933 aus Deutschland emigrierte Wirtschaftswissenschaftler K. William Kapp das, was später als »Umweltproblem« bezeichnet wurde, als »soziale Kosten der Privatwirtschaft« nationalökonomisch auf den Begriff gebracht.

Um 1970 waren die traditionellen Rollen vertauscht: Die Amerikaner waren den Deutschen in der Umwelt- und Gesundheitspolitik in vieler Hinsicht voraus. In ihrem souveräneren Verhältnis zur Technik unterschieden sie sich von der zwanghaften Einstellung zum technischen Fortschritt, die in Deutschland bis dahin vorherrschte. Wie wohl in kaum einem anderen Staat der Welt waren in der Bundesrepublik der Stolz auf das Wirtschaftswachstum und das Streben nach weiteren Wachstumsrekorden zum Kernstück des kollektiven Selbstbewußtseins geworden. Waren schon durch Krieg und Nachkriegszeit Umweltfragen in den Hintergrund gedrängt worden, so setzte sich diese Vernachlässigung noch zu einer Zeit fort, als die materielle Not behoben war und eine weitere Erhöhung der Annehmlichkeiten mehr mit einer Verbesserung der Umweltbedingungen als mit immer neuen Produktionserhöhungen zu tun hatte. Um 1970 wurde jedoch diese Einsicht mit der Parole »Lebensqualität« zum Allgemeingut; »Umweltschutz« ging als Lehnübersetzung von »environmental protection« in die Alltagssprache ein. Von der damals in den USA aufflammenden Kontroverse über die Atomkraft sprangen die ersten Funken in die Bundesrepublik über.

Motive und Gruppenmentalitäten, die in der deutschen Geschichte früher verstreut und voneinander getrennt waren, bündelten sich nach und nach zu einer Strömung: Naturschutz und Naturheilbewegung, Lebensreform und Liebe zum Handwerk, Sozialismus und Nostalgie, Frauen- und Friedensbewegung, kommunale Widerstände gegen die zentralisierte Energieversorgung und Anwohner-Initiativen gegen Lärmbelästigung durch den Verkehr. Zwischen der sozialen und der technischen Fortschrittsidee entstand ein Konflikt; die seit langem latent bestehende Spannung wurde zum offenen Bruch. Die Popularität und Leidenschaft, die die bundesdeutsche Umweltbewegung seit den siebziger Jahren kennzeichnen, lassen ermessen, wieviel Unbehagen bis dahin unterdrückt oder in eine abgehobene Kulturkritik verdrängt worden war. Aber die Flut der Diskussionen und Publikationen, der Verordnungen und Politiker-Bekenntnisse zur Umwelt lenkte davon ab, daß die Wirkungen in keinem Verhältnis zu den Worten standen und in vielen Bereichen mit dem Tempo der weiter zunehmenden Umweltbelastung nicht Schritt hielten.

Ein Gutteil des Dilemmas liegt gewiß in der Schwierigkeit der Sache selbst; ein anderer Teil kommt auf das Konto der industriellen Interessen und der Verbraucher-Trägheit. Man muß aber auch fragen, wieweit die verfolgten Lösungsstrategien der Problematik angemessen waren und nicht – ähnlich wie um die Jahrhundertwende – Scheinlösungen vorschnell ein Gefühl der Befriedigung vermittelten. Immer noch bestand, wenn auch mit mancher Einschränkung, das Dogma, der technische Fortschritt löse auf die Dauer die Folgeprobleme der Technik von selbst, wenn er nur konsequent und intelligent vorangetrieben werde. Eine VDI-Erklärung »Rationalisierung heute« enthält 1988 die These, Rationalisierung schließe Umweltschutz mit ein, indem sie »den Verbrauch der Ressourcen Energie und Material« minimiere und »auch vernünftige Konzepte der Entsorgung« umfasse.

Selbst bei denjenigen, die die Inhumanität und Umweltschädlichkeit der Hauptströmung der bisherigen technischen Fortschritte kritisieren, gibt es eine Tendenz, die »Alternative« ebenfalls im Kern als technisch zu verstehen, wobei manchmal das noch aus der Zeit der Elektro-Visionen stammende Konzept der »Neotechnik« Lewis Mumfords wiederaufgenommen wird: der menschenfreundlichen und umweltschonenden Neutechnik, die die Wunden des finsteren Kohle-Zeitalters heilt.[54] Auch der neue Begriff des »Ökosystems« führt als Konzept einer »harten«, quantifizierenden Computer-Ökologie dahin, ökologische Politik als

Wiederherstellung eines Systems oder Kreislaufs zu denken; insofern kann er eine im übertragenen Sinne technizistische Tendenz enthalten. Die Technisierung der Auseinandersetzung mit der Umweltproblematik ist um so verlockender, als auf diese Weise zumindest in der Idee die harten Verteilungskonflikte, die sich aus einem haushälterischen Umgang mit den Ressourcen ergeben, verhüllt bleiben.

Ölkrise und Atomkraft zusammen mit einem Konzept des Ökosystems, das »alle biologischen Wechselwirkungen auf energetische Begriffe« reduziert, rückten die Energiepolitik in den Mittelpunkt der Umweltdebatte. Dieser Schwerpunkt begünstigte technische Lösungsstrategien. Das eindrucksvollste Beispiel dafür, daß sich der technische Fortschritt mit der Schonung der Ressourcen decken kann, war in den siebziger Jahren ebenso wie schon im frühen 20. Jahrhundert die verbesserte Energienutzung. Wenn man noch Anfang der siebziger Jahre geglaubt hatte, daß die deutsche Industrie nach all den Rationalisierungsschüben den »energetischen Imperativ« nahezu erfüllt habe, wurde es bald nach dem Preissprung des Öls vom Herbst 1973 zu einer überraschenden Offenbarung, ein welch enormer, sich fortwährend erweiternder Spielraum für Energieeinsparungen noch zur Verfügung stand. Die Sparmöglichkeiten überrumpelten sowohl die Energieprognosen und Ausbaupläne der Atomkraft-Anhänger als auch die solaren Visionen der Gegenseite. »Sparen ist die Energiequelle der Zukunft« wurde nach amerikanischem Vorbild Ende der siebziger Jahre zu einer Parole, die nach der heißen Phase des Atomkonflikts (1975–79) einen gewissen Konsens herstellte.

Während noch Anfang der siebziger Jahre wirtschaftliches Wachstum und steigender Energieverbrauch untrennbar miteinander verbunden zu sein schienen, eröffneten neue Technologien eine Zukunftsperspektive, bei der der technische Fortschritt vom Energieverbrauch teilweise abgekoppelt war: Das galt für Mikroelektronik und Biotechnik. Die Entdeckung der Supraleiter durch Bednorz und Müller (1985) faszinierte auch Gegner des bestehenden Energiesystems: Wenn es möglich würde, Strom ohne Leitungsverluste zu transportieren, könnte die Bundesrepublik durch Solarstrom aus der Sahara versorgt, allerdings auch das bestehende Verbundsystem noch großräumiger ausgebaut werden. Daneben gibt es schon seit einem Jahrhundert die Idee, Sonnenenergie zur Wasserspaltung einzusetzen, also in Form von Wasserstoff zu speichern, zu transportieren und als Treibstoff einzusetzen. Eine drastische Verbesserung der Energiespeicher- und -transportmöglichkeiten gäbe aber auch der Atomkraft neue Möglichkeiten; denn dann ließen sich Kernkraftwerke abseits aller Bürgerinitiativen in menschenleeren Gebieten bauen. Die Wasserstoff-Faszination reicht daher über die Fronten des Atomkonflikts hinaus. 1988 ist die Bundesrepublik »das einzige Land, das konkrete größere Wasserstoffprojekte fördert«. Dagegen wurde die seit langem vielfach erhobene Forderung, daß die Solartechnik gleiche Entwicklungschancen wie die Kerntechnik erhalten solle, bisher nicht erfüllt. Bisher fehlt es an einer großen öffentlichen Diskussion darüber, ob die Solarenergie in Deutschland als Inbegriff einer angepaßten oder als einer den klimatischen Verhältnissen spottenden Technik zu gelten hat, zumal das wirtschaftliche Interesse an der Solartechnik bei den sinkenden Ölpreisen der achtziger Jahre zurückging.[55] Ansätze zur verbesserten Nutzung der Wind- und Solarenergie wurden teilweise durch Traditionen des Großmaschinenbaus gehemmt.

Dramatische Fortschritte zeigt die Geschichte der Grenzwerte. 1873 wurden für den Fabrikarbeiter selbst über lange Zeit über 30 000 Milligramm Schwefeldioxyd pro Kubikmeter Luft für verträglich gehalten; heute empfiehlt die WHO als Mittelwert 0,05 Milligramm.[56] Noch in den dreißiger Jahren lag die Staubemission von Zementwerken über 10 000 Milligramm pro Kubikmeter; heute sind in der Bundesrepublik nur noch 50 Milligramm zulässig. Der Fortschritt hat auch eine Kehrseite: Die Vorgänge lassen erkennen, in welchem Maße das, was offiziell als verträglich gilt, eine Funktion des technisch Möglichen und betriebswirtschaftlich Akzeptablen ist. Selbst Atomminister Balke wies wiederholt auf den willkürlichen, wissenschaftlich ungesicherten Charakter der »Toleranzgrenzen« hin und kennzeichnete diese als »Beruhigungsgrenzen«.[57]

Die »neuen Technologien« bewegen sich zum Teil in einer Richtung, in der Ressourcenprobleme keine Rolle spielen und sogar manche Engpässe, die sich bisher abzeichnen, gemildert werden. Typische Grundstoffe neuer Technik wie Quarz und Silicium sind praktisch unbegrenzt verfügbar; Glasfaserkabel könnten das knapper werdende Kupfer ersetzen, dessen Weltvorräte nach den Berechnungen des »Club of Rom« (1972) bei gleichbleibender Verbrauchssteigerung in (damals) 36 Jahren erschöpft sein müßten.

Die Ressourcen der Gentechnik sind – im Prinzip zumindest – regenerativ. Die Reststoffverwertung, das *Recycling*, deckt sich teilweise seit über hundert Jahren mit den Hauptlinien des technischen Fortschritts in der Chemie. Von den USA ausgehend wurde das Recycling seit den siebziger Jahren zu einer Wachstumsbranche und zu einem teilweise hochspezialisierten Technik-Sektor eigener Art. Bei hochgiftigen Stoffen wie Plutonium und Cadmium wird jedoch durch Rezyklierung das Dilemma vergrößert: Anders als bei direkter Endlagerung wird auf diese Weise ihre permanente und ubiquitäre Verbreitung gefördert. Plutonium wird erst durch die WA in seiner gefährlichen Reinform verfügbar; auch die Verbreitung des Cadmiums wird durch Recycling erhöht. Einer Berechnung zufolge kostet das Ausfiltern eines einzigen Kilos Cadmium, dessen Marktpreis drei Mark beträgt, im Klärwerk rund 60000 Mark, während es am Ort der Entstehung mit vergleichsweise einfachen Verfahren zurückgehalten werden kann. Wie schon der nukleare »Brennstoffkreislauf« zeigte, beruht die im großen Stil betriebene Rezyklierung auf gefährlichen System- und Kreislauf-Illusionen.[58]

Die *Entsorgung* ist im 20. Jahrhundert zur Großtechnik geworden. Die Klärwerke wurden durch die Kombinationen mechanischer, chemischer und biologischer Anlagen zu industrieartigen Komplexen und zu einem Spiegel des naturwissenschaftlichen Fächerspektrums. Die Müllverbrennungsanlagen waren in England schon seit 1876 aufgekommen; Hamburg erbaute als erste kontinentaleuropäische Stadt 1895/96 nach der Choleraepidemie eine Verbrennungsanlage, und um die Jahrhundertwende galt die Verbrennung in Deutschland allgemein als die Müllbeseitigungsmethode der Zukunft. Aber die armen Kriegs- und Nachkriegszeiten, als der Müll zu wenig Brennbares enthielt, durchkreuzten diese Pläne. In den sechziger und siebziger Jahren war die Müllverbrennung in der Bundesrepublik eine Innovation, die sich erst nach einigem Entwicklungsaufwand durchsetzte und als große Lösung des Entsorgungsproblems galt; die neuen Müllverbrennungsanlagen konnten sich architektonisch mit modernen Opern und Universitäten vergleichen. 1984 jedoch schlug die Stimmung um, als Berichte über Dioxinschäden aus Hamburger Verbrennungsanlagen durch die Medien gingen; kaum begonnen, wurde das »Ende der Ära Müllverbrennung« prophezeit. Die immer monumentalere Entsorgungstechnik versinnbildlichte in den achtziger Jahren mehr das Dilemma als die technische Lösbarkeit der Entsorgung. Eine 1989 in Aussicht stehende »Nachrüstung« der Klärwerke in der Bundesrepublik wird auf insgesamt 100 Milliarden DM veranschlagt; damit wächst die Entsorgungstechnik den Kommunen finanziell über den Kopf.

Zeitweise wurde die Gentechnik als künftige Retterin gefeiert, in der Erwartung, daß neukombinierte Mikroorganismen die extrem resistenten Abfall- und Schadstoffe zersetzen und unschädlich machen würden; aber solche Hoffnungen wurden 1986 selbst von einem Sprecher der Hoechst AG zurückgewiesen, die sich als erstes der deutschen Großunternehmen in der Gentechnik engagiert hatte.[59] Dafür schafft die Gentechnik selbst Entsorgungsprobleme, die in noch höherem Maße als die der Kerntechnik prinzipiell unlösbare Aspekte haben; denn freigesetzte Mikroorganismen lassen sich nicht mehr zurückholen und haben keine Halbwertszeit, sondern können sich vermehren und der Umwelt anpassen. Wenn auch die bisher gezüchteten Mikroorganismen in den meisten Fällen außerhalb des Labors nicht überlebensfähig sein mögen, so geht der Forscherehrgeiz doch dahin, sie resistenter zu machen; insofern besteht ein Widerspruch zwischen fachinternem »Fortschritt« und Sicherheit.

Als technische Bewältigung des Restrisikos der *Kernenergie* wird vor allem seit Tschernobyl von einer Richtung innerhalb der nuklearen *Community* der schon erwähnte Klein-HTR (HTR-Modul) präsentiert. Praktische Erfahrungen liegen bislang nicht vor. Die Behauptung, daß das *Downscaling* erhebliche Sicherheitsvorteile verschaffen kann, leuchtet theoretisch ein; die Probleme der Proliferation und der Entsorgung bleiben jedoch bestehen. Sicherheitsvorzüge würden durch die beabsichtigte Errichtung des »Bratkartoffel-Reaktors« in Ballungsräumen im Interesse der Prozeßwärmenutzung vermindert werden. Für den Fall, daß der HTR-Modul nicht ein »Papierreaktor« bleibt wie bisher alle anderen extravaganten Reaktorkonzepte, prophezeit ein Kritiker, die »letzte Schlacht um die Atomenergie« könnte um die HTR-Linie geschlagen werden, die in den siebziger Jahren von der Protestbewegung nahezu verschont geblieben war.[60]

Wieweit ist jedoch die Spaltstoff-Proliferation eine Gefahr? Seit den fünfziger Jahren gilt gerade die Atombombe nach herrschender Auffassung als Garant des Friedens. Wenn schon vor 1914 und in der Zwischenkriegszeit – leider allzu früh – prophezeit wurde, die Technik sei »im Begriff, den Krieg zu vernichten«, so schien sich dieser Traum einer technischen Gewährleistung des Friedens durch das »Gleichgewicht der Abschreckung« zu erfüllen. Auf einem gewissen Stand der atomaren Waffentechnik, als diese mehr zur Abschreckung als zu militärischen Operationen zu gebrauchen war, mochte dies zutreffen. Seit Ende der siebziger Jahre wurde jedoch allgemein bewußt, daß der Ehrgeiz der Raketeningenieure dahin geht, auch einen Atomkrieg führbar zu machen und erneut die Illusion einer durch einen technischen Vorsprung gesicherten Überlegenheit hervorzurufen.

In der um 1966 weltweit einsetzenden Debatte über den Vertrag zur Nichtverbreitung von Kernwaffen (Non-Proliferation Treaty, NPT), der bei der bundesdeutschen Rechten jahrelang auf heftige Abwehr stieß, bestand der besondere konstruktive Beitrag der Bundesrepublik in der Technisierung und damit politischen Entschärfung des Kontrollproblems, der »instrumentierten Spaltstoffflußkontrolle«. Der allgemeine Beifall, den diese Idee fand, lenkte davon ab, daß ihre effektive Realisierbarkeit in keiner Weise geklärt war. Die irrtümliche Vorstellung, daß Atomanlagen im Prinzip große Automaten seien, führte zu der falschen Annahme, daß auch die Kontrolle des Spaltstoffflusses automatisierbar sei. In Wirklichkeit gilt bis heute die Regel, daß eine wirksame Kontrolle den guten Willen der Beteiligten – oder doch der meisten von ihnen – voraussetzt.[61]

*Humanisierung der Arbeitswelt* – auch hier ist die Auffassung beliebt, daß der Computerisierung eine Tendenz innewohne, den Menschen wieder stärker in den Mittelpunkt des Produktionsprozesses zu stellen. Bildschirmarbeitsplätze erfüllen auf den ersten Blick in einem noch nie erreichten Maße den alten Wunschtraum von »Hygiene« in der Industriearbeit. Indem die Arbeiter nicht mehr unmittelbar mit der Maschinerie und dem bearbeiteten Werkstoff in Berührung kommen, wird die augenfälligste Unfallquelle am Arbeitsplatz beseitigt. Die Kontrolle und nervliche Belastung der Arbeit können dagegen gesteigert werden. Die Hoffnung, daß technische Innovationen wie von selbst zum »Ende der Arbeitsteilung« führen würden, entbehrt der historischen Grundlage: Die Arbeitsteilung ist vorindustriellen Ursprungs, und es gibt keinen Grund zu der Annahme, daß sie durch neue Technik aufgehoben werde. Da der technische Fortschritt als solcher auf maximale Prozeßbeherrschung abzielt, bestärkt er häufig – wenn auch nicht immer und unbedingt – auch die Herrschaft über Menschen, wenn nicht Gegenkräfte aktiv werden. Die seit 1974 entstandene Massenarbeitslosigkeit begünstigt trotz aller Beschönigungen einen rücksichtslosen Stil der Rationalisierung. Die vielgerühmte Flexibilität der neuen Technik birgt nicht zuletzt die Möglichkeit, diese zur Stärkung bestehender Produktionsstrukturen einzusetzen. Ähnlich wie bei den Hoffnungen der zwanziger Jahre, daß der technische Fortschritt eine Bereicherung und Höherqualifizierung der Arbeit bringen werde, besteht Grund zu dem Verdacht, daß optimistische Prognosen aus einer – expliziten oder stillschweigenden — Beschränkung des Blickwinkels auf bestimmte Facharbeiter-Eliten resultieren.

Nicht einmal bei den Werkzeugen läßt sich behaupten, daß diese im Zuge des technischen Fortschritts anthropomorpher würden. Das ergonomisch perfekte Werkzeug – so bemerkte ein Experte lapidar – könne es schon »aus einem einfachen Grund« nicht geben; »weil es in Serie hergestellt wird«. Zwischen Ergonomie und betriebswirtschaftlichem Kalkül besteht im allgemeinen nach wie vor eine Spannung, und zwischen Ergonomie und Massenproduktion ein direkter Widerspruch.[62]

Während sich eine Reihe von neueren Tendenzen des technischen Wandels im Hinblick auf Umwelt und Humanisierung teilweise positiv oder zumindest ambivalent darstellt, geben andere gewichtige Trends Grund zu großer Unruhe. Der problemhaltige »Sondermüll« ist stark im Wachsen und wird obendrein »zunehmend giftiger«. Der frühere Staatssekretär im Bundesinnenministerium Günter Hartkopf mußte bei allem Stolz auf die unter seiner Regie durchgesetzten Schutzmaßnahmen doch in der Arbeitswelt eine »exponentielle Zunahme von Substanzen« registrieren, »für die krebserzeugende oder krebsfördernde Wirkungen beobachtet wurden«. Selbst die Zahl der offiziell anerkannten krebserzeugenden Arbeitsstoffe hat sich in den letzten 20 Jahren verzwanzigfacht; die Kriterien zur Klassifizierung verdächtiger Stoffe waren 1979 nach Feststellung des Leiters der BASF-Toxikologieabteilung dort »völlig offen«, wo es nicht um akute, sondern um chronische Wirkungen geht. Gerade gegenüber den Chemikalien bedurfte die bundesdeutsche Umweltpolitik der Anstöße von außen; hier machte sich die traditionelle Macht der Chemie-Lobby bemerkbar.[63]

Vor allem durch die Kunststoffproduktion wurde Chlor »zu einem Schlüsselprodukt und Gradmesser für den Stand der chemischen Industrie«, zugleich aber zur Schlüsselsubstanz für eine ganze Reihe der schlimmsten Gefahrenquellen der modernen Chemie. Die Anfänge dieser Entwicklung reichen in das frühe 20. Jahrhundert zurück; aber in den fünfziger und sechziger Jahren erlangte die Problematik historisch beispiellose Ausmaße. Der jährliche Chlorbedarf der Chemischen Werke Hüls stieg von 1940 bis 1970 von 10000 auf 250000 t und bis 1977 auf 450000 t. Der wachsende Einsatz von Kunststoffen verschlimmert generell die Entsorgungskrise, vor allem dann, wenn es sich um stabile und hochresistente »neue Werkstoffe« handelt. In der Werkstoffentwicklung besteht vielfach ein direkter Widerspruch zwischen dem, was dort als »technischer Fortschritt« gilt, und einer ökologisch unbedenklichen Entsorgung. Auf der Sonderschau »Neue Werkstoffe«, die seit 1986 zur Hannover-Messe gehört, »folgt auf die Frage nach den Recycling-Möglichkeiten im Vergleich zum Metall in der Regel betretenes Schweigen«. »Verbundwerkstoffe« mit stofflich verschiedenen Schichten gelten als Werkstoffe der Zukunft; aber »je komplexer die neuen Werkstoffe sind, um so schwieriger sind sie zu entsorgen«. Heute werden routinemäßig neue Werkstoffe nach Computerberechnungen kombiniert. Von bereits 6 Mio. »Mixturen, die keiner mehr überschaut« – so ein Mitarbeiter der Bundesanstalt für Arbeitsschutz – ist die Rede.[64] Dabei wird oft ignoriert, daß ein langfristig verantwortbarer Einsatz neuer Werkstoffe langjährige Erfahrung erfordert.

Ein besonders krasser Widerspruch zwischen Ökologie und Technisierung besteht seit den letzten Jahrzehnten in der Landwirtschaft; diese Wende ist aus historischer Sicht um so fataler, als bis zum frühen 20. Jahrhundert Agrarinteressen teilweise ein Gegengewicht zur industriellen Umweltschädigung darstellten. Die Belastung des Grundwassers durch landwirtschaftliche Nitrate ist inzwischen ein noch akuteres Problem als die industrielle Gewässerverschmutzung. Der Einsatz des Pflanzenschutzmittels DDT, dessen ökologisch verheerende Wirkungen in den sechziger Jahren den Umweltalarm mitauslösten, wurde 1971 in der Bundesrepublik verboten; es ist jedoch nach wie vor zulässig, hierzulande verbotene Insektizide zu exportieren – nicht umsonst ist die Bundesrepublik »größter Pflanzenschutzmittelexporteur der Welt«.[65]

Wenn auch die Schwefelemissionen der Kraftwerke reduziert werden, so sind doch, allen Luftreinhaltungsverordnungen und

»Waldsterbens«-Besorgnissen zum Trotz, die verkehrsbedingten Stickoxyd-Emissionen immer noch im Zunehmen. In diesem Punkt sind die Deutschen, so der Präsident des Umweltbundesamtes, »die größten Umweltverschmutzer Europas«. Der groteske Zustand, daß die Bundesrepublik bei Autoabgasen laxere Normen hat als die USA mit ihrer viel geringeren Verkehrsdichte, besteht fort und droht durch die EG perpetuiert zu werden. 1976 fand es Dahrendorf »nahezu unfaßbar und zugleich vielsagend, daß es in der Bundesrepublik noch nicht einmal möglich ist, jene Geschwindigkeitsbeschränkungen auf Autobahnen auch nur zu diskutieren, die nahezu alle Nachbarn eingeführt haben«.[66] Die Diskussion ist mittlerweile da, aber bislang ohne praktische Wirkung. Noch 1988 erklärt Bundesverkehrsminister Warnke, ein Tempolimit von 100 km/h sei »gegen die Natur des Autofahrers«; 1989 wirbt die deutsche Autoindustrie mit einem Fiat-Kompliment: »Solange es auf deutschen Autobahnen kein Tempolimit gibt, hat Ihre Industrie klare Wettbewerbsvorteile.« Dabei gibt es gute Gründe zu der Annahme, daß sich deutsche Autoproduzenten heute durch das Hochgeschwindigkeitsprofil in eine technische Sackgasse manövrieren. Zwar ergibt sich ein dramatischer Fortschritt in der Verkehrssicherheit, wenn man mit relativen Größen operiert: Die Zahl der Verkehrstoten pro Milliarde Fahrzeugkilometer sank in der Bundesrepublik seit den fünfziger Jahren von etwa 240 auf 30. Aber noch 1985 war das Risiko, durch einen Autounfall getötet zu werden, in der Bundesrepublik »etwa doppelt so hoch wie in Japan oder Großbritannien«.

Die Sicherheit im bundesdeutschen Luftverkehr wird gegenwärtig durch die starke internationale Wachstumsdynamik und die bevorstehende europäische Liberalisierung des Luftverkehrs in Frage gestellt; aus der Sicht der deutschen Pilotenorganisation Cockpit droht auf dem engen Gebiet der Bundesrepublik eine »Überfüllung des Luftraums« und »Verschlechterung des Sicherheitsstandards«.[67] – Die bundesdeutsche Verkehrspolitik der achtziger Jahre hat sich auch bei der Bahn, die über ein Jahrhundert in der Technik nur wenig Aufsehen erregte, den Stil der Großprojekte zu eigen gemacht: mit Hochgeschwindigkeitsstrecken, die neue Trassen erfordern – die 111 km zwischen Kassel und Fulda verlaufen nur über 8 km ebenerdig –, und mit der Magnetschwebebahn, die eine ganz neue Trassentechnik braucht. Beide Projekte machen einander Konkurrenz. Statt die Bahn zu einer Reduktion des Straßenverkehrs zu nutzen, geht die Strategie dahin, die vom Auto gelassene Nische des gehobenen Personenfernverkehrs in gigantischer Weise auszubauen, obwohl die Kleinräumigkeit der Bundesrepublik diese Expansion rasch auf Grenzen stoßen läßt.

Wenn jahrzehntelang im Sog von Wachstum und Weltmarktverflechtung das Problem der Anpassung der Technik an deutsche Verhältnisse ignoriert wurde, so führt dieses Verhalten heute allenthalben in Aporien hinein. Zu den konkreten und erforschbaren Einzelrisiken kommt das unbekannte und prinzipielle Risiko, das sich aus der wachsenden Komplexität und Vernetzung der Technik und den dadurch möglichen Überraschungen und Störfallverkettungen ergibt. Der Tatsache, daß ein System nur so leistungsfähig ist wie sein schwächstes Glied, würde ein Fortschritt zur geringeren Vernetzung gerecht werden. Aber gerade die Computerisierung und professionelle Systemanalyse nähren Ambitionen zu immer komplexeren Systemen.

Noch immer begünstigt die Struktur der Strompreise den Großverbraucher: ein nach den zahllosen Politiker-Bekenntnissen zum Energiesparen phänomenaler Tatbestand. Nach wie vor hat das konsequente Verursacherprinzip – die Haftpflicht des Verursachers für Umweltbelastungen ohne Rücksicht auf nachweisbares schuldhaftes Verhalten – wenig Aussicht auf Durchsetzung, obwohl es der elementaren Logik des Rechts entspricht. Immer noch liegt die Beweislast bei denen, die die Schädlichkeit neuer Substanzen und Technologien behaupten, obwohl die prinzipielle Schwierigkeit eines rechtzeitigen exakten Kausalnachweises längst zu einer Umkehr der Beweislast hätte führen müssen, also zu der Forderung, die Unschädlichkeit von Innovationen zu demonstrieren. Nicht einmal die deutsche Tradition der Kraft-Wärme-Kopplung erfuhr eine nachhaltige Wiederbelebung. Kein Zweifel: Trotz der Umwelt-Rhetorik, die seit den siebziger Jahren in der Öffentlichkeit zum guten Ton gehört, ist in den realen Vorgängen bisher von einer Wende keine Rede; nicht einmal zum Stillstand ist die Umweltbelastung auf breiter Front gebracht worden. An der Geschichte kann man einen Blick dafür bekommen, wie eine wirkliche Wende aussähe: Die wäre da, wenn in Großstädten der motorisierte Individualverkehr durch öffentliche Verkehrsmittel und Fahrräder ersetzt würde, wenn neben den Eisen- und Autobahnen ein großes Netz kreuzungsfreier Fahrradbahnen eingerichtet würde und wenn man mit Umwelt-Engagement in Politik und

Wirtschaft routinemäßig Karriere machen könnte. Bisher sind solche Vorstellungen ohne Lächerlichkeit kaum zu denken und auszusprechen. In Teilen der Industrie führte die Umweltbewegung zu scharfen Abwehrreaktionen und zum Aufbau einer Gegenfront; das sichtbarste Beispiel ist die »Bunkermentalität«, die die Atomwirtschaft in der großen Kontroverse entwickelte.

Mehr als in vielen anderen Ländern gibt es in Deutschland bei der Bewältigung schädlicher Technikfolgen eine lange Tradition der Scheinlösungen: durch äußere Sauberkeit, Ordnung und Präzision, durch Optimierung des energetischen Wirkungsgrades, chemische Reststoffverwertung und Naturschutz in begrenzten Reservaten. Blockierend könnte sich auch die von Wirtschaft und Technik hartnäckig verteidigte Tradition der industriellen Selbstverwaltung und der Abwehr gesetzlicher Regelungen und staatlicher Kontrolle auswirken, gestützt durch die Vorstellung, daß die von der Technik geschlagenen Wunden nur durch neue Technik geheilt werden könnten. Diese Vorstellung ist um so verführerischer, als es in der Tat nicht an eindrucksvollen Beispielen für eine Konvergenz von technischem und ökologischem Fortschritt fehlt. Insgesamt gesehen ist jedoch der Grundwiderspruch zwischen einer an betriebswirtschaftlichen Interessen orientierten technischen Entwicklung und Umweltbelangen schwerlich zu bezweifeln. Daraus folgt, daß wirksame Lösungsstrategien, wenn es sie überhaupt gibt, einen starken gesetzlichen und administrativen Rückhalt brauchen.[68] Wenn demgegenüber Industrie und Technik das Hauptgewicht auf die Eigenverantwortung der Praktiker legen und weite Teile der Alternativbewegung die Rettung vor allem von Betroffenheit und neuem Bewußtsein erwarten, kann sich der Antibürokratismus der Industrie in der praktischen Konsequenz mit dem »alternativen« Horror vor dem Staat treffen. Wie im frühen 20. Jahrhundert könnte auf eine Zeit der Scheinlösungen eine Ära des Fatalismus folgen. 1989 gab es die Bundestags-Enquetekommission zur Klimaproblematik auf, einen durch $CO_2$ verursachten künftigen Temperaturanstieg überhaupt verhindern zu wollen.

Wenn man die Notwendigkeit einer umfassenden politischen Regelung betont, sieht man sich allerdings einem Dilemma gegenüber: Wie die bisherige Erfahrung zeigt, wird Umweltpolitik leicht zu einer bloß »symbolischen« Aktion, die zwar eine lange Erfolgsbilanz von Grundsatzerklärungen, Gesetzen und Verordnungen vorweisen kann, dabei jedoch die effektive Nichtbewältigung der Problematik eher verschleiert. Bei neuen Technologien spielt die Verwaltung den schwarzen Peter mit Vorliebe an die Techniker zurück, indem sie die Genehmigungsfähigkeit an einen »Stand der Technik« knüpft; damit fördert sie die Entstehung von Expertenkartellen, die über diesen »Stand« juristisch belastbare Angaben machen. Die Umweltpolitik hat jedoch wenig Chancen, wenn sie nicht selber den »Stand der Technik« und der Sicherheitsforschung gezielt beeinflußt. Dabei ist sie auf die Zusammenarbeit mit einer ökologischen *Community* unter den Technikern angewiesen. Nicht wenige Ansätze zu einer Expertenkultur dieser Art sind heute in Industrie und Technik vorhanden. Mit Sicherheit, Umweltschutz, Entsorgung und Recycling lassen sich längst Geschäfte machen; und je mehr sich das Umweltbewußtsein in der ganzen Welt verstärkt – eine deutliche Tendenz dazu ist da –, desto mehr verschafft die Umweltfreundlichkeit bei Produkten Exportvorteile. Für die Ingenieure ergibt sich daraus eine Fülle reiz- und anspruchsvoller technischer Aufgaben. Manchmal läßt sich beobachten, wie das alte Selbstbewußtsein des wissenschaftlich ausgebildeten Ingenieurs gegenüber den Daumenregeln der Praktiker eine neue Grundlage im Umweltbewußtsein erhält. Weil jedoch Sicherheit und Umweltfreundlichkeit nur als inhärente Eigenschaften der technischen Entwicklung dauerhaft zu stabilisieren sind – bislang hat technischer Umweltschutz noch zu sehr den Charakter einer »Zusatztechnologie« –, kann man sich eine ökologische *Community* der Techniker wohl kaum als eine in sich konsistente und gegenüber mächtigen Interessen konfliktfähige Gemeinschaft vorstellen.[69] Ohne einen kräftigen Druck der Öffentlichkeit sind die Chancen des Umweltschutzes nicht gut: Diese Aussage läßt sich auf der Grundlage bisheriger Erfahrungen mit großer Sicherheit treffen.

Die ideologischen Seifenblasen der »Technokratie«-Ideen, jener Mode der zwanziger Jahre, warnen vor einem Rückfall in die Einbildung, als gebe es eine »wahre« technische Vernunft, die – von außertechnischen Interessen emanzipiert – imstande sei, die Schäden der kapitalistischen (oder sozialistischen) Technik zu beheben. Die technische Vernunft kann nicht siegen, weil es sie nicht gibt. Eine humane Vernunft gegenüber der Technik ist dagegen seit langem im Wachsen. Die Einstellung, die sich seit den siebziger Jahren in der Bundesrepublik verbreitet, ist keine generelle Technikfeindschaft, sondern eine Entzauberung der Technik und ein

»Lebensstil, den man eher souveräne Gemächlichkeit nennen könnte« (Klaus Traube). Die übergroße Mehrheit der Bevölkerung hat die »Grenzen des Wachstums« in ihrem generativen Verhalten längst realisiert. Die Faszination technischer Superprojekte zieht nur noch wenig bei den Deutschen, die den Fluch der Megalomanie in diesem Jahrhundert wie kein anderes Volk spüren mußten und mehr als viele Projektemacher begriffen haben, daß sie in einem kleinen, dichtbesiedelten und verwundbaren Land leben. Wenn die *Financial Times* fragt, ob die Bundesrepublik zum »langsamen Mann Europas« werde, so braucht diese Aussicht nicht zu beunruhigen.[70] Wie die Geschichte zeigt, ist Langsamkeit nicht unbedingt ein Nachteil; sie böte vielmehr die Chance, die technische Entwicklung zu einem gesellschaftlichen Prozeß zu machen. Es sieht so aus, als ob nur auf diese Weise eine Anpassung der Technik an die gegenwärtigen bundesdeutschen Bedingungen zu erreichen ist.

# Anmerkungen

## Vorwort

1   J. Radkau, Kopfschmerzen beim Umkrempeln der Technikgeschichte, in: Wechselwirkung 39/Nov. 1988, 69–71.

## Der langsame Fortschritt der Dampfmaschine oder: Technik als Triebkraft und Technik als Illusion

1   F. Braudel, Civilisation matérielle et capitalisme, I, Paris 1979, 326 (in der deutschen Ausgabe: »Als die Dampfmaschine erfunden war, ging plötzlich alles wie von selbst«); C. Matschoß, Geschichte der Dampfmaschine (1901), Hildesheim 1982, 14; ders., Ein Jahrhundert deutscher Maschinenbau, Berlin 1922², 31.

2   W. Weber, Innovationen im frühindustriellen deutschen Bergbau u. Hüttenwesen, F. A. v. Heynitz, Göttingen 1976, 50 f.; H. Otto u. ders., Die Hettstedter Feuermaschine im zeitgenössischen Schrifttum, in: TG 44.1977, 241 f.; O. Wagenbreth u. E. Wächtler (Hg.), Dampfmaschinen, Leipzig 1986, 122 f.

3   W. Weber, Preußische Transferpolitik 1780–1820, in: TG 50.1983, 192; F.-W. Henning, Die Industrialisierung in Deutschland 1800–1914, Paderborn 1984⁶, 116; R. Schaumann, Technik u. technischer Fortschritt im Industrialisierungsprozeß, Bonn 1977, 262.

4   D. S. Landes, The Unbound Prometheus, Cambridge 1970, 142; Weber, Innovationen, 50 f.

5   J. M. Schwager, Bemerkungen auf einer Reise durch Westfalen... (1804), Bielefeld 1987, 45; J. Beckmann, Entwurf der allg. Technologie, Göttingen 1806, 473; M. Beckert, J. Beckmann, Leipzig 1983, 6, 89.

6   J. Radkau, Holzverknappung und Krisenbewußtsein im 18. Jahrhundert, in: GG 9.1983, 513 ff.

7   Beckmann 481, 478 f.; J. H. M. Poppe, Geist der englischen Manufakturen, Heidelberg 1812, 47, 31.

8   Amtlicher Bericht über die Industrie-Ausstellung aller Völker in London 1851, 1, Berlin 1852, 238.

9   A. E. Musson, Industrial Motive Power in the United Kingdom, 1800–1870, in: EHR, 29.1976, 415–439; W. Hoth, Die ersten Dampfmaschinen im Bergischen Land, in: TG 47.1980, 370; Schaumann, 263; F.-L. Hinz, Die Geschichte der Wocklumer Eisenhütte 1758–1864 als Beispiel westfälischen adligen Unternehmertums, Altena 1977; W. v. Siemens, Mein Leben (1892), Zeulenroda 1942, 39.

10 H. Weber, Wegweiser durch die wichtigsten technischen Werkstätten der Residenz Berlin (1820), 2, Berlin 1987, 46 ff.; H. Behrens, F. Dinnendahl 1775/1826, Köln 1970, 37.

11 Weber, Innovationen, 61 f.; I. Lange-Kothe, J. Dinnendahl, in: Tradition 7.1962, 190 ff.; Chr. Bartels, Das Wasserkraftnetz des historischen Erzbergbaus im Oberharz, in: TG 55.1988, 177–92.

12 L. U. Scholl, Im Schlepptau Großbritanniens, Abhängigkeit u. Befreiung des deutschen Schiffbaus von britischem Know-how im 19. Jahrhundert, in: TG 50.1983, 214; W. Treue, Wirtschafts- u. Technikgeschichte Preußens, Berlin 1984, 335.

13 S. Kellner, G. v. Reichenbach (1771–1826) – Industriespion u. Erfindergenie, in: R. A. Müller (Hg.), Unternehmer – Arbeitnehmer, München 1985, 88; W. v. Dyck, G. v. Reichenbach, München 1912, 76.

14 K. Weinrich, in: Dinglers polytechn. Journal 18.1825, 53 f.; J. v. Baader in: ebd., 18.1825, 54 f.; K. Lärmer u. W. Strenz, Die Bedeutung Berlins bei der Einführung der Dampfkraft in Preußen, in: Stadtarchiv der Hauptstadt der DDR (Hg.), Berliner Geschichte, H. 5.1984, 54 u. a.

15 F. J. Redtenbacher, Prinzipien der Mechanik u. des Maschinenbaues, Mannheim 1852, 268; Matschoß, Jahrhundert, 12; A. Esch (Hg.), Pietismus u. Frühindustrialisierung, Die Lebenserinnerungen des Mechanicus Arnold Volkenborn, in: Nachrichten der Akad. d. Wiss. in Göttingen, I, 1978, Nr. 3, 72.

16 E. Alban, Die Hochdruckdampfmaschine, Rostock 1843, 516 f., 9; M. Matthes, Technik zwischen bürgerlichem Idealismus u. beginnender Industrialisierung in Deutschland, E. Alban u. die Entwicklung seiner Hochdruckdampfmaschine, Düsseldorf 1986; Matschoß, Dampfmaschine, 411 ff.; M. Schumacher, Auslandsreisen deutscher Unternehmer 1750–1851, Köln 1968, 170 ff.; Dyck, 102 ff.; Lärmer u. Strenz, 52 ff.; G. S. Sonnenberg, Hundert Jahre Sicherheit, Düsseldorf 1968, 29 ff.

17 Hoth, 377; R. Boch, Handwerker-Sozialisten gegen Fabrikgesellschaft, Göttingen 1985.

18 L. Kroneberg u. R. Schloesser, Weber-Revolte 1844, Köln 1979, 175; K. Goebel u. G. Voigt, Die kleine, mühselige Welt des H. Enters, Wuppertal 1979[3], 58, 63.

19 F. Rehbein, Das Leben eines Landarbeiters (1911), Hamburg 1985, 212 f., 285; H. Kern u. M. Schumann, Industriearbeit u. Arbeiterbewußtsein, I, Frankfurt/M. 1973[2], 270–276.

20 Landes, 481; A. E. Musson, in: ders. (Hg.), Wissenschaft, Technik u. Wirtschaftswachstum im 18. Jahrhundert, Frankfurt/M. 1977, 10 ff.

21 A. Paulinyi, Kraftmaschine oder Arbeitsmaschine, in: TG 45.1978,

179; ähnlich E. J. Hobsbawm, Industrie u. Empire, I, Frankfurt/M. 1969, 59 f.
22 D. McCloskey in: R. Floud u. ders. (Hg.), The Economic History of Britain since 1700, I, Cambridge 1981, 151.

## I. Technikgeschichte und »deutscher Weg«: Theoretische Grundlagen, Modelle, Leitlinien

1 W. Fischer, Wirtschaftswachstum, Technologie u. Arbeitszeit von 1945 bis zur Gegenwart, in: H. Pohl (Hg.), Wirtschaftswachstum, Technologie u. Arbeitszeit im internationalen Vergleich, Wiesbaden 1983, 245, 244; zum Begriff »Technologie-Transfer«: U. Troitzsch, Technologietransfer im 19. u. 20. Jahrhundert, in: TG 50.1983, 177 f.; VDI-N. 28/1988, 9 (»für den Bonner Entwicklungshilfeminister Hans Klein ein unpassendes, weil zu hochtrabendes Wort«).
2 U. Jürgens u. a., Moderne Zeiten in der Automobilfabrik, Berlin 1989, 136 f.; H. C. Koch, in: ZfB 1/1986, 216; K. Buchwald, Integration der amerikanischen u. deutschen Kernkraftwerkstechnologie, in: TÜV Rheinland (Hg.), Die Qualität von Kernkraftwerken aus deutscher u. amerikanischer Sicht, Köln 1979, 199; K. Hausen u. R. Rürup in: dies. (Hg.), Moderne Technikgeschichte, Köln 1975, 16 f.
3 G. Mensch, Das technologische Patt, Innovationen überwinden die Depression, Frankfurt/M. 1977, besonders 88, 144, 198, 205, 210; kritisch dazu: Paulinyi, Kraftmaschine, 176 ff.; U. Troitzsch, Technische Rationalisierungsmaßnahmen im Eisenhüttenwesen während der Gründerkrise 1873–1879 als Forschungsproblem, in: Hamburger Jb. f. Wirtschafts- u. Gesellschaftspol. 24.1979, 285 ff.
4 H.-J. Braun, Der deutsche Maschinenbau in der internationalen Konkurrenz 1870–1914, in: TG 53.1987, 211; F.-J. Brüggemeier, Leben vor Ort, Ruhrbergleute u. Ruhrbergbau 1889–1919, München 1983, 77, 91, 98 f., 111; K. Herrmann, Pflügen, Säen, Ernten, Landarbeit u. Landtechnik in der Geschichte, Reinbek 1985, 183.
5 S. Pollard, Die Übernahme der Technik der britischen industriellen Revolution in den Ländern des europäischen Kontinents, in: T. Pirker u. a. (Hg.), Technik u. Industrielle Revolution, Opladen 1987, 163.
6 W. L. Bühl, Die Sondergeschichte der Bayerischen Industrialisierung im Blick auf die postindustrielle Gesellschaft, in: C. Grimm (Hg.), Aufbruch ins Industriezeitalter, 1, München 1985, 205 ff.
7 F. Schnabel, Deutsche Geschichte im 19. Jahrhundert, 6, Freiburg 1965, 49; W. Köllmann, Wirtschaftsentwicklung des bergisch-märkischen Raumes im Industriezeitalter, Remscheid 1974; VDI-N. 49/1987, 23 u. 35/1988, 9 (G. Zimmermann).

8 P. O'Brien u. C. Keyder, Economic Growth in Britain and France, 1780–1914: Two Paths to the 20th Century, London 1978, 176.
9 U. Menzel, Auswege aus der Abhängigkeit, Die entwicklungspolitische Aktualität Europas, Frankfurt/M. 1988; D. Senghaas, Von Europa lernen, Frankfurt/M. 1982.
10 L. Winner, Building the Better Mousetrap: Appropriate Technology as a Social Movement, in: F. A. Long u. A. Oleson (Hg.), Appropriate Technology and Social Values, Cambridge/Mass. 1980, 28; H. Brooks, A Critique of the Concept of Appropriate Technology, in: ebd., 56, 47.
11 P. Loewe, Technikgeschichte als Ressource für Entwicklungsländer, in: TG 51.1984, 335–44. A. Emmanuel, Angepaßte Technologie oder unterentwickelte Technologie? Frankfurt/M. 1984, 153, 152; Pollard, Übernahme, 165; Ch. Sabel u. J. Zeitlin, Historical Alternatives to Mass Production, in: Past & Present 108.1985, 133–176.
12 U. Troitzsch u. G. Wohlauf, in: dies. (Hg.), Technik-Geschichte, Frankfurt/M. 1980, 22 f.
13 Schnabel, 230, 262.
14 Schwager, 97; W. Rathenau, Die neue Wirtschaft, Berlin 1918, 38 f.; A. Binz, Geist u. Materie in der chemischen Industrie, Leipzig 1922, 2.
15 A. Gerschenkron, Economic Backwardness in Historical Perspective, Cambridge/Mass. 1962, 127, 260 ff., 265.
16 H. Hauser, Les méthodes allemandes d'expansion économique, Paris 1916³, 242 ff.
17 R. A. Brady, The Rationalization Movement in German Industry, Berkeley 1933, 407, Fn.
18 E. Sciberras, The UK Semiconductor Industry, in: K. Pavitt (Hg.), Technical Innovation and British Economic Performance, London 1980, 295.
19 A. Shadwell, England, Deutschland u. Amerika, Eine vergleichende Studie ihrer industriellen Leistungsfähigkeit, Berlin 1908, Anfang u. 599.
20 Th. P. Hughes, Networks of Power, Electrification in Western Society, Baltimore 1983; Amtlicher Bericht (London 1851), 1, 588; A. Peyrefitte, Was wird aus Frankreich?, Berlin 1978, 26 (A. Schweitzer); A.-L. Edingshaus, H. Maier-Leibnitz, München 1986, 177.
21 U. Wengenroth, Unternehmensstrategien u. technischer Fortschritt. Die deutsche u. britische Stahlindustrie 1865–95, Göttingen 1986; ähnlich S. B. Saul, Technological Change: The U. S. and Great Britain in the 19th Century, London 1970, 141 ff.
22 K. Pavitt in: ders., 13, 6, 12; M. Kaldor, Technical Change in the Defence Industry, in: ebd., 103; S. Pollard, The Wasting of the British

Economy. British Economic Policy 1945 to the Present, London 1982, 123f., 160, 186; R. Heller, The State of Industry. Can Britain Make It?, London 1987, 7, 12.
23 Th. Veblen, Imperial Germany and the Industrial Revolution, London 1939², 195f.; L. Mumford, Technics and Civilization (1934), New York 1963, 155, 233, 255, 257.
24 M.J. Piore u. C.F. Sabel, Das Ende der Massenproduktion, Berlin 1985, 160, 165 ff., 254 ff.
25 B. Nussbaum, Das Ende unserer Zukunft, Revolutionäre Technologien drängen die europäische Wirtschaft ins Abseits, München 1987, 91, 94, 101, 98, 100, 107, 112 ff.; über Nussbaums Resonanz in den USA: H. Queisser, Kristallene Krisen, München 1987², 270 f., 277; Gegenpositionen: Handelsblatt, 13. 4. 1988 (J. Eckhardt); Der Spiegel, 5. 1. 1987, 114; VDI-N. 12/1988, 2 (H. Steiger) und 39/1988, 27.
26 G. Pellicelli, Management 1920–1970, in: C.M. Cipolla (Hg.), The Fontana Economic History of Europe, 5/1, Glasgow 1978², 188 ff.
27 C. Kindleberger, Germany's Overtaking of England, 1806–1914, in: ders., Economic Response, Cambridge/Mass. 1978, 188.
28 H.J. Habakkuk, American and British Technology in the 19th Century, The Search for Labour-Saving Inventions, Cambridge 1967; O. Mayr u. R.C. Post (Hg.), Yankee Enterprise, The Rise of the American System of Manufactures, Washington 1981; D.A. Hounshell, From the American System to Mass Production, 1800–1932, The Development of the Manufacturing Technology in the United States, Baltimore 1985²; Th. P. Hughes, Emerging Themes in the History of Technology, in: Technology and Culture 20.1979, 706 f.; E.S. Ferguson, The American-ness of American Technology, in: ebd., 20.1979, 6 f.; G.H. Daniels, Hauptfragen der amerikanischen Technikgeschichte, in: Hausen u. Rürup, (Hg.), 56, 61.
29 D. F. Noble, America By Design; Science, Technology, and the Rise of Corporate Capitalism, New York 1977, bes. XVII, XXII f.
30 S. Giedion, Die Herrschaft der Mechanisierung, Ein Beitrag zur anonymen Geschichte (1948), Frankfurt/M. 1987, 103 ff.; Mayr u. Post in: dies., XVII; Hounshell, 3 f., 26 f.
31 Habakkuk, 45, 34; Daniels, 57; N. Rosenberg, The American System of Manufactures, Edinburgh 1969, 72, 343; ders., America's Rise to Woodworking Leadership, in: ders., Perspectives on Technology, Cambridge 1976, 33, 43. Lebenslange Berufstätigkeit: Ein alter Opel-Arbeiter erinnert sich, wie 1933 ein Amerikaner, der in die Firma kam, in Verachtung ausbrach, als er mitbekam, daß ein Arbeiter sein 25jähriges Betriebsjubiläum feierte. »(In) Amerika gibt es sowas nicht. 25 Jahre ein Arbeits-

platz? Der kriegt einen Genickschuß, mehr ist der nicht wert.«
P. Schirmbeck (Hg.), »Morgen kommst Du nach Amerika«, Erinnerungen an die Arbeit bei Opel 1917–87, Berlin 1988, 96.

32 Habakkuk, 60; E. R. Ferguson in: Mayr u. Post, 7; Hobsbawm, Industrie, II, 20.

33 Giedion, 60; Hounshell, 88, 155; Mayr u. Post in: dies., XIII.

34 Menzel, 31–158; Senghaas, 268; J.-F. Bergier, Die Wirtschaftsgeschichte der Schweiz, Zürich 1983, 200.

35 Die Zweite Industrielle Revolution, Frankfurt/M. u. die Elektrizität 1800–1914, Frankfurt/M. 1981, 177; zur Rolle des Staates vgl. M. König, Angestellte am Rande des Bürgertums, Kaufleute u. Techniker in Deutschland u. in der Schweiz 1860–1930, in: J. Kocka (Hg.), Bürgertum im 19. Jahrhundert, 2, München 1988, 242: »An der staatlichen Bürokratie ausgerichtete Berechtigungskämpfe, die deutsche Ingenieure und Techniker so nachhaltig in Atem hielten, hatten wenig Sinn u. Chancen in der offenen Gesellschaft der Schweiz.« Dabei war das 1855 gegründete Zürcher Polytechnikum, ab 1911 Eidgenössische TH, Pionier bei der Akademisierung der Ingenieursbildung.

36 Bergier, 279, 182 ff.; ders. in: Pohl (Hg.), 73, 57; Menzel, 31 ff.; B. Veyrassat, Les voies suisses, Mskr. für die internationale Arbeitsgruppe »Historical Alternatives to Mass Production«; P. Dudzik, Innovation u. Investition, Technische Entwicklung u. Unternehmensentscheide in der schweizerischen Baumwollspinnerei 1800–1916, Zürich 1987; D. S. Landes, Revolution in Time, Clocks and the Making of the Modern World, Cambridge, Mass. 1983, 302 ff.

37 Bergier, in: Pohl (Hg.), 166; W. Bätzing, Die Alpen, Naturbearbeitung und Umweltzerstörung, Frankfurt/M. 1984; 50 Jahre Schweizerische Milchwirtschaft, 1887–1937, Schaffhausen 1937, 27 f., 234 f.; »Käsefieber«: J. Gotthelf, Die Käserei in der Vehfreude (1850), 12. Kapitel. Geschichte der Schweiz und der Schweizer, Basel 1986, 896.

38 W. Sombart, Der moderne Kapitalismus (1927), III/1, München 1987, 78, 79, 85.

39 M. Buhr u. G. Kröber (Hg.), Mensch – Wissenschaft – Technik, Versuch einer marxistischen Analyse der wissenschaftlich-technischen Revolution (aus dem Russ.), Köln 1977; J. D. Bernal, Sozialgeschichte der Wissenschaften (1954), III, Reinbek 1970, 746 ff.; M. Hussong, Mythen der Technik im »Neuen Universum«, Frankfurt/M. 1983, 166; H. M. Klinkenberg, Geschichte der ingenieurwissenschaftlichen Forschungen in Rheinland-Westfalen, in: K. Düwell u. W. Köllmann (Hg.), Rheinland-Westfalen im Industriezeitalter, IV, Wuppertal 1985, 13; VDI-N. 11/1988, 6 (W. Mock).

40 Schnabel, VI, 118; aus ausländischer Sicht: P. Tafel, Die nordamerikani-

schen Trusts u. ihre Wirkungen auf den Fortschritt der Technik, Stuttgart 1913, 39; H.-J. Braun, Technologietransfer im Maschinenbau von Deutschland in die USA 1870-1939, in: TG 50.1983, 247 f.; R. Gilpin, France in the Age of the Scientific State, Princeton 1968, 21 f.

41 Brady, 6; Hausen u. Rürup (Hg.), 14; ebenso G. Ropohl, Die unvollkommene Technik, Frankfurt/M. 1985, 185.

42 A. Riedler, Wirklichkeitsblinde in Wissenschaft u. Technik, Berlin 1919, 53; H. Petzold, Rechnende Maschinen, Düsseldorf 1985, 18 ff.; J. Radkau, Kerntechnik: Grenzen von Theorie u. Erfahrung, in: Spektrum der Wissenschaft, H. 12/1984, 74 ff.; »tacit knowledge«: W. E. Bijker, in: dies., The Social Construction of Technological Systems, Cambridge/Mass. 1987, 5, 168; T. R. Burns u. R. Ueberhorst, Creative Democracy, New York 1988, 25.

43 A. C. Crombie, Von Augustinus bis Galilei, Die Emanzipation der Naturwissenschaft, München 1977, 2.

44 Wengenroth, 278 ff., 286 ff.

45 M. Fores, The History of Technology: An Alternative View, in: Technology and Culture 20.1979, 854, 858 f.; F. Münzinger, Ingenieure, Betrachtungen über Bedeutung, Beruf u. Stellung von Ingenieuren, Berlin 1941, 11 f., 105 f., 108 f.; ders., Dampfkesselwesen in den Vereinigten Staaten, Beobachtungen u. Erfahrungen auf einer Ingenieurreise, Berlin 1925, 35; F. Leonhardt, Ingenieurbau, Darmstadt 1974, 201 f.

46 J. Kocka, Unternehmensverwaltung u. Angestelltenschaft am Beispiel Siemens 1847-1914, Stuttgart 1969, 488 f.

47 K. Holdermann, Im Banne der Chemie, C. Bosch, Düsseldorf 1953, 193.

48 L. Machtan, Zum Innenleben deutscher Fabriken im 19. Jahrhundert, in: AfS 20.1981, 194; Stahlschmidt, 99 f.; A. Sohn-Rethel, in: M. Greffrath (Hg.), Die Zerstörung einer Zukunft, Gespräche mit emigrierten Sozialwissenschaftlern, Reinbek 1979, 264 f.; G. Siemens, Erziehendes Leben, München 1957, 63; F. Pinner, E. Rathenau u. das elektrische Zeitalter, Leipzig 1918, 405.

49 G. Gregory, Die Innovationsbereitschaft der Japaner, in: C. v. Barloewen u. K. Werhahn-Mees (Hg.), Japan und der Westen, II, Frankfurt/M. 1986, 138; Holz-Zentralblatt 28/1988, 391 (Th. Strohwig); H. Kern u. M. Schumann, Das Ende der Arbeitsteilung?, Rationalisierung in der industriellen Produktion, München 1986³, 323; VDI-N. 49/1987, 14 (M. Peter); ebd. 39/1988, 17 (O. Neumann).

50 V. Hauff (Hg.), Expertengespräch Reaktorsicherheitsforschung, Villingen 1980, 19; Ch. Perrow, Normal Accidents, Living With High-Risk Technologies, New York 1984, 32 f.

51 Über das »tyrannische Element« in der modernen Großtechnik: H. Jonas, Technik, Ethik u. biogenetische Kunst, in: Hoechst AG (Hg.), Am Beginn des zweiten Jahrhunderts Hoechst Pharma, Frankfurt/M. 1984, 20; B. Lutz, Das Ende des Technikdeterminismus u. die Folgen, in: ders. (Hg.), Technik u. sozialer Wandel, Frankfurt/M. 1987, 41, 46; M. T. Greven, »Technischer Staat« als Ideologie u. Utopie, in: ebd., 515.
52 Vgl. die Referate auf der technikgeschichtlichen Jahrestagung des VDI 1988 »Technische Netzwerke in der Geschichte«, in: TG 55.1988, H. 3. Über das System als strukturierendes Element von Bertrand Gilles Histoire des techniques: C. O. Smith, in: Technology and Culture 26.1985, 696 f.
53 L. Hoffmann, Die Maschine ist notwendig, Berlin 1832, 84 ff.; D. Peres, Rede an die Arbeiter (1804), in: J. Putsch, Vom Handwerk zur Fabrik. Ein Lese- und Arbeitsbuch zur Solinger Industriegeschichte, Solingen 1985, 57; A. Ure, The Philosophy of Manufactures (1835), London 1967, 15; D. F. Noble, Forces of Production, A Social History of Industrial Automation, New York 1984, 57 ff.; Sabel u. Zeitlin, 172, 175; VDI-N. 14/1988, 25 (M. Pyper).
54 B. Schäfers, Schelskys Theorie des technischen Staates, in: Lutz (Hg.), 506 ff. Riedler, Wirklichkeitsblinde, 130 f.; R. Belfield über Hughes in: Technology and Culture 19.1978, 140.
55 Kocka, 549 ff.; K. Borchardt, Technikgeschichte im Lichte der Wirtschaftsgeschichte, in: TG 34.1967, 8. f.; Matthes, 247.
56 M. Eyth, Hinter Pflug u. Schraubstock – Skizzen aus dem Tagebuch eines Ingenieurs, Stuttgart 1906, 64; P. F. Drucker, Die Praxis des Managements, Düsseldorf 1962³, 371; P. Brödner, Fabrik 2000. Alternative Entwicklungspfade in die Zukunft der Fabrik, Berlin 1986³.
57 M. Hammer, Vergleichende Morphologie der Arbeit in der europäischen Automobilindustrie: Die Entwicklung zur Automation, Basel 1959, 7 f.; J. Molsberger, Zwang zur Größe? Zur These von der Zwangsläufigkeit wirtschaftlicher Konzentration, Köln 1967, 47 ff.; dort wird auch (9–35) erkennbar, daß die Argumentation gegen die *Economies of Scale* vielfach eine neoliberal-antimarxistische Tendenz hatte. Zweifel an der technischen Logik des Größenwachstums bei K. Borchardt, Zur Problematik eines optimalen Konzentrationsgrades, in: Jb. f. Nationalökonomie u. Statistik 176.1964, 129–140.
58 O. Ullrich, Technik u. Herrschaft, Frankfurt/M. 1979, 316.
59 Drucker, 129, 349 ff.
60 Schnabel, VI, 75; H. Popitz u. a., Technik u. Industriearbeit, Soziologische Untersuchungen in der Hüttenindustrie, Tübingen 1957, 191 ff.; Kern u. Schumann, Industriearbeit, 261; Putsch, 194; DMV

(Hg.), Arbeitsbedingungen der Schmiede im Deutschen Reiche, Stuttgart 1916, 262 f.; W. Schivelbusch, Geschichte der Eisenbahnreise. Zur Industrialisierung von Raum u. Zeit im 19. Jahrhundert, Frankfurt/M. 1979. J. Bergmann, Technik u. Arbeit, in: Lutz (Hg.), 125, über die Arbeitssoziologie: »Völlig außerhalb der Betrachtung blieb bislang die innere Beziehung der Techniker zu ihrer Arbeit, das in den Selbstzeugnissen der Techniker oft herausgestellte faszinierende Moment an der Technik.« Jürgens, 117.

61 E. Diesel, Diesel – Der Mensch, das Werk, das Schicksal (1953), München 1983, 188; J. Weizenbaum, Die Macht der Computer u. die Ohnmacht der Vernunft, Frankfurt/M. 1978, 19, 22; U. v. Alemann u. H. Schatz, Mensch u. Technik, Grundlagen und Perspektiven einer sozialverträglichen Technikgestaltung, Opladen 1986, 517 ff.; Schubarth: Materialien zu Bundestags-Drucksache 10/6801, II, 40.

62 Ableitung technischer Innovationen vom Bedarf: J. Schmookler, Ökonomische Ursachen der Erfindungstätigkeit (1962), in: Hausen u. Rürup (Hg.), 136–57. F. Dessauer, Philosophie der Technik, Bonn 1927, 31; Prometheus 23.1912, 621; J. Weizenbaum, Die Macht der Computer u. die Ohnmacht der Vernunft, Frankfurt/M. 1978, 160 f.

63 K. Maurice u. O. Mayr (Hg.), Die Welt als Uhr, München 1980; G. Ropohl, Zum gesellschaftstheoretischen Verständnis soziotechnischen Handelns im privaten Bereich, in: B. Joerges (Hg.), Technik im Alltag, Frankfurt/M. 1988, 137.

64 Weber, Wegweiser, I (1819), 2 f.

65 F. Naumann, Werke, 3, Köln 1964, 116, über die industrielle Entwicklung des 19. Jahrhunderts: »es ist ein Unglück, mit dem die Frauen sich abfinden müssen, daß die neue Kulturperiode ihnen in so hohem Grade das Leben schwer macht.« M. Berg, The Age of Manufactures 1700–1820, London 1985, 150 f.; R. Braun, Die Fabrik als Lebensform, in: R. v. Dülmen u. N. Schindler (Hg.), Volkskultur, Frankfurt/M. 1984, 336; G. Ropohl, Die unvollkommene Technik, Frankfurt/M. 1985, 154.

66 Stahlschmidt, 105 f.; U. Troitzsch, Deutschsprachige Veröffentlichungen zur Geschichte der Technik 1978–1985, in: AfS 27.1987, 377 f.; Brödner, 20. Qualifikationsniveau als relativ konstantes Element (Theorie F. Jánossys): W. Abelshauser, Wirtschaft in Westdeutschland 1945–1948, Stuttgart 1975, 28; W. Zank, in: Die Zeit 24. 6. 1988, 25.

67 Lutz, Ende, in: ders., 40; Stahlschmidt, 106 f.; H. de Man, Der Kampf um die Arbeitsfreude, Jena 1927, 203, 207; dagegen C. v. Ferber, Arbeitsfreude, Wirklichkeit u. Ideologie, Stuttgart 1959, 79 ff.; K. Ditt, Industrialisierung, Arbeiterschaft u. Arbeiterbewegung in Bielefeld, Dortmund 1982, 101.

68 Berg, 43, 257; Stearns, 6; W. Lazonick, Industrial Relations and Technical Change: The Case of the Self-Acting Mule, in: Cambridge Journal of Economics, H. 3/1979, 231–262.
69 L. Machtan, Streiks im frühen deutschen Kaiserreich, Frankfurt/M. 1983, 160.
70 Nadelschleiferinnen: H. Aagard, Die deutsche Nähnadelherstellung im 18. Jahrhundert, Altena 1987, 111, 132 f.
71 G. Schlesinger, Psychotechnik u. Betriebswissenschaft, Leipzig 1920, 7; Berg, 151 f.; Braverman, 326.
72 Kern u. Schumann, Industriearbeit, 251; A. Touraine, Industriearbeit u. Industrieunternehmen, Vom beruflichen zum technischen System der Arbeit, in: Hausen u. Rürup (Hg.), 301.
73 J. Radkau u. I. Schäfer, Holz, Ein Naturstoff in der Technikgeschichte, Reinbek 1987, 83 ff.
74 Stearns, 132; R. Braun, 334 ff.; Popitz, 27 ff.; Kern u. Schumann, Industriearbeit, 274.
75 R. Samuel, Oral-History in Großbritannien, in: L. Niethammer (Hg.), Lebenserfahrung u. kollektives Gedächtnis, Frankfurt/M. 1980, 72.
76 E. Reger, Union der festen Hand (1931), Reinbek 1979, 21 (Former und Kranführer als Kontrast!); Kern u. Schumann, Industriearbeit; de Man, 264; M. Weber, Gesammelte Aufsätze zur Soziologie u. Sozialpolitik, Tübingen 1988, 160; U. Stolle, Arbeiterpolitik im Betrieb, Frankfurt/M. 1980, 155; U. Borsdorf, in: ders. (Hg.), Geschichte der deutschen Gewerkschaften, Köln 1987, 512.
77 J. Mooser, Arbeiterleben in Deutschland 1900–70, Frankfurt/M. 1984, 63, 225; R. Eckert u. R. Winter, Kommunikationstechnologien u. ihre Auswirkungen auf die persönlichen Beziehungen, in: Lutz(Hg.), 264.

## II. Technik im Zeichen der intensiven Nutzung regenerativer Ressourcen

1 M. Daumas, in: Hausen u. Rürup (Hg.), 39; Musson, in: ders., 57; T. Pirker u. a., Das Konzept der »Industriellen Revolution« als überholtes Paradigma der Sozialwissenschaften, in: dies., Technik 25.
2 Sombart II/2, 1137 ff.; J. Wessely, Die österreichischen Alpenländer u. ihre Forste, Wien 1853, I, 418 f.; Radkau, Holzverknappung, 513 ff.; ders., Zur angeblichen Energiekrise des 18. Jahrhunderts: Revisionistische Betrachtungen über die »Holznot«, in: VSWG 73.1986, 1 ff. Neuerdings sieht Wrighley selbst die englische Wirtschaft bis zum frühen 19. Jahrhundert – und auch die klassische engli-

sche Wirtschaftstheorie jener Zeit – überwiegend durch die Begrenzung auf regenerative Ressourcen bestimmt; er charakterisiert sie als »advanced organic economy«. Dabei setzt er voraus, daß die Bedeutung der Dampfmaschine in damaliger Zeit erst marginal war. E. A. Wrighley, Continuity and change. The character of the industrial revolution in England, Cambridge 1988.

3 Westfäl. Anzeiger 1801, Sp. 188; Braverman, 107f.; L. C. Hunter, Waterpower, A History of Industrial Power in the United States, 1780–1930, Charlottesville 1979; R. H. Dumke, Anglo-deutscher Handel u. Frühindustrialisierung in Deutschland 1822–1860, in: GG 5.1979, 197; Radkau u. Schäfer, 153 ff.

4 Landes, 54 Fn.; E. D. Brose, Competitiveness and Obsolescence in the German Charcoal Iron Industry, in: Technology and Culture 26.1985, 532–559; Radkau, Energiekrise, 22 f.; C. K. Hyde, Technological Change in the British Iron Industry, 1700–1870, Princeton 1977; F. Redtenbacher, Prinzipien der Mechanik und des Maschinenbaus, Mannheim 1852, 267.

5 J. Reulecke, Nachzügler u. Pionier zugleich: das Bergische Land und der Beginn der Industrialisierung in Deutschland, in: S. Pollard (Hg.), Region u. Industrialisierung, Göttingen 1980, 53; R. Schaumann, Technik u. technischer Fortschritt im Industrialisierungsprozeß, Bonn 1977, 267 (Aachener Raum); H. Bodemer, Die Industrielle Revolution mit besonderer Berücksichtigung der erzgebirgischen Erwerbsverhältnisse, Dresden 1856, 27 f. J. H. M. Poppe, Geschichte aller Erfindungen u. Entdeckungen (1835/47), Hildesheim 1972, 75 f.; Matthes, 216, 236 f.

6 Radkau, Energiekrise, 26.

7 S. Gorißen, G. Wagner, Protoindustrialisierung in Berg und Mark? in: Zs. des Bergischen Geschichtsvereins 92.1986, 163–171.

8 K. H. Kaufhold, Das Gewerbe in Preußen um 1800, Göttingen 1978, 152 f.; G. Lange, Das ländliche Gewerbe in der Grafschaft Mark am Vorabend der Industrialisierung, Köln 1976, 25.

9 Vgl. vor allem den Beitrag von K. H. Kaufhold in: H. Pohl (Hg.), Gewerbe- u. Industrielandschaften vom Spätmittelalter bis ins 20. Jahrhundert, Stuttgart 1986.

10 Das galt besonders für die deutschen Bauingenieure (A. Bringmann, Geschichte der deutschen Zimmerer-Bewegung [1905/09], 109, Berlin 1981), aber noch nicht durchweg für englische Ingenieure des frühen 19. Jahrhunderts.

11 W. Feldenkirchen in: Pohl (Hg.), Wirtschaftswachstum, 135 f.; ders., Kinderarbeit im 19. Jahrhundert, in: Zs. f. Unternehmensgesch. 26.1981, 20; K.-H. Ludwig, Die Fabrikarbeit von Kindern im 19.

Jahrhundert. Ein Problem der Technikgeschichte, in: VSWG 52.1965, 67, 73, 83; A. Herzig in: B. Saadi-Varchmin u. J. Varchmin, Kinderarbeit ist verboten! Wuppertal 1984, 77.
12 R. Sandgruber, Die Agrarrevolution, in: Erzherzog Johann von Österreich. Beiträge zur Geschichte seiner Zeit, Graz 1982, 114; U. Bentzien, Bauernarbeit im Feudalismus, Berlin 1980, 182.
13 J. N. v. Schwerz, Beschreibung der Landwirtschaft in Westfalen, Stuttgart 1836, 320 f.; Chr. Pfister, Klimageschichte der Schweiz 1525–1860, II, Bern 1988³, 128.
14 Bentzien, 147 ff., 170; Pfister, II, 119 f.; H. Siuts, Bäuerliche u. handwerkliche Arbeitsgeräte in Westfalen, Münster 1982, 24; Fränkisches Freilandmuseum (Hg.), Göpel u. Dreschmaschine, Bad Windsheim 1981, 133, 49; J. B. Herrmann, in: Dinglers Polytechn. Journal 4.1820, 161 ff.; H.-J. Wolf, Geschichte der Druckpressen, Frankfurt/M. 1974, 198 f.
15 J. Conrad, Liebigs Ansicht von der Bodenerschöpfung u. ihre geschichtliche, statistische u. nationalökonomische Begründung, Jena 1864.
16 S. Anm. 2.
17 F. A. A. Eversmann, Übersicht der Eisen- u. Stahlerzeugung auf Wasserwerken in den Ländern zwischen Lahn u. Lippe (1804), Kreuztal 1982, 5.
18 Troitzsch, Veröffentlichungen, 385; Kaufhold in: Pohl (Hg.), Wirtschaftswachstum, 32; Paulinyi, Kraftmaschine, 178.
19 W. Mager, Protoindustrialisierung u. Protoindustrie. Vom Nutzen und Nachteil zweier Konzepte, in: GG 14.1988, 290 ff.; Berg, 316; C. Matschoß, in: L. Loewe & Co. AG 1869–1929, Berlin 1930, 4; W. H. Sewell, Work and Revolution in France, Cambridge/Mass. 1980, 147; Aagard, 230 f., 239.
20 Bentzien. 225.
21 L. Kroneberg u. R. Schlosser, Weber-Revolte 1844, Köln 1979, 70; G. v. Gülich, Geschichtliche Darstellung des Handels, der Gewerbe und des Ackerbaus (1845), V, Graz 1972, 219.
22 Ebd., 182 f., 184 f., 195.
23 Hobsbawm, Industrie, I, 39 f.
24 O'Brien, 174 ff., 177 f.; Sewell, 153 f., über die Eigenständigkeit des französischen Weges.
25 K. Borchardt, Regionale Wachstumsdifferenzierung in Deutschland im 19. Jahrhundert unter besonderer Berücksichtigung des West-Ost-Gefälles, in: F. Lütge (Hg.), Wirtschaftliche u. soziale Probleme der gewerblichen Entwicklung im 15.–16. u. 19. Jahrhundert, Stuttgart 1968, 128; Kaufhold, Gewerbe, 454; D. André, Indikatoren des tech-

nischen Fortschritts. Eine Analyse der Wirtschaftsentwicklung in Deutschland 1850–1913, Göttingen 1971, 90 ff.

26 M. Schumacher, Auslandsreisen deutscher Unternehmer 1750–1851 unter besonderer Berücksichtigung von Rheinland u. Westfalen, Köln 1968, 174; E. Harder-Gersdorff, Leinen-Regionen im Vorfeld u. im Verlauf der Industrialisierung (1780–1914), in: Pohl (Hg.), Gewerbe- u. Industrielandschaften, 217, 220; Ditt, 18 ff.; L. Baar, Die Berliner Industrie in der industriellen Revolution, Berlin 1966, 44.

27 Dudzik, 301, 303; K. H. Wolff, Guildmaster into Millhand, The Industrialization of Linen and Cotton in Germany to 1850, in: Textile History, 10.1979, 12.

28 P. Borscheid, Westfälische Industriepioniere in der Frühindustrialisierung, in: Rheinland-Westfalen, I, 164 f.; Hobsbawm, I, 39 f.; Radkau u. Schäfer, 133.

29 Stadtmuseum Ratingen (Hg.), Die Macht der Maschine, 200 Jahre Cromford-Ratingen, Ratingen 1984, 66 f.; K.-H. Ludwig, Der Aufstieg der Technik im 19. Jahrhundert, Stuttgart 1982, 8; E. v. Nathusius, J. G. Nathusius, Stuttgart 1915, 218 ff.; W. Mager, Die Rolle des Staates bei der gewerblichen Entwicklung Ravensbergs in vorindustrieller Zeit, in: Rheinland-Westfalen, I, 69.

30 Radkau u. Schäfer, 190 ff.; Möser, Patriotische Phantasien I, V.

31 J. Sentgen, Ursprung u. technische Entwicklung des Bandwebstuhls, in: Geschichte der bergischen Bandindustrie, Ronsdorf 1920, 138; Musson, in: ders., 76; H.-P. Müller (Hg.), K. Marx, Die technologisch-historischen Exzerpte, Frankfurt/M. 1981, 54; C. Matschoß, Geschichte der Maschinenfabrik Nürnberg, in: BGTI 5.1913, 261 f.

32 Poppe, Geschichte, 266; S. Goodenough, Fire!, The Story of the Fire Engine, London 1985², 51.

33 E. Schremmer, Industrialisierung vor der Industrialisierung, in: GG 6.1980, 435 f., 445; Gorißen u. Wagner, 163, 168 f.; Putsch, 25, 36; G. Bayerl, Die Papiermühle, Frankfurt/M. 1987, I, 623.

34 Selbst der innovationsfreudige Nathusius bekannte sich zu dem Grundsatz »Die Leute müssen zum Geschäftsmann kommen, nicht er zu den Leuten«, und empfahl, mit dem Eisenbahnbau zu warten, bis »das Bedürfnis dazu da« sei: Nathusius, 300.

35 R. Stichweh, Zur Entstehung des modernen Systems wissenschaftlicher Disziplinen, Physik in Deutschland 1740–1890, Frankfurt/M. 1984, 275.

36 M. Stürmer, Handwerk u. höfische Kultur, München 1982, 85, 266; H. Kahlert, 300 Jahre Schwarzwälder Uhrenindustrie, Gernsbach 1986, 18 f., 47 f.

37 Henning, Industrialisierung II, 129; H. Catling, The Spinning Mule,

Newton Abbot 1970, 118, 149; Machtan, Innenleben, 190: Noch 1874 mußte den Arbeitern einer Weberei streng verboten werden, »selbst etwas an den Maschinen abzuändern«.
38 H. Behrens, J. Dinnendahl, Neustadt a. d. A. (1974), 129 f., 164; Lange-Kothe, 185 ff.
39 K. Möckl, König u. Industrie, Zur Industrialisierungspolitik der Könige Max I. Joseph, Ludwig I. und Max II., in: Aufbruch ins Industriezeitalter, II, 23. Mohl: in Rotteck/Welcker, Staats-Lexikon, zit. n. L. Gall u. R. Koch, (Hg.), Der europäische Liberalismus im 19. Jahrhundert, IV, Frankfurt/M. 1981, 66, 68.
40 Bodemer, 25 ff.
41 B. Lewis, Die Welt der Ungläubigen, Wie der Islam Europa entdeckte, Frankfurt/M. 1983, 232; L. Strauss, Thoughts on Machiavelli, Seattle 1969, 298; C. Trebilcock, Rüstung u. Industrie. Zum »spin-off«-Problem in der britischen Wirtschaftsgeschichte 1760–1914, in: Hausen u. Rürup (Hg.), 342; J. Tulard, Napoleon oder Der Mythos des Retters, Tübingen 1978, 295, 325.
42 J. Möser, Patriotische Phantasien, I, IV.
43 K. W. Hardach, Anglomanie u. Anglophobie während der Industriellen Revolution in Deutschland, in: Schmollers Jb. 91.1971, 155 f.; W. Kroker, Wege zur Verbreitung technologischer Kenntnisse zwischen England u. Deutschland in der zweiten Hälfte des 18. Jahrhunderts, Berlin 1971, 175; H. Zedelmaier, J. v. Baader, 1763–1835 – Ein vergessener bayerischer Erfinder, in: R. A. Müller (Hg.), Unternehmer–Arbeitnehmer, München 1985, 63; C. Matschoß, Große Ingenieure, Berlin 1942³, 123.
44 Reulecke, Nachzügler, 59; Maréchaux, in: Dinglers polytechn. Journal 5.1821, 342; Henning, Industrialisierung, 92; H. Hauser, Les méthodes allemandes d'expansion èconomique, Paris 1916³, 1; Buchheim, 6; U. Haltern, Die Londoner Weltausstellung von 1851, Münster 1971, 236; K. Borchardt, Europas Wirtschaftsgeschichte – ein Modell für Entwicklungsländer? Stuttgart 1967, 13 f.
45 Borchardt, ebd., 9 Fn.; Buchheim, 8; Henning, Industrialisierung, 96; über das scheinbare »große Rätsel« des »erstaunlich hohen« Kostenvorteils des Zollvereins bei gewerblichen Produkten: Dumke, 181.
46 Kroker, 116; Weber, Innovationen, 143, 234.
47 Poppe, Geschichte, 526 f.; H.-J. Braun, Technologische Beziehungen zwischen Deutschland u. England von der Mitte des 17. bis zum Ausgang des 18. Jahrhunderts, Düsseldorf 1974, 99 f.; F. Braudel, Die Geschichte der Zivilisation, München 1971, 476; Reuleaux, Buch, III, 110.

48 Schnabel, VI, 115 f.; Weber, Wegweiser, I, Einleitung, 15.
49 R. P. Multhauf, Neptune's Gift. A History of Common Salt, Baltimore 1978, 91; Gülich, IV, 566.
50 B. v. Borries, Deutschlands Außenhandel 1836–1856, Stuttgart 1970, 207 f.; Buchheim, 32.
51 Reuleaux, Buch, IV, 138 f.;, Poppe, Geschichte, 509; H. Breil, F. A. A. Eversmann, Hamburg 1977, 93, J. v. Liebig, Chemische Briefe, Leipzig 1865, 107.
52 W. Goder u. a., J. F. Böttger, Die Erfindung des europäischen Porzellans, Leipzig 1982, 91, 101, 137, 140; Reuleaux, Buch, IV, 336 ff.
53 Amtlicher Bericht (London 1851), III, 407; R. Sandgruber, Die Anfänge der Konsumgesellschaft; Konsumgüterverbrauch, Lebensstandard und Alltagskultur in Österreich im 18. u. 19. Jahrhundert, Wien 1982, 105 f.; P. Fassl, in: G. Gottlieb u. a., Geschichte der Stadt Augsburg, Stuttgart 1985², 469, 471, 474.
54 Haltern, 199 ff., 236 ff.; G. Hirth (Hg.), F. Reuleaux u. die deutsche Industrie auf der Weltausstellung zu Philadelphia, Leipzig 1876, 75, 18; Weber, Wegweiser, I, 584.
55 Stürmer, 100; E. Lucie-Smith, Furniture, a Concise History, London 1979, 123 f.; G. Selle, Design-Geschichte in Deutschland, Köln 1987², 53 ff.
56 Buchheim, 119; Hardach, 157 Fn.; J. Aders, in: Rhein.-Westfäl. Anzeiger, 14. 8. 1819; L. Hoffmann, Die Maschine ist notwendig, Berlin 1832, 53; Th. C. Banfield, Industry of the Rhine (1846/48), New York 1969, 235.
57 A. Paulinyi, Die Erfindung des Heißwindblasens, II, in: TG 50.1983, 129–145; Wessely, 404.
58 Weber, Wegweiser, I, 564 f.; London 1851: Amtlicher Bericht, III, 164. Ure: Dinglers polytechn. Journal 68.1838, 120 ff.
59 U. Becher, Die Leipzig-Dresdner Eisenbahn-Compagnie, Berlin 1981, 69 f.; M. M. Weber, Die Schule des Eisenbahnwesens, Leipzig 1857, 26.
60 Radkau u. Schäfer, 108 f., 165.
61 Landes, 186; K. v. Delhaes-Guenther, Kali in Deutschland, Köln 1974, 21 f.
62 Alban, Hochdruckdampfmaschine, 4; Stichweh, 255, 281; B. Enderes, Die »Holz- und Eisenbahn« Budweis–Linz, in: BGTI 16.1926, 19 ff., 33, 43; Gülich, V, 229.
63 Bernal, II, 626; R. P. Multhauf, The Origins of Chemistry, London 1966, 263 ff., 266, 270; J. H. Clapham, The Economic Development of France and Germany, 1815–1914, Cambridge 1936⁴, 103; Weber, Innovationen, 17 f.; Stichweh, 459 f.; R. Blunck, J. v. Liebig, Berlin

1938, 21 f., 52; J. G. Smith, The Origins and Early Development of the Heavy Chemical Industry in France, Oxford 1979, 312.
64 Schaumann, 271; Krüger, Manufakturen, 82; zu den Ursprüngen des »typisch deutschen« Wissenschaftsstils im 18. Jahrhundert: Stichweh, 317.
65 Baar, 63 ff.; Braun, Beziehungen, 92 ff.; Reuleaux, Buch, IV, 154 ff., V, 493, 497; Poppe, Geschichte, 517; H. Pohl u. a., Die chemische Industrie in den Rheinlanden während der industriellen Revolution, I, 1983, 29, 57 f.; Schaumann, 235 ff.; S. D. Chapman u. S. Chassagne, European Textile Printers in the 18th Century, London 1981.
66 W. H. v. Kurrer u. K. J. Kreuzberg, Geschichte der Zeugdruckerei, der dazu gehörigen Maschinen..., Nürnberg 1840, 9 f., 224; R. A. Müller, J. H. v. Schüle – Aufstieg und Fall des Augsburger Kattunfabrikanten im zeitgenöss. Urteil, in: ders., Unternehmer, 160 ff., 174; Musson, in: ders., 127; Oberkampf, Prometheus 14.1903, 97 ff.
67 Weber, Wegweiser, I, 167 ff., 138 f., 250, 254; Amtlicher Bericht über die allgemeine deutsche Gewerbeausstellung in Berlin 1844, I, Berlin 1845, 343 ff., 359; Wöhler: J. Weyer, in: G. Mann u. R. Winau (Hg.), Medizin, Naturwissenschaft, Technik u. das Zweite Kaiserreich, Göttingen 1977, 311.
68 Harder-Gersdorff, Leinen-Regionen, 223; Wolff, Guildmaster, 61; Reuleaux, Buch, V, 479; Poppe, Geschichte, 155; Weber, Wegweiser, I, Einleitung, 13; Menzel, 109; Ditt, 18; R. Vogelsang, Geschichte der Stadt Bielefeld, II, Bielefeld 1988, 19; Amtlicher Bericht (Berlin 1844), 345.
69 Weber, Wegweiser, I, 1 ff., 43 ff.; W. Partridge, A Practical Treatise on Dying (1823), Edington 1973, 24 ff.; M. Kutz, Deutschlands Außenhandel von der Französischen Revolution bis zur Gründung des Zollvereins, Wiesbaden 1974, 258; Clapham, 292 ff.; A. Smith, Der Wohlstand der Nationen, München 1978, 15; G. Schmoller, Zur Geschichte der deutschen Kleingewerbe im 19. Jahrhundert (1870), Hildesheim 1975, 474.
70 W. Dietz, Die Wuppertaler Garnnahrung, Neustadt a. d. A. 1957, 49 ff.; J. Beckmann in: Troitzsch u. Wohlauf, 48 ff.; R. Reith, Zünftisches Handwerk, technologische Innovation u. protoindustrielle Konkurrenz, in: Aufbruch ins Industriezeitalter, II, 245; J. Sentgen, in: Geschichte der bergischen Bandindustrie, Ronsdorf 1920, 135; G. Huck u. J. Reulecke, »... und reges Leben ist überall sichtbar!« Reisen im Bergischen Land um 1800, Neustadt a. d. A. 1978, 172, 181.
71 P. W. v. Hörnigk, Österreich über alles, wann es nur will (1684), Frankfurt/M. 1948, 94; K. Wülfrath, Bänder aus Ronsdorf, Ronsdorf

1955, 19; Industrieverband Deutscher Bandweber (Hg.), Die Band und Flechtindustrie in Wuppertal, Wuppertal 1981, 41, 52, 56.
72 Schmoller, 617f.; Weber, Wegweiser, II, 253, 266; Aagard, 21; Beugnot, in: Huck u. Reulecke, 173.
73 Poppe, Geschichte, 169; O. Hintze, Die preußische Seidenindustrie des 18. Jahrhunderts, in: Schmollers Jb., 17.1893, 45; Reith, 241; Huck u. Reulecke, 67.
74 W. Köllmann, Wirtschaftsentwicklung des bergisch-märkischen Raumes im Industriezeitalter, Remscheid 1974, 13 f.; Clapham, 288; S. Gorißen, Entwicklung und Organisation eisenverarbeitender Gewerbe – Das Bergische Land und Sheffield zwischen 1650 u. 1850 im Vergleich. Mskr., Bielefeld 1987, 30f.
75 Eversmann, 119ff., 392ff.; M. Pfannstiel, Der Lokomotivkönig, Berlin 1987, 136f.; Gorißen, 27f.; Dinglers polytechn. Journal 12.1823, 125; Wengenroth, 90ff., 94; H. Reif, »Ein seltener Kreis von Freunden«, Arbeitsprozesse u. Arbeitserfahrungen bei Krupp 1840–1914, in: K. Tenfelde (Hg.), Arbeit u. Arbeitserfahrung in der Geschichte, Göttingen 1986, 75; Schirmbeck, 88. Bei F. L. Neher, Fließband – alle 3 Minuten ein Auto, Stuttgart 1953, 8f., erklärt ein Rüsselsheimer Kurbelwellenschmied: »Glaub mir, ich kenne das Material, das ich zu schmieden habe. Ich brauche keine Analyse. Ich fühle das am Hieb, am ganzen Verhalten des Knüppels unter dem Bär... Und ich ginge nicht für einen Wald voll Affen von meinem Dampfhammer, von meinem Pippin dem Reizbaren, den Namen habe ich ihm gegeben...«
76 Buch der Erfindungen, II (1872[6]), 416ff.; Poppe, Geschichte, 387; D. Arrasse, Die Guillotine, Reinbek 1988, 33ff.; Wolf, Druckpressen, 172ff., 179f.; Bayerl, I, 95, 241; W. J. Smolka, F. Koenig, in: Müller, Unternehmer, 213 ff.; Der Spiegel, 4. 4. 1988, 117f.
77 A. Riedler, E. Rathenau u. das Werden der Großwirtschaft, Berlin 1916, 31ff.; B. Buxbaum, Der deutsche Werkzeugmaschinen- u. Werkzeugbau im 19. Jahrhundert, in: BGTI 9.1919, 103 ff.
78 Landes, 148ff.; Kindleberger, 192 f.; Über die Bedeutung der Reisen: Kroker, 49 f.; Weber, Innovationen, 222; Schumacher; W. Weber, Industriespionage als technologischer Transfer in der Frühindustrialisierung Deutschlands, in: TG 42.1975, 287–305; ders., Probleme des Technologietransfers in Europa im 18. Jahrhundert, Reisen u. technologischer Transfer, in: U. Troitzsch (Hg.), Technologischer Wandel im 18. Jahrhundert, Wolfenbüttel 1981, 189–217.
79 Weber, Wegweiser, I, Einleitung, 3; vgl. auch Braun, Beziehungen, 120; S. Haubold, in: E. Dittrich (Hg.), Lebensbilder sächsischer Wirtschaftsführer, I, Leipzig 1941, 149ff. (Technologieimport aus

dem Ausland galt als besonders förderungswürdig); R.-J. Gleitsmann, Die Spiegelglasmanufaktur im technologischen Schrifttum des 18. Jahrhunderts, Düsseldorf 1985, 279–283; Hirth, 15.
80 Weber, Innovationen, 39, 221 f.; Ritter, Rolle des Staates, 98; R. Vogelsang, Geschichte der Stadt Bielefeld, I, Bielefeld 1980, 167 (zur ausländischen Herkunft des Leinengewerbes).
81 S. Jersch-Wenzel, Juden u. »Franzosen« in der Wirtschaft des Raumes Berlin/Brandenburg zur Zeit des Merkantilismus, Berlin 1978, 212 f., 217, 200, 206 f., 210; dies., Preußen als Einwanderungsland, in: Preußen – Versuch einer Bilanz, II, Reinbek 1981, 136 ff.; Möser, I, IV; ähnlich Biedermann, 238; Hintze, 77; Sombart I/2, 883 ff.; M. Bogucka, Das alte Danzig, München 1987, 105.
82 Radkau u. Schäfer, 183 ff.; H. Herzberg, Mühlen u. Müller rund um Berlin, Düsseldorf 1987, 137; G. Bayerl u. K. Pichol, Papier, Reinbek 1986, 62 ff.; Hintze, 53.
83 Schemnitz: Weber, Innovationen, 58 ff.; Türkei: Prometheus 9.1898, 574 f.; Belgien: H. Seeling, Wallonische Industriepioniere in Deutschland, Lüttich 1983.
84 Kutz, 256; ders., Die Entwicklung des Außenhandels Mitteleuropas zwischen Französischer Revolution u. Wiener Kongreß, in: GG 6.1980, 557 f.; Gall, 3; A. Vagts, Deutsch-amerikanische Rückwanderung, Heidelberg 1960, 157; Treibriemen aus den USA: Dinglers polytechn. Journal 68.1838, 372.
85 Schumacher, 198 ff.; Alban, 97 f., 414, 507; Poppe, Geschichte, 31 ff.; K. Bedal, Mühlen u. Müller in Franken, Bad Windsheim 1984, 75, 79 ff.; F. Schultheiß, Der Ludwig-Kanal, Seine Entstehung u. Bedeutung als Handelsstraße, Nürnberg 1847, 23, 36; zum damaligen USA-Bild: D. Ricardo, Grundsätze der politischen Ökonomie (1817), Berlin 1959, 390 f.; M. M. v. Weber, Die Technik des Eisenbahnbetriebes, Leipzig 1854, 20.
86 Hardach, Anglomanie, 173.
87 Hardach, ebd.; Schumacher, 170 f., 160 f., 174, 206 ff., 298; Alban, 3, 6; Röschlaub, in: Hygieia 1.1803 (Frankfurt/M.), 109; Kaufhold, Gewerbe, 439.
88 Ricardo, 382; M. Berg, The Machinery Question and the Making of Political Economy 1815–1848, Cambridge 1976; J. H. M. Poppe, Geist der englischen Manufakturen, Heidelberg 1812; E. Fehrenbach, Rheinischer Liberalismus u. gesellschaftliche Verfassung, in: Rheinland-Westfalen, I, 237.
89 Alban, 3 f.; Poppe, ebd., 1; Weber, Industriespionage, 299.
90 J. Leupold (J. M. Beyer), Theatrum machinarum molarium oder Schau-Platz der Mühlen-Bau-Kunst (1735), Hannover 1982, 74;

G. G. Schwahn, Lehrbuch der praktischen Mühlenbau-Kunde, Berlin 1847, Vorrede, IV.
91 Dietz, 43; W. Mager, Protoindustrialisierung u. agrarisch-heimgewerbliche Verflechtung in Ravensberg während der Frühen Neuzeit, in: GG 8.1982, 465; Breil, 215 f.; Kaufhold, Gewerbe, 402; Westfäl. Anzeiger 1801, Sp. 446 f.; C. P. Clasen, Die Augsburger Bleichen im 18. Jahrhundert, in: Grimm, Aufbruch, II, 202 ff.
92 W. H. v. Kurrer, in: Dinglers polytechn. Journal 8.1822, 97, 85; D. W. F. Hardie, Die Macintoshs und die Anfänge der chemischen Industrie, in: Musson, 198 f.; Kroker, 142; Huck u. Reulecke, 175 (Beugnot); Schmoller, 547; Reuleaux, Buch, V, 448 f.; Amtlicher Bericht (London 1851), II, 556 ff.; F. Haßler, Entwicklungslinien der deutschen Textiltechnik im 20. Jahrhundert, in: TG 28.1939, 93; Holz-Zentralblatt 81/1988, 1220 ff.
93 Schmoller, 494 f.; Huck u. Reulecke, 155, 175, 241.
94 Band- und Flechtindustrie, 25 ff.; Schmoller, 497, 565; Huck u. Reulecke, 233 (Banfield).
95 R. Fremdling, Technologietransfer in der Eisenindustrie, Britische Exporte u. die Ausbreitung der Koksverhüttung und des Puddelverfahrens in Belgien, Frankreich u. Deutschland, Habil.-Schrift, Berlin 1982, 563; Paulinyi, Heißwindblasen; Matschoß, Maschinenbau, 17; Matthes, 216, 236 f.; Zedelmaier, 66 f.
96 Hinz (Wocklumer Eisenhütte); Eversmann; Matthes, 123; Multhauf, Origins, 262; Reuleaux, Buch, V, 319 f., 337; W. Schivelbusch, Lichtblicke, Zur Geschichte der künstlichen Helligkeit im 19. Jahrhundert, Frankfurt/M. 1986, 27 ff., 33 ff., 214; Liebig, Chemische Briefe, 113; Behrens, F. Dinnendahl, 102. In Dinnendahls Fabrik diente – zur Belustigung eines englischen Gasfachmanns – die Gasbeleuchtung zugleich als Wärmequelle.
97 J. G. Krünitz, Oeconomische Encyclopädie, 11 (1769), 22 f.; O. Ulbricht, Rationalisierung u. Arbeitslosigkeit in der Diskussion um die Einführung der Dreschmaschine um die Wende zum 19. Jahrhundert, in: VSWG 68.1981, 155 f., 170, 186 f.
98 C. Chr. A. Neuenhahn, Die Branntweinbrennerei, I, Erfurt 1802; Biedermann, 213; Maréchaux, in: Dinglers polytechn. Journal 2.1820, 381 f., 424 f.
99 Schnabel, VI, 187; Chr. F. v. Lüder, Vollständiger Inbegriff aller bey dem Straßenbau vorkommenden Fällen samt einer vorausgesetzten Weeg-Geschichte, Frankfurt/M. 1779, 195, 477 ff., 463, 490 ff.; zu Lüder: Deutsche Technik, 1935/2, 74.
100 J. v. Baader, Die Unmöglichkeit, Dampfwagen auf gewöhnlichen Straßen mit Vorteil als allgemeines Transportmittel einzuführen,

Nürnberg 1835, VI f.; vgl. auch Schumacher, 209 (C. A. Henschel); Becher, Eisenbahn-Compagnie, über die von Fr. List propagierten »Holzbahnen«; auch C. v. Drais empfahl bei Eisenbahnen 1838 eine billige Leichtbauweise (Landesmuseum f. Technik u. Arbeit in Mannheim [Hg.], Räder, Autos u. Traktoren, Mannheim 1986, 9).
101 U. P. Ritter, Die Rolle des Staates in den Frühstadien der Industrialisierung, Die preußische Industrieförderung in der ersten Hälfte des 19. Jahrhunderts, Berlin 1961, 99 ff.; Breil, 83.
102 K. H. Kaufhold, Leistungen und Grenzen der Staatswirtschaft, in: Preußen, II, 112; Hintze, 31, 27.
103 S. D. Chapman, The Cotton Industry in the Industrial Revolution, London 1972, 14 f.; H.-B. Chung, Das Krefelder Seidengewerbe im 19. Jahrhundert, Krefeld 1980, 73; P. Kriedte, Proto-Industrialisierung u. großes Kapital, Das Seidengewerbe in Krefeld u. seinem Umland bis zum Ende des Ancien Régime, in: AfS 23.1983, 219–266; H. Krüger, Zur Geschichte der Manufakturen u. der Manufakturarbeiter in Preußen. Die mittleren Provinzen in der zweiten Hälfte des 18. Jahrhunderts, Berlin 1958, 208 ff.; Sombart, II/2, 736; Buchheim, 57 ff., 73 ff.; Weber, Wegweiser, I, 143 f.
104 Kaufhold, Gewerbe, 444, 450 f.; Weber, ebd., 8 ff.; I. Mieck, Preußische Gewerbepolitik in Berlin 1806–44, Berlin 1965, 237; W. Radtke, Die preußische Seehandlung zwischen Staat u. Wirtschaft in der Frühphase der Industrialisierung, Berlin 1981, 240–259.
105 Ritter, 75, 88; Treue, in: Pohl, (Hg.), Wirtschaftswachstum, 62 f.; Behrens, 42 ff., über permanente Schwierigkeiten Franz Dinnendahls mit der lokalen Bergbehörde.
106 Breil, 469, 477; I. Mieck, in: W. Ribbe (Hg.), Geschichte Berlins I, München 1987, 544, 566; Ditt, 16; Harder-Gersdorff, 217.
107 H. Baumgärtel, Bergbau u. Absolutismus, Leipzig 1963, 28; Weber, Innovationen, 126, 116.
108 Radkau, Energiekrise, 1, 28, 37 Fn.;
109 Monumentale, nichtutilitäre Aspekte der französischen Kanäle: P. Pinon, in: Caisse des monuments historiques et des sites (Hg.), Un canal, des canaux, Paris 1986, 28 f.; W. Sbrzesny, Lehrer u. Gestalter im deutschen Wasserbau, in: TG 26.1937, 68 f.; R. Ingoviz, G. Huebmer – ein deutscher Holzknecht, in: Österreich. Vierteljahrsschrift f. d. Forstwesen, 1909, H. 1.
110 K.-H. Manegold, Die Akademisierung der Technik, in: P. Lundgreen (Hg.), Zum Verhältnis von Wissenschaft u. Technik, Bielefeld 1981, 101.
111 Schnabel, VI, 91; W. Weber, German »Technologie« vs. French »Polytechnique« in Germany, 1780–1830, in: M. Kranzberg (Hg.), Tech-

nological Education – Technological Style, San Francisco 1986, 22 f.; Lundgreen, Techniker, 165, 227 ff., 143; Treue, Wirtschafts- u. Technikgeschichte, 343; Pfannstiel, 29 f., 179.
112 H. Beau, Das Leistungswissen des frühindustriellen Unternehmertums in Rheinland und Westfalen, Köln 1959, 21 f.; Ditt, 173.
113 D. E. Müller, Des Speßarts Holzhandel u. Holz verbrauchende Industrie, Frankfurt/M. 1837, 212 f.; Treue, Wirtschafts- u. Technikgeschichte, 333.
114 Weber, Innovationen, 140, 157, 69 f., 144, 163.
115 A. Brachner, Phasen des technologischen Wandels, in: Germanisches Nationalmuseum (Hg.), Leben u. arbeiten im Industriezeitalter, Stuttgart 1985, 266 f.
116 Schnabel, VI, 243; Hoffmann, Maschine (1832), 51: »Es ist jedoch die Stimme des Arbeiters ganz allgemein gegen die Maschinen, und wenn auch nur hier und da Unfug statt hat, so würde ohne Aufrechterhaltung der Ordnung die Zerstörung der Maschinen allgemein sein.« Über eine verbreitete Ablehnung der Peuplierungslehren: Sandgruber, Anfänge, 24.
117 B. Stollberg-Rilinger, Der Staat als Maschine, Zur politischen Metaphorik des absoluten Fürstenstaats, Berlin 1986; R. Koselleck, Preußen zwischen Reform u. Revolution, Stuttgart 1975², 401.
118 K. Knies, Der Telegraph als Verkehrsmittel, Tübingen 1857.
119 Sombart III/1, 109; L. White, Die mittelalterliche Technik u. der Wandel der Gesellschaft, München 1968, 87 ff., 94; Fr. W. Weber, Die Geschichte der pfälzischen Mühlen bes. Art, Otterbach 1981, 288; E. Wiest, Die Entwicklung des Nürnberger Gewerbes 1648–1806, Stuttgart 1968, 107.
120 Paulinyi, Kraftmaschine, 181, 183; Eversmann, 119; Weber, Wegweiser, II, 32; Poppe, Geist, 31 ff.; Breil, 290 ff.
121 Ritter, 65; Esch, Volkenborn, 74; G. Luther, Der deutsche Mühlenbau, Diss. Darmstadt 1909, 12.
122 R. Woldt, Die Arbeitswelt der Technik, Berlin 1926, 104; Schwerz, Beschreibung, 78.
123 Radkau, Energiekrise, 36.
124 O. Johannsen, Geschichte des Eisens, Düsseldorf 1953, 258; G. Jontes, Vordernberg u. Eisenerz im Jahr 1793, Wien 1977, 12; Eversmann, 141.
125 Reif; Fremdling; F. Engels, Die Lage der arbeitenden Klasse in England (1845), München 1980³, 30.
126 P. Tafel, Die nordamerikan. Trusts u. ihre Wirkungen auf den Fortschritt der Technik, Stuttgart 1913, 32; H. Ringel, Bergische Wirtschaft 1790–1860, Neustadt a. d. A. 1966, 93; M. B. Rose, The Gregs

of Styal, London 1978, 8; J. Kuczynski, Den Kopf tragt hoch trotz alledem! Englische Arbeiterautobiographien des 19. Jahrhunderts, Leipzig 1983, 110.
127 Radkau u. Schäfer, 138 f.; Sandgruber, Anfänge, 23; Behrens, J. Dinnendahl, 164.
128 Poppe, Geschichte, 81 f., 180; Reuleaux, Buch, V, 274; Radkau u. Schäfer, 187 ff.; E. Schremmer (Hg.), Handelsstrategie u. betriebswirtschaftl. Kalkulation. Der süddeutsche Salzmarkt, Wiesbaden 1971, 295.
129 Poppe, Geist, 50; Kaufhold, Gewerbe, 78; Nathusius, 89, 220 f.; Mindener Museum (Hg.), Kaffee, Kultur eines Getränks, Minden 1987, 49 ff.; Stürmer, 270.
130 Braudel, 476; N.-E. Vanzan Marchini, Venezia da laguna a città, Venedig 1985; J. Radkau, Vom Wald zum Floß – ein technisches System?, in: H.-W. Keweloh (Hg.), Auf den Spuren der Flößer, Stuttgart 1988, 16–39; Weber, Wegweiser, I, 35, 37, 48; R. Fremdling, Die Ausbreitung des Puddelverfahrens u. des Kokshochofens in Belgien, Frankreich u. Deutschland, in: TG 50.1983, 204.
131 H. Aagard, Gefahren u. Schutz am Arbeitsplatz in historischer Perspektive. Am Beispiel des Nadelschleifens u. Spiegelbelegens im 18. u. 19. Jahrhundert, in: Technologie u. Politik 16, Reinbek 1980, 170 f.
132 Gülich, V, 243 f.; Müller in: ders. (Hg.), Marx, Exzerpte, XXXII ff.; Lundgreen, Techniker, 227 (F. Jacobi 1851 über »sogenannte« und »wahre« Industrie); Bodemer (1856), 26 f.; Schwerz, Beschreibung, 79, über »Volks-« und »Privatfabrik«.

## III. Die formative Phase der deutschen Hochindustrialisierung

1 Zur Zäsur um 1850: Henning, Industrialisierung, 112 ff.; W. Feldenkirchen, in: Pohl (Hg.), Wirtschaftswachstum, 75, 79; Kindleberger, 218; Textilunternehmer: Dudzik, 272.
2 Riedler, Pinner; H.-J. Rupieper, Arbeiter u. Angestellte im Zeitalter der Industrialisierung: Eine sozialgeschichtliche Studie am Beispiel der M.A.N. 1837–1914, Frankfurt/M. 1982, 35 f.
3 Kocka, 364; G. Siemens, Erziehendes Leben, Freiburg 1957, 58.
4 F. Redlich, Reklame, Begriff – Geschichte – Theorie, Stuttgart 1935, 25, 27, 170, 192; W. v. Siemens erklärte noch 1882, daß »die Art unseres Geschäftsbetriebes das Reklamebedürfnis ausschließt«: W. L. Kristl, Der weiß-blaue Despot, O. v. Miller in seiner Zeit, München o. J., 43 f.
5 R. Tilly, in: Aubin u. Zorn (Hg.), II, 589; S. Pollard, The Neglect of

Industry: A Critique of British Economic Policy Since 1870, in: Centrum voor Maatschappijgeschiedenis (Rotterdam) 11.1984, 9f.; Feldenkirchen, in: Pohl (Hg.), 95.
6 H. Fürstenberg, C. Fürstenberg, Die Lebensgeschichte eines deutschen Bankiers, Wiesbaden (1961), 351 f.; H.-J. Braun u. W. Weber, Ingenieurwissenschaft u. Gesellschaftspolitik, Das Wirken von F. Reuleaux, in: R. Rürup (Hg.), Wissenschaft u. Gesellschaft, I, Berlin 1979, 291 f.
7 Prometheus 6.1895, 451; F. Pinner, E. Rathenau u. das elektrische Zeitalter, Leipzig 1918, 168; P. Hertner, Les sociétés financières suisses et le développement de l'industrie électrique jusqu'à la Première Guerre Mondiale, in: F. Cardot (Hg.), 1880–1980, Un siècle d'électricité dans le monde, Paris 1987, 344; Schwerin-Krosigk, II, 631 ff. (Zusammenhang zwischen den Konzentrationsprozessen in der Elektroindustrie und im Bankwesen; Bankenrückhalt der Loewe AG).
8 Ditt, 61 f.
9 B. R. Mitchell, European Historical Statistics 1750–1975, London 1981³, 381 ff.; Banfield, 49.
10 W. Weber, Industrialisierung: Das Ruhrgebiet, Braunschweig 1982, 42; H.-J. Joest, Pionier im Ruhrrevier (GHH), Stuttgart 1982, 49 ff.
11 W. Feldenkirchen, Die Eisen- u. Stahlindustrie des Ruhrgebiets 1879–1914, Wiesbaden 1982, 258.
12 F. M. Reß, Geschichte der Kokereitechnik, Essen 1957, 13, 283, 392; Prometheus 9.1898, 474 ff.; Reuleaux, Buch, V, 345.
13 Weber, Industrialisierung, 44.
14 Feldenkirchen, Eisen- u. Stahlindustrie, 265; Wengenroth, Unternehmensstrategien, 100–106.
15 Wengenroth, 118 u. passim; noch die Erfindung des rostfreien Stahls (um 1913) stammte aus Sheffield: ders., Deutscher Stahl – Bad and Cheap, Glanz u. Elend des Thomasstahls vor der Ersten Weltkrieg, in: TG 53.1987, 202; W. C. Unwin, in: Zs. f. techn. Fortschritt, 1916, 183; Stearns, 113; W. Feldenkirchen, Die wirtschaftl. Rivalität zwischen Deutschland u. England im 19. Jahrhundert, in: Zs. f. Unternehmersgeschichte 25.1980, 90; S. Pollard, »Made in Germany« – die Angst vor der deutschen Konkurrenz im spätviktorianischen England, in: TG 53.1987, 190.
16 Reuleaux, Buch, VIII, 432; Ostwald, Lebenslinien, III, 355; Prometheus 17.1906, 30 ff., 46 ff., 62 f.; H. Caro, Über die Entwicklung der Theerfarbenindustrie, in: Berichte der Deutschen Chemischen Gesellschaft, 1892, 955; J. Borkin, Die unheilige Allianz der IG Farben, Frankfurt/M. 1986⁴, 10.
17 Reß, 256; Caro, 964 f.

18 Delhaes-Guenther, 51, 54; Multhaupt, Gift, 191.
19 F. Heintzenberg, Von der Werkstatt zur Fabrik, in: TG 29.1940, 99; P. Poschenrieder, Erinnerungen aus der Werdezeit der Elektrotechnik, in: Elektrotechn. Verein (Hg.), Geschichtliche Einzeldarstellungen aus der Elektrotechnik, Berlin 1932, 99; J. Varchmin u. J. Radkau, Kraft, Energie u. Arbeit. Energie u. Gesellschaft, Reinbek 1984², 56 ff.; W. König, Die technische u. wirtschaftl. Stellung der deutschen u. brit. Elektroindustrie zwischen 1880 u. 1900, in: TG 53.1987, 223 f.; A. Stodola, Dampf- u. Gasturbinen, Düsseldorf 1986 (urspr. 1922⁵), 1 ff.
20 W. Rathenau, Briefe, N. F., Dresden 1930, 79; L. Dunsch, Geschichte der Elektrochemie, Leipzig 1985, 85 f.: Die berühmten theoretischen Arbeiten von Arrhenius, Nernst, Ostwald u. a. zur Elektrolyse waren »auf die stürmische Ausbreitung der technischen Elektrochemie ohne Einfluß«; vgl. W. Ostwald, Elektrochemie, Leipzig 1896, 8: »Die schnelle und glänzende Entwicklung der physikalischen Theorie der elektrischen Erscheinungen hatte lange Zeit keine andere Wirkung, als die Unklarheiten und Widersprüche der chemischen Probleme zu vermehren.« Neuerdings H. Fritzsch, Quarks – Urstoff unserer Welt, München 1985⁹, 29: »Für den Physiker ist die Chemie heutzutage nicht mehr interessant...«
21 Caro, 1029; H. J. Flechtner, C. Duisberg, Vom Chemiker zum Wirtschaftsführer, Düsseldorf 1959, 62 ff.; Reß, 13, 239, 250, 406; H. Schultze, Die Entwicklung der chemischen Industrie in Deutschland seit 1875, Halle 1908, 248.
22 Kocka, 275; auch die Maschinentechniker hatten zunächst »wenig Sympathie« für die Elektrotechnik: A. Wilke, Die Elektrizität, Leipzig 1897, 312 f.; G. Siemens, Der Weg der Elektrotechnik. Geschichte des Hauses Siemens, I, Freiburg 1961, 116, 118, 143, 145, 148, 168.
23 G. Dettmar, Die Entwicklung der Starkstromtechnik in Deutschland, I, Berlin 1940, 60; A. Riedler, E. Rathenau u. das Werden der Großwirtschaft, Berlin 1916, 50 ff.; Pinner, 71 ff.; Kristl, 112.
24 Dettmar, I, 100.
25 Bedal, 79; C. K. Harley, The Shift from Sailing Ships to Steamships 1850–1890, in: D. N. McCloskey (Hg.), Essays on a Mature Economy: Britain After 1840, London 1971, 215–31 (224: Der Suezkanal, der nicht durchsegelt werden konnte, wurde zu einer Klippe der Segelschiffahrt).
26 Caro, 967, 985; C. Duisberg, Abhandlungen, Vorträge u. Reden 1882–1921, Leipzig 1923, 185; Flechtner, 114, 154; H. Peetz (Hg.), »Nicht ohne uns!« Arbeiterbriefe, Berichte u. Dokumente zur chem. Industrialisierung von 1760 bis heute, Frankfurt/M. 1981, 80 ff.; Bij-

ker, 167 f., über den in Deutschland fehlenden »technological frame« bei der Nutzung der Kunstharze; R. Willstätter, Aus meinem Leben, Weinheim 1958², 96; E. Bäumler, Ein Jahrhundert Chemie, Düsseldorf 1963, 170.

27 C. W. R. Gispen, Technical Education and Social Status. The Emergence of Mechanical Occupation in Germany 1820–1890, Diss. Berkeley 1981, 394 ff.; P. Lundgreen, in: K.-H. Ludwig (Hg.), Technik, Ingenieure u. Gesellschaft. Geschichte des Vereins Deutscher Ingenieure 1856–1981, 69; VDI-N. 43/1987, 12; F. R. Pfetsch, Zur Entwicklung der Wissenschaftspolitik in Deutschland 1750–1914, Berlin 1974, 110.

28 Riedler, Rathenau, 38; Pinner, 28.

29 Reuleaux, Buch, VIII, 170: »Man war an eine derartige Steigerung sozusagen schon gewöhnt und würde, wenn Krupp die Stephanskirche mit seinem Gußstahl ausgegossen und den Turm mitten abgebrochen hätte, um die Gleichmäßigkeit des Gefüges zu zeigen, das nur für selbstverständlich gehalten haben.« W. Vogt, Der Eisenbahnkönig, München 1982², 89 ff.

30 Matschoß, Geschichte, 255; O. Kammerer, Einfluß des techn. Fortschritts auf die Produktivität, in: Schriften des Vereins für Sozialpolitik 132.1910, 374, 378; Matthes, 206, 217; Landesmuseum Mannheim, 12; L. T. C. Rolt, Victorian Engineering, London 1970, 271; E. Diesel, Diesel 1983, 101, 105, 214, 217; F. Sass, Geschichte des deutschen Verbrennungsmotors 1860–1918, Berlin 1962, 395; Reuleaux, Buch, VIII, 232; Matschoß, in: Loewe, 25 f.; Lundgreen, in: Ludwig (Hg.), Technik, 89 ff.

31 Wagenbreth u. Wächtler, Dampfmaschinen, 210; Das neue Buch der Erfindungen, Gewerbe u. Industrien, II, Leipzig 1872⁶, 497; F. Reuleaux, Theoretische Kinematik, Braunschweig 1875, 529; R. Hanf, Im Spannungsfeld zwischen Technik u. Markt. Zielkonflikte bei der Daimler-Motoren-Gesellschaft im ersten Dezennium ihres Bestehens, Wiesbaden 1980, 20; Prometheus 6.1895, 22; K. Mauel, Die Rivalität zwischen Heißluftmaschine u. Verbrennungsmotor als Kleingewerbemaschinen 1860–1890, Düsseldorf 1967, 146; H. Grothe, Über die Bedeutung der Kleinmotoren als Hülfsmaschinen für das Kleingewerbe, in: Schmollers Jb., 8.1884, 174 ff.; J. C. McCullagh (Hg.), Pedalkraft, Reinbek 1988, 34 ff.

32 Pollard, Made, 187 f.

33 W. v. Siemens, Leben, 27; Siemens, Weg, I, 72.

34 Reuleaux, Buch, VI, 52; Riedler, Rathenau, 158; W. A. Boelcke, Krupp u. die Hohenzollern, Frankfurt/M. 1970, 34.

35 Caro, 1019; Willstätter, 129; Bismarck: L. Burchardt, Professionali-

sierung oder Berufskonstruktion? Das Beispiel des Chemikers im wilhelminischen Deutschland, in: GG 6.1980, 332. H.-U. Wehler, Bismarck u. der Imperialismus, Köln 1972³, 244; W. König, Höhere technische Bildung in Preußen im Kaiserreich, in: G. Sodan (Hg.), Die Technische Fachhochschule Berlin im Spektrum der Berliner Bildungsgeschichte, Berlin 1988, 209.

36 S. v. Weiher, Berlins Weg zur Elektropolis, Berlin 1974, 64, 91 f.; H.-P. v. Peschke, Elektroindustrie u. Staatsverwaltung am Beispiel Siemens 1847–1914, Frankfurt/M. 1981, 57; F. Thomas, The politics of growth: The German telephone System, in: R. Mayntz u. T. P. Hughes (Hg.), The Development of Large Technical Systems, Frankfurt/M. 1988, 179–213; R. Genth u. J. Hoppe, Telefon!, Berlin 1986, 44; H. Bausch, Rundfunkpolitik nach 1945, München 1980, II, 876.

37 Gülich, V, 196.

38 M. M. v. Weber, Die Stellung der deutschen Techniker im staatlichen u. sozialen Leben, Wien 1877, 11; Schivelbusch, Eisenbahnreise, 33.

39 R. R. Fremdling, Eisenbahnen und deutsches Wirtschaftswachstum 1840–1879, Dortmund 1985², 132; Zedelmaier, 70 (J. v. Baader über die Eisenbahn als Gegenmittel gegen »das drohende Gespenst der Unruhe und Unzufriedenheit der Proletaren«).

40 R. P. Sieferle, Fortschrittsfeinde? Opposition gegen Technik u. Industrie von der Romantik bis zur Gegenwart, München 1984, 87 ff.; zur zögernden Politik der preußischen Regierung: W. Steitz, Die Entstehung der Köln-Mindener Eisenbahn, Köln 1974, 43 ff., 76; Frankreich: H. v. Treitschke, Deutsche Geschichte im 19. Jahrhundert, Leipzig 1890³, 581 f.; C. Fohlen in: Fontana Economic History 4/1, 42; Schuchard: Fehrenbach, 241; Vorteil der Langsamkeit: H. J. Ritzau, Schatten der Eisenbahngeschichte. Ein Vergleich britischer, US- und deutscher Bahnen, I, Pürgen 1987, 192 f.

41 Fremdling, Eisenbahnen, 64, 84, 160; D. Eichholtz, Junker u. Bourgeoisie vor 1848 in der preußischen Eisenbahngeschichte, Berlin 1962, 86 f., 94 f. (Beuth u. Rother); H. Kiesewetter, Industrialisierung u. Landwirtschaft. Sachsens Stellung im regionalen Industrialisierungsprozeß Deutschlands im 19. Jahrhundert, Köln 1988, 601; K. v. Eyll, Aspekte der Industrialisierung des Ruhrgebiets im 19. Jahrhundert, in: Rheinland-Westfalen, I, 191.

42 List: Motto zu J. v. Baader, Huskisson u. die Eisenbahnen, München 1830; Baader begründete die prinzipielle Überlegenheit der Schiene über den Wasserweg mit dem physikalischen Sachverhalt, daß im Wasser der Reibungsverlust mit wachsender Geschwindigkeit zunimmt: Baader, Unmöglichkeit, 2; Schultheis, Ludwig-Kanal, 7 f., 18, 72 f.; Ch. Hadfield, British Canals, Newton Abbot 1979⁶, 217 ff.;

E. v. Beckerath, Neudeutsche Kanalpolitik, in: B. Harms (Hg.), Strukturwandlungen der deutschen Volkswirtschaft, II, Berlin 1928, 207.

43 M. E. Feuchtinger, 100 Jahre Wettbewerb zwischen Eisenbahn u. Landstraße, in: TG 24.1935, 102; Buch der Erfindungen, II (1872) 284 f.; Henning, Industrialisierung, 165 f.; Reuleaux, Buch, VII, 92; Poppe, Geschichte, 319; P. Thimme, Straßenbau u. Straßenpolitik in Deutschland 1825–1835, Stuttgart 1931, 36 ff.

44 K. Beyrer, Das Reisesystem der Postkutsche, in: Zug der Zeit – Zeit der Züge, Deutsche Eisenbahn 1835–1985, Berlin 1985, I, 54 f.; Poppe, Geschichte, 11; Treitschke, 581. H. Stephan, Geschichte der preußischen Post, Berlin 1859, 789 ff.

45 R. Gador, Die Entwicklung des Straßenbaus in Preußen 1815–1875, Diss. Berlin 1966, 166.

46 Baader, Huskisson, 9; Strauß: Pot, I, 253 f.

47 M. M. v. Weber, Die Technik des Eisenbahnbetriebes in Bezug auf die Sicherheit desselben, Leipzig 1854, 6, 16; ders., Die Schule des Eisenbahnwesens, Leipzig 1857, 25 f.; H. Weigelt, Epochen der Eisenbahngeschichte, Darmstadt 1985, 21, 29.

48 Fremdling, Eisenbahnen, 94 ff.; 161 f., 132 ff.; Weber, Schule, 26; ders., Technik, 20.

49 H. Wagenblaß, Der Eisenbahnbau u. das Wachstum der deutschen Eisen- u. Maschinenindustrie 1835–60, Stuttgart 1973, 205 ff.; Fremdling, Eisenbahnen, 76; Kindleberger, 203; Hirth, Reuleaux, 49.

50 Troitzsch u. Wohlauf, 31; Wagenblaß, 271; G. Zweckbronner, Ingenieurausbildung im Königreich Württemberg, Stuttgart 1987, 121; A. Schröter u. W. Becker, Die deutsche Maschinenbauindustrie in der industriellen Revolution, Berlin 1962, 47 f.; Kiesewetter 501, 507; Baar, 104 ff.; für die USA, wo die Bedeutung der Eisenbahn im 19. Jahrhundert gewöhnlich superlativisch geschildert wird, betont R. W. Fogel den sektoral begrenzten Charakter der von der Eisenbahn ausgehenden technologischen Impulse, in: B. Mazlish (Hg.), The Railroad and the Space Program – An Exploration in Historical Analogy, Cambridge/Mass. 1965, 92 ff.

51 Pfannstiel, 144; Fremdling, Eisenbahnen, 75; D. Vorsteher, Mythos vom Dampf, in: J. Boberg u. a. (Hg.), Exerzierfeld der Moderne. Industriekultur in Berlin im 19. Jahrhundert, München 1984, 80–85; K. Pierson, Borsig – ein Name geht durch die Welt, Berlin 1973, 29; Wagenblaß, 209; E. Born u. Th. Düring, Die Dampflokomotiven, in: J. P. Blank u. Th. Rahn (Hg.), Die Eisenbahntechnik, Darmstadt 1983, 31. »Völkerkrieg«: J. H. J. v. d. Pot, Die Bewertung des technischen Fortschritts, Assen 1985, I, 269.

52 Weber, Schule, 18; Baader, Unmöglichkeit, 41.
53 Wagenblaß, 272; Radkau u. Schäfer, 213 ff.; Weber, Technik, 32 ff.; G. Mehrtens, Der deutsche Brückenbau im 19. Jahrhundert, Düsseldorf 1984, VII; Boelcke, 27; R. Fremdling, Industrialisierung u. Eisenbahn, in: Zug, I, 123 ff.; H.-J. Rupieper, Die Eisenbahn als industrieller Wachstumsimpuls, in: ebd., 152, 156; Wagenblaß, 221 ff.; Matschoß, Maschinenfabrik Nürnberg, 259, 273; V. Hütsch, Der Münchener Glaspalast 1854–1931, München 1980, 68. A. Paulinyi, Das Puddeln, München 1987, 70 ff.
54 H. W. Sasse, Streifzug durch die Geschichte der deutschen Signaltechnik, in: Signal u. Draht 50.1958, 208–222; E. Krafft, 100 Jahre Eisenbahnunfall, Berlin 1925, 54; Siemens, Weg, I, 74; v. Weiher, 110.
55 W. Klee, Preußische Eisenbahngeschichte, Stuttgart 1982, 185 f.; Weigelt, 35; M. Alberty, Der Übergang zum Staatsbahnsystem in Preußen, Jena 1911, 321; Prometheus 9.1898, 725.
56 Pierson, 147 f.; Alberty, 316 f.; Lundgreen, in: Ludwig (Hg.), Technik, 75; K. Riebold u. J. Weiß, in: Blank u. Rahn, 124.
57 R. Sartorti, Fliegen, schweben, fahren, in: T. Buddensieg u. H. Rogge, Die Nützlichen Künste, Berlin 1981, 239; W. Sombart, Die deutsche Volkswirtschaft im 19. Jahrhundert u. im Anfang des 20. Jahrhunderts, Berlin 1909², 262; M. Waechter, Die Kleinbahnen in Preußen, Berlin 1902, 102; Klee, 186.
58 Prometheus 9.1898, 713 f., 590, 711; W. Hegemann, Das steinerne Berlin, Geschichte der größten Mietskasernenstadt der Welt (1930), Berlin 1963, 290; Peschke, 133; J. P. McKay, Tramways and Trolleys, The Rise of Urban Mass Transport in Europe, Princeton 1976, 77 ff., 109; Dettmar, I, 222 f.; Siemens, Leben, 47 f.; Die Berliner S-Bahn, Gesellschaftsgeschichte eines industriellen Verkehrsmittels, Berlin 1982, 11, 17, 23 f.; 54; Schwebebahn: Shadwell (1908), 140; H. F. Schierk, in: Buddensieg u. Rogge, 214 ff.
59 Delbrück: E. Bertz, Philosophie des Fahrrads, Dresden 1900, 27; Gesundheitsschädlichkeit des Fahrrads, u. a. durch Parallele zu dem »Trampeln« an der Nähmaschine: Fahrrad-Liebe, Berlin 1987, 70; J. Maes, Fahrradsucht, Köln 1989. J. Radkau, »Ausschreitungen gegen Automobilisten haben überhand genommen«, Aus der Zeit des wilden Automobilismus in Ostwestfalen-Lippe, in: Lipp. Mitt. 56.1987, 25 f.; Auto als Suchtmittel: A. Mitscherlich, Thesen zur Stadt der Zukunft, Frankfurt/M. 1971, 62; Ditt, 175 ff.; S. B. Saul, Technological Change: The U. S. and Great Britain in the 19th Century, London 1970, 163.
60 G. Horras, Die Entwicklung des deutschen Automobilmarktes bis 1914, München 1982, 126, Fn.; Buxbaum, 126; Prometheus 9.1898,

426, 436; W. Schwipps, Lilienthal u. die Amerikaner, München 1985, 71, 89; Landesmuseum Mannheim, 12; Kindleberger, 227; Bertz, 182, 27.

61 Radkau, Ausschreitungen; H. Holzapfel u. a., Autoverkehr 2000, Wege zu einem ökologisch u. sozial verträglichen Straßenverkehr, Karlsruhe 1985, 45; Redlich, 19; H. Pohl (Hg.), Die Einflüsse der Motorisierung auf das Verkehrswesen von 1886 bis 1986, Stuttgart 1988, 32, 35 (F. Crouzet, P. Fridenson).
62 Horras, 205 f.; B. Polster, Tankstellen, Die Benzingeschichte, Berlin 1982, 18.
63 J. Krausse, Versuch, auf's Fahrrad zu kommen, in: absolut modern sein, Culture technique in Frankreich 1889–1937, Berlin 1986, 64; Reuleaux, Buch, VIII, 302; Kammerer, 385.
64 E. Klapper, Die Entwicklung der deutschen Automobilindustrie, Eine wirtschaftliche Monographie unter Berücksichtigung des Einflusses der Technik, Berlin 1910, 10 ff.; Prometheus 22.1911, 167; über eine mögliche neue Zukunft des Elektroautos: VDI-N. 51/1987, 21; Autler-Zucht- u. Ruchlosigkeiten, Ein Protest gegen die Schreckensherrschaft der Straße, Berlin 1909, 7; VDI-N. 1/1988, 4 (R. Sietmann).
65 Ritter, 94; Schröter, 61; Kiesewetter, 671.
66 Reuleaux, Buch, VIII, 340, 104.
67 S. v. Weiher, W. v. Siemens, Zürich, 1974², 32 f.; Amtl. Bericht (London 1851), III, 415; Hounshell, 331 f.; Caro, 1031–34; W. Fischer, in: Aubin u. Zorn (Hg.), II, 552; Hirth, 26, 51–53.
68 P. Kirchberg u. E. Wächtler, C. Benz, G. Daimler, W. Maybach, Leipzig 1981, 16; Kiesewetter, 515; Buxbaum, 107; H. L. Sittauer, F. G. Keller, Leipzig 1982, 84 f.; Pinner, 90.
69 V. Weiher, Siemens, 79 f.; Prometheus 5.1894, 22, 34; H.-J. Braun, F. Reuleaux u. der Technologietransfer zwischen Deutschland u. Nordamerika am Ausgang des 19. Jahrhunderts, in: TG 48.1981, 117, 121; Buxbaum, 126; Prometheus 22.1911, 101: Auf der Brüsseler Weltausstellung von 1910 habe die deutsche Werkzeugmaschinenindustrie »wohl zum ersten Male« ihre »Vollwertigkeit« gegenüber der amerikanischen Konkurrenz bewiesen.
70 F. Reuleaux, Briefe aus Philadelphia, Braunschweig 1877², 6.
71 Vgl. Pinner, 88, über E. Rathenau, durch dessen Schilderung von der in Philadelphia 1876 erlebten »Offenbarung« sich Pinner an Zarathustras Gang ins Gebirge erinnern ließ (ebd., 42 f.); E. Kroker, Die Weltausstellungen im 19. Jahrhundert, Göttingen 1975, 119 ff.
72 Boelcke, 32; Peschke, 43, 157. Wenn sich die Chemie seit dem späten 19. Jahrhundert als »deutsche« Wissenschaft und Industriebranche

profilierte, so auch zu dem Zweck, um für den staatlichen Ausbau der chemischen Forschung »Stimmung« zu machen; dazu B. Dornseifer, Der Aufstieg organisierter Industrieforschung in Deutschland u. in den USA 1880–1929, Bielefeld 1988 Ms., 26 f.; W. v. Siemens, Leben, 231 f., 341.

73 A. Heggen, Erfindungsschutz u. Industrialisierung in Preußen 1793–1877, Göttingen 1975, 135; Kroker, Weltausstellungen, 24 ff., 28 f.

74 Amtlicher Bericht, III, 121; I, 230; Schumacher, 182 ff.; G. v. Klass, Krupp – Die drei Ringe, Tübingen 1966[5], 39.

75 Boelcke, 63; Reuleaux, Buch, VIII, 340, 357, 369, 372 ff.

76 Braun u. Weber, 293; M. Franke, in: Buddensieg u. Rogge, 244 ff.; F. Krempe, Daguerreotypie in Deutschland, Seebruck 1979, 19.

77 Reuleaux, Briefe, 5.

78 Reuleaux, Buch, VIII, 342 f.; Gispen, 388; S. v. Weiher, 100 Jahre »Made in Germany«. Absicht u. Auswirkung eines britischen Gesetzes, in: TG 53.1987, 176 ff.

79 Weber, Stellung, 3; Pfetsch, 175; Buxbaum, 124; Gispen, 387; Matschoß, in: Loewe, 22 f.; Braun, Reuleaux, 114; Hirth, 49; Schmoller, 670 f.; Putsch, 79.

80 Braun u. Weber, 289, 295; Reuleaux, Briefe, 12 f., 124 (H.-J. Braun); Heggen, 127 ff.; Hirth, 19.

81 Amtl. Bericht, I, 588.

82 Wengenroth, Deutscher Stahl, 198 ff.; ders., Unternehmensstrategien, 179.

83 W. H. G. Armytage, A Social History of Engineering, London 1976[4], 185; E. E. Williams, »Made in Germany«. Der Konkurrenzkampf der deutschen Industrie gegen die englische, Dresden 1896, 140 f., 201, 205; W. E. Minchinton, E. E. Williams: »Made in Germany« and After, in: VSWG 62.1975, 229–242; französische Urteile: H. W. Paul, The Sorcerer's Apprentice: The French Scientist's Image of German Science, 1840–1919, Gainesville 1972, 7 f.

84 Grimm, Aufbruch, III, 153. In Sheffield charakterisierte selbst der Metallurge Harry Brearley seine im Labor getätigte Erfindung des rostfreien Stahls als theorieloses Ergebnis des Zufalls: G. Tweedale, Sheffield Steel and America, Cambridge 1987, 77.

85 J. Liebig, Über das Studium der Naturwissenschaften u. über den Zustand der Chemie in Preußen, Braunschweig 1840, 15, 39 f.; P. Borscheid, Die Chemie Süddeutschlands im Spannungsfeld von Wissenschaft, Technik und Staat, 1850–1914; in: Lundgreen, Verhältnis, 250; W. Ostwald, Die Forderung des Tages, Leipzig 1911[2], 294: »Liebig hat wirklich sehr viele Behauptungen aufgestellt, die einfach falsch

waren, falsch nicht nur von dem Standpunkte einer späteren, reiferen Wissenschaft, sondern selbst vom Standpunkte des Wissens seiner Zeit.« Willstätter, 121: »Niemand« wisse mehr, warum Liebig berühmt sei. Über das Fiasko der Liebigschen Düngerlehre, in der L. zeitweise seine größte Leistung sah, s. u. Kap. III 7. Über den legitimatorischen Wert der Berufung auf Wissenschaft: D. F. Noble, Maschinenstürmer, Berlin 1986, 23.

86 Flechtner, 125 f., 147; die Wissenschaft vermittelt bei neuen Technologien offenbar Geborgenheit; vgl. R. Vieweg auf der Jahrhundertfeier des VDI 1956: »Die heutige Technik ist tief im mütterlichen Boden der Naturwissenschaften verwurzelt.« VDI (Hg.), Die Technik prägt unsere Zeit, Düsseldorf 1956, 33. W. Rathenau, Schriften u. Reden, Frankfurt/M. 1964, 405; ders., Die neue Wirtschaft, Berlin 1918, 38, 40 f., 46, 50; H.D. Hellige, Wilhelm II. u. W. Rathenau, in: GWU 19.1968, 538–44; F. Haber, Aus Leben u. Beruf, Berlin 1927, 11 (die aus der Wehrmacht mitgebrachte Gewohnheit des »Einfügens in große Organisationen« als Stärke der deutschen Chemie); A. Binz, Geist u. Materie in der chemischen Industrie, Leipzig 1922, 8: »Daß unsere Chemiker sich so willig diesem Zwange fügen, ist ein Ausfluß einer nationalen Eigentümlichkeit, die man als geistige Massendisziplin bezeichnen kann.«

87 Weber, Stellung, 15.

88 G. Zweckbronner, Die historische Entwicklung des Verhältnisses zwischen Wissenschaft u. Technik, in: Lundgreen (Hg.), Verhältnis, 91; Produktivkräfte in Deutschland 1917/18 bis 1945 (zit.: Produktivkräfte, III), Berlin 1988, 27 (T. Kuczynski).

89 F. Münzinger, Ingenieure, Berlin 1941; Zweckbronner, Ingenieurausbildung, 116; Weber, Stellung, 17.

90 Manegold, Akademisierung, 113; F. Klemm, Kurze Geschichte der Technik, Freiburg 1961, 153 f.; K. Kupisch, Die Hieroglyphe Gottes, München 1967, 223; H. Queisser, Kristallene Krisen, München $1987^2$, 13.

91 Flechtner, 22 f.; Reuleaux, Kinematik, 4; J. Lüders, Wider Herrn Reuleaux! Kiel 1877, 17 ff., 34: »Die Definition der Maschine muß eine hydraulische Presse zum Biegen von Schiffspanzerplatten und die Citronenpresse der Köchin, eine Schnellzugslokomotive und das Velociped des Knaben einschließen. Und dennoch will Herr Reuleaux uns glauben machen, daß es von wissenschaftlicher Bedeutung sei, die Maschine genau zu definieren!« Vgl. auch Stichweh, 317, über den »besonders ausgeprägte(n) Weltbildbedarf deutscher Physiker, der sich mit der deutschen elektrischen Tradition zur Vision elektrischer oder elektromagnetischer Weltbilder verbindet«. Ostwald, Forde-

rung, 72 f., 87.
92 Lundgreen, Techniker; G. Siemens, Leben, 27, 30, 44; »vernichtende« Urteile über den Lehrbetrieb an den Technischen Hochschulen: W. Pellny, Der Kampf um die Technische Hochschule u. die beste Erziehung des Ingenieurs, in: Deutsche Technik 4.1936, 220.
93 Überschätzung des Patentwesens: K. Grefermann, Patentwesen u. technischer Fortschritt, in: Hundert Jahre (Deutsches) Patentamt, München 1977 zit.: Patentamt, 38; Flechtner, 179; Riedler, Rathenau, 117; Ritter, 95; E. Schmauderer, Der Einfluß der Chemie auf die Entwicklung des Patentwesens in der zweiten Hälfte des 19. Jahrhunderts, in: Tradition 1971, 158, 163 (in der Schweiz waren die Chemiker die »Kerntruppe der Patentfeinde«!); L. Hatzfeld, in: Pohl (Hg.), Wirtschaftswachstum, 167; Mensch, 231 ff.; Borkin, 42.
94 L. U. Scholl, in: Ludwig (Hg.), Technik, 39 f.; W. Fischer, The Role of Science and Technology in the Economic Development of Modern Germany, in: Lundgreen (Hg.), Verhältnis, 212 ff.; A. Heggen, Die Bemühungen des VDI um die Reform des Erfindungsschutzes, in: TG 40.1973, 340; Johannsen, 378; Boelcke, 44 ff.; C. Duisberg, Abhandlungen, Vorträge u. Reden aus den Jahren 1922–1933, Berlin 1933, 212; Heggen, Erfindungsschutz, 130; R. Sonnemann, Der Einfluß des Patentwesens auf die Herausbildung von Monopolen in der deutschen Teerfarbenindustrie, Habil. Schrift Halle 1963, 161, 163.
95 J. J. Beer, The Emergence of the German Dye Industry, Urbana 1959, 67; P. A. Zimmermann, Patentwesen in der Chemie, Ludwigshafen 1965, 22; Heintzenberg, 10; Heggen, Erfindungsschutz, 117 ff.
96 Buxbaum, 123; Schnabel, VI, 99 f.; Flechtner, 179; Riedler, Rathenau, 107, 118; D. E. Thomas, Diesel, Technology and Society in Industrial Germany, Tuscaloosa 1987, 202; G. Meyer-Thurow, The Industrialization of Invention: A Case Study from the German Chemical Industry, in: Isis 73.1982, 368; Schmauderer, 167 f.; Landesmuseum Mannheim, 28; Diesel, 163.
97 Beer, 56; Riedler, Rathenau, 119; aber Flechtner, 180; Fischer, Role, 213; Caro (1982), 1021; Schmauderer, 170; Sonnemann, 137.
98 Sonnemann, 119; Duisberg, Abhandlungen (1933), 212.
99 Caro, 1038; H. v. d. Belt u. A. Rip, The Nelson-Winter-Dosi Model and Synthetic Dye Chemistry, in: Bijker, 144; Peetz, 24, 71; Meyer-Thurow, 266 ff.; M. Daumas, nach C. O. Smith, in: Technology and Culture 26.1985, 693 f.; Pohl, Chemische Industrie, 45 f.
100 Dornseiffer, 9 f.; H. Ost, Lehrbuch der Chemischen Technologie, Leipzig 1923[13], 656 f.; Caro, 960; K. Winnacker, Nie den Mut verlieren, Erinnerungen an Schicksalsjahre der deutschen Chemie, Düsseldorf 1971, 47.

101 Prometheus 6.1895, 65, 66; Siemens, Weg, I, 71, 98; Pinner, 130; Dettmar, I, 51 f., 297; Peschke, 300; Siemens, Leben, 56; Kristl, 109; M. Josephson, Th. A. Edison, München 1969, 470.

102 K.-H. Manegold, in: Ludwig, Technik, 147; Siemens, Weg, I, 138; Pinner, 45; Hughes, Networks, 172, über das spezifisch Deutsche der Unterscheidung zwischen »Stark-« und »Schwachstrom«.

103 K. Helfferich, Deutschlands Volkswohlstand 1888–1913, Berlin 1915[5], 29; U. Troitzsch, Wissenschaft u. industrielle Praxis am Beispiel des Bessemerverfahrens, in: Lundgreen (Hg.), Verhältnis, 163, 165; F. C. G. Müller, Untersuchungen über den deutschen Bessemerprocess, in: Zs. des VDI 22.1878, 401, 470; W. Kesten, Die Entwicklung der Blasstahlverfahren, in: Patentamt, 184; Schmauderer, 154.

104 L. U. Scholl, Ingenieure in der Frühindustrialisierung. Staatliche u. private Techniker im Königreich Hannover u. an der Ruhr 1815–73, Göttingen 1978, 337 f.; Boelcke, 99 f.; K. Justrow, Der technische Krieg, II, Berlin 1939, 77; Berdow, 242 f.; E. Freytag, Die Laufbahn des Ingenieurs, Hannover 1907, 79; H. Ehrhardt, Hammerschläge, 70 Jahre deutscher Arbeiter und Erfinder, Leipzig 1922, 16; Verein Deutscher Eisenhüttenleute (VDEh) (Hg.), Gemeinfaßliche Darstellung des Eisenhüttenwesens, Düsseldorf 1923[12], 75, 180.

105 G. Schlesinger, Die Stellung der deutschen Werkzeugmaschine auf dem Weltmarkt, in: Zs. des VDI 55.1911, 2039 f.; vgl. Reuleaux, Kinematik, 479 ff.; Gispen, 404 f.; H. Heine, Professor Reuleaux u. die deutsche Industrie, Berlin 1876, 11, 35 f.

106 Prometheus 9.1898, 301, nach einer farbigen Schilderung des Ärgers mit dem Verschluß von Gummiflaschen: »Es gibt Torpedos und Dynamomaschinen im 19. Jahrhundert, Oceandampfer und transsibirische Bahnen, Eiffelthürme und Hudsonbrücken, weshalb kann es nicht auch ordentliche Gummiflaschen geben? Weshalb? Ganz einfach deshalb, weil wir keine Zeit mehr haben, uns mit Kleinigkeiten abzugeben.« R. Günther, Die Feuerungstechnik, in: Lundgreen (Hg.), Verhältnis, 300; B. Heinrich, Am Anfang war der Balken. Zur Kulturgeschichte der Steinbrücke, München 1979, 162 ff.; A. Rieppel, Die Thalbrücke bei Müngsten, Düsseldorf 1986 (urspr. 1897); U. Moll, Brücken in Deutschland (HB-Bildatlas), Hamburg 1983, 60; Eyth, 462 f.; über den förmlichen »Haß« des nach wissenschaftlich fundierter Ökonomie der Mittel strebenden jungen Diesel auf das Prinzip der »sechsfachen Sicherheit«: R. Baumann, Das Materialprüfwesen, in: BGTI 4.1912, 156 f.

107 Stodola, XIII.

108 Gispen, 503 ff.; G. Krankenhagen u. H. Laube, Wege der Werkstoffprüfung, München 1979; W. Finkelnburg, in: VDI, Technik (1956),

72; W. Schwinning, Die Entwicklung der Werkstofforschung im 20. Jahrhundert, in: TG 28.1939, 12; VDEh, 234 f.; G. Vogelpohl, Geschichte der Reibung, Düsseldorf 1981, 49 ff.; Riedler, Wirklichkeitsblinde, 39, 56.
109 C. Linde, Aus meinem Leben u. von meiner Arbeit, Düsseldorf 1984 (urspr. 1916), 35 ff.; E. Struve, Zur Entwicklung des bayerischen Brauereigewerbes im 19. Jahrhundert, Leipzig 1893, 111 ff.; U. Laufer, Das bayerische Brauwesen in frühindustrieller Zeit, in: Grimm, Aufbruch, II, 292 ff.; 100 Jahre Institut für Gärungsgewerbe u. Biotechnologie zu Berlin 1874–1974 (zit.: Gärungsgewerbe), Berlin 1974, 245 ff. (E. Borkenhagen).
110 R. Diesel, Die Entstehung des Dieselmotors, Berlin 1913, 1 f.; E. Diesel, 184 f., 188, 163, 223; Riedler, Rathenau, 105; Joest, Pionier, 161; Sass, 397, 399, 422 f.; über Diesels Treibstoff-Ziel viele Belege bei E. Diesel (221, 249 u. a.).
111 75 Jahre Mannesmann, Düsseldorf 1965, 31; Prometheus 6.1895, 515.
112 Hirth, 12, 14; Reuleaux, Buch, V, 327; Riedler, Rathenau, 115.
113 V. Rödel, Ingenieurbaukunst in Frankfurt a. M. 1806–1914, Frankfurt/M. 1983, 61.
114 Gispen, 510, 552; Riedler, Rathenau, 156; ders., Die neue Technik, Berlin 1921, 53; Hirth, 13, 16, 49; Eyth, 16; Zweckbronner, Ingenieurausbildung, 123.
115 Shadwell, 576; Gispen, 423, 481, 465 f., 408 f., 565 f.; E. Viefhaus, in: Ludwig, Technik, 319; Kocka 474 f., 477; VDI-N. 11/1988, 4 (H. Steiger), 12/1988, 32; W. König, Höhere technische Bildung in Preußen im Kaiserreich, in: G. Sodan (Hg.), Die Technische Fachhochschule Berlin, Berlin 1988, 198, 202 f., 206.
116 Troitzsch, Veröffentlichungen, 419; Riedler, Wirklichkeitsblinde, 122; TH Stuttgart: Baumann, 150, 153; Siemens, Leben, 27, 30, 44. König, Technische Bildung, 201: Als man die Berufsbilder der höheren und der niederen Maschinenbauschulen voneinander abgrenzen wollte, sei man »ins Schwimmen« geraten.
117 Borscheid, Chemie, 257 f.; Duisberg, Abhandlungen (1923), 173; W. Ostwald, Lebenslinien, Berlin 1933, II, 245, 251.
118 Caro, 1023; Duisberg, Abhandlungen (1933), 206; Flechtner 78, 83; Sombart, III/1, 85; Lilienthal: Prometheus, 6.1895, 9.
119 Pinner, 78; E. Diesel, 377; Riedler, Rathenau, 118; Grothe, Industrie, 102 (v. Steinbeis).
120 G. Goldbeck, Technik als geistige Bewegung in den Anfängen des deutschen Industriestaates, Düsseldorf 1968, 39.
121 Dornseiffer, 16; Beer, 91; Paul, 40; Shadwell, 11.
122 Liebig, Studium, 39 f.; Matthes, 252; Loewe, 13 (Matschoß).

Anmerkungen zu S. 174-182

123 V. Weiher, Siemens, 23, 43 f., 81 f.; Siemens, Weg, I, 331 (Entwicklungsarbeit in der Werkstatt, nicht im Labor); zentrale Forschungsinstitute entstanden bei Siemens 1920, bei der AEG 1929 (Hughes, Networks, 172; Produktivkräfte, III, 98).
124 Siemens, Weg, I, 37; W. v. Siemens, Leben, 118.
125 Schon Caro (1892), 1000; Mensch, 189.
126 Beer, 69; Bäumler, 23–27, 215, 37. Heroin wurde erstmals 1898 von Bayer als »Allheilmittel gegen Erkrankungen der Atemwege bei Kindern« auf den Markt gebracht: A. W. McCloy, Heroin aus Südostasien – Zur Wirtschaftsgeschichte eines ungewöhnlichen Handelsartikels, in: G. Völger (Hg.), Rausch u. Realität, Köln 1981, II, 621 f.
127 Linde, 45 f.; Joest, 179 ff.; J. Lüders, Der Dieselmythos, Quellenmäßige Geschichte der Entstehung des heutigen Ölmotors, Berlin 1913; J. Winschuh, Männer – Traditionen – Signale, Berlin 1940, 102 f.
128 Poschenrieder, 119 f.; F. Becker, Die Entwicklung der Eisenbetonbauweise, in: BGTI 21.1931–32, 52 f.; du Bois-Reymond, 170, 180 f.
129 Braun u. Weber, 289; P. Weingart, Strukturen technolog. Wandels, in: R. Jokisch (Hg.), Technik-Soziologie, Frankfurt/M. 1982, 130; Prometheus 6.1895, 380; M. Herzog, Wirtschaftsminister von Baden-Württemberg, in: VDI-N. 48/1987, 12.
130 Schlesinger, Werkzeugmaschine, 2039; Hounshell, 91, 106.
131 Kiesewetter, 517; Matschoß, in: Loewe, 9 ff.; Heintzenberg, 128.
132 Matschoß, ebd., 42; Schlesinger, in: ebd., 94 ff.; F. Wegeleben, Die Rationalisierung im deutschen Werkzeugmaschinenbau, dargestellt am Beispiel der Entwicklung der Firma L. Loewe & Co. Berlin, Berlin 1924, 6; G. Garbotz, Vereinheitlichung in der Industrie, München 1920, 215 f.
133 Kocka, 126; Siemens, Wege, I, 76, 109, 212, 230, 155; Heintzenberg, 130; v. Weiher, Siemens, 75.
134 Riedler, Rathenau, 28 f., 39; Pinner, 89 f.; Siemens, Wege, I, 119 f.; Kocka, 376 f.
135 Flechtner, 143 f., 153 ff., 184 ff., 358.
136 Reuleaux, Buch, V, 537; A. Vagts, Deutschland u. die Vereinigten Staaten in der Weltpolitik, I, New York 1935, 345 ff.; Landes, 315; Grothe, Industrie Amerikas, 103, 106, 193; Reuleaux, Briefe, 126 f.; P. Moeller, Aus der amerikanischen Werkstattpraxis, Berlin 1904, 11; Deutsche u. amerikanische Industrieverhältnisse, in: Die Turbine, 1.1904/5, 194; G. Seelhorst, Die Philadelphia-Ausstellung u. was sie lehrt, Nördlingen 1878, 130 ff.; W. Giesen, Die Vergeudung der natürlichen Hilfsquellen in den Vereinigten Staaten Nordamerikas, in: Technik u. Wirtschaft 3.1910, 100, 105.
137 Vagts, 345–425; H. Erdmann, Chemische u. pharmazeutische Ein-

drücke aus dem Lande der unbegrenzten Rohstoffe, in: Berichte der deutschen pharmazeut. Gesellschaft 1905, 174, 170; Tafel, Trusts, 37 f.; Schlesinger, Werkzeugmaschine, 2038; »Chinesentum«: G. Zoepfl, Nationalökonomie der technischen Betriebskraft, I, Jena 1903, 218.

138 Schlesinger, ebd., 2042; ders., in: Loewe, 142; Ditt, 171 ff.; Die Mannheimer Fahrradindustrie wurde schon bald nach ihrer Gründung durch die amerikanische Massenproduktion ruiniert: Landesmuseum Mannheim, 70 f.

139 K. Hausen, Technischer Fortschritt u. Frauenarbeit im 19. Jahrhundert. Zur Sozialgeschichte der Nähmaschine, in: GG 4.1978; Prometheus 9.1898, 426.

140 Schmoller 627; Vagts, 346, 348; E. Schiff, Die Grundlagen u. Wirkungen amerikanischer Wirtschaftsweise, in: Technik u. Wirtschaft 3.1910, 115; P. Maissen, Der Schuh, Frankfurt/M. 1953, 44 ff.; W. Eckhardt, Gerber, Färber, Fabrikanten, Bad Wörishofen 1949, 80, 83 f.; W. Bucerius, Die Wirkungen des technischen Fortschritts auf das Handwerk, in: Betriebsführung 15.1936, 193.

141 Schlesinger, Werkzeugmaschine, 2040. »In der Spitze der Schneide liegt die Rendite des Betriebs«, wird noch heute als Kernwort Schlesingers zitiert (Holz-Zentralblatt 1988, 1744). 50 Jahre Bosch, Stuttgart 1936, 211; Reuleaux, Buch, VI, 68; ebd., VIII, 230; Die amerikanische Gefahr, in: Uhland's Verkehrszeitung u. Industrielle Rundschau 17.1903, 199; E. Berndt, Entwicklungsrichtungen im neuzeitlichen Großwerkzeugmaschinenbau, in: TG 30.1941, 16.

142 Matschoß, in: Loewe, 3; Williams, 208 f.; Vagts, 381 f.; Schiff, 416; A. Halfeld, Amerika u. der Amerikanismus, Jena 1927, 416; Garbotz, 204.

143 Seelhorst, 82 f.; Rosenberg, Rise, 32 ff.; K. Karmarsch, Geschichte der Technologie seit der Mitte des 18. Jahrhunderts, München 1872, 559; 50 Jahre Holzbearbeitungsmaschinenbau (Kirchner & Co. AG), Leipzig 1928, 11.

144 K. Herrmann, Pflügen, Säen, Ernten, Landarbeit u. Landtechnik in der Geschichte, Reinbek 1985, 195 ff.; Tweedale, 187; Boch, 78.

145 Wengenroth, Unternehmerstrategien, 86 f.; Osann, Die Eisenindustrie der Vereinigten Staaten, in: Zs. für das Berg-, Hütten- u. Salinenwesen 54.1906, 199.

146 Feldenkirchen, in: Pohl (Hg.), Wirtschaftswachstum, 125 f.; Dudzik, 321 ff., 337; W. Ruppert, Die Fabrik, München 1983, 179; W. P. Strassmann, Risks and Technological Innovation, Ithaca 1959, 216.

147 C. Buchheim, Grundlagen des deutschen Klavierexports vom letzten Viertel des 19. Jahrhunderts bis zum Ersten Weltkrieg, in: TG

54.1987, 232 ff.; Kahlert, 184 ff.; W. A. Boelcke, Wirtschaftsgeschichte Baden Württembergs, Stuttgart 1987, 252.
148 Heine, Reuleaux, 13; F. Lenger, Sozialgeschichte der deutschen Handwerker seit 1800, Frankfurt/M. 1988, 114.
149 Zur Definition von »Handwerk«: H.-U. Thamer, Arbeit u. Solidarität, in: U. Engelhardt (Hg.), Handwerker in der Industrialisierung, Stuttgart 1984, 496; R. Fremdling, Der Puddler – Zur Sozialgeschichte eines Industriehandwerkers, in: ebd., 641; »Handwerker-Arbeiter«: Boch.
150 Schmoller 200, 202; Reuleaux, Buch, VIII, 88, 92; M. Franke, Schönheit u. Bruttosozialprodukt. Motive der Kunstgewerbebewegung, in: A. Thiekötter u. E. Siepmann (Hg.), Packeis u. Preßglas. Von der Kunstgewerbebewegung zum Deutschen Werkbund, Gießen 1987, 168 f.
151 P. W. Kallen, Fragen der rheinischen Möbelproduktion im Zeitalter der industriellen Formgebung, in: Rheinland-Westfalen, IV, 246; F. Naumann, Werke, VI, Köln 1964, 280 f.; Reuleaux, Briefe, 73 f., 109.
152 E. Bolenz, Baubeamte, Baugewerksmeister, freiberufliche Architekten – Technische Berufe im Bauwesen (Preußen/Deutschland, 1799–1931), Diss. Bielefeld 1988 (Göttingen 1990), 161, 373; Lenger, 157, 210.
153 Boch, 60 f.; W. G. H. v. Reiswitz, Ca' canny, Berlin 1902, 55; F. C. Ziegler, Die Tendenz der Entwicklung zum Großbetrieb der Remscheider Kleinserienindustrie, Berlin 1910, 75 ff.; G. Breuer u. a., Gesenkschmiede Hendrichs, Köln 1986; W. Stahlschmidt, Der Weg der Drahtzieherei zur modernen Industrie, Altona 1975, 434, 436 f.; R. Boch u. M. Krause, Historisches Lesebuch zur Geschichte der Arbeiterschaft im Bergischen Land, Köln 1983, 40; Prometheus 6.1895, 67; Ost, Chemische Technologie, 672.
154 Bernal, II, 554; Schröter u. Becker, 91 f.; Archiv der Gildemeister AG, Bielefeld-Sennestadt.
155 Lenger, 178 f.; Prometheus 6.1895, 453.
156 Reif, Kreis, 54 f., 61; Schwinning, 5; Reuleaux, Buch, VI, 80; Weber, Ruhrgebiet, 64; Fremdling, Puddler, 638 ff.
157 H. Pittack, Die Veränderungen in den Qualifikationsmerkmalen des Schlosserberufes, Diss. Berlin 1971, 110 ff.; H. Gude, Das deutsche Schlosserhandwerk als Glied des eisenverarbeitenden Metallgewerbes, Stuttgart 1938, 24 f., 29.
158 Gude, 57; Horras, 133 f.; A. Kugler, Von der Werkstatt zum Fließband, Etappen der frühen Automobilproduktion in Deutschland, in: GG 13.1987, 318; F. Schumann, Die Arbeiter der Daimler-Motoren-

Gesellschaft Stuttgart-Untertürkheim, Leipzig 1911, 39 f.; Deutscher Metallarbeiter-Verband (DMV) (Hg.), Arbeitsbedingungen der Schmiede im Deutschen Reiche, Stuttgart 1916, 36 ff., 185 ff.; Schirmbeck, 88.
159 Siemens, Weg, I, 33 f., 69; Kocka, 66, 133 f., 143; Heintzenberg, 35; W. Ruppert, in: Industriekultur Nürnberg, 85.
160 Siemens, Weg, II, 15 ff.
161 Heintzenberg, 128; Riedler, Rathenau, 30; Caro, 986; Rupieper, 48, 52 ff.; Schlesinger, in: Loewe, 87.
162 Freytag, 89, 75; S. Kuraku, Die Heimat des Herzens, Erfahrungen u. Betrachtungen eines Japaners in Deutschland, Düsseldorf 1988. Vgl. auch G. Wallraff, Industriereportagen, Reinbek 1970, 17.
163 Schnabel, V, 257; G. Goldbeck, Technik als geistige Bewegung in den Anfängen des deutschen Industriestaates, Düsseldorf 1968, 31 ff. (auch über Liebigs Gegner); H. Dellweg, Die Geschichte der Fermentation, in: Gärungsgewerbe, 18: Liebig und seine Mitstreiter beeinträchtigten durch ihren Kampf gegen den Vitalismus die Erforschung der Gärungsvorgänge »ganz erheblich«.
164 Schultze, Entwicklung, 249; Kiesewetter, 306 ff.; anders der deutsche Südwesten: Boelcke, Wirtschaftsgeschichte, 226; R. Berthold, Die Entstehung der deutschen Landmaschinen- u. Düngemittelindustrie zwischen 1850 u. 1870, in: K. Lärmer (Hg.), Studien zur Geschichte der Produktivkräfte, Berlin 1979, 250 ff.; Delhaes-Guenther, 152.
165 Produktivkräfte, II, 204 f.; Liebig, Briefe, 110; Williams, 189 f.
166 Produktivkräfte, II, 198; R. Franke, Motorisierung der Feldarbeit, in: G. Franz (Hg.), Die Geschichte der Landtechnik im 20. Jahrhundert, Frankfurt/M. 1969, 62; Feldenkirchen, in: Pohl (Hg.), Wirtschaftswachstum, 116; Boelcke, Wirtschaftsgeschichte, 235; W. Tornow, Die Entwicklungslinien der landwirtschaftlichen Forschung in Deutschland, Hiltrup 1955, 12 ff.; U. Herbert, Geschichte der Ausländerbeschäftigung in Deutschland 1880 bis 1980, Berlin 1986, 115.
167 E. Meyer, in: G. Fischer (Hg.), Die Entwicklung des landwirtschaftlichen Maschinenbaus in Deutschland, Berlin (1911), 248 ff.; Franz, in: ders., 2.; Berthold, 192 f.; Fränkisches Freilandmuseum (Hg.), Göpel u. Dreschmaschine, Bad Windsheim 1981, 131: »Die Identifikation mit der Maschinenarbeit ist vielleicht im bäuerlichen Bereich niemals größer gewesen« (als beim »Dampfdreschen«; J. R.). A. Eggebrecht u. a., Geschichte der Arbeit, Köln 1980, 270 (J. Flemming); Hermann, 178 f., 207, 215.
168 Boelcke, Wirtschaftsgeschichte, 332; G. Preuschen, Landtechnik zwischen den Weltkriegen, in: Max-Eyth-Gesellschaft (Hg.), Miterlebte Landtechnik, Darmstadt 1985, 166.

169 Franz, 1; Boelcke, ebd., 234; Berthold, 257f.; G. Fischer in: ders., 340.
170 Freilandsmuseum, 106f.; M. Bloch, Antritt u. Siegeszug der Wassermühle (1935), in: C. Honegger (Hg.), Schrift u. Materie der Geschichte, Frankfurt/M. 1977, 171–197; Luther, 16; W. Kleeberg, Niedersächsische Mühlengeschichte, Hannover 1979, 76 f.; H. Herzberg, Mühlen u. Müller in Berlin, Berlin 1987, 280.
171 Franz, in: ders., 3.
172 Bolenz, Baubeamte, 478, 21, 247, 278; A. Riedler, Schnell-Betrieb, Erhöhung der Geschwindigkeit u. Wirtschaftlichkeit der Maschinenbetriebe, Berlin 1899, X.
173 Bolenz, ebd., 36; Rödel, 219, 221; S. Giedion, Bauen in Frankreich – Eisen, Eisenbeton, Leipzig 1928, 66 ff.; H. Hanle u. J. Strempler, Der selbstgemachte Stein, in: Absolut modern, 159, 163; B. Dartsch, Jahrhundertbaustoff Stahlbeton, Kritisches Protokoll einer Entwicklung, Düsseldorf 1984, 48, 58; H. Straub, Die Geschichte der Bauingenieurkunst, Basel 1964$^2$, 257; F. Becker, Die Entwicklung der Eisenbetonbauweise, in: BGTI 21.1931/32, 46.
174 Radkau u. Schäfer, 248, 202; Buch der Erfindungen, I (1872), 302.
175 Scholl, Schlepptau, 216, 218; Radkau u. Schäfer, 204.
176 E. Finsterbusch u. W. Thiele, Vom Steinbeil zum Sägegatter, Leipzig 1987, 221 f.; Produktivitätssteigerung in der Sägeindustrie, Stuttgart 1978, 29, 31 f., 37, 166.
177 K. Braun 1869, zit. n. A. Pensky, Schutz der Arbeiter vor Gefahren für Leben u. Gesundheit. Ein Beitrag zur Geschichte des Gesundheitsschutzes für Arbeiter in Deutschland, Dortmund 1987, 84; W. Weber, Arbeitssicherheit, Reinbek 1988, 86.
178 Buch der Erfindungen, II (1872), 496f.
179 J. G. Burke, Kesselexplosionen u. bundesstaatliche Gewalt in den USA, in: Hausen u. Rürup (Hg.), 319 f.
180 Matthes, 178, 188.
181 Schivelbusch, Eisenbahnreise, 20, 117.
182 A. Andersen u. F.-J. Brüggemeier, Gase, Rauch u. Saurer Regen, in: F.-J. Brüggemeier u. T. Rommelspacher, Besiegte Natur, Geschichte der Umwelt im 19. u. 20 Jahrhundert, München 1987, 66; A. Andersen u. René Ott, Risikoperzeption im Industrialisierungszeitalter am Beispiel des Hüttenwesens, in: AfS 28.1988, 102, 108 f.
183 D. Osteroth, Soda, Teer u. Schwefelsäure, Der Weg zur Großchemie, Reinbek 1985, 48; Social-Demokrat 17. 8. 1866, 4; L. Stucki, Das heimliche Imperium, Bern 1968, 240; T. Arnold, »Wir sind mit Wupperwasser getauft«, Wuppertal 1987, 22.
184 Caro, 977; R. Blunck, J. v. Liebig, Berlin 1938, 54 f., 88 f., 265 ff.;

C. Rothe, Zum Einfluß der gewerblichen Vergiftungen auf die Entwicklung der Gewerbehygiene, in: R. Müller u. D. Milles (Hg.), Beiträge zur Geschichte der Arbeiterkrankheiten u. der Arbeitsmedizin in Deutschland, Dortmund 1984, 287: Selbst Curt Duisberg, der Sohn des Bayer-Chefs, bemerkte, »selbstverständlich« seien »die in der chemischen Industrie beschäftigten männlichen und weiblichen Arbeitskräfte größeren Gefahren ausgesetzt als in irgendeiner anderen Industrie«.

185 E. Lewy, Die Fortschritte der Industrie u. ihr Einfluß auf die Berufskrankheiten der Arbeiter, in: Deutsche Revue für das gesamte nationale Leben 3.1874, 383; Pensky, 148, 82; T. Rommelspacher, Das natürliche Recht auf Wasserverschmutzung, in: Brüggemeier u. ders., 42, 47; L. Machtan, Risikoversicherung anstatt Gesundheitsschutz für Arbeiter, in: R. Müller u. a. (Hg.), Industrielle Pathologie in historischer Sicht, Bremen 1985, 109.

186 H. Winkler, Wasserversorgung u. Abwasserbeseitigung als Probleme der Bielefelder Stadtpolitik in der zweiten Hälfte des 19. Jahrhunderts, Staatsexamensarbeit, Bielefeld 1986, 89; Stadtentwässerung Zürich (Hg.), Von der Schissgruob zur modernen Stadtentwässerung, Zürich 1987, 95 f., 115 ff., 214 f., 219; H. Stimmann, Stadttechnik, in: Boberg (Industriekultur Berlin), 179; J. v. Simson, Kanalisation u. Städtehygiene im 19. Jahrhundert, Düsseldorf 1983, 104, 133 ff., 146 (Liebig änderte später seine Position); G. Varrentrapp, Über die Entwässerung der Städte, Über den Werth u. Unwerth des Wasserclosetts, Berlin, 1868, 21, 178 f., 193; P. R. Gleichmann, Zur Verhäuslichung körperlicher Verrichtungen, in: ders. u. a. (Hg.), Materialien zu N. Elias' Zivilisationstheorie, Frankfurt/M. 1977.

187 Simson, 61–87; Varrentrapp, 179 f.; R. J. Evans, Death in Hamburg, Society and Politics in the Cholera years 1830–1910, Oxford 1987.

188 Simson, 19–25; Rödel, 63 f.; Stadtentwässerung, 226 f.; Varrentrapp, 168; K. Imhoff, Die biologische Abwasserreinigung in Deutschland, Berlin 1906, 51 f., 153; E. Schramm (Hg.), Ökologie-Lesebuch, Frankfurt/M. 1984, 169; F. Fischer, Das Wasser, seine Verwendung, Reinigung u. Beurtheilung, Berlin (1902), 223; G. Bayerl, Herrn Pfisters u. anderer Leute Mühlen, in: H. Segeberg (Hg.), Technik in der Literatur, Frankfurt/M. 1987, 83.

189 G. Merkl u. a., Historische Wassertürme, Beiträge zur Technikgeschichte von Wasserspeicherung u. Wasserversorgung, München 1985, 51 f.; Rödel, 295 ff.; B. Wagner, Das Bielefelder Krankenhaus im 19. Jahrhundert, Magisterarbeit, Bielefeld 1988, 160; R. Toellner (Hg.), Illustrierte Geschichte der Medizin, Salzburg 1986, V, 2494 f., 2513 (A. Bouchet); IV, 2214 (M. Micoud); A. Andersen, Arbeiterbe-

wegung, Industrie u. Umwelt im 19. Jahrhundert, Bremen 1988 Mskr., 9 f., über die »kurze Blüte der Gewerbehygiene in Deutschland«.

190 G. S. Sonnenberg, Hundert Jahre Sicherheit, Düsseldorf 1968, 81, Prometheus 5.1894, 90; G. Spelsberg, Rauchplage, Hundert Jahre Saurer Regen, Aachen 1984, 90 ff., 98, 101 ff., 219; K. Jurisch, Die Rauch- u. Rußbekämpfung, in: Zs. f. technischen Fortschritt, 1916, 81.

191 J. Radkau, Umweltfragen in der Bielefelder Industriegeschichte, in: F. Böllhof u. a., Industriearchitektur in Bielefeld, Bielefeld 1986, 92 ff.; Spelsberg, 151 f.; Andersen u. Brüggemeier, 79; Andersen u. Ott, 102.

192 E. Schramm, Soda-Industrie u. Umwelt im 19. Jahrhundert, in: TG 51.1984, 208 f.; C. Koch u. H.-C. Täubrich, Bier in Nürnberg-Fürth, Brauereigeschichte in Franken, München 1987, 142–148.

193 Buch der Erfindungen, I (1872), 141; Reuleaux, Buch, VIII, 122; Schultze, Entwicklung, 246; Prometheus 22.1911, 136 f.; Liebig, Briefe, 383; Fischer, Wasser, VI, 474; K.-G. Wey, Umweltpolitik in Deutschland. Kurze Geschichte des Umweltschutzes in Deutschland seit 1900, 39; Arnold, Wupperwasser, 63.

194 W. Weber, Technik u. Sicherheit in der deutschen Industriegesellschaft 1850–1930, Wuppertal 1986, 52, 75 ff., 102; F. Neumeyer, Industriegeschichte im Abriß – Das Deutsche Arbeitsschutz-Museum in Berlin-Charlottenburg, in: Buddensieg u. Rogge, 186 ff.; F. Nasse, Aufruf zur thätigeren Sorgfalt für die Gesundheit der Fabrik-Arbeiter, Bonn 1845.

195 Weber, ebd., 39, 56 ff.; Pensky, 56 ff., 88 ff., 112; Machtan, Risikoversicherung; L. Machtan u. René Ott, Erwerbsarbeit als Gesundheitsrisiko, Zum historischen Umgang mit einem virulenten Problem, in: Brüggemeier u. Rommelspacher, 134.

196 Pensky, 113 f., 144 f., 196, 240; Weber, ebd., 106, 109 f.; ders., Arbeitssicherheit, Reinbek 1988, 192; Machtan u. Ott, 139; G. Winter (Hg.), Grenzwerte, Düsseldorf 1986, 253; S. Weiß, Bemerkungen zur arbeitsmedizinischen Diskussion über Arbeiten mit Quecksilber, in: Müller u. Milles, 255 ff.; H. Schwarz, Merkurs Fluch, in: Centrum Industriekultur Nürnberg (Hg.), Räder im Fluß. Die Geschichte der Nürnberger Mühlen, Nürnberg 1986, 281; über die größere Leichtigkeit des Kausalnachweises in älterer Zeit: Nasse, 6.

197 Pensky, 118 ff., 124 ff.; C. Bury, »Krankheiten der Arbeiter« (1871–78) von L. Hirt, in: Müller, Pathologie, 76.

198 Müller u. Milles, 8 f.; Schneider, Gefahren, 98 ff.; Weber, Ruhrgebiet, 50; J. Varchmin, Technik u. Arbeit im Kohlenbergbau des 19. Jahrhunderts, Bochum 1986, Mskr., 179.

199 Röpke, Was können wir Solinger in bezug auf die Besserung der Gesundheitsverhältnisse der Metallschleifer von unserer Conkurrenzstadt Sheffield lernen? in: Centralblatt für allgemeine Gesundheitspflege, 19.1900, 303, 308, 311, 316; Ansprache von H. Scurfield in Sheffield, 27. 4. 1908 (Mitt. von R. Boch an Verf.); U. Völkening, Unfallentwicklung u. Verhütung im Bergbau des deutschen Kaiserreiches 1888–1913, Dortmund 1980, 100 ff.

200 Weber, Sicherheit, 32 f.; Buxbaum, 127; Reuleaux, Buch, VIII, 239; E. Schultze, Die Verschwendung von Menschenleben in den Vereinigten Staaten, in: Zs. f. Socialwiss. N. F. 4.1913, in: Engineering Magazine 30.1906, 650.

201 Weber, Technik, 7.

202 Ebd., 16; R. v. Helmholtz u. W. Staby, Die Entwicklung der Lokomotive, I, Dresden 1930, 304 f.; über Unzulänglichkeiten in der Gefährdungshaftung der Bahn u. deren fatale Folgen: H.-J. Ritzau, Kriterien der Schiene, Eisenbahnunfall- u. Strukturanalyse, Landsberg 1978, 95 f.; ders., Schatten, 103; Brunel: Rolt, 163, 193, 25; E. Krafft, Hundert Jahre Eisenbahnunfall, Berlin 1925, 16 ff.; I. Frhr. v. Wechmar, Eisenbahnunfälle im vorigen Jahrhundert, in: BGTI 17.1927, 122 ff.

203 Staby, Die geschichtliche Entwicklung der Eisenbahnbremsen, in: BGTI 14.1924, 3 ff.; A. Braun, in: Blank u. Rahn, 86: Mit der Kunze-Knorr-Bremse wurden in den 20er Jahren in Deutschland etwa 20 000 Bremser eingespart; Krafft, 23, 54. Indusi: Hundert Jahre deutsche Eisenbahn, Leipzig 1938², 109 ff.; Bellinzona: Treue in Pohl, Wirtschaftswachstum, 203.

204 F. P. Ingold, Literatur u. Aviatik, Basel 1978, 105 f., 111; über die deutsche Zeppelin-Begeisterung als »eigenartiges, psychologisches Symptom«: R. Vierhaus (Hg.), Am Hof der Hohenzollern. Aus dem Tagebuch der Baronin Spitzemberg, München 1965, 246 (»unser deutsches Volk ist übergeschnappt!«); H. G. Knäusel, LZ 1, Der erste Zeppelin, Geschichte einer Idee 1874–1908, Bonn 1985. »Titanic«: Prometheus 23.1912, 495; 13.1902, 117.

205 Krankenhagen u. Laube, 40 ff., 48 ff., 105 ff.; Baumann, Materialprüfwesen, 149 ff., 175 f.; E. Bolenz, Technische Normung zwischen »Markt« u. »Staat«. Untersuchungen zur Funktion, Entwicklung u. Organisation verbandlicher Normung in Deutschland, Bielefeld 1987, 44, 70 ff.; Lundgreen, in: Ludwig (Hg.), Technik, 124 f. (eine relativ niedrige Festigkeitsziffer bei Stahl als »patriotische Pflicht« in Anbetracht der deutschen Eisenqualitäten!); Sonnenberg, 107 ff.; B. Hilliger, Die geschichtliche Entwicklung der Dampfkesselaufsicht in Preußen, in: BGTI 7.1916, 65, 69, 77.

206 Lundgreen, ebd., 93; Hilliger, 71 f.; Riedler, Rathenau, 78; G. Wiesenack, Wesen u. Geschichte der Technischen Überwachungsvereine, Köln 1971, 59 ff., 71 f., 36; Technische Eigenüberwachung in der Chemie (BASF-Symposium), Köln 1982, 15, 20; Der Spiegel, 20. 6. 1977, 44; Kristl, 108 f.
207 R. Lukes, 150 Jahre Recht der technischen Sicherheit in Deutschland, in: Risiko, Schnittstelle zwischen Recht u. Technik, Berlin 1982, 12.
208 Die zweite industrielle Revolution, Frankfurt u. die Elektrizität 1800–1914, Frankfurt/M. 1981, 125 ff.; Pinner, 133, 166; U. Wengenroth, Die Diskussion der gesellschaftspolitischen Bedeutung des Elektromotors um die Jahrhundertwende, in: Energie in der Geschichte, 305 ff.; J. Kuczynski, Vier Revolutionen der Produktivkräfte, Berlin 1975, 104 f.; Schröter u. Becker, 79; Boch, 199 ff.
209 Boch, 197; J. Kocka, Industrialisierung u. Arbeiterbewegung in Deutschland vor 1914, in: Industrialisierung, sozialer Wandel u. Arbeiterbewegung in Deutschland u. Polen bis 1914, Braunschweig 1984, 74.
210 A. Bebel, Die Frau u. der Sozialismus, Berlin 1974 (50. Auflage, 1909), 428–436; Pfetsch, 116 (1887 unterstützte im Reichstag zunächst nur die SPD die Gründung der PTR!); K. Hartmann, Unfallverhütung für Industrie und Landwirtschaft, Stuttgart (ca. 1902), 8; Pensky, 234; H. Reinicke, Der Deutschen Höhenflug im Äthermeer, in: Wechselwirkung, Febr. 1989, 35; B. Emig, Die Veredelung des Arbeiters, Frankfurt/M. 1980, 200 f.
211 L. Braun, Hausindustrie, in: Die Zukunft 37.1901, 222; H. Zwahr, Die deutsche Arbeiterbewegung im Länder- und Territorienvergleich, in: GG 13.1987, 454 ff.; Langer, 156; Grothe, Kleinmotoren, 175.
212 Riedler, Rathenau, 152; Stearns, 5 f., 135.
213 J. Kocka (Technik u. Arbeitsplatz im 19. Jahrhundert, in: Buddensieg u. Rogge, 120) weist darauf hin, daß es »noch 1890 eine Arbeitsordnung bei Krupp für nötig hielt, ausdrücklich das Schlafen während der Arbeitszeit zu verbieten«! L. Preller, Sozialpolitik in der Weimarer Republik, Düsseldorf 1978, 130; Ditt, 206 ff.; M. Weber, Psychophysik, 155, 162; A. Levenstein, Die Arbeiterfrage, mit bes. Berück. der sozialpsychologischen Seite des modernen Großbetriebes der psychophysischen Einwirkungen auf die Arbeiter, München 1912.
214 Boch, 336 f.; Behrens, H.-W. Kraft, Die Arts-and-Crafts-Bewegung u. der deutsche Jugendstil, in: G. Bott (Hg.), Von Morris zum Bauhaus, Hanau 1977, 36.
215 Ein Zusammenstoß zwischen der Elektrizitätswirtschaft und der Heimatschutzbewegung ereignete sich 1924/25 bei der Projektierung des

Schluchseekraftwerks im Schwarzwald. Die Gegenbewegung wurde von Gemeinden, Mühlen- und Sägewerksbesitzern getragen, aber auch von F. Marguerre, dem Chef des Großkraftwerks Mannheim und Gegenspieler der Verbundwirtschaft, mit Sachargumenten beliefert. Gerade der völkische Flügel der Heimatschutzbewegung, anfangs auf besonders radikalem Protestkurs, erlag jedoch später der monumentalen Faszination der großen Staumauer. (Mitt. von Frieder Schmidt)

## IV. Kriegs-, Vorkriegs- und Nachkriegszeiten: Die Rationalität der Massenproduktion, der Macht und der Not

1 W. J. Siedler, die Modernität des Wilhelminismus, in: Die Zeit, 11.9.1981, 41 f.; G. Selle, Die Geschichte des Design in Deutschland von 1870 bis heute, Köln 1978, 12; G. Drebusch, Industrie-Architektur, München 1976, 155 f.; v. Weiher, Elektropolis, 120 f.; Siemens, Weg, II, 127 (in den Jahren von 1923 bis 1928 »unterwarf eine neue Technik sich die Welt«); zur Zäsur um 1900: Schlesinger, in: Loewe, 67, 128; K. D. Barkin, The Controversy over German Industrialization 1890–1902, Chicago 1970, 195 f. J. Romein, The Watershed of Two Eras, Europe in 1900, Middletown, Conn. 1978, vertritt die These, die Zeit um 1900 habe für die gesamte westliche Kultur eine ungewöhnlich markante »Wasserscheide« bedeutet. Diese werde in dem veränderten Umgang mit der Zeit besonders deutlich (657).
2 G. Selle, Design-Geschichte in Deutschland, Köln 1987, 136; W. Voigt, Die Stuttgarter Schule u. die Alltagsarchitektur des Dritten Reiches, in: H. Frank (Hg.), Faschistische Architekturen, Hamburg 1985, 247; Naumann, 286 f., 262; ders., Werke, III, 104; J. Campbell, Der Deutsche Werkbund 1907–1939, München 1989, 280.
3 Kammerer, 424 f.; Siemens, Leben, 66.
4 Prometheus 6.1895, 745 ff.; K. Justrow, Der technische Krieg, II, Berlin 1939, 47; C. Matschoß, Krieg u. Technik, in: Zs. des VDI 59.1915, 23.
5 W. Treue u. H. Uebbing, Die Feuer verlöschen nie. August-Thyssen-Hütte, Düsseldorf 1966, I, 140: Zur »Ära der Leichtmetalle«: T. Heuss, R. Bosch, Stuttgart 1946, 652; Bäumler, Jahrhundert, 52 (Leichtmetalle machten erstmals um 1900 »Furore«); L. Müller-Ohlsen, Die Weltmetallwirtschaft im industriellen Entwicklungsprozeß, Tübingen 1981, 27, 70; C. Ungewitter, Chemie in Deutschland, Berlin 1938, 88 (»allgemeine Umstellung der Welt auf die Verwendung von Leichtmetallen« nach verbreiteter Ansicht als »Gebot der Selbst-

erhaltung«); A. Isenberg, Die geschichtliche Entwicklung u. die wirtschaftliche Bedeutung des Hartmetalls in Deutschland, Diss. Köln 1957, 7; G. Schlesinger, Die Passungen im Maschinenbau, Berlin 1917², 10, 14; Erfahrung: Hammer, Morphologie, 22; DMV (Hg.), Die Rationalisierung in der Metallindustrie, Berlin (1933), 173 ff.; Schirmbeck 117 f., 141.

6 W. R. Maclaurin, Invention and Innovation in the Radio Industry, New York 1949, 15 f.; Pot, I, 24, 309 ff.

7 Prometheus 9.1898, 316; Riedler, Schnell-Betrieb, X; Holzapfel, 50 f.; H. Eichberg, »Schneller, höher, stärker«, in: Mann u. Winau, Medizin, 260 ff., 279 ff.; Flechtner, 144 f.; Nervosität: P. Leubuscher u. W. Bibrowitz in: Deutsche Medizin. Wochenschrift Jg. 1905, 821.

8 Stearns, 109 ff., 137, 181 ff., 126; Landschaftsverband Rheinland (Hg.), Scherenschleiferei Leverkus, Köln 1988, 20, 14, 28 f.

9 W. Neef, Ingenieure, Entwicklung u. Funktion einer Berufsgruppe, Köln 1982, 116 ff.; G. Hünecke, Gestaltungskräfte der Energiewirtschaft, Leipzig 1937, 127; P. Noll, in: R. Doleschal u. R. Dombois (Hg.), Wohin läuft VW? Reinbek 1982, 68; R. Schmiede u. E. Schudlich, Die Entwicklung der Leistungsentlohnung in Deutschland, Frankfurt/M. 1981⁴, 319 ff. In den bei Schirmbeck gesammelten Erfahrungsberichten von Opel-Arbeitern, deren Schwerpunkt auf der Zeit von den 30er bis zu den 50er Jahren liegt, wird sehr viel mehr Arbeitszufriedenheit zum Ausdruck gebracht als in den 1912 von Levenstein veröffentlichten Aussagen, ohne daß dies in der Absicht der Interviewer gelegen hätte. Der Eindruck wird durch Pot, I, 451 f., bestätigt. In Popitz u. a., Das Gesellschaftsbild des Arbeiters, Tübingen 1972⁴, 45, 48, 55 f., das auf Untersuchungen in der Hüttenindustrie 1953/54 fußt, findet sich die aufschlußreiche Beobachtung, daß zwar die konkreten technischen Innovationen der damaligen Gegenwart im allgemeinen als Arbeitserleichterungen geschätzt wurden, insgesamt jedoch eine kritisch-pessimistische Beurteilung »des« technischen Fortschritts überwog! In die generelle Aussage sind offenbar die Erfahrungen der Kriege und der Weltwirtschaftskrise eingegangen. Von der marxistischen Tradition her hätte es nahegelegen, umgekehrt die konkreten Innovationen kritisch und den allgemeinen technischen Fortschritt positiv zu beurteilen.

10 K. Bücher, Das Gesetz der Massenproduktion, in: Zs. f. d. ges. Staatswiss. 66.1910, 444; J. Bariéty, Das Zustandekommen der Internationalen Rohstahlgemeinschaft, in: H. Mommsen u. a., Industrielles System u. politische Entwicklung in der Weimarer Republik, Düsseldorf 1974, 559; VDEh, 87 f.; W. B. Walker, Britain's Industrial Performance 1850–1950: A Failure to Adjust, in: Pavitt, 31;

H. Schacht, Elektrizitätswirtschaft, in: Preuß. Jb. 134.1908, 84 f.
11 Binz, Geist, 2; W. Greiling, Chemie erobert die Welt, Berlin 1943, 351, 367.
12 J. Radkau, Entscheidungsprozesse u. Entscheidungsdefizite in der deutschen Außenwirtschaftspolitik 1933–40, in: GG 2.1976, 64 f.; Sombart: A. Halfeld, Amerika u. der Amerikanismus, Jena 1927, vorne; Hitler: W. Jochmann (Hg.), A. Hitler, Monologe im Führerhauptquartier 1941–44, Hamburg 1982, 95, 255, 270, 306 f.; F. W. Seidler, F. Todt, Baumeister des Dritten Reiches, München 1986, 19; Pohl, Einflüsse, 51 (A. Kugler, F. Fürstenberg).
13 Feldenkirchen, in: Pohl (Hg.), Wirtschaftswachstum, 128 f.; Varchmin, 187, 219, 224; F.-J. Brüggemeier, Leben vor Ort, Ruhrbergleute u. Ruhrbergbau 1889–1919, München 1983, 101 ff., 105 ff., 110 ff.; Brady, 75; Schwarz, Kohlenpott, 72 ff.; D. J. K. Peukert, Industrialisierung des Bewußtseins? Arbeitserfahrungen von Ruhrbergleuten im 20. Jahrhundert, in: Tenfelde (Hg.), Arbeit, 97 ff.; P. Hinrichs u. L. Peter, Industrieller Friede? Arbeitswissenschaft u. Rationalisierung in der Weimarer Republik, Köln 1976, 30 (unterschiedliche Beurteilung der sozialen Folgen der Schüttelrutsche!); W. Sombart, Die Zähmung der Technik, Berlin 1935, 23; U. Burghardt, Die Mechanisierung des Ruhrkohlenbergbaus, in: TG 56.1989.
14 Herbert, Dream, 30; Bolenz, Baubeamte, 85; P. Hinrichs u. a., Zwischen Fahrrad u. Fließband, in: Absolut modern, 49; J. Campbell, The German Werkbund, Princeton 1978, 27.
15 Isaacs, II, 544; H. Meyer-Heinrich, Philipp Holzmann AG 1849–1949, Frankfurt/M. 1949, 64, 187, 249 ff.; Der Schrei nach dem Turmhaus, Berlin 1988, 144, 209; Entstehung der Banken-Wolkenkratzer in Frankfurt: Der Spiegel, 28. 4. 1980, 98 ff. Ein in den 1960er Jahren geplantes »Alster-Manhattan«, dem der gesamte Hamburger Stadtteil St. Georg hätte geopfert werden müssen, wurde nicht realisiert.
16 Herbert, 78 ff.; Radkau u. Schäfer, 248 ff.
17 G. Kossatz u. a., in: Bundesministerium für Ernährung (Hg.), Holz als nachwachsender Rohstoff, Bonn 1987, 120.
18 H. Poll, Schreibmaschine, Büro u. Emanzipation, in: Aufriß (Nürnberg) 1.1982, H. 1, 64 ff.; U. Nienhaus, Büro- u. Verwaltungstechnik, in: U. Troitzsch u. W. Weber, Die Technik, Braunschweig 1982, 546 ff.; Museum für Verkehr u. Technik Berlin, Schätze u. Perspektiven, Berlin 1985², 102 ff.; J. Kocka, Unternehmer in der deutschen Industrialisierung, Göttingen 1975, 112; Hollerith: Prometheus 22.1911, 369 ff.; R. Oberliesen, Information, Daten u. Signale, Reinbek 1982, 238 f.

19 Genth u. Hoppe, Telefon, 60.
20 Tornow, 214f.; Giedion, Herrschaft, 557ff., 598, 739, 746; H. Münsterberg, Psychologie u. Wirtschaftsleben, Leipzig 1912, 106; K. Hausen, Große Wäsche, in: GG 13.1987, 302; Siemens, Weg, II, 94, 97f.; S. Meyer u. B. Orland, Technik im Alltag des Haushalts u. Wohnens, in: Troitzsch u. Weber, 571, 576f.; R. Stahlschmidt, in: Ludwig, Technik, 383f.; M.-M. Prowe-Bachus, Auswirkungen der Technisierung im Familienhaushalt, Diss. Köln 1933, 47f., 54f.; F. Brandt, Der energiewirtschaftliche Wettbewerb zwischen Gas und Elektrizität um die Wärmeversorgung des Haushalts, Diss. Heidelberg 1931, 21f.
21 P. Seitz, in: G. Franz (Hg.), Geschichte des deutschen Gartenbaues, Stuttgart 1984, 387f.; Tornow, 163, 171; W. Skrentny (Hg.), Hamburg zu Fuß, Hamburg 1987², 107f.; Böllhoff, 159; Oetker: In der ersten Aufstiegsphase hatte die Fabrik noch eher manufakturartigen Charakter. Ihr Erfolg beruhte auf dem Gedanken, Backpulver – richtig gemischt und dosiert – in Tüten zu verkaufen: ein Zeichen, mit welch simplen Ideen sich in dem noch kaum erschlossenen Reich des Haushalts große Geschäfte machen ließen. »Dr. Oetker« nutzte auch als einer der ersten den Reklamewert der Wissenschaft, obwohl die Dissertation des Firmengründers nichts mit seiner Produktion zu tun hatte. Produktivkräfte, III, 140; Tafel, 33f., 48; Gärungsgewerbe, 196f.; R. Käs, Die Zigarette – der flüchtige Genuß, in: Aufriß 1.1982, H. 1, 18ff.; Automaten: C. Kamp u. U. Gierlinger (Hrsg.), Wenn der Groschen fällt, München 1988, 19f.; C. Hausberg, Die deutsche Zigaretten-Industrie u. die Entwicklung zum Reemtsma-Konzern, Würzburg 1938, 14, 21ff.
22 Fränkisches Freilandmuseum, 21, 33f.; Tornow, 113ff., 236f.; F. Haber, Aus Leben u. Beruf, Berlin 1927, 21; Preuschen, 165f.; H. Schlange-Schöningen, Landwirtschaft von heute, Berlin 1930, 106ff.
23 V. L. Bullough, A Brief Note on Rubber Technology and Contraception: The Diaphragm and the Condom, in: Technology and Culture 22.1981, 109ff.; A. Grotjahn, Geburten-Rückgang u. Geburten-Regelung, Berlin 1914, 100f.; M. Marcuse, Der eheliche Präventivverkehr, seine Verbreitung, Verursachung u. Methodik, Stuttgart 1917, 169ff.; U. Linse, Arbeiterschaft u. Geburtenentwicklung im Deutschen Kaiserreich von 1871, in: AfS 12.1972, 210f., 226; R. J. Evans, Sozialdemokratie u. Frauenemanzipation im deutschen Kaiserreich, Berlin 1979, 246ff.
24 Produktivkräfte, III, 78ff., 230; Varchmin, 216, 222f.; Viefhaus, in: Ludwig, Technik, 335.
25 Riedler, Rathenau, 59; Flugzeug: Siemens, Leben, 279; über den im-

mer noch mangelnden zivilen Luftfahrt-Bedarf: W. Sombart, Die Zähmung der Technik, Berlin 1935, 16.
26 M. Salewski, Zeitgeist u. Zeitmaschine. Science Fiction u. Geschichte, München 1986, 42, 189 f.; O. Spengler, Der Untergang des Abendlandes (1923), München 1973, 1191 f.; F. Dessauer, Streit um die Technik, Frankfurt/M. 1958², 82.
27 Andersen u. Brüggemeier, 75 ff.; F. Aeroboe, Allgemeiner Überblick über die heutige Lage der deutschen Landwirtschaft, in: Harms, I, 131: »Die Stickstoffwerke in Leuna und Oppau ersetzen heute mehr Land, als wir im Kriege verloren haben« – ein Hinweis darauf, daß der Glaube an die Segnungen des technischen Fortschritts theoretisch das Revanchedenken hätte überwinden helfen können. F. Todt (Hg.), Versteppung Deutschlands? Berlin 1938. Oppau: Sachverständigengutachten in: Zs. f. d. ges. Schieß- u. Sprengstoffwesen 19.1925, 29 ff.; U. Stolle, Arbeiterpolitik im Betrieb, Frankfurt/M. 1980, 114, 321. K. A. Schenzinger, Anilin, Berlin 1937, 265.
28 Zs. f. techn. Fortschritt 1916, 181, nach: The Engineer, 23. 4. 1915; M. Schwarte, Die Technik im Zukunftskrieg, Charlottenburg 1924, 6; Matschoß, Krieg, 23; zur Steigerung des Prestiges der »wissenschaftlichen« Technik auch außerhalb Deutschlands vgl. Le Chatelier in seiner Eröffnungsansprache auf der französischen Wärmetagung 1923: »Wenn während des Krieges unsere Feinde so lange durchhalten konnten, so verdanken sie dies einzig und allein dem Umstand, daß sie im größten Umfang die Wissenschaft anzuwenden verstanden. Darin müssen wir sie jetzt erreichen oder uns damit abfinden, daß wir vom Erdboden verschwinden.« Zit. n. Archiv f. Wärmewirtschaft 5.1924, 2; mit ähnlicher Tendenz: C. Moureu, La chimie et la guerre, science et avenir, Paris 1920. Das durch den Krieg weltweit gesteigerte technische Prestige der deutschen Wissenschaft fand seinen Niederschlag selbst im japanischen Schulunterricht: »Deutschland, das unmittelbar vor dem Ersten Weltkrieg das Verfahren zur Stickstoffsynthese entdeckt habe, sei dadurch so in seinem Selbstbewußtsein gestärkt worden, daß es wagte, Frankreich den Krieg zu erklären.« Y. Iida, in: Barloewen, Japan, III, 101. Streit um C. Bach: C. Bach, Mein Lebensweg u. meine Tätigkeit, Berlin 1926, 81 f.
29 K. Helfferich, Der Weltkrieg, II, Berlin 1919, 223; Greiling, 278; Haber, Leben, 18; Hamburger Stiftung für Sozialgeschichte des 20. Jahrhunderts (Hg.), Das Daimler-Benz-Buch, Nördlingen 1987, 46 (K.-H. Roth); W. Treue, in: Pohl (Hg.), Wirtschaftswachstum, 204: »Niemals zuvor hatte die Technik in so kurzer Zeit so sehr ihre Bedeutung gesteigert« (wie in der Zeit nach dem Ersten Weltkrieg). W. König, in: Ludwig, Technik, 280; W. Mock, Technische Intelligenz im

Exil 1933–1945, Düsseldorf 1986, 40 f.: Während die deutschen Ingenieure im 19. Jahrhundert das hohe Sozialprestige ihrer englischen Kollegen beneidet hatten, wurden nach 1933 deutsche Ingenieure, die nach England emigrierten, mit dem aus ihrer Sicht »niedrigen gesellschaftlichen Status des britischen Ingenieurs« und der im Vergleich zu Deutschland »erheblich niedrigeren Bezahlung« konfrontiert.

30 Bolenz, Baubeamte, 96; E. Viefhaus, in: Ludwig (Hg.), Technik, 292, 340; H. Guderian, Die Panzerwaffe, Stuttgart 1943², 161; M. Lachmann, Probleme der Bewaffnung des kaiserlich-deutschen Heeres, in: Zs. für Militärgeschichte 6.1967, 28 f.; Greiling, 279 f.; A. Riedler, Die neue Technik, Berlin 1921, 33, 58, 49; F. Haber, Fünf Vorträge, Berlin 1924, 28; H. Bredow, Im Banne der Ätherwellen, II, Stuttgart 1956, 49 f.; Ehrhardt, 79, 85, 82, 107; F. Dessauer, Philosophie der Technik, Bonn 1927, 15 f.

31 J. H. Morrow, German Air Power in World War I, Lincoln 1982, 190; K. Nuß, Militär u. Wiederaufrüstung in der Weimarer Republik, Berlin 1977, 200; G. Thomas, Geschichte der deutschen Wehr- u. Rüstungswirtschaft (1918–1943/45), Boppard 1966, 308; W. A. Boelcke (Hg.), Deutschlands Rüstung im Zweiten Weltkrieg. Hitlers Konferenzen mit A. Speer 1942–45, Frankfurt/M. 1969, 10; K.-H. Ludwig, Technik u. Ingenieure im Dritten Reich, Düsseldorf 1974, 352 ff., 360 ff.

32 Hitler: Der Spiegel, 24. 3. 1980, 194; Militärgeschichtliches Forschungsamt (Hg.), Deutsche Militärgeschichte 1648–1939, München 1983, IX, 578; H. Senff, Die Entwicklung der Panzerwaffe im deutschen Heer 1918–39, Frankfurt/M. 1969, 28.

33 A. v. Schlieffen, Ges. Schriften, I, Berlin 1913, 11; Prometheus 9.1898, 488; Siemens, Weg, I, 72 ff., 96; Peschke, 150 ff.; M. Geyer, Deutsche Rüstungspolitik 1860–1980, Frankfurt/M. 1984, 58; Boelcke, Krupp, 14, 16; V. Mollin, Auf dem Wege zur »Materialschlacht«, Pfaffenweiler 1986, 218, 229, 237.

34 K. Holl, Pazifismus in Deutschland, Frankfurt/M. 1988, 73; Schlieffen, 12.

35 G. Ritter, Staatskunst u. Kriegshandwerk, II, München 1965, 247 f.; Schlieffen, 15, 17.

36 Militärgeschichtliches Forschungsamt (Hg.), IX, 465.

37 Zs. für prakt. Maschinenbau 5.1914, 1374 f.; Matschoß, Krieg, 23; E. Kothe, Kriegsgerät als Schrittmacher der Fertigungstechnik, in: TG 30.1941, 5; Hamburger Stifung (Hg.), 274; vgl. noch 1980 W. Häfele im Zusammenhang mit der Brüterpolitik: J. Radkau, Angstabwehr – Auch eine Geschichte der Atomtechnik, in: Kursbuch 85.1986, 50.

38 Lachmann, 24f.; Reuleaux, Buch, VI, 122–128; Prometheus 13.1902, 85; T. H. E. Travers, The Offensive and the Problem of Innovation in British Military Thought 1870–1915, in: Journal of Contemporary History 13.1978, 531–553; Boelcke, Krupp, 55, 66; Justrow, 84, 38.

39 Mollin, 203, 307; H.-O. Steinmetz, Bismarck u. die deutsche Marine, Herford 1974, 69; Militärgeschichtl. Forschungsamt (Hg.), VIII, 131. E. Kehr, Der Primat der Innenpolitik, hg. H.-U. Wehler, Berlin 1965, 227. Die Distanz zwischen Schwer- und Motorenindustrie noch in den zwanziger Jahren erkennt man an den Klagen Wilhelm v. Opels über die »Normensabotage« der Stahlproduzenten: Die gelieferte Stähle seien immerzu unterschiedlich und häufig zu hart für die Automobilindustrie. (Mitt. A. Kugler)

40 Militärgeschichtl. Forschungsamt, VIII, 292, 306; Kugler, Werkstatt, 326; Morrow, 196; Ingold, 226, 238; P. v. Kielmansegg, Deutschland u. der Erste Weltkrieg, Frankfurt/M. 1968, 384; Boelcke, Rüstung, 13. Zur Zeppelin-Begeisterung s. o. Anm. III 204. W. v. Siemens, Leben, 302f.

41 H.-U. Wehler, Das Deutsche Kaiserreich 1871–1918, Göttingen 1986, 170; Militärgeschichtl. Forschungsamt (Hg.), V, 81; Zs. f. prakt. Maschinenbau 5.1914, 1374. Selbst der dem Pazifismus zuneigende Friedrich Dessauer klagte später darüber, daß »die Techniker nicht erreichen konnten, trotz aller Vorstellungen, daß rasch und in großem Maßstabe Unterseeboote gebaut würden«: ders., Bedeutung u. Aufgabe der Technik beim Wiederaufbau des Deutschen Reiches (Vortrag), Berlin 1926. Haber, Leben, 15; G. Plumpe, Die IG Farbenindustrie AG, Habil. Schrift, Bielefeld 1987, MS, 80f.; v. Kielmansegg, 132; R. Harris u. J. Paxman, Eine höhere Form des Tötens, Die geheime Geschichte der B-u. C-Waffen, Düsseldorf 1983, 132ff.; Der Spiegel, 26. 10. 1987, 245 (Solschenizyn); ebd., 24. 10. 1988, 85. Bauer: H. G. Branch u. R.-D. Müller (Hg.), Chemische Kriegführung – chemische Abrüstung, Berlin 1985, I, 70.

42 Militärgeschichtl. Forschungsamt (Hg.), IX, 578; Justrow, I, 54, 43; »feige«: der Heerespsychologe Rieffert, nach: M. Holzer, in: Deutsche Technik 3.1935, 21; H. Guderian, Erinnerungen eines Soldaten, Heidelberg 1951, 25; ders., Panzerwaffe, 146.

43 F. Uhle-Wettler, Gefechtsfeld Mitteleuropa, Gefahr der Übertechnisierung von Streitkräften, München 1981³, 97f.; Boelcke, Rüstung, 13; M. G. Steinert, Hitlers Krieg u. die Deutschen, Düsseldorf 1970, 596f., E. Heinkel, Stürmisches Leben, Stuttgart 1953, 318f., 379, 384; H. M. Mason, Die Luftwaffe 1918–1945, Wien 1973, 242ff.

44 Produktivkräfte, II, 152; Helfferich, 122, 224; Prometheus 22.1911, 39; R. Tröger, Die deutschen Aluminiumwerke u. die staatliche Elek-

trizitätsversorgung, Berlin 1919; R. Sterner-Rainer, Zur Geschichte des Aluminiums u. seiner leichten Legierungen, in: BGTI 14.1924, 121 ff; H. Joliet (Hrsg.), Aluminium, Düsseldorf 1988, 79, 119; K. O. Henseling in: Wechselwirkung, Febr. 1987, 43.

45 Bredow, I, 365 f.; Siemens, Weg, II, 121 f.; W. B. Lerg, Die Entstehung des Rundfunks in Deutschland, Frankfurt/M. 1965, 44, 159, 157, 312 (Staatsrundfunk als einzige Alternative zu dem »stereotyp als chaotisch denunzierten amerikanischen System«).

46 Kugler, 324 ff.; G. Garbotz, Vereinheitlichung in der Industrie, München 1920, 107; Kothe, 3; Bolenz, Normung, 82.

47 Radkau, Ausschreitungen, 19 f..; W. Treue, in: Pohl (Hg.), Wirtschaftswachstum, 187; H. Dominik, Vistra, Das weiße Gold Deutschlands, Leipzig 1936, 106.

48 D. Eichholtz u. W. Schumann (Hg.), Anatomie des Krieges, Berlin 1969, 80; Guderian, Panzerwaffe, 144; Winschuh, 176; Kothe, 1.

49 Feldenkirchen, Rivalität, 101 f.; Schlesinger, in: Loewe, 81; zu Pajeken: Wegeleben, 35, 41; vgl. auch Pinner, 31; Geyer, 7 f., 16; Produktivkräfte, III, 212.

50 M. Salewski, ›Neujahr 1900‹, Die Säkularwende in zeitgenöss. Sicht, in: Archiv f. Kulturgesch. 53.1971, 375; Klinkenberg, 16; F. Dessauer u. K. A. Meißinger, Befreiung der Technik, Stuttgart 1931, 8; J. Herf, Reactionary Modernism: Technology, Culture, and Politics in Weimar and the Third Reich, New York 1984, 158 ff.; Sombart, Zähmung, 5 f.; Ropohl, Verständnis, 125 (M. Weber); 50 Jahre Bosch, 1886–1936, Stuttgart 1936, 195.

51 Bäumler, 39, 36, 34; T. Gorsboth u. B. Wagner, Die Unmöglichkeit der Therapie. Am Beispiel der Tuberkulose, in: Kursbuch 94.1988, 132; W. Haynes, This Chemical Age, London 1946, 93 ff.; Riedler, Rathenau, 133; Plumpe, IG Farbenindustrie, 516.

52 A. Binz, Die Mission der Teerfarben-Industrie, Berlin 1912, 8, 4,; Bäumler, 38; C. Ungewitter, Chemie in Deutschland, Berlin 1938, 56 f.; vgl. dazu W. Bade, Das Auto erobert die Welt, Berlin 1938, 304: »Denn in der Technik ist das Naturprodukt der Notbehelf und das vom menschlichen Geist geschaffene erst das Vollkommene.« Seidler, 289.

53 Ostwald, Lebenslinien, II, 258 ff.; Ungewitter, 61; K. Holdermann, Im Banne der Chemie, C. Bosch, Düsseldorf 1954², 89, 12, 69, 98; Binz, Geist, 9; Winnacker, 301 ff.; Bäumler, 146; das Denken in Spezialdisziplinen zeigt sich auch in dem heftigen Widerstand Duisbergs gegen die Berufung Habers, einer Koryphäe der anorganischen Chemie, auf einen Lehrstuhl für organische Chemie; vgl. Flechtner, 320.

54 Die Produktion von Elektrostahl war im allgemeinen an Wasserkraft

gebunden und konnte sich daher in Deutschland nur wenig durchsetzen, obwohl die Qualität des Elektrostahls noch die des Tiegelstahls übertraf; 1930 betrug der deutsche Anteil an der Weltproduktion 0,9 %, der italienische dagegen 12 %. R. Gianetti, The Growth of Italian Electrical Industry, in: F. Cardot (Hg.), Un siècle d'electricité dans le monde, Paris 1987, 42.

55 Die elektrische Zündung war eine wichtige Innovation in der Frühgeschichte des Autos; 1914 waren 80 % der Autos der Welt mit Bosch-Zündern ausgerüstet (Horras, 210). Goldenberg-Kraftwerk: G. Boll, Geschichte des Verbundbetriebes, Frankfurt/M. 1969, 42 ff.

56 Riedler, Rathenau, 85, 115, 144 ff.; U. Stolle, Arbeiterpolitik im Betrieb, Frankfurt/M. 1980, 203; Matschoß, Maschinenbau, 185 ff.; Produktivkräfte, II, 130; III, 64, 68 f.; U. Wengenroth, Die Rolle elektromotorischer Antriebe und Steuerungen in Massenproduktion u. Rationalisierung, in: TG 56.1989.

57 U. Wengenroth, The Electrification of the Workshop, in: Cardot (Hg.), 362–366; J. Dethloff, Das Handwerk in der kapitalistischen Wirtschaft, in: Harms (Hg.), I, 33; R. v. Miller, Ein Halbjahrhundert deutsche Stromversorgung aus öffentlichen Elektrizitätswerken, in: TG 25. 1936, 111 ff.; H. Schumann, Die Bedeutung der Elektrizität für das Handwerk unter bes. Berück. der Verhältnisse in Baden, Diss. Heidelberg 1933, 11, 26; F. Schäfer, Gas oder Elektrizität? Wiesbaden 1896, 14, 16; A. Beaugrand, Die Zentralisierungsbestrebungen in der deutschen Elektrizitätswirtschaft, am Beispiel der Elektrizitätswerke Wesertal GmbH, Magisterarbeit, Bielefeld 1987, 98; Zoepfl, 197.

58 Hughes, 182; v. Weiher, Elektropolis, 106 f., 112; Meyer u. Orland, 569; Peschke, 357; Wengenroth, Electrification, 360 f.; Pinner, 143; Riedler, Rathenau, 168.

59 H. Graf Kessler, W. Rathenau (1928), Frankfurt/M. 1988, 22 f.; I. Costas, Arbeitskämpfe in der Berliner Elektroindustrie 1905 u. 1906, in: K. Tenfelde u. H. Volkmann (Hg.), Streik, München 1981, 98; E. N. Todd, Technology and Interest Group Politics: Electrification of the Ruhr, 1886–1930, Diss. Univ. of Pennsylvania 1984, 283.

60 Siemens, Weg, II, 130, 326 (Siemens durch staatlichen Kundenkreis geprägt); die von AEG und Siemens gemeinsam gegründete Telefunken GmbH arbeitete im Rundfunkapparate-Geschäft mit Verlust, da – so eine AEG-Denkschrift 1953 – »die Denkart der Führungsschicht weniger technisch-wirtschaftlich als vielmehr technisch-optimal ausgerichtet war«. P. Czada, Die Berliner Elektroindustrie in der Weimarer Zeit, Berlin 1969, 249 f.; A. Mader, Die Gegenbewegungen gegen die Konzentrationsbestrebungen in der elektrotechnischen Industrie, Diss. Würzburg 1921, 70 ff.

61 Siemens, Weg, I, 102f., 222; Pinner, 230f.; Kristl, 105; Peschke, 138; J. Wolf, Die Elektrifizierung der Eisenbahn in der Bundesrepublik Deutschland, Diss. Frankfurt/M. 1969; Engpaß Kupfer: Kessner, Umstellung der metallverarbeitenden Industrie auf heimische Rohstoffe, in: Deutsche Technik 3.1935, 218f.; Lokomotiven: Born u. Düring, 33, 38; R. Roosen, Betrachtungen zur wärmetechnischen Vervollkommnung der Dampflokomotive, in: Brennstoff-Wärme-Kraft (BWK) 1.1949, 143. Zur »Einheitslok« s. u., Anm. 80. R. Ostendorf, Dampfturbinen-Lokomotiven, Stuttgart 1971, 64, 73.

62 W. Wolff, Die Gaswirtschaft als Schlüsselindustrie, in: Deutsche Technik 4.1936, 138; Schäfer, Gas, 4; Pinner, 246f.; Wengenroth, Electrification, 359f.; B. Hobein, Zwischen Kommunalisierung, Unternehmensrentabilität u. Transportproblemen – Die Entwicklung der Gasfernversorgung im Ruhrgebiet, Referat auf der technikgeschichtlichen Jahrestagung des VDI, 1988; Brandt, Wettbewerb (kritisch über die psychologischen Vorteile der Elektrizität); J. Körting, Geschichte der deutschen Gasindustrie, Essen 1963, 456, 462f.; T. Herzig, Geschichte der Elektrizitätsversorgung des Saarlandes, Saarbrücken 1987, 131, 206ff.; Miller: Kristl, 158. C. Th. Kromer, Hochelektrifizierte landwirtschaftliche Versuchsdörfer, in: Elektrizitätswirtschaft 34.1935, 653, hebt hervor, die »weitestgehende Einführung der Elektrowärme in der Landwirtschaft« schütze »besonders die Bauersfrau vor Überarbeitung«. Da das Inventar der dem Normalverbraucher zugänglichen Elektrogeräte damals noch nicht sehr groß war, drängte die Elektrizitätswirtschaft um so mehr in den Wärmemarkt.

63 Plumpe, IG Farbenindustrie, 57, 60, 47; Borkin, 17, 25, 149f.; Caro, 1102; W. Ostwald, Die Forderung des Tages, Leipzig 1911², 437ff.; B. Schröder-Gudehus, Du boykott à la coopération, Referat auf dem Kolloquium des Deutschen Historischen Institutes Paris, 13.10.1987; Fusionsverhandlungen: Mitt. von L. F. Haber.

64 Prometheus 9.1898, 205.

65 A. Krammer, The Development of Synthetic Fuel in 20th Century Germany, in: Energie in der Geschichte, 105; Hirsch in: IHK Berlin (Hg.), Die Bedeutung der Rationalisierung für das deutsche Wirtschaftsleben, Berlin 1928, 75; Holdermann, 51f., 225, 244.

66 T. P. Hughes, Das »technologische Momentum« in der Geschichte, Zur Entwicklung des Hydrierverfahrens in Deutschland 1898–1933, in: Hausen u. Rürup (Hg.), 361ff., 369f.; Plumpe, 146f., 230, 302f., 517f.; Holdermann 103f.; Flechtner 319ff.; G. T. Mollin, Montankonzerne und »Drittes Reich«, Göttingen 1988, 67.

67 Plumpe, 385–395; A. Zischka, Wissenschaft bricht Monopole. Der

Forscherkampf um neue Rohstoffe u. neuen Lebensraum, Leipzig 1936, 95 ff.; A. Lübke, Das deutsche Rohstoffwunder, Stuttgart 1942[8], 190 ff.; K. A. Schenzinger, Bei IG Farben, München 1953, 328 ff. P. Kränzlein, Chemie im Revier, Düsseldorf 1980, 31.
68 Ungewitter, 51 f.
69 Plumpe, 319 ff., 337 ff., 342 ff., 535; Holdermann, 210 ff.
70 R. Bauer, Das Jahrhundert der Chemiefasern, München 1951, 118 f., 216; Bäumler, 193.
71 K. A. v. Müller über O. v. Miller: »wie ein alter, unbezwingbarer Schutzgeist der Heimat« (Kristl, 189); Pinner, 160 f.
72 Weingart, Strukturen, 125 f.; Ludwig, Technik u. Ingenieure, 54; Hilferding: M. Dierkes, in: ders. u. a., Technik u. Parlament, Berlin 1986, 130.
73 Holdermann, 173, 74 ff.; Winschuh, 93 ff.
74 Brady, 10; vgl. Dessauer, Philosophie, 19: Um das »Transzendentale« in der Maschine zu begreifen, sei es wichtig zu erkennen, »daß es für jedes eindeutige Problem der Technik offenbar nur *eine* beste Lösung gibt«. Für ihn ist Technik »Begegnung mit Gott« (31); dem Monotheismus entspricht die Singularität der technischen Lösung. Helmut Krauch (1970) erklärt demgegenüber die These vom »one best way« für grundfalsch: »Hier wird verkannt, daß selbst bei Anwendung rein technischer Kriterien eindeutig optimale Lösungen äußerst selten sind und zugleich die Wissenschaft und der technische Fortschritt ständig neue Alternativen produzieren« (Pot, I, 331). Schon F. Münzinger, Ingenieure, Berlin 1942[2], 130, verspottet den Glauben, daß es auf alle technischen Fragen »eine bestimmte eindeutige Antwort« gebe, als typischen Irrglauben beschränkter »Mathematik-Ingenieure«, die die Technik nur als Anwendung bestimmter Theorien begriffen.
75 H. Hinnenthal, Die deutsche Rationalisierungsbewegung u. das Reichskuratorium für Wirtschaftlichkeit, Berlin 1927, 8 f., 11, 25; Heuss, Bosch, 423; J. Radkau, Renovation des Imperialismus im Zeichen der »Rationalisierung«, in: ders. u. I. Geiss (Hg.), Imperialismus im 20. Jahrhundert, München 1976, 219 f.
76 L. Burchardt, Technischer Fortschritt u. sozialer Wandel. Das Beispiel der Taylorismus-Rezeption, in: W. Treue (Hg.), Deutsche Technikgeschichte, Göttingen 1977, 80, 72.
77 P. Hinrichs u. L. Peter, Industrieller Friede? Arbeitswissenschaft u. Rationalisierung in der Weimarer Republik, Köln 1976, 59 ff.; Halfeld, 88; F. Tarnow, Warum arm sein? Berlin 1928, 19 f.; Amerikareise deutscher Gewerkschaftsführer, Berlin 1926, 156, bei einem Vergleich des Fordbetriebs mit deutschen Fabriken: »wer die Konferenzen und Massenversammlungen vor den Werkzeugausgaben in unseren Ma-

schinenfabriken schon erlebt hat, der weiß, daß der deutsche Arbeiter viel darum gäbe, wenn er dank einer entsprechenden Betriebsorganisation diese ärgerlichen Trödeleien in ein rhythmisches Arbeitstempo umsetzen könnte.« Ein »forsches Arbeitstempo« wird hier als typisch für »technisch rückständige Betriebe« bezeichnet. H. A. Wulf, »Maschinenstürmer sind wir keine«. Technischer Fortschritt u. sozialdemokratische Arbeiterbewegung, Frankfurt/M. 1987, 123 ff., 127 ff.; O. Moog, Drüben steht Amerika... Gedanken nach einer Ingenieurreise durch die Vereinigten Staaten, Braunschweig 1927³, 85, 118; Verachtung der Sachverständigen: H. Ford; Mein Leben u. Werk, Leipzig (1923), 33; L. Betz, Das Volksauto, Rettung oder Untergang der deutschen Automobilindustrie? Stuttgart 1931, 93, 94; ders., Automobilia, Berlin 1928, 124; C. S. Maier, Between Taylorism and Technocracy, in: Journal of Contemporary History 5.1970, 54.

78 W. v. Moellendorff, Konservativer Sozialismus, Hamburg 1932, 49 f.: Im Zeichen Taylors werde in Amerika eine »neue Wirtschaft« entstehen, »die beseelt sein darf wie ein taciteisches Germanendorf«. Maier, Taylorism, 47; Ford als Vorbild selbst bei der Verbesserung des thermischen Wirkungsgrades: Archiv für Wärmewirtschaft 5.1924, 52 ff.; F. Söllheim, Taylor-System in Deutschland, Grenzen seiner Einführung in deutsche Betriebe, München 1922, 151; U. Wengenroth, Technisierung, Rationalisierung u. Gewerkschaftsbewegung, in: NPL 29.1984, 239; Ford, 132; G. Stollberg, Die Rationalisierungsdebatte 1908–33, Frankfurt/M. 1981, 24 f.

79 Heuss, 413; 50 Jahre Bosch, 214 f.; H. Homburg, Anfänge des Taylorsystems in Deutschland vor dem Ersten Weltkrieg, in: GG 4.1978, 180 ff.; Stollberg, 83; England: Pollard, Development, 104; Frankreich: P. Fridenson, Unternehmenspolitik, Rationalisierung u. Arbeiterschaft: französische Erfahrungen im internationalen Vergleich, in: N. Horn u. J. Kocka (Hg.), Recht u. Entwicklung der Großunternehmen im 19. u. frühen 20. Jahrhundert, Göttingen 1979, 444.

80 Brady, 21 ff., 27, 153; Bolenz, Normung, 6, 18, 20; Tarnow, 26; Garbotz, 50, 57 ff.; H. Ford, Das große Heute und das größere Morgen, Leipzig 1926, 98; vgl. Rathenaus Akzentuierung der Normung und Typisierung in: ders., Wirtschaft, 44 (»Würde« gegen »Faschingsfreiheiten«); G. Schlesinger charakterisiert sich selbst als »Normenfanatiker« (Loewe 119). F. Münzinger, Dampfkesselwesen in den Vereinigten Staaten, Berlin 1925, 35: »ist doch die Gewöhnung an genormte und vereinheitlichte Teile letzten Endes nichts anderes als ein Zeichen von Disziplin«. Zu der Problematik der 1925 geschaffenen »Einheitslokomotive«, die eine Synthese von preußischen und amerikanischen Bauformen darstellte, dabei jedoch bestimmte Prinzipien »ins Maß-

lose übertrieb«: Born u. Düring, 32, 39. F. Ledermann, Fehlrationalisierung – der Irrweg der deutschen Automobilindustrie seit der Stabilisierung der Mark, Stuttgart 1933, 67; Produktivkräfte, III, 91; zu Widerständen vgl. auch Anm. 46.
81 Kocka, Unternehmer, 110 ff.; Söllheim, 148; Schmiede u. Schudlich, 187; Schlesinger, in: Loewe, 134, über frühe negative Erfahrungen mit dem amerikanischen Prämiensystem; G. Prachtl, Von der Reihenfertigung zur Fließarbeit, Berlin 1926, 1; Winschuh, 36; Kugler, 313 f.
82 Hinrichs u. Peter, 264, 99 f.; F. Mäckbach, in: ders. u. O. Kienzle (Hg.), Fließarbeit, Berlin 1926, 6: »Die Fließarbeit ist ein Ergebnis der wissenschaftlichen Durchdringung des Betriebes, bei der wir Deutschen seit Jahrzehnten mit in den ersten Reihen ... gestanden haben«. H. Homburg, Le taylorisme et la rationalisation de l'organisation du travail en Allemagne, in: Le taylorisme, Paris 1984, 107; Tarnow, 18 f.; M.J. Bonn: IHK Berlin (Hg.), Die Bedeutung der Rationalisierung für das deutsche Wirtschaftsleben, Berlin 1928, 13, 26; Schmiede u. Schudlich, 279 f.; Treue, Feuer, I, 71 f.; Flechtner, 189 ff.
83 Hinrichs u. Peter, 99 f., 166 (Gottl-Ottlilienfeld); Wulf, 90, 139, 147 f.; Stollberg, 90; Viefhaus, in: Ludwig, Technik, 333; Wegeleben, 10; Schweiz: R. Jaun, Mangement u. Arbeiterschaft. Verwissenschaftlichung, Amerikanisierung u. Rationalisierung der Arbeitsverhältnisse in der Schweiz 1873–1959, Zürich 1987, 205, 333 ff.; Preller, Sozialpolitik, 127; ähnlich Aeroboe, Überblick, 121; Radkau, Renovation, 240.
84 Pellicelli, in: Cipolla (Hg.), V (1), 190; Heuss, 224; G. Langheinrich, in: E. Krause (Hg.), Der Industriemeister, Hamburg 1954, 99 f., 163; K. W. Henning, Betriebswirtschaftslehre der industriellen Fertigung, Braunschweig 1946, 107; R. Dombois, in: Doleschal u. ders., 142 f.
85 Schmiede u. Schudlich, 283; Stolle, 191 ff., 194 ff., 202 f.; R. Bosch 1925 auf der VDI-Hauptversammlung (Zs. des VDI 69.1925, 893): Der verbreitete Eindruck, daß es bei Bosch Massen- und Fließfertigung im Fordschen Sinne gebe, sei nicht richtig – eine von Bosch offenbar bedauerte Tatsache. RKW (Hg.), Handbuch der Rationalisierung, Berlin 1932³, 354.
86 Kugler, 332; dies., Die Umstellung auf Massenproduktion in Rüsselsheim, in: TG 56.1989; K. H. Roth, in: Hamburger Stiftung (Hg.), 73 ff.; M. Barthel u. G. Lingnau, 100 Jahre Daimler-Benz. Die Technik, Mainz 1986, 93, 95 f.; M. Kruk u. G. Lingnau, 100 Jahre Daimler-Benz. Das Unternehmen, Mainz 1986, 87 f., 108 f., 128 f.; F. Blaich, Die »Fehlrationalisierung« in der deutschen Automobilindustrie, in: Tradition 18.1973, 32; VDI-Zs. 86.1942, 647; F. Klemm,

Die Hauptprobleme der Entwicklung der deutschen Automobilindustrie in der Nachkriegszeit, Diss. Marburg 1929, 46; Hammer, Morphologie, 20; Kern u. Schumann, Ende, 40; Schirmbeck, 58, 104: Noch in den 1970er Jahren war in der europäischen Autoindustrie im Durchschnitt nur ein Fünftel der Arbeiter am Fließband beschäftigt.

87 Kugler, 323 f., 316; Garbotz, 217 (»Wehe dem Volk, das hiermit über seine Lebensbedingungen hinausgeht!«); F. Meyenberg, Rationalisierung der technischen Betriebsorganisation, in: Harms (Hg.), I, 223; H. Kluge, Kraftwagen u. Kraftwagenverkehr, Karlsruhe 1928, 23 ff.; Morus (L. Lewinsohn), Auto-Suggestion, in: Weltbühne 1925/1, 862 f.; W. Hegemann, Weltretter oder -verderber Henry Ford, in: ebd., 1932/2, 207 ff.; H. Ford, Und trotzdem vorwärts, Leipzig 1930, 133 ff., 171; U. Sinclair, Am Fließband (1937), Reinbek 1987, 144 f. In der pathologisch wirkenden Haßtirade des Taylor-Anhängers Gustav Winter gegen den »falschen Messias Henry Ford«, der als »Satanas« beschimpft wird, scheint ein konservativ-ständisches Bewußtsein durch. Winter, Der falsche Messias Henry Ford, Leipzig 1924, 6, 45.

88 Prachtl, 46; Mäckbach, 249; Schmiede u. Schudlich, 40; E. Teschner, Lohnpolitik im Betrieb, Frankfurt/M. 1977, 67, 77 f.

89 DMV (Hg.), Die Rationalisierung in der Metallindustrie, Berlin (1933), 198 f.; Stolle, 205; Heuss, 231; A. Hamann, Der Einfluß der Rationalisierung auf die arbeitenden Frauen, in: Urania 3.1926/27, 48; 1908 hatte die preußische Gewerbeinspektion in Bielefeld bei Wäschefabriken mit mehr als 20 Beschäftigten den mechanischen Antrieb angeordnet, da »das Treten der Nähmaschine dem weiblichen Organismus unzuträglich« sei. Die Bielefelder Handelskammer hatte nicht ganz ohne Grund dagegengehalten, daß bei mechanisiertem Betrieb »das Nervensystem der Arbeiterinnen in hohem Maße beansprucht und angegriffen« werde. G. Kettermann, Kleine Geschichte der Bielefelder Wirtschaft, Bielefeld 1985, 98 f. Nervosität: DMV, ebd., 166 f.; H. de Man, Der Kampf um die Arbeitsfreude, Jena 1927, 246; H. Oczeret, Die Nervosität als Problem des modernen Menschen, Zürich 1918, 22 ff.

90 RKW 322, 361 (außerordentliche Anpassungsfähigkeit der Fließarbeit selbst für den Fachmann überraschend); Meyenberg, 239; E. Sachsenberg, in: Mäckbach, 242; P. Warlimont, Die fließende Fertigung als wirtschaftliche Frage, in: Technik u. Wirtschaft 19.1926, 79 ff.; Schulz-Mehrin, Rationalisierung u. Kapitalbedarf unter besonderer Berücksichtigung der Fließarbeit, in: ebd., 265 ff.; Prachtl, 94.

91 DMV, Rationalisierung, 161; Betz, Volksauto, 30 f.; F. Reuter, Das RKW u. seine Arbeiten, in: Deutsche Technik 3.1935, 323; Schmalenbach: zit. n. A. Sohn-Rethel, Ökonomie u. Klassenstruktur des deut-

schen Faschismus, Frankfurt/M. 1973, 43 f.; R. Krull, Die Bielefelder Fahrrad- und Nähmaschinenindustrie während der Weltwirtschaftskrise, in: 75. Jahresbericht des Histor. Vereins der Gft. Ravensburg, 1984/85, 192 f. und 212. Die Fahrradfirma Göricke, die innerhalb der Bielefelder Metallbranche besonders konsequent Fließarbeit einführte, ihre Produktion dadurch verfünffachte und sich in ihrer Werbung bereits als Pionier auf dem riesigen asiatischen Markt darstellte, erlebte 1929, noch vor dem Einsetzen der Weltwirtschaftskrise, den bis dahin aufsehenerregendsten Konkurs der Bielefelder Industriegeschichte.

92 Ford, Leben, 133; H.-P. Rosellen, Und trotzdem vorwärts. Ford in Deutschland 1903–19435, Frankfurt/M. 1986, 32; W. Chestnut, Psychotechnik, in: Proceedings of the 80th Annual Convention of the American Psychological Association, 1972, 781 f.; Hinrichs u. Peter, 41 f., 46, 60; G. Spur u. H. Grage, 75 Jahre Institut für Werkzeugmaschinen, in: Rürup, Wissenschaft, 112; Reizwort »Technik«: vgl. Riedler, Die neue Technik.

93 P. C. Bäumer, Das Deutsche Institut für Technische Arbeitsschulung (Dinta), München 1930, 102 ff.; Radkau, Renovation, 226 ff.

94 »Arbeitsfreude« gehörte auch zu den Hauptthemen des Deutschen Werkbundes, war dort allerdings oft mit Handwerksromantik und Skepsis gegenüber der Mechanisierung verbunden: Campbell, 196 ff. DMV, Rationalisierung, 169 ff.; Kugler, 337; Mooser, Arbeiterleben, 58 f.

95 G. Schwarz, Kohlenpott 1931 (1931), Essen 1986, 115.

96 Putsch, 245, 249 f., 258; einen Zwang zum Großbetrieb behauptete Ziegler schon 1910 für die Remscheider Kleineisenindustrie (Ziegler, 79 f.); in der Solinger Scherenschleiferei dagegen wurde die Handarbeit erst in den 60er Jahren durch Mechanisierung entwertet (Scherenschleiferei Leverkus, 47 ff.). »Fehlrationalisierung« durch mangelnde Konsequenz in der Rationalisierung: Ledermann; Hinrichs und Peter, 47 (Naphtal); D. Bauer, Rationalisierung – Fehlrationalisierung, Wien 1931; E. Reger, Die Schuldfrage der Rationalisierung, in: Die Weltbühne 1932/1, 407 ff.; E. Lederer, Technischer Fortschritt u. Arbeitslosigkeit, Frankfurt/M. 1981 (urspr. 1938), 288.

97 Sohn-Rethel, 48; Rathenau, Wirtschaft, 36; Maier, Taylorism.

98 Taylor, XIX, Seubert, 1; Riedler, Rathenau, 146; Ostwald, Lebenslinien, II, 160; ders., Forderung 67; Brennstoff-Wärme-Kraft (BWK) 1.1949, 87. Max Weber (422) bezeichnete 1909 die energetische Lehre Ostwalds und seiner Anhänger als »theoretische Spielerei«.

99 Kohlennot: F. Fischer, Die Brennstoffe Deutschlands u. der übrigen Länder u. die Kohlennot, Braunschweig 1901, 44 f.; O. Bauer: Hin-

richs u. Peter, 236; E. Kraemer, Was ist Technokratie? Berlin 1933, 30; Matschoß, Maschinenfabrik Nürnberg, 287 f.; Pierson, Borsig, 193; Riedler, ebd., 84, 86; Bolenz, Normung, 16; E. v. Beckerath, Neudeutsche Kanalpolitik, in: Harms, II, 210.

100 Archiv für Wärmewirtschaft (= AfW) 5.1924, 123, 229; ebd., 2.1921, 109; R. Stahlschmidt, in: Ludwig, Technik, 379 f.; Treue, Feuer, I, 220 f.; W. Rathenau, Schriften u. Reden, H. W. Richter (Hg.), Frankfurt/M. 1964, 412.

101 AfW 6.1925, 324 f.; ebd., 5.1924, 123; G. Dehne, Deutschlands Großkraftversorgung, Berlin 1928, 14.

102 Radkau u. Schäfer, 186 ff.; ders., Entscheidungsprozesse, 64 f. K. Pritzkoleit, Männer, Mächte, Monopole, Düsseldorf 1953, 271.

103 BWK 1.1949, 87; ebd., 2.1950, 104, 87; AfW 5.1924, 124, 21: »Der Betriebsingenieur denkt bei dem Worte Wärmewirtschaft in der Regel viel zu wenig an die *laufende* Betriebsführung, an das *tägliche* Haushalten mit der Wärmeenergie. Tägliche und stündliche Bedachtsamkeit im Behandeln der Wärmeenergie bringt immer und gerade bei wärmetechnisch schlechter Ausstattung des Betriebes Gewinn.« (F. zur Nedden) AfW 6.1925, 125; über den spezifisch deutschen Weg der Hochdruckdampferzeugung K. Heinrich, in: Zs. des VDI 91.1949, 533 ff. H. D. Hellige, Entstehungsbedingungen u. energietechnische Langzeitwirkungen des Energiewirtschaftsgesetzes von 1935, in: TG 53.1986, 141.

104 Radkau, Umweltfragen, 92; AfW 5.1924, 125; ebd., 4.1923, 219; BWK 2.1950, 33 ff.; F. Spiegelberg, Reinhaltung der Luft im Wandel der Zeit, Düsseldorf 1984, 85.

105 W. I. Lenin, Werke, 19, Berlin 1962, 42; H. Hesedenz, Kohleumwandlung – eine Sackgasse? in: H. Hatzfeld (Hg.), Kohle, Konzepte einer umweltfreundlichen Nutzung, Frankfurt/M. 1982, 109 ff.

106 R. Sonnemann, Energiebedarfsdeckung durch thermische Energieumwandlung, in: Energie in der Geschichte, 316; BWK 2.1950, 154; Mock, 152 f.; Todd, 280 ff.; AfW 5.1924, 227, 22; H. D. Hellige, Die gesellschaftlichen u. historischen Grundlagen der Technikgestaltung als Gegenstand der Ingenieurausbildung, in: TG 51.1984, 286. Ostwald, Forderung, 30.

107 »Deutscher Weg«: So in: VDEh (Hg.), Gemeinfaßliche Darstellung des Eisenhüttenwesens, Düsseldorf 1937, 399 ff.; das so betitelte Kapitel fehlt noch in der Ausgabe von 1923. Treue, Feuer, I, 94 f.; VDEh, 426 f.; Reß, 417; Freytag, 25; Osann, 210; Riedler, Rathenau, 102; Pinner, 347; W. Weber, Arbeitssicherheit, Historische Beispiele – aktuelle Analysen, Reinbek 1988, 83 f.; Sohn-Rethel, 47.

108 Rathenau, Wirtschaft, 49; ähnlich Winschuh, 10 ff.; Joest, 150 ff.;

Molsberger, 60 f.; Andersen u. Brüggemeier, 74; M. Riedel, Kohle u. Eisen für das Dritte Reich, Göttingen 1973, 134 ff.
109 Flechtner, 341; L. Graf Schwerin v. Krosigk, Die große Zeit des Feuers, II, Tübingen 1958, 579, 584; W. Fischer, Dezentralisation oder Zentralisation – kollegiale oder autoritäre Führung? Die Auseinandersetzung um die Leitungsstruktur des IG Farbenkonzerns, in: Horn u. Kocka (Hg.), 476 ff.; H. G. Grimm, Organisation der Forschung in der chemischen Industrie, in: Deutsche Technik 3.1935, 237; Winnacker, 73 (selbst innerhalb der Farbwerke Hoechst gab es um 1933 in der Forschung einen »bunten Abteilungs-Föderalismus«). Pinner 322, 133 f.; Kristl, 74 ff.; W. Fellenberg, Die Entwicklung der Starkstromtechnik in Deutschland u. in den Vereinigten Staaten von Nordamerika, in: Elektrotechn. Zs. 30.1909, 1236; Wilke, 218 ff.
110 Hughes, Networks, 297 ff.; C. J. Asriel, Das R. W. E., Zürich 1930, 24 f.; Riedler, Rathenau, 151 f.; G. Ramunni, L'élaboration du réseau électrique français, in: Cardot, 269 ff.; Giannetti, 42; Beaugrand, 32, 69 f., 169; Kristl, 171; Schacht, 113.
111 Boll, 17 f., 56 f.; Hughes, ebd., 334; Asriel, 39 ff.
112 A. Kleinebeckel, Unternehmen Braunkohle, Köln 1986, 119, 160; Dehne, 56; Produktivkräfte, III, 348; Silverberg: R. Neebe, Großindustrie, Staat u. NSDAP 1930–1933, Göttingen 1981.
113 Dehne, 54, 73, 2; O. Mayr, von C. T. Aster zu J. F. Radinger, in: TG 40.1973, 30; Pierson, 186, 193; F. Marguerre, Aus meinem Leben, in: Mannheimer Hefte 1954, H. 1, 2 f., 5; VGB (Hg.), 60 Jahre VGB 1920–1980, Essen 1980, 11 f., 15; Münzinger, Dampfkesselwesen, 43 f.
114 Pinner, 322; H.-J. Braun, Die Weltenergiekonferenzen als Beispiel internationaler Kooperation, in: Energie in der Geschichte, 11 f.; F. Lawaczek, Elektrowirtschaft, München 1936, 50; Dehne, 11.
115 Lawaczek, ebd., 49 f.; ders., Technik u. Wirtschaft im Dritten Reich, München 1932², 46; zu L.: Ludwig, Technik u. Ingenieure, 87 ff.; Boll, 57, 71 ff.; W. Treue, Die Elektrizitätswirtschaft als Grundlage der Autarkiewirtschaft, in: F. Forstmeier u. H.-E. Volkmann (Hg.), Wirtschaft u. Rüstung am Vorabend des Zweiten Weltkrieges, Düsseldorf 1975, 147, 153; T. P. Hughes, Ideologie für Ingenieure, in: TG 48.1981, 313 f.
116 Marguerre, 5 f.; Boll, 102 f.; BWK 2.1950, 194, 197; W. Treue, in: Pohl (Hg.), Wirtschaftswachstum, 225 f.; Seidler, 290 f.; J. Radkau, Aufstieg u. Krise der deutschen Atomwirtschaft, Reinbek 1983, 88.
117 Kristl, 206 ff.; Hughes, Networks, 317 f.; Treue, Elektrizitätswirtschaft, 139, 146; Deutsche Technik 1.1933, 45, 62; Hitler, Monologe, 53 f.; Marguerre, 5; Radkau, Aufstieg, 111, 181; Hellige, Entste-

hungsbedingungen, 125, 128.

118 H. D. Heck u. H. Oehling, Die Flegeljahre des Automobils, in: Bild der Wissenschaft 9/1986, 137.

119 B. Yates, The Decline and Fall of the American Automobile Industry, New York 1983, 156; C. Henneking, Der Radfahrverkehr, Magdeburg 1927, 62 ff.

120 F. Pflug, Der Kraftfahrzeugverkehr, in: Harms, II, 252; Barthel u. Lingnau, 82; Hughes, Networks, 341: Noch 1912 hatte O. v. Miller erklärt, Automobile trügen nicht zur wirtschaftlichen Entwicklung bei, sondern verpesteten nur die Luft: Radkau, Ausschreitungen, 20; Kugler, 332; Kluge, 8; Betz, Automobilia, 187 f.; Klemm, 49; Heinrich Nordhoff über die amerikanischen Wagen, die Anfang der 1920er Jahre den europäischen Markt »überschwemmten«: »Sie alle waren groß, stark und leise; alle europäischen Wagen ähnlicher Größe veralteten dadurch über Nacht.« W. H. Nelson, Die Volkswagen-Story, Frankfurt/M. 1968, 45.

121 Radkau, ebd., 21; J. Vogt, Wandlungen im deutschen Eisenbahnwesen, in: Harms, II, 175; W. Wolf, Eisenbahn u. Autowahn, Hamburg 1987, 130; A. P. Sloan, My Years with General Motors, New York 1972, 380.

122 Wulf, Maschinenstürmer, 145, 143; W. Sachs, Die Liebe zum Automobil. Ein Rückblick auf die Geschichte unserer Wünsche, Reinbek 1984, 58; Betz, Automobilia, 149; ders., Volksauto, 34; K. Heinig, Der Autoismus, in: Weltbühne 1926/1, 72 ff.; F. Fried, Das Ende des Kapitalismus, Jena 1931, 15.

123 Radkau, Ausschreitungen, 14, 22; Heck u. Oehling; G. Köhn, Das Auto erobert eine Stadt (Soest), Soest 1987, 92; Pot, I, 415.

124 G. Zajonz, Die Anfänge der Motorisierung in Deutschland mit besonderer Berücksichtigung von Ostwestfalen-Lippe, Staatsexamensarbeit, Bielefeld 1987, 116; Betz, Volksauto, 61 f., 66 f., 74 (aus »allen jetzigen Klein- und Miniaturwagen« steige man »so zerschlagen, als käme man aus der Folterkammer«), 76 (»Krüppelkinder«); Kugler, 334 f.; Nelson, 50 ff.

125 Radkau, Ausschreitungen, 14. Militärische Argumente der Autolobby im Kampf gegen die Haftpflichtvorlage: S. Daule, Der Kriegswagen der Zukunft, Leipzig 1906; die Broschüre schließt mit dem Aufruf: »So richten wir noch in zwölfter Stunde an alle, die sich nicht vom Geplärr der Masse beeinflussen lassen, die dringende patriotische Mahnung, aus Gründen der Landesverteidigung das Automobil-Haftpflichtgesetz aus dem Reichstage hinauszujagen, also aus demjenigen Hause, das den Waffengängen von 1870/71 seine Entstehung verdankt.«

126 T. Krämer-Badoni u. a., Zur sozio-ökonomischen Bedeutung des Automobils, Frankfurt/M. 1971, 11, 14; Blaich, Fehlrationalisierung, 31; Betz, Volksauto, 39; E. Tragatsch, Motorräder, I, Bielefeld 1983, 36 (DKW), 6, 11, 39, 77, 89, 102; U. Kubisch, Motorrollermobil, Vom zivilisierten Zweirad zum Fast-Automobil, Berlin 1985, 13.

127 W. Bade, Das Auto erobert die Welt, Berlin 1938, 157, 290 ff.; Betz, Volksauto, 37; Barthel u. Lingnau, 88 ff., 106, 114, 119; Kruk u. Lingnau, 105, 130; Yates, 153 f.; Ludwig, Technik u. Ingenieure, 317; Jürgens, 60 (»historisch kontinuierliche Technisierungsstrategie« bei VW im Unterschied zu General Motors).

128 Hamburger Stiftung (Hg.), 84 (K. H. Roth); P. Voswinckel, Arzt u. Auto, Münster 1981. Vor 1933 gab es eine Pfarrer-Kraftfahrer-Vereinigung und eine Kraftfahrer-Vereinigung Deutscher Lehrer (HUK Hausmitteilungen 1983, 4 f.). Klemm, 51; Bade, 341; Winschuh, 123 (Todt: »Der Erwerb des Kraftwagens befriedige einen tieferen Trieb als das materielle Verkehrsbedürfnis.«); J. Linser, Unser Auto – eine geplante Fehlkonstruktion, Frankfurt/M. 1978, 23 f.: Die automatische Schaltung wurde schon um 1925 entwickelt, aber jahrzehntelang zeigte die deutsche Autoindustrie kein Interesse; erst Anfang der 60er Jahre wurde die »Automatik« nach amerikanischem Vorbild übernommen. E. Dichter, Strategie im Reich der Wünsche, München 1964, 322 ff.

129 H.-P. Rosellen, Das weiß-blaue Wunder (BMW), Gütersloh 1987, 30; G. Yago, Der Niedergang des Nahverkehrs in den Vereinigten Staaten u. in Deutschland, in: R. Köstlin u. H. Wollmann (Hg.), Renaissance der Straßenbahn, Basel 1987, 37, 50 f. (E. Frenz); H. Köhler, in: Ribbe, Geschichte Berlins, II, 859 ff.; Hegemann, 292, 310.

130 M. Domarus, (Hg.), Hitler, Reden u. Proklamationen 1932–1945, Wiesbaden 1973, II, 576 f.; Kraemer, Technokratie, 68; Blaich, Fehlrationalisierung, 32; Betz, Volksauto, 57 f.; Wolf, Eisenbahn, 115 f.; Vogt, 175; E. Merkert, Der Lastwagenverkehr seit dem Kriege, Berlin, 1926, 82 ff., 104; Ritzau, Schatten, 99 ff.; Der Spiegel, 23. 3. 1955, 12.

131 Produktivkräfte, III, 287/310 f.; Betz, Automobilia, 169; Bolenz, Baubeamte, 65; F. Todt, Das Straßenbauprogramm A. Hitlers u. die deutschen Ingenieure, in: Deutsche Technik 1.1933, 53; F. Todt, Fehlerquellen beim Bau von Landstraßendecken aus Teer u. Asphalt, Diss. München 1931, 10; T. Kunze u. R. Stommer, Geschichte der Reichsautobahn, in: R. Stommer (Hg.), Reichsautobahn. Pyramiden des Dritten Reichs, Marburg 1982, 33.

132 Betz, Automobilia, 135 f.; P. A. Rappaport, Die deutsche Straße, in: Deutsche Technik 2.1934, 653; Pflug, 267; Holzapfel, 74.

133 Hitler, Monologe, 192, 39, 125; Sombart, Zähmung, 29; gegen Sombart: H. Bornitz, in: Deutsche Technik 3.1935, 70 ff.; Todt, Fehlerquellen, 1; Lawaczek war ein Gegner der Eisenbahn und ein Anhänger der Förderung des Straßenverkehrs: ders., Technik, 45 f.; Ludwig, Technik u. Ingenieure, 319 ff.
134 Ludwig, ebd., 303; Hughes, Momentum, 372; Domarus (Hg.), I, 208; Hitler, Monologe, 64, 398; Todt: Deutsche Technik 2.1934, 564.
135 Franz, Landtechnik, 8; Franke, Motorisierung, 61; Produktivkräfte, III, 269; der Leiter des Westfälischen Freilichtmuseums Detmold, Stefan Baumeier, datiert den Beginn der »Trecker-Zeit« in Westfalen auf die späten 1950er Jahre (Neue Westfälische 31. 5. 1988).
136 Landesmuseum Mannheim, 103 ff., 110; Franke, ebd., 28 ff., 38; Herrmann, 222; Preuschen, 174 ff.
137 K. Vormfelde, Ein neues Weltbild durch den Mähdrescher, in: Zs. des VDI 75.1931, 153 ff.; Die westdeutsche Wirtschaft und ihre führenden Männer, NRW, I, Oberursel 1969, 90 f.; Fränkisches Freilandmuseum, Göpel, 43, 129; J. Scheffler, in: G. Hammer u. a., Vahlhausen, Alltag in einem lippischen Dorf 1900–1950, Detmold 1987, 70 ff. (74, Aussage eines Altbauern: »Und daß der Bauer mit seiner Bäuerin ganz allein auf seinem Hofe stand, bewirkte der Mähdrescher.«)

## V. An den Grenzen der Massenproduktion

1 BWK 2.1950, 33, 161; Röpke, Pot, II, 914; H. Petzold, Rechnende Maschinen, Eine historische Untersuchung ihrer Herstellung u. Anwendung vom Kaiserreich bis zur Bundesrepublik, Düsseldorf 1985, 337; VDI-N. 41/9. 10. 1987, 32 (K. Häuser); P. Weymar, K. Adenauer, München 1955, 187; Treue, Feuer, II; 197 ff.; Westdeutsche Wirtschaft, NRW, II, 98; H. Hartmann, Der deutsche Unternehmer: Autorität u. Organisation, Frankfurt/M. 1968, 88 f.; »Gepflogenheiten des deutschen Buchhaltungssystems«, die mit dem Lochkartensystem in Einklang zu bringen gewesen waren, als Hemmnis gegenüber dem Einsatz von Büro-Elektronik: Petzold, 426, 439.
2 Radkau, Aufstieg, 138 ff., 218; G. Brandt, Rüstung u. Wirtschaft in der Bundesrepublik, Witten 1966, 156; E. Bloch, Das Prinzip Hoffnung, II (1959), Frankfurt/M. 1973, 770, 768.
3 U. C. Hallmann u. P. Ströbele, Das Patentamt 1877–1977, in: Patentamt, 431 f.; Angestellte: G. Friedrichs, Technischer Fortschritt u. Beschäftigung in Deutschland, in: IG Metall (Hg.), Automation u. technischer Fortschritt in Deutschland u. in den USA, Frankfurt/M. 1963, 98 f., 108; vgl. K. Blauhorn, Ausverkauf in Germany? München 1967[4],

168: IBM-Deutschland gewährte schon 1958 allen Arbeitern den Angestellten-Status, mit der Begründung: »Unsere technische Welt verträgt nicht mehr den Unterschied zwischen Arbeiter u. Angestellten.« Kohle: W. Abelshauser, Der Ruhrkohlenbergbau seit 1945, München 1984, 89, 92; Bäumler, 139 ff.; Winnacker, 239 ff.; Kränzlein, 176 f.; Produktivkräfte, III, 424; K.-H. Standke, Amerikanische Investitionspolitik in der EWG, Berlin 1965, 15; J. Putsch, Vom Ende qualifizierter Heimarbeit (Solingen), Köln 1989, 289, 331.

4 W. Rathjen, Luftverkehr u. Weltraumfahrt, in: Troitzsch u. Weber, 514.

5 Giedion, Herrschaft, 765; Der Spiegel, 21. 11. 1977, 81, u. 31. 10. 1988, 231 f.; F.-W. Henning, Landwirtschaft u. ländliche Gesellschaft in Deutschland, II, Paderborn 1978, 266, 268, 287; H.-W. Windhorst, Der Agrarwirtschaftsraum Südoldenburg im Wandel, Cloppenburg 1984, 14 f.; Holzerntemaschinen: Holz-Zentralblatt Nr. 112/1987, 1589 ff.

6 Kernenergie: Radkau, Aufstieg, 31, 205, 485; VEBA-Chef R. v. Bennigsen-Foerder über den »nachhaltigen Wandel« in den Investitionsmotiven in den 70er und 80er Jahren (noch 1970 »Erweiterung das vorherrschende Motiv«, später Einsparungen bei Energie und Arbeit): Die Zeit 6. 4. 1984, 27. Piore u. Sabel, 255; »Todsünden«: U. Blum, in: VDI-N. 42/1988, 46. K. W. Busch, Strukturwandlungen der westdeutschen Automobilindustrie, Berlin 1966, 123. Der Zusammenhang zwischen Rationalisierungsstrategien und der Anwerbung ausländischer Arbeiter in den sechziger Jahren bedarf noch genauerer Erforschung. Vgl. U. Herbert, Geschichte der Ausländerbeschäftigung in Deutschland 1880 bis 1980, Berlin 1986, 204–25. Der Anteil der Ausländer war besonders hoch in denjenigen Branchen (Stahl, Textil, Bau), die in den siebziger und achtziger Jahren von der Strukturkrise betroffen wurden. Von daher kann man vermuten, daß die Anwerbung der »Gastarbeiter« teilweise dazu beitrug, diesen Branchen eine Atempause zu verschaffen, zum Teil aber auch Strategien der starren Massenserienproduktion förderte.

7 Borchardt: in: G. Stolper u. a., Deutsche Wirtschaft seit 1870, Tübingen 1966[3], 309. L. Erhard, Wohlstand für alle, Gütersloh o. J. (urspr. 1957), 183, 158, 167; W. Glastetter, Die wirtschaftliche Entwicklung der BRD im Zeitraum 1950 bis 1975, Berlin 1977, 195; »katastrophal«: G. F. Hartmann, VDI-N. 47/1987, 11; G. U. Großmann, Der Fachwerkbau, Köln 1986, 172.

8 Klöckner-Chef J. A. Henle 1987 (Der Spiegel, 4. 1. 1988, 55): »Generell gilt, es ist gar nicht so leicht, geeignete langfristig rentable Investitionsobjekte zu finden. Es ist manchmal einfacher, dafür das Geld

aufzubringen.« Radkau, Aufstieg, 31 f. (1972: »RWE sieht sich zum Milliardenrausch gezwungen.«); B. Eusemann, Biotechnik – Leitwissenschaft oder Lückenbüßer? VDI-N. 14;1988, 4; J. Radkau, Hiroshima u. Asilomar. Die Inszenierung des Diskurses über die Gentechnik vor dem Hintergrund der Kernenergie-Kontroverse, in: GG 14.1988, 353.

9 M. Hepp, Der Atomsperrvertrag, Stuttgart 1968, 90 f.

10 A. Mechtersheimer, Rüstung u. Politik in der Bundesrepublik, MRCA Tornado, Bad Honnef 1977, 209, 12, 108 f., 113; Der Spiegel, 30. 5. 1988, 23 f., u. 30. 8. 1982, 94 ff. C. Razim über »Hochleistungsprodukte«: »Sie erfüllen zwar extreme Anforderungen, haben in aller Regel jedoch nur ein schmales Anwendungspotential.« (VDI-N. Magazin, Nov. 1988, 11) Technische Legitimation der Rüstung: K. Johannson. Vom Starfighter zum Phantom, Frankfurt/M. 1969, 13; F. Zimmermann, Rüstungspolitik u. Verteidigungsbereitschaft, in: Wehr u. Wirtschaft 1/1969, 20 (»Wehrtechnik ist Extremtechnik, Spitzentechnik und damit Schrittmachertechnik.«); P. Weingart, Stöbern im Sternenstaub, in: Kursbuch 83,1986, 10 f.; H. J. Fahr, Die zehn fetten Jahre der Weltraumforschung, Darmstadt 1976, 2.

11 Im Wahlprogramm der SPD von 1969 hieß es: »Der Leistungsstand von Wissenschaft und Forschung entscheidet darüber, ob die Bundesrepublik in den nächsten Jahrzehnten eine der größten Industrienationen bleiben oder zur Bedeutungslosigkeit herabsinken wird.« W.-M. Catenhusen, Ansätze für eine umwelt- und sozialverträgliche Steuerung der Gentechnologie, in: U. Steger (Hg.), Die Herstellung der Natur, Bonn 1985, 31; Der Spiegel 24. 2. 1969, 3, 41; Blauhorn (Spiegel-Redakteur), 74 f.; Kritik an der Gap-These: Auslandskapital in der deutschen Wirtschaft, Bonn 1969, 14; K. P. Tudyka, Le Défi du Charlatan oder Die amerikanische Herausforderung, in: NPL 14.1969, 149 ff.; H. Majer, Die »technologische Lücke« zwischen der BRD und den Vereinigten Staaten von Amerika, Tübingen 1973, 305; N. Calder, Technopolis. Kontrolle der Wissenschaft durch die Gesellschaft, Düsseldorf 1971, 167 ff.

12 Bölkow, Industrieforschung – Möglichkeiten und Grenzen im Rahmen einer zeitgemäßen Forschungspolitik, in: Wissenschaft u. Wirtschaft, A 1967, 38. Kritik an der *Spin-off*-These: schon während der NV-Kontroverse aus der Sicht des Brüterprojekts: W. Häfele u. J. Seetzen, Prioritäten der Großforschung, in: C. Grossner (Hg.), Das 198. Jahrzehnt, Hamburg 1969, 411; Sänger: Pot, I, 139; Süddeutsche Zeitung 1. 10. 1987 (»Raumfahrt ist nicht alles«); VDI-N. 42/1987, 2; ebd., 45/1987, 1, und 50/1987, 17; Der Spiegel 28. 9. 1987, 34 (Heraeus/BDI). BJU: L. Hack, Vor Vollendung der Tatsachen, Frankfurt/M.

1988, 81 f.; Maschinenbau: VDI-N. 41/1987, 7; Queisser, Krisen, 263 (kritische Zusammenstellung von Argumenten deutscher Unternehmer gegen eine Nachahmung der USA bei neuen Technologien); Westdeutsche Wirtschaft, NRW, II, 23; VDI-N. 30/1988, 13, u. 12/1988, 21; F. Böhle u. B. Milkau, Vom Handrad zum Bildschirm – Eine Untersuchung zur sinnlichen Erfahrung im Arbeitsprozeß, Frankfurt/M. 1988, 81; Ruppert, Fabrik, 36 f.; Unterschiede zu den USA: VDI-N. 41/1987, 17; ebd., 39/1988, 27 (»Deutsche High-Tech-Anbieter gewinnen auf dem amerikanischen Markt auch mit einfacherer Technik«); ebd., 38/1988, 2, P. Fink (Combi-Tech); eine neuerliche japanische Tendenz zur Umstellung auf stärker exklusive Kleinserien-Produktion wird vom »Economist« als »Germanisierung Japans« bezeichnet (Der Spiegel, 21. 9. 1987, 108). H.-J. Warnecke, in: Einflüsse, 106. M. Pyper, VDI-N. 9/1989, 24: »Nahezu 40 % der heute etwa 1,1 Millionen Werkzeugmaschinen in bundesdeutschen Produktionshallen sind älter als 25 Jahre.« »Immer häufiger« falle die Entscheidung, »ältere Maschinen zu modernisieren, statt neue zu kaufen«. Im Kontrast dazu wird aus der Chemie und insbesondere aus italienischen Firmen berichtet, daß im Interesse eines beschleunigten Innovationstempos Instandhaltungsabteilungen aufgelöst und Maschinen ohne Pause bis zur Schrottreife gefahren werden.

13 W. S. Boas (Hg.), Germany 1945–54, Köln 1954, 220; Wolf, Eisenbahn, 144; V. Berghahn, Unternehmer u. Politik in der Bundesrepublik, Frankfurt/M. 1985, 194; E. Jochem, Hilfen u. Irrtümer beim Rückgriff des Prognostikers auf die Vergangenheit, in: M. Dierkes u. a. (Hg.), Technik u. Parlament, Berlin 1986, 106; Busch, 30; Mitt. D. Klenke (auch für das Folgende).

14 Berghahn, 194; Der Spiegel 23. 3. 1955, 12 ff.; Erhard, 47; ähnlich Röpke: J. A. Stölzle, Staat u. Automobilindustrie in Deutschland, Diss. Stuttgart 1960, 177 f.; Wolf, Eisenbahn, 165; A. Peyrefitte, Was wird aus Frankreich? Berlin 1978, 181; P. Borscheid, in: Pohl, Einflüsse, 122.

15 Hammer, Morphologie, 14; U. Kubisch u. V. Janssen, Borgward, Berlin 1986; R. Kasiske, in: Doleschal u. Dombois, 104; H. Schuh-Tschan, Die gerädete Republik, Hamburg 1986, 72; Der Spiegel 18. 7. 1988, 39; Yates, 146 f.; Barthel u. Lingnau, 206; VDI-N. 13/1988, 3 (S. Kämpfer).

16 W. Wobbe-Ohlenburg, Fertigungstechnik, Rationalisierung u. Arbeitsbedingungen bei VW, in: Doleschal u. Dombois, 157; Nelson, 134; Jürgens, 112, 187; Linser, 15, 20, 31; automatische Steuerung: A. Altshuler u. a., The Future of the Automobile (MIT-Report), London 1984, 99.

17 H. Jung u. W. Kramer, in: Boberg (Industriekultur Berlin I), 129; H. B. Reichow, Die autogerechte Stadt, Ein Weg aus dem Verkehrschaos, Ravensburg 1959, 17; W. Pehnt, in: Der Spiegel 1. 6. 1970, 66 f.
18 Neue Werkstoffe: S. Kämpfer, in: VDI-N. 11/1988, 2, 15/1988, 77 (»Neue Werkstoffe, alte Bekannte«), 20/1988, 4. Ebd., 44/1988, 41 (E. Schmidt): aus französischer Sicht technologischer Konservatismus in den deutschsprachigen Ländern, da dort »primär die Großindustrie die Rolle des Meinungsführers« spiele. Handwerk: F.-W. Henning, Das industrialisierte Deutschland 1914–1978, Paderborn 1979⁵, 215. Berufe: D. Otten, Kapitalentwicklung u. Qualifikationsentwicklung, Berlin 1973, 104; VDI-N. 41/1988, 5.
19 Schon um 1908 hielt Max Weber die »zunehmende Automatisierung des Arbeitsprozesses« für eine Tatsache: ders., Ges. Aufsätze zur Soziologie u. Sozialpolitik, Tübingen 1988², 140. Kern u. Schumann, Industriearbeit, 16, 230; C. Knott, Erinnerungen eines alten RKW-u. REFA-Mannes, in: RKW (Hg.), Produktivität u. Rationalisierung, Frankfurt/M. 1971, 158; L. Brandt, Die zweite industrielle Revolution, München 1957, 60 f.; G. Friedrichs u. a., Vor- u. Nachteile von Rationalisierungsschutzabkommen, Dortmund 1968, 54; Brenner, in: Automation, Risiko u. Chance, Frankfurt/M. 1965, I, 15. In den späten siebziger Jahren verbreitete sich in der IG Metall gegenüber der Computerisierung zeitweise eine Alarmstimmung und rebellische Einstellung (Der Spiegel 17. 4. 1978, 80 ff.); im Laufe der achtziger Jahre dominierte jedoch wieder stärker die alte Sichtweise, die die Automation als Chance begriff.
20 Westdeutsche Wirtschaft, NRW, I, 17 f. (Anker AG; die Firma ging 1976 u. a. wegen zu später Umstellung auf Elektronik bankrott); K. O. Pöhl, Wirtschaftliche u. soziale Aspekte des technischen Fortschritts in den USA, Göttingen 1967, 14; Computer als Großmaschinen: Petzold, 436; K. Zuse, Der Computer, mein Lebenswerk, München 1970, 177 f.; Verhandlungen über »Großrechner-Union« 1970: H. Bössenekker, Bayern, Bosse u. Bilanzen, München 1972, 172 f.; Die Zeit 18. 12. 1979, 17.
21 H.-J. Queisser, Entwicklung der Mikroelektronik, in: K. M. Meyer-Abich u. U. Steger (Hg.), Mikroelektronik u. Dezentralisierung, Berlin 1982, 22; J. Weizenbaum, Die Macht der Computer u. die Ohnmacht der Vernunft, Frankfurt/M. 1978, 54 f., 162; CIM: VDI-N. 13/1988, 23, 41/1987, 17, 48/1987, 1, 51/1987, 17.
22 H. Simon, in: Chemische Industrie 7/1986, 584, 581 f.; K. Lübke (Schering AG), in: Handelsblatt 7. 3. 1985; R. Hofmann, Neue Biotechnik-Produkte glänzen bisher nur durch hohen Forschungsaufwand, in: VDI-N. 38/1988, 4.

23 J. Bergmann, Technik u. Arbeit, in: B. Lutz (Hg.), Technik u. sozialer Wandel, Frankfurt/M. 1987, 118; P. Brödner, Fabrik 2000. Alternative Entwicklungspfade in die Zukunft der Fabrik, Berlin 1986³, 191; Pöhl, 54; Kuczynski, Vier Revolutionen, 110; ders., in: Blätter für deutsche u. internationale Politik, 1979, 346; H. Haferkamp, Technischer Staat u. neue soziale Kontrolle – nur Mythen der Soziologie? in: Lutz (Hg.), 526.

24 H. J. Langmann, Technik u. Innovation – Perspektiven u. Strategien, in: BDI (Hg.), Industrieforschung, Schlüsseltechnologien, Köln 1986, 11; VDI-N. 42/1988, 56: »In vielen Unternehmen ist High-Tech zum Statussymbol geworden. Ein Blick in renommierte deutsche Industrieunternehmen zeigt, daß vielerorts hochwertige technische Produkte nie über die Spielphase hinausgekommen sind und seit Jahren die Konstruktionslandschaft lediglich optisch bereichern.« Ebd., 41/1987, 27, 16/1988, 13, 43/1988, 1, 51/1988, 3 (S. Kämpfer, »CIM und der Weihnachtsmann«).

25 R. Bönsch u. K. Mierzowski, VDI-N. 6/1988, 1, 4; ebd., 42/1988, 2 (R. Schulze, War wohl nix, mit Btx), 45/1988, 6 (I. Ruge), 41/1988, 33; G. Voogel, Post-Pläne in: Wechselwirkung, Febr. 1988, 14; Th. Schmitz-Günter, Das Telefon wird zur Datenstation, in: Stadt-Blatt (Bielefeld) 7/1988, 8 (ISDN mit »Ist Sowas Denn Nötig« glossiert).

26 VDI-N. 14/1988, 25 (M. Pyper); Deutscher Bundestag, Materialien zu Drucksache 10/6801, II, 143 (Staudt); H. L. Dreyfus, Die Grenzen künstlicher Intelligenz, Königstein 1955, 11.

27 Kern u. Schumann, Ende, 43, 171; VDI-N. 38/1988, 23. H. C. Koch, Chancen, Risiken u. Grenzen der Automatisierung am Beispiel der Automobilindustrie, in: Zs. f. Betriebswirtschaft, Ergänzungsheft 1/1986, 220f.: Bei flexibel automatisierter Fertigung und »zunehmender Komplexität ganzheitlicher Systemlösungen« steige die Investitionssumme »erheblich«. Mehr als früher müsse auf fertigungsgerechte Konstruktion geachtet werden. »Der Kapitalaufwand für Automatisierungssysteme ist vielfach wirtschaftlich nicht zu rechtfertigen, da er nicht rechenbar ist.«

28 Kern u. Schumann, Ende, 98; Böhle, 105, 109, 118, 121; Arbeitsfreude: Bravermann, Arbeit, 34 ff.; K. Traube, Müssen wir umschalten? Von den politischen Grenzen der Technik, Reinbek 1978, 314; H. Lenk, Verfiel der Wert der Arbeit in der Bundesrepublik? in: A. Menne (Hg.), Philosophische Probleme von Arbeit u. Technik, Darmstadt 1987, 97 ff.; J. Bergmann u. a., Rationalisierung, Technisierung u. Kontrolle des Arbeitsprozesses, Frankfurt/M. 1986, 18, 117, 123; VDI-N. 42/1988, 46 (U. Blum).

29 W. Cartellieri, Die Großforschung u. der Staat, I, München 1967, 57; O. Haxel, in: G. Küppers u. a. (Hg.), Wissenschaft zwischen autono-

mer Entwicklung u. Planung – Wissenschaftliche u. politische Alternativen am Beispiel der Physik, Bielefeld 1975, 54; Petzold, 419, 425; Bundesatomminister Balke gab eine zehnbändige Enzyklopädie »Epoche Atom u. Automation« (Frankfurt/M. 1958–60) heraus; Transistor: Queisser, Krisen, 136; Konkurrenz: Radkau, Aufstieg, 32; H. Bekkurts, in: BDI, 99 (»überwiegend hardware-orientierte Ingenieurwelt«).

30 P. Hug, Geschichte der Atomtechnologie-Entwicklung in der Schweiz, Bern 1987, 160f.; Radkau, Aufstieg, 222; W. Häfele u. J. Seetzen, Prioritäten der Großforschung, in: C. Grossner u. a. (Hg.), Das 198. Jahrzehnt, Hamburg 1969, 412.

31 Traube, Umschalten, 203; ders., Politik mit einem Phantom, in: Der Spiegel, 16. 2. 1981, 34; Schulten, in: HKG (Hg.), Die andere Art, Kernenergie zu nutzen, Hamm 1986, 19; Radkau, Aufstieg, 90.

32 Radkau, Aufstieg, 161.

33 J. Radkau, Sicherheitsphilosophien in der Geschichte der bundesdeutschen Atomwirtschaft, in: S + F, 6.1988, 112 f.

34 Radkau, Aufstieg, 161 f.; Queisser, Krisen, 265, 309, 323; R. Schulz, in: VDI-N. 5/1988, 2; Der Spiegel 14.4.1986, 70 ff.

35 Radkau, ebd., 213; G. Brondel, in: Fontana Economic History, 5 (1), 250 ff.

36 Matschoß, Dampfmaschine, 7 ff.; K. Winnacker u. K. Wirtz, Das unverstandene Wunder, Düsseldorf 1975, 66; Finkelnburg, in: VDI, Technik, 85; Radkau, Aufstieg, 65; ders., Kerntechnik: Grenzen von Theorie u. Erfahrung, in: Spektrum der Wissenschaft 12/1984, 74 ff., 87 f.

37 Häfele, in: H. Matthöfer (Hg.), Schnelle Brüter Pro u. Contra, Villingen 1977, 58; H. Riesenhuber, in: BDI, 215 f.; über mangelnden Technologie-Transfer von den Großforschungseinrichtungen zur Industrie in den USA: R. Sietmann, in: VDI-N. 35/1988, 16; O. Renn, Gedanken u. Reflektionen über Kernenergie u. Gesellschaft, KFA Jülich, Juni 1986, 32; G. v. Waldenfeld, in: M. Held (Hg.), Wiederaufarbeitungsanlage Wackersdorf, Tutzing 1986, 122.

38 J. Radkau, Das überschätzte System. Zur Geschichte der Strategie- u. Kreislauf-Konstrukte in der Kerntechnik, in: TG 55.1988, 207–215.

39 Hepp, 88; D. Stolze, Die dritte Weltmacht. Industrie u. Wirtschaft bauen ein neues Europa, Wien 1962; C. Layton, Technologischer Fortschritt für Europa, Köln 1969.

40 Hepp, 87; ähnlich Häfele (VDI-N. Magazin, April 1988, 18): Die Kernenergie-Entwicklung war »ein Ausdruck des nationalen Willens, den verlorenen Krieg zu überwinden«. Radkau, Aufstieg, 222, 339 ff.; Raumfahrt als »Schrittmacher europäischer Integration«; W. Büdeler,

Raumfahrt in Deutschland, Frankfurt/M. 1978, 7 f; Narjes: Der Spiegel, 2. 1. 1989, 35; Deutsche Gesellschaft für Auswärtige Politik (Hg.), Europas Zukunft im Weltraum, Bonn 1988, 1, 168.
41 Radkau, Aufstieg, 165, 382.
42 Weinberg, in: Bull. of the Atomic Scientists 8.1952, 123; zur starken Verminderung der inhärenten Sicherheitseigenschaften beim THTR-300: J. Fassbender, in: KFA Jülich (Hg.), Sicherheit von Hochtemperaturreaktoren, Jülich 1985, 20.
43 W. Häfele, Hypotheticality and the New Challenges: The Pathfinder Role of Nuclear Energy, Laxenburg (IIASA) 1973.
44 H.-D. Genscher, Die technologische Herausforderung, in: Außenpolitik 35.1984, 6; Sonnenberg, Sicherheit, 165, 190 f.; Kritik an der probabilistischen Berechnung hypothetischer Störfälle, einem Verfahren, das um 1970 in der Bundesrepublik als amerikanische Methode galt: »Es kommen im nachhinein, das läßt sich ja bekanntlich leicht raten, dann Lösungen heraus, die jeder schon kennt, die im Grunde genommen im Gefühl vorgegeben sind.« IRS-Fachgespräch, IRS-T-22 (1971), 27 (Spahn). Radkau, Angstabwehr, 42 ff.. Materialprobleme: K. Rudzinski, in: V. Hauff (Hg.), Kernenergie u. Medien, Villingen 1980, 17; Bundesanstalt für Materialprüfung (Hg.), T. A. Jaeger. Ein Leben im Spannungsfeld zwischen Technik u. Risiko, Berlin 1985, 44 f., 94 ff.; H. Albers, Gerichtsentscheidungen zu Kernkraftwerken, Villingen 1980, 156 f. In den achtziger Jahren wurde die auf Werkstoffeigenschaften gegründete sog. »Basissicherheit« dagegen im Ausland als deutsches Reaktorsicherheitskonzept präsentiert.
45 A. Birkhofer (Vorsitzender der Reaktorsicherheitskommission), in: Deutscher Bundestag (Hg.), Umweltschutz IV, Das Risiko Kernenergie, Bonn 1975, 118; für die Luftfahrt vgl. VDI-N. 7/1988, 1 (Ohl): »Wir müssen runterkommen vom Mensch als allein kontrollierendem Faktor, hingehen zur Technik. Das ist eine ganz logische Entwicklung.« Anders bei der Eisenbahn: Automatisierte Vollschranken sind in der Bundesrepublik »im Gegensatz zu den meisten Nachbarländern« nicht zugelassen (Blank u. Rahn, 152).
46 Radkau, Angstabwehr, 37 f.
47 H. Schmale, Die prinzipiellen Möglichkeiten der langfristigen Kernenergienutzung im Zusammenhang von Natururanversorgung, Brennstoffkreislauf u. Reaktortyp, Diss. Aachen 1986, weist nach, daß auch ohne Brüter und WA selbst bei allgemeiner Kernenergienutzung noch nach 600 Jahren Uran zu erträglichem Preis verfügbar wäre! Schmale war in leitender Stellung am Brüter- und WA-Projekt beteiligt. Radkau, Aufstieg, 389 ff.
48 G. Gregory, Die Innovationsbereitschaft der Japaner, in: Barloewen u.

Mees, II, 115, 117; J.-C. Abegglen u. G. Stalk, Kaisha, München 1989, 50f., 177f. (geringe Bedeutung des Staates für den Aufstieg der japanischen Industrie); VDI-N. 11/1988, 6 (W. Mock).

49 Radkau, Aufstieg, 89; H. Matthöfer (Hg.), Bürgerinitiativen im Bereich von Kernkraftwerken, Bonn 1975 (Untersuchung des Battelle-Instituts), I: Eine Durchsicht von etwa 20 000 Presseartikeln über Kernenergie 1970–74 ergab, daß »nur ein minimaler Bruchteil (123 insgesamt)« Bedenken äußerte.

50 R. Ueberhorst, Technologiepolitik – was wäre das? Über Dissense u. Meinungsstreit als Noch-nicht-Instrumente der sozialen Kontrolle der Gentechnik, in: R. Kollek u. a. (Hg.), Die ungeklärten Gefahrenpotentiale der Gentechnologie, München 1986, 219 ff.

51 F. Spiegelberg, Reinhaltung der Luft im Wandel der Zeit, Düsseldorf 1984, 29 ff., 96; K.-G. Wey, Umweltpolitik in Deutschland, Opladen 1982, 187f.; E. Koch, Der Weg zum blauen Himmel über der Ruhr, Essen 1983, 106ff.; R. Wolf, Der Stand der Technik, Opladen 1986, 186; W. Weber, Arbeitssicherheit, Historische Beispiele – aktuelle Analysen, Reinbek 1988, 206, 200, 203, 209; E. Kirsch, Neue Entwicklungen im Arbeitsschutzrecht aus der Sicht der staatlichen Aufsicht, in: BASF (Hg.), Sicherheit in der Chemie, Köln 1981², 50; E. Klee, Maschinenmensch – Menschenmaterial, in: Die Zeit 18. 3. 1977, 41 f.

52 H. Zeiss u. R. Bieling, Behring, Berlin 1941, 149ff.; H. Sjöström u. R. Nilsson, Contergan oder die Macht der Arzneimittelkonzerne, Berlin 1975, 37.

53 Wey, 176ff.; G. Hartkopf u. E. Bohne, Umweltpolitik, I, Opladen 1983, 371; Radkau, Aufstieg, 395 f.; Arbeitskreis Chemische Industrie Köln (Hg.), Das Waldsterben, Köln 1984; E. Nießlein, in: ders. u. G. Voss, Was wir über das Waldsterben wissen, Köln 1985, 51, 61; Spelsberg, 212, 208 (1960 appellierten die Waldbesitzer, »den Auswurf von Immissionen in den Industriebetrieben radikal einzuschränken«).

54 USA-Einfluß: R. P. Sieferle, in: ders., (Hg.), Fortschritte der Naturzerstörung, Frankfurt/M. 1988, 9 ff.; VDI-Erklärung: VDI-N. 40/1988, 67; die Erklärung war bereits ein Kompromiß zwischen einem weitergehenden Entwurf, der Rationalisierung zum »Naturprozeß« erklärte, und ökologischen Besorgnissen. – Mumford: Robert Jungk griff noch 1974 das Konzept der »Neotechnik« auf (ders., Der Stellenwert der Technik im Streben nach dem »Better Way of Life«, in: RKW, 39 f.).

55 »Harte« Ökologie: L. Trepl, Geschichte der Ökologie, Frankfurt/M. 1987, 177 ff.; kritisch dazu Hartkopf u. Bohne, 22 f., 65. Herkunft der Spar-Parole: D. Yergin, Einsparung: Die ergiebige Energiequelle, in:

R. Stobaugh u. ders., Harvard Energie Report, München 1980, 192 ff.; R. Ueberhorst, Sparen ist die Energie der Zukunft, in: Der Spiegel 15. 12. 1980, 169 ff. Solarenergie u. Wasserstoff schon 1867: L. Simonin, La vie souterraine, Seyssel 1982, 303 ff.; auch Lawaczek war ein Anhänger dieses Konzepts. Gegenwärtige Positionen: VDI-N. 39/1988, 23 (R. Sietmann), 44/1988, 26 (S. Willeke); K. Traube, in: Der Spiegel 14. 11. 1988, 34 ff.; Bundesminister für Forschung und Technologie (Hg.), Solare Wasserstoffenergiewirtschaft, Bonn 1988, 196.

56 H.-J. Luhmann, Geschichte der Umweltpolitik in Deutschland, in: Das Parlament 1988, Nr. 40/41, 18 f.
57 VDI-N. 19/1988, 28 (F. Weber); Radkau, Aufstieg, 351.
58 VDI-N. 40/1987, 33 (R. Steinhilper); F. Vahrenholt, Wege zur sanften Chemie, in: Die Zeit 10. 5. 1985, 35; J. Bölsche, in: Ders. (Hg.), Was die Erde befällt..., Hamburg 1984, 95.
59 Müllverbrennung: Rödel, 73 ff.; Marcard, Neuzeitliche Gesichtspunkte für den Bau von Müllkraftwerken, in: AfW 4.1923, 161 f., Radkau, Umweltfragen, 96 f.; Gentechnik: H. Harnisch, in: BDI, 35.
60 S. Kohler u. a. (Öko-Institut), Der THTR in Hamm u. die geplanten HTR-Varianten, Freiburg 1986, 63 ff.; L. Hahn, Der kleine HTR – letzter Strohhalm der Atomindustrie? Freiburg (Öko-Institut) 1988; Der Spiegel 5. 9. 1988, 118 ff.; H. Hirschmann, Kernkraftwerke kleiner u. mittlerer Leistung für Entwicklungsländer, in: BWK 35.1983, 391 ff.; W. Marth, Miniblöcke nun auch bei Brütern? in: atw 29.1984, 25 ff.
61 F. Dessauer u. K. A. Meißinger, Befreiung der Technik, Stuttgart 1931, 74; Radkau, Aufstieg, 334; E. Sänger, Raumfahrt – eine technische Überwindung des Krieges, Hamburg 1958; Eugen Sänger, der prominenteste bundesdeutsche Raketenforscher jener Zeit, sprach den Begründern der Raumfahrt den »Rang von Übermenschen« zu und verglich den »mentalen Widerstand mancher Bevölkerungskreise gegen Raumfahrt« mit dem »Hexenglauben des Mittelalters«: ders., Raumfahrt, Düsseldorf 1963, 30, 35. Verherrlichte er eben noch die Raumfahrt als Überwinderin des Krieges, bezeichnet er nun (35 f.) das militärische Raketenarsenal als »technisch die natürliche Grundlage praktischer Raumfahrtausübung«. – Schon vor 1914 biederten sich die Flugenthusiasten, wie Bertha v. Suttner klagte, sowohl den Pazifisten wie dem Militär an und rühmten die Fliegerei nach Bedarf als Friedens- und als Kriegstechnik: G. Brinker-Gabler, B. v. Suttner, Frankfurt/M. 1982, 204 f.
62 Bergmann, Rationalisierung, 66 f.; L. Preller, Wandel der Arbeit heute, in: W. Bitter (Hg.), Mensch u. Automation, Stuttgart 1966, 62 (warnender Hinweis auf die Erfahrungen der Zwischenkriegszeit!); VDI-

N. 48/1987, 26.
63 VDI-N. 26/1988, 2; Hartkopf u. Bohne, 267, 301, 169; Vahrenholt; H. Zeller, Sicherheit aus der Sicht des Toxikologen, in: BASF, 145.
64 VDI-N. 15/1988, 30, 37/1988, 27; G. Lütge, in: Die Zeit, 27. 2. 1987, 25; Kränzlein, 187f.; K.O. Henseling, Struktur u. Entwicklungsdynamik chemischer Risiken am Beispiel der Chlorchemie, in: WSI Mitt. 2/1988, 69ff.
65 Vahrenholt.
66 VDI-N. 38/1988, 33 (P. Kudlicza) 2/1989, 14 (Lersner); R. Dahrendorf, Themen, die keiner mehr nennt, in: Die Zeit 24. 9. 1976, 9.
67 Holzapfel, 13; U. Kubisch, Aller Welts Wagen, Berlin 1986, 113f.; Barthel u. Lingnau, 179, 323; VDI-N. 7/1988, 1, 4; Der Spiegel 28. 11. 1988, 115 u. 6.2. 1989, 99 (Ford-Chef Goeudevert über »Inzucht-Engineering«).
68 Hartkopf u. Bohne, 253; T. Kluge u. E. Schramm, Wassernöte. Umwelt- u. Sozialgeschichte des Trinkwassers, Aachen 1986, 208. Gegenfront: Wey, 250.
69 A. A. Ullmann u. K. Zimmermann, Umweltpolitik u. Umweltschutzindustrie in der BRD, Berlin 1981, 252, 264; VDI-N. 43/1988, 45 (Umweltschutztechnik als überwiegende Domäne der Großindustrie); vgl. auch die Zusammenhänge zwischen Solartechnik und Raumfahrt und auch zwischen Supraleiter- und Militärforschung (VDI-N. 45/1988, 39)!
70 Holzapfel, 55; N. Pieper, »Wunderkind mit Weltschmerz«, in: Die Zeit 11. 11. 1988, 41. Den Allensbacher Umfragen zufolge ist von 1966 bis 1981 der Anteil derer, für die die Technik »eher ein Segen« ist, von 72 auf 30 % gefallen, aber der Anteil derer, die die Technik eher für einen Fluch halten, nur von 3 auf 13 % gestiegen: M. v. Klipstein u. B. Strümpel, Der Überdruß am Überfluß, München 1984, 183. Dies. (Hg.), Gewandelte Werte – erstarrte Strukturen, Bonn 1985, 45: »Nur diejenigen Projekte, die unter dem Motto ›Größer, Schneller, Weiter‹ zusammengefaßt werden können..., fanden mehr Gegner als Befürworter.«

# Ausgewählte Literatur

## 1. Epochen- und branchenübergreifende Literatur, Gesamtdarstellungen

Daumas, M. (Hg.), Histoire générale des techniques, 5 Bde., Paris 1962–68.
Grimm, C.(Hg.), Aufbruch ins Industriezeitalter, 3 Bde., München 1985.
Hausen, K. u. Rürup, R. (Hg.), Moderne Technikgeschichte, Köln 1975.
Landes, D. E., The Unbound Prometheus, Technological Change and Industrial Development in Western Europe from 1750 to the Present, Cambridge 1969.
Ludwig, K.-H. (Hg.), Technik, Ingenieure u. Gesellschaft, Geschichte des Vereins Deutscher Ingenieure 1856–1981, Düsseldorf 1981.
Deutsches Patentamt (Hg.), Hundert Jahre Patentamt, München 1977.
Institut für Wirtschaftsgeschichte der Akademie der Wissenschaften der DDR (Hg.), Geschichte der Produktivkräfte in Deutschland von 1800 bis 1945, II u. III, Berlin 1985/88.
Das (neue) Buch der Erfindungen, Gewerbe u. Industrien, viele Auflagen, Hg. F. Reuleaux, Leipzig 1884–88[8].
Rürup, R. (Hg.), Wissenschaft u. Gesellschaft, Beiträge zur Geschichte der Technischen Universität Berlin 1879–1979, 2 Bde., Berlin 1979.
Schwerin v. Krosigk, L. Graf, Die große Zeit des Feuers, Der Weg der deutschen Industrie, 3 Bde., Tübingen 1957/59.
Singer, C. u. a. (Hg.), A History of Technology, 5 Bde., Oxford 1956[3]–1958.
Slotta, R., Technische Denkmäler in der Bundesrepublik Deutschland, Bd. 1–4/2, Bochum 1975–83.
Treue, W., Wirtschafts- und Technikgeschichte Preußens, Berlin 1984.
Troitzsch, U. u. Weber, W. (Hg.), Die Technik, Von den Anfängen bis zur Gegenwart, Braunschweig 1982.
Troitzsch, U. u. Wohlauf, G. (Hg.), Technik-Geschichte, Historische Beiträge u. neuere Aufsätze, Frankfurt/M. 1980.

## 2. Zu einzelnen systematischen Aspekten

Bijker, W. E. u. a. (Hg.), The Social Construction of Technological Systems, Cambridge/Mass. 1987.
Brüggemeier, F.-J. u. Rommelspacher, Th. (Hg.), Besiegte Natur. Geschichte der Umwelt im 19. und 20. Jahrhundert, München 1987.
Energie in der Geschichte/Energy in History, Zur Aktualität der Technikgeschichte, 11. ICOHTEC-Symposium, Düsseldorf 1984.
Jokisch, R. (Hg.), Techniksoziologie, Frankfurt/M. 1982.

Kranzberg, M. (Hg.), Technological Education – Technological Style, San Francisco 1986.
Long, F. A. u. Oleson, A. (Hg.), Appropriate Technology and Social Values, Cambridge/Mass. 1980.
Lundgreen, P. (Hg.), Zum Verhältnis von Wissenschaft u. Technik, Bielefeld 1981.
Mayntz, R. u. Hughes, T. P. (Hg.), The Development of Large Technical Systems, Frankfurt/M. 1988.
Molsberger, J., Zwang zur Größe? Zur These von der Zwangsläufigkeit wirtschaftlicher Konzentration, Köln 1967.
Münzinger, F., Ingenieure, Berlin 1942².
Neef, W., Ingenieure, Entwicklung u. Funktion einer Berufsgruppe, Köln 1982.
Piore, M. J. u. Sabel, C. F., Das Ende der Massenproduktion, Berlin 1985.
Pohl, H. (Hg.), Wirtschaftswachstum, Technologie u. Arbeitszeit im internationalen Vergleich, Wiesbaden 1983.
Pot, J. H. J. v. d., Die Bewertung des technischen Fortschritts. Eine systematische Übersicht der Theorien, 2 Bde., Assen (Niederlande) 1985.
Segeberg, H. (Hg.), Technik in der Literatur, Frankfurt/M. 1987.
Weber, W., Technik u. Sicherheit in der deutschen Industriegesellschaft 1850 bis 1930, Wuppertal 1986.
Ders., Arbeitssicherheit, Historische Beispiele – aktuelle Analysen, Reinbek 1988.

## 3. Vor- und frühindustrielle Technik

Aagard, H., Die deutsche Nähnadelherstellung im 18. Jahrhundert, Altena 1987.
Bayerl, G., Die Papiermühle, Vorindustrielle Papiermacherei auf dem Gebiet des alten deutschen Reiches, 2 Teile, Frankfurt/M. 1987.
Braun, H.-J., Technologische Beziehungen zwischen Deutschland u. England von der Mitte des 17. bis zum Ausgang des 18. Jahrhunderts, Düsseldorf 1974.
Eversmann, F. A. A., Übersicht der Eisen- u. Stahlerzeugung auf Wasserwerken in den Ländern zwischen Lahn u. Lippe (1804), Kreuztal 1982.
Kurrer, W. H. v. u. Kreutzberg, K. J., Geschichte der Zeugdruckerei u. der dazu gehörigen Maschinen, Nürnberg 1840.
Lärmer, K. (Hg.), Studien zur Geschichte der Produktivkräfte in Deutschland zur Zeit der Industriellen Revolution, Berlin 1979.
Lundgreen, P., Techniker in Preußen während der frühen Industrialisierung, Berlin 1975.
Matthes, M., Technik zwischen bürgerlichem Idealismus u. beginnender Industrialisierung (E. Alban), Düsseldorf 1986.

Mieck, I., Preußische Gewerbepolitik in Berlin 1806–44, Berlin 1965.
Musson, A. E. (Hg.), Wissenschaft, Technik u. Wirtschaftswachstum im 18. Jahrhundert, Frankfurt/M. 1977.
Paulinyi, A., Das Puddeln, München 1987.
Pirker, T. u. a. (Hg.), Technik u. Industrielle Revolution, Vom Ende eines sozialwissenschaftlichen Paradigmas, Opladen 1987.
Poppe, J. H. M. v., Geschichte aller Erfindungen u. Entdeckungen (1835), Hildesheim 1972.
Radkau, J. u. Schäfer, I., Holz, Ein Naturstoff in der Technikgeschichte, Reinbek 1987.
Schaumann, R., Technik u. technischer Fortschritt im Industrialisierungsprozeß, dargestellt am Beispiel der Papier-, Zucker- und chemischen Industrie der nördlichen Rheinlande 1800–1875, Bonn 1977.
Schnabel, F., Die moderne Technik u. die deutsche Industrie, Freiburg 1965 (= ders., Deutsche Geschichte im 19. Jahrhundert, VI).
Schremmer, E., Technischer Fortschritt an der Schwelle zur Industrialisierung, München 1980.
Schwerz, J. N. v., Beschreibung der Landwirtschaft in Westfalen, Münster 1836.
Troitzsch, U. (Hg.), Technologischer Wandel im 18. Jahrhundert, Wolfenbüttel 1981.
Weber, W., Innovationen im frühindustriellen deutschen Bergbau u. Hüttenwesen. F. A. v. Heynitz, Göttingen 1976.

## 4. Hochindustrielle Technik: Sektoren

### 4.1 Schwerindustrie und Maschinenbau

Barth, E., Entwicklungslinien der deutschen Maschinenbauindustrie 1870–1914, Berlin 1973.
Diesel, E., Diesel. Der Mensch, das Werk, das Schicksal (1953), München 1983.
Ehrhardt, H., Hammerschläge, 70 Jahre deutscher Arbeiter u. Erfinder, Leipzig 1922.
Fremdling, R., Technologischer Wandel u. internationaler Handel im 18. u. 19. Jahrhundert, Die Eisenindustrien in Großbritannien, Belgien, Frankreich u. Deutschland, Berlin 1986.
Matschoss, C., Geschichte der Dampfmaschine (1901), Hildesheim 1982.
(Ders. u. Schlesinger, G.) L. Loewe & Co. AG Berlin, Berlin 1930.
Münzinger, F., Amerikanische u. deutsche Großdampfkessel, Berlin 1923.
Reß, F. M., Geschichte der Kokereitechnik, Essen 1957.
Schröter, A. u. Becker, W., Die deutsche Maschinenbauindustrie in der industriellen Revolution, Berlin 1962.

Sonnenberg, G. S., 100 Jahre Sicherheit. Beiträge zur technischen u. administrativen Entwicklung des Dampfkesselwesens in Deutschland 1810–1910, Düsseldorf 1968.
Wengenroth, U., Unternehmensstrategien u. technischer Fortschritt, Die deutsche u. die britische Stahlindustrie 1865–95, Göttingen 1986.

## 4.2 Chemie und Elektrotechnik

Bäumler, E., Ein Jahrhundert Chemie, Düsseldorf 1963.
Beer, J. J., The Emergence of the German Dye Industry, Urbana 1981[2].
Boll, G., Geschichte des Verbundbetriebes, Frankfurt 1969.
Cardot, F. (Hg.), 1880–1980, Un siècle d'electricité dans le monde, Paris 1987.
Caro, H., Über die Entwicklung der Theerfarbenindustrie, in: Berichte der Deutschen Chemischen Gesellschaft, 1892, 953–1105.
Greiling, W., Chemie erobert die Welt, Berlin 1943.
Hughes, T. P., Networks of Power, Electrification in Western Society 1880–1930, Baltimore 1983.
Kristl, W. L., Der weiß-blaue Despot, O. v. Miller in seiner Zeit, München o. J.
Liebig, J. v., Chemische Briefe, Leipzig 1865.
Pinner, F., E. Rathenau u. das elektrische Zeitalter, Leipzig 1918.
Plumpe, G., Die IG Farbenindustrie AG, Habil.Schrift, Bielefeld 1987 MS.
Riedler, A., E. Rathenau u. das Werden der Großwirtschaft, Berlin 1916.
Schultze, H., Die Entwicklung der chemischen Industrie in Deutschland seit 1875, Halle 1908.
Siemens, G., Der Weg der Elektrotechnik, Geschichte des Hauses Siemens, 2 Bde, Freiburg 1961.
Stichweh, R., Zur Entstehung des modernen Systems wissenschaftlicher Disziplinen, Physik in Deutschland 1740–1890, Frankfurt/M. 1984.
Weiher, S. v., Berlins Weg zur Elektropolis: Technik- u. Industriegeschichte an der Spree, Berlin 1974.

## 4.3 Verkehr

Bade, W., Das Auto erobert die Welt, Berlin 1938.
Barthel, M. u. Lingnau, G., 100 Jahre Daimler-Benz, Die Technik, Mainz 1986.
Betz, C., Das Volksauto, Rettung oder Untergang der deutschen Automobilindustrie? Stuttgart 1931.
Blank, J. P. u. Rahn, Th. (Hg.), Die Eisenbahntechnik, Entwicklung u. Ausblick, Darmstadt 1983.
Hammer, M., Vergleichende Morphologie der Arbeit in der europäischen Automobilindustrie: Die Entwicklung zur Automation, Basel 1959.

Jürgens, U. u. a., Moderne Zeiten in der Automobilfabrik, Strategien der Produktionsmodernisierung im Länder- und Konzernvergleich, Berlin 1989.

Klapper, E., Die Entwicklung der deutschen Automobil-Industrie, Eine wirtschaftliche Monographie unter Berücksichtigung des Einflusses der Technik, Berlin 1910.

Köstlin, R. u. Wollmann, H. (Hg.), Renaissance der Straßenbahn, Basel 1987.

Pohl, H. (Hg.), Die Einflüsse der Motorisierung auf das Verkehrswesen von 1886 bis 1986, Stuttgart 1988.

Ritzau, H. J., Schatten der Eisenbahngeschichte, Ein Vergleich britischer, US- und deutscher Bahnen, I, Pürgen 1987.

Sachs, W., Die Liebe zum Automobil, Ein Rückblick in die Geschichte unserer Wünsche, Reinbek 1984.

Schirmbeck, P. (Hg.), Morgen kommst du nach Amerika, Erinnerungen an die Arbeit bei Opel 1917–87, Berlin 1988.

Schivelbusch, W., Geschichte der Eisenbahnreise. Zur Industrialisierung von Raum u. Zeit im 19. Jahrhundert, Frankfurt/M. 1979.

Thomas, D. E., Diesel, Technology and Society in Industrial Germany, Tuscaloosa 1987.

Weber, M. M. v., Die Technik des Eisenbahnbetriebes in bezug auf die Sicherheit desselben, Leipzig 1854.

Wolf, W., Eisenbahn u. Autowahn, Personen- u. Gütertransport auf Schiene u. Straße, Hamburg 1987.

Zug der Zeit – Zeit der Züge, Deutsche Eisenbahn 1835–1985, 2 Bde., Berlin 1985.

## 4.4 Andere Technik-Bereiche

Deutscher Metallarbeiter-Verband (DMV) (Hg.), Arbeitsbedingungen der Schmiede im Deutschen Reiche, Stuttgart 1916.

Finsterbusch, E. u. W. Thiele, Vom Steinbeil zum Sägegatter, Leipzig 1987.

Franz, G. (Hg.), Die Geschichte der Landtechnik im 20. Jahrhundert, Frankfurt/M. 1969.

Giedion, S., Die Herrschaft der Mechanisierung (1948), Frankfurt/M. 1987.

Herbert, G., The Dream of the Factory-Made House: W. Gropius u. K. Wachsmann, Cambridge 1984.

Herrmann, K., Pflügen, Säen u. Ernten. Landarbeit u. Landtechnik in der Geschichte, Reinbek 1985.

Krankenhagen, G. u. Laube, H., Wege der Werkstoffprüfung, München 1979.

Linde, C., Aus meinem Leben u. von meiner Arbeit (1916), Düsseldorf 1984.

Pirker, T., Büro u. Maschine, Zur Geschichte u. Soziologie der Mechanisierung der Büroarbeit, der Maschinisierung des Büros u. der Büroautomation, Basel 1962.

Prowe-Bachus, M.-M., Auswirkungen der Technisierung im Familienhaushalt, Diss. Köln 1933.

Rödel, V., Ingenieurbaukunst in Frankfurt a. M. 1806–1914, Frankfurt/M. 1983.

Ruske, W., 100 Jahre Materialprüfung in Berlin, Berlin 1971.

Simson, J. v., Kanalisation u. Städtehygiene im 19. Jahrhundert, Düsseldorf 1983.

Stahlschmidt, R., Der Weg der Drahtzieherei zur modernen Industrie, Technik u. Betriebsorganisation eines westdeutschen Industriezweiges 1900–1940, Altona 1975.

Struve, E., Zur Entwicklung des bayerischen Brauereigewerbes im 19. Jahrhundert, Leipzig 1893.

## 5. Hochindustrielle Technik: historische Phasen und Prozesse

### 5.1 Weltausstellungen, Reuleaux-Kontroverse, internationale Konkurrenz

Amtlicher Bericht über die Industrie-Ausstellung aller Völker zu London im Jahre 1851, 3 Bde., Berlin 1852/3.

Haltern, U., Die Londoner Weltausstellung von 1851, Münster 1971.

Heggen, A., Erfindungsschutz u. Industrialiesrung in Preußen 1793–1877, Göttingen 1975.

Heine, H., Prof. Reuleaux u. die deutsche Industrie, Berlin 1876.

Hirth, G., F. Reuleaux u. die deutsche Industrie auf der Weltausstellung zu Philadelphia, Leipzig 1876.

Kroker, E., Die Weltausstellungen im 19. Jahrhundert, Göttingen 1975.

»Made in Germany«, Themenheft der TG 54.1987, 171–240.

Paul, H. W., The Sorcerer's Apprentice: The French Scientist's Image of German Science, 1840–1919, Gainesville 1972.

Reuleaux, F., Briefe aus Philadelphia, Braunschweig $1877^2$.

Shadwell, A., England, Deutschland u. Amerika. Eine vergleichende Studie ihrer industriellen Leistungsfähigkeit, Berlin 1908.

Tafel, P., Die nordamerikanischen Trusts u. ihre Wirkungen auf den Fortschritt der Technik, Stuttgart 1913.

Williams, E. E. »Made in Germany«, Dresden 1896.

### 5.2 Normung, Rationalisierungsbewegung, NS-Zeit

Bolenz, E., Technische Normung zwischen »Markt« u. »Staat«, Bielefeld 1987.

Brady, R. A., The Rationalization Movement in German Industry, Berkeley 1974².
Campbell, J., Der Deutsche Werkbund 1907–1934, München 1989.
DMV (Hg.), Die Rationalisierung in der Metallindustrie, Berlin (1933).
Garbotz, G., Vereinheitlichung in der Industrie, Die geschichtliche Entwicklung, die bisherigen Ergebnisse, die technischen u. wirtschaftlichen Grundlagen, München 1920.
Hinrichs, P. u. Peter, L. (Hg.), Industrieller Friede? Arbeitswissenschaft u. Rationalisierung in der Weimarer Republik, Köln 1976.
Justrow, K., Der technische Krieg, 2 Bde., Berlin 1938/9.
Lederer, E., Technischer Fortschritt u. Arbeitslosigkeit, Frankfurt/M. 1981 (urspr. 1938).
Ledermann, F., Fehlrationalisierung – der Irrweg der deutschen Automobilindustrie seit der Stabilisierung der Mark, Stuttgart 1933.
Ludwig, K-H., Technik u. Ingenieure im Dritten Reich, Düsseldorf 1974.
Mäckbach, F. u. Kienzle, O. (Hg.), Fließarbeit, Berlin 1926.
Mason, H. U., Die Luftwaffe 1914–18, Wien 1973.
Mock, W., Technische Intelligenz im Exil 1933–1945, Düsseldorf 1986.
Senff, H., Die Entwicklung der Panzerwaffe im deutschen Heer zwischen den beiden Weltkriegen, Frankfurt/M. 1969.
Söllheim, F., Taylor-System in Deutschland, Grenzen seiner Einführung in deutsche Betriebe, München 1922.
Sombart, W., Die Zähmung der Technik, Berlin 1935.
Stollberg, G., Die Rationalisierungsdebatte 1908–1933, Frankfurt/M. 1981.
Wulf, H. A., »Maschinenstürmer sind wir keine«, Technischer Fortschritt u. sozialdemokratische Arbeiterbewegung, Frankfurt/M. 1987.


*5.3 Neue Technologien und Technik-Perspektiven seit den 1960er Jahren*

Automation – Risiko u. Chance (Tagung der IG Metall), 2 Bde., Frankfurt/M. 1965.
Bergmann, J. u. a., Rationalisierung, Technisierung und Kontrolle des Arbeitsprozesses, Die Einführung der CNC-Technologie in Betrieben des Maschinenbaus, Frankfurt/M. 1986.
Böhle, F. u. Milkau, B., Vom Handrad zum Bildschirm – Eine Untersuchung zur sinnlichen Erfahrung im Arbeitsprozeß, Frankfurt/M. 1988.
Brödner, P., Fabrik 2000, Alternative Entwicklungspfade in die Zukunft der Fabrik, Berlin 1985.
Dierkes, M. u. a. (Hg.), Technik u. Parlament, Technikfolgen-Abschätzung, Berlin 1986.
Halfmann, J., Die Entstehung der Mikroelektronik. Zur Produktion technischen Fortschritts, Frankfurt/M. 1984.

Hansen, F. u. Kollek, R., Gen-Technologie. Die neue soziale Waffe, Hamburg 1985.

Holzapfel, H. u. a. (Hg.), Autoverkehr 2000. Wege zu einem ökologisch u. sozial verträglichen Autoverkehr, Karlsruhe 1985.

Kern, H. u. Schumann, M., Das Ende der Arbeitsteilung? Rationalisierung in der industriellen Produktion: Bestandsaufnahme, Trendbestimmung, München 1986³.

Lindner, R. u. a., Planen, Entscheiden, Herrschen, Vom Rechnen zur elektronischen Datenverarbeitung, Reinbek 1984.

Lutz, B. (Hg.), Technik u. sozialer Wandel, Frankfurt/M. 1987.

Majer, H., Die »technologische Lücke« zwischen der Bundesrepublik Deutschland u. den Vereinigten Staaten von Amerika, Tübingen 1973.

Mechtersheimer, A., Rüstung u. Politik in der Bundesrepublik, MRCA Tornado. Geschichte u. Funktion des größten westeuropäischen Rüstungsprogramms, Bad Honnef 1977.

Meyer-Abich, K. M. u. Steger, U. (Hg.), Mikroelektronik u. Dezentralisierung, Berlin 1982.

Meyer-Abich, K. M. u. Ueberhorst, R. (Hg.), AUSgebrütet. Argumente zur Brutreaktorpolitik, Basel 1985.

Noble, D. F., Forces of Production, A Social History of Industrial Automation, New York 1984.

Petzold, H., Rechnende Maschinen. Eine historische Untersuchung ihrer Herstellung u. Anwendung vom Kaiserreich bis zur Bundesrepublik, Düsseldorf 1985.

Radkau, J., Aufstieg u. Krise der deutschen Atomwirtschaft 1945–1975, Verdrängte Alternativen in der Kerntechnik u. der Ursprung der nuklearen Kontroverse, Reinbek 1983.

Traube, K., Müssen wir umschalten? Von den politischen Grenzen der Technik, Reinbek 1978.

## Neue Historische Bibliothek
## in der edition suhrkamp

*»Hans-Ulrich Wehlers fast aus dem Nichts entstandene ›Neue Historische Bibliothek‹ ist (...) nicht nur ein forschungsinternes, sondern auch ein kulturelles Ereignis.«*    Frankfurter Allgemeine Zeitung

Abelshauser, Werner: Wirtschaftsgeschichte der Bundesrepublik Deutschland 1945-1980. NHB. es 1241

Alter, Peter: Nationalismus. NHB. es 1250

Becher, Ursula: Geschichte des modernen Lebensstils in Deutschland seit 1750. NHB. es 1253

Berghahn, Volker: Unternehmer und Politik in der Bundesrepublik. NHB. es 1265

Blasius, Dirk: Geschichte der politischen Kriminalität in Deutschland 1800-1980. Eine Studie zu Justiz und Staatsverbrechen. NHB. es 1242

Botzenhart, Manfred: Reform, Restauration, Krise. Deutschland 1789-1847. NHB. es 1252

Carsten, Francis L.: Geschichte der preußischen Junker. NHB. es 1273

Dippel, Horst: Die Amerikanische Revolution 1763-1787. NHB. es 1263

Frevert, Ute: Frauen-Geschichte. Zwischen bürgerlicher Verbesserung und Neuer Weiblichkeit. NHB. es 1284

Geiss, Immanuel: Geschichte des Rassismus. NHB. es 1530

Geyer, Michael: Deutsche Rüstungspolitik 1860-1980. NHB. es 1246

Grimm, Dieter: Deutsche Verfassungsgeschichte 1776-1866. NHB. es 1271

Haupt, Heinz-Gerhard: Sozialgeschichte Frankreichs seit 1789. NHB. es 1535

Hentschel, Volker: Geschichte der deutschen Sozialpolitik 1880-1980. Soziale Sicherung und kollektives Arbeitsrecht. NHB. es 1247

Hildermeier, Manfred: Die russische Revolution. NHB. es 1534

Holl, Karl: Pazifismus in Deutschland. NHB. es 1533

Jaeger, Hans: Geschichte der Wirtschaftsordnung in Deutschland. NHB. es 1529

Jarausch, Konrad H.: Deutsche Studenten 1800-1970. NHB. es 1258

Jasper, Gotthard: Die gescheiterte Zähmung. Wege zur Machtergreifung Hitlers 1930-1934. NHB. es 1270

Kluge, Ulrich: Die deutsche Revolution 1918/1919. Staat, Politik und Gesellschaft zwischen Weltkrieg und Kapp-Putsch. NHB. es 1262

Kluxen, Kurt: Geschichte und Problematik des Parlamentarismus. NHB. es 1243

Kraul, Margret: Das deutsche Gymnasium 1780-1980. NHB. es 1251

## Neue Historische Bibliothek
## in der edition suhrkamp

Langewiesche, Dieter: Deutscher Liberalismus. NHB. es 1286

Lehnert, Detlef: Sozialdemokratie zwischen Protestbewegung und Regierungspartei 1848-1983. NHB. es 1248

Lenger, Friedrich: Sozialgeschichte der deutschen Handwerker. NHB. es 1532

Lönne, Karl-Egon: Politischer Katholizismus im 19. und 20. Jahrhundert. NHB. es 1264

Lottes, Günther: Sozialgeschichte Englands seit 1688. NHB. es 1255

Marschalck, Peter: Bevölkerungsgeschichte Deutschlands im 19. und 20. Jahrhundert. NHB. es 1244

Mitterauer, Michael: Sozialgeschichte der Jugend. NHB. es 1278

Möller, Horst: Vernunft und Kritik. Deutsche Aufklärung im 17. und 18. Jahrhundert. NHB. es 1269

Mooser, Josef: Arbeiterleben in Deutschland 1900-1970. Klassenlagen, Kultur und Politik. NHB. es 1259

Peukert, Detlev J. K.: Die Weimarer Republik. NHB. es 1282

Reulecke, Jürgen: Geschichte der Urbanisierung in Deutschland. NHB. es 1249

Schönhoven, Klaus: Die deutschen Gewerkschaften. NHB. es 1287

Schröder, Hans-Christoph: Die Revolutionen Englands im 17. Jahrhundert. NHB. es 1279

Schulze, Winfried: Deutsche Geschichte im 16. Jahrhundert. NHB. es 1268

Sieder, Reinhard: Sozialgeschichte der Familie. NHB. es 1276

Siemann, Wolfram: Die deutsche Revolution von 1848/49. NHB. es 1266

Staritz, Dietrich: Geschichte der DDR 1949-1985. NHB. es 1260

Thränhardt, Dietrich: Geschichte der Bundesrepublik Deutschland. NHB. es 1267

Ullmann, Hans-Peter: Interessenverbände in Deutschland. NHB. es 1283

Wehler, Hans-Ulrich: Grundzüge der amerikanischen Außenpolitik 1750-1900. Von den englischen Küstenkolonien zur amerikanischen Weltmacht. NHB. es 1254

Wippermann, Wolfgang: Europäischer Faschismus im Vergleich 1922-1982. NHB. es 1245

Wirz, Albert: Sklaverei und kapitalistisches Weltsystem. NHB. es 1256

Wunder, Bernd: Geschichte der Bürokratie in Deutschland. NHB. es 1281

Ziebura, Gilbert: Weltwirtschaft und Weltpolitik 1922/24-1931. Zwischen Rekonstruktion und Zusammenbruch. NHB. es 1261

## Politik, Ökonomie, Recht
## in der edition suhrkamp

Werner Abelshauser: Wirtschaftsgeschichte der Bundesrepublik Deutschland 1945-1980. NHB. es 1241

Wolfgang Abendroth: Die Aktualität der Arbeiterbewegung. Beiträge zu ihrer Theorie und Geschichte. Herausgegeben von Joachim Perels. es 1310

Heribert Adam/Kogila Moodley: Südafrika ohne Apartheid? es 1369

Alter und Alltag. Herausgegeben von Gerd Göckenjan und Hans-Joachim von Kondratowitz. es 1467

Peter Alter: Nationalismus. NHB. es 1250

Anatomie des politischen Skandals. Herausgegeben von Rolf Ebbighausen und Sighard Neckel. es 1548

Angriff auf das Herz des Staates. 2 Bde. es 1490/1491

Autonome Gesellschaft und libertäre Demokratie. Texte von Cornelius Castoriadis, Marcel Gauchet, Claude Lefort. Herausgegeben von Ulrich Rödel. es 1573

Paul A. Baran/Paul M. Sweezy: Monopolkapital. Ein Essay über die amerikanische Wirtschafts- und Gesellschaftsordnung. Aus dem Amerikanischen übersetzt von Hans-Werner Saß. es 636

Ulrich Beck: Gegengifte. Die organisierte Unverantwortlichkeit. es 1468

Cheryl Benard/Zal Khalilzad: Gott in Teheran. Irans Islamische Republik. es 1327

Volker Berghahn: Unternehmer und Politik in der Bundesrepublik. NHB. es 1265

Dirk Blasius: Geschichte der politischen Kriminalität in Deutschland 1800-1980. Eine Studie zu Justiz und Staatsverbrechen. NHB. es 1242

Héctor Pérez Brignioli: Mittelamerika. Aus dem Spanischen von Willi Zurbrüggen. es 1449

Alexander von Brünneck: Politische Justiz gegen Kommunisten in der Bundesrepublik Deutschland 1949-1968. Vorwort von Erhard Denninger. es 944

Heinz Bude: Deutsche Karrieren. es 1448

Der bürgerliche Rechtsstaat. Herausgegeben von Mehdi Tohidupur. es 901

Andreas Buro/Karl Grobe: Vietnam! Vietnam? Die Entwicklung der Sozialistischen Republik Vietnam nach dem Fall Saigons. es 1197

Klaus Busch: Die multinationalen Konzerne. Zur Analyse der Weltmarktbewegung des Kapitals. es 741

Dazwischen. Herausgegeben von Frank Herterich und Christian Semler. es 1560

## Politik, Ökonomie, Recht
## in der edition suhrkamp

Maurice Dobb: Wert- und Verteilungstheorien seit Adam Smith. Eine nationalökonomische Dogmengeschichte. Aus dem Englischen von Cora Stephan. es 765

Helmut Dubiel: Was ist Neokonservatismus? es 1313

Josef Esser/Wolfgang Fach/Werner Väth: Krisenregulierung. Zur politischen Durchsetzung ökonomischer Zwänge. es 1176

Klaus Eßer: Lateinamerika. Industrialisierungsstrategien und Entwicklung. es 942

Walter Euchner: Egoismus und Gemeinwohl. Studien zur Geschichte der bürgerlichen Philosophie. es 614

Fortschritte der Naturzerstörung. Herausgegeben von Rolf Peter Sieferle. es 1489

Freiheitssicherung durch Datenschutz. Herausgegeben von Harald Hohmann. es 1420

Fundamentalismus in der Welt. Herausgegeben von Thomas Meyer. es 1526

Die Gleichzeitigkeit des Ungleichzeitigen. Studien zur Geschichte Italiens. Herausgegeben und aus dem Italienischen übersetzt von Eva Maek-Gérard. es 991

Dieter Grimm: Deutsche Verfassungsgeschichte 1776-1866. NHB. es 1271

Grundrechte als Fundament der Demokratie. Herausgegeben von Joachim Perels. es 951

Daniel Guérin: Anarchismus. Begriff und Praxis. Aus dem Französischen übersetzt von H. H. Hildebrandt und Eva Demski. es 240

Jacques Guilhaumou: Sprache und Politik in der Französischen Revolution. Aus dem Französischen von Katharina Menke. Mit einem Vorwort von Brigitte Schlieben-Lange und Rolf Reichardt. es 1519

Tim Guldimann: Moral und Herrschaft in der Sowjetunion. Erlebnis und Theorie. es 1240

Jürgen Habermas: Eine Art Schadensabwicklung. Kleine Politische Schriften VI. es 1453

– Legitimationsprobleme im Spätkapitalismus. es 623

– Die Neue Unübersichtlichkeit. Kleine Politische Schriften V. es 1321

Theodor Hanf: Libanon. es 1476

Eduard Heimann: Soziale Theorie des Kapitalismus. Theorie der Sozialpolitik. Mit einem Vorwort von Bernhard Badura. es 1052

Karl Held/Theo Ebel: Krieg und Frieden. Politische Ökonomie des Weltfriedens. es 1149

Volker Hentschel: Geschichte der deutschen Sozialpolitik 1880-1980. Soziale Sicherung und kollektives Arbeitsrecht. NHB. es 1247

## Politik, Ökonomie, Recht
## in der edition suhrkamp

Eric J. Hobsbawm/Giorgio Napolitano: Auf dem Weg zum ›historischen Kompromiß‹. Ein Gespräch über Entwicklung und Programmatik der KPI. Aus dem Italienischen übersetzt von Sophie G. Alf. es 851

Jörg Huffschmid: Die Politik des Kapitals. Konzentration und Wirtschaftspolitik in der Bundesrepublik. es 313

Im Schatten des Siegers: JAPAN. Vier Bände in Kassette. Herausgegeben von Ulrich Menzel. es 1495-1498

Imperialismus und strukturelle Gewalt. Analysen über abhängige Reproduktion. Herausgegeben von Dieter Senghaas. es 563

Gabriel Jackson: Annäherung an Spanien. 1898-1975. Aus dem Englischen von Hildegard Janssen und Hartmut Bernauer. es 1108

Hans Jaeger: Geschichte der Wirtschaftsordnung in Deutschland. NHB. es 1529

Jugend und Kriminalität. Kriminologische Beiträge zur kriminalpolitischen Diskussion. Herausgegeben von Horst Schüler-Springorum. es 1201

Detlef Kantowsky: Indien. Gesellschaft und Entwicklung. es 1424

Hubert Kiesewetter: Industrielle Revolution in Deutschland (1815-1914). NHB. es 1539

Otto Kirchheimer: Funktionen des Staats und der Verfassung. Zehn Analysen. es 548

– Politik und Verfassung. es 95

– Politische Herrschaft. Fünf Beiträge zur Lehre vom Staat. es 220

– Von der Weimarer Republik zum Faschismus: Die Auflösung der demokratischen Rechtsordnung. Herausgegeben von Wolfgang Luthardt. es 821

Kurt Kluxen: Geschichte und Problematik des Parlamentarismus. NHB. es 1243

Rolf Knieper: Weltmarkt, Wirtschaftsrecht und Nationalstaat. es 828

György Konrád: Antipolitik. Mitteleuropäische Meditationen. Aus dem Ungarischen von Hans-Henning Paetzke. es 1293

– Stimmungsbericht. Aus dem Ungarischen von Hans-Henning Paetzke. es 1394

Konservatismus in der Strukturkrise. Herausgegeben von Thomas Kreuder und Hanno Loewy. es 1330

Jiří Kosta: Abriß der sozialökonomischen Entwicklung der Tschechoslowakei 1945-1977. es 974

Ekkehart Krippendorff: Politische Interpretationen. es 1576

– Staat und Krieg. Die historische Logik politischer Vernunft. es 1305

– »Wie die Großen mit den Menschen spielen.« Goethes Politik. es 1486

## Politik, Ökonomie, Recht
## in der edition suhrkamp

Der lange Marsch durch die Krise. Aus dem Italienischen übersetzt, herausgegeben und eingeleitet von Burkhart Kroeber. es 823

Dieter Langewiesche: Deutscher Liberalismus. NHB. es 1286

Klaus Mäding: Strafrecht und Massenerziehung in der Volksrepublik China. es 978

Uwe Maeffert: Bruchstellen. Eine Prozeßgeschichte. es 1387

Ernest Mandel: Marxistische Wirtschaftstheorie. 1. Band. Aus dem Französischen von Lothar Boepple. es 595

– Marxistische Wirtschaftstheorie. 2. Band. Aus dem Französischen von Lothar Boepple. es 596

– Der Spätkapitalismus. Versuch einer marxistischen Erklärung. es 521

Ulrich Menzel: Auswege aus der Abhängigkeit. Die entwicklungspolitische Aktualität Europas. es 1312

Ulrich Menzel/Dieter Senghaas: Europas Entwicklung und die Dritte Welt. Eine Bestandsaufnahme. es 1393

Tilmann Moser: Verstehen, Urteilen, Verurteilen. Psychoanalytische Gruppendynamik mit Jurastudenten. es 880

Oskar Negt: Keine Demokratie ohne Sozialismus. Über den Zusammenhang von Politik, Geschichte und Moral. es 812

Franz L. Neumann: Wirtschaft, Staat, Demokratie. Aufsätze 1930-1954. Herausgegeben von Alfons Söllner. Die Übersetzung der in diesem Band enthaltenen englisch geschriebenen Aufsätze haben Sabine Gwinner und Alfons Söllner besorgt. es 892

Claus Offe: Berufsbildungsreform. Eine Fallstudie über Reformpolitik. es 761

– Strukturprobleme des kapitalistischen Staates. Aufsätze zur Politischen Soziologie. es 549

Hans-Henning Paetzke: Andersdenkende in Ungarn. es 1379

Eckart Pankoke: Arbeitslosigkeit und Wohlfahrtspolitik. NHB. es 1538

Peripherer Kapitalismus. Analysen über Abhängigkeit und Unterentwicklung. Herausgegeben von Dieter Senghaas. es 652

Frances Fox Piven/Richard A. Cloward: Aufstand der Armen. Aus dem Amerikanischen von Ulf Damann und Peter Tergeist. es 1184

Politik der Armut und Die Spaltung des Sozialstaats. Herausgegeben von Stephan Leibfried und Florian Tennstedt. es 1233

Populismus und Aufklärung. Herausgegeben von Helmut Dubiel. es 1376

Ulrich K. Preuß: Legalität und Pluralismus. Beiträge zum Verfassungsrecht der Bundesrepublik Deutschland. es 626

Joachim Radkau: Technik in Deutschland. NHB. es 1536

Rechtsalltag von Frauen. Herausgegeben von Ute Gerhard und Jutta Limbach. es 1423

## Politik, Ökonomie, Recht
## in der edition suhrkamp

Darcy Ribeiro: Unterentwicklung, Kultur und Zivilisation. Ungewöhnliche Versuche. Aus dem Portugiesischen von Manfred Wöhlcke. es 1018

Maxime Rodinson: Die Araber. Aus dem Französischen von Ursula Assaf-Nowak und Maurice Saliba. es 1051

Ulrich Rödel/Helmut Dubiel/Günter Frankenberg: Die demokratische Frage. es 1572

Volker Ronge: Bankpolitik im Spätkapitalismus. Politische Selbstverwaltung des Kapitals? Von Volker Ronge unter Mitarbeit von Peter J. Ronge. es 996

Rossana Rossanda: Über die Dialektik von Kontinuität und Bruch. Zur Kritik revolutionärer Erfahrungen – Italien, Frankreich, Sowjetunion, Polen, China, Chile. Ins Deutsche übersetzt von Burkhart Kroeber. es 687

Giselher Rüpke: Schwangerschaftsabbruch und Grundgesetz. Eine Antwort auf das in der Entscheidung des Bundesverfassungsgerichts vom 25. 2. 1975 ungelöste Verfassungsproblem. Nachwort von Peter Schneider. es 815

Richard Saage: Rückkehr zum starken Staat? Studien über Konservatismus, Faschismus und Demokratie. es 1133

Alexander Schubert: Die internationale Verschuldung. Die Dritte Welt und das transnationale Bankensystem. es 1347

– Die spekulative Weltökonomie. es 1471

Dieter Senghaas: Konfliktformationen im internationalen System. es 1509

– Von Europa lernen. Entwicklungsgeschichtliche Betrachtungen. es 1134

– Weltwirtschaftsordnung und Entwicklungspolitik. Plädoyer für Dissoziation. es 856

– Die Zukunft Europas. Probleme der Friedensgestaltung. es 1339

Alfred Sohn-Rethel: Ökonomie und Klassenstruktur des deutschen Faschismus. Aufzeichnungen und Analysen. Herausgegeben und eingeleitet von Johannes Agnoli, Bernhard Blanke und Niels Kadritzke. es 630

Solidargemeinschaft und Klassenkampf. Politische Konzeptionen der Sozialdemokratie zwischen den Weltkriegen. Herausgegeben von Richard Saage. es 1363

Soziale Sicherheit und soziale Disziplinierung. Beiträge zu einer historischen Theorie der Sozialpolitik. Herausgegeben von Christoph Sachße und Florian Tennstedt. es 1323

## Politik, Ökonomie, Recht
## in der edition suhrkamp

Der spanische Bürgerkrieg. Eine Bestandsaufnahme fünfzig Jahre danach. Manuel Tuñón de Lara, Julio Aróstegui, Ángel Viñas, Gabriel Cardona, Joseph M. Bricall. es 1401

Strukturveränderungen in der kapitalistischen Weltwirtschaft. Margaret Fay, Ernest Feder, Andre Gunder Frank, Folker Fröbel, Jürgen Heinrichs, Otto Kreye, Anne-Marie Münster, Barbara Stuckey. Starnberger Studien. es 982

Strukturwandel der Sozialpolitik. Herausgegeben von Georg Vobruba. es 1569

Paul M. Sweezy: Theorie der kapitalistischen Entwicklung. Eine analytische Studie über die Prinzipien der Marxschen Sozialökonomie. Aus dem Amerikanischen von Gertrud Rittig-Baumhaus. Herausgegeben von Gisbert Rittig. es 433

Taktische Kernwaffen. Die fragmentierte Abschreckung. Herausgegeben von Philippe Blanchard, Reinhart Koselleck und Ludwig Streit. es 1195

Tzvetan Todorov: Die Eroberung Amerikas. Das Problem des Anderen. Aus dem Französischen von Wilfried Böhringer. es 1213

V-Leute. Die Falle im Rechtsstaat. Herausgegeben von Klaus Lüderssen. es 1222

Verfassung, Verfassungsgerichtsbarkeit, Politik. Zur verfassungsrechtlichen und politischen Stellung und Funktion des Bundesverfassungsgerichts. Herausgegeben von Mehdi Tohidipur. es 822

Georg Vobruba: Politik mit dem Wohlfahrtsstaat. Mit einem Vorwort von Claus Offe. es 1181

Hans-Ulrich Wehler: Grundzüge der amerikanischen Außenpolitik 1750- 1900. Von den englischen Küstenkolonien zur amerikanischen Weltmacht. NHB. es 1254

Wie sicher ist die soziale Sicherung? Herausgegeben von Barbar a Riedmüller und Marianne Rodenstein. es 1568

Wolfgang Wippermann: Europäischer Faschismus im Vergleich 1922-1982. NHB. es 1245

Albert Wirz: Sklaverei und kapitalistisches Weltsystem. NHB. es 1256

Robert Paul Wolff/Barrington Moore/Herbert Marcuse: Kritik der reinen Toleranz. Übersetzt von Alfred Schmidt. es 181

Bernd Wunder: Geschichte der Bürokratie in Deutschland. NHB. es 1281

Gilbert Ziebura: Weltwirtschaft und Weltpolitik 1922/24-1931. Zwischen Rekonstruktion und Zusammenbruch. NHB. es 1261

Ziviler Ungehorsam im Rechtsstaat. Herausgegeben von Peter Glotz. es 1214

## Politik, Ökonomie, Recht
in der edition suhrkamp

Zurückforderung der Zukunft. Macht und Opposition in den nachrevolutionären Gesellschaften. Beiträge von Rossana Rossanda u. a. Aus dem Italienischen übersetzt von Max Looser. es 962